U0178462

甘肃省城乡绿色人居工程研究中心 / 兰州交通大学建筑与城市规划学院
国家自然科学基金项目（52068040）

人·自然·建筑·城市

HUMAN, NATURE, ARCHITECTURE AND CITY

中国城市规划设计大师任震英先生论集

THE ESSAYS OF REN ZHEN YING, A CHINESE MASTER OF URBAN

PLANNING AND DESIGN

任致远　邓延复　唐相龙　编

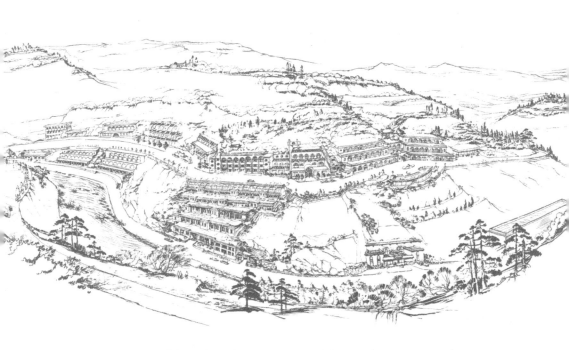

敦煌文艺出版社

图书在版编目（ＣＩＰ）数据

人·自然·建筑·城市：中国城市规划设计大师任
震英先生论集 / 任致远，邓延复，唐相龙编. -- 兰州：
敦煌文艺出版社，2022.12
ISBN 978-7-5468-2268-6

Ⅰ. ①人… Ⅱ. ①任… ②邓… ③唐… Ⅲ. ①城市规
划—建筑设计—文集 Ⅳ. ① TU984-53

中国版本图书馆 CIP 数据核字 (2022) 第 226592 号

人·自然·建筑·城市
——中国城市规划设计大师任震英先生论集

任致远　邓延复　唐相龙 编

责任编辑：张明钰
装帧设计：马吉庆

敦煌文艺出版社出版、发行
地址：（730030）兰州市城关区曹家巷 1 号
邮箱：dunhuangwenyi1958@163.com
0931-2131372（编辑部）　　0931-2131387（发行部）

兰州银声印务有限公司印刷
开本 710 毫米 ×1020 毫米　1/16　印张 45.5　插页 2　字数 603 千
2023 年 5 月第 1 版　　2023 年 5 月第 1 次印刷
印数：1~2 000 册

ISBN 978-7-5468-2268-6
定价：128.00 元

谨以此书纪念任震英先生诞辰110周年

任震英（1913年—2005年）

任震英（1913年—2005年），字漫星，1913年4月14日出生于黑龙江省哈尔滨市阿城县（今哈尔滨市阿城区），曾担任兰州市人民政府副市长、顾问、总建筑师，荣获中华人民共和国"工程设计大师"称号，是我国著名的城市规划和建筑设计专家。

1929年，任震英考入今哈尔滨工业大学，攻读城市规划专业。1931年加入中国共青团，1933年加入中国共产党。1937年大学毕业，同年12月奉命来到兰州从事党的地下工作。

1949年8月26日兰州解放，受彭德怀司令员委托，任震英带领工人和技术人员，苦战八昼夜，将被敌军损毁的黄河铁桥修复通行，保证了解放大军的顺利西进。

1950—1966年，任震英相继担任兰州市城市建设局局长、规划管理局局长、总建筑师兼兰州市建设委员会秘书长等职。

1954年12月，他主持编制的"兰州市城市总体规划（1954—1974年）"成为新中国第一个被国家批准的城市总体规划，在全国规划界起到了示范和引领作用，该版总体规划为兰州以后的城市建设发展奠定了坚实的基础。

1958年，任震英携兰州第一版城市总体规划成果，参加了在莫斯科召开的"国际城市展览会"并获得国内外专家的广泛好评。此后，他又主持编制了白银市的城市总体规划。

1958—1959年间，他虽身处逆境，却以忘我的精神带领工匠们，仅用13个月就将荒芜的白塔山建成一个别具一格的傍山公园。

1961年，他完成了北京人民大会堂甘肃厅的设计任务。

1973年，任震英同志出任兰州城市建设局副局长、总工程师、党组成员。

1974年，他担任甘肃省暨兰州市修改总体规划领导小组成员兼规划办公室主任，主持"兰州第二版城市总体规划（1978—2000年）"编制工作。

1979年，他主持编制完成的"兰州第二版城市总体规划"成为我国十一届三中全会后第一个被批准的新修订的城市总体规划。其"开门搞规划"的方法在我国城市规划编制工作中开了先河。

1980年，他当选为兰州市人民政府副市长，并担任市政府总建筑师职务。期间，他作为中国代表团团长，先后赴马尼拉、东京参加国际会议。同年夏，参加起草《中华人民共和国城市规划法》。

1980年，他以"为寒窑召唤春天"的极大热情，组建并领导了中国建筑学会窑洞及生土建筑研究会，成为我国窑洞和生土建筑学科研究的奠基人和带头人。

1983到2005年，任震英担任兰州市人民政府、顾问、总建筑师，并当选为第六届全国人民代表大会代表。

1990年12月，全国设计工作大会授予任震英首批中华人民共和国"工程设计大师"称号，他是我国城市规划专业领域最早获此殊荣者。

任震英先生在城市规划建设事业上的成就，不仅在兰州、甘肃非常突出，而且在全国具有重要影响。他以渊博的知识、丰富的经验、求实的态度，先后为北京、天津、上海、深圳、西安、哈尔滨、杭州、海口等30多个城市规划提出诸多真知灼见，并在历史名城保护方面做出过重大贡献，如西安古城墙、平遥古城、杭州西湖、桂林山水、泰山自然景观等都因他和诸多专家上书国务院、建设部从而得到妥善保护。

任震英先生重视培养中青年一代城市规划建设工作者，为我国城市规划建设事业培养了大批专业人才。他学术造诣深厚，以其丰富的城市规划和建筑设计实践积淀，创造性地提出了"城市要发展、特色不能丢""城市发展阶段论""城市规划不断深化论""城市建设特色论""城市规划要有弹性""开门搞规划"等重要理论观点和技术方法，极大丰富了我国现代城市规划理论水平和实践经验。

任震英先生不仅是兰州现代城市规划建设的开拓者、奠基者，更是新中国城市规划建设事业的开拓者和奠基者。

序

一

闻听任老的论文集再版，甚是欣慰与感念。任老的家人请我作序，我借此表达对任老的敬仰与缅怀。

任老已经离开我们17个年头了。任老作为新中国城市规划界的一代宗师，一个伟人，他的灵魂是无来无往无生无灭的。任老的一生为全中国的解放和建设立下汗马功劳，他是一个真正爱国的、不畏艰险的共产主义战士，他的功绩会永远铭刻在共和国的史册中。

任老总说他只是城市规划战线上的一名老兵，但我想说任老是一名真正的战士：

任老是黎明前夕勇敢的爱国主义战士。1931年他在哈工大编写的《反满抗日新歌》成为鼓舞3 000万东北同胞报仇雪耻的响亮号角；1933年他加入中国共产党并成为哈工大地下党负责人，他把一腔热血都投入到抗日救国的战斗中，就如他诗里所写的"忧国怀民流血泪、甘心杀贼掷头颅"。1937年，他转战兰州继续党的地下工作，1949年，在解放兰州的战役中受彭德怀司令的委托负责抢修黄河铁桥，任老带领一众工程技术人员苦干八个昼夜，修复了黄河铁桥。随后又随解放军进军青海西宁，在途中抢修了大通河的浮桥。任老也因此和西北这片土地结下了终身的缘分。

任老是新中国规划事业的先驱者战士。留在西北投身新中国建设的他向新中国提交了第一个城市规划方案并受到国务院正式批准。这是一五期间第一个国家正式批准的城市规划，他在规划中提出的"带状组团"理念设想和主张被规划界称为"带状城市规划的范例"，从此深深影响着中国其他城市的规划布局。之后又主持制定并亲自规划设计了20世纪50年代白银市的城市总体规划、兰州市西固工业区的规划以及敦煌、天祝等地区的规划。他主持的兰州市第二版总体规划也成为改革开放后全国范围内第一个获得国家正式批准的城市总体规划。任老的一生指导全国30多个城市的规划实践，撰写城市规划报告及论文百余篇，为中国的城市规划的理论研究与实践成果作出重大贡献。

任老是历经风霜却屹立不倒的坚强战士。战争的血雨腥风与"文革"中的艰苦磨难没有打垮任老，1957年反右斗争他被错划为右派，但他始终怀着对党的坚定信念和对党的无限热爱，顶着右派帽子完成改建兰州西固化学工业基地的全面规划和设计的秘密工作。接受市委委派把荒芜的白塔山变成公园的艰巨任务。荒芜的白塔山如今已是琼楼耸立、绿茵软衬。1960年奉命到北京参加人民大会堂甘肃厅的设计工作。1966年"文革"开始他又被划为走资派在五七干校劳动达七年多。在任何艰苦的环境下他都以对党的信念和乐观的态度面对磨难，正如他在牛棚中说的"任凭风浪起，我能经风雨，一颗红心永不改，坚定还朝阳"。这就是一位历经风霜却屹立不倒的坚强战士。

任老更是永远心系祖国建设的工程战士。任老城市规划的观点是：人是主体，自然、建筑、城市必须为人类服务；人、建筑、城市又源于自然，不能隔绝，不能破坏；人、自然、建筑、城市应有机地结合，融为一体。而兰州的滨河路正是这一思想的体现。他用这一理念指导了很多城市规划。1985年11月，任老作为大会主席在北京主持召开了我国的第一个国际生土建筑学术研讨会，1986年10月成立了"中国建筑学会窑洞与生土建筑研究会"，并把窑洞改善落到实处，用生土建筑为人类的进步做出重要贡献。任老一生心系祖国建设，他怀抱着一腔热爱，无私奉献在建设祖国、造福人类的事业上。1990年12月，任老荣获全国设计工作大会颁授中华人民共和国首批"工程设计大师"称号。这份荣誉既真实地反映了任老半个多世纪以来的人生历程，也是对他从事祖国建设设计工作的完美总结。

今天，我能够在任老110年诞辰再版论文集中题写几句深感荣幸。这本文集中的众多论述，是任老在城市规划建设事业上理论和实践相结合的思考和探索，是任老留给年轻一代的城市建设者财富和资源；更是任老这位老革命战士对党和国家赤胆忠心的无私奉献。

再次向我最敬重的任老致以深切的怀念和崇高的敬意！

张锦秋

2022.12.5.

序

二

　　任震英是我国著名城市规划专家、建筑学专家、工程设计大师，是兰州市城市规划、建设、管理事业的奠基人。他毕生致力于兰州城市规划建设和我国城市规划事业，是立足于甘肃省大地上在城市规划建设领域卓有建树的专家和领导干部。任老的著作《任震英城市规划与建设论集》，是他丰富的城市规划和建筑实践与理论的结晶。该书的出版，对提高我国城市规划理论水平，进一步促进规划事业的繁荣必将产生积极的影响。

　　任老1929年考入哈尔滨工业大学城市建筑及城市规划专业，1937年12月受党组织派遣到兰州从事地下工作。从此，他在兰州这片土地上扎根、开花、结果，把全部心血和汗水都毫无保留地奉献给金城的城市规划建设事业，受到了大家的尊敬和称赞。

　　50多年来，他对城市规划建设事业表现出执着的追求和热爱。他是兰州城市总体规划编制的主持人和带头人，身体力行、呕心沥血，50年代编制了兰州市第一轮城市总体规划，70年代又编制了兰州市第二轮城市总体规划。直到今天，他还在为90年代编制跨世纪的兰州市城市总体规划出谋划策。即使在北京住院看病之际，他还抓紧时间撰写《对兰州市城市总体规划深化工作的若干思考》。在他的心中，总是装着金城，装着事业，全心全意扑在工作上，充分体现了春蚕、炬烛之精神。因此，他在我国城市规划建设领域做出了公认的业绩，从理论到实践都有所建树，他的名字被载入我国科技专家传略之中，1990年12月又被授予国家首批工程设计大师称号，成为我国城市规划界荣获此称号的第一人。

50多年来，他在城市规划建设事业上作出了多方面的贡献。他不仅在兰州、在甘肃省城市规划建设事业上成绩突出，主持和指导过兰州、白银、敦煌、天祝等城市规划工作，而且多次为深圳、上海、天津、哈尔滨、西安、海口、三亚等30多个城市的规划建设出谋划策，提出了许多真知灼见，丰富了我国城市规划理论和实践。尤其是他在现代建筑、传统建筑方面也投注了很大精力，创建了我国窑洞及生土建筑研究会，对我国黄土地区传统民居进行了广泛深入的考察研究，收集了大量资料，编写了不少文章、书籍，并在甘陕晋豫等地开展了窑洞革新试点，召开了窑洞及生土建筑国际学术会议，成果卓著，得到了陈云同志和建设部的关心支持，引起了国内外学术界的瞩目。任老不光是城市规划和建筑专家，还是我国城市规划建设领域的著名诗人，大量的诗篇，给他的工作增添了情趣、意境、品位和光彩。

50多年来，他在从事城市规划建设事业的曲折经历和奋进中，表现了对党、对祖国、对事业的无限忠诚和高风亮节。1958年，他虽身处逆境，却以一年零三个月的忘我工作，指挥、设计、建造了白塔山傍山公园和雄伟的三台大殿建筑群，使兰州胜景白塔层峦更具风采。在"文化大革命"期间七年零三个月的"牛棚"里，他坚信"暂做牛棚客，永为马列人，寒霜虽凛冽，秋菊自精神，红日东方出，长安梅又春。"1973年，他主动请战要求为新一轮的兰州市城市总体规划编制出力，并预言我们即将迎来我国城市规划工作的第二个春天。如今耄耋之年，仍奔波在我国城市规划建设事业的第一线，这是多么崇高的精神，多么无私的品德，他以自己的实际行动和一个又一个实践成果，为我们树立了学习的榜样。

任老的经历、矢志、敬业精神和奋斗史，是我国老一辈革命知识分子的代表和缩影，也是我国城市规划建设发展事业比较集中的具体反映。他所做出的业绩，无愧于党，无愧于人民，无愧于我们这个伟大的时代。这本书，以近五十万字的篇幅，主要汇集了他近几十年来的论文、讲话、报告和科研成果等，凝集了他从事城市规划建设事业的心血和汗水，反映了他在规划建设战线上的经历和足迹，是我国城市规划建设领域里一份宝贵财富，也是他在城市规划建设方面理论和实践的总结和记录。书若其人，看了这本书，我们从中可了解任老的生涯，任老的功业，任老的文思，任老的精神，任老的风采。

任震英是新中国城市规划建设事业的创业人之一，他半个世纪的奋斗历程和论著，是我国城市规划建设事业发展的印迹和见证，也是兰州市及甘肃省城市规划建设事业和建筑业发展的一个组成部分和具有重要地位的一页。感谢任老对我国城市规划建设事业以及甘肃省、兰州市的规划建设所做出的有益贡献，是为序。

周干峙

（写于1997年5月《任震英城市规划与建设论集》出版时）

序

三

　　任老的文章、诗词和讲话很多，作为他的忘年之交，我早就建议他汇集出版。他的思想和业绩，反映了我国半个世纪来城市规划历史的一个侧面，其中不仅有他宝贵的经验，可供今后工作借鉴，更重要的是他的奋斗精神，非常值得发扬光大，这将是推动今后事业发展的一个重要力量。

　　从1952年开始，兰州就是"一五"重点城市，任老当时已是城建局局长和总工程师。我刚参加工作不久，因受命编制西安市规划，就经常向任老学习，他自然而然成为我的良师益友。40多年来，多少次切磋共谋，多少回困惑共勉，使我深深感到任老不愧为共产党员、专家，有着许多优秀品德和精辟思想。一部文集、若干篇文章，是不足以全面总结这些方方面面的，但使我感受最深，也是这本文集最能说明的是任老对城市规划事业一贯的满腔热情，可以说到了永锲不舍、浩气常盛的境地。

　　收集在本文集里的文章，包括学术论文、调研成果、研究报告、工作总结、观感意见和建议提案等，主要反映出任老以下四个方面的重要成果：

　　1.精益求精，坚持不渝地搞好兰州的规划建设。

　　兰州是首批被国务院批准总体规划的城市，也是规划设计具有高质量水平的一个城市，老同行们都知道兰州不仅图纸质量好，像工艺品一样美观，而且准确度高，在万分之一的现状图上竟标明了每一幢建筑。规划建设的功夫不仅表现在图纸上，还在于任老经常下工程现场解决问题。例如，检查规划放线的位置，保留一棵可以保留的树木，修改一个可以改好的建筑立面。他一开始就注意把规划设计和建设管理相结合，宏观规划和微观设计相结合。这些规划思想、设计功力、工作方法和踏实作风曾给我以很大教益。城市规划的实施时间很长，贵在坚持不渝、精益求精，这一点任老在兰州做得十分突出。他从1957年至1973年虽受历次政治运动冲击，曾几起几落，但无论处境如何，他从不动摇，毫不气馁，始终坚持规划的科学观点，据理力争。甚至在被下放劳动中，只要有机会，就宣传规划，进行规划设计。白塔山公园就是这样在极为困难的逆境中，想方设法利用市内一些被拆除的古建筑及民居零件重新规划、设计后建设起来的。兰州的功能分区中安宁区的保留，道路系统和滨河路的保留，都是在被批判中坚持保留下来的，后来成为兰州增色之所在。1974年，"文化大革命"后任老复职，第一件事情就是要求编制新的兰州总体规划，以迎接我国"城市规划第二个春天"。如今兰州已成为按规划建设起来的新型大都市。作为奠基人、规划设计人，任老的功绩是不言而喻的。

2.从实践中总结和积累自己的经验。

"文化大革命"后，任老看到我国不少城市山水景观、园林绿化、文物古迹遭受严重破坏，盲目建设的现象很多，十分痛心，及时提出了"城市要发展，特色不能丢"的论述，得到城市规划与建筑界的响应。兰州新的城市总体规划批准后，他针对规划部门认为可以松一口气的思想状况提出"城市规划不是一劳永逸的，必须在实践中不断地深化，适时地进行修订"。今天看来这一理论打破了过去对城市规划的机械认识，对在市场经济条件下如何进行城市规划工作更具有指导意义和现实意义。之后，他又提出了城市规划工作者必须学习经济、懂得经济、研究经济、介入经济的论点，以及"珍惜兰州有限山川，节约城市建设用地"的观点，对扩大城市规划内涵，提高城市规划的适应性水平，发挥了很好的作用。80年代中期，任老多次呼吁"我国急需制定城市规划建设基本大法"，对1989年12月《城市规划法》的颁布起到了一定的推动作用。

3.热心为30多个大、中、小城市出谋划策，对我国城市规划建设作出了无私的奉献。

任老经常讲："对于兄弟城市要求帮助，我是随叫随到。"对省内城市，屡下现场，亲自调查、制图。白银、天祝、金昌等城市都经他一手规划，倾注了许多心血。自1978年以来，他应邀多次赴深圳、大连、海口、杭州、合肥、敦煌、西安、三亚、上海、青岛等30多个大、中、小城市当顾问、出主意、提意见、构方案、搞论证，或解决问题，他以很强的原则性，结合实际的灵活性，娴熟的业务能力和对祖国山水土地的无限热爱，赢得了大家的信赖和尊敬，他的不少意见和建议被有关城市领导和部门重视、采纳和赞许。尤其是他从1982年以来，11年间，14次到深圳，为深圳的城市规划和建设，以及一些棘手工程发表了许多中肯的意见，包括在第六届全国人民代表大会上提出建议案，避免了失误，博得了深圳市政府领导对他的敬重。

4.推进窑洞及生土建筑的发展并亲自抓试点工作。

任老看到我国有4亿人住在窑洞及生土建筑中，以"为寒窑召唤春天"的极大热情，组建并领导了中国建筑学会窑洞及生土建筑研究会，跋山涉水，在我国黄土地区和生土建筑分布区进行了考察、研究。本文集收编的调研报告、学术论文和典型材料、规划方案都与在陕、甘、晋、豫等省的村镇进行黄土窑洞革新的试点有关。他亲自在兰州搞了一个由88孔革新窑洞组成的"白塔山庄",还为一些贫困窑居者改造旧窑洞。我国窑洞及生土工程的研究已经走出国门。任老的窑洞及生土建筑研究情况已在国际会议上做了介绍。

这本书里收集的篇章尚不是任老50多年来成果的全部,但从中可以看出他对我国城市规划建设事业的无限热爱和极大热情,不论顺境还是逆境,不论理论还是实践,不论暂做得到还是做不到,他都全身心地研究、宣传,孜孜不倦地去组织、实施,并作出令人折服的业绩,成为我们学习的榜样。

如今,任震英已是八旬老人(按他说是年方83),他仍然不知疲倦地奔波在我国城市规划建设的第一线上,不能不使人为之肃然起敬。在这里,让我祝任老健康长寿,祝任老再创新的功绩,谱写更新的篇章。

周海旺

(写于1997年5月《任震英城市规划与建设论集》出版时)

目录
CONTENTS

1 第1篇　心系规划抒胸怀

003　重点工程前期工作必须与城市规划紧密结合

007　进一步认识社会主义城市发展规律，建立现代化

　　　城市规划学科

016　规划与建设具有民族特色的人民城市

026　城市规划与建设中的统筹兼顾、综合平衡

　　　——从兰州谈起

032　关于综合环境设计问题

　　　——在马尼拉国际建协第四区学术讨论会上的发言

039　城市规划概念

　　　——在业务学习会上的发言

044　加强城市规划

　　　——在国家建委主持召开的城市规划专家座谈会上的发言

052　人·自然·建筑·城市

　　　——略谈中国城市规划与城市建设的继往开来问题

066　城市园林绿化古今谈

　　　——兼论兰州市城市园林绿化的若干问题

085   漫谈城市规划、城市设计与城市风格

092   城市要发展　特色不能丢

106   保护特色城市　发展城市特色

112   旅游建设严重破坏文化资源和自然风貌亟待制止

116   必须十分重视城市风貌

　　　　——在建设部规划局"城市风貌"座谈会上的发言

125   对"我国现行的城市发展方针修改意见"的不同意见

130   漫谈小城市的发展

138   甘肃农村住房建设中的几个问题

　　　　——在甘肃省农房会议上的讲话

149   说规划　议龙头

　　　　——欢呼城市规划法的颁布实施　负起规划法赋予我们的责任

155   对"历史文化名城的保护问题"之我见

160   谈谈深圳　想想我们

　　　　——内陆诸城镇的城市规划往何处去

2

第2篇　点评城市耀慧眼

175   万国衣冠会上京

　　　　——在北京市总体规划评议座谈会上的发言

184   黄浦江头起大潮

　　　　——对上海市总体规划的几点看法

195　果欲问君规划事，抚今怀古计何求
　　　——在西安市修订城市总体规划专家评审会上的发言

201　喜看南国起鲲鹏
　　　——在深圳市福田中心区规划评议会上的发言

209　对深圳国际航空港选场的建议

211　璀璨明珠出碧海
　　　——在珠海市与同行战友们随谈城市建设问题

214　半城山色半城湖
　　　——在考察惠州时的讲话

223　银沙白浪翠椰林
　　　——审议海口市城市总体规划的小结发言

227　在海南省海口市、三亚市城市总体规划咨询会上的发言

230　鹿回头处赏金瓯
　　　——在三亚城市总体规划专家评审会上的小结发言

234　心驰三亚绵绵思　神会天涯依依情

237　奋力攀登十八盘
　　　——给中共山东省委并泰山恳索方案座谈会的一封信

239　淄博行留言

247　一市双城话海连
　　　——在连云港建设规划会上的发言

255　七溪碧水皆通海　十里青山半入城
　　　——对常熟市城市总体规划的意见

262　人间今日即天堂
　　　——对杭州编制总体规划的几点意见和建议

270 对杭州风景区规划的建议

273 对西湖风景区的意见

279 杭州园林绿化的设想

284 千金不须买画图

　　——关于绍兴编制城市总体规划的意见和建议

292 一见倾心话福州

　　——在福州市城市总体规划座谈会上的发言

296 朝霞白鹭飞天际

　　——在调整厦门市总体规划技术讨论会上的讲话

300 再兴海上丝绸路

　　——在泉州城市总体规划技术鉴定会上的发言

310 武当山下汽车城

　　——十堰市城市总体规划评议会上的发言

320 巍巍宝塔映朝阳

　　——在延安城市总体规划论证会上的发言

326 丝绸古道上的白银市

334 在"陇海——兰新地带（甘肃段）的城镇体系规划"
　　论证会上的发言

339 在甘肃敦煌鸣沙山、月牙泉省级风景区评审会上的发言

343 家家泉水伴垂杨

345 罗马尼亚的区域规划和城市规划工作

3

第3篇 总结经验爱事业

363　我们是怎样进行修改兰州市总体规划工作的

370　曲折的道路　美好的未来

　　——兰州市30年城市规划与城市建设的曲折历程

383　兰州市总体规划简介

393　对兰州市再次修订、深化城市总体规划的一些思考

401　关于兰州市总体规划答记者问

408　前事不忘　后事之师

　　——兰州城市建设小结

419　关于严格控制兰州建成区规模认真建设小城镇问题的探讨

424　兰州市西固工业区规划与实施

432　从唐山地震灾害中汲取经验教训

　　——对改进兰州市城市规划和城市建设的几点意见

446　从兰州大气污染初谈城市规划中的气象条件问题

455　珍惜兰州有限山川　节约城市建设用地

461　开发兰州市南北两山的基本设想

466　用经济地理学看兰州的城市规划

471　滨河风致路

　　——兰州城市规划与建设中的"飞天巨龙"

480　对小西湖公园规划方案的意见

484　城市建设随谈

　　　　——看在眼里，急在心上，写出来，供王道义市长参考

493　忧乐万民心上事

　　　　——关于金城中心公园致兰州市人民政府的报告

499　在兰州市城市发展规划研究课题评审会上的发言

506　完善城市土地管理的一件大事

　　　　——在兰州市土地分等定级成果鉴定会上的讲话

509　兰州市城市规划工作的基本情况

519　兰州市总体规划实施情况的汇报

529　荒山变公园轶事

4

第4篇　生土建筑唤春天

543　国际生土建筑学术会议开幕词

546　生土建筑与人

　　　　——在国际生土建筑学术讨论会上中方主席的主题发言

552　中国建筑学会窑洞及生土建筑第一次学术讨论会议开幕词

557　为4 000万窑居者召唤春天

　　　　——给国际建协的一封信

563　为"窑洞""土屋"呼唤春天

　　　　——兼谈国土的开发利用问题

571　"白塔山庄"节地节能建筑科研实践工程简介

579　中国生土建筑的春天

　　　——为发展中国生土建筑学而奋斗

587　从人口、土地、能源、环境看窑洞及生土建筑的革新与开发

600　从山西省窑洞的现状谈窑洞的革新改造

603　让古老的建筑形式重放光华

　　　——论窑洞及生土建筑

5
第5篇　愿为祖国奉余年

613　在甘肃省遥感学会成立大会暨遥感学术讨论会闭幕式上的讲话

619　在中国建筑学会第五次全国会员代表大会上的发言

624　在第六届全国人民代表大会上关于加强城市用地管理的提案

626　给李鹏总理的一封信

631　给万里委员长的一封信

634　吁请制止在杭州西湖边上盲目建设高层建筑

636　制止在连云港扒山头建核电站的呼吁书

639　在国家建设中新中国建筑师和规划师的作用

　　　——菲律宾国际学术会议上即席答代表问

643　城市规划访日考察报告

652　1980年参加东京国际建协第四区学术讨论会时与日本部分

　　　建筑师座谈会上的即席发言

654　他山之石　可以攻玉

　　　——访日观感

668　为城市建设描绘蓝图

　　　——回忆万里同志在中南海的亲切接见

675　关于兰州市实现大绿地大水面的建议

679　愿为祖国奉余年

　　　——荣获首届"中华人民共和国工程设计大师"称号，颁发

　　　　证书及金质奖牌大会上的发言

682　跋一

690　跋二

698　后记

第一篇

心系规划抒胸怀

重点工程前期工作必须与城市
规划紧密结合

工业是城市形成和发展的重要因素。一个新工业点的出现，往往就是一个城市的雏形。建设一个大型骨干项目或联合企业，一般都会形成一个几万、十几万人口的城市。而现在现有城市建设的重点工业项目，不仅可以利用和完善城市基础设施，也将对城市的发展及城市的性质、规模和布局发生重大影响。正确处理重点建设和城市的关系，既是保证重点工程顺利建设的条件，又是保证城市得到合理发展的重要因素。这是中华人民共和国成立以来，我国基本建设工作的一条宝贵经验。

"一五"时期，国家进行了156项重点工程建设，当时，十分重视城市的配合与协调，形成了一套科学的程序。主要包括：①重点项目在城市选址，必须要有城市规划统一安排。没有城市规划的地方，则重点项目选址与城市规划同步进行，协调配合；②由城市将重点项目有关的各项工程进行统一规划、综合安排，使工业企业或工业区取得合理布局；③工业建设和厂外设施、城市基础设施，在形成生产能力的同时，也形成完整的厂外附属设施及城市配套设施。由于坚持了这一科学程序，156项重点工程的基本建设周期短，投资效果好，工业和城市得到协调发展。例如，"一五"时期，兰州被列为全国重点建设的城市之一，并编制了兰州市城市总体规划。这个规划于1954年经国务院正式批准，为重点项目建设创造了有利条件。表现为：一是按照骨干工业的特点及其相互协作关系进行工业区的合理布局（西固石油化工区、七里河机械制造工业区等）；二是配合重点项目建设，统一规划建设交通、水、电等工程。兰西铁路编组站、西固工业环形线以及西固热电站、水厂的建设；三是城市建设为重点项目服务，统一规划建设市政工程、公用事业、园林绿化和文化生活福利设施。由于总体规划的正确指导，大大促进了重点项目的建设，1957年，重点项目都逐步投产，取得了较好的效果。同时，城市建设也得到了相应的发展，新的工业区和生活福利区同时建设，基本上实现了有利生产、方便生活的要求。这是"一五"时期，重点项目与城市规划紧密结合、取得较好效果的成功经验。

前几年兴建的江西贵溪铜冶炼基地，不搞城市规划就仓促上马，冶金、电力部门自行选厂，铁路部门自行选线，一上马就把布局搞乱了，整个新城市的布局很不合理。电厂建在县城上风向，高压线走廊迂回穿过市区，铁路严重分割城市，给交通、生产和城市生活造成严重后果。这样的新项目，建成这个样子，城建部门开始连消息也不知道，直到县政府告状，反映污染问题时，当时的城建总局才知道，后来才补做了城市规划，但已无法从根本上解决问题。

山东辛店胜利石油化工总厂，从1966年以来，陆续建成了炼油厂、化肥厂、橡胶厂等等，为国家作出了贡献。但是，这个厂从一开始就没有按照城市规划进行建设，厂与厂之间、生产区与生活区之间缺乏合理布局。工厂沿着10公里的山坡地摆开一字长蛇阵，道路管线拉得很长，组织生产协作很不方便。生活服务设施不配套，商业、文化、市政、交通均难以合理组织，搞了17年，人口已有五六万，至今没有形成一个完整的小城市布局。

湖南怀化是焦柳线和湘黔线的交汇点，是我国一个新的铁路枢纽。因事先不做城市规划，各项建设各自为政，建设混乱，造成城市发展中的大量难以解决的问题。

兰州虽有规划，但在这一时期内，不尊重科学，否定规划，甚至加以批判、有意破坏规划。不少工业项目任意摆布，破坏了合理的布局。兰州钢厂、胜利铁厂、合成制药厂、西固农药厂等重污染项目建设在居住区上风向，严重污染了环境；兰州电镀厂、兰州铸造厂摆在居民区中，废气毒害居民，噪声使得四邻不安；兰州灯泡厂氧气站、兰州油脂化工厂建在居民密集区，火险隐患严重，事故频繁。

有的港口城市，沿海、沿江的岸线不能由城市规划部门统一安排，各有关部门和单位分割占用，工业、仓库、码头占据城市主要岸线，造成很多不合理的局面。

旅游宾馆建设选址与城市规划脱节，造成的失误也很多。如兰州的无线电厂紧贴五泉山公园门口东侧建厂，并占用公园一部分土地，而北京香山饭店也不应建在中外闻名的香山风景区内，这样不仅严重破坏了风景区的景观和风格，而且对全国起了一种误导作用，群起而效之，这是很大的失误，是一大教训，是旅游建设破坏旅游资源的典型。我们必须引以为戒。

从上述诸多例子不难看出，基本建设和重点项目建设如果不同城市规划结合，会造成多么严重的后果。

然而，目前国家计委制定的建设前期工作计划中，仍然没有城市的内容，没有考虑城市规划的要求。1976年9月，国家计委《关于编制建设前期工作计划的通知》中，规定前期工作计划包括的内容有三方面；①勘测、科研、试验和可行性研究；②设计任务书；③初步设计。1977年2月，国家计委《关于编制建设前期工作计划的补充通知》中，仍然没有提到城市和城市规划的内容。

如果不改变上述状况，那么，我们的基本建设仍将具有很大的局限性和一定的盲目性，基本建设效益低下，重点项目严重失误，很难根本改观。

总之，历史的正反两方面的经验充分地证明，为了提高基本建设的综合效益，搞好重点工程项目，国家的基本建设前期工作，特别是重点工程的前期工作，必须同城市和城市规划工作紧密结合，城市规划的有关工作应当成为基本建设前期工作的重要内容。

写于1977年

进一步认识社会主义城市发展规律，建立现代化城市规划学科

实践是检验真理的唯一标准，我们应该学到许多有益的东西。就是在这个意义上，我愿将在具体工作中经常想到的，也包括和一些同行朋友们互相交流启发而得到的有益启示和一些问题提出来，供同志们批评指正，作为开展学术活动，活跃学术气氛的引玉之砖！

一、正确认识现代化城市特点，自觉地运用现代化城市发展的一般规律

我国的大、中、小城市，是发展现代化工业的基地，是一个地区政治、经济和文化的中心。从20世纪50年代初期，以我国进行工业化为标志，我国城市就开始了现代化的进程，全国共有城镇3 456个，设市的城市190个，其中100万以上人口的特大城市13个，50万~100万以上人口的大城市37个。为了实现新时期的总任务，我们正在逐步地为把我国建设成为适应四个现代化需要的社会主义现代化城市而奋斗，我们将以几十年的时间走完资本主义国家走了100年、200年才实现的城市现代化的道路，建设出比资本主义的现代化

城市优越得多的社会主义现代化城市。为此目标，正确地认识现代化城市的特点，自觉地运用现代化城市发展的普遍规律这一问题，就历史地自然而然地摆在我国城市工作者的面前了。

近百年来，特别是第二次世界大战后的30多年，世界许多国家以及中华人民共和国成立28年来城市发展的大量事实证明，随着现代化工农业和现代科学技术的发展，现代大工业和其他行业就不断向城市，特别是大城市集中，同时人口也不断向城市聚集，这种情况就是现代城市发展的总趋势。以兰州为例：在中华人民共和国成立初期，只有15个设备简陋的工厂，人口不过19万，现在，仅市区内工厂就达到500多个，城市人口增加到80多万，城市用地由原来的16平方公里扩大到146平方公里。看来，这种集中和聚集的形势，在今后一段时间内，还将有所发展。例如：为了上马快、投资低、收效快，国家已确定兰化二厂在西固兴建；兰化、兰炼、兰石厂的生产设备及年生产量在逐年增加；全套日本设备的合成革厂已确定在近郊兴建；为了综合利用西固大工业的三废，大型的硅酸盐厂将相应建成；随着科学、文化、教育事业的发展，近物所要新建重离子加速器，兰州石油机械研究所列为国家重点扩建工程；由于工业的集中和人口的聚集，加上城市生活日趋现代化，一般都会在不同程度上出现城市用地紧张，交通繁忙、堵塞，环境污染日趋严重，住宅、生活服务和文化福利设施供不应求，水、电供应不足，市政工程和公用事业不相适应等等现象。

这些现象，反映了现代城市发展的一般规律和基本矛盾，即工业和各行各业不断向城市集中，人口不断向城市聚集，发展到一定阶段，必然和城市有限的活动空间与可能供应的其他物质条件发生矛盾，这种日益增长的需求和有限供给能力之间的矛盾，将会始终存在于城市发展的全部过程中。

在资本主义国家的城市发展过程中，我们可以看到，由于城市空间环境有限，由于城市各个功能组成部分和城市管理各个环节受到社会的、物质的、科学技术的以及管理水平等条件的制约和影响，往往难以解决这一基本矛盾，因而造成各种需求与供给之间的比例失调，城市有限的活动空间承受着各种超高密度的负荷，使城市各个功能组成部分不能协调发展，降低了各种设施的使用效率和综合使用价值，破坏了城市自然环境中的生态平衡，影响了城市各种活动的正常进行，甚至带来严重后果。

要解决这个基本矛盾，关键在于能否正确认识现代化城市特点，自觉地运用现代化城市发展的普遍规律，在于是否具备大规模建设和改造现代城市的雄厚物质基础及相应的管理水平。

现代城市发展的特点和一般规律是什么呢？可以简单地概括为以下几点：

1.现代的科学技术正在经历着一场伟大的革命，各门科学技术领域都发生了深刻的变化，出现了新的飞跃。现代科学为生产的进步开辟道路，也不断地改造和武装现代工业和其他行业，同时也改造着人们的生活方式和生活习惯。所有这些，要求城市的各种活动都要适应高效率、大容量、长距离、低消耗（物质的和时间的消耗）的这种客观需要。这种客观需要，简明地可概括为活动的高效率和高效能，并反映在城市内部、城际之间、城乡之间的各种活动联系。如城市交通的流量和运动速度的不断增加，必须在空间和时间上进行有效的控制等等。由此可见，现代城市的动态特性愈来愈突出，它应该成为一种高效率、高效能的动态体系的特点，逐渐被人们所认识。

2.现代工业城市，好比一部复杂的联动机。城市的工业相当于机器的动力源和加工头；道路交通系统，好像是机器的传动机构；生活居住区和各种福利设施，可以类比为机身和传动装置的支架；水、电、热能、煤气等市政管线好比机器的电路和润滑系统；城市绿化可以看作像车间的空调卫生设备……生活在城市里的人们，则要控制、操纵和维修管理这个联动机，使其不间断的正常运转，以便进行高效率、低消耗的生产活动。

现代城市的各个功能组成部分，如同联动机的各个部件及控制系统一样，如果其中的某一部分失灵或损坏，不能协调配合，势必影响整个城市生活的正常进行，甚至造成城市生活的瘫痪或中断。由此可见，现代城市比以往任何时代的城市的功能组成部分要复杂得多，各个功能组成部分之间相互联系、彼此制约的紧密性要大得多。因此，现代城市在客观上是一种综合复杂的动态体系。

此外，现代城市还有一个显著的特点，就是它存在于一个或几个集中的广阔空间中。城市的形成及其进步和发展，往往需要一个相当的历史过程，经历着形成——建成——改造——发展几个历史阶段。概括地说，就是城市随着时间的推移、阶段性的改造，发展自己的空间环境。而城市形成、建成、改造和发展周期的长短，即建设速度的快慢，主要取决于整个国民经济实力和科学文化的发展水平，而并不以人们的主观愿望为转移。这个特点，是从城市作为综合动态体系并需投入巨大物化劳动的特点派生出来的。

3. 随着现代科学技术的飞跃发展，人们正在创造空前巨大的社会生产力，不断开辟新的物质生产领域和科学技术领域，并形成了一个完整的、十分庞杂的生产力体系和科学文化体系。这种发展趋势，要求在全国范围内，以至在某个区域内，全面考虑工农业、交通运输等生产力的配置和城乡居民网点、人口及技术网等的合理分布，通过区域规划，加以统筹安排，以便最有效地开发利用自然资源和能源，最经济地发挥已有的生产力效能，不断扩大生产能力，创造更多的物质财富和更好的产品。

任何一个现代城市，都不能脱离现代工业体系、交通运输和电力网体系以及科学文化体系而单独存在和发展。正因为如此，城市才按照自己在这些体系中的地位、作用和城市本身的特点，组成各种形式和不同规模的城市群。中华人民共和国成立以来，特别是近若干年来，随着我国现代工业的发展，在京一津一唐地区，在沪一宁地区，在关中、武汉、兰州等地区，事实上已经形成了一些区域性的城市群。

这里必须强调指出，城市太大了不好，要多搞小城镇。这是毛泽东为我国社会主义城市制定的一项战略方针。因为事物总是具有两面性，总是一分为二的，一方面，城市向集中和密集的方向发展，为的是达到高效率、高效能的目的；另一方面，城市发展的过于集中和密集，却又阻碍了高效率、高效能的继续增长。因为任何历史范畴的高效率、高效能，都是相对的概念，不可能停止在一个水平上。控制大城市规模，主要是控制人口和用地，并非控制生产和各项事业的发展，同时必须做好防震抗震工作。因此，我国城市现代化的发展，必须建立自己的理论，闯出自己的道路。

我国社会主义现代化城市规划学和城市建设管理学当前需要解决的中心问题，是否可以概括为以下的基本内容呢？这就是：充分发挥社会主义制度的优越性，自觉地运用现代城市发展的普遍规律，结合我们具体的实际情况，利用各种规划的、物质的、经济管理的和科学技术的手段，科学地控制和管理城市的基本活动，使整个城市在空间、时间上保持相对的动态平衡，以适应现代城市必须高效率、有计划、按比例、高速度地协调发展和具有美好空间环境的需要，为持续高速度发展社会主义生产力，不断提高人民的生活水平创造必要的条件。

二、关于发展我国城市规划学科的几点意见

1. 认真总结经验，掌握我国社会主义城市规划和建设的客观规律。

回顾我们28年来的城市规划和建设，所以取得成绩，就是因为学习和掌握了客观规律。现代城市规划学和城市建设管理学，是涉及多种门类和多学科的综合性科学，它早已远远超过了以组织城市广场、干道和建筑群艺术空间为主要内容的城市规划理论范围。现代化城市早已不是什么"凝固的音乐"，而是一个高频运动的活动体。为了实现四个现代化，必须认识这些规律，并丰富和发展我国的社会主义城市规划学科，使其更加符合我国国情，以加速我国社会主义现代化城市的建设。我国是一个发展中的社会主义国家，今后的23年，国家用于城市建设方面的资金肯定会有所增加，但与工业、农业、国防和科学部门比，增加的比例总归是有限的。怎样科学地估计今后23年我国城市规划建设的前景，怎样结合需要与可能确定我国城市建设的重点与步骤，怎样进一步发挥我国社会主义制度的优越性，丰富和发展我国社会主义城市建设的理论，指导我们更好的建设社会主义现代化城市，就成为历史赋予我们的光荣任务。

2.努力学习国外经验，密切联系我国实际，为我所用。

邓小平同志在全国科学大会的讲话中指出：提高我国的技术水平，必须发展我们自己的创造，必须坚持独立自主、自力更生的方针。但是独立自主，不是闭关自守，自力更生不是盲目排外。科学技术是人类共同的财富，任何一个民族、一个国家，都需要学习别的民族、别的国家的长处，学习人家的先进科学技术。我们不仅因为今天科学技术落后，需要努力向外国学习，即使我们的科学技术赶上了世界先进水平，也还要学习人家的长处。我国古代城市规划的遗产是丰富的，但现代的城市规划是从学习国外经验开始的，在这一方面，我们所走过的道路是曲折的。近十几年来，我们的城市工作者克服种种困难，介绍了一些国外经验，做了一定的工作。今天，我认为我们不但具备了条件，而且也必须开展对国外城市规划和建设的系统的研究工作了。同研究我国自己的经验一样，我们也应该全面地、历史地、科学地分析国外的经验（包括成功与失败、正面与反面），既不能全盘照搬，也不能一骂了之。特别是对产业革命以来城市的发展，更需要深入研究，要研究经济发展的不同阶段城市结构的发展变化，对于现代工业的布局、环境保护、交通问题、市政设施的发展，都需要在运动的过程中，相互联系地去研究它们，"引出其固有的而不是臆造的规律性，即找出周围事变的内部联系，作为我们行动的向导"，而不是支离破碎地"拾到篮里就是菜"。要研究第一世界、第二世界城市规划建设经验，还要研究第三世界发展中国家城市规划和建设的经验。朝鲜、罗马尼亚、南斯拉夫在近十几年来城市建设发展很快，成绩十分显著，值得我们好好学习。亚洲一些经济落后的地区城市规划建设也并不是没有可以借鉴之处。一句话，我们应该放开眼界，学习世界上一切先进的东西，为我所用。

3.加速改变城市规划科研的落后面貌，建立门类齐全的社会主义现代化的城市规划学科。

城市规划发展到现代，已经成为一门综合性科学。它与社会科学、经济计划、工程技术都有着密切的联系。我们只有不断地把相邻学科的最新成果运用到自己的学科中来，才能及时补充、修改、丰富和发展我国的城市规划理论，起到这一门学科在社会主义建设中应有的作用。最近，建筑界的同志在居住建筑"低层次、高密度"问题上进行了有益的探讨，对我启发很大。我联想到：能不能运用规划的手段，为我国城市居民提供足够的用地，保证有更多好朝向的居室呢？从我们现在大量的城市现状考察，城市用地分配是不尽合理的。工厂、大专院校、科研机关、行政单位和仓库用地，一般是布局分散、低层数、大院落，其结果，只有居住用地成为压缩的主要对象，这正是居住用地紧张的主要原因。对于这个问题，如果不从城市总体上进行技术经济比较，不从规划上加以控制和调整，今后居住用地的紧张状况，更会有增无已。现在的情况是，城市规划科学研究的进度，已经落后于相邻学科，这必然会影响到相邻学科的平衡发展。因为规划是研究大局的，是研究战略的，如果战略方向不明，就可能导致战术研究的某种混乱。除了进度上的落后，我们这门学科在内部组成上也还不适应发展的需要，不用说环境学、生态学已经介入了规划领域，就是城市经济、工业经济这些必要的学科，在我国城市规划学科也是十分薄弱的。城市建设是一项经济活动，研究城市规划而不研究经济规律，必然会陷入盲目性。这也是我们多年来在实践中的切身感受。为了完成新时期的总任务，我们有必要在近年内在我国城市规划学科中，增建新的门类，开拓新的领域，建立门类齐全的社会主义现代化的城市规划学科。

4.积极开展学术活动，为提高我国城市规划科学技术水平贡献力量。

关于提高我国城市规划科学技术水平问题，党中央已经做了明确的指示，国家建委城建局在全国城建系统重点科研项目会议上也已做了具体部署，要求1980年前，恢复和建立国家城市规划研究机构，恢复和充实大专院校的城市规划专业，健全和充实各省、市规划管理机构。现在，各有关部门正在逐步落实。我们城市规划学术委员会的成立也是落实的具体步骤之一。今后，希望学会积极开展学术活动，为提高我国城市规划的科学技术水平，发挥应有的作用。对于学会的活动，我的设想和建议：一是可以围绕我国重大的城市规划，或者是典型的实践课题，进行广泛的探讨，或组织参加实践，比如大、中、小型各类城市总体规划的制定和修改，新型工业基地的规划，风景区规划等等；二是结合国家科委下达的城市规划学科重点科研项目，开展科学研究和学术交流；三是研究规划专业的教育、学科设置和发展方向问题，以提供有关部门咨询参考；四是有计划、有重点地开展国内和国际的学术交流活动；五是搞好规划队伍的"以老带新"工作。我们希望由于各种原因已经离开了规划岗位的具有一定实践经验和技术业务水平的同志，能够迅速归队，当前最重要的是组织上的落实。同时，鉴于当前国家规划科研工作的紧迫要求，为了集中人才，解决急需，我建议在国家建委和各省、市委的领导下，可在学会中划分若干小组，以在座的委员同志们为领导或者为骨干，吸收一些具有一定科学技术水平和实践经验的中年规划工作者（包括有关专业的科技人员）参加，或参加重大实践，或组织科研攻关。这样做，既有利于在实践斗争中，搞好"传、帮、带"，也有利于老一辈规划工作者教学相长，进一步发挥作用！

写于1978年8月

规划与建设具有民族特色的人民城市

如何认识客观规律，如何丰富和发展我们的城市规划科学，如何把继承我国的优秀传统和学习国际先进经验结合起来，并有所创新，使其更加符合我们的国情，具有我国民族的鲜明特点，从而指导我国的城市建设，进而对人类有所贡献，这是新中国规划师和建筑师的神圣职责，是值得认真探讨的重大问题。

应该怎样规划与建设具有民族特色的城市呢？

30年来正反两个方面的经验使我们认识到，我们必须站在自己的基础上，"古为今用""洋为中用""推陈出新"，走自己城市建设的道路，去创建具有自己民族特色的现代化的人民城市。为此：

第一，大、中、小城市应在全国范围内进行合理的分布，严格控制大城市规模，积极发展小城镇。

我国的城市，是一个地区政治经济、文化和科研的中心，也是发展现代化工农业和旅游事业的基地。如何正确地认识大城市与小城市的特点，如何自觉地去运用现代化城市发展的普遍规律，使大、中、小城市有机地联系起来，并在全国范围内科学地、合理地分布，这是摆在我们面前需要我们努力解决的一个问题。

由于大城市物质基础比较雄厚，居民生活（衣、食、住、行）比较方便，因而新建工业企业都希望进入大城市。另一方面，由于城市规模大，城市用地紧张，物资供应很难满足城市人民日益增长的需要，所以，就会产生一时难以解决的矛盾。基于上述，我国第一个五年计划期间就提出了以发展小城镇为主的方针，我们不主张搞大都市化。我们认为城市人口规模和用地规模应该是可以控制的，特别是大城市规模一定要控制。因为土地国有化为合理的城市布局创造了先决条件，计划经济为有计划、按比例地进行城市建设提供了充分的可能性。我们有条件按照国家计划和区域规划在全国范围内均衡分布生产力和合理进行居住区布局，使沿海工业与内地工业平衡发展，使轻、重工业与农业平衡发展，使生产与生活服务设施平衡发展。我们还应当看到，我国是一个农业大国，有8亿农民，3亿农业劳动力，随着农业现代化的进展，必将有大量农业劳动力逐步节省下来。农村是一个广阔的天地，我们已经制订了大力发展农村社队企业的政策，一方面要在农村逐步建设现代化的农副产品工业，另一方面城市的工厂也可以把一部分适宜于在农村加工的产品或零部件的生产有计划地分散给社队企业经营。

我国有2 000多个县城和为数更多的集镇等所在地，只要我们加强规划，逐步用现代化的工交运输、商业服务、科学教育、文化卫生等事业把它们武装起来，就可以形成一个改变我国农村面貌、加快实现农业现代化的强大基地。农业的发展，是其他事业的基础，从而可为大城市发展实现"工农结合、城乡结合、有利生产、方便生活"提供极为有利的条件，这也是逐步缩小工农差别、城乡差别的必由之路。应该说，我们不但可以实现城市建筑与园林绿化的统一，而且可以实现工农之间、城乡之间的统一。集体化道路为此提供了优越的条件。大力发展农村工业和郊区小城镇，并对农村居民点进行规划，不仅有助于促进农业现代化，也有利于安置更多的人就业，从而可以避免或减少农业人口向大中城市转移而给大城市带来更大的压力。在有条件的城市里，我们还特别注意一个"留"字，就是留有余地，像兰州那样，保留了大片的农田、果园、菜地、林区，以至水系、苇塘等，绝不能把土地用尽。这可以使城乡之间、建筑与园林绿化之间、城区与郊区之间浑然一体，不但可以使城市居民直接接近大自然，抬头可见农村，迈步可到农村，为城市人民创造良好的生活环境，还可以起到控制城市规模的作用。

第二，既应用现代科学技术，又发扬民族文化传统，建设具有中国特色的现代化的社会主义城市。

中国的科学技术在某些方面是落后于先进国家的，我们不光要学习外国可取的经验，更重要的在于如何密切结合我国实际情况，做到"洋为中用"。科学技术是人类的共同财富，任何一个民族，一个国家，都需要与其他民族、其他国家互相学习，取长补短，共同利用先进技术。我们不但因为现今科学技术落后而需要努力向外国学习，将来即使我们的科学技术居于世界先进水平，也还是要学习人家的长处。必须开展对国外城市规划与城市建设方面系统的研究与学习，全面地、历史地、科学地吸取经验教训，包括正面的、反面的、成功的、失败的。特别是对于产业革命以来近代城市的发展，应从现代化工业布局、环境保护、交通运输和市政设施的相互联系与发展过程中，引出其中固有的而不是臆造的规律，即找出周围事物的内部联系，作为我们行动的向导，而绝不应当是支离破碎地"拾到篮子里都是菜"。一句话，我们需要打开眼界，学习世界上一切先进的东西，为我所用，这就是我们的学习态度。

我们要在城市建设中大量地采用现代技术，但是，我们有自己的特点、制度和政策。技术是手段，不是目的，我们需要的是一个既利用现代技术而又保持传统面目的城市空间和生活环境，绝不应该脱离实际地去追求技术和形式上的时髦。以闻名世界的风景城市杭州而言，绝不应当让林立的巨楼和各种庞大的设施喧宾夺主。

千万不能让"西施"变成"东施",更不应当让"西子湖"变成"西洋湖"。我认为,应当让"西子"的特色和丰采,在现代技术中得到润色、充实和发展。

我们不应该忘记前人解决问题的好办法。例如,我国浙江省的绍兴是2 500年前春秋时代越国的都城。这座历史悠久、具有古老文化的江南水乡城市,不仅水系规划到家,城内3座独立的山也都赋予了功能价值,既有御敌和避难的作用,又使山、水、城市融为一体;既表现了江南水乡城市的独特风貌,也给城市人民创造了美好的生活环境。如果说,一个城市环境质量的优劣应当从安全、健康、舒适、方便和效率等方面综合评价的话,绍兴规划就值得我们研究。我们不应当抛开古老的文化遗产和民族传统,现代技术的应用只能是给它增添新的内容、新的生命,给人民创造更好的生活条件,从而开拓具有中国特色的现代化的社会主义城市,这就是我国城市建设正在探索的道路。

第三,处理好"人—自然—建筑—城市"的关系,实现人工环境与大自然的有机结合,实现城市园林化,建设花园式的城市。

当今世界,随着工业的发达和都市化的冲击,人口大量向城市集中,城市出现了盲目发展的倾向。尽管城市一天比一天繁荣,一天比一天现代化,但是,由于生态平衡不断受到破坏,人们的居住环境就一天比一天恶化,大气污染、水体污染、土壤污染、食品污染、噪声污染威胁着城市里的每一个人。住房紧张、供应紧张、交通紧张、公用设施紧张,反而降低了人们的生活水平。特别是自然环境受到破坏,城市面临着大自然的惩罚,人们不得不采取有效对策来保护城市生态环境,达到生态平衡。这不仅关系着我们这一代人的幸福,更关系着能否造福于子孙后代。

我们认为,中国历史悠久、幅员广大、民族众多,不同地区的自然条件、历史条件、地方资源、经济状况各有不同,每一个城市都应当有它自己的独特环境和创造性安排。不需要一律搞成那种摩天大厦林立拥挤、空中车道叠三架四、生态环境横遭破坏、人与大自然截然隔离、城市变成了房子堆积地的都市形象。我们要努力去创造既能适应城市人民变化着的各种生活需要与功能要求，又不丧失与大自然保持有机联系，拥有充沛的阳光、洁净的空气、充足而卫生的水。

对于破坏自然环境，造成生态平衡失调的现象，我们要竭力扭转。充分地去认识大自然、利用大自然、改造大自然，让大自然更好地为人类的美好生活服务。

在中国辽阔的疆域里，自然风光绮丽，园林风景秀美，而且文物名胜古迹遍布各地。对敦煌的莫高窟，大同的云冈石窟，洛阳的龙门石窟，苏州的虎丘，杭州的灵隐寺，昆明的筇竹寺，成都的武侯祠与杜甫草堂，曲阜的孔庙、孔林，太原的晋祠，承德的避暑山庄，沈阳的东陵、北陵，西安的秦陵、乾陵，北京的十三陵、东陵、天坛、故宫、颐和园、八达岭以及新会的"小鸟天堂"，普陀山的海天佛国，驰名中外的"三山五岳"等等，数不胜数的名胜古迹，历史悠久的文化珍宝，闻名世界的风景区，通过全国风景旅游规划会议，迅速采取措施，加强对名胜古迹的保护和管理，纳入城镇风景区规划，以便使名山、名水、名林、名园以及名胜释放出更加灿烂的光彩。

风景资源是一个巨大的自然资源，我们在每一个城市的总体规划中，都要特别注意保护名胜古迹和风景区的固有特色，使中外旅游者不仅可以看到山光、水色、名木、古树、奇花、异草、古建筑、园林艺术，欣赏自然风光，更能看到文化、艺术和历史传统，从中受到教益。

园林和自然风景是人类的共同财富，任何人无权破坏它，而只能是保护它，不断地充实和丰富它的内容和民族色彩。在这方面，我们应注意加强城市的园林绿化建设，使城市逐步实现园林化。园林绿化的好坏是城市文明的一个标志，是建设现代化城市重要的一环，它已经成为我国社会主义建设的一个组成部分，我们的目标是要把城市建设成为一个绿荫覆盖的城市。这就是我们城市规划师、建筑师和广大人民所肩负的使命，也是现代城市防震、防灾、战备、安全、交通、健康、文化、改善城市环境、接近大自然所迫切要求的。

第四，为生产和人民生活创造良好的条件，逐步满足人民不断增长着的物质的和精神的各种需要。

规划与建设人民的城市，当然应当满足人们生产、生活、工作、休息、交通、安全、健康等各个方面的功能要求，人们不断发展变化着的各种需要，特别是要适应随着现代化的发展而日益增长着的人们物质方面和精神、文化、艺术等方面的要求。为此，我们正在进行着各种各样的尝试与努力——以历史的传统文化为基础，合理开发、利用自己有限的各种资源，充分结合各地区的地方特色和民族特色，有计划地提高人民的居住水平，从而为人民创造与自然相协调、舒适、安定、健康、文化发达的整体环境。

我国是发展中国家。中华人民共和国成立以来，尽管我们在城市建设上已经取得了一定的成就，但是，我们的现代生产技术水平还很低，物质基础还不够雄厚，旧社会遗留下来的城市的许多不合理的状况还要经过一段努力改造才能完全改变过来。因此，怎样科学地估计今后我国城市发展的前景，怎样结合需要与可能确定我国城市建设的重点与步骤，下一步怎样发挥我们社会主义制度的优越性进而丰富和发展社会主义城市建设的理论与实践，这就是历史赋予我们的光荣使命。

我们绝不把希望寄托于一夜之间的突变，任何事物的发展都要经过一个从量变到质变的过程，这中间也可能会出现曲折。在过去的岁月里，一方面是由于历史遗留下来一些问题，另一方面是由于缺乏经验，致使旧城改造中工业的发展又给城市带来了许多矛盾。因此，我们不但需要解决旧问题，还得解决新问题。如何把理想逐步变成现实呢？我们先从力所能及的范围内着手，对于过去的许多臭水沟，如天津的墙子河，上海的肇嘉浜，北京的龙须沟等等，逐步改造成为街心花园或林荫大道，把天津市解放初的5 000多个窝棚全部改建，把广州市世世代代的水上贫民窟改造成为江边居民区，把昔日被人们称为"人间地狱"的哈尔滨市的"三十六棚"地区改造成为新型居民区，并且陆续建设一批崭新的职工居住区。在城市里修复古典园林和名胜古迹，进行大量的园林绿化工作。例如肇庆，大自然的鬼斧神工，再加上中华人民共和国成立后劳动人民的巧手匠心，使得星湖风景真正具有"桂林之山、西湖之水"的独特风貌，吸引着络绎不绝的中外游人。同时，根据合理布局工业和保护环境的原则，对市区内新旧有害工业进行搬迁、转产、合并等调整工作，以使城市居民从不良的环境状态中解脱出来。尤其是党的十一届三中全会以后，在旧城改造和居民区的建设中特别强调了各种建筑以及服务设施的地点、形式、体量、尺度都必须与园林风景相协调、与大自然相统一、与民族传统形式相一致，既有继承，又有独创，从而去创造有利生产、方便生活、确保安全、有益健康的人民喜爱乐居的居住环境，为人民创造舒适的生活条件。

30年来，我参与了北京、兰州、沈阳等城市的规划与建设工作，也曾给杭州、桂林、昆明、延安等若干城市规划提过意见，从中深深地体会到，规划与建设好一个城市不是件容易的事情，它受到各个方面的制约，它不仅直接依赖于国民经济的发展，也取决于社会的因素。要把理想变为现实，是需要付出代价的，有时候甚至是高昂的代价。因为理想与现实毕竟是有距离的，甚至是有很大的距离的。况且，社会的发展和技术的飞跃又在不断地改变着生产方式和人们的生活方式，解决旧的矛盾的同时又会出现新的矛盾，需要我们不断去解决。我们的任务就是要使城市规划与建设逐步满足人民不断增长着的物质的和精神的各种需要。经过30年的艰苦奋斗，目前全国已有3 400多个城镇，城镇人口1.1亿多人，设市的有190多个，其中100万人以上的特大城市13个，50万人以上的大城市37个。特别是20世纪50年代后期和60年代初期，全国许多城市在六七年内就建设了大量的工厂，开拓了道路，兴建了大型的市政公用设施，使若干新型城市初具规模，兰州、郑州、太原、合肥、西安等城市就是明显的例子。但是，我国的城市规划与城市建设距离实现人民理想城市的目标尚远，我们只不过是初步清除了前进道路上的障碍，开辟了基地，奠定了骨架基础而已。

第五，要充分发挥当代规划师与建筑师的作用，更重要的是要城市规划师、建筑师以及各行各业的有关专门人员与人民群众共同参与城市的规划与建设。

我们的城市是人民的城市，城市建设应以广大人民的利益为出发点。我国人民当家作主了，这就从根本上为建设人民所向往的城市提供了前景与可能。

我们这一代规划师、建筑师，肩负着人民的重托，身负"继往开来"的责任。我国古代城市规划与建设的成就是辉煌的，有很多地方值得借鉴。例如在3 500年前建成，至今城市布局一直保留而未被淘汰的苏州城市规划，就足见我国古代城市与建筑设计方面的高水平。当然，我们必须看到古代的城市规划，多是从维护封建统治者的利益出发，用它来表现今天社会主义和"超工业时代"的特点就会有很大的局限性；另一方面我们必须看到，民族文化传统是经历了几百年，甚至几千年形成的，我们绝不能割断历史，不能不看到它的连续性、独特性和人民性。如何继承与创新，做到"推陈出新""继往开来"，这就是时代对我们提出的挑战。

今天，我们生活在科技发展与社会变革如此迅速而激烈的时代，我们面临的挑战是很多的，要解决的问题与日俱增，而且越来越复杂。城市规划早已广泛涉及从一个国家的政治、经济、历史、地理、文化、法律、传统，直到各种具体政策；从一个城市，一个城市群，直到一个地域的发展；从一个单体设计、复合体设计，直到各个复合体的综合设计的研究等等，正在不断地向着广度和深度的方向发展。专业的分工越来越细，要求也更广、更深、更细致，但是，各个专业之间的互相渗透和互相结合却更加密切。如果不集中广大人民群众的智慧，不与许多规划师、建筑师以及有关各行各业的专门人员配合一道工作，我们是不会出色地完成规划任务的。

当然，新中国的规划师、建筑师已经发挥了并且继续发挥着很大的作用。我国的规划师、建筑师不仅参与有关区域规划、城市规划以及较大型的建筑设计、建筑施工等问题的制定，包括城市规划、城市建设和建筑管理等方面的定额、规范、规章、制度和对重大规划方案、工程方案的审查等，而且在全国人民代表大会、中国人民政治协商会议和省、市、自治区以至地、县、区各级人民代表大会、政治协商会议中，都有一定数量的规划师、建筑师参加，与国家领导人以及各方面人士一起共同讨论国家大事，包括讨论国家的建设大事。

不仅要充分发挥规划师、建筑师的作用，更重要的是还要争取各行各业与人民群众能够共同参与城市建设的全过程。尽管国家有专职机构与专业人员进行城市规划与城市建设以及建筑管理工作，建设资金均由国家安排，但在具体的规划、建设及其管理中，我们总是主动创造种种条件，广泛听取人民群众的意见和建议，充分发挥集体的智慧与创造性，这正是社会主义制度优越性的反映。兰州、沈阳等城市总体规划的编制都是经过规划人员与全市各行各业的专业人员共同进行调查研究，在此基础上做出规划方案，再举办城市规划展览，把规划设想交给人民群众评议，根据大家的意见再进行修改而确定的。我国每一个城市的规划设计几乎都在不同程度上采取了规划师、建筑师与各行各业的专门人员与群众相结合的办法，我们也同样依靠人民群众参与城市的建设与管理工作。走群众路线，已经成为我们的一贯方针。

在规划师、建筑师与广大工人群众的辛勤劳动和共同努力下，我们为国家，为人民规划、建设、改造了若干城市，建造了大量的生产、生活、文化、教育、医疗、卫生等各种建筑物，促进了生产的发展，改善着广大人民群众的生活环境，从而改变着祖国的城市面貌。党的十一届三中全会以来，大家更加精神振奋、斗志昂扬，决心为早日实现四个现代化贡献自己的全部精力和智慧。

城市规划发展到今天，已经成为一门综合性学科，它不单纯是规划师、建筑师的事，它与社会科学、经济计划、工程技术、生态环境、心理教育、美学艺术都有着密切的关系。我们规划师、建筑师只有不断地把相邻学科的理论和新成果运用到自己的学科中来，才能及时补充、修改、丰富和发展我们城市规划的理论与实践，从而使这门学科在为人民着想的城市规划与城市建设中起到应有的作用。

当前，城市规划科学的研究与进展已经落后于相邻学科，这必然会影响到相邻学科的平衡发展。因为城市规划是研究大局的，研究战略的，如果战略方向不明，就可能导致战术上的某些混乱。在我国，这门学科在内部组织上还有待于改进和发展，现在还处于不相适应的状况，更何况环境学、生态学等已经介入了城市规划领域，城市经济、城市管理等学科还有待于大力发展。为了更好地建设城市，我们有必要在我国城市规划学科中增加新的门类，开拓新的领域，从而建立门类齐全的社会主义现代化的城市规划科学，研究重大问题，参加重大实践，组织科研攻关，使城市建设既按照经济规律办事，又能充分发挥人的主观能动性，有计划、按比例、高速度地发展。

建设人民的城市，是一项非常艰巨的历史任务，它需要整个社会的努力，需要整个城市的努力，理所当然地也需要我们规划师、建筑师付出巨大的劳动。尽管我国人民已经当家作主，但要真正规划与建设具有民族特色的人民城市，仍需要规划师、建筑师与其他有关学科的专家同广大人民群众结合起来，在探索自己城市发展道路的实践中前进。

我们正在探索自己的道路。我们坚信：人民是历史发展的原动力，人民也必然是自己理想城市的缔造者和主宰者。

写于1979年

城市规划与建设中的统筹兼顾、综合平衡

——从兰州谈起

新的兰州市总体规划已被国务院正式批准，这是党和国家对兰州城市建设的关怀和支持。但是，过去积累下来的问题是不可能在一朝一夕全部解决的，如果处理不当，有些矛盾还有进一步加深的可能。城市规划与城市建设中遗留下来的问题，有的已经影响了生产和人民生活，影响了城市建设的发展，有些不合理的布局，甚至难以在近期内得到改变，以致危害当前，贻误长远。各方面的反应都是强烈的。大家认为，30年来，在城市规划与城市建设方面，还没有能够取得它本来应当取得的成就，城市规划本来应当走在建设的前面，实际却落后了。国务院已经批准的兰州市总体规划表明：当前，工业要调整，住宅、市政公用事业要加强，文化、科研、教育、医疗卫生等各项事业的任务也很重，旅游事业要发展，"六五"以后，国民经济将会以更大的速度增长。国务院在批文中还指出：1985年以前，兰州市要重点建设一两个卫星城镇，同时要切实抓好环境保护工作，并使兰州市民燃料逐步实现煤气化，原有城市的改造与建设速度也要加快。所有这些，迫切要求迅速加强近期规划和详细规划，必须下决心搞好城市建设上的统筹兼顾、综合平衡问题。

　　城市是一个国家或者一个地区政治、经济、文化的中心，是国民经济发展的重要组成部分，它是各行各业的有机综合体。随着城市中各项建设与各种设施运行的日益复杂化和现代化，其动态特征越来越突出，并且成为一个高效率、高效能的综合动态体系。因此，建设城市，必须从国家和城市的整体来考虑，不能只站在某一个工厂、某一个行业和某一项单项工程的角度来看问题。全面考虑城市中的各项事业的协调发展，我们需要研究的问题很多，涉及的内容也广泛。研究城市综合体发展的统筹兼顾、综合平衡，使城市中的各项建设事业有计划、按比例、有步骤地高速度发展应是当务之急，本文仅就这方面发表一点浅见。

一

　　国民经济的发展直接关系着城市规划与城市建设的进展，在国民经济计划允许的范围内，处理好基本建设投资中生产与生活的比例关系，即"骨头"与"肉"的比例关系，是整个城市各项事业能否协调发展的首要问题。兰州在国民经济的三年恢复时期、第一个五年计划时期、第二个五年计划时期和调整时期、第三个五年计划时期和第四个五年计划时期，按城市人口平均计算，每人每年的城市建设投资大概为25元、375元、225元和93元、××元（无统计数字）和120元。数字表明，第一个五年计划和第二个五年计划的10年中，由于在进行大规模工业建设的同时注重了城市建设，兴建了大量的道路、桥梁、河堤、洪道、上水、下水、住宅以及相应的公共服务设施，在当时，基本上满足了工业发展和人民生活的需要，可称兰州城市建设的黄金时代。而在第三个五年计划和第四个五年计划的10年中，城市工业在发展，城市人口剧增，但城市建设的投资却下降了，城市建设中出现了很大"缺口"，留下了交通拥挤、防洪乏力、环境污染、住房紧张、公共服务设施不足等许多后遗症。以兰州城市道路为例，现有的300万平方米的柏油路面和较低级的级配路面，大部分是20世纪五六十年代修筑的，特别是在过渡性路基上铺设的高级路面，早已到了衰老龄期。以当前施工能力而计，如果每年更新30万平方米，尚需10年才能完成。这是一个多么被动的局面啊！30年的实践经验告诉我们，不按照一定的比例统筹兼顾、综合平衡是不行的。

当然，城市建设的规模、速度必须与我国的财力、物力和技术水平相适应，它不仅取决于城市投资的多少，更决定于物质基础的薄厚。在我国经济力量和物资条件还有限的情况下，遵循"先生产、后生活"的建设原则是对的，但是，"先生产、后生活"绝不意味着不按生产发展的比例安排生活。省、市辖区范围内一些小城镇的发展，以往多是作为工业和重点工程建设的附属设施来考虑的，安排生产多，安排生活少，甚至不安排城镇建设。而永登、榆中、皋兰等没有工业建设任务的县镇更是长期建设不起来，致使城镇人民的生活需要落后于生产的发展，这个经验教训是我们应当汲取的。今天，在兰州市和白银市等城镇的工业建设已具规模而城市建设严重"欠账"的情况下，市区内不可再放大中型工业项目，应当是城市建设资金要重点用于职工住宅和相应的市政公用设施的配套建设。

今后，省市对兰州城市建设方面的投资可能会逐步增大。但在短期内欲把城市建设的所有"欠账"还清，那也是不可能的。这就要求我们必须把投资用在刀刃上，用得恰到好处。这就是说，在兰州市的城市规划与城市建设中，统筹兼顾、综合平衡的工作是大有文章可作的。

二

城市规划是国民经济发展计划的具体化，简而言之，城市规划就是城市计划，它是城市建设实现有计划、按比例、有步骤进行的依据。兰州市城市总体规划对兰州城市建设发挥了积极的作用，但是，在我们的工作中，也存在着不少问题。不少同志，包括一些领导同志，还不了解、不熟悉、不太重视城市规划工作，以为城市规划可有可无。长期以来，基本建设投资按条条下达，工厂盖起来了，住宅与配套设施跟不上来，更谈不上"六统一"建设了；或者是房子竣工了，但配备设施跟不上，使用极不方便；有的甚至超越城市规划进行选点建设，造成了城市建设中的混乱和不合理布局。诸如此类的经验教训我们是不会忘记的。它告诫我们，城市规划的任务就是对城市中的各项建设进行"统筹兼顾、综合平衡"，它是科学的东西，绝不能可有可无，舍此，城市建设就会乱套。诚然，影响兰州城市发展规模和周围小城镇健康发展的因素很多，而不要规划或不按规划办事、头疼医头、脚疼医脚、多头指挥却是不容忽视的原因。

坚持城市总体规划是城市统筹兼顾、综合平衡的关键。今天，兰州新的城市总体规划已经被国务院批准，但绝不可认为，有了城市总体规划就万事大吉了。因为城市总体规划仅仅是一个城市发展的战略计划，它涉及面广，实施时间长，相对来讲比较粗略，不可能预见和解决实施过程中的所有具体问题。因此，欲把城市建设好，搞好近期建设安排和详细规划至关重要。如果仅有一个控制空间的总体规划而没有或者缺乏控制时间的详细规划，城市建设同样是会搞乱的。更重要的是，城市规划必须与国民经济发展计划相结合。只要把城市规划纳入国家与地方的国民经济计划，计划才能落实，规划才有保障，城市中的各项建设才能避免盲目性和打混仗，城市建设才得以统筹兼顾、综合平衡、合理安排、各得其所。如果规划部门不了解计划部门的打算，计划部门未考虑规划部门的意见，规划与计划相脱节，要实现统筹兼顾、综合平衡就有可能是一句空话，至少是顾此失彼，不够协调。国务院在批文中给我们指出了方向和方法，批文中说："无论工业或民用的大中型建设项目，都必须按照国家规定的基本建设程序，报经有关部门综合平衡，列入计划，方准进行建设。列入计划的各类建设项目，在定点、布局上必须服从城市规划的安排。"今后，我们就应当照此办理，迅速改变与之不相符合的现状。

三

城市，这个复杂的客观存在，它绝不单单是一个简单的物质集合体，它是一个由各种各样的主体内容，如道路广场、园林绿化、建筑组群等组成的连续环境，它是由各项建设构成的一个互相衔接的巨大的有机整体。可以说，城市各组成部分的正常运转是在多方面的许多价值观的支配下进行活动的。一个居住区、一条街、一个建筑组群，是由一个或几个主体进行建设的复合体设计，可以出自一个或几个建筑师、规划师之手。但整个城市规划却迥然不同，它是在多数设计主体的设计之上更加统一起来的整体设计。不论某一个单体设计或复合体本身有多么完美，如果你是你，他是他，互不联系，整个城市只能是一个杂乱的建筑群堆砌的。兰州到处可以看到这种情况。城市规划设计应该是把各种复合体设计当作整体的一部分而进行的综合环境设计，要把各种复合体统一起来，不只是城市中各个职能局、城市规划与市政、建筑设计院的事，它是全市人民的事，必须有一个权威的机构来进行统筹兼顾、综合平衡。本来，地方政府应是综合建设城市的主体，城建局（或规划局）编制和实施总体规划的职能，实际上，在当前体制下是难以统一起来的，更何况城市综合规划与建设已不光是技术问题，它是政治、经济、科学、技术等的综合体现，它是现代"系统工程学"的一个重要组成部分。所以，最要紧的是要从体制上组织、领导这门"系统工程"，科学地综合平衡现代城市建设中的各种因素，以确保城市规划的顺利实施和各个组成部分的正常运转。

我们是社会主义国家，土地国有制，计划经济，可以在全国、全省、全市范围内合理均衡分布生产力以及解决住房问题，这就为城市建设的统筹兼顾、综合平衡提供了条件。但是，由于在城市建设中多头指挥，各行其是，计划、规划脱节，我们的优越性还没有得到充分的发挥。以民用建筑实行统一投资、统一规划、统一设计、统一施工、统一分配、统一管理的"六统一"建设为例，至今还有"见缝插针，遍地开花"的现象出现，"成片统建、配套建设"的局面还没有完全打开。我们多么需要一个强有力的"乐队指挥"啊！国务院对兰州市各项建设的统一指挥权指明了归属，要求在市委的领导下，加强城市规划与城市建设工作。我们这样做了，今后兰州市各项建设事业的发展一定会有新的起色。

建设一个"适应经济发展和人民生活需要的社会主义现代化城市"，是一项光荣而艰巨的任务，它需要整个社会的努力，整个城市的努力，城市中的所有部门，无论部属、省属、市属或外地派驻机构，包括工业、农业、交通、财贸、政法、科教、体卫、人防等部门，都应当树立全局观点，自觉服从和协助搞好城市规划与建设计划的统筹安排，使城市建设做到统筹兼顾、综合平衡，有计划、按比例、有步骤、高速度地发展，从而尽快改变目前城市规划与城市建设落后的状况，为把兰州市规划好、建设好、管理好，做出我们应有的贡献。

写于1979年12月

关于综合环境设计问题

——在马尼拉国际建协第四区学术讨论会上的发言

一

对待综合环境设计问题需要有开阔的眼界和历史观点。

人类在悠久的发展过程中，为了日益增长的对物质财富和文明的需要，不断地认识自然、利用自然并改造自然，创造了为满足生产、生活、交通和休息需要的美好环境。这个理想始终是大家所向往的。但由于某些原因，对自然资源进行无远见的、盲目的和无政府的开发和利用，于是造成了资源的日趋贫竭和巨大浪费。如石油能源，由于大量地浪费使用，现在已濒临枯竭，富国正以每年6%的速度增加着石油消耗。地球只有一个，地球上的资源并非都是取之不尽、用之不竭的。一旦石油资源枯竭，而新的能源又接替不上，那时，人类社会将成为什么样子呢？我们对石油能源的"酗油"现象必须提出警告，引起重视，我们必须珍惜能源。又如城市里水资源的浪费，实质上也是能源浪费，同样是惊人的。在我国，由于管理不善，大城市里水的浪费是使人吃惊的。土地也是必须珍惜的资源，尽管我国疆域辽阔，可耕地总面积并不多，这对工业用地必然有制约作用。没有石油、水和土地，城市活动和人类活动就无法进行，我们必须把珍惜资源提到议事日程上来。珍惜能源、水源，寻找新资源以及土地合理使用是综合环境设计的根本前提。

其次，人口问题对经济发展和环境设计也是有极大影响的。人既是生产者又是消费者。人口增长率保持在适当的水平，对目前和将来的经济发展和提高人民生活水平都有重大意义。有些发展中国家人口的过高增长给国家经济发展带来了很大困难。我们中国认识到了这个问题的严重性并决心要控制好人口自然增加率，把它保持在恰当的水平上。人口高度增加妨碍国家财富的积累并影响人民生活水平的提高，到公元2000年，如果世界人口增长到70亿，加上能源缺乏，粮食缺乏，生态环境失去平衡，保护环境问题将更加严重，世界前途确是不大美妙的。所以，我们认为人口问题是综合环境设计一个不容忽视的前提。

第三，工业化是当代人类拥有的向自然的深度和广度进军的有力武器，从而能为人类造福。但是，不可讳言，工业化也给人类带来了污染，从陆地土壤到江河湖海，从地下水源到大气空间，严重地破坏着自然环境。

在过去一个世纪内，像中国这样的发展中国家，在外国侵略势力和国内反动统治的压榨下，人民饥寒交迫，为了生存，他们被迫破坏了生态系统的平衡状态，毁林开荒，围江河湖海造田，弃牧务农等，违背了自然规律，结果加重了水土流失，扩大了旱、涝、风、水之灾，使土地沙漠化，严重地破坏了生态环境。

中国共产党早在革命初期就对人和土地之间的微妙平衡关系给予了注意，并在那时候就着手摸索出一套农村工作方法。中华人民共和国成立后，政府立即开始恢复农村经济和生态环境保护工作，对一切自然资源的保护、开发和利用做了规定。但是，由于在城市管理方面我们的经验不多，所以，对于工业的迅速发展所带来的环境污染问题，开始是认识不足的。我们正在积极发展自己的工业，并在不断地总结经验，采取措施，努力防止工业化过程中出现的消极影响。当然，也不能因噎废食。

当前世界面临的一些重大问题，多半是因为许多国家和地区普遍存在着贫困现象，以及国家内部和国际之间存在着悬殊的差异造成的。近代科学技术的发达和城市化的冲击，致使环境进一步恶化。人类在创造更加适于自己的环境时，反而破坏了自己现有的环境，这毕竟是不够发达、不够文明的表现。从根本上来说，还是由于社会生产力发展不够快所致。有人说：在第三世界中还有一种公害，那就是贫穷，这是有一定道理的。是不是发展中国家要把贫穷作为一种公害来对待？是不是发展经济应当从这样一个经济环境出发来考虑呢？值得我们进行探讨。这是不是综合环境设计的另一项前提呢？历史经验告诉我们：要为自己创造美好的环境，首先必须正视现实，更重要的是变革现实，只有改变贫穷落后的状态，才能缩短现实与理想的距离。我们是乐观主义者，对人类未来充满信心，我们认为，时代不仅向人类提出挑战，同时也孕育着新的希望，人类终究会找到综合解决社会发展、人口、资源、粮食和环境等问题的钥匙。

我提出以上三项前提，是否正确，请探讨。还有一项可能是最重要的前提，那就是政治。

在中国，我们现在正开始四个现代化的新长征，举国上下，一心一意为此共同目标而努力。100多年来，我国人民为了自身的解放，为了建设繁荣富强的国家而英勇奋斗着，多少先驱为此洒鲜血、抛头颅，献出了生命，1949年，中国人民终于成了国家的主人。这是我们国家建设的根本前提。没有这一前提，建设只能是空想。这就是说，我们若要在这个地球上建设起理想的人类城市，是不是必须有一个稳定的、友好的和安定的政治环境呢？

二

城市化问题。

过去这些年，从我国的城建工作中可以得出一条结论：在城市建设的过程中，促进工农结合、城乡结合，这是一条富有生命力的政策，这对发展工业，对安排人民生活和环境管理都有利。我们政府规定，以后大城市将不再增添大型工厂企业，凡是为现有大型企业服务的配套工业也只能在卫星城镇内开建。这类卫星城镇在过去 30 年内曾经出现了不少，譬如上海，在这个大都市的周围就有 10 余座卫星城镇。过去 20 多年来，上海工业产值增加了 16 倍以上，而城市人口与产值增加速度相比并未显出有相应的增加。上海的做法是控制大都市发展。只有当城市发展得以控制，我们才能改进城市环境，创造更好的居住环境来满足人民的需要。

我们还规定，在城镇区，城市的主导风向和水源上游，风景游览区，不准建设有损环境的工业；已经建设的，要进行改造或搬迁。一切新建工业，必须采取防治污染的措施，"防止污染和其他公害的设施必须与主体工程同时设计，同时施工，同时投产"。这样做，对保护环境是极为必要的。

中国是个幅员辽阔的农业国，现在拥有 2 000 多个县，5 000 多个人民公社，农业人口达 5 亿多。因此，中国城市化问题的解决必然取决于整个农业地区的综合发展。如果新城镇、县城以及人民公社所在地能够分期进行现代化建设，那么在农业现代化过程中产生的剩余劳动力就能找到就业机会，从而可防止农村人口流入城市。而这样一种城乡结构，可以促使城镇帮助农村加速社会主义新农村的建设。这可能是走向逐步消除工农差别、城乡差别而建成"人类城市"的途径之一。

三

文化传统。

纵观人类城市发展史，各个国家，各个民族都用自己的理想、智慧和劳动谱写了自己的光辉史诗，创建了具有自己民族文化优良传统并富有连续性、独特性和人民性的城市。因此，在文化传统的基础上发展和创新是历史的必然。如果我们要采用综合设计的方法，那么对环境设计者来说，这是一项挑战。

城市和建筑是人类留在自然中的"人工作品"。自然、人和城市等元素综合组成一个有机的整体，我们祖先对这一概念是有卓越见解的。例如常熟等城市，都是把人工环境与大自然相结合，从而创造出了各具特色的美好的城市环境。

我国优秀的传统建筑，小到民居、庭园，大到宫殿、陵墓，都十分重视建筑布局和大自然的结合，十分讲究城镇社会与自然环境的协调。在布局上，尽量顺乎自然，充分利用水光、山色、树林和地势等，从而在有限的空间中给人一种无限的感觉，使建筑与自然美结合起来，成为一体。

在我们传统的建筑思想体系中，建筑物本身仅仅是把木结构开间作为基本模数，建筑设计只是模数的各种组合。设计目的是在于表达人与自然的关系以及人与人的社会关系。在旧中国的历史中，这种关系就是封建社会的关系。如果有人对今日建筑的对话或建筑语言学感兴趣的话，他们会发现，几千年来，中国建筑就是这样运用建筑语言来进行对话的：当你访问中国看到一些名胜古迹的时候，会发现建筑物总是有许多书法、美丽的对联和诗句作为点缀，这些对联和诗句并不仅仅是装饰，而是对此时此地建筑与自然结合的环境设计的评价，表达了此时此地的自然在古代诗人、学者大脑中所反映出来的印象。多少世纪以来，我们的诗和画为我们积累了非常丰富的词汇以供建筑表现之用，而成功的建筑范例又反过来为诗人和画家提供了新的词汇。

从正统方面看，模数组合是用来表现封建社会制度的。譬如，北京的故宫就是封建王朝的礼制在建筑上的具体表现。这是统治者与被统治者之间的对话。

由于中国建筑体系是建立在非常简单的木结构开间或模数上的，因此，它的技术是很容易掌握的。一直到今天，在中国的广大土地上，农民群众是掌握这种技术的数量最大的建设者，他们是真正的无名建筑师。作为现代职业的建筑师只是在50年前出现的，到今天为止，我们为9亿人口服务的建筑师队伍仍然是极其微小的。

显然，这种固有的建筑技术可称之为伟大的资源，我们是不能弃之不用的。如果能够深入研究，把固有的传统技术合理化，施工方法和管理方法搞得更科学，并逐步做到让建筑师和广大群众相结合，我们就可能找到一条独特的路子，从而更好地为我国人民服务。让人民来充当自己家园的建设者，充分应用自己固有的技术（但必须吸收现代技术加以合理化和提高），这可能是另一种发展道路之所在。

中国有句古语叫"继往开来"，这就是摸索另一种道路的基本思想。文化传统并不是嘴上说说或是用来贩卖古董，它是一种实践的过程，我们必须正确地对待它。

四

城市环境是总体环境的一个部分，它与农村建设密切相连。在这方面我们的方针是控制大城市，建设中、小城市，并改造农村。因此，城市环境的改变需要通过农业政策的落实。最近，在中国共产党第十一届中央委员会第四次全体会议上通过的农业政策就说明了我国建设中的优先发展方针。

过去30年来，我国广泛发展了交通运输事业，内地的工业分布、水利工程的建设等等已经建立起较为平衡的和协调的经济结构。现在的政策仍旧是过去的继续，它的区别只在于更大地发挥地方一级的首创性。今后按生产发展水平，要努力地提高人民的生活水平以及吸收现代技术去促进经济发展的增长速度。诸如此类等等，目的只有一个，即提高人民的物质和精神生活水平，改善综合环境质量。

现在，我们大家几乎都承认，建筑是项社会服务，与过去狭窄的职业主义大不相同。每一历史时期内，建筑师总有自己的特定职能要完成，像维曲罗维斯、河尔倍蒂等古人都对建筑师提出过要求。在中国，这种职业主义在中华人民共和国成立后不久就消失了，因为我们的建筑师都成了政府工作人员，我们的唯一口号是：全心全意为人民服务。但是职业主义残余是不容易一下子就消失的，把人民放在过去"业主"的座位上是非常容易的。"全心全意"不是口头辞藻，这是终身要为之努力的行动。受过教育的知识职业界如果没有眼睛向下的精神，那永远不会同群众有共同语言，那也就谈不上全心全意为人民服务了。我们的社会以及这个社会的空间环境只能是人民所希望的那样，我们应当在世界人民觉悟普遍提高中找到我们的力量，因为人类的将来就寄希望于此。为了接受时代的挑战，我们非但需要用现代科学和技术来装备自己，我们还需要把自己在社会中的地位摆正，以便更好地为人民服务。在中国，我们正是这样做的。

写于1980年1月

城市规划概念

——在业务学习会上的发言

一、城市规划是一定时期内城市发展的计划，
是国民经济计划的继续和具体化

　　这个概念可以说是中华人民共和国成立初期从苏联那里学到的。最早，我是从苏联专家穆欣的口中听到的。20世纪50年代初，苏联专家达维多维奇著的《城市规划工作经济基础》一书中有这样的阐述：城市规划是国民经济中"生产力"均衡分布计划的具体化。国民经济计划指出需要在这个地区或者那个地区进行新的建设，恢复或发展哪些工业、交通、行政、文化、教育、卫生、科研、住宅、公用事业等等，城市规划要拟定上述这些物质要素的布置，使这些物质要素之间取得有机的联系，保证它们有协调发展的可能性和对居民生活条件的改善。这段话，说明了三个基本问题，一是城市规划应是生产力分布计划的继续和具体化；二是城市规划方案应是依据国民经济计划对"物质要素"的合理布置；三是城市规划对国民经济有反作用，甚至有时也可以否定某种计划设想。这些观点，直到今日，仍然具有指导意义。

这就是说，城市规划与国民经济计划应是一个统一体。"计划"（国家和地区、地方的计划）是进行城市规划的重要依据，而规划是国民经济发展计划的具体体现。"规划"与"计划"既不能截然分开，又不能混为一谈。可是，由于在俄文与英文中，"规划"与"计划"是同一个词，俄文为"план"，英文为"plan"，而日本把城市规划叫作"都市计画"。因此，有些同志往往就把"规划"与"计划"的概念等同起来了，以为计划就是规划，或者以为规划就是计划，这是应当纠正的。当然，这种基本概念的混淆也是不足为奇的。我记得中华人民共和国成立初期，为了区别"规划"与"计划"这个概念，我们采用了不同的词，而不像俄、英、日文那样用同一个音，于是，在我国就出现了"规划"与"计划"这两个词。这样一来，计划与城市规划的概念也就容易区分了，也就不容易把具有计划性的规划工作也说成是计划工作了。

二、城市规划是城市的未来发展政策，
是引导城市向正确的城市化方向发展的一种手段

城市规划是关于城市发展的科学、技术和政策。日本对于城市规划的概念在樱田光雄的《都市计画》一文中这样解释：城市规划是城市的未来发展政（对）策，它是引导城市向正确的城市化道路发展的一种手段，它是关于城市发展的科学、技术与政策。这跟美国国家资源委员会提出的概念是基本一致的。该委员会提出：城市规划是一门科学，一种艺术，一种政策动作，它设计并且指导空间的和谐发展，以满足社会和经济的需要。

三、城市规划是要建立一种土地利用的指导系统和准则的更灵活的动态概念，确立一种合适的城市发展程序，使它能随着社会的发展而发展

美国的彼得·华夫在《城市的未来》一书中写道：城市规划——主要是要建立一种土地利用的指导系统和准则的更灵活的动态概念。要确立一种合适的规划程序，它能随着社会发展而有所发展，有所前进……在资本主义国家，由于私有制的原因，它不可能彻底地讲什么计划经济。但是，他们却强调有秩序地进行城市建设，他们有自己的城市规划理论与实践，而他们所强调的"确立一种合宜的城市发展程序，使它能随着社会的发展而发展"，乃是我们应当借鉴的。

四、城市规划是一定时期内的城市发展蓝图，是建设城市和管理城市的依据

要建设好城市，必须有科学的城市规划，并严格地按照城市规划进行建设。城市规划工作是一项科学性、综合性很强的工作。它要预见并合理确定城市的发展方向、规模和布局，作好环境的预断和评价，协调各方面在发展中的矛盾，统筹安排各项建设，使整个城市的建设和发展达到技术先进、经济合理、"骨头"与"肉"协调、环境优美的综合效果，为城市人民的居住、劳动、学习、交际、休息及各种社会活动创造良好的条件。

上面这个定义是1980年10月在北京召开的全国城市规划工作会议纪要中阐明的，也是中华人民共和国成立30年来城市规划理论探讨和实践的总结。实践证明，如果说城市规划是一定时期内城市发展的计划，不如说城市规划是一定时期内的城市发展蓝图更为妥帖。

上述一段话阐明了以下几层意思：

1.城市规划是一定时期内城市发展的蓝图。蓝图者，就是说，在一定的时间与空间范围内，对城市各项要素的合理安排，即落实与归宿，它是国民经济发展计划的具体化、形象化和步骤化。

2.城市规划是指导城市发展、城市建设与管理城市的依据。

3.城市规划是一项科学性、综合性很强的工作，它体现科学规律、技术、艺术和政策。

4.城市规划的任务包括下列主要内容：预见并合理确定城市的发展方向，城市规模（包括用地规模与人口规模）与布局（即城市布局）；做好城市发展的环境预断和预评价，能够"未卜先知"；协调城市中各要素发展中出现的矛盾，协调"骨头"与"肉"的比例关系，统筹安排各项建设；合理分布生产力，搞好环境综合，为城市人民的居住、劳动、学习、交通、休息及各种社会活动创造良好的条件。

这样一来，对城市规划指出了一定的定义域，使对城市规划概念的理解更清晰、更完整。城市规划是"一定时期内城市发展的蓝图"的定义，既指出了时间性和空间概念，又区别于"计划"，避免了与"计划"概念的混淆，还内涵着与"计划"的内在关系。它是以国民经济发展计划和区域规划为依据的，同时也与要规划和建设的城市的自然条件、历史条件、经济条件、科学条件、文化条件等实际情况有着密切的联系。所谓蓝图，指出了城市建设与城市管理必须以此为依据，它是城市发展和环境的综合设计。

上述对城市规划概念的说法是我了解到的有文字记载的说法，都有一定的道理。在我国，城市规划是一门新的学科，其历史还不算长（追根溯源，我国早就有了城市规划理论与实践，但真正成为一种专门的独立的学科，还是中华人民共和国成立以后才真正建立起来的），时至今日，城市规划这门学科正在迅速发展着，因而对它的确切概念的理解也在发展中。在参与城市规划工作的实践中，我们会体会和悟出其中的道理来。比如，我直接参与了兰州市30多年的城市规划工作，有一个深刻的体会就是：城市规划是一个动态概念，它不是一成不变的，不可能毕其功于一役而一劳永逸，在城市发展的过程中，即城市规划实施的过程中，由于政治、经济、文化、科学技术以及生活方式的变化和不断发展的需要，对城市规划必须进行不断的修正、补充和提高，以便更臻于完善。这样，我们对城市规划概念的理解就更深化、更具体化了，就不会是纸上谈兵了。

写于1980年

加强城市规划

——在国家建委主持召开的城市规划专家座谈会上的发言

为了适应四化建设的需要，城市规划工作必须加强，规划会议也一定要开出成果，真正解决几个问题，为全国规划工作会议做好准备。此座谈会议题有以下3个方面：

第一，总结30年来城市规划的历史经验，研究今后城市规划工作的指导方针。

第二，讨论如何加强城市规划工作，特别是如何保障规划实施的问题。

第三，研究发展小城市的方针和工业城镇的开发问题。

我就以上问题谈点个人的浅见。

一、30年来我国城市规划工作的基本经验教训

首先根据座谈会精神，回顾我国城市规划工作30年来的经验教训，我基本上同意文件中对"一五"期间的历史评价。在第一个五年计划期间，凡是国家重点工程所在的城市，都进行统一的规划，以此来进行新建、改建和扩建。从中央到地方，既重视重点工程的建设，

也重视相应的城市基础建设，因而"一五"期间，使城市建设发生了巨大的变化。
主要经验是：

1.城市建设与重点工业项目结合进行。工业建设如同"骨头"，城市建设如同"肉"，二者缺一不可。

2.城市建设有统一的指导与指挥，各工业企业的厂内工程、厂外工程和城市的基础设施互相交织，工作比较正规。从中央到地方都有比较完整协调、互相通气的机构，还制定有城市规划工作的程序与条例。上下一股劲，大家充满信心，因而规划工作比较顺利。

3.各有关部门联合选厂，集思广益，对重点建设项目统筹安排。城市各项建设都纳入国民经济计划，并按规划有秩序地进行，"骨头"与"肉"的比例关系比较协调，市政建设成效显著。"一五"期间的城市规划工作是从无到有、从小到大、从知之不多到知之较多，摸索出一些中国城市规划的经验，堪称是城市建设的兴旺时期。

而另一方面，由于缺乏经验和对国内具体情况的科学分析，出现了学苏联一边倒的倾向，城市规划仅以组织城市广场、干道、建筑艺术空间等等为主要内容。1958年"大跃进"时期在全国范围内大搞"高指标""浮夸风""加速实现共产主义"，急于"清除城乡差别"，"大搞城市人民公社"等等，从"规划万能"到"规划无用"，从一个极端走向另一个极端。这说明了我们城市规划工作违背了应有的规律，并带来了灾难性的后果。"三年不搞规划"的提法也是错误的。城市每时每刻都在发展，它一时也离不开城市规划的指导，怎能不要城市规划呢？总结30年城市规划和建设的经验，还有一条就是不能用搞运动的办法去搞工作。过去，很多城市往往用一种口号、一种模式去指导全局工作，一刀切，一阵风，缺乏瞻前顾后，不从实际出发，结果是功不抵过，损失很大。我们需要总结的经验教训是很多很多的，应该认真总结，以求改进。从古今中外城市的发展史来看，其中主要一条是不是可以概括为"需要与可能的对立统一"呢？没有需要就无所谓可能，没有可能，需要只是空想。所谓需要，也是在不断变化着的，只有在可能的条件制约下，需要才能变为现实。另一方面，需要又促进可能的发展，今天不可能的事，明天就会变为可能。规划工作是统一需要与可能的手段，因而，我们对待规划工作应避免两种倾向，一是认为总图一出就万事大吉了，这是不对的。总体规划是个战略规划，还需要有战术规划，才能真正指导城市建设；二是认为城市规划可有可无，这更不对。实践证明，没有规划，城市建设就不会搞好。更重要的是，政策一定要对头。

我们的城市要更新，要实现四个现代化，这是历史的必然，怎样才能较顺利地实现这一目标呢？这就需要探索出一条我们自己的道路。我们需要了解国外的情况，更重要的是必须了解我们自己的国情——历史与现状。一句话：城市要发展，特色不能丢。不能一提现代化就是高楼大厦、高速干道、多层立交、多层地铁，甚至地下城市、水下城市等等，不能不顾我们的现实条件和传统特点勉强为之。否则，我们只能是"老赶"，甚至弄个筋疲力尽也还是赶不上。反之，如果我们充分发挥自己的特点和优势，扬长避短，创出一条独特的道路，倒会有可能在世界民族之林独树一帜。越有民族性，就越有世界性。这就要求我们必须认真研究自己的历史与传统，扬其精华，去其糟粕。同时，还要学习国外先进技术，取人之长，补己之短，继往开来，推陈出新。以北京而言，中央书记处提出了4条建议，对我们鼓舞很大。像北京这样的城市，举世瞩目，文物荟萃，山水壮丽，历史悠久，文化发达，城市格局和一些古建筑，都是世界的杰作，稍加改造就可以旧貌换新颜，我们应当看到这个潜在的巨大因素。当然，北京的建设中也有不太理想的地方，比如废除了原来的水系，侵占了绿地，一些文物古迹被一般建筑湮没，这是很可惜的。

要保证城市建设按照规划实施，最根本的是：一要有法，二要有人。实现有章可循，有法可依，有人执行，有人支持。只要有了法，有了人，又有领导和群众支持，各种具体问题就能落实。我完全同意刚才吴良镛教授的发言：历史上没有任何一个时代像我们党具有这样集中的权威。以拆除城墙为例，中国历史上"堕城"事件倒不少，那只是一城一池的拆毁，而北京拆除城墙令一下，全国各地纷纷效仿，把一些本来可以保存下来的文物拆光，以至于全国历史文化名城的城墙（除西安明城墙外）所余无几，损失极大。因此我们制定政策，就要十分地慎重。

二、关于城市规划的指导思想问题

城市要发展，特色千万不能丢。每一个城市都应当根据各自的特点去规划，去建设。近年来，我跑过几个城市，如苏州、杭州、昆明、嘉定、常熟、绍兴、肇庆、新会、济南、哈尔滨、长春、西安、延安等城市。本来这些城市得天独厚，各具特色，可惜的是这些城市的特色正在逐渐消失，就连北京也不例外。我非常担心，万不可随着科学技术的发展和大规模的城市建设，把各个城市的特色给淹没、损伤、毁坏、糟蹋或抛弃掉，使各个城市都变成了工厂林立、楼房拥挤、千篇一律的一种模式。

造成上述倾向的原因很多，一是各个城市对其性质不明确，往往不顾自己的特点，片面强调向生产城市发展，追求以各种工业为主的综合性城市，各种项目都要上。而对城市推动精神文化方面的重要作用认识很不足。城市不但要有经济职能，更要有文化、科学职能，对这一问题的认识尚待加强。二是城市规划落后于工业建设和城市建设。三是对一些政治口号的片面理解，束缚了城市规划与建筑设计人员的手足。比如"先生产，后生活"被片面理解成"多生产，少生活"，甚至是"光生产，不生活"。再如在反对"高标准"的问题上同样存在着严重的片面理解。结果为了反对"高标准"却造成了更大的浪费。四是在城市规划与城市建设中，对发掘、保护发展城市特色，缺乏投资渠道来源。五是要有人来搞这件事。我们搞城市规划的队伍，比起20世纪50年代，不但没发展壮大，反而出现了严重的青黄不接。

30年了，我建议中国城市规划工作应当组织力量分阶段地具体地清点一下我们的经验与教训，以便做到前事不忘后事之师。

三、控制大城市、发展小城镇应有得力措施

控制大城市人口规模是城市规划和城市建设的重大问题。以兰州为例，国务院要求兰州市区人口规模应控制在90万人以内，我们的实际情况是：1977年末为81.5万人，1978年末为83.65万人，1979年末为87.17万人，人口的增长速度是很快的。从增长情况分析，两年增加的5.6万人中，自然增长占21%，机械增长者占79%。可见促使城市人口猛增的主要原因是机械增长率，即工厂及企事业单位的扩建、改建与新建。据1979年以来统计，正式提出在兰新建扩建项目已有18个，净增职工2.15万多人，再加上准备在兰建设的10多个项目和有迹象要放在兰州的30万吨乙烯的建设项目，城市人口仍然面临着大幅度上升趋势。如此下去，城市人口有增无减，仅以自然增长率来推算就势必要突破90万人，甚至100万人了。因此，对人口的控制问题，我们不能泛泛地谈，应拿出行之有效的措施来，并落实到行动上，坚决去做。要控制兰州城市规模，仅在兰州建成区采取措施是不行的，起码要在市辖区范围内考虑小城镇的管理发展，甚至要突破市辖区的范围，包括洮河流域、靖远地区，从战略布局上来控制兰州市区规模。因此，要严格控制城市人口规模，在城市建设的指导思想上必须树立环境综合的观点，搞区域规划，从地区的

客观角度上来考虑整个区域内的水资源、能源和人口等问题，有计划地组织生产与生活。不能只强调兰州是一个以石油、化工、机械制造为主的工业城市，发扬"优势"，就仍然要继续上工业项目，特别是石油化工项目。兰州市区周围发展小城镇的情况，从1977年至1979年的统计来看，市区人口剧增，而榆中、永登、皋兰3个县的人口却大幅度下降，两年中机械地减少1.23万余人。市区个别工厂下马后，职工调出了市区，而家属没动，城市人口仍不见少。近年来，白银有一定发展，其他小城镇苦于没有投资渠道尚待开发……

加强小城镇建设我们还需要具体的政策与办法。当然，钱是必不可少的。根据区域规划搞好小城镇规划理当先行一步。如果小城镇规划和市政公用设施的建设赶不上，同样会出现环境污染、交通混乱、生活不便等各种问题。例如"一五"时期，城市建设顺利，与计划跟规划结合得较好是分不开的。可是，近年来计划与规划脱节了，规划部门不了解计划部门的打算，计划部门也不了解规划部门的意见，投资多是按条条下达，城市规划管理局变成了拨地门市部。这种被动的局面不改变，怎能保证城市建设按照城市规划的蓝图来进行呢？今后，无论国家和地方，在制定长远规划和年度计划以及确定大中建设项目时，一定要考虑城市总体规划和详细规划。规划部门对安排建设用地、建设项目、建设次序、建设投资时，有责任和义务提出意见或者修改方案。建设计划部门根据统筹兼顾、综合平衡的原则调整项目、修改计划、落实政策，以便使城市建设从实际出发，有计划、按比例地在城市规划的具体指导下有步骤地进行。当前，修建城市道路往往是只拨修路的资金，上下水、电缆等没有投资，而埋设管线时再挖开马路，马路年年翻身，资材形成浪费。这种状况也应当扭转。

要促进小城镇的发展，首先要大力扶植小城镇的工业。过去，小城镇发展不起来，除了政策的因素外，没有为小城镇的工业生产提供良好的条件，也是重要原因。 如果工厂在小城镇站不住脚，小城镇的发展也就落空。因此，今后小城镇应指定由附近的大、中城市或大中型企业负责包建和提供生产所需的协作配套条件。

小城镇综合开发公司，不仅要统一建设基础结构和住宅、公共福利设施，也可修建一些通用厂房，出租或出售给一般小厂使用，以吸引更多的工厂到小城镇落户。

对小城镇要采取鼓励发展的政策，使其工资福利待遇、生活供应、居住等条件，不仅不低于附近大、中城市，而且应该优于大、中城市。

卫星城镇的工业性质不宜太单一，应适当具有综合性，搞多种类生产，以利于更多的人在当地解决就业问题。卫星城的人口规模要适当大一些，并应有对外联系的快速交通。

当前城市建设(包括小城镇)的主要问题是资金不足，国家应规定在基本建设投资中按一定比例拨出。

小城镇建设中的土地征用和房屋拆迁问题困难很大，建议搞一个具体管理办法，研究小城镇的发展问题。

四、尽快把城市规划设计研究院搞起来，壮大规划队伍，扩大开展学术活动

《讲话》（草稿）中提道：鉴于城市规划工作日趋繁重，而规划设计科研力量异常薄弱，所以要尽快把城市规划设计研究院搞起来，组织力量开展城市规划的科学研究工作，总结经验，研究我国城市发展和建设中的重大课题，探讨社会主义城市规划的基本理论，不断提高我们的规划和管理水平。在此，必须要强调一下城市规划设计研究院的重要性，必要性和迫切性，要尽快改变我国城市规划科研的落后面貌，逐步建立门类齐全的学科。

总之，建立城市规划设计研究院是目前城市规划界的一个主要事宜，势在必行，刻不容缓，它是国家建委和城建总局的参谋部，应当出政策、出基础理论、出经验、出技术、出人才，应参加重大实践活动，组织科研攻关，广泛进行国内外学术交流，为创立和发展我国城市规划学科作出贡献。这个机构，不能可有可无，要不断加强它。

关于如何壮大规划队伍、扩大开展学术活动、提高规划科学技术水平问题，这确是当务之急。我建议：把现在的学术组织改为"城市规划学会"，由国家城建总局领导。已经批准正式出版的《城市规划》刊物，就是学会的学报，要努力办好。积极开展学术活动：①围绕我国城市规划中重大典型课题，比如对大、中、小各类城市总体规划的制定和修改，对新型工业基地规划，风景区规划，港口城市规划等进行广泛的探讨、实践、总结经验；②结合国家科委下达的城市规划学科重点科研项目，开展科学研究；③研究城市规划专业的教学、学科设置和发展方向问题，以提供有关部门咨询参考；④有计划有重点地开展国际的学术交流活动；⑤搞好规划队伍的"以老带新"工作。

此外，我还认为，针对目前规划队伍出现严重青黄不接的现象，应该明文规定并指示各地区，由于各种原因已经离开了规划工作岗位、具有一定实践经验和技术业务水平的人员要迅速归队；由国家建委、城建总局发文给各个省、市，请他们拿出一定人力和财力，办1～2年短期规划专业训练班，自力更生，搞好传帮带，发展壮大规划队伍。

写于1980年

人·自然·建筑·城市

——略谈中国城市规划与城市建设的继往开来问题

　　我国古代的城市规划与城市建设，应该说是在当时条件下充分考虑了社会、经济、文化、军事、气候、地理、风景、工程技术和建筑艺术等各种因素的，唯其如此，才构成了自己城市发展的传统特色，从而使我国城市规划与城市建设在丰富多彩的世界城市发展史上具有独特的地位。从秦汉直到隋唐的都城长安，以其规模之宏大、布局之严谨、规划之完整、管理之周密、文化之昌盛著称于世；宋汴梁外城"方圆四十余里"，是10世纪至12世纪世界上最大的城市，现存的宋代张择端绘的"清明上河图"部分地反映了这个城市的面貌和居民的生活情景，对城郭、河桥及居民、商店等作了真实的写照，描绘出一幅以行商游人为中心，利用河桥自然景色，"三层相高，五楼相向"，屋宇雄壮，门面广阔的商业、手工业为主的美丽如画的都城景象；宋代平江府——江南水乡的文化古城苏州以及杭州、绍兴、洛阳等都是中国城市规划与城市建设史上较成功的典型；在"元大都"的基础上按照严格规划建设起来的北京城等等，都是我们的先辈在巧妙处理"人·自然·建筑·城市"的关系中具有代表性的杰作。

　　中华人民共和国成立以后，人民当家做主人，城市建设出现了蓬勃发展的喜人局面。30年来，人民群众在开拓、保护和发展自己的城市方面做出了新的贡献。

不言而喻，各国人民都在向往着美好的生活，城市规划与城市建设的任务就是为人民创造方便的生产条件和美好的生活环境，创建各族人民所理想的城市。今天，我国人民开始了向四个现代化进军的新长征，如何以建设社会主义和共产主义社会为远大理想，以历史的传统文化为基础，合理开发、充分利用自己的各种资源，充分结合各地区的地方特色和民族特色，有计划地提高人民的生活居住水平，从而为人民创造舒适、安定、健康、文化发达并且与自然相协调的整体环境，这就是历史赋予我们的光荣使命。

当前我们需要的是既利用现代技术而又保持优良传统面貌的城市空间和生活环境。我们不能割断历史，更不应当抛开古老的文化遗产和民族传统，现代技术的应用只能是给它增添新的内容、新的丰采、新的生命，为人民创造更加美好的生活条件，开拓中国式的社会主义现代化城市，这正是我们正在探索的道路。我们这一代规划师、建筑师，面对时代的挑战和人民的重托，肩负着"继往开来"的重任。

一句话，城市要发展，特色不能丢。我们的城市规划与城市建设必须进一步处理好"人—自然—建筑—城市"的关系。

人

世间万物之中，人是最主要的。"人"为万物之灵，主宰着世界。世间一切生产和社会活动，不论经济的、政治的、文化的，都是人类的活动，而且归根结底，又是为了人类自身。所以，对于综合环境设计、城市规划设计等，"人"，只有人，才应该是出发点，是中心，同时也是目的。

围绕着为人类开创美好的生活环境，中国流传着许多生动优美的神话，比如盘古开天辟地，女娲炼石补天，燧人钻木取火，神农教人种田，嫘祖养蚕缫丝，后羿射日除凶，大禹疏江治洪，伯益打井取水等等。这些神话说明了我们的祖先很早就为了人们生活的美好而向往着、奋斗着，向往奋斗的目的，只有一个，就是让大自然为人类服务。

人，既然是世间万物的主体，不言而喻，人也是城市的主体。我们的先辈早就注意到了这一问题，我国古今的若干名城，都是围绕着"人"这个中心进行规划与建设的。城市的环境空间在形状、大小、尺度、围透、色彩、装修面等方面，都能顺应人的活动状态和活动规律，使其给予人类的感受能够满足人们生理上和心理上的需求。人们生活在这样的城市里，既有物质上的享受，又有精神上的享受，没有空间上的压抑感，也没有交通上的危险感，更没有尺度和色彩上的局促和不适感，人与自然、人与建筑、人与城市相得益彰；建筑体量、院落大小、城市空间都能与人体尺度成比例，考虑到人对美的感受和视觉上的要求，使人及其客体——自然环境、建筑组群、城市空间得到尺度上的协调、感觉上的舒适、使用上的方便。同时，城市在寻求和处理人在环境空间中不断运动的各种方式，包括生活方式和生产方式，以及人与城市中的各种活动体之间各相对运动的时空关系方面也有许多成功的范例。总之，让自然、建筑、城市为人——这个主体服务。

以绍兴为例，其规划布局考虑了城乡兼顾、水路陆路交通的便利，原有九门而七门为水门，充分利用了水系交通，巧妙而自然地把市中心区与山水、城乡、园林、名胜古迹等联系在一起，顺乎自然，与人方便。城内，大街小巷、居民院落多是青石板铺地，石桥到处，民居古朴，建筑多为青砖、灰瓦、粉墙、乌黑廊柱，形式与风格淡雅、轻巧、别致、宜人，具有浓厚的生活气息。特别是园庭建筑，檐牙高啄，亭栏曲折，各抱地势，再配有苍松翠竹，花木参差，真是"千金无须买画图"。由于把自然、建筑、城市与人的尺度协调起来，因而使有限的城市空间给人一种无限的感觉。人临其境，山、水、园林、建筑、城市皆感亲切、得体、自然、迷人。人，真正成了城市的主体。

以明清时代围绕故宫为中心而部署的北京城为例。这里有"天子"居住的紫禁城，突出了皇帝唯我独尊的规划布局。自然、建筑、城市是为封建制度和统治者的精神世界服务的。8公里长的中轴线贯穿全城，以城门楼、大牌坊、大石桥、长廊、御道、券门和一层层的大殿、内院、宫门所组成的建筑空间和高低错落的立体轮廓，表现了帝王的绝对权威与无上尊严。紫禁城外，广阔的水面、大片的园林绿地、成群的灰顶房屋衬托着故宫这个主题，又巧妙地把河湖水系、颐和园、圆明园、各个苑林和四合院式的民居联系起来，灵活地把自然、建筑、城市融为一体，形成了一个兼有河山之胜的帝王京城。它体现了统治阶级与被统治阶级之间的对话，它是人——统治者意志的具体表现。

我们的前辈尚能运用自然、建筑、城市为人服务，时代发展到今天，我们的城市规划与城市建设更应当注意人的因素。可惜的是，在大规模的城市建设中，有的时候在某些地方往往忽视了这一点。有的城市工业布局不合理，甚至把有污染的工厂摆到了上风向或上游地段或者是居民区内，甚至侵占了园林绿地和破坏了名胜古迹，给人民的生活带来了危害。有的城市内，高楼密集，拆了历史的城墙，又盖起了由高楼巨厦组成的新的"城墙"，特别是在风景区内不适宜地大建庞然大物，不仅破坏了风景特色，而且降低了它的游览价值。以著名的风景城市杭州而言，只有让"西子"的特色与风采在现代技术中得到润色、充实和发展，这才是人民的真正需要。

今天，我们在城市规划与城市建设中，对于"人是城市的主体"，自然、建筑、城市必须用来为人民服务这一思想，必须明确，并给予足够的重视。当然，我们不会再体现封建统治阶级的意志，但是必须体现人民的意志，必须规划与建设具有民族特色的人民城市，绝不允许在市区内修建污染环境、危害人的身心健康的工业企业。对污染严重的单位要下决心定期治理、转产或搬迁。要坚持"适用、经济、在可能的条件下注意美观"的建筑方针，体现对人民的关怀。对在风景区内盖煞风景建筑的做法要竭力扭转。在有条件的地方，还都要植树造林或开辟水面，努力加强城市园林绿化建设，为人民提供生活和游憩的适宜场所。总之，我们的宗旨是为人民创造更加优美的城市环境，使人民感到生活一天比一天更美好。

自　然

大自然是哺育人类的母亲，它与人类有着不能分离的血肉关系。青山、绿水、蓝天、白云、碧树、鲜花，人人喜爱，人和人的生活不能离开它们，这是城市规划与城市建设中最基本的要素。

人，生活在自然中，自然为人类提供了丰富的物质资源和精神资源，而且有的资源是取之不尽，用之不竭的。我们的祖先从搭盖穴室，倒树为桥，日中为市到城市的出现，都是从大自然中得到启示和索取资源而逐步形成的。至于水上驶船，陆地行车，空中飞机，修建园林，开渠灌溉以及现代城市的兴起和发展，便是进一步认识自然、利用自然、改造自然的结果。以文化古城常熟为例。它紧靠着虞山，邻近尚湖、东湖和湖圩，不仅山辉川媚，风光绮丽，而且气候温和。给人印象最深的是古琴川河流经市区，曾分支为7条平行的小河，如七弦琴上的7根弦，每条河上均有石砌拱桥，犹如架弦之码，于是，整个城市就像一把美丽的七弦琴。真是城在景中，景即是城。这是我们的先辈留在大自然，利用大自然和改造大自然的成功作品。

自然景物和风景园林是人类的宝贵财富，城市园林绿化建设是城市文明的一大标志和实现现代化的重要一环。20多年前，我们就提出了实现"大地园林化"和城市园林化的宏伟目标。经过不断的努力，中华人民共和国成立前林木不到100株的郑州，如今已有175条街道浓荫蔽日，成为绿色长廊，全市绿化覆盖面积率已达到32.4%。曾被战争与反动派毁坏的新会城，自1954年大搞植树造林以来，如今已建设成为一个具有玉兰街、龙眼街、芒果街、紫荆街、葵街等绿色"隧道"，四时花果飘香的花园城市。就连中华人民共和国成立前童山濯濯，"千山和尚头，遇雨水土流，草木难生长，人人发忧愁"的高原城市兰州，如今也改变了昔日荒凉的面貌，将成为一个名副其实的瓜果城市。实践证明，我们完全有可能把我们所有的城市都建设成一个个风景秀丽的绿色之城。自然是可以改造的。

尤其是我国的文物名胜古迹和风景资源遍布各地，而且不少与城市紧密依存。如苏州的留园、虎丘，杭州的西湖、灵隐，昆明的圆通寺、筇竹寺，太原的晋祠、双塔寺，承德的避暑山庄、外八庙，成都的杜甫草堂、武侯祠，沈阳的东陵、北陵、故宫，北京的天坛、故宫、颐和园等等，这些都是我国历史悠久的文化珍宝，甚至有的整个城市本身就是一个文物宝库，这是我国城市的优越条件。对此，我们在每一个城市的总体规划中，都注意了保护名胜古迹和风景的固有特色，以便使名山、名水、名林、名园大放异彩，使中外游人到此，不仅可以观览山光、水色、名木、佳树、奇花、异草、古建筑、园林艺术和自然风光，更能够看到文化、艺术和历史传统，从中受到教益。

在有条件的城市，我们还注意保留大片的苇塘、水系、果园、菜地和农田，以便使城乡之间、城区与郊区之间、建筑群与园林绿化之间协调而有机地相互联系，使城市居民直接接近大自然，抬头可见农村，迈步可到田野，尽量为人民创造自然而富有天趣的生活环境。

建　筑

建筑是为改变人类原始的生活条件而出现，随着社会和科学技术的发展而发展起来的，从洞穴、半地下、地面茅棚，直到多层、高层、超高层，建筑是"人用石头在地球上写的立体文献"，也是历史的见证。建筑的作用是通过物质与技术手段，把人们对生产、生活以及美的要求与感受，转化成为一定大小与形状的体态空间和体型环境，为人们创造适宜的生活生产条件。

我国优秀的传统建筑，小至民居、庭院，大至宫殿、陵墓等，都非常重视建筑与人，建筑与自然，建筑与城市的结合。就建筑与建筑群而言，从一个房间到整个建筑，从建筑物的内部空间到外部空间，从一组建筑到整个城市，总是有机地联系、协调着，并且往往是建筑与我国园林、自然环境相结合，充分利用水光、山色、树林、地势，顺乎自然，量体裁衣，因地制宜，巧妙安排，使建筑与人的需要、自然美结合起来，形成了我国传统建筑的独特风格。

以承德建筑为例。避暑山庄的建筑群有疏有密，布局有规整的，也有布置灵活的，皆因功能需要而因地制宜。建筑物尺度适宜，对比和谐，建筑功能与园林艺术达到了统一。各建筑群的组合，一般都用廊或围墙组成独立的院落自成格局，形成敞开或封闭的不同空间，做到了"园中有园"。"月色江声"等建筑群的外轮廓起伏不大，荫蔽在葱郁的林木之间，可谓"隐"；"烟雨楼"等建筑群强调外部体形变化，湖区各处都能看到，达到了"显"的目的。一隐一显，穿插布置，各据地势，各具风格。配合园林山水，沿着观赏路线，随着人流而动，展示着一幅空间构图连续变化的国画长卷。从建筑群向外看，周围的景色如画，从周围环境看建筑群，又融会于自然景色之中。从避暑山庄向外看，可以看到将各民族建筑手法巧妙地融为一体而又有所创新的"外八庙"，形状奇特的磬锤峰、蛤蟆石也可借入园中。从"外八庙"看山庄，仿佛又组成了一个更大的园林建筑群。

以北京故宫建筑为例。从正阳门循御道北上，到太和殿的1 700米距离内要穿越6个大小不同、开头各异的封闭空间，并重点突出建筑群艺术处理上的3个高潮——天安门、午门、太和殿，其空间形式是我国传统布局规则最大规模的运用。太和殿处于庞大的故宫建设群的中心，是封建帝王"至高无上"的政治地位与权力的象征，建筑物的尺度、体量和空间气氛起到了烘托王者之威的作用。三大殿周围没有一棵树，更加强了宫殿的森严气氛。当然，中国传统建筑体系是建立在非常简单的木结构开间或模数上的，但它的度量是根据人的尺度，以人的活动和生理、心理的要求而确定的，表达了人与人（统治者与被统治者）的社会关系和人与自然的关系。

我国各地的民居是中国最大量的建筑，它们与亿万人民有着最直接最密切的关系，也最具有民族性和地方性。我国的民居建筑常常能以最经济的材料，最简单的结构，最易掌握的技术，充分满足功能上的需要，并用最简洁的手法表现较高的艺术效果。不是说"建筑是凝固的音乐"吗？我国传统建筑中的各色民居，就像是一首首民歌，表现了几亿劳动人民的智慧和才能，也是我们在进行建筑创作中不断汲取营养的源泉。

中国的建筑形式和民族风格是多种多样的，从北京安谧宁静的四合院到江南前街后河的民居建筑方式，从苏州的园林建筑到甘南的藏式建筑，都是各具特点的，既有各自的传统手法，又有其创造性。历代建筑，同样体现了我国的民族传统，又各有发展。明清建筑就不同于隋唐建筑，当然，现代建筑更不同于古代建筑。遗憾的是，我们今天的某些建筑，往往对古典庭园与园林建筑、各地古建筑以及传统的建筑空间组合中有用的东西研究不够，而就建筑论建筑，造成了建筑与人、建筑与自然、建筑与城市的不协调。追其根源，在过去的日子里，主要是由于缺乏规划、忽视规划和建筑创作思想的保守、僵化所致。今天，我们已经从过去30年的建筑实践中得到了教益，迎来了城市规划与建筑创作的又一个春天。我们将认真地从传统建筑中汲取养分，并用现代科学技术加以充实、提高，以适应人民不断变化着的各种需要和时代精神，创造更新的建筑风格。

可以说，在我国，每一个历史时期都出现过一些与当时文化相适应的光彩夺目的建筑空间表现形式并载入史册。唐朝的滕王阁，北宋范仲淹所记的岳阳楼，北宋文学家王禹偁所记的黄冈竹楼，以至于我国古代最著名的大建筑群秦阿房宫，其规模之宏大为当时世界所罕见。当然，我们今天处在一个史无前例的时代——人民的时代，人民真正成为国家的主人。我们深信，在人民群众中蕴藏的无限智慧和创造力一定会发挥出来，从而创造出无愧于时代的新建筑与建筑群，以至一个个城市。

城　市

我国城市的出现是很早的，3 500年前的商都是我国规模宏大的最早的城市。《周礼·考工记》中的格式及"王城图"是我国古代都城的最早建制，也是封建都城最早的理想方案，春秋战国之间已经出现了帝王京城的理想规划。即使在戈壁滩上，公元前2世纪，随着西域商路的开辟，汉武帝所建的敦煌古城人口也曾达30万，在当时可谓盛也。东汉·班固《两都赋》和晋·左思《三都赋》更详尽地描绘了我国古代都城的壮丽图景。长安（今西安）、汴梁（今开封）、平江府（今苏州）、平城（今山西大同）和北京等，都以独有的民族特色给我们留下了不朽的历史遗产，反映了我国古代城市规划与城市建设的优秀成就。

以我国古代建都历史最久的古都长安为例。历史上有13个朝代在这里建都，前后共有900多年。长安的东面有函谷关和崤山，十分险阻，同时还有太华山、终南山为屏障，右面接界褒斜谷，陇首山，也很险要，源远流长的泾河和渭水又流经长安。所以，西汉时候，就在秦岭、三原北皋之间，傍依沣水和灞水，上踞龙首，修建宫殿，大起京城。书中对皇城的描述是：城市对外开辟了三条广阔大道，城周设立了12个沟通内外的城门。城内街道相互通连，分布着成千上万个里巷胡同。开设了9个市场，货物分门别类地陈列着，行人车马，充满城郭。由此可见，当时长安城有皇宫，有商市，有居民区，有游览胜地，布列对称，布局严谨，结构统一。大诗人白居易的"千百家似围棋局，十二街如种菜畦"之句为古城风貌做了生动而贴切的描写。不仅如此，当时的京城还有郊区规划！《西都赋》中说，南郊有源泉灌溉，池塘众多，因而竹木茂盛，花草繁旺，到处果园；北郊九峻山高耸入云，上面建筑了甘泉宫，山下有邓渠与白渠，土肥水足，物产丰富；东郊则是漕运之处，货物吞吐之地；西郊则为帝王狩猎游乐之处，分别有饲养禽、兽、虫、鱼的处所和花草树木的栽植地。唐代的长安城区，南北为15里175步，东西为18里115步，面积有83平方公里。

以具有2 500年悠久历史的著名文化古城苏州为例。我们从现存的公元13世纪刻绘的宋平江城的图碑中，可以清晰地看到700多年前这个南方水乡城市的面貌和城市规划设计的独特成就。平江城选择了依山傍水、不受旱涝威胁的有利地形，选择了有利于巩固政治、城防和发展农业的好地方，并以水为中心，创造了水陆两套互为依存的交通系统。古诗道"君到姑苏见，大家尽枕河。古宫闲地少，水港小桥多"，正说明了平江城内水碧、桥多。许多房屋临水建造，构成了"楼台俯舟楫"和"家家门外泊舟航"的水城景色。从报恩寺塔到韩园长达5公里的干道上，把沿街的河、桥、塔、坊、楼、庙宇、商店、市场和园林，左右前后错落布置，变化万千，组成了丰富多彩的建筑群艺术布局和城市的立体轮廓。在城市总体的空间构图中，平江城以塔作为重要装点，或位于山丘之顶，或位于河道或街道对景，或临于城市出入口，以其高大挺拔的形象与低矮的民居组成了垂直与水平线的强烈对比，丰富了城市的景观，加强了建筑群和整个城市的整体感。今天的苏州，还保留着宋代平江府的一些传统和百园城市的特色，城中的各式建筑均与山、水、园林相协调，给人民生活和旅游事业创造了美好的环境。

归纳起来，我们的前辈在城市规划与城市建设中表现了以下几个独到之处：

其一，善于看"风水"，能够结合山、水、景色等自然条件，因地制宜，选择一个比较好的筑城地址。像苏州那样，前后经历2 000年而城址一直固定在原来的位置上，为国内外所罕见。考其根由，主要在于选择了一个极好的城址。

其二，城市布局能够充分考虑功能上的需要和当时的城市性质以及时代特色。如西安、北京，反映了古代都城的政治需要，分区明确，布局严谨；而苏州，则充分利用水的资源，以繁荣经济，方便交通，平面布局，随水势灵活变化而不强求方正规矩。

其三，人工环境与自然环境相结合，能够达到巧夺天工、浑然天成的程度。城市建筑与自然景色、园林绿化相结合，城市与农村相结合，能够创造各种适于人们不同需要和活动所需的连续空间。

其四，能够使整个城市不仅满足人们政治、社会和物质生活上的需要，而且能够注重历史传统、民族特色与地方特色，注意了建筑上的要求，使其各有千秋而不是千篇一律，因而，创造了许多各具特色的城市。

前人的经验和长处，我们是应当认真研究和学习的。但是，在"文化大革命"那段岁月里，城市规划失去了它应有的意义，名胜古迹、园林绿化和生活设施在城市规划中失去了它应有的位置，"生产城市"成为各个城市发展的唯一目标，北京被工厂包围了，苏州被工厂包围了，桂林被工业污染了，杭州被工业污染了，不少特色鲜明的城市受到了人为的破坏。特别是有的人不按科学办事，乱占、乱挖、乱建，不仅搞乱了合理的城市规划布局，而且为城市今后的发展带来了难以治愈的后遗症。这个沉痛的教训，我们是不会也不能忘记的。

自党中央文件下达以来，我国的城市规划与城市建设出现了大好形势。兰州、呼和浩特等城市的总体规划已经被国务院批准了，长沙、合肥、沈阳、济南等城市的总体规划已经或即将报送国务院审批，北京、天津、上海和湖北、广东、辽宁、广西、江苏、黑龙江、山东等省、市、自治区对城市规划也抓得很紧，每一个城市都在根据自己的特点编制和修订新的总体规划，我们的城市规划与城市建设工作已经迈开了新的步伐。

以首都北京为例。1980年4月，中央书记处讨论了首都建设的问题，明确指出，北京是全国的政治中心、神经中枢，也是对外交往的中心，并对首都建设提出了四项重要建议。建议要求把北京建设成为一个社会治安、社会秩序、道德风尚最好的城市，建设成为一个最清洁、最卫生、最优美的第一流城市，建设成为一个全国科学、文化、技术最发达，教育程度最高的城市。强调要进行适合首都特点的经济建设，从而使首都经济不断繁荣，人民生活安定、方便、幸福。我们体会上述精神，认为正确处理好"人·自然·建筑·城市"四者的关系正是搞好北京城市规划与城市建设的重要一环。于是，北京正在尽量保持和发扬旧城原有的独特风格，特别是把以故宫为中心的8公里长的中轴线及其两侧的古建筑、古园林作为一个整体保留下来。同时，对有价值的王府、宅第、城楼、箭楼、角楼、园林等加以整修，并有选择地保留一些四合院民居和像琉璃厂、大栅栏这些独具特色的街道。为了不致破坏古城风貌，我们对旧城古建筑拟定了保护范围，以逐步拆除周围的凌乱建筑或构筑物。环绕皇城附近，我们规划为园林绿地和低层控制区，在适当的范围内对新建筑的性质、高度、密度以及体型、色彩等均有所限制。除加强旧城区的园林绿化，形成点、线、面的绿化系统外，我们还要结合现有的寺庙、古迹、王府、花园等，开辟一些小型游园。与此同时，为加强首都的环境建设，决心把宜林荒山尽快绿化起来，并搞好郊区农田林网化，结合旅游事业的发展，建设好风景游览区。全市的6个风景区将用绿化带联结起来或形成风景带，并向东北与承德风景区相连，向东与盘山、东陵风景区相连，向西南与西陵风景区相连，使其成为我国北方面积最大的大型风景旅游区，将首都置于美丽如画的风景区之中。

综上所述，"人·自然·建筑·城市"的辩证关系是什么呢？我们认为：

四者中，人是主体，自然、建筑、城市必须为人类服务。

人、建筑、城市源于自然，它们不能与自然隔绝。

建筑是人为的作品、城市的核心部分，因此不能就建筑而论建筑。城市应是由人、自然与建筑组成的综合环境。

人、自然、建筑、城市应实现有机的结合，使人、自然、建筑、城市融为一体。

总结过去，前人给我们留下了许多成功的范例，这是我们民族的骄傲，我们不能抛弃我国优秀的文化历史传统。

面对现在，当务之急是，我们应当尽快扭转城市规划与城市建设中一切不适宜的做法，以我们的可能条件努力去创造既适应人民不断变化着的各种生活与功能要求，又不丧失大自然的有机联系，拥有充沛的阳光、洁净的空气、充足而卫生的水、舒适的建筑和现代化的科学技术、安全方便且宁静的美好城市。当然，这是需要人们付出巨大的心血、不懈的意志、艰苦的劳动和辛勤的汗水的。

展望未来，我们应科学地估计今后我国城市发展的前景，对"人·自然·建筑·城市"的关系进行新的探索，并在探索中前进，真正规划与建设一个个具有民族特色的现代化的人民城市。

我们知道，现代科学为生产技术的进步以及为改造和发展现代工业开辟了道路，同时也改造着人们的生活方式与生活习惯。诚然，现代城市的内容、活动范围与规模，活动速度与频率等都大大超过了以往任何时代，现代城市的动态特征愈来愈突出，它要求城市的各个组成部分都要适应高效率、大容量、长距离、低消耗、高效能的要求。因此，现代城市比以往任何时代的城市功能组成部分的结构要复杂得多，各个功能组成部分之间的互相联系和彼此制约的紧密性也大得多。这不仅需要我们投入巨大的物化劳动，而且要求我们必须"站得高，看得远"，从一个区域，以至从全国范围内来考虑城市的发展。我们还主张在全世界范围内各国都要着手解决能源、土地、人口和生态环境等主要问题，从而为未来城市的发展开拓广阔的前景。

1980年10月，我国的全国城市规划工作会议吹响了我国城市与城市建设史上新的前进的号角。阳光明媚，前景灿烂，让我们同各国朋友们一道向着更加美好的明天舒开双臂吧！

写于1980年10月

城市园林绿化古今谈

——兼论兰州市城市园林绿化的若干问题

城市园林绿化的好坏，是衡量城市文明程度的一个重要标志，也是民族文明程度的重要标志之一。城市园林绿化是创造舒适的城市环境和美好的城市空间不可缺少的重要手段，因此，园林绿化的好坏，又反映着城市的建设水平和环境质量水平。

中华人民共和国成立以来，党和人民政府都非常重视城市园林绿化工作，国家曾制定了关于发展园林绿化事业，保护、修缮名胜古迹和风景区的有关条例，使我国城市的园林绿化工作取得了很大成绩，受到了广大群众的赞赏。中华人民共和国成立前夕的南京，全市仅有行道树3 000余株，玄武湖的梁州、中山陵、栖霞寺庙后零星有几片疏林。中华人民共和国成立后的17年中，广泛、深入、持久地开展了群众绿化运动，进行了大规模的社会主义园林建设，使得公共绿地比中华人民共和国成立前增加4.7倍，街坊绿化增加了19倍，行道树增加100倍，基本上形成了点、线、面结合的绿化系统，为劳动人民创造了一个较好的工作学习环境。再如郑州，中华人民共和国成立前全城一片黄土矮屋，没有一个公园，树木也寥寥无几，每逢冬春季节，风起沙飞。如今完全变了，市区绿树成荫，有175条街道浓荫蔽日，成为绿色长廊。横贯市区10多公里的金水河，多是岸柳成行、白杨参天。全市现有树木达300多万株，总覆盖率达32%以上，不仅挡住了风沙，而且也美化了市容，在经济上也有很大收益。

最近几年，我有机会到祖国的一些城市走走，亲眼看到了广东省的新会、肇庆、湛江以及广州的绿化建设，那拥有玉兰街、龙眼街、芒果街和葵街的侨乡城市新会，兰花吐馥，香气载道，犹如香城，真是一个花园城市。那兼有桂林之山、西湖之水的风景城市肇庆，城市园林绿化也搞得挺好，尤其是星湖公园的建设给人留下了难忘的印象。那以广式园林著称的广州，兰圃、越秀、白云山等公园令人心旷神怡。至于昆明、西安、沈阳、大连、北京（中华人民共和国成立前公园只有12处，772公顷；20世纪50年代就建有公园30多处，1 200公顷；中华人民共和国成立前行道树只有80公里，1978年达到2 800公里，绿树成荫）的园林建设以及青海省西宁市的公园建设都取得了一定的成就。

"浮云蔽日终虚幻，急雨惊雷启大明"。今天，我们必须本着"古为今用，洋为中用"的精神，学习国外先进科学技术，继承发扬中国古典园林遗产，推陈出新，为社会主义园林事业开创一条新路。

一、古代城市的园林绿化概况

古代的许多城市，早就有了人造的绿化地带——游园和公园。在史料和诗篇中，都可见到世界上几个文明古国——中国、巴比伦、古希腊和罗马帝国的一些城市里华丽的游园和苑囿的记载，其规模之大，布置之精巧，使我们这些后人无法想象，若身临其境，当如在天宫。

18世纪前的欧洲城市中就建设了不少的巧妙名园。17～18世纪中，欧洲贵族阶级临近没落前夕，其政治、经济、文化发展达到最高阶段，其时也是游园建筑鼎盛时期。从建筑艺术上来看，从庭园花木草坪的布置来看，都是宏大和华丽的，虽出自人工，却宛若天然的公园。如法国的凡尔赛公园，意大利的沈布鲁尼公园，彼得堡的皇家公园，莫斯科附近的公园，乌克兰的波兰高官领地内的公园……至今都是著称于世的杰作。

我们中华民族造园艺术发展最早，典籍可查到的以黄帝的舒圃为早，至周代，以文王之囿记载更详。

什么是苑囿呢？简单地说，也就是我国古代统治者——帝王进行狩猎的地方。清代在热河建的行宫——避暑山庄就是一个例证。

古代帝王的囿很大，如周"文王有囿七十里"，春秋战国的"楚庄王筑层台，延石千重，延壤百里"。至秦，帝王的囿则更大了，以至秦始皇三十五年所建的宫殿全在苑囿"上林苑"之中。

据史料记载，从汉朝起，乃改古称"囿"为"苑"或"苑囿"现在我们称帝王的园林，也为苑囿。

从园林发展史来看，我国从汉到隋700多年间，是苑囿建筑向园林化发展的阶段，至唐、五代、宋时期，我国苑囿的园林化发展达到了一个成熟的阶段。

辽代、金代也都建有苑囿。元代的贡献则是频繁地交流了东西方文化艺术，为我国各民族具有的丰富奇特造园艺术、庭园建筑形式更增添了异彩。其中最有名的是13世纪尼泊尔艺术家Ahui在元大都（即北京）建造的妙应寺白塔，至今尚存，是中尼两国人民友好往来史中的佳话。

明清两代的苑囿，体现了我国封建社会苑囿最后阶段的风貌，从这个意义上来讲，明清时代是我国封建社会苑囿的集成时期。我们可以从现存的元明清苑囿古迹中看到这三代（尤其是明清两代）苑囿建筑和它的造园的一般风貌。它们除了继承了历代苑囿的特点外，又有了新的发展，主要是：

1.多功能。其内容有听政、受贺、宴餐、看戏、居住、休息、游园、祈祷、念佛以及观赏奇花异草、鸟兽虫鱼，甚至连做买卖的商业市街之景也设在其中（如颐和园后山的苏州街）。

2.多形式。在庭园建筑方面，为了同多功能的内容相一致，各种建筑的单体形象和各建筑之间的组合方式，应有尽有，而且还收集了各地域、各民族富有地方特色和民族风格的单体形象和组合形式，灵活多变，冶于一炉。承德的避暑山庄就是一例，在园林布置方面，吸取了南北、东西造园艺术精华，因地制宜地汇集，体现了我国著名的园林独特景色。

3.从我国苑囿整个布局来看，被艺术化了的园林风景占主要地位，其建筑多处于从属地位，而风景与建筑的相互有机结合，形成富有"诗情画意"的园林风光。

我们的先祖不仅在造园技艺上留下了辉煌成果，而且在造园学术论著方面也给我们留下了光辉的篇章。《园冶》这本书就是闻名中外的造园学术专著。此书成于明万历十年（公元1582年），出自吴江（今江苏吴江区）人计成之手。全书有三卷，一卷为造园总论（兴造论、园说）、选地（相地、立基和各种建筑单体的形象），二卷讲栋轩及其形样，三卷讲门窗、墙垣、铺地、叠山、选石、借景等等，还有插图200余幅。全书虽只1万余字，但笔法精炼，意境无穷。不仅反映了我国当时的园林风貌和造园艺术水平，也影响着历代造园风格，至今仍对我国造园有着极大指导意义，而且在世界造园著作中也占有重要地位。

明清两代的苑囿，都受《园冶》的影响。北海也好，颐和园也好，苏州的众多园林也好，不论其大小、平面形状和地势情况如何，组成一幅又一幅画面，连续地展现在人们的眼前，使人们随着观赏路线上的气氛变化而受到感染，这在《园冶》中称之为"景随步移"。而且，每苑都有一个"镇得住"的主景，如颐和园的万寿阁，北海的白塔。每个景都有其突出的主题，使游人走到哪里，都像读小说、看戏进入高潮一样，给人们留下深刻的印象。而这些主景又是在众多的配景点缀、对比之中被烘托出来，并由借景、对景使各个景色画面层次更为丰富、分明，风物图景更为新颖、活泼，诗情画意更为浓厚、深刻。这些，不仅是我国民族文化的宝贵财产，在世界造园史上也独树一帜，赢得了极高的声誉，被外国人赞为世界之最！

上述这些中外古代园林绿化，无论空间组合、艺术布局或园林技巧、造园手法上，都有其独到之处，是值得我们认真研究、继承或借鉴的宝贵财富。但是，"继承"和"借鉴"绝不能生搬硬套。社会主义事业是前所未有的伟大事业，社会主义园林建设是这伟大事业中的一个组成部分，因此，我们必须努力创造一个具有我国民族形式、社会主义内容的新中国园林！

二、现代各国城市园林绿化简介

城市园林绿化是城市建设的重要组成部分。有人说，城市园林绿化是城市的"肺"，又有人说，城市园林绿化是城市的"肾"，这两种比拟既形象又真实。实践证明，园林绿化是改善城市环境卫生和加强环境保护最有效而易行的方法之一。

世界各国，尤其是工业发达的国家，他们吃够了工业"三废"污染的苦头，所以在采取工业技术措施治理消除污染源的同时，无不在大力加强城市园林绿化工作，想方设法扩大城市绿地面积。如美国的公园面积平均占市区面积的5%～10%，平均每人占有绿地面积30平方米。美国规定：50万人口以下的城市，人均占有绿地40平方米，50万至百万人口的城市，人均占有绿地20平方米；英国规定：大城市平均每人占有绿地20平方米，小城市人均占有绿地30～40平方米；法国全国城市平均每人占有绿地10平方米。即使在用地十分紧张的日本，20世纪末的城市绿化指标也是人均20平方米。一些国家或城市还因绿化而得美名，如荷兰有"郁金香之国"之称，法国素有世界苑园之称，罗马尼亚首都素有绿色的Syxanla之称！

世界各国不仅把城市园林绿地标准提得较高，而且在新的城市总体规划中很注意绿地系统的具体安排。一是大力开辟城市公园和居住区的花园。如美国的纽森特莱茵公园占地3 000公顷以上，法国巴黎有好多个大型公园，墨西哥市区内有一个近千公顷的大公园。二是大力加强厂区绿化。国外的大部分工厂没有围墙，每个工厂或工业区都有卫生防护绿带和职工休息区，他们把工厂叫作"工业花园"，可见其绿化之好。三是在郊区建造现代化的大型郊外公园、森林公园和游览区。如德国柏林有两个大型森林公园（一个面积为7 800公顷，一个为4 200公顷），荷兰首都附近有一个约88公顷的美丽如画的森林公园，法国近年计划在巴黎郊区搞一个占地52.5平方公里的绿化地区，罗马尼亚的斯大林城的天然森林直接插入城市之内，美丽如画，比利时首都的坎不尔大森林与街道绿化紧密相连。有的国家还在城市郊外建设郊外休息区。所谓郊外休息区是由各种郊区公园、森林公园、草地公园、条状块状绿地、设施完善的水域和连接大片自然绿地与通往城市的有绿化的道路所组成。休息区的基本单元，据我们在日本爱知县所见，主要有休养所、汽车饭店、旅游服务社、少年夏令营、少年科技公园等。在国外城市中各类园林绿化并不是单独孤立地存在的，它们之间由包括行车道所构成的绿色"隧道"在内的各种绿带有机地联系了起来，成为一个整体。

现在西方好多国家城市建设中有一个术语，叫作"绿带政策"。所谓"绿带政策"就是在大城市周围设置绿带，一方面为城市蓄存新鲜空气，提供郊游场所，保护和改善郊区农业环境，另一方面从法律上确认它是一条不可逾越的城市界限，以限制城市范围扩大。如加拿大首都渥太华市区周围就有一条4.8～8公里宽的绿带。英国在这方面搞得最有成绩，他们把这种绿带定为全民财富，法律规定：不管国家、地方、公共团体和个人都不能动用绿带，从而把绿带完整地保留下来。

下面，简要地介绍一下我在马尼拉和日本的几个城市中所见到的城市绿化、居住区内的花园及街心公园情况。

1. 马尼拉市。

马尼拉市自然条件得天独厚，加之借助巧妙的人工处理，城市绿化别具南洋风情。在他们所谓的"富人区"，简直像一个园庭绿化的博览会，每家前庭内院的绿化都别具匠心，藤蔓植物的竖向绿化广泛地被用来装饰立面、围杆、栏杆、防火墙、挡土墙等，在那些不宜绿化或无法绿化的地方，借助花盆和花箱构成"移动式"花园。悬挂式绿化物，在马尼拉到处可见，尤其在庭院内部、枯树上、墙面上，十分美观。各种城市建筑物在各种悬挂的花卉点缀下，更加绚丽多彩。使你身在"闹市"之中，却有漫步花园之感。马尼拉的商业服务中心，多是内向式的商场。那里既是商业服务中心，也是顾客的游园，在那里人们不仅可以购买到自己需要的物品，还可游憩，使人有安全、愉快、舒适、赏心悦目之感。每一个内向式商店，都有停车场和安静的步行道，有绿岛，有草坪，有花园，有喷水池，有塑像，有装饰用的艺术小品，有可拆装的广告和透明广告，有城市讯息设备——报时、新闻、天气预报设施等。步行道多是花砖铺地，其特有的图案与周围的环境及建筑融为一体。

2. 日本各城市。

日本的一些大城市多是旧城，东京、名古屋、横滨等地，房屋密集，用地紧张，城市里不可能拓建新的大型公园，怎么办呢？他们在旧城改建过程中，尽量留出面积为0.3～3公顷的游园及花园用地，包括一些以讯息、纪念、广告、陈列和文化娱乐设施为主的游园花园。这些游园花园在绿地系统中作用显著，既创造了多变而舒适的环境，又方便了群众，在用地不多的前提下，起到了多功能的作用。在一些旧的密集的居民住宅区，通过改建，开辟为10～12岁以下的儿童活动的游戏园地、青年运动场和一般居民休息等多用途的小花园、游园、水上花园、屋顶花园，以创造一个舒适、愉快的环境。在东京最繁华的银座大街，在用地很紧张、布置绿地很困难的情况下，还建有小块绿岛，同时用可移动和随时更换的花箱、花盆等绿叶鲜花来弥补绿地的缺乏。这不仅有绿化和美化的意义，同时令人感到这里是文明之地。

多摩是一座新建的所谓"卧城"，供露天休息之用的街坊绿地千姿百态，步移景易。大片绿地，小块绿地，学校地段，服务中心花园，步行林荫等有机联系，区域性或全市性的绿地，构成了绿草如茵、花木繁茂、景色宜人的绿地系统。街坊内的幼儿园，小学校等都有向阳的绿地，十分适应儿童的需要。我们看了一处建在丘陵地带的住宅小区，住宅是联立式，独门独户，绿地布置得统一而又多变，有的是带绿篱的前庭绿化，有的是静式的庭院布局，各有千秋，但又互相联系、有机结合，把各个观赏点连为一片动态庭园。在精妙的风景组合中，一花一树，一草一石，都摆得恰到好处，没有假造多余之感。

筑波是新建的城市，我们虽然仅一日之游，但给我们的印象却十分深刻。城市规划目的明确，"筑波校园城市"真是名副其实。整个城市就是一座大花园，到处都有大面积的人造草坪、林荫道，他们把草坪、乔木花卉和灌木的绿地面积，扩大到空地的30%～40%（除住宅建筑面积）。

日本公园很有特色。名古屋的爱知青少年公园，是一座在丘陵风景区中建造的人工文化体育公园，它是为青少年活动、培养身心健康的基地，具有文化宫的性质。它充分利用了自然地形和山林环境，设有动物广场、游园广场、野营地、游泳池、儿童火车等，环境优美，设备齐全，公园占地面积约2平方公里。另一个是横滨的三溪公园，它是利用沿海丘陵的自然风景建造的一座富有野趣的大公园。山泉集三条溪水而下，汇集成湖，园内建筑色彩淡雅，小桥、栏杆、坐凳等混凝土制的小构筑物，外形美观，都雕有木质花纹，如原木制作一般。花坛、草坪、树丛的围栏，都用竹子棕绳结成。入园之后，有山村之感，与园外闹市相比，真是"世外桃源"，十分僻静，因而老人多愿去园中休息。

日本园林艺术是学习了中国的造园技巧的，经过他们的创新，从而具有浓厚的日本风格。

在日本各城市的一些街道中心，设置有街心花园和福利设施。名古屋的中心公园和横滨的大通公园，都是街道上的中心绿地，构思巧妙，对美化街景、平衡市中心区的"动"与"静"很有作用。名古屋的中心公园，下面是繁华的地下街，上面是很安静的绿化环境，喷泉漫流，由山而下形成瀑布，汇集为池塘，池中有游鱼和游鸭，很是吸引游客。在那两侧繁杂的交通干道之中，能有人造的自然景象，真是增添了不少新颖趣味。横滨的大通公园，则是为了分隔车道而安排的。按路口分段处理，有的是敞开的广场，有的是封闭式的步游庭院，利用竖向不同高程，布置了喷泉水池等，假山高处，喷泉漫流而下，经一道斜坡，坡上刻有礓礤，激起浪花，响如海涛，十分引人入胜。每一区段，各有重点，有水，有石，有林，有儿童嬉戏场等，构思颇具匠心。

日本若干城市有滨海街，即在其滨海路侧，充分利用海岸线，布置了游轮码头和栈桥、花坛，还有的临海建了广阔厦廊，凭栏观望，全港景色尽收眼底。从功能和美学来看，既是游憩绿地，也是车辆行人穿行的出路。他们认为，这是一种扩大绿地面积的办法。

日本城市里，尤其是旧城区，扩大绿地面积的另一种办法是利用公共建筑物、机关和学校周围的绿地，有计划地使其供居民休憩之用。如宫城二重桥桥前的松林草坪，人们可能随意休憩。机关甚至是市政厅前均不像我们这里高墙厚垒，而是庭前绿地，其树荫下设有休息椅凳，成为供人休息的园地。

在日本还有不少屋顶花园。据日本朋友说，美国最大的屋顶花园有1.4公顷，它建在一座四层车库的楼上，花园里有美丽如画的小桥流水，曲折的花径，小广场和花坛花丛等。总的说来，日本和欧美国家利用屋顶开辟花园，既有助于扩大街坊内绿地面积，又可使楼上的居民登高享用。

值得一提的是，日本所有城市，不仅重视新绿地的开辟，而且十分注意对已有绿地古树及有价值的花木的保存，他们往往划定一些"特区"，给以法律保障。

日本的一些联立式住宅前后，多留有一小块空地，用矮墙或绿篱隔开，作小庭园和后花园之用。居民可以根据个人爱好，布置不同的内容。这样可以发挥每一个绿化爱好者的积极性，不仅有利于普及绿化知识，也有利于提高绿化技术管理水平。这是值得我们推荐的一种居住区绿化形式。

以上是马尼拉及日本一些城市的绿化概况。总的来说，无论是马尼拉，还是日本的若干城市，在绿化方面，它们都有以下一些共同的特点：

（1）他们不仅注意平面绿化的布局，而且十分重视垂直绿化，以丰富景观，创造良好的环境条件。在平面上注意点、线、面结合，形成绿地系统。所有街道，尤其是步行街道，两旁全是绿树鲜花，新辟的街道中心还设有街心花园，十分宜人，并且用流水和喷泉来加强效果，使其富于自然特色。在竖向上他们不仅利用地面、上空，还大力利用地下空间进行绿化建设，从而突破了狭窄的改建地段的空间限制，在有限的狭窄空间内扩大了空间视野和空间绿化面积。

（2）在房屋密集的住宅区，在绿地面积很少的情况下，花园、小游园、小广场都尽量按照居民的各种生活需要，创作各种多功能的空间。

（3）他们通过建立集团式独立的服务中心、内向商场等，利用公共设施和绿地、水面，减少交通干道毗邻地段的交通干扰和噪音，试图解决城市交通系统所造成的"人与环境"问题。

（4）以多种造园形式丰富居民的生活内容。大致有6种造园形式：

①南国式——以温暖、晴朗、棕榈、芭蕉为基调；

②幽静式——以松柏为基调，爽朗明快；

③旷野式——多以落叶树为主，有纷纷飘落之感；

④高原式——有广阔潇洒之感；

⑤游园式——明快热闹；

⑥田园式——以田园花木为主，有温和恬静之感。

另外，我们还可以通过表1、表2、表3了解国内外一些城市的绿化概况。

表1　我国一些城市的公共绿地指标（现况）

城市名称	公共绿地指标（m²/人）	绿化覆盖率（%）
北京	4.60	22.30
郑州	3.60	32.00
沈阳	8.80	12.60
长春	20.60	24.60
西安	2.10	
包头	12.90	8.20
鞍山	4.60	21.60
茂名	2.40	20.00
承德	22.30	28.30
无锡	4.30	11.40
昆明	4.90	12.70
杭州	4.30	9.50
邯郸	8.90	8.00
兰州	0.98	6.72

表2 一些国家城市公共绿地指标一览表（现况）

首都名称	计算年度	人口规模（万人）	平均每人公共绿地指标（m²/人）
莫斯科	1977	790.0	37.0
华盛顿	1974	75.7	40.8
东 京	1977	1000.0	2.3
伦 敦	1974	850.0	22.0
柏 林	1974	322.0	14.4
平 壤	1958	70.0	14.0
华 沙	1974	135.0	73.5
斯德哥尔摩	1973		68.3
堪培拉	1974	16.5	70.5
维也纳	1961	162.7	17.0
日内瓦	1974	15.1	17.3
纽 约	1975	778.0	18.4

表3 各国城市园林绿化用地规划指标一览表

国家名称		每人平均绿地面积（m²/人）	园林绿地占市区面积比重（%）
美国	50万人以下城市	40	5～10
	50万～100万人城市	20	5～10
	100万人以上城市	13.5	5～10
英国	大城市	20	5～10
	小城市	30～40	5～10
日 本		30～40	
法 国		10～23	
德 国		30～40	

注：1966年柏林一位博士实验，认为每公顷园林绿地，白天12小时吸收二氧化碳为900kg，生产氧气600kg，因而提出公园绿地面积指标应是30～40m²/人。

三、关于兰州市城市园林绿化若干问题的探讨

现在，我们不是在讲"扬长避短，发扬优势"吗？那么，兰州园林绿化之"长"是什么？怎样去发挥"优势"？我们必须胸中有数。只有这样，我们才有足够的信心，才能少走或不走弯路，才能把兰州园林绿化事业迅速地搞上去。下面，从分析兰州市园林绿化的有利条件入手，谈谈我市园林绿化的若干问题。

兰州园林绿化的条件是好的，概括地说有以下三点：

首先，兰州有天赋的自然风貌特色，兰州的自然骨架和人工骨架是好的。黄河东西贯穿全市，两岸高山耸峙，中央滩屿罗列；全市有平原，有台地，岗峦起伏，丘壑相间，果园菜地穿插其中；市区之南，高峻的皋兰山岚烟缭绕，龙尾山、华林坪龙盘虎踞，气势磅礴；市区之北，白塔山巅塔影高耸追日月，仁寿山、九洲台等峰峦如万马奔腾。我们若把这一丘一壑、一片果园、一泓流水、一组古建筑和山、塬、川、滩都绿化起来，再让黄河镶上绿边，兰州必然成为一个外形妩媚、身躯秀丽、别具特色的西北高原城市，可谓先天富足矣。

年前，陈占祥总工程师说，兰州犹如一个早晨刚起床的美丽姑娘，还没有经过梳妆打扮。他还说，兰州这个姑娘已插上一朵红花（指白塔山），给人一个突出的形象。规划局的卞颂桢同志说，兰州固然是一个美丽的姑娘，但目前仅有一朵红花，是很不够的，尚需要一件与其秀丽的身躯相称的绿色旗袍（即普遍绿化）。我认为这句话说得很形象，"人靠衣裳马靠鞍"嘛，没有一身合适的服装，姑娘尽管头插红花，只能是局部美，还不能算是整体美！常言道，好花还须绿叶扶，在城市绿化中，"点"必须有"面"衬托，这是绿化的基础。若要使兰州这个姑娘真正美起来，就必须全面绿化，这就是兰州城市园林绿化的使命。

其次，从历史来看，兰州光山秃岭的面貌不是古来就有的。据有关文献记载，她曾经是一个苍山环抱、桃李芬芳的美丽地方。唐穆宗李恒任刘元鼎为会盟使前往逻娑时，路过兰州就见到：广种水稻，桃李榆柳茂盛。唐诗人曾有"庭树巢鹦鹉，园花隐麝香"之句。明代诗人周光镐咏皋兰山诗日："绝顶青青立马看……天晴万树排高浪"。兰州城东60里的水岔沟，清代时则是"山水清丽林木蓊郁"的好地方。有些地方，如华林山、青枫岔、东柳沟、西柳沟、大青山等盖因有林而得名。这些都是兰州古代有森林的证明。可见兰州有历史的优越条件，此乃基础之厚也。不幸的是，由于林木屡遭战火劫难，加之滥垦滥伐，仅仅数百年间，森林破坏殆尽，到中华人民共和国成立时只剩下可数的一些孤木，兰州变成一个山上草难生，市内无绿地的破败城市。

中华人民共和国成立后，党和人民政府领导全市人民付出了很大代价，使兰州市已有公共绿地79.91公顷，树木125万多株，各种绿地覆盖面积为625公顷，"干山和尚头"的白塔山、五一山、狗娃山、徐家山、龙尾山等都已变得郁郁葱葱。实践证明了人的因素是不容忽视的，可谓群众力量之大矣。这是兰州园林绿化的有利条件之三。据了解，中华人民共和国成立以来兰州累计造林面积早已超过了宜林面积，而存林面积却寥寥无几，造的多活的少，正如群众所说："春造夏发芽，秋天娃娃拔，冬天烧火煮了茶。"还有人形容我们的植树效果是："一月青，二月黄，三四个月见阎王。"那么，为什么昔日林木葱郁的兰州，如今却长不好树呢？

我们知道，在自然界，所有生物和光、热、土、水、气等构成了生态系统。每个生态系统中总是时刻不停地进行着能量和物质循环。但在一定条件下，又维持着动态平衡，即生物之间，或物质和能量输出输入之间，存在着平衡关系。当生态系统中能量流动和物质循环过程中较长时间地保持平衡关系时，该生态系统中的生物种类和数量最大，生产力也就最大。因此，林木不管是天然林或人工林，它的生产力大小，都受着这个生态系统中各种因子的制约，就是说它的成败决定于生物群内外环境和植物之间的相互关系，在时间和空间发展上是否保持着比较稳定的生态平衡。以此为依据，根据林木分布和生长发育规律选用树种，因地制宜地部署林木，这不仅可以扩大树种资源，也必将获得理想的效果。我市徐家山从气候和植被类型来看，属于半荒漠地区，在海拔1 800米左右的荒山营造侧柏林，30年来已高达4米左右，生长健壮，这是一个好的例证。

生态系统中，每一种成分不是孤立存在的，而是相互联系、相互制约地成为统一的不可分割的综合体。历史和现实证明，在干旱贫瘠的山地，虽然不易生长乔木，但某些草类灌木却能生长良好，而草类和灌木的生长，如果不遭破坏，绿化覆盖率将不断增加，从而保持和改善土壤及其水分，为乔木生长创造条件。因此，绿化时不仅要周密地考虑植物与环境之间的联系，而且应考虑利用植物之间的互利关系，使其相互促进，取长补短。兰州五一山造林站，在梯田后坎栽植红柳，在果树下种草种菜，很快形成了绿色覆被，创造了良好的小气候，既有利果树生长，又加快了绿化。甘肃省某些贫瘠山地，曾引种了牧草沙打旺，两年之间覆盖率就达到90%，绿化了荒山，保持了水土，改善了土地条件，促进了林牧业的进一步发展。上例证明，只要我们按照自然规律办事，因地制宜地合理利用自然条件，就能够加速绿化的步伐。

现今往往有一种偏见，一提到绿化，就是植树，而植树往往又以乔木为多（甚至是要求栽培条件较高的果树），成活率不高，难于形成绿色覆被；空间效果也差。我们应该吸取教训，总结经验，通过试验，实行以草灌为先导、乔灌草相结合的绿化办法，闯出兰州绿化的新路。

鉴于兰州四面环山抱岭，城市中建筑物林立拥挤，而城市土地十分有限的情况，要想改变兰州市区园林绿化稀少和城市公共绿地水平较差的困难局面，"见缝插针"搞绿化是一条行之有效的办法，"少花钱，多办事"，能迅速地改变兰州当前园林绿化被动的局面。据此，规划局的卞颂桢同志推算出兰州各项用地可能达到的绿化覆盖面积，如表4所示。

上面分析了兰州市园林绿化的有利条件，也指出了改变兰州市园林绿化状况的几个主要途径，路是一步一步地走出来的，每一步的距离虽短，却都关系着全程。要使兰州园林绿化的整个行程畅通无阻，还必须认真地解决一些具体问题，这里我只就一些重要问题提一点个人意见，供大家参考。

1. 苗木问题。

苗木是园林绿化不可缺少的物质基础，没有苗，当然谈不上搞好绿化，没有适地的苗，绿化也不可能搞好。而苗圃是生产苗木的基础，没有或缺乏苗圃，必将影响整个城市园林绿化。实践证明，凡是园林绿化搞得好的城市，一般都有足够的苗圃用地，除有生产一般绿化树种的苗圃地外，还有生产一定规格的大苗圃地，以满足城市主要道路、广场、公园等一次成型一次成荫的需要。

我市有苗圃1 000多亩，但还远远不能满足绿化苗木需要。尤其是大苗培育。每年差不多都要从外地购进大量苗木。远地输入，不仅花钱多，损伤多，而且往往由于树木不适宜本地生长环境，致使成活率不高，大大地影响了园林绿化的速度。因此，扩大苗圃建设，解决苗木供不应求的现状，是一个急待解决的问题。

2. 绿化好兰州，是关系到全市每一个公民切身利益的事情。

在充分发挥专业部门力量的同时，要充分发动群众，依靠群众力量加速绿化的步伐。在国外，每个单位的前庭绿化都由单位自己来搞，即使在重要地段，其绿化规划经过城市绿化管理部门审批后，也还是由单位来搞。人民是国家的主人，应该发动群众和依靠群众来搞绿化。

表4 兰州市绿化可能达到覆盖面积（公顷）

用地类别	各类用地规划面积（公顷）					可能达到面积（公顷）					全市可能达到的覆盖
	全市	城关区	七里河区	西固区	安宁区	全市	城关区	七里河区	西固区	安宁区	
工业仓库用地	3 628.5	754.8	834.3	1 324.3	715.1	544.3~1 088.6	113.2~226.4	125.1~250.3	198.6~397.3	107.3~214.5	15~30
居住及公建用地	3 614.2	1 690.1	749.1	668.4	506.6	1 084.3~1 8C7.1	507~845.1	2247~3746	200.5~334.2	152~253.3	30~50
对外交通用地	813.8	210.7	362.9	199.6	40.6	122.1~162.8	31.6~42.1	54.4~72.9	29.9~39.9	6.1~8.12	15~20
道路系统	956.2	395.9	203.2	243.7	113.4	573.7	237.5	122	146	68	60
公共绿地	473	256	81.1	110.7	25.2	473	256	81.1	110.7	68	100
专用绿地	201.3	68.1	47.7	31.1	54.4	161	54.5	38.2	24.9	43.5	80
合计	9 687	3 375.6	2 278.3	2 577.8	1 455.3	2 958.4~4 266.2	1 199.8~1661.1	645.5~938.3	710.8~1 053.2	402.1~612.6	30.54~44.04

3.加强管理养护，巩固绿化成果。

"三分种，七分管"，这是我国劳动人民在长期的生产中积累的经验。管理不善，往往使千日之功毁于一旦。中华人民共和国成立后，兰州市人民在园林绿化建设中，付出的代价是很大的，但其成果却很小，管理不好是其主要原因之一，这种历史教训应当引以为戒。实践证明，专业部门和群众相结合进行管理养护，是一种行之有效的办法。一方面教育群众爱护公物、爱护花草树木，另一方面应制定必要的规章制度，对那些损坏园林绿化的人要给予适当的处罚，对爱护园林绿化的好人好事，应给予必要奖励。加强管理，要有一定的经济力量保证。这钱从哪里来呢？是否可采用水电等公共事业享用的办法：有权使用，也有义务负担费用。一个居民区内的绿化，可由房管部门做出合理规定，居民按月交付绿化费用。用经济办法管绿化，一方面可以增加居民爱护花草树木的责任感，另一方面，有了经济基础，也就有了专人管理，这样一来，园林绿化的成果就能得到巩固和发展。

4.建设用地要严格把关，严禁继续占用现有绿地或规划绿化用地进行建设。

兰州绿化水平很低，市区仅有树木20多万株，平均4人才有1株；市区现有公共绿地面积每人仅有0.98平方米；市区绿地覆盖率只有6.7%，加之住房紧张，各单位在院内"见缝插针"乱搞建筑，居民也在院内纷纷搭房，就是新建的住宅区，建筑也安排得十分紧凑，能够绿化的用地越来越少。一些单位甚至砍去大片果园盖房。这种情况再不能继续了。我们应该严加注意，采取有力措施，确保现有绿化用地，杜绝占用绿化用地进行建设。

5.要造就一支具有现代科学技术知识的园林绿化专业队伍。

据1979年统计，兰州市园林队伍仅780余名，其中专业技术人员还不到30名，而且年龄偏大，平均已40多岁。显然这种状况不能适应发展着的园林绿化事业。因此，必须千方百计扩大专业队伍、造就人才，以完成历史赋予我们全面绿化兰州的光荣任务。

建设人民城市的园林绿化，是一项艰巨的历史任务，它需要整个社会的努力，需要整个城市的努力，更需要我们同广大群众的共同努力！

我们正在探索自己的道路，我们坚信，人民是历史发展的原动力，人民也必将是自己理想城市的缔造者和主宰者。我们的园林绿化已经取得了很大成就，我们坚信未来的城市园林绿化也必将取得更大的成就。

写于1981年

漫谈城市规划、城市设计与城市风格

城市规划，是城市建设的蓝图。一个城市要想建设好、管理好，没有城市规划是不行的。

城市的物质建设，往往对其他许多方面产生作用，引发新的问题，激起新的愿望，这些反过来又要求新的物质建设。这种运动，便是城市建设的规律。而城市规划便是反映和实现这一规律的一个总体思想。

城市设计是把理想的蓝图变为现实的形态，使它成为物质实体，并且具有实用功能和美的价值，和谐地把人与物紧密地联系在一起，从而给城市规划（也可称之为理想和打算）赋予生命力。

"设计"一词，广泛用在各个方面。

建筑设计，当然也是设计的一种。可以把"设计"分为下述三类，这就是：单体设计、复合体设计和环境设计三类。

单体设计——广告设计，各种工艺品设计，一辆汽车的设计，一栋楼房的设计等，都可以看作是单体设计。这是一般的设计范畴。

复合体设计——建筑本身是一个单体设计，它与壁画、照明用具、室内家具等许多其他的单体设计相结合，便可称之为一种复合体设计。建筑师不仅是一个单体设计工作者，更应是复合体设计的工作者，一组建筑群的设计，也可称之为复合体设计。设计一个小居住区，包括每一个建筑物、广场、公用设施、服务设施、公园、花园、绿地等既包含单体设计，又是一组复合体设计。

环境设计——这是我们以及世界各国正在大力研究的问题。对人类来讲，建造新的环境系统，最典型的莫过于城市了。"城市"这个复杂的系统，是一个有机地联系在一起的许多事物互相衔接、互相照应、互相衬托的综合性整体，是包括各种各样的复合体设计在内的总体设计。

正是从这个意义上说，城市设计与建筑设计有着根本的不同。城市是由多方面的价值观支配下进行运动的社会实体，因而它既不能由一个长官个人的判断来简单地决定，也不能由出自一个建筑师之手的一个模型状的东西来决定。当然一个居住区、大学、科学研究院、综合性医院等，一般都是由设计主体来进行设计的复合体设计。可是，城市设计却完全不同，它是在多个设计主体设计的基础之上的、更加强调互相统一的整体设计，是一项综合性很强的环境设计。因此，每一个单体设计，每一组复合体设计，无论它建设得有多么好，如果不相互照顾、不相互联系，那么，由这些单体建筑和复合建筑群随便组合成的城市，从环境的整体角度来看，便绝不能称之为美好的城市。从这种理解出发，可以说城市设计就是把各种复合体设计当作整体的一部分对城市进行系统化构造的过程。

随意演奏，那便绝不会奏出一曲美妙动听的交响乐。因此，城市里的道路、桥梁、广场、公园、花园、前庭绿化、林荫大道以及各种各样的公共服务设施和公用设施，作为联系城市各种因素的"媒介物"，是实现城市设计最优化必须考虑的重要环境因素。

市政府是指导城市建设的主体，具有实施总体规划的职能，就像一个乐队的指挥一样，应当是城市设计的主要组织者。而我们现在是一个什么样的情况呢？不但没有充分地进行"城市设计"，而且连公共设施的设计都是各搞一套，不能互相衔接、互相协调。至于谈到民用建筑和公共建筑方面，也往往是单体设计虽然很不错，却不能相互协调，搞得民用建筑与公共建筑之间格格不入，彼此之间毫无关系，缺乏统一性和整体性，缺少整体美。我们的单体设计和单项设计有的并不次于其他国家，关键在于，没有很好考虑城市的环境设计，结果形成了杂乱而不协调的城市环境。

我国的北京城、古苏州、古绍兴以及日本的京都、奈良，都曾进行过很和谐的城市设计，能够把人、自然、建筑融为一体，形成别具一格的城市风格。古代的人们是很注意"环境设计"的，北京、西安、苏州、杭州、绍兴等名城便是范例。然而，传入了西方技术（这是好事），有的人或有的地方却忘掉了中国固有的好的传统手法。实际上，先进国家也已经和正在注意环境设计的手法了。有些国家的城市搞得越来越舒适、美观，形成了人、自然、建筑、城市四者之间相互和谐和美丽的环境。中华人民共和国成立30多年来，恰恰在这一方面没有真正把先进的东西学到手，只是把某种狭隘的"省"和"快"学来了，"省"中没有好，"快"中没有多。因此，虽然也引进了一些怪里怪气的建筑单体设计形式，而对城市总的风格却很少研究。由于对整个城市的设计没有注意，任各种建筑自由排列，使许多城市没有形成一个完美的环境空间。兰州城便是其中之一：市区内东一座住宅楼，西一座住宅楼，见缝插针，形不成街景；公共设施与管理设施不能配套服务；建筑物高的高，低的低，互相之间没有呼应，没有韵律，不成比例，形不成美好的街景。其关键问题就是没有把城市的整体设计摆到议事日程。

当然，城市结构、功能、形象随着时代的发展必然会有新的发展。但是，现代城市要求组成合理的建筑空间环境，使城市获得内部的完整性和外部的完美性，体现出城市的功能、技术、艺术三位一体的较完美的效果，这都是不会变的。城市规划与城市设计以及它的修建，其科学性、合理性、艺术构图的完美性多受社会经济发展状况的制约，并且和其他许多问题密切相关。城市的设计和建设道德必须满足人们在物质条件方面的要求。它对于居民的生活来说，应当是方便的和有利于健康的。我们应当把"健康、方便、有文化和美丽"这四者结合在一起来考虑城市设计与建设。

城市布局和它的建筑空间形式是互相联系的。城市各个组成部分之间的互相联系构成"规划布局"这一基本概念的客观内容。

城市的建筑物、构筑物、工程构筑物，城市绿化和重大的艺术作品等项的综合布局和相互配合不仅应满足实用要求，而且要满足文化的、文明的需要。所以，只有在城市风格明确的前提下，才能进行城市规划，进而由城市规划具体指导城市的设计和修建。

城市风格、城市规划、城市设计既不能混为一谈，又不能截然分开。

因而，我们评价一个单体设计时不能离开城市规划的整体要求来谈，单体设计必须服从于城市规划的整体要求。如果忽视了这一点，即使建起许多建筑物，开拓了若干的干道广场，也形成不了一个像一曲交响乐那样美好的城市。我们有些城市，从规划角度来看，每一建筑物的点、线、面特色就不能一次形成，看不出其设计意图，只能算城市设计中的半成品（从某种意义上来说，甚至是废品），留下了后遗症。其重要原因是设计者对城市的规划布局把握不准，认识不清。

还有，一个城市的自然环境是城市轮廓和构成城市全貌的基本条件，我们必须有意识地在城市空间构图中进行比较，从城市风格上加以安排，纳入规划。不仅要使各建筑群之间的布置互相协调、互相平衡，重点突出和多样化，而且要与自然环境要素，如山、水、风景等相协调，体量得当，尺度合适，主次分明，相互呼应，相映成趣。

应进一步研究城市功能设计。例如，我们往往仅从行车这一方面来考虑城市道路的功能，把设计仅仅放在怎样能让汽车不受干扰地快速行驶这一点上。但是，从技术上只考虑高速道路的线型问题、铺装问题、立体交叉问题、增加车行线的问题、扩大道路宽度的问题等，还是很不全面的。道路的功能并不单纯是为了行驶汽车，为坐车的人服务。我们设计一条道路，应当以行人的走路为基本出发点。尤其是在我们国家的城市里，行人多于车辆，应首先为走路的人们设计道路，精心布置路旁供人观赏的花木、绿荫、草坪，便利行路的标志和良好的人行道与自行车专用道等。这就为城市道路的规划与技术设计提出了一个新的问题，即视觉上的审美效果。因此，我们不能单纯追求狭义的城市功能，而应当从关怀人民生活这个根本的角度来全面认识城市的合理功能，做出符合行走，舒畅、方便、美观等各种需要的环境设计，即在充分考虑、研究人与自然、社会三者相互协调的城市风格的前提下，通过城市规划、城市设计和建筑技术，表现出城市的空间面貌。

作为我们的城市政府，不应单是法律的领导者与执行者，更重要的问题是要了解人民的意愿，把过去城市行政中所缺乏的人的重要性体现到城市建设和环境建设上来。我们要建设好一个城市，除了必须进行城市规划之外，还必须加强城市设计，使规划、设计、技术三者都得到充分的发挥。

城市风格是城市规划、城市设计的灵魂。一个完美的城市不仅要和其他的城市有着共同的美，而且还要有自己的个性美，即自己的风格。任何城市都有它自己发展演变的过程和山川大势，同时也都形成了各自的特点。因此，对特殊的城市风格或风貌的创作来说，首先要对其自然环境及其发展过程和规律有一定的认识。决定城市风格的因素主要有：城市的山川地理大势；民族传统和地方特色；城市建筑师、设计师的科学、艺术和思想水平等。每一座城市的设计和建设既要反映时代精神，又要具有自己独特的风貌。城市的领导者和设计师、建筑师必须有深刻的思想和广博的知识，他们必须对事物的辩证发展规律、对社会经济和文化的发展趋势、对人民群众的物质、文化生活需要等有深刻的了解；必须对建筑史、对民族的建筑传统、建筑艺术有足够的了解，要具备历史、社会、自然科学、艺术、思想方法和表现技巧等多方面的知识和能力。当然，最主要的是要具备建筑科学和建筑艺术的知识，并使这些知识相互融会贯通，成为一体。城市的领导者要大力培养和合理使用大批见多识广、有思想、有知识、懂得科学和艺术，有预见性和创造性的设计人才，使他们不断地增长才干，并为他们发挥自己的才能提供良好的条件，以便从他们手中形成高水平的城市规划和城市设计的方案来。

拿兰州的城市建筑风格来说，就应当充分发挥其带状山河的地理优势。一条大河蜿蜒曲折地从一座城市里穿过约38公里，形成了西固、七里河、安宁、城关、盐场等5块河谷平川，四周有待绿化的群山，这就是兰州城市所在的最基本的山川大势，也是设计者们可以纵横驰骋才思的自然环境。兰州的风格要与众不同，就要抓住这山、水的特征，在人工环境设计与自然环境改造上下功夫。其中，在城市风格的形成中尤以兰州滨河路居中心地位。这条滨河路和带状公园是兰州的彩带、精华，它的风格设计将为整个城市增添异彩。因为，从居民的心理和生理健康上说，它是兰州重要的生活游憩带；从城市生态环境上说，它是兰州盆地的呼吸道、绿色长廊和城市有机体的平衡调节器；从城市抗洪、抗震的意义上说，它又是集散、防险的重要地带；它还是兰州的重要水源补给区和城市新陈代谢、水运的通道；而且，它还是横贯兰州的第二条城市交通主干道。

如果置这一彩带的特色于不顾，把"高、大、板、密、乱"的建筑沿街一列，那就要把兰州仅有的特色给封闭了，窒息了。而且，一窝蜂式的盖高层建筑，势必使上水、下水、煤气、暖气管道的长度加长，水压、气压局部增大。那么，现有的污水管道将难以适用，带状公园的视野将被遮断，整个城市也失去其特有的风格。

由此看来，城市建设应当首先抓城市之"神"——城市的风格构思。神在而形不散。不能从风格上对城市规划提出具体要求，城市规划就难以避免雷同、单一、贫乏、怪异的缺点。可想而知，城市设计也绝不会创作出整体美的环境设计来。

当然，成熟的时代风格（包括地方风格），不是一朝一夕之功，即使方法对头，也需要经历一个足够长的时间才能渐渐趋于完善。这也许不是一代人就能完成得了的任务。因此，我们必须立足于我国的实际情况，合理地吸取古今中外的经验来研究我们自己的风格创作问题，开创城市风格建设的新方向。

写于1984年

城市要发展　特色不能丢

　　最近两年，我有幸赴杭州、苏州、昆明、肇庆、常熟、新会、嘉定、桂林、济南、合肥、福州、太原、临汾、吐鲁番等十几个具有传统特色与自然特色的大小城市走马观花。尽管时间十分仓促，但是，收获很大，印象很深，感慨不少。我深感在我国的城市规划与城市建设中，有一个十分重要的问题值得我们探讨：我国历史悠久，幅员广大，民族众多，名胜遍地，不同地区的历史条件、自然条件、地方资源、经济状况、传统习惯等各有不同，每一个城市都有自己的独特环境，前人给我们留下了丰富的文化遗产；今后，随着四个现代化的进展，我国城市建设必将有一个大发展。那么，在城市建设大发展中，我们应当如何对待城市的特色呢？本文想就此发表几点意见。

　　历代前辈，用理想、智慧和劳动，谱写了我国城市规划与城市建设的发展史，创建了许多具有自己的传统文化和民族特色的城市（包括它的遗址），直到今日，仍可作为我们进行城市规划与城市建设的宝贵借鉴。

　　以我到过的一些城市为例，尽管只是走马观花，对其精华美妙之处了解得尚不全面，但却留下了深刻的印象。这些城市都是我国历代建筑家和劳动人民在认识自然、利用自然、改造自然的过程中，使"人·自然·建筑·城市"巧妙融合，浑然一体而创造出的不朽作品，充分表现出了各自独有的特色。

我国的特色城市，以我所知，不外乎以下几种：

历史古城。这种城市概为历史上的政治中心，历代王朝建都之处。如北京、南京、西安、洛阳等城市。以西安为例，从秦皇汉武沿留至今，历史上曾有13个朝代在这里建都，前后约1 000年左右。历史遗留下来的始皇陵、乾陵、碑林、大雁塔、小雁塔以及明城墙等名胜古迹，吸引着络绎不绝的中外游人。

山水城市。这种城市多以山水秀丽、景色宜人为其特色。如桂林、杭州、昆明、肇庆等城市。以桂林为例，其山有奇、险、秀三个特点，其水有静、清、绿三个特点，乃山水甲天下也，桂林就以桂林山色、漓江水色而出名。昆明因滇池而增色，杭州因西湖而引人，肇庆也成为自然风景城市中的后起之秀。

园林名城。这种城市中，名园荟萃，洋洋大观，充分展示了我国造园艺术的高度造诣和成就。如苏州、扬州、承德等城市。使人感到"不出城廓而获山水之怡，身居闹市而有林泉之致"，而又各有千秋，引人入胜。以苏州为例，由于园林众多，加上"绿浪东西南北水，红栏三百九十桥"，更富有诗情画意，因而博得了"上有天堂，下有苏杭"的美名。承德亦是以避暑山庄和"外八庙"而出名的，新会则因整个城市建设得像个大花园而令人向往。

纪念城市。这种城市都和历史上某一重大事件或一段重要历史阶段有着密切的联系。如黄陵、延安、瑞金、嘉兴、遵义等。以延安为例，它既是古城又是革命圣地，坐落在枣园、杨家岭、凤凰山、王家坪农村中的党中央旧址，象征着"延安革命时代"的精神风貌，这正是教育后人，令人永远纪念的价值所在。

风土城市。这种城市很典型地集中表现了某种地区或某个民族的特色。如苏州、绍兴、常熟、嘉定等代表江南水乡地区的特色。拉萨代表藏族地区的特点，而吐鲁番代表了戈壁大漠中温差甚大、干旱少雨地区的特色。以绍兴为例，原有九门而七门为水门，巧妙而自然地把市中心区与山水、城乡、名胜古迹、园林、路桥等联系在一起，条条水路通到家门，体现了江南水乡城市的典型特点。拉萨的布达拉宫和其他藏传佛教建筑则体现着藏族地区的民族和风土特色以及世界屋脊之城的雄伟。

此外，还有山城、水城、海滨城市以及城市布局巧于构思的特色城市和一些具有综合性特色的城市，可以兼有上述2～3种特色。以下就一些不同特色的城市，择要分述：

先从杭州说起吧。说杭州，应从西湖说起。它地处南、北、西三面挺秀的群山环抱之中，其中北山犹如凤凰头，南山恰似蛟龙体，西湖水分明是一颗明珠，真可谓"龙凤抢珠"，故有"龙飞凤舞到钱塘"，而"三面云山一面城""淡妆浓抹总相宜"的雅誉，确实名不虚传。

杭州附近更有江山如画的长廊，这就是新安江（富春江）。新安江素有"锦峰秀岭，山水之乡"的称誉。唐孟浩然的"湖经洞庭阔，江入新安清"和宋沈钧的"皎镜无冬春，百丈见游鳞"等诗句，就是最好的写照。就在这条美丽的富春江畔，富阳、桐庐、白沙（建德）和梅城四座小城给我们留下了江南城市风采的深刻印象。

富阳是一座位于富春江北岸，距杭州40公里，拥有两万多人口，美丽而安静的滨江县城。著名的鹳山风景区，临江襟城，鹳山之上有"天下第一楼"，为民族形式建筑，玲珑、古朴、淡雅。登楼眺望，江水滔滔，两岸花木繁茂，姹紫嫣红，真有"日出江花红似火，春来江水绿如蓝"之感。

桐庐是一座美丽的山城，坐落在苍翠欲滴的森林公园之内。面对富春江，左襟天目溪，三面青山环抱，隔江翠岗起伏。它临江拔起，"层峦耸翠，上出重霄"，如有"飞阁流丹"，当会"下临无地"了。

白沙（今建德）位于新安江水电站下游6公里处，是一座新兴城镇。面临碧水，背靠秀山，临江有2 000米长的绿化带，镇内街道整齐，两行梧桐，荫蔽长街，镇后群山耸秀，铁塔凌空。尤其是"春山半是茶""秋园桔满枝"，眼见婆娑竹影，耳闻阵阵松涛，江抱着镇，镇依着山，江雾腾腾，烟云笼罩的特有景色令人难以忘怀，是一座富有诗情画意的云雾芳城。

梅城是一座山中古镇。它背靠乌龙山，莽莽苍苍，林木葱茏，绿染群峰，面临江水，浩浩荡荡，波涌浪叠，气象万千。南峰塔、北峰塔隔江遥望，凌云突出。东湖水、西湖水像两面镜子，映照着古城新姿。入夜，一轮皓月，从二塔之间升起，双塔背月，塔影显得格外浓乌，加上银波闪烁，帆影点点，酷似一幅静中有动、动中有静，景中含情的剪影画。

苏州已有2 500年的建城历史，是至今仍保留着建城初期时的城市格局而未被淘汰的文化名城。它以悠久的历史、高层的文化、繁华的市井、优美的风景、精巧的园林、众多的古迹、朴素的民居、幽静的街巷、如画的水乡而闻名中外，乃是鱼米之乡，丝绸之家，文萃之邦，工艺之市，百园之城。是一座世界人民所向往的风景城市。

昆明是一座三面环山，南临滇池，"万紫千红花不谢，冬暖夏凉四时春"的高原城市。青山、绿水、鲜花、古树、碧空，给人以山城、水城、花城、春城、歌舞之城的感觉。尤其是南望滇池，"五百里滇池奔来眼底"，美女峰恰似一少女在云水处飘逸，令人心旷神怡。

肇庆北靠北岭山，南临西江水，形状如元宝一般。一提肇庆，人人都会想起叶剑英同志的名句："借得西湖水一圜，更移阳朔七堆山。堤边添上丝丝柳，画幅长留天地间。"这真是对肇庆山水的高度概括。其山，有如桂林碧玉簪、七星岩，双源洞内的地下奇景更引人入胜；其水，酷似西湖明月镜，湖中有岛，岛中有湖，如画一般，中外游人络绎不绝。

常熟是一座紧靠虞山，邻近尚湖、东湖和湖圩，"十里青山半入城"的水乡城市。这里不仅山辉川媚，风光绮丽，而且气候温和，物产丰富，既是鱼米之乡，更是纺织工业、花边工艺发达地区，还是虞山画派艺术的发祥地。

新会是一座新建的侨乡城市。这里，冬有百花，夏无盛暑，具有浓厚的葵乡风光。市区的白兰、芒果、龙眼、人心果、樟树等行道树组成的绿色"隧道"，兰花吐馥，香气载道，犹入香城。可以说，这是一个花园里有现代城市，城市中又有现代花园的花园城市。

嘉定位于上海市西北33公里处，是中华人民共和国成立后规划扩建起来的卫星城市。展开地图，我们一眼就看到：形如八卦一般的护城河把城区围了起来，像一串巨大的绿色项链，配上百花树草，恰似一个五彩的花环。横沥、练祁两条河纵横城中，连通环城河，沿街沿河的桥、塔、坊、店铺、庙宇、民居等古建筑和南方园林，都体现着江南水乡城镇的独特风貌。

桂林是山水甲天下的名城。桂林之山，各不相连，独具形象，奇峰罗列；桂林之水，清得可见江底的石立鱼翔。这样的山围绕着这样的水，这样的水倒映着这样的山，桂林城就坐落在这样的山水之间，天造地设，得天独厚，不失为"人间仙境"。桂林城市的山水之胜，就像一块巨大的磁石，吸引着国内外的千万个旅游者。

济南是一座"四面荷花三面柳，一城山色半城湖""九点齐烟处处春"的百泉之城。趵突泉群，黑虎泉群，珍珠泉群，五龙潭泉群，约有119泉之多。青山入城，泉水抵户，家家泉水，户户垂杨，大明湖上，可见千佛山倒影，荡舟戏水，山影浮动，别有风情。千佛山，旧城圈，大明湖，十里荷花，在城市中形成了一条明确而起伏、空间多变的城市中轴线，众多清泉像一颗颗珍珠似的在其周围闪烁着异彩。

合肥是一座由淝河与护城河环绕，犹如一环银色的项链把旧城区围绕起来的美丽城市。逍遥津公园、人民公园、稻香楼风景区、杏花村风景区，就像是一串项链上的四颗明珠；镶嵌在东北、东南、西南、西北角，给城市增添了无限光彩。旧城墙已不复存在，而今变成了一圈环城路，道路两旁，绿树成荫。在当今城市中，这一环水，一环路，一环碧翠的绿化带，已使其成为一个"碧水绕市，绿染环城"独具一格的特色城市。

福州是一座榕荫浓翠的"榕城"，又是山城、水城、古港、商城、温泉之城和文化名城之一。屏山、乌山、于山，自古以来就是精灵荟萃之处，白塔、乌塔两座宝塔，像城市的两支秀臂。城内三山鼎立、两塔相峙，再加上榕绿点缀，白玉兰行道树清香扑鼻，闽江湍流激荡，更有那十大片温泉，怎能不叫人流连忘返。

太原是一座东西两山对峙并在城北合拢环抱、汾河由北向南纵贯其间的新兴工业城市，又称"双塔"之城。有著名的晋祠名胜，玄中寺、天龙山石窟和被埋没了600多年的仅次于乐山大佛的晋阳西山大佛，有"借问酒家何处有，牧童遥指杏花村"的杏花村汾酒厂，还有著名的太钢和东山、西山大型煤矿，是我国的能源城市之一。

临汾是一座相传尧、舜、禹先后在此建都的古老而又年轻的小城市，又称卧牛城、平阳城和花果之城。尧庙中的柏抱楸、柏抱槐共生古树，已有1 600多年的历史。巨大钟楼立于旧城中心，市内15条主要街道广植花木，其中4条街道种柿、梨、红果、石榴树1 200多株，果实压弯枝头，花儿万紫千红，不愧是一座黄土高原上的花果城。

吐鲁番是一座气候干旱、酷暑期又很长的古城，城面高程低于海平面甚多。火焰山下的千佛窟，由73孔土窑洞组成，著名的高昌、交河两座古城遗址，为生土建筑组成的土城堡，维吾尔族群众住的土拱窑，这些都构成了这座小城市的土城特色。家家户户的葡萄架，绿化了戈壁滩上的民居环境，而人工挖成的坎儿井，便给这座酷热无雨的"大风库"和盆地城市引来了哺育生命的涓涓清流。

一言以蔽之，大自然的神工鬼斧，加之历代劳动人民的匠心巧手，使这些城市各具得天独厚的特色。这是我国人民的宝贵财富，甚至可以说，城市本身就是一个巨大的文物和文物宝库。

可以看出，每个城市的传统特色和自然特色，绝不是一朝一夕形成的，多是经历了几十年、几百年乃至几千年逐渐形成的。而各个城市的特色同样也是不能移动和相互代替的，如果奇山秀水改样，桂林山水就不会甲天下了；西湖的山、水、洞、泉等自然美一旦失色，杭州也就平淡无奇了；小巧精致、各具千秋、遍布市区的古典园林一毁无遗，苏州也就不复存在了；滇池风光横遭破坏，昆明也就会大为失色。就我们今天的能力讲，也还不能一下子在某一个地方重造桂林山光、漓江水色、西湖风景、滇池奇观。从这个实际情况出发，可以认定，凡是破坏了城市特色的工业和城市建设项目，无论其产值与价值有多大，也是"功不抵过"的，更何况地球上只有一个桂林山水、西湖风景、苏州百园、昆明春色呢。这大概也就是中外人士所以要提出"解放西湖""拯救桂林""保护苏州"的主要原因吧！

必须看到，30年来，人民群众为保护和发展自己城市的特色做出了贡献。

昆明是保护文物、名胜古迹比较突出的城市之一。我们看到筇竹寺的五百罗汉，至今千姿百态，栩栩如生；华亭寺、太华寺的各尊塑像完好无缺；铜瓦寺的殿宇、天门依然如故；龙泉观内唐梅、宋柏、明茶笑迎宾客；圆通寺也焕然一新。

400多年前曾"与兰亭、西湖、凤台、燕矶比雄于中国"的肇庆星湖风景区，中华人民共和国成立后，肇庆人民自力更生，在峰林石山的周围开发了7 000多亩人工湖，使"桂林山"配上了"西湖水"，使肇庆的城市特色得到了发掘和发展。

中华人民共和国成立后获得新生的新会城，自1954年以来一直注意植树造林，使一幢幢白亮楼房，一条条洁净街道，镶嵌在红花绿树之中。城内，四时花果，空气清新，阵阵花香沁人肺腑，使这个"一城绿葵半城湖，四时繁花春色媚"的花园城市独具特色。

嘉定在旧城改造中充分注意了前街后河的水乡城镇特点，并拟以方塔为中心，整修老城洲桥一带的原有建筑，辟步行道，设竹刻、草织、刺绣等传统产品的手工作坊，重点保留江南文化古城的传统特色，建成一个与众不同的卫星城市。

自1978年国家建委召开"风景旅游城市座谈会"以来，大家认识到，风景资源是国家巨大的文化与经济资源，不仅扬州"遍地是黄金"，苏州是个大"金库"，我们辽阔的祖国大地，无山不美，无水不秀，各个城市都有自己的特点。如果我们能够大力发掘、保护和发展各个城市的传统特色和自然特色，将对加快实现四个现代化有着重大的意义！我们不仅要充分地应用现代科学技术，还必须发扬自己的民族文化传统，努力规划与建设具有自己特色的社会主义城市。

1.我们要善于认识和发掘自己城市的特色，并把它纳入城市的总体规划中来。

例如昆明的滇池，它是西南高原上的明珠，由于它，昆明才成为一个独具特色的城市，再加上西山风景区等名胜古迹和美女峰的秀丽景色，使这座春城闻名中外。因此，在昆明市的总体规划中一定要把滇池风光作为城市规划的一项重要内容来对待。嘉定的环城河是体现嘉定城市特色的主要因素，在总体规划中，一定要给环城河留有一定的位置，疏通河道，并继承江南水乡城市边河边道的传统做法，开拓环城滨河路，再配上园林绿化，这样就一定能够把嘉定建设成为一个五彩缤纷的美丽城市。在常熟的城市总体规划中能不能再恢复其原来的面貌呢？古琴式的城市，这是常熟独一无二的特色啊！肇庆的西江水，广阔壮观，船帆点点，山水相映，另是一番风味。在肇庆的城市总体规划中除了考虑与星湖风光融为一体，也应当考虑与西江风光融为一体啊。肇庆，怀抱星湖，三面临江，北靠北岭，形如元宝，在城市总体规划中绝不应当不注意这些特色。戈壁滩上的古张掖城，不仅应当把"一城山光，半城塔影，连片苇溪，遍地古刹"纳入城市规划，还应当把祁连雪峰，一碧长空也作为城市规划的要素联系起来，构成它那粗犷性格的特色。

2.各个城市的特色要在确定城市性质的时候或在具体的规划中有所体现。

在这方面，昆明是一个突出的例子，他们经过反复讨论，决定把城市性质确定为以风景旅游为中心——春城。他们认为，城市性质主要是指城市的主要职能而言，并不排除其他职能，发展个性，并不等于排除共性，把昆明确定为风景旅游城市和春城，并不是不发展工业，只是要求工业的发展必须有利于控制城市规模和不破坏风景资源。其实，从某种意义上来讲，风景旅游本身就是一项"无烟工业"。在我国，以风景旅游为主的城市并不多，像桂林、杭州、苏州、承德、肇庆等许多城市，其风景旅游事业的发展对四个现代化的贡献势必会超过这些城市发展工业项目的贡献。因此，我们应当明确规定这些城市的性质为风景旅游城市。不仅风景旅游城市必须编制风景旅游规划，以体现并发展城市特色，其他城市的规划同样也应当有保护和发展自己城市特色的内容，这是万万不应当忽视的。例如，兰州是一个以石油、化工、机械制造为主的工业城市，它同样应当有风景旅游规划，岚烟缭绕的皋兰山和贯通东西的黄河滨河路带状公园以及城区、果园菜地穿插相间，构成了它的城市特色。

3.市区内各项建设要与自己城市的传统特色和自然特色协调起来，形成一个完整的统一体。

需要强调的是，特色城市的建设一定要注意其统一性和特殊性。例如，杭州的风景特点是"有山山不高，有水水不大"，城市建筑的尺度、体量、形式都应当"与山水统一，以群体取胜"，而不应当让林立的巨楼和各种庞大的设施喧宾夺主。苏州园林灿若群星，玲珑精致，各有所异，巧夺天工，苏州城市本身就应当建设成为一个大园林。再说，苏州民居的平面、形式以及装修等都具有浓厚的地方建筑风格，乃江南民居的典型代表，更何况姑苏是一个"画桥三百映江城"的水乡城市，如果全部变成了广宽的马路，巨大的建筑，就会失去苏州的特色，那是极不应该的。以肇庆而言，市区建筑群是不应当与星湖风景、西江风光截然分开的，而应当用园林绿化把三者联系起来，从而把市区本身置于风景区内，构成一个统一体。嘉定在市区内整修保留一段具有传统特色的老街的做法是值得支持的。在许多城市里，特别是在旧城改造中，不要统统拆光再建新的，不妨保留一段独具特点的老街道，作为步行街。城市发展不仅有今天的创造性，而且有历史传统的一贯性，把二者巧妙地结合起来，这有什么不好呢？

4.应当正确认识和处理好城市现代化与保持城市传统特色、自然特色的关系。

我们知道，时代在前进，社会在变化，新陈代谢，以新更旧，这是历史发展的必然。城市发展也是如此，现代建筑技术已经可以制造质量轻、强度高、跨度大和超高层的建筑物，高楼大厦代替平房四合院将是必然的趋势。在这种情况下，对于旧城市、旧建筑，是统统拆掉焕然一新呢？还是需要继续保留或部分保留呢？这就需要我们认真研究，区别对待了。我们不应当也不需要一律建成那种摩天大楼林立拥挤、空中车道叠三架四、人与大自然截然隔断的喧闹城市，我们需要的是一个既利用现代技术而又保持传统特色的城市空间和生活环境。例如，苏州是一座巨大的文化艺术宝库，按照园林风景旅游城市的性质、历史特点、文化价值和国内外的地位，应当全面保留旧城特色。这样，不但对于研究我国的历史，包括城市建设史、中国建筑史、文化艺术史等具有重大的价值，而且对启发我们和后代人的民族自豪感和爱国主义思想都有着深远的意义。中外人士，身临苏州，不仅可以看到山光、水色、名木、古树、奇花、异草、古建筑、园林艺术、自然风光，更能够看到文化、艺术和历史传统，从中受到教益。同时，以此来发展旅游事业，为发展现代生产和人民生活服务，也是对实现四个现代化极为有利的。鉴于现实情况，苏州在总体规划中对旧城采取了"点""线""面"的保留方法。这是非常必要的。再说，在城市规划与城市建设中，我们绝不应当忘记前人解决问题的好方法。例如，水乡古城绍兴，原有九门而七门为水门，巧妙而自然地把市中心区与山水、城乡、名胜古迹、园林、路桥等联结在一起，水路陆路连通城乡，条条水路通到家门，充分利用了水系交通，既有利于生产，又方便生活，而且不发愁能源危机，也没有喧闹噪音，我们为什么要填河而造路呢？搞一个东方威尼斯有什么不好呢？技术是手段而不是目的，我们的目的是为人类造福，为人民创造一个美好的综合环境。因此，我们的回答应当是："城市要发展，特色不能丢。"

我们的党历来是尊重历史，重视文化传统和非常注意保护城市特色的。北平解放前夕，解放军曾派代表向梁思成先生了解城内名胜古迹分布情况，以免炮火误中破坏。中华人民共和国成立前夕解放军还曾在山西洪洞抢救和保护广胜寺的经卷。中华人民共和国成立后，周总理与陈毅同志曾一再指示杭州的西湖周围只准拆不准建，不许盲目建设，要搞好植树绿化，把西湖保护好。今天，国家又拨出巨款在西安城墙上做文章，修建十分壮观的环城公园。国务院审定了第一批44处国家重点风景区，颁布了24个历史文化名城进行重点保护与建设，为保护城市特色做出了贡献。当然，多年的"折腾"，不少特色城市受到了不同程度的破坏，甚而留下了难以治愈的后遗症，我们应当认真总结正反两个方面的经验，寻找符合我国国情的正确道路，去踏出我们自己城市规划与城市建设的新路子。

进行城市环境规划。所谓城市环境规划，既不同于城市总体规划，又不同于被动式的城市环境保护规划，它是以城市生态学的观点，以人为城市主体，通过城市生态系统平衡法则，全面客观地对城市环境进行科学分析，实事求是地结合城市特点对城市所作的能动的环境规划，包括考虑城市环境这个定义域中生态、生产、生活、容量、质量、结构、特色等各个方面的内容所进行的综合规划。现代化的城市发展给城市提出了更高的要求，如何才能充分地开发和合理利用土地、能源、资源（包括风景资源）等各种自然环境条件，建立城市生态系统与区域内其他生态系统（如农业、河湖、森林等）的联系，保持自然景观、民族文化历史遗产和传统特色的连续性、完整性，顺应或选择合宜的城市发展形态，改善提高城市环境质量，使社会环境要素与自然环境要素有机地结合起来，协调发展，以解决城市中纷乱复杂的各种问题，从而满足人类社会不断发展着的物质和精神方面的各种需要，这是摆在我们面前的严峻课题。要以城市环境规划的方法来指导城市建设实践，城市中各项事业的大发展和保护特色城市就能有机地统一起来。比如，济南经过科学的城市环境分析，初步认为最突出的环境问题是泉水干涸、大气污染和河水变质。当前首先应当以保泉为主来发展城市，这恰恰与保护泉城特色是相一致的。太原突出的问题是大气污染，河泉枯竭，而体现城市特色的汾河及其两岸尚待开展与绿化，这又与进一步发掘自己城市的特色是相吻合的。洪洞县突出的环境问题是焦化厂、水泥厂等对泉水的严重污染，这对于保护广胜寺的琉璃飞虹塔及其风景区有重要影响。吐鲁番最主要的问题是酷暑无雨有暴风，为了改变这一环境状态，就应大力植树造林来改变城市气候条件，并建半地下式土拱窑和搭葡萄凉棚来避暑，这正好又为发展吐鲁番的风土城市特色提供了必然性与必要性。

抓住重点特色做文章。就每个城市的特色而论，均是多方面的，以兰州为例，就有古城、高原城市、山水城市、盆地城市、带状城市、田园城市、瓜果城市、多民族城市、避暑地、以石油化工和机械制造为主的工业城市等十大特点。这些特点，分别给城市带来益处，有的也带来不足，如盆地城市带来逆温与静风天气，降低了兰州城市的环境容量，加之工业废气及居民燃煤多而造成严重的大气污染。为扬长避短，我们就应抓住重点特色来做文章，即应抓住带状城市这一特色，在规划与建设30多公里长的滨河路及其带状公园方面下功夫。建设好、绿化好滨河路，提高城市的绿化覆盖率，改变城市小气候，减轻环境污染。

重视城市形象的塑造。由巍峨的宝塔、宝塔山、延河与延河桥组成的景观显示着延安城市的特征。由滇池和美女峰构成的景观是昆明的象征，群山环抱的西湖则是杭州的城市特色，而双塔是太原的城市标志，南京长江大桥则是南京的标志。如此等等，有的是利用了得天独厚的山水景观，有的是依靠自然景观与人工景观相结合，有的则是凭借人工创造的建筑组群和构筑物等组成的景观来具体地、形象地、突出地反映各自城市的特色。由此可见，大凡一个城市特色突出的所在，往往是反映在城市中的某一组景观或某几组景观给人们留下难忘的印象，表现出这个城市与其他城市迥然不同的自我形象。鉴于此，在城市发展中，我们应善于发现有代表性的自然景观或借助于人工来创造别出一格的景观，进行各自城市形象的塑造。

辩证地看待建筑风格。在一个城市里，大量的东西是房屋建筑，它占有举足轻重的地位，独具风格的建筑和建筑群会创造出自己城市的城市特色，悉尼歌剧院、上海外滩建筑群等就是最好的例子。当然，在城市里，并不需要所有的建筑及其群体都要标新立异。从大局来看，市区内和风景区内的各组建筑都应能与城市自然与传统特色协调起来，形成一个完整的统一体，或衬托、或渲染、或组成城市的主景，而不能出现各顾各、不相联系、不相呼应的局面。

就建筑风格而论，随着时间和空间的变化而变化着，不能只拘泥于某一种平面组合、空间造型、结构构造与形式，比如大屋顶建筑具有中国的建筑风格，而今我们总不能说平顶建筑就不是中国的建筑风格吧！看待建筑风格，应立足于今天，要有辩证的观点，不要一味仿古，也不能一概崇洋，而是应当因地构思，需古则古，该洋则洋，或者是在开创自己城市发展中应有新的建筑风格，去体现各自城市的城市特色。对于古的、旧的、传统的东西和有价值的东西，我们应保护、修旧，并依其风韵而发展，存其形，传其神，得其益，古为今用。没有太大价值的就不必非保留不可，对于散落在城市各处的规模不大的古建筑、古文物等，如有碍城市建设的发展，不妨把它们迁移到一处集中保存，建立新的胜地。对于洋的、新的、现代化的东西，凡符合国情国力的，应引进、效仿、移植，只要对我们有益，洋为中用，又何乐而不为呢！比如北京复兴门外的高层建筑群与立体交叉就搞得不错，它赋予城市以新的特色。如果以发展的辩证的眼光来看待建筑风格，我们就能从城市大发展的必然趋势和保持、发展各自城市的自然特色、传统特色中找到共同的语言，通过"对话"，实事求是地把"城市要发展，特色不能丢"提高到一个有机统一的新的高度，从而有效地来指导城市规划与城市建设实践。

写于1984年8月

保护特色城市　发展城市特色

　　我们的前辈所留下的不少特色城市，乃是我国5 000年文明史的一个重要组成部分，它体现着中华民族的文化特色，无不渗透着我国人民的教养、智慧、理想、品德、风格、情操和生活情趣，在学术上也有很高的造诣与价值，从而使我国的城市规划与城市建设在丰富多彩的世界城市发展史上具有独特的地位。前人给我们留下了许多成功的范例，这不仅是我们民族的骄傲，也是我们今天进行城市规划与城市建设的宝贵借鉴和依据，我们只有研究和保护的义务，绝对没有糟蹋的权利。

　　不能不指出，就在这些特色城市里，尤其是在"文化大革命"的岁月中，其城市特色不仅没有得到应有的重视，有的还面临着日益逊色，甚至全然失色的危险。

　　以我自己的所见所闻来说，已经够令人心疼了。1967年到1972年间，桂林就有1 935亩风景园林用地被38个单位占用，城区的8个著名风景点，结果只有二山二洞可供开放游览，由于漓江水被污染，水上的鹭鸶也不知去向了；杭州的西湖风景区被22个工厂、16个医院、休养院和3 000多户市民占用，50多个风景点，现在能看到20几个，著名的"柳浪闻莺"已变成"黄莺不知何处去，柳浪依旧笑春风"；苏州的大小园林与各种庭园，中华人民共和国成立之初还有188处，可是现在只剩下15处可以开放，唐代诗人白居易曾描绘过的苏州水乡城市的特点——"绿浪""画桥"，现在已所剩无几！而污染工厂却与日俱增，给市区带来了工业污染；昆明的滇池是西南高原上的一颗明珠，大观楼上有一幅长联描写道："五百里滇池，奔来眼底，披襟岸帻，喜茫茫空阔无边。看东骧神骏，西翥灵仪，北走蜿蜒，南翔缟素。高人韵士，何妨选胜登临。趁蟹屿螺州，梳裹就风鬟雾鬓，更萍天苇地，点缀些翠羽丹霞。莫辜负四围香稻，万顷晴沙，九夏芙蓉，三春杨柳。……"郭老登楼一望，赞叹道："果然一大观，山水唤凭栏……"滇池风光确实给昆明增色不少，可是，如今竟有1.1万多亩水面被填掉，结果是围湖造出的田地产量并不高甚而荒芜，而洋洋大观也大有逊色；常熟的尚湖（东西长4.5公里，南北长9公里）也被围湖造田，仅剩湖尾。有的城市风景区内，盖起了工厂企业和庞大的宾馆等建筑物，不仅破坏了风景，而且降低了它的游览价值，特别是在古建筑、名胜、古迹旁边乱摆乱建的现象普遍存在，如杭州的岳庙、沈阳的故宫、大同的华严寺、西安的小雁塔、承德的普宁寺、北京的白塔寺、广州的农讲所等处都出现了很不谐调的所谓"新建筑"、高烟囱、水塔之类。不少名山、名水、名林、名园和绿化用地被侵占或蚕食，致使城市特色逐渐湮没、损伤、毁坏、糟蹋以至彻底破坏，城市变成了房子的堆积地。

究其原因：一是对各个城市的性质不明确，往往不顾本身的特色，片面强调向"生产城市"发展，追求高产值而忽视了城市的环境质量和"无烟工业"的价值。二是对事物缺乏基本知识，缺乏一分为二的态度，甚而出现瞎指挥。三是城市规划不被重视，或者是落后于工业的发展而项目又要急着上马，势必造成城市布局上的混乱。在城市建筑方面，由于规划与建筑创作思想的保守化、模式化，往往出现一条马路、两排列车车厢式的建筑物，鳞次栉比，密不通风，失去了个性，失去了风格，失去传统特色。四是对城市现代化与保护特色城市、发展城市特色方面缺乏全面的认识，以为"洋"的就是新的，以为高层建筑林立、空中道路叠三架四就是所谓"现代化"，却忘记了现代化的标志应是为人民创造舒适、方便、健康、安全和文明的生活环境与工作条件。五是对发掘、保护和发展城市特色缺乏城市建设投资来源，使得不少名胜古迹和园林风景失修失养而无力整理修缮。六是对保护和发展城市特色缺乏法律保障，并缺乏规划、设计、建设、管理的得力机构和专门人才。

可喜的是，自1978年11月国家建委召开"风景旅游城市座谈会"以来，各地对保护特色城市有了一定的认识，中央书记处对北京市建设方针的四条指示，不仅为把北京市建设成为独具特色的第一流城市指明了方向，也是对我国各地保护特色城市和发展城市特色的一个强有力的支持和鞭策。谷牧副总理讲，10月14日，日本国土厅顾问对他说，国际上正在考虑对中国传统技术的重新评价问题。国外尚且如此，我们怎能够无视我们的特色城市的价值而抛掉自己的优秀传统呢？我们再不能捧着金碗要饭吃了。

在我们的城市发展中，每一个城市都有各自的优势，优势之一就是自然特色与传统特色。我们讲扬长避短，发挥优势，就不能无视或忽视发掘、保护和发展各自城市的自然特色与传统特色。发展城市特色，这是我们面临着的一个长期而艰巨的任务。

以我们对国内外某些城市的观感为基础，可以设想一下，当我们旅游世界诸大城市时，除了著名的华盛顿、伦敦、巴黎、威尼斯、罗马、北京、桂林、杭州、昆明等特色城市外，下了火车，下了飞机，忽然接触到一个用现代化技术装备起来的新城市，最初的印象一定是新鲜的。但是，当这样的接触比比皆是，连续起来之后，就会渐感茫然，进而失去它新鲜的光泽。这个问题，也许是城市发展进程中对各自的城市特色来不及思考、顾不上琢磨的结果，也许是由于发展速度太快，你追我赶和其他种种原因造成的。但是，这一现象所产生的后果，所付出的代价，是足够使我们的头脑清醒的。

并非我们的前辈预见到了当今的自然环境会受到破坏、生态会失去平衡这一日趋严峻的问题，侥幸的是我们起飞较慢，现代化迟了一步，因而可以多多地借鉴前车。我们需要学习外国的先进经验为我所用，但必须结合自己的国情、历史与现实，走我们自己城市发展的道路。过去那种忽视、糟蹋以至摒弃传统特色的蠢事不能再干了。今后，我们应从国外城市发展的经验教训和我国城市发展的得天独厚的自然特色与传统特色中汲取营养，在城市规划与城市建设中，克服盲目性、片面性和形而上学的形式主义，扬长避短，发挥传统优势，突出我们民族的、文化的、历史的和自然的独有特色，并用现代技术装备它、润饰它，使它更加鲜艳夺目。

在这次建筑学会第五次全国会员代表大会上，阎子祥同志在工作报告中提出："建筑界所面临的主要学术课题，首先是要推动城市规划与城市建设，提倡发扬学术民主，繁荣建筑创作，反对形式呆板、千篇一律。"我认为他的提法是很正确的。《全国城市规划工作会议纪要》中也提出：各个城市都应当从实际出发，根据当地的资源、交通、自然环境、发展历史和现实基础，科学地确定城市的性质和发展方向。在规划和建设中，注意扬长避短，发挥优势，保持民族风格和地方特色，体现时代精神。如何才能做到保护特色城市，发展城市特色呢？

1. 要善于认识和发掘各自城市的独有特色，要充分了解各自城市的城市特色，把它纳入城市的总体规划中来，使其合理化、合法化，并不断发扬光大，放出异彩。例如，嘉定的环城河是体现嘉定城市特色的最大因素，在总体规划中，一定要给环城河的发展留有余地，不使各种零乱建筑堆积两岸。嘉定一定能建设成为一个五彩花环式的城市。

2.各个城市的特色要在确定城市性质的同时或在具体的规划中有所体现，特别应当分别反映在总体规划、详细规划中。应当扭转过去那种规划跟着设计跑，设计跟着施工跑，"规划规划，不如个别领导一句话"的不正常局面，要严格按照城市规划进行城市建设，再不能用搞政治运动的办法来搞建设了。

3.要在保护、充实和发展各自的城市特色上下功夫，市区内和风景区内的各个建设项目，一定要与城市的自然特色与传统特色协调起来，形成一个完整的统一体。要正确处理"人·自然·建筑·城市"的关系，使城市环境从局部到整体，从内容到形式达到有机的统一。济南大明湖有郑板桥的一幅"竹"画，画上有18个字的题词道："一节一节一节，一叶一叶一叶，浑然一体玲珑。"我们在市区和风景区内搞建设，就应当使"一楼一堂一阁，一亭一台一榭，浑然一体玲珑"，而不能再"各顾各"了，因为那样即使单体建筑设计得再好，却不能组成美的建筑群和得体的建筑空间，或主次不分，相互夺色，进而有损于城市特色的发展。

4.应当正确认识和处理好城市现代化与保护特色城市、发展城市特色的辩证关系。不要一提现代化就是高楼巨厦、高速干道、多层立交、多层地铁以至地下城市、水下城市、海上城市等等。我们应充分发挥自己的优势，发掘、保护、开发、发展自己城市的自然特色和传统特色，创出自己城市发展的路子。像北京、西安、南京等城市，举世瞩目，历史悠久，文物荟萃，山水壮丽，文化发达，园林众多，城市格局和不少古建筑均是世界的杰作，内在因素是十分优厚的。北京城，稍加改造，就可以旧貌换新颜，我们应当看到这个潜在的巨大因素，一定会给各个城市的发展做出一个好的榜样。

保护特色城市，发展城市特色，绝不仅限于大中城市。我国小城镇星罗棋布，有如繁星闪烁，遍及神州大地。我国不少小城镇中有很多文物、古迹、名山名水、名园名木，有特色传统民居，有地方传统特色古建筑，我们都应当具有保护和发展的意识。不要以为凡是旧的，老的，都是落后的，都不屑一顾。我们更要正视和重视自己的特色和风貌，正因为它小，就要小得可爱，不宜在城市规模上、气魄上争高低。

我绝不是"复古主义者"，我主张有特色，有价值的东西并提倡创造新的特色。当然不能忘掉已有的历史传统和自然人文景观的优势。例如四川广元市凤凰楼的规划设计就是"保护特色城市，发展城市特色"的一个实例。

我认为，我们应把全国每一个城市，都创建为既利用现代技术，而又保持和发展自然与传统特色的城市，无愧于前人的成就，又能给后人造福，留下有价值的业绩。

写于1981年5月

旅游建设严重破坏文化资源
和自然风貌亟待制止

在我参加中华人民共和国第六届全国人民代表大会第三次会议期间，北京地区的城市规划与城市建设工作者代表们（包括专家、学者数十人）开了一个会，要我趁开会之际向大会写一份建议书，并通过大会向中央领导和有关地区的人大代表、政协委员及地区领导，呼吁呼吁旅游建设破坏文化资源和自然风貌的问题，希望用舆论和法治有效地制止这种"建设性的破坏"。以下是我在会上的发言。

一、要拯救桂林的风景文化

桂林市中心风景区、榕湖的湖边已建成一座14层的漓江宾馆，它这个庞然大物与独秀峰、象鼻山在那争高低，大煞风景。对于这个失误，桂林市的某些领导却认为建高楼巨厦这才是现代化，置国务院批准了的城市总体规划的指示精神于不顾，又在伏龙洲上安排兴建一幢高楼。伏龙洲是一个四面环水的小岛，在叠彩山和伏波山之间，靠近漓江西岸，环境幽雅，风光秀美，它和上述二山一起以漓江为天然罗带，组成了一个独特的自然景区。港商看中了这块宝地，也正如报道所说，"港商是有眼光"。我们的地方领导也认为这位港商有"慧眼"，同意在这不大的土地上建一座更大的旅游宾馆，叫"悦来大酒店"，占地15万平方米，高30层，有4 000个床位，比桂林市现有的外宾床位还多三分之一。1984年12月9日，港商和广西桂林市旅游公司总经理正式签订了合作经营合同，并在《广西日报》和《桂林日报》发了消息：一座豪华的国际四星级大酒店即将兴建。

我们不反对建旅游宾馆，更不反对吸引外资。对内搞活，对外开放这是我们的政策，无可非议。问题是利用外资进行经济建设的同时，必须考虑到环境和环境效益，必须考虑"桂林山水甲天下"这样一个风景名城的特色和风貌。

伏龙洲是弹丸之地，怎能容纳如此庞然大物？港商唯一的目的就是"钱"，而我们的个别领导，一意孤行，迁就港商，甚至说："要做出牺牲，争取建宾馆可谋取大利，为国立功，这是新老两种思想的斗争。"桂林个别领导不知是否想过了，这个弹丸之地的伏龙洲装不下，而后只有向叠彩山和伏波山麓挤去，其后果是什么样子？这些风景区不存在了，没有视野了，风景区的景观不复存在了，到桂林还看什么？

再者，这个宾馆建成后届时有8 000外宾、数千服务人员以及若干附属设备，还有万吨以上的自来水设备，吃了还得排出去，更重要的是要用漓江的水，用五分之一的流量，污水往漓江排吗？这个大饭店是个近1万人的活动区，各种废弃物、污水、油污、病毒不可避免地要流入漓江，"江似青罗带"恐怕10天就完了。

30层宾馆是多高呢？100米以上。近在咫尺的叠彩山约百米，伏波山高约80米，两山一楼，恰巧成为山字形，这真叫后来者居上。试问，这能给桂林山水增美么？

若从叠彩山远望江东普陀、月牙诸山，视线即被这个庞然大物遮断。可以预想，"悦来""漓江"加上施工中的车站大旅馆，不久成为桂林市的"三突出"，与市内的群山争高比美，岂非桂林风景甲天下，变成桂林高楼甲天下了吗？

我们认为：桂林山水应该是第一位的，而旅游服务业充其量是第二位，不能喧宾夺主。

我代表中国城市规划学术委员会和中国城市规划设计研究院全体城市规划工作者郑重表态：不同意桂林市为了建豪华高楼而损我美好河山的做法，这是"杀鸡取卵"之举，万不可为。若要建，另行选址，移出此区。我们要为桂林伏龙洲而请命，建议把我这一意见送交大会，并希望答复！

二、解放西湖

杭州被誉为祖国的明珠，如今情况却不是人们想象中那样美好了，自然风光正在遭受建设性的破坏。在杭州，在保俶塔附近建了一个望湖饭店，虽由18层降为七八层，仍是个庞然大物，使保俶塔一带的风景线已经变味。还不以此为戒！又在湖边景区内建了一座大型宾馆，楼长200米，高8层，800个房间，体量、风格与西湖景区格格不入，很不相称，严重地破坏了自然风景资源！据悉：杭州还要在湖滨公园附近建一座22层的饭店，在浣沙路边上正在大建20层左右的"友好饭店"……如此下去，西湖风景区，将毁在我们这一代人的手中，我们将成为千古罪人。

杭州西湖风景名胜区保护条例已公布，国务院批准的杭州城市总体规划已有严肃的指示，不准如此蛮干！目前，杭州市的规划建设工作（包括西湖景区）正按个别领导的"既定方针办"。他们把中央的政策、法令和规定置若罔闻，把中央领导同志的讲话当成耳旁风，有法不依，有令不止，可谓"顶风"的典型。

三、再论长沙

长沙在这方面也有建设性的破坏，如果不采取果断措施加以制止，则先人给我们遗留下来的这座历史文化名城将会毁于一旦，后果不堪设想。例如，湖南省工商行政管理局、省农垦农工商公司、省牧工商联合公司拟建一座综合大厦，总建筑面积为3.85万平方米，高25层，顶层设旋转餐厅，地址在岳麓山风景区内、湘江大桥西头南侧，这是极其不当的。究其弊端：一是彻底毁灭名城特色。长沙之所以为历史文化名城，除历史文化和革命特点外，其城市风貌最大的特点在于长沙城郭紧依湘江，长岛横波，麓屏耸翠，妙高天心，翘邀冠冕，人工城市融合于雄山秀水之间，浑然一气，城山互映，江岛齐晖。古城千载，屡遭兵燹，而蔚然独存，并闻名遐迩。长沙濒湘江，面麓山，具壮观之特色，岳麓山仅高297米，近濒湘江，紧依城市，故形成了风光千里，气象万千之大观。这是长沙和全国的无价之宝地也。如果在这儿竖起一座高达25层的庞然大物，则巍巍岳麓山，对比之下将成侏儒，地处桥头距最佳视点桥中更近，遮没岳麓山尤甚，不啻"一叶障目"，全局"盲"然。如果这个大楼建起来，沿江西岸大厦跟踪而来，城山互映特色不复再现，一代名城沦为普通城市，有失国家人民殷望，实为不智。二是加剧湘江大桥交通的矛盾，限死桥头改造的出路，破坏了生态平衡和蓄洪抗灾的能力，带来了经济上的重大损失有七（从略）。这些做法严重地违背了国务院对规划的有关指示。国务院关于长沙市总体规划的批复中明确指出："要保护好岳麓山风景区，在风景区保护范围内不再安排新的单位。长沙名城保护规划，亦将该处划为严格保护区。"呼吁当事人不可置若罔闻。

写于1985年4月

必须十分重视城市风貌

——在建设部规划局"城市风貌"座谈会上的发言

中华人民共和国成立以来，我们在祖国的大地上建起了许多美丽的新城，尤其近几年来，其规模之宏大，建筑之精美，都是前所未有的。但我们城市的规划与建设工作中还确实面临着若干重大问题，其中一个大问题就是城市风貌问题。

近几年来，广大人民群众对我们新建的城市"千城一面"的现状，很不满意，外国友人和学者也批评我们的城市缺乏个性。人家看了我们的新区之后说："如果不看肤色，不听语言，不看文字，不知到了哪个国家，怎么新建的高楼都像是和别的国家一个样？"中央领导同志也多次指示我们要注意城市特色。国务院批准的若干历史文化名城，都强调了要保护和发展地方特色与传统风格。可见，对城市风貌的探讨，不是可有可无的事，其重要性、必要性和迫切性是不言而喻的。

我在1980年曾经发表过一篇文章，叫作《城市要发展，特色不能丢》，1985年又发表了《城市要发展，特色不能丢（续）》，主要强调要保护特色城市，发展城市特色，也就是试图提出要注意城市风貌问题，建设具有中国特色的社会主义城市。

让人可喜的是，近年来，城市风貌问题已在若干城市开始提到城市建设的议事日程上了。自国务院公布了第一批历史文化名城以后，于前几天又在北京召开了第二批历史文化名城的审议会，一批历史文化名城将公布于世。好多城市已经和正在制定保护措施，并在保护城市特色的同时，改进、创新。比如西安正在修复明清时代的城墙，改建为"环城公园"。北京提出了控制市区建筑高度的方案。开封改建了相国寺附近商业建筑群。"碧水绕市，绿染环城"的合肥，改建了城隍庙附近的商业建筑群。安徽的屯溪市，改造了旧城区的"老街"。苏州决定全面保护古城风貌，并有所创新，不失古城特色。银川在这方面也做了不少有益的工作，我深信，银川一定会规划建设成为一个别具特色的塞上名城。还有，美丽壮观的中山路给人留下了深刻的印象。总之，城市特点、城市风貌问题已开始引起各个城市较多的注意。

一

任何城市都有它自己发展演变的过程，同时也就形成了各自的特色。一个新风格的产生或变迁，不是一蹴而就的，古代和现代的风格演变，几乎都是经过一个"否定之否定"的过程（当我们读到世界建筑史，更会体会到这一点），而每一个否定都经过漫长的发展阶段或较长的发展阶段（越古越慢，现代则快得多了）。我们希求产生一个能够反映和代表时代精神、时代特征的新建筑风格。首先，要认识和肯定建筑艺术风格问题是客观存在，不是可有可无（但有好、坏之分），不能视而不见。其次，对我国建筑传统的认识和理解，必须打破过去的局限，不仅仅是建筑形式问题，而是从技术、材料、规划、建址与布局，甚至园庭艺术，少数民族传统和各个民族的建筑风格等诸多方面，都需要有足够了解，才能丰富我们的创造源泉。

我碰见若干新出大学校园的热衷于洋建筑的大学生们，他们对中国古代建筑看不上眼，甚至说中国古典建筑谈不上什么风格、体系，似乎是不值一提。这是因为他们不大了解它，对"古为今用"还知之不多，认为凡是旧的，似乎都是落后的。

此外，如果我们想要具备分析鉴别的能力，这不仅仅需要具备足够的建筑知识，而且要具备历史、社会、自然科学、艺术、思想方法和表现技巧等诸方面的知识和能力，并能加以融会贯通，才可以产生出较高水平的设计来。除此之外，还要加强理论工作，才能具有科学预见性，少走弯路。

过去，我们在建筑方面，一说到风格、特色，常常谈不到一块儿，尤其是和某些领导同志。其原因之一就是我们多年来没有把这一问题提到研讨的议事日程上来。多年来，我们若干同行们，也习惯了抄袭别人的东西，既方便又不担风险，这种懒汉思想，也是导致千篇一律的原因之一。

时代需要有大量的有创造能力的建筑师和规划师，更需要有鉴别、有欣赏能力的批评家和管理人员，一市之长，应当创造条件，学会使用人材，让他们能有机会见多识广，为他们创造充分发挥才干的广阔天地。

二

关于对古今建筑艺术的"厚"和"薄"的问题。

不论古今建筑艺术和风格，凡是优秀的、对人民有用的，该继承的就要继承；凡是落后的、无用的，该舍弃的就要舍弃，而不是以古今为界，笼统地加以"厚"和"薄"。

实践证明，许多发明创造，都是在前人经验的基础上作出的新的突破。和前人没有任何联系的"全新"实际上是不存在的。

我认为，古是今之上游，今是古之延续。往昔不一定都是现今的赘瘤，却有不少现今的养料。古今不单单具有对立的"抵触"的一面，更有统一的"补充"的一面。所以于古于今，是"厚"是"薄"，这要看具体情况来说了。

我的观点是："厚古"是包括批判和继承在内的，"厚古"绝不是"复古主义"！

党的十一届三中全会以来，我们的思想获得了解放，古今中外，一切有用的东西都不应再去"薄"了！厚与薄也应该视具体情况而定。一座古建筑的修复，就应该修旧如旧，不要别出心裁；一个新建筑的兴建，也不要像太和殿一样。

1.关于现代化与民族化问题。

在建筑风格上，我们走过许多弯路，其根本教训是没有认识和处理好现代化与民族化的关系。

20世纪50年代，向苏联一边倒，搞复古主义，后来又开始向西方的现代建筑发展，大搞"火柴盒"，近些年又对西方的后现代建筑派别开始注意和研究。新开发的经济特区，对香港的建筑发生浓厚兴趣，似乎不盖高楼巨厦不足以表现"现代化"。所有这些，从客观的历史角度来看，都有其必然性和片面性。对一切不熟悉的事物，需要有一个探求和摸索的过程，而对熟悉的东西，也需要有分析和提高的过程。我们应当从这些弯路中引出的教训是：单纯抄袭模仿，形成不了自己的风格。新颖的现代风格，必须与民族化相结合，即在注意民族特点、地区特点和历史特点的基础上发展现代化。或者，将外来的建筑艺术与本民族的特点、本地区的特点、本地区的历史特点密切结合起来，形成崭新的现代风格。这种经过吸收、消化的现代化，才会生动活泼，有创造才能自成一格。其实，历史上一切有意义的建筑艺术革新，都是遵循这一途径的。

2.均衡发展与城市的总体美、内在美。

一个城市的发展建设需要空间和时间。因此，不能把城市总体规划看成为一个僵死的、静止的空间，更不能把城市的发展看成为简单的、机械的量的增长。城市的各种主要功能，概括为生产、生活、交通、工作、居住、游憩，还有物质文明和精神文明建设等等，它们之间应当是有机的互相联系着的。因此，能不能保持城市的均衡发展，其关键之一，在于我们能不能掌握各种功能之间的内在联系。这也是保证有限的投资产生最大的效益的必要前提。如果我们没有或者缺乏这种认识，都将在经济指标上、建设步骤上和城市风貌改变上有所反映。

对于城市规划而言，城市功能如何合理，城市基础设施、服务设施等如何完备和周到，这仅仅还是一个侧面，仅是这样，似乎还不能说是一个最良好的城市。因为随着社会的发展、科学技术的不断前进和人民生活水平的不断提高，人民群众要求能有一个适应不断变化着的，更加舒适、美好、有文化的、富有创造性的、保持生态平衡的美化环境。因此，为了让城市规划具体地体现功能上、文化上、生态上以及形态上的合理性，去认识自然，利用自然，改造自然，创造更加美好的环境，这不单需要规划综合与技术，更需要创造性的设计。只要我们建设的是真正关怀人民的城市环境，不割断历史，注意地方传统风格并有所继承与发展，我们就有可能把城市从单调的千篇一律的样式中拯救出来，形成城市的总体美、内在美。

3. 必须重视城市的整体设计。

这是形成城市新风貌的又一重要环节。好的建筑师，不仅是一个单体设计工作者，更应该是一个复合体设计的工作者，成为一个犹如综合上演各种设计的"演出者"的角色。一组建筑群的设计，可称为一种复合体设计。设计一个小区、居住区，同样是包括每一栋建筑物、建筑群、广场、公用设施、服务设施、公园、花园、绿地等单体设计和复合体设计在内的更高一个层次的城市设计。城市这个复杂的客观存在，它不光是简单的物质集合体，它应该是一个有机的互相衔接的综合性整体，是以各种各样多数"主体"为前提的环境设计。

城市规划与建筑设计是根本不同的两件事。城市是在多方面的许多种价值观的支配下进行活动的。一个社会实体，它既不能由一个"长官"判断来简单地决定，也不能由一个建筑师、规划师之手制造一个模型状的东西而决定。任何一个居住区、大专院校、科学研究院、综合性医院等等，都是由一个"主体"来进行的复合体设计。可是，城市规划却完全不同，它是在多数建设主体的设计基础之上，更加统一起来的整体设计，是一项综合性很强的环境设计，是包括多种学科的若干专家来全力以赴共同完成的事业。

每一个单体设计，每一组复合体设计，不管它建设得如何之好，如果不互相照顾，不相互联系，你是你，他是他，由这些单体设计和建筑群随便组合的城市（我们若干城市就是这样），从城市整体环境的角度来看，还不能称之为美好的城市，它只能是建筑的堆积地。从这种理解出发，可以说"城市设计"就是把各种复合体设计作为整体中的一部分来进行的环境设计。这就要有一个既强有力又有文化素养的组织者。

在一个城市中，在修建城市道路、公园、各种公用设施的同时，还必须做出和各个机关、工厂、企业、事业单位、商业单位、各居住区等各种城市要素之间互相衔接的设计。如果每一项单体设计或复合体设计，只片面强调自己，而忽视周围的设计，不管它搞得如何之好，也不会建设成为一个真正美好的城市。这正如同有许多优秀的音乐家，各自演奏都不错，但是不服从指挥者的指挥而随意自己演奏一样，绝不可能演奏出一曲美妙而动听的交响乐。道路、桥梁、广场、公园、花园、前庭绿化、林荫大道以及各种各样的公共建筑和公用设施等等，是联系城市各种因素的"媒介物"，是城市设计为实现良好的环境而必需的有效武器中的一个重要组成部分。当然，各个地方政府是建设城市的主体，具有总体规划职能，正如一个乐队的指挥一样，也应当是"城市规划"主要组织者。如银川市领导们已开始走这一步，车站广场的规划与设计，实行招标，这是十分令人欣慰的。

我们现在是一个什么样的情况呢？虽然有很多城市的总体规划已为国务院及各省、自治区政府所批准，但是大部分都没有充分地进行全市性的详细规划，更谈不上"城市设计"了，而且公共设施常常是各搞一套，不能互相衔接，不能互相协调。至于民用建筑物和公共建筑，往往是单体设计，虽然还不错，但是，却不能很好地相互协调，缺乏从城市的整体设计的构思。有时居住建筑与公共建筑之间没有统一感，没有通体美，有的甚至不协调到令人吃惊的程度。在我国的一些城市里，有一些单体设计的水平并不次于其他国家，由于很少考虑互相衔接，其结果是形成杂乱的城市风貌。

4.重视城市整体设计还必须重视艺术地利用自然环境，抓城市的风格构思。

自然环境是城市的轮廓，是构成城市全貌的重要条件，我们必须有意识地在城市空间构图中进行比较，纳入规划。不仅要使各建筑群之间的布置互相协调，互相平衡，或重点突出和多样化，而且要与自然要素（如山、水、风景、名胜、古迹等）相协调，体量得当，尺度合适，主次分明，互相呼应，才能相得益彰。

如果置城市的自然环境这一彩带的特色于不顾，把"高、大、板、密、乱"的建筑沿街一列，那就把城市仅有的特色给封闭了、窒息了。比如兰州市，如果从整个滨河路的沿河形态、山水特色、沿街建筑、组景要求、空间布局、交通视线、城市构思、旅游价值、动静美观等方面总体去研究、认识、规划、设计的话，那将创出一条城市风格建设的新路，使兰州以其鬼斧神工的姿态成为一座独具神韵的中国名城。

由此看来，城市建设应当首先抓城市之"神"——城市的风格构思，神在则形不散。不能从风格上对城市规划提出具体要求，城市规划就难以避免雷同、单一、贫乏、怪异等缺点。可想而知，城市设计也绝不会创作出整体美的环境设计来。

再重复一遍，成熟的时代风格（包括地方风格），不是一朝一夕之功，即使方法对头也需要经历一个足够长的时间才能渐渐趋于完善，这也许不是一代人就能完成得了的任务。因此，我们必须立足于我国的实际情况，合理地吸取古今中外的经验，来研究我们自己的风格创作问题，开创城市风格建设的新方向。

5.城市风貌与城市领导者、建筑师应有的素养。

城市风格是规划、设计的灵魂。一个完美的城市不仅要和其他城市有着共同的美，而且还要有自己的个性美，即自己的风格。城市风格的创造和形成，在一定程度上又取决于城市领导者对自然环境及其发展过程和规律是否有所认识的程度，取决于城市建筑师、规划师的科学、艺术和思想水平等。城市的领导者必须具有深刻的思想和广博的知识，他们必须对事物的辩证发展规律，对社会经济文化的发展趋势，对人民群众的物质、文化生活需求等有深刻的了解，必须对建筑史，对民族的建筑传统、建筑艺术有足够的了解，要具备历史、社会、自然科学、艺术、思想方法和表现技巧等诸多方面的知识和能力。一市之长，更应是一位博学多才之士，他可以不一定是哪一方面的专家，但他应是一位博学的通才，他博览群书，更包括"社会"这本大书。李铁映同志说过：自古太守多诗人（古时之太守，今日之市长也）。一市之长应具有诗人的情怀，旅行家的阅历，科学家的条理，历史学家的渊博，军事学家的战略，经济学家的周密打算，革命者的热情，常使胸中蕴满朝气。城市的领导者更要心胸开阔，要大力培养和合理使用大批见多识广、有思想、有知识、懂得科学和艺术、有预见性和创造性的人才，使他们不断地增长才干，并为他们发挥自己的才能提供良好的条件，以便从他们手中形成高水平的城市规划和城市设计方案来。

党的十一届三中全会以来，我国的政治、经济形势出现了根本性的变化，城市规划迎来了明媚春光。我们的城市发展空前加快了，尤其是深圳、珠海、厦门、汕头等特区城市和14个开放城市加快建设步伐以来，我们向世界开放了。我国的城市规划与城市建设，已经被推上世界舞台，正在与各国开展一场竞赛，我们正面临着一次大的挑战。我坚信，具有悠久传统和高超建筑技艺的中华民族，一定能在这场竞赛中创建出许多有特色的新城市。

写于1984年

对"我国现行的城市发展方针修改意见"的不同意见

1986年11月12日由国家计委国土局提出的《全国国土总体规划纲要》待议稿中，对我国城市发展方针做了比较大的修改，这个待议稿中建议"重新确定城市分类标准：400万以上人口为特大城市，100万～400万人口为大城市，30万～100万人口为中等城市，30万以下人口为小城市。'主张'中小城市应当协调发展，对特大城市应通过疏导的办法加以控制，近期内受国力限制应以发展中小城市为主。"这种主张是对30万～100万人口的城市未提控制，而是要"积极发展"；对100万～400万人口的城市，也未提控制，意思似乎是要"谨慎发展"。

我与从事城市规划技术工作的专家、学者、同行们曾议论过这一"主张"，我们一致认为，这是事关我国城市发展的重大方针问题，应该广泛征求意见，进行研究，慎重对待，不应匆匆做出决定。

我国城市发展方针，党中央和国务院一直是十分重视的，并从我国现实的经济、社会、环境等方面的诸多因素，总结和借鉴国内外的经验，研究制定了我国现行的城市发展方针。

1980年，国务院在批转"全国城市规划工作会议纪要"的批文中明确指出的"控制大城市规模，合理开发中等城市，积极发展小城市的方针"，我们认为是合乎我国现实国情的，是很好的，全国各个城市正在认真执行中。

我的体会：国务院批文中所指出的"控制大城市规模"是指控制城市人口和用地规模，例如兰州市城市人口已超过100万人，用去了近28万亩耕地，现建成区内仅余菜地5万余亩，如果再吃掉这5万亩菜地，这个城市的人民生活都成了问题，怎能说不应严加控制呢？至于大城市的经济发展，那是要靠挖潜、革新、改造或组织跨省、跨市联合的工业企业，或者把确需要安排在已有工业基础的大城市的项目放到卫星城镇去。任何一个大、中城市都有它的一定的城市容量，超过了科学的容量是不行的。这里所说的"控制"并不是不让它发展，而是要有控制地发展，如果我体会没错的话，"待议稿"中把控制大城市规模似乎解释成为"控制大城市和特大城市的经济发展"。

实践证明：大城市的规模是"大控制、小膨胀，小控制、大膨胀，不控制就会乱膨胀"。大城市如果不科学地严加控制，任其膨胀，必将自食其恶果，大城市"病"就太多了，并且一得上此"病"就很难根治。限于篇幅，这里不举例了。

1980年国务院批准提出的城市发展基本方针，经过这几年的实践证明是符合我国国情的，执行的效果也是比较好的。从总体上看，大城市人口的发展得到了应有的控制，基本上还没有过度膨胀；中小城市和建制镇的数量和人口比重都有了较大幅度的增长。这说明我国城镇体系正朝着合理化方向发展。

还有一个新的情况值得我们研究和重视，那就是据324个市的统计，"六五"期间，全国50万人口以上比较大的城市里，城市人口年递增率为3.9%；20万~50万人口的中等城市，年递增率为6.4%；20万人口以下的小城市，年递增率为10.9%，这表明我国中、小城市人口增长率高于大城市。另一方面也说明在近几年来大城市人口控制是有成效的。再一方面是不是也可以说明"大城市人口超前发展"并不一定是"普遍规律"！

待议稿对"控制大城市规模"的方针提出了不同的修改意见，其主要根据是认为：城市规模越大，经济效益越高，用地指标则越低。

我们认为，我国现阶段城市规模与城市经济效益之间并不一定有其必然的直接关系。

我们认为，由于社会化大生产各部门之间的协作要求和某些工业规模技术要求，一般而言，相关工业配套聚集的地方协作就较方便，效益也较好，如果再加上大、中城市的市政基础设施较好，服务又好，又有市场因素，所以就构成了我们常说的城市的"聚集规模效益"。香港就这么自夸它的"聚集规模效益"是好的。但是恰恰是香港这个城市对人口控制最严，说明对人口控制有效，经济效益也最好，而不是人口越多，经济效益越好。

城市的这种聚集效益是有多种条件而不是一种条件所能形成的，而且它的聚集的规模也是有限度的。

下面选取两组地理条件类似的城市做个具体比较，看看有什么差距。

1. 在长江下游太湖流域地区的上海、南京、杭州、苏州等10多个城市，按百元固定资产原值提供的产值和利税两个指标排序，其结果前5个中有3个是中等城市，2个是大城市。人口规模仅次于上海而居第二位的南京市，它的产值和利税指标分居第九位和第八位，远远落后于比它规模小得多的多数中、小城市之后。

2. 另一组在长江中游两湖平原以武汉为中心的11个城市，也按上述指标排序，其结果呢？前6名为常德、随州、沙市、荆门、襄樊和岳阳，该区唯一的大城市武汉，还没有一项指标能排在前6名之内。

仅这些分析，是不是可以基本说明，我国现阶段城市的经济效益主要受城市经济结构、工业结构、价格政策、自然条件和经济地理条件，如用地、用水、交通等条件的制约，更受人才素质、管理水平等多种因素的影响。因此，我们不能把决定城市经济效益的多种复杂因素，只归结在城市规模上，似乎太简单化了。

有一个事实，就是从当前我国生产力布局以及科技、信息等事业发展不平衡的情况来看，同样规模的城市越靠近东部沿海地区，其经济效益越好。我国300多个城市，100万人口以上的大城市多数分布在东部沿海地区，而国土局的"待议稿"中所反映的大规模效益趋势，没有反映出来这种地区差异背景，因而不能反映经济效益高低的原因。

至于如何评价、分析城市经济效益，我们认为应该做更加细致的分析研究，这样才可以作出科学的判断。

至于城市人口控制在多大规模最合适，究竟大到多少人口算作特大城市或大城市，这应当进一步地研究探讨，也可以以国外的经验教训做个借鉴。我们认为大城市规模必须加以控制（理由很多，这里不一一列举），要实行有计划的城市化，这一点应当是肯定的。

大城市人均用地指标低些，这倒是事实。用地指标太高，浪费固然不好，但指标过低也不合理。现在我国大城市人口密度、建筑密度太高，环境质量很差，这种状况要逐步改变，大、中、小城市人均用地的差距将会缩小。

另外要指出的是，当前我国占用土地的大头不在城市，主要是在农村。农村建房，乡镇兴办企业，没有严格控制用地指标，圈大院，土地浪费不小。如果能把太分散的乡村和集镇适当地集中，多发展一些中小城镇，合理规划，加强管理，就可以节约出大量的建设用地。

城市发展方针，它涉及一系列的具体经济社会政策，要改变方针，就要考虑有关各种政策的影响及后果。

城市发展方针的改变，它将直接导致：

1.国家和地方的投资政策、投资可能；

2.人口迁移政策和户籍管理政策；

3.城市供应政策乃至价格补贴政策等等。

以上这些政策，从目前看，从长远看，无疑都要改，但现在要看各个方面的条件和国家总的改革进程，这就需谨慎从事。

如农民进城的政策曾经议过，可否在30万以下的中小城镇开放，后来考虑到各方面的可能，只在建制镇一级开放。

如果在已有100万以上常住非农业人口的城市不讲人口控制，大批农民进城，住房、交通、城市供应、就业（尤其是在城市基础设施都不配套的情况下）需求急剧增加，国家和省、市经济条件承受不了，像兰州市的城市基础设施的欠账，前四年估计约在15亿元左右，人口增加了，旧账未还，新账又欠，弄不好，这样的城市就会瘫痪。

因此，我认为《全国国土总体规划纲要》待议稿中，对我国城市发展方针如此修改，起码在当前是不妥当的。郑重建议：召集有关人员再重新研讨后再决定，不能草率从事。

写于1986年12月

漫谈小城市的发展

    党的十一届三中全会以来，我国经济、社会的迅速发展加快了城镇化的进程。到今天为止，全国设市城市已达394个，其中小城市（人口约20万）占55%以上。截至1987年底，全国建制镇已发展到10 113个，其中县城为1 982个。有人说，小城市是我国城市体系的基础，这种观点，我认为是正视现实的。可以从以下三个方面来看：一是我国的小城市分布广，数量大，是我国城市经济中一个十分重要的组成部分；二是在我国建立大、中、小城市和小城镇的城镇体系中，小城市，包括小城镇是这个体系中不可忽视的一支；三是我国小城市直接受大中城市的辐射，又直接辐射周围农村经济的发展，发挥着联结大中城市和村镇经济发展的纽带作用，在国民经济发展中具有重要的战略地位。因而，如何规划和建设它，确应引起我们充分的重视。

    近几年来，在我国东部沿海地区30多万平方公里的土地上，出现了2个直辖市、25个省辖市、288个县，约有1.6亿人口的沿海开放地带，形成了生机勃勃的"经济特区"——沿海开放城市——沿海经济开放区——内地——这样一个多层次、多形式的对外开放格局。

经过近几年来的努力，这些地区的外向型经济都有了较大的发展，城市、乡镇逐步形成了诸多直接参与国际竞争的工、农业产品出口生产体系，成为我国出口创汇的重要力量和基地。这些经验（包括教训）是值得中西部地区小城市思考和学习的。

党的十一届三中全会以前，我们曾经片面地将自力更生理解为自给自足，甚至把市际分工、市镇分工、乡镇分工、省际分工对立起来，更谈不到国际分工了，以至丧失了充分利用市内外、省内外、国内外的资源和技术的机会。现在，我们已基本打破自给自足思想的束缚，开始把我们的经济建设纳入市—乡，市—市，市—省，省—省的经济体系之中，并参与、利用国际分工。这给从事城市规划的专业工作者和城市的领导者提出了一个新问题——把城市建设理解为"纯福利""纯消费"的观念已经陈腐。小城市规划与建设不能闭目塞听，不能就小城市论小城市，而要有宏观的战略才行。

30多年来，在大、中、小城市的规划与建设工作中，需要总结的经验教训是很多的。但从根本上来说，就是要提高对城市规划工作本质的认识。从古今中外的城市发展史来看，其中主要一条是否可以概括为"需要与可能"的对立统一呢？

所谓对立统一，这就是说二者互相依存，没有需要，就无所谓可能，而没有可能，需要只是空想……

所谓需要，也是不固定的，而是不断发展变化着的。所以，只有在可能条件制约之下，需要才是现实的、具体的。另一方面，需要也促进可能的发展，可能也是在不断变化的。

规划工作，包括基本建设规划，就其本质而言，它是统一需要与可能的手段，问题的关键在于是否能统一得好？统一的好与坏，会产生多快好省和少慢差费两种截然不同的效果。

所谓远景与近期、集中与分散、平衡与不平衡等矛盾，归根结底都在需要与可能这对矛盾的范畴之内！我们的工作目的就是要打破限制，促进其发展。例如，建设规模，尤其是工业的建设规模，必须首先考虑到需要与可能的对立统一，必须同国力（市力）相适应，这一问题在理论与实践上都是极端重要的。在城市经济工作中，尤其是小城市发展上，必须给予特别注意，不能盲目开发与发展。当前，我国的经济尚不富裕，不少城市，尤其是小城市，实力不强，如果盲目发展，造成浪费，将是严重的问题。

让我们具体分析一下当前我国小城市发展的现状。以1988年初的情况来看，一是农业人口多，约占小城市（不包括县、镇）总人口的74%；二是农业经济约占工农业总产值的19.1%左右（大城市约占1.8%，中等城市约占6.9%）；三是大多数小城市产业结构比较单一；四是人口密度较低，小城市建设资金比较少，经济方面的发展潜力比较大，有发展的余地；五是小城市在经济实力方面比较差，城市基础设施薄弱，管理体制矛盾突出，人才匮乏。小城市发展是改革、开放带来的必然结果，也是城市化发展的必然结果。小城市蓬勃发展的势头已经出现，而且势不可当。当前重要的问题是我们如何正确认识它、引导它，使它沿着正确的方向发展，努力去规划建设具有中国特色的社会主义的小城市。

任何城市都是一个综合体，都是一个系统工程。这个系统工程只有大小之分，没有有无之分。因此搞好综合系统的规划，单靠一两门学科是解决不了城市发展问题的。因为城市涉及社会科学和自然科学的许多方面，几乎关系到人类社会的所有学科。因此所有的有关学科的专家、学者和科研人员和实际工作者要共同参与城市的发展。

城市规划科学，主要是研究城市发展中的宏观的、战略的、综合性的大问题。例如，城市发展规律与道路，小城市在国民经济与社会发展的地位与作用（这个问题此次会上已有所阐述），小城镇发展的经济效益、社会效益、环境效益以及三者之间的互相协调，城市规划与国民经济（包括地区的国民经济）和社会发展计划的结合以及与城市发展关系等一系列重大问题等，都应当列入城市决策机构的研究范畴。

目前，我国小城市发展中的矛盾很多，至今还没有很好地把城市（尤其是小城市）作为一个大整体、大系统来看待。体制上的条块分割，规划与计划的严重脱节，使得若干小城市难以按照科学的规划来进行建设与管理，使一些建设常常背离社会化的发展方向。

还要看到，内地的小城市的发展与沿海小城市比还是迟缓的，也是比较落后的。普遍存在经济水平低、产业结构原始、基础设施落后等问题，需要认真研究发展的道路。

过去，许多小城镇实行闭关封锁政策，与外市、外省、外国的经济技术交流和协作渠道不畅。僵化的经济体制，尤其是条块分割，怎能搞活企业、孕育市场呢？在这样的环境里，虽然都在努力工作，辛勤劳动，但在观念上、知识上不能不受到很大限制，妨碍了素质的提高和积极性的发挥。

现在，全党和全国工作重点已经转向经济建设，同时也要求小城市发展得更快一些、更好一些。因此，每一个小城市都要研究自己城市的战略地位和战略任务。有的小城市只强调上级或者邻近的大城市给予支援，而忽视自己的主观努力。有的中心城市（大中城市）只强调小城市为它服务，而忽视对小城市建设的支援。所以，应该强调不同类型的城市间的横向联合。万紫千红才是春，一花独放就失去了春光的多姿多彩。因此，每个小城市除了依靠自力更生和利用外资、引进技术外，国家和中心城市也要通过多种方式，给予必要的可能的支援。这就要研究如何广泛开展经济技术交流，起到上下左右互相协作、相互补充的效应。

每个小城市，都有它自己地理的、社会的、经济文化的特点。所以，每个小城市在制定自己的经济发展战略时，必须划清两个界限，一是既要吸收别的城市的经验，又要区别于其他城市；二是既要吸收港、澳及外国的发展经验，又不能忘记我们的社会主义制度。小城市的开发，不应仅是点的开发，也一定要放眼于面上或者放眼于线上。编制城市总体规划，或重新修订已被批准的城市规划时，一定不要忘记自己的现状。沿海小城市和内地的小城市差别较大，内地小城市实行改革、开放要拟定好目标和步骤。任何城市建设都要有它的准备期、起飞期和比较成熟期。目前我国的小城市，尤其是内地的小城市，多半是处于准备期，为起飞进行准备。如大连金州的开发区，正处在准备期，但它同时开展必要和可行的各项建设，求得适当发展。在一些开发型的小城市中，应首先抓好农业生产和现有企业的改造，积累资金抓紧基础设施的建设。设法办一批内联企业，针对自己的资源和邻近的资源开办一批乡镇企业；着手改革经济体制和政治体制，健全法制；引进先进的技术和人才，特别是外经人才。设法用各种方式积累资金，注意准备期和起飞期的筹划，才可能稳步前进。这样做初期可能不太快，但中期会加快起来，远期则以科学的常规进行建设。

当前，我国小城市发展矛盾不少，起点较低。在这种情况下，城市领导者恨不能一下子把自己所在的城市搞得花团锦簇，这种思想是能理解的。但是，矛盾多、起点低、目标又高，这三者之间有巨大的差距。要克服这个矛盾，必须做到目标和手段的统一，不能期望用常规的办法来创造奇迹。这个问题值得我们深思。

1958—1960年的两次全国城市规划会议，曾提出了"向城市现代化进军"的口号。青岛、桂林会议曾提出在10年左右基本上实现现代化，10年内建成社会主义新农村，等等……当时甘肃省委曾提出"大刀阔斧改造旧城""三年改造，两年扫尾""苦战三年，彻底改变旧城面貌"。可是时至今日，30年已经过去，旧城面貌尚未彻底改变。那时候强调"现代化"，追求"高标准"，都超越了客观可能，把主观想象当作依据，用幻想代替现实，因而导致了城市规划思想上的主观主义和城市建设（包括工业建设）上的盲目主义。"大跃进"时期带来的后遗症还不值得我们做一些历史上的反思吗？

小城市的改革、开放，也要采取一些特殊政策，否则手段落后，目标也会落空。要保证小城市的合理开发，国家也要从政策上予以保证。在加强小城市之间横向联系的同时，还要逐步扩大小城市的自主权，使它们形成具有自己特色的经济体制的新模式和与之相适应的政治体制新模式。

当前，内地的一些小城市，开发建设的制约因素之一，就是缺乏投资环境。如果一个城市要外引内联，它就必须努力创造一个良好的有吸引力的投资环境——这是最重要的前提，尤其是小城市发展阶段，应该集中可能集中的力量优先解决投资环境问题。

长期以来，由于"左"的思想的影响，许多城市基础设施和环境建设落后于经济建设。在这方面小城市更是困难，这是不言而喻的。

投资环境既包括能源、交通、电力、电讯、供水等硬环境和其他市政基础设施，又包括文化、教育、科学、技术、政策和法制等软环境。

我国小城市的硬环境，总的说来，多少都有些问题。这一问题，每个城市都不能等闲视之。

从某种意义上来说，软环境的建设，比硬环境的建设更为重要和复杂，许多城市多年来对硬环境建设似乎比软环境建设更为重视。但在今天信息时代，建设软环境，应当提到议事日程上来了。

小城市建设硬环境和软环境，是为了促进经济腾飞。有了良好的环境，人才、技术、资金才会接踵而来。这是互为因果的。这个对立而又统一的矛盾如何解决，应该作为开发小城市的研究专题。我暂时还说不透彻，只能算是一项历史的反思吧！不过应该提醒大家，一定要树立尊重知识、尊重人才的新观念，抛弃知识无用、不爱惜人才的旧观念。当前，全国每万人中有大学生78人，小城市只有21人；全国每万名职工中拥有中等技术职称人员平均为274人，而小城市只有148人。可见小城市中的人才是十分匮乏的，应该引起足够的注意。

在20世纪60年代，我们曾错误地提出过"把所有消费城市都要变为生产城市""风景城市也要发展重工业"等等，于是像苏州、无锡、桂林、杭州，甚至首都北京都安排了一些不应该安排的工业项目。结果污染了环境，破坏了自然景色，还搞了不少建筑污染。我国很多小城市，给人们以思古怀旧的情调，这些小城市具有悠久的历史和丰富的文化传统。也有不少小城市杰出地处理了"人、自然、建筑、城市"四者的关系。成功地使人工环境与自然环境巧妙融合、浑然一体，创建了许许多多具有自己传统文化和民族特色的景色。它们既有着优美的自然景观，又有着深厚的文化渊源和民族的优良传统，这些长期形成的传统和特色，是我们民族的财富，城市的财富。仅此一点，在小城市发展第三产业，尤其是旅游业，有着广阔的前景。

小城市发展旅游业，首先是要珍惜这些遗产和不可替代的特色。发展旅游业不仅是建几个宾馆，而是集运输、商业、饮食业、文化娱乐和各种服务于一体的复合性生产，我们不能等闲视之。

我国的许多小城市有很多文物古迹、名山、名水、名园。我们要珍惜保护、整修，使它大放异彩，不要以为凡是旧的都是落后的。当然也不要认为旧的都是好的，而应根据具体情况区别对待。大连金州有一位县领导对我说，金州的古城甚为完整、壮丽，远远超过兴城，可惜的是在"文化大革命"期间拆了个精光。主张拆这座城墙的原金州领导在若干公开会议上常常自我检讨，说他做了一件愧对列祖列宗，更对不起人民的错事。

小城市建设的风貌、特色问题尤为重要。正因为小，不宜在规模、气势上争雄，而应在绝不雷同上下功夫。

每个小城市都有它的自然环境，它与人有着不能分离的血肉关系。例如，青山、绿水、蓝天、碧树、鲜花等等是我们小城市规划与建设中的最基本的要素。有条件的城市，还要注意保留大片的苇塘（例如丝绸古道上的张掖城）、水系、果园、菜地，以便使城乡之间，城区与郊区之间，建筑群体与园林绿化之间协调而有机地互相联系，使小城市直接接近大自然，尽量为人民创造富有天然情趣的生活环境。

沿海省区的实践经验告诉我们，一个地区经济的兴旺发达，不能单纯依赖少数大中城市，而要求数量众多的小城市和小城镇的共同发展。因此小城市的发展既是客观的需要，也是历史的必然。我们城市规划与城市建设工作者，一定要把握时机，把眼光也投射到广大的小城市上去。为完成此一历史任务而大显身手吧！

写于1988年6月

甘肃农村住房建设中的几个问题

——在甘肃省农房会议上的讲话

我国是一个历史悠久、幅员辽阔、以农业为主的国家。10亿人口中8亿是农民。鉴于这个现实情况，我们做任何事情都必须考虑农民和农村，这就是我国国情最基本、最重要的特征之一。

众所周知，千百年来，我国农村经济是小农经济状态，分散、零乱、简陋、落后的农村建设和生活方式一直沿袭至今。中华人民共和国成立以后，随着生产力的恢复和发展，农村状况有了很大的变化，不少农村出现了前所未有的新面貌，这是事实。但从根本上来说，还没有彻底改变旧社会遗留下来的贫穷状态，尚需我们大力奋斗。在这种情况下，你不搞农村建设，不搞农村"四化"，何以向逐步取消三大差别，向共产主义大目标前进呢？

当今世界，人口不断向大城市集中，已成为一个爆炸性的问题而被广泛地注意。当然，我国也不会例外。我们可以看到，我国城市结构体系中，当前有一个突出的矛盾，这就是：大城市急剧膨胀，小城市建设缓慢，广大农村面貌还没显著变化。随着农业的大发展，这种矛盾势必会日益尖锐起来。我国8亿多农民中，约有3亿多劳动力，在实现农业现代化的过程中必将解放出一大批农村劳动力，假若是

1/3，这就是说，将会有1亿多人口需要重新安排工作。这么多的人口，如果不采取就地"消化"的办法，而任其拥入大城市，那就需要建设100个百万人口的大城市或者是300多个30万人口的小城市，这个数量是非常可观的。假如以行政管理的手段，把这么多剩余劳动力硬性压在农村，使三个人干一个人的活，或者是一个人的饭三个人来吃，势必会造成大量的人力资源的浪费，而且会束缚农业生产的发展，这是一条阻碍农业现代化的道路。怎么办呢？

根本的出路在于农村建设的大发展，在于加快农业现代化的步伐，在于努力去缩小三大差别。这就是说，我们不仅要建设好城市，而且要建设好农村。从广义的农村建设来说，还必须建设好农村中的集镇，使农村集镇星罗棋布，遍及各地，成为城乡之间的有机纽带。

党的十一届三中全会以来，由于党的农村经济政策的逐步落实，农业战线出现了欣欣向荣的大好局面。农民吃饭问题解决了，穿衣问题解决了，随之而来就是要改善自己的生活居住条件，因而，目前农村建设出现了前所未有的大好形势。不久前，我在青岛崂山地区、陕北延安地区所见农村几乎是家家备料，村村动土，大兴土木。可见，农村经济条件改变以后，改善农民的居住条件必然会上升到第一需要。

综上所述，建设新农村，既是广大农民的主观需要，又是客观形势的必然趋势。它是关系着全国80%以上人口的大事，是一件国家和社会的大事，它应该占据我国房屋建设中的重要位置。

下面，就个人现有的认识，就农村房屋建设谈几点不成熟的意见，以抛砖引玉。

一、要有一个正确的指导方针

在农村房屋建设中，应有一个正确的方针作指导。当前，我国农村建设的一系列战略方针已经基本奠定，概括起来就是：全面规划、科学引导、依靠群众、自力更生、因地制宜、逐步建设。这里，我仅就这一方针中的一部分具体内容和基本要求，谈谈自己的一些看法：

1.农房建设，要十分注意政策问题。实践证明，政策掌握得好不好，往往是事情成败的关键。这几年农村变化很大的原因，那就是有了好政策。政策对了头，农民有奔头，农业大发展，面貌日日新。关于政策问题，无须赘述，在农房建设中，同样应当十分注意。

2.农房建设，要规划先行。有些地方，由于缺乏新农村规划，东一幢，西一幢，房子盖得乱七八糟，虽然新房子建起来了，却街不成街，巷不成巷，房子是新建的，面貌仍是零乱的。这怎能行呢？新农村规划必须先行，不能乱来。规划，必须是全面的规划，山、水、林、田、路、村镇等综合考虑，合理安排。慎重地、因地制宜地搞好村镇布局、功能分区、配套设施等十分重要。同时，一定要把新农村规划与当地环境结合起来，使人、自然、建筑、村镇四者有机联系，协调发展，保持自己的特色。我认为，酒泉、金塔、嘉峪关等几处新农村居民点的建设就搞得不错。社员房前房后，郁郁葱葱，林荫蔽日，庭院之内，百花争艳，充满生机，既改造了自然环境，又可以招财进宝。同时，使人看着顺眼，住着舒适，为自己创造了比较美好的生活条件。

3.农房建设，要精心设计。首先，欲搞好农房建筑设计，就必须深入群众，深入实际，了解并熟悉农民的传统、习惯以及生活方式，想农民所想。如果单纯套用城市的住宅设计图纸，农民是不欢迎的。其次，搞农房设计，还有一个如何处理继承与革新的问题。设计革新的创作基础，应来源于社会实践，立足于适应农村的实际需要与可能，绝不应当一味脱离当时当地农村的经济物质基础去搞，更不应当不被群众乐用喜见。搞农房设计，一是面积大小的确定，二是平面布置的适用与否，三是房屋与院落的处理适当与否。这三者，都要在努力节约建设用地的制约之下合理安排，否则，就会脱离我们的国情。搞农房建设尤其要注意节约用地，据有关资料载，我国现有大约18～20亿亩耕地，平均每人1.5亩左右，大约等于世界平均每人有耕地5亩的3/10，而今后若干年内人口还要有所增加，则人均耕地还要减少，况且，我们还要修建工厂、道路、公共服务设施等，尚需继续占用一部分土地。如果我们现在不注意节约用地，那么，我们就会犯大错误。事实是，我国有些村庄，近10多年来，面积扩大了一倍到几倍，一些新农村建设起来后，不但没有节约用地，反而过多地扩大了用地。这样下去，我们必然会面临着一个新旧村庄的用地不断扩大，农业耕地日益减少的大问题。因而，我们在农房建设中必须强调节约用地。

二、要从实际出发，因地制宜

战略方针有了，战术上如何办呢？这就是说，我们还必须认真解决大量的具体问题。这里，我想着重对于从实际出发、因地制宜的问题，谈谈自己的看法：

1.从实际出发，发挥优势，扬长避短，建设好新农村。

我国地域广大，东西南北中各地气候、地理、资源等自然条件各不相同，经济发展很不平衡，生活习惯也千差万别，建设新农村，怎能用一个模式到处生搬硬套呢！在这种情况下，从实际出发，因地制宜地搞建设就显得十分重要。

以甘肃为例，省辖区从东南到西北长达1 655公里，南北最宽处为530公里，最窄处25公里，总面积45万余平方公里。横跨北纬32°31′到42°57′之间，南北纬度相差10度，东西经度相差16度，真可谓面大线长、村落众多。省内分黄河、长江、内陆河三大水系，所属河流分布于全省各地。海拔高度一般在1 000～3 000

米，最高的祁连山主峰为5 800米，最低的白龙江河谷为600米，是一个西北高、东南低的狭长省份。全省90%的地区日照在2 000小时以上，河西地区达3 000小时以上，是一个充分利用太阳能的好地方。省内各地气温相差悬殊，同一天内，各地温差可达17℃之多。年降雨量相差也大，陇南、陇东为500～600毫米，河西为200毫米左右，敦煌却只有38毫米。地形亦复杂多变，有塬、有山、有台、有川。全省耕地面积5 332万亩，其中山地3 453万亩，川地1 467万亩，塬地412万亩，平均每人占有耕地约3亩。按自然条件论，全省可分为地势平坦、气候干旱的河西走廊地区，陇东的黄土高原地区，陇南的山区与牧区——不仅有森林分布，而且草原辽阔。就民族成分而论，长期定居的有汉族、回族、蒙古族、藏族、裕固族、撒拉族、土族、东乡族、保安族、哈萨克族、满族、朝鲜族、壮族、维吾尔族等14个民族，少数民族共有144万余人，乃是多民族地区。自然环境、地理条件、民族习惯的差别，必然要求我们从实际出发，因地而异。事实上，我们的祖先早就这么做了。例如，西北一带，千里戈壁，属于大陆性干旱气候，那里常起风沙，气温变化急剧，冬季干寒，因而出现了室内火炕及封闭厚重的外墙建筑；在黄土高原地带，土质干燥，土层深厚，土体壁立，地下水位低，所以多挖地、挖崖穴居，经济实惠；甘南地区平均海拔2 000多米，有森林，有草原，气候寒冷，昼夜温差很大，居民常用山石或黄土夯筑厚墙建两层平顶楼房，形同碉堡，名曰碉房；而在草原游牧区，为了适应迁徙游牧生活，人们多住帐篷毡房。如此等等，无须赘举。

我们强调从实际出发，因地制宜，绝不是听任自然，不加人工改造。恰恰相反，要在提倡充分发挥人的主观能动性的基础上，充分发挥自然优势，改造自然中不适于人们居住的环境，扬长避短，让自然为我所用。例如，武都地区，是一个多山之地，建房木料、石料往往易得，因此，在这里建房，房屋布局应依山就势，因地成形，不应搞成一排排兵营式住房，房屋结构可以采用木结构或木石混合结构，房间应通风干燥。多石山区，房屋的基础、墙身、台阶、护坡等，均可用石砌，以反映山区特色。兰州的雁滩地区，是一个城市近郊蔬菜高产区，人多地少，经济条件较好，但木材缺乏。因此，在这里建房，农房应建低层楼房，以节约土地，并应推广预应力构件，以代替木材。这样，在一定程度上也可以反映出雁滩既不是城市，又不同于农村的近郊特色。而在戈壁滩上，地广人稀，多给每户农民一些土地，让他们自己开发、建房，既改善了社员的居住条件，又可对整个自然环境进行改造，这有什么不好呢？

新农村居民点的规模，也要根据当地的自然条件和农业耕作的需要，从实际出发，既有利生产，又方便生活，因地制宜，合理确定，不要一味强调盲目集中。例如，酒泉金塔地区，这是一个"浩浩乎平沙无垠"的西北戈壁地区，村落规模多大为合适呢？就值得我们研究。如果近期对农业基本建设和农业机械化影响不大的话，我认为，就不一定非要迁村并点不可，稍事调整则可。如果有一些地区，土地被村落分得零零碎碎，原自然村落规模又很小，在一定程度上影响了农业生产，则适当地加以集中，是完全必要的。

2. 新农村建设，必须充分利用现状，逐步改造，逐步提高。

现在有一种偏向，虽然不普遍，但却很值得注意。这就是，一提到新农村建设，就认为要"统统推倒，另起炉灶"，不全新不足以称为"新农村"。我认为，这种看法是错误的。诚然，新农村必然要建新的房屋，但对那些旧的房屋，并不需要一概拆除。我们可以通过逐步改造的办法，使其具有新的形式、新的内容、新的用途，这完全是必要的、合理的、切合实际的做法。这样，才是少花钱，多办事。从国情来看，我国8亿农民所居住的广大农村，真正需要平地起家的，仅仅是少数，而绝大多数，应在原有的基础上，通过全面规划，充分利用原有设施，逐步改造，逐步完善，逐步提高。当然，对于某些个别村落，实在无法改造利用，只要条件许可，推倒重来，也不是不可以。总之，我们应从国情出发，从省情出发，从县情出发，从村情出发，一句话，从实际出发，因地制宜，严防一种倾向掩盖另一种倾向，更不可单凭一时激动，甚至狂热，而办出不切合实际的事情，否则，绝不是去建设新农村，而是在拆新农村的台。历史的教训不应忘记，1958年"大跃进"时，我们对兰州旧城曾提出过：三年改造旧城、两年扫尾的战斗口号，结果怎么样呢？20多年过去了，兰州旧城差不多还是依旧存在。这就告诉我们，搞建设不能绝对化，一定要实事求是，按需要与可能办事，照科学规律办事。农房建设也必须如此，只有这样，才能保证我们的农房建设沿着正确的轨道健康地发展。

三、要给传统建筑留有一定的地位

我们对农村一些现有的东西，应当充分利用，不能简单地抛弃，这不仅有科学上、经济上的重要意义，而且包含着继承和发扬我国悠久的民族文化传统的重要意义。有的人常常把传统的东西看成是过了时的或者是已经结束了的、陈旧的、落后的、不屑一顾的东西，其实，这种看法是不对的。我认为，传统也就是"技术"，即千百年来，我们的祖先在实践中积累下来的技术。把传统看成技术有什么不好呢？传统正如技术一样，是不应当任意遗弃的。我参加了"卡·汉建筑奖——变化中的乡村居住建设国际学术会议"，和中外代表近百人曾赴新疆维吾尔族聚居的吐鲁番、喀什参观民居，平顶土墙和葡萄架组成的朴素幽雅的庭院，街区白杨高耸碧空，小溪流水淙淙，构成了人工与自然结合的十分宁静的居住环境，为众多外国建筑家所欣赏赞美，都说有浓郁的民族的乡土气息。我不是说，旧的都要保留，我是说规划、设计工作者必须认真研究这些为人民喜见乐用的传统特点，吸取其精华，才可能"推陈出新"。这里，我再就如何对待陇东地区的传统民居形式黄土窑洞的

问题谈谈自己的看法:

　　窑洞,可以这么说,它是我们祖先长期与自然做斗争中创造的一种建筑形式,是人类智慧的结晶之一,是中华民族从古到今文化传统的一部分。我国的窑洞民居,主要分布于黄河流域的60多万平方公里的黄土高原地区。它妙居沟壑,星罗棋布,是陕、甘、宁、新、晋、豫、青七省民居的主要建筑形式之一。据不完全统计,仅甘肃庆阳地区的黄土窑洞,占该区各类房屋建筑总数的80%左右,可见,在陇东一带,它还是农村的一种主要建筑形式。1981年5月,我曾筹划组织了庆阳地区黄土窑洞调研小组,派遣人员去该地调查。考查结果表明,黄土窑洞在其发展的千余年的历史长河中,经过不断建造,现已形成了一定的模式,当地劳动人民积累了丰富的建筑经验,正迫切需要我们去总结、提高。

　　黄土窑洞的特点,可以归纳为:一是形式多样,或挖成崖窑,或挖成地窑,或挖成半敞式窑院,因山就势,因地而异;二是施工简便,造价低廉,只要有土,便可挖土成窑,只花劳力,砖木砂石用料极少,施工时又可不受季节限制,可以分期施工,适宜于农闲建造;三是技术要求不高,只要懂得黄土窑洞的建造要领,农民均可自己开挖建造,第一年挖,第二年晾,晾干了便可住人;四是冬暖夏凉,安谧舒适,不需要空调设备,节约能源;五是使用年限较长,建筑寿命可达100年以上,有的甚至长达200年以上;六是建造窑洞民居,符合当地农民的经济生活水平,多少年来,住窑洞已成为当地人民的生活习惯。鉴于上述原因,窑洞建筑经久流传而不衰,至今还在修建窑洞民居。

　　尤其是黄土窑洞冬暖夏凉的特点,具有节约能源的重要意义,近年来,已引起国内外学者的广泛注意。它为什么会冬暖夏凉呢?这是因为温度的变化是随着土层厚度的增加而逐渐减少的。据测定,在地下3米深处,最热月平均温度与最冷月平均温度的温差是7℃,是地面上最热月平均温度与最冷月平均温度之差37℃的1/5

至1/6，而且是愈向下温差变化愈小，深到一定深度，温度就保持不变。例如，巴黎天文台28米深处的地窖里，有一台温度计，200多年来，温度读数一直保持在11.7°C。正由于黄土有一定厚度就可以隔热这一特性，导致了黄土窑洞，不耗费能源可有冬暖夏凉之妙。

我国的窑洞建筑，吸引着一些国外学者。1981年七八月间，日本一批学者曾到甘肃庆阳地区、陕西乾县地区、河南洛阳地区、巩县地区和郑州地区进行考察；10月份，阿卡·汗又来中国考察了窑洞建筑；美国、法国、比利时等国的学者也要求来华考察窑洞。他们为什么会对窑洞如此感兴趣呢？我认为，他们那儿都有一个能源危机的问题，而窑洞内常年气温变化不大，可以大大简化冬天采暖夏天纳凉的设备，从而可以大大节约能源。他们想从我国窑洞的实践中得到启示，同时探索地下建筑如何争取地下空间的途径等等。

我国现在还没有特大的能源危机问题，但是，必须看到，我们的能源总是有限的，危机也会有的，值得我们预先防备。因此，我们也要做好节约能源的工作，保留和改革、发展现有的窑洞建筑就显现出了它的重要意义。据若干国外学者预料，不远的将来，人类居住空间要向地下索取，那么，我们为什么要把从地下已经索取到的东西又抛弃掉呢？例如，洛阳地区的邙山公社塚头大队，现有200多个下沉式窑洞民居院落，村落整齐，环境幽美，形式多样，独具风格。据说，当前存在着填掉地坑院落要盖砖瓦房的思潮，如果是真的，我们一定要加以纠正，这不能不引起建筑界的极大重视。窑洞建筑，不仅具有节约能源的重要意义，作为我国的特有的传统风土建筑形式，它也应当坚决保留下来。在我们的农房建筑中，一定要给传统建筑留有一定的地位，这是千万不能忽视的。

四、要加强科学技术指导工作

千百年来，我国的农村房屋建设，大多数是出于自发的建设状态，主要靠传统的技术作法，因袭多于创新。今天，随着四化建设的开展和广大农村生活水平的提高，对建筑的要求会越来越高，而我们多靠农村匠人进行房屋设计和建造的做法就显得不太适应了。同时，随着农村房屋的大量建设，要求农村有大量的人员来从事这一工作，这就提出来一个培训技术人员的问题。再加上，时代要求农房建设要全面规划、精心设计，做到科学合理、经济适用、节约土地，并具有各自的特色。因此，加强农房建设的科学技术指导就显得越来越重要了。

要加强农房建筑的科学指导，靠谁来干呢？靠大学毕业又富有实践经验的规划师、建筑师、工程师，这当然很好，但哪有这么多的技术专业人才到农村中去呢？我认为，技术力量蕴藏在农村之中，关键是要靠我们去发掘、培养和大胆地使用。我们可以采用像培训赤脚医生的办法，来个就地取材，就地训练，就地使用。把广大农村中的能工巧匠、知识青年，分期分批加以培训，然后，再让他们到实践中去锻炼，学习再学习，实践再实践，不出数年，我们就会培养出一大批建设人才，广大农村一定会有不少赤脚规划师、建筑师、工程师涌现出来，成为活跃在农房建设战线上的有生力量。这是一个多快好省的培养技术人才的好办法，是一个事半功倍的有效办法。

在技术人员的培训过程中，除了学习建筑理论和科学技术外，一定不要忘记向老匠人、老师傅和具有丰富经验的人学习。例如，郑州市荥阳县（今荥阳市）城关的田六师傅，就是我们的好老师。他在靠山式天井院的建造方面，构思新颖，别开生面，并在窑洞院落空间处理上进行了多方面的尝试，扬井院之长避窑洞之短，取得了良好的效果，被河南省建筑学会邀聘为特别会员。我们也可请像田六同志这样的民间能工巧匠给赤脚建筑技术人员讲课，或请他们介绍造房经验，互相学习，共同提高。

专家、学者、工程技术人员，到农村去，一方面传授科学技术知识，一方面向民间匠师学习，同时可帮助农村总结农房建设的经验教训，与群众相结合，深入实践，共同研究，共同提高，对我国的农房建设一定能够作出更大的贡献。

祖国在发展，农村在前进！可以预见，经过大家不懈的努力，我们新农村的房屋建设定然会出现一个新的飞跃。

写于1981年

说规划　议龙头

——欢呼城市规划法的颁布实施　负起规划法赋予我们的责任

一

1990年4月1日是中华人民共和国城市规划法颁布实施的喜庆之日，真是"千城万镇齐欢庆，欣逢盛世何幸"。城市规划法的诞生和施行，是城镇居民的一件盛大的喜事，更是我们规划界的一件盛大的喜事。

城市规划是一项长期而又艰巨的任务，它继承过去，创造今天，预计未来，未来是无止境的，故而它是一项长远的系统工程。不要看到实际情况与规划意图有出入，就改规划，不要朝令夕改，不要换一届市长就乱改一次规划。要避免短期行为，要保持城市规划的科学性和相对稳定性。当然，根据客观实际和法定程序，可以对城市规划进行调整和修改。但是，有个原则，就是要越改越好，越变越美、越实用。要处理好这种辩证关系，是很不容易的。这就要求提高领导者的素质和规划工作者的规划设计水平。特别是要有发展眼光，不要被当时的暂时的困难难住。万里同志说过："……城市规划要强调科学、合理，要考虑城市的发展，处理好长远和近期的关系，不讲科学合理，不考虑长远发展，定要吃苦头的。"现代城市规划思想，已向我们提出广义的城市规划学的新概念，要多层次、多方位地解决城市规划问题。《中华人民共和国城市规划法》这部国家大法，为城市规划的修订完善、实施和管理提供了科学依据和法律保障，也为城市规划、设计、管理工作提出了高标准、严要求。城市规划工作者要完成《城市规划法》赋予的使命，必须增加责任感、紧迫感和法律观念，带头学好，坚决执行。

二

《中华人民共和国城市规划法》经过了10年的锤炼，科学地总结了中华人民共和国成立以来城市规划和建设上正反两方面的经验和教训，又借鉴了国外的先进经验，这是一部符合我国国情，比较完整的国家大法。我们必须从国家这个高度来认识，并深入学习和坚决贯彻执行。这部大法，是我们中华人民共和国城市规划、建设、管理走向"依法治城"的重要里程碑和新的起点，它的颁布标志着城市规划、建设、管理工作正在进入新的历史阶段，由人治进入法治的新阶段。我国的城市规划法具有5个特征：

鲜明的时代性。不同的"规划法"解决不同的国家的城市在不同发展阶段所面临的问题。我们这一部规划法是要解决这个历史时期中国城市化所面临的问题。严格控制大城市规模、合理发展中等城市和小城市，并以法律的形式规定中国现阶段城市化的发展道路，这一条比较突出地反映了规划法鲜明的时代性。

综合的技术性。规划法中的方针、原则，可以说都是我国规划界多年来研究、实践的重大课题，是广大规划技术工作者和城市建设者心血的结晶，是他们共同劳动的成果，具有很高的学术性、技术性。例如"有利生产、方便生活""文化遗产、传统风貌、地方特色、自然景观"这是20世纪50年代到60年代提出的问题，在规划法中都吸收了。

明确的针对性。这部法对中国城市规划中的一些重大问题，特殊问题都列了章条。如第三章新市区开发和旧区改建。这是我国绝大部分城市在今后较长历史时期面对的现实，所以针对这个重大问题单列了一章。又如，我国是多民族国家，地域辽阔，对民族自治地方的规划列有专条——"应注意保持民族传统和地方特色"。

全面的规范性。由于这是一部城市建设的基本法，它的规范性既有引导、鼓励、提倡的条款（如应当、必须……方针、原则等），同时又有管理、约束、制裁的条款（如处罚、强制执行、处分以及依法追究刑事责任）。这种全面的规范性使这个法具有十分广阔的覆盖面。

良好的可操作性。与20世纪80年代颁布的经济法规比较，这部法十分注意法则的可操作性。第二章城市规划的制定，第四章城市规划的实施，基本上规定了两条规划的主要工艺流程，或者说是理顺了两条规划的管理程序。以纵向主体为主线，又照顾了各横向关系，为用法、执法提供了良好的条件。

三

关于规划的"龙头"作用。随着社会主义建设事业的发展，随着各级领导科学决策和人民群众参政、议政以及我国规划科学的自我完善，现在规划的"龙头"地位已初步确立了。

当前，影响规划"龙头"地位的一个问题是，我国大量的城市规划专业技术骨干奇缺，人才不足，素质不高。另一方面是我们前几年编制的总体规划，有待于进一步深化和完善。规划本身如何适应新的形势，解决新矛盾，各地都有不少工作要做。我认为，只有提高了规划本身的科学性、权威性，才能从本质上塑造规划"龙头"的新形象，发挥规划对城市各项事业的综合指导作用，当好市长的参谋。如何提高规划队伍的政治素质和业务素质，到社会实践中去，到人民群众中去，对于发挥规划的"龙头"作用也很重要。

我干了一辈子规划，又参与了规划法的起草工作，总结几十年的经验和教训，我认为，抓领导、抓机构、抓规划的科学性、抓规划人才的培训，对于发挥规划的"龙头"作用是至关重要的。在这里，需重复强调的是，"龙头"要抬起来，主要依靠各级领导，特别是依靠一把手市长和市政府的所有领导。市长的重视、支持是城市规划工作顺利进行的前提，规划法的宣传、贯彻、执行必须依靠市长的撑腰。同时，要加强自身建设，严格依法治城，依法行政，并为1990年10月1日"行政诉讼法"的施行做好准备。

<h2 style="text-align:center">四</h2>

《规划法》一是给我们城市规划的科学性以法律上的要求，这就是既受保障，又对我们的城市规划（包括城市建设管理工作者）有严肃、认真、科学的要求，我们都要有此自知之明。因为——权威与科学同在。权威性有赖于我们做的规划既科学、合理、又切实可行。科学的规划要有扎实的基础资料，还有赖于多学科软件专题的研究成果，并运用现代化的技术手段。我们就应有此远见，广州市肯在这方面花些钱、花些力量，并已做出成绩，这是劳而有功的事。规划法的实行，使我们可以依法治城。有了权，但不可忘记权力与责任同在。规划法给我们城市规划、城市管理工作以执法的权力，但我们更有责任，更有义务，那就是权威、权力与服务同在，这三个"同"，我们应把它看作是"三位一体"，缺一不可。

20世纪80年代是我们城市规划观念、城市规划意识大发展、大普及的10年，其结果是全国城市建设成就辉煌，催生了城市规划法的诞生和颁布施行。20世纪90年代应是我们执行并完善法制的10年，因为有了法还不够，还要成龙配套，要根据中央、地方的不同情况，配套补充，形成完整的法律系统。

规划法的颁布施行，是我国城建规划建设史上的第三个里程碑。

第一个里程碑是中华人民共和国成立之初的1952年，国务院召开全国城市建设座谈会，提出建立城市规划设计和设置相应的机构，城市规划工作迎来了第一个春天。

第二个里程碑是党的十一届三中全会和1978年国务院召开第三次全国城市规划工作会议，党中央下达了13号文件，城市规划工作迎来了第二个春天。

《中华人民共和国城市规划法》的实施，是我国城市规划的第三个里程碑，第三个充满阳光的春天。

城市规划法的诞生、实施，对我们提出了严格的要求，要我们做出更高水平、更高质量的规划来。目前我国社会经济正处在一个重要的改革、发展时期，过去的单一的国家计划经济和土地公有制，正在转向有计划的商品经济和土地的有偿使用，这是一个巨大的变化，用50年代老一套的城市规划模式，已经跟不上新的发展形势了，这就要我们把"系统思想"注入城市规划。因为城市是一个巨大的系统工程，非一家之言，可以照顾到全局。我们要把多方面的科学工作者请进来共同参与城市规划工作，要求各专业工作者，携起手来，以"骏马能历险"可是"犁田不如牛"、"坚车能载重"可是"渡河不如舟"的观点，使各个学科为城市规划的编制和修订各显神通，通力合作，为共同建造我们中华人民共和国城市规划的科学而奋斗。我们今后是任重而道远，我们要上下求索，加强自身素养，加快每一个城镇规划的编制和修订，加深细度，开阔广度，以适应规划法对我们的严格要求，担负起规划法赋予我们的责任。这就是要把城市建设好，管理好，首先要把城市规划好。因为城市规划是城市建设的蓝图，是依据，是灵魂，是凝聚力，更是龙头。

作为一名城市规划战线上的老兵，看到规划法的出台，我心中万分高兴。热切希望城市规划及其管理纳入法制轨道上后，能把我们神州大地上的千城万镇建设得更加美好。

写于1990年2月

对"历史文化名城的保护问题"
之我见

　　20世纪80年代，我国历史文化的保护出现了一个热潮。在社会主义物质文明建设和精神文明建设的推动下，这几年，我国许多名城、古镇、名山、名水、名园、新旧风景区，或以旅游的发展为契机，或以城市环境的综合治理为契机，或以重大的文物古迹的出土、发现、保护为契机，纷纷制定规划，开发项目。名城、名镇、奇山、秀水的保护创新和它的开发出现了前所未有的蓬勃发展的局面，令人振奋。我们的规划指导思想也正在不断的明确和提高，规划手法也在不断提高和日趋熟练，更重要而更可贵的是在实践中，这种保护规划与城市总体规划的衔接，它的可操作性以及名城的经营建设和管理都已累积了不少的中国式的、民族的、自己的经验。我们中国自古以来早就有了自己的城市与实践，在世界的城市规划史上也占有着它独特光辉的地位！如果与外国相比，我国在名城保护的进程上，我们的10年时间相当于他们几十年或半个世纪要走的道路，应该说成就是十分巨大的，给20世纪90年代的发展奠定了坚实的基础。

　　20世纪90年代，我国历史文化名城在社会主义精神文明建设中，其重要地位将更加重要和突出，在这样一个大好形势下，名城的规划也好，经营、管理也好，必然会得到更多领导重视，上至党中央，下到各省、市和全社会各界的支持。这种大好形势的到来，是来之不易的，我们要珍惜这一巨变的到来。有了这些条件，我们的事业发展环境将比以往大有改善。

"文化大革命"，我国所有的文化名城、名镇、名山、名水、名园、名木、文物古迹几乎都遭了劫，1980年我们和城建司赵士琦司长等数人去了舟山群岛的普陀山，这是我国佛教的四大名山之一，当时是个什么样呢？"名山孤岛上，破寺密林中，十载浑如梦，普陀半壁空""细雨中来细雨归，那堪迷漠复分飞。客情带病还伤酒，热泪迎风半湿衣。独怜空刹留孤岛，那有神仙莅旧宫？佛祖逃亡谁处去，人妖遗祸一重重。"当时我在普陀连夜给赵朴初寄了一封长信，把我的两首顺口溜也寄去了，请他呼吁救救普陀山。现在普陀山又恢复了旧日的光彩。同样，我的家乡哈尔滨南岗街心转盘中有一个金木结构的东正教喇嘛台，式样极美，是宗教建筑的杰作，革命小将当时说：这是沙俄帝国主义遗留下来的反动建筑。硬是给拆除了，拆了喇嘛台，就革命了吗？真愚蠢到家了。李瑞环同志主持天津工作时，提出要修缮一下过去外国人修的各式小洋楼，有人说这是给帝国主义涂脂抹粉，让它坏掉，拆了另建。这种片面性的理解，时至今日在某些城市中仍还大有人在。

建筑本身是一种民族文化的遗产，是劳动人民血汗的结晶，是社会的财富，是民族科学技术的标志，甚至是民族的骄傲。否则不仅天津的各类型的洋人所修的建筑物不能保留，就连北京城的故宫也不要保留，照这样的逻辑下来，万里长城是不是也应该拆除了？我们要重整圆明园，向全民族进行爱国主义教育。正在全国开展"爱我中华，修我长城"的活动，这是对我国古代文化的尊重和对历史文物的珍惜保护，也是一次生动的爱国主义教育。一位美国华侨流着泪说："我只要看到长城，就感到无比的欣慰和骄傲，骄傲我生为中国人。"

"乌云蔽日终虚幻，急雨惊雷起大明。"自党的十一届三中全会以来，拨乱反正，10年改革，唤来了今天这样的大好形势，真是欣逢盛世。这是我之所以乐观展望的主要原因。我希望各位同行及各位领导认真研究并促进它们的发展，运用我们城市规划的技术手段，为这样一个重大的政治任务服务。我们要不失时机地宣传保护历史文化名城的重要意义，这在进行爱国主义、历史唯物主义、共产主义教育中有极其重要的作用。要深入研究自己城市的文化内涵，发扬它在国民教育、国际宣传中应有的作用。

近几年，一些城市制定了区域保护规划，在规划学术上有新发展，我感到我们的规划设计已经从景观、形体的考虑深化到文化内涵的揭示，进而建立文化体系，这是一个很重要的进步。洛阳及许多名城已注意到了这一点，令人欣慰。这也是符合现在城市规划理论发展趋势的。这样就使我们的名城保护规划为精神文明建设服务，在技术上、理论上找到了一条可行的"工艺路线"。这也是我之所以乐观展望的一个因素。有了良好的大气候、大好形势，有了明确的指导思想和技术手段，有了规划大法的颁布执行，我们一定会取得新的更大的成就。

名城保护要有一些"忧患意识"。我这里讲的不是一般所说的中国知识分子的忧国忧民，我是从城市现代化进程中，从国外城市现代化进程的经验教训中，引出的这种"忧患意识"。大家知道，20世纪90年代我国城市建设大体上都处在城市现代化的初级阶段，城市建设的主要任务还是调整工业布局，加强基础设施，综合整治环境。可以说也是古城保护面临的最关键也是最困难的阶段。就是说它在空间上、在资金上与现代化建设矛盾显得最尖锐的一段时间。在这样的时刻，如果古城保护上稍有不慎，就可能一失足成千古恨。从国内外的经验来看，首先是抓好名城保护规划，同时使这个规划被社会各界所接受、所支持，同时取得法规地位，得到法律的保障。所有这些工作都应抓紧时机组织力量，一边宣传，一边实干，一方面劝人行善，一方面抓钱抓权。西安在这方面搞得大有进步，叫人看到了希望。如果因为你工作不到位，失掉了这一方面的机会，以后几乎无可挽回，这实质上是在古城现代化初期，是争夺城市空间的10年，这就是我的忧患之所在。我这里提前向各位领导呼吁，并与各位同行共勉，尽到我们所肩负的历史责任。

20世纪90年代名城保护规划应在4个方面继续深化：

第一个方面，是将保护规划纳入法制轨道。随着分区规划、详细规划、城市设计的制定，建立相应的地方法规，如高度控制、风格分区、保护范围的划定等等。把规划落实到城市规划管理之中。

第二个方面，是在保护与开发结合上，古城保护与城市现代化的结合上正在出现全方位、多元化的探索之中。如怎样与城市旅游建设相结合，怎样与城市文化建设相结合，怎样与城市园林绿化相结合。这样一来，我国古城保护将突破20世纪80年初期所通用的具有共性特点的保护规划模式，而出现一个丰富多彩、百花齐放的局面。我想着重强调：规划要在若干个结合上作文章，在结合上注意出新。结合得好，规划就可能实现；结合得不好，有可能是一纸空文。

第三个方面，是在全面规划的基础上，每个历史文化名城，在10年之中都可能推出一两项高水平、高质量的名城保护项目来。它们可能是一座城堡，一处文物古迹或一处什么。我希望诸位同行从自己城市的实际出发，进行科学论证，集中精力，综合协调好这件名城保护的"实事"，做出成绩、样板。像西安的名城修复、美化名城，提到项目上了，这就有说服力了。

第四个方面，我们建筑工作者、规划师要学点哲学，更要学点建筑规划的哲学。中华人民共和国成立40年来在城市规划与实施过程中，我们应该总结的经验教训太多了，怎么总结呢？什么是城市规划与建设的基本规律呢？我认为，归根结底，是不是可以称之为需要与可能的对立统一，没有可能，需要就是空想，但需要也不是一成不变的。它也在不断变化之中，今天不可能，明天、后天、大后天就有可能。这个辩证的对立统一的道理，谁处理得好就是多快好省；否则，就是少慢差费。这就要求我们从事城市规划工作的同志在进行规划及其规划实施的决策时，不仅对各种事物、各种学科进行细致的研究，还要有一些哲学上的思维，辩证的逻辑思考。在名城保护规划中，你必然会碰到新与旧、传统与革新、继承与发展、控制与开发、集中与分散、整体与局部、综合与平衡、建设与破坏等等问题。我们要从哲学的观点进行再认识，都需要在有根据的前提下和具体情况下来加以分析，而不能绝对化，还要以科学的系统观、发展观、平衡观、阶段论等以及马克思主义基本哲学观点，对各种实际问题虚心地、进一步深入地探索和检验理论，用于文化历史名城的规划实践。碰到什么问题都要坚持原则，切忌绝对化。例如兰州庄严寺如何保留问题、桂林伏龙洲的建筑、圆明园的保护，等等。

我们都不是未卜先知的圣者，生而知之，不是算命先生，但是我们可以根据历史发展和当前事物的矛盾，总结事物本身，也可以发展规律，这种规律是看到眼里，想到心上，又有实际可能的设想。

写于1990年2月

谈谈深圳　想想我们

——内陆诸城镇的城市规划往何处去

世界已跨入了20世纪90年代末，21世纪即将到来。当人类的探索、开发直指月球、火星及至宇宙太空，在我们居住的这个小小地球上，国与国之间更为互相依存，而又竞争激烈。我们正处在一个希望与危机同时存在的时代，也是一个挑战和机遇（机会）共生的时代。面对这个千载难逢的好机遇，我们应重新认识我们的城镇、乡村在这个世界上存在的位置，重新调整自身的步伐和姿态，组织力量，认真修订我们的城市规划。

三年前深圳十年大庆时，曾庄重宣布：特区的十个年头里，国民生产总值年平均增长率为48.3%。而经济发达国家的经济增长速度最高时在3%～9%，即便是名噪一时的亚洲"四小龙"之一的韩国，经济发展最快时的20世纪70年代仅为24%。而今日的深圳，仍然保持着高速、持续、协调、稳步发展的趋势。同时，深圳市城市建设也是高速的，世界经济学家也为之赞叹，惊诧深圳建设速度是"爆炸性"的，深圳是个"一夜之城"，深圳是个谜。那么谜是什么呢？

深圳原来是一个面积仅有几平方公里的边陲小镇。昔日（即14年前），这里是荒滩、野岭、水塘和沼泽地，人烟寥寥，荒凉萧条。

它位于珠江口东岸，东濒大鹏湾，西南临深圳湾，南与香港新界毗邻；划为经济特区后，扩大了原有的面积，东至大鹏湾，西至蛇口、南头镇，北沿宝安区属的山岭，形成一条东西长49公里、南北约为7～8公里宽的带形城市，总面积约为327平方公里。深圳的地理条件非常优越，从东到西都是依山面海，环境十分优美。北面的西丽湖、银湖、东湖、仙湖和深圳水库山清水秀，风景宜人。大鹏湾的大小梅沙以及处女地的西冲等海湾都是银沙软、海云长、绿树葱茏、碧海蓝天、波光荡漾。西部的南头镇的南山是一片郁郁葱葱的荔枝林。面对赤湾和闻名海上的伶仃岛更是风景绮丽。14年来，深圳特区政府领导全市人民，在全国各地的支持下，大显身手，以深圳人的气魄，深圳的速度，开拓这块处女地……深圳经济特区设立伊始，他们就把城市规划工作作为城市建设的龙头来抓。1982年奉谷牧同志之委托，我与周干峙部长（当时是中规院院长）、袁镜身（中国建筑科学院院长）一行3人，来到深圳，参与了《深圳经济特区的经济发展规划大纲草案》的研究。1984年深圳市委托中规院会同深圳规划局，共同对深圳的总体规划进行了全面的系统修订工作，到1985年底完成，1986年这个总体规划被评为"全国优秀一等奖"。这些年我以中国城规院高级技术顾问、深圳市规划委员会顾问的双重身份，有幸参加了这一规划设计工作。1989年深圳市根据社会经济发展状况又做了进一步的补充与完善。据说将在1990年再一次研究建设国际性城市的战略规划，使总体规划日臻完善。下面我简单地从七个方面谈谈深圳的规划情况，请诸位想想对我们的内陆城市会有什么样的有益启示？

一、认真分析城市条件，正确把握城市性质

城市的性质，在一定程度上决定着城市建设发展的方向，是城市合理布局和正

确选择建设项目的依据。实践证明，当一个城市根据其在全国和地区的政治、经济、文化生活中的功能和作用，根据其区域基础和本身的条件，正确把握城市的性质，这个城市的建设就能取得良好的经济、社会和环境效益，这个城市面貌就能迅速变化。深圳市领导深刻领会了建设经济特区的战略意图，认真分析了自己在全国政治、经济和文化中的功能、地位和作用，认真地分析了自己的各种有利条件并充分发挥了这些有利条件，正确地把握了城市的性质，明确确定把深圳建成一个外向型的经济性特区，为城市规划和发展提供了正确的依据和明确的发展方向。深圳特区充分地认识到：深圳绝不是一般的单纯的新兴城市，也不同于单一的出口加工区，而是面向国际和国内两个扇面的枢纽，是我国对外港口和对外窗口。在确定城市性质时明确地体现了这一特点，从而使深圳特区得到了迅速的发展。

二、从实际出发，正确确定城市的总体布局

城市的总体布局是城市规划的中心任务之一。城市的总体布局正确与否，直接关系到城市规划的成败。深圳市的城市总体布局通过从实际出发，认真调查研究，分析了各方面的因素及其对城市发展的有利和不利的影响，正确地确定了带状组团式的布局形式。整个深圳是一个狭长的地带，为突出它的自然地形特点，城市布局为"带状组团式的结构"，5个组团之间以数百米宽的绿化带相连续，各组团功能均有所侧重而又要相对的独立完整，避免了块状城市中心负担过重的弊端，同时也便于分期建设，逐个发展。组团之间留有余地，使规划富有弹性。

三、积极为社会和经济的发展服务

城市作为第二产业和第三产业的主要载体，必须积极为社会和经济的发展服

务。城市规划是城市建设和经济发展的"龙头",我们必须正确处理好这个"龙头"与服务的关系。要引导社会、经济按照城市规划,在经济、社会和环境三个效益统一的原则下迅速健康地发展;同时,也应该为社会和经济的发展服务,促进和推动社会和经济迅速发展。当前,在城市规划中存在的普遍问题是:城市规划为社会和经济服务的积极性差,片面强调城市规划的龙头作用,甚至从某种程度上束缚社会和经济的正常发展,城市规划严重落后于社会、经济和城市建设的需要,常常出现临危抱佛脚、现蒸现卖的现象,缺乏令人信服的科学论证,仓促决定,失误的地方不少。深圳市在这方面进行了一些有益的探讨,为了适应经济和社会的发展,深圳市每年都研究论证城市规划进一步深化的问题。深圳市1985年底完成了城市总体规划,由于社会和经济的迅速发展,仅仅时隔几年于1989年又进一步对城市总体规划进行了较大规模的补充和完善。

我们一定要把规划与社会经济发展计划尽可能密切地结合起来,让城市规划服从并服务于经济发展目标。经济目标随着城市规划的实施、完善和深化而得以逐步实现。同时注重信息,大力吸取国内外城市建设好的经验,力求使规划具有科学性和先进性。深圳市在编制城市规划的过程中,充分考虑特区的地理环境、经济文化基础和社会发展需要,为发展外向型经济服务。在规划城市用地、确定布局形式、安排各类市场、配置基础设施时,使规划与社会经济的发展紧密结合起来,互为依托,互相补充,按照"规划一片、开发一片、收益一片"的原则来进行,这不仅使城市规划的视野开阔了,而且具有一定的深度。

深圳市是一个按照市场经济规律发展的城市,其经济发展的项目主要靠外资和内资的引进,其发展速度和发展规模都很难准确预测,在城市规划中为了正确处理好这一问题,在土地利用、道路交通及各项基础设施等方面的规划,非常重视"留有余地",使规划具有较大的"弹性",尤其是居住用地可随着城市的发展情况,局部调整土地的使用功能。

建设具有中国特色的社会主义经济特区，既无先例又无经验，可是要建设一座现代化的城市，一个按国际标准建设的经济特区，建设一个走向世界的深圳，必须要有严谨的科学态度和现代化水平的城市规划。

特区的开拓者和建设者，始终把世界作为参照系来把握，站在一个较高层次上，统览各国城市建设的得失，兼收并蓄现代化城市规划的有益经验，结合自然地理环境特点和经济发展目标，用科学之笔画出了深圳特区的总体规划蓝图。

按照临海靠山的特点将特区划分为东、中、西3大片，5个组团，18个功能区。

东片：沙头角、盐田、大小梅沙等，面积62.8平方公里。

中片：莲塘、罗湖、上步、福田及华侨城等，面积140平方公里。

西片：蛇口、南头、沙河、西丽湖等，面积124.47平方公里。

5个行政区由东至西依次为沙头角、罗湖、上步、南头和蛇口。

沙头角区与香港新界水陆相连，区内的中英街因一条街两种制度而闻名天下。实行对外开放以来，慕名而来的旅游、观光和购物者络绎不绝。这里建立了中国大陆的第一个保税工业区——沙头角保税工业区。这个保税区借鉴国际保税区的运作机制，注重办事效率和服务质量，几乎一个星期就能办完注册一家公司或工厂的全部手续。

建设中的盐田港，港阔水深，风平浪小，发展远洋运输和港口贸易有着良好的潜质，建成后将成为年吞吐量8 000万吨的中国四大港口之一。

沙头角有着迷人的海岸。大小梅沙背山面海，风光秀丽，已成为理想的海滨旅游胜地，被称之为"东方夏威夷"。

罗湖区是特区早期开发的重点，深圳的高层建筑，主要集中在这一地段，繁华的商业网点，也大多集中在这一带。

广深铁路、广九铁路就在这里接轨。中国大陆最大的罗湖海关，就坐落在该区内，每天迎来送往数万名海外旅客。文锦渡海关每年进出车辆数百万辆，名列国内各海关之首。

上步区，是特区政治、文化、科技等机构和设施的分布区域。也是深圳金融机构和电子工业比较集中的地区。规模较大的上步和八卦岭工业区也集中在这一区域。

南头区，面积为各区之最。特区的最高学府——深圳大学，高科技的开发、生产基地——科技工业园以及著名的华侨城、南海石油深圳开发服务总公司等，都集中于南头区一带。

风光绮丽的西丽湖度假村和新建成的"锦绣中华"微缩景区、民俗楼、世界之窗等，更使南头区增添了魅力。

深圳最西头的蛇口工业区，是由交通部香港招商局综合开发、经营，是以兴办合资企业、发展外向型工业为主的综合工业区，人均创汇能力居全国之首。

以数百米宽绿化带相隔离，以交通干道相连接的城市组团结构，使从东到西依次分布的5个行政区形成有机整体。它们各就其位，组合成巨大的扇面阵容，辐射出五彩之光。由于各组团具有相对独立、较为完善的城市功能，使人流交通在一定范围内相对稳定，缩短了服务距离，有利于高效、便捷地组织城市活动，改善城市功能。城市功能的完善，为改善投资环境打下较好的基础。

先进的、科学合理的城市规划，是建设特区的依据。深圳城市总体规划的构思，运用了软科学决策程序、控制论的思想，体现了中央建立特区的战略思想，凝聚着我国政府领导和特区规划者及建设者们的心血。

城市建设是一个多元和多层次的庞大的综合的"系统工程"。城市建设的总体规划蓝图，必须在法规管理下变为现实。特区先后制定了100多种城市建设和管理的规范性文件，大至一幢大厦建设，小至一棵树的砍伐，都有严格的法规管理。

城市基础设施是投资的"硬环境"的主体。深圳在建设特区之初就参照国际惯例运作，把城市基础设施的建设放在十分重要的地位，主要财力、物力、人力都围绕着城市基础设施需要来安排，因此深圳城市基础设施在短短14年间出现了崭新局面。100米宽的深南大道、北环路（8车道）已经完工投入使用，150米（8车道）滨海大道已破土动工……投资环境日趋完善，成为外商投资的热点。

城市交通，就像是城市的输血管道，维持城市的生命和活力。愈是发达的国家，愈需要安全、快速、便捷的交通网络，把城市各个部分合理的连通起来。城市交通规划布局，始终与城市规划的带形组团结构配套，以东西走向为主，南北走向为辅。东西以深南大道为"主轴"，北环路、滨河路、滨海路相配合横贯东—西各片。南北向以东门路、笋岗路和福田区的南北向主轴为主干路。道路布局采用了我国传统的方格网和环形相结合的多功能、综合性道路和网络布局，主次干道的布局排列井然有序，整个市区道路宽阔、顺直、平坦。

在福田新区汽车和行人分流，保证了道路畅通和行人安全，也给市容增添了美感。

四、突出城市的社会生活服务功能，注重配套建设

创造城市具有齐全的社会生活服务功能，是我们搞城市规划工作应当遵循的原则。现代城市作为政治、经济、文化、科技、教育等的中心，已远远超过了单纯工业生产的狭隘观念。我们在过去的城市规划中过分强调城市的工业生产，忽略城市第三产业的发展，造成城市的社会生活服务严重滞后，形成了以企业为框架的城市结构，出现了一系列的"小而全"的城市企业，形成企业办社会的模式，每个企业的生产、生活等用地形成一个个相对独立的体系，造成生产和生活用地的犬牙交

错，严重地影响着城市的环境。深圳市注意适应现代化城市的多功能要求，努力把深圳建成一个功能齐全的现代化城市。在城市规划中，参照国内外先进的规划标准，根据城市的需要，配置了相应的市政公用、商业服务、文化教育、体育卫生、园林绿化等设施，综合开发，配套建设，使城市建设、经济建设、环境建设同步发展，使经济、社会、环境效益同时提高。城市服务社会化、专业化是创造城市高效益的必要条件，因此"上学难、看病难、乘车难、打电话难"在深圳不很突出，"欠账"不多。他们基本上解决了我国城市普遍存在的社会生活服务严重滞后的局面。同时，深圳在城市服务方面力求社会化，致力打破"小而全"的顽固积习，在服务设施的规划建设中，对一些项目实行统一规划、统一征地、统一设计、统一组织施工、统一管理，取得了较好的成效，彻底改变了"企业办社会"的落后方式，提高了企业的效率和经济效益，减轻了政府负担。

深圳市为了充分发挥四个窗口（技术、管理、知识、对外政策）和两个扇面（对外、对内两个辐射扇面）的作用，为发展外向型的经济创造条件，特别强调城市的对外交通、通信设施的建设。

广深铁路是特区交通的一大动脉，每天有20对客车运行于深圳、广州之间，年客运量达1 000万人次。这条铁路又是海外旅客进入中国南大门的主要路径。最近，广深铁路被列为全国第一个高速列车的试验路段。

如果说，19世纪是铁路交通、船舶交通时代的话，那么20世纪就应该称之为公路交通的时代。在各种运输方式中，公路运输的优势地位是不可动摇的。

发展商品经济与建设道路交通之间存在着相互依赖、相互促进的关系。经过10年的努力，深圳已经形成一个以特区为中心沟通香港，连接珠江三角洲，通向福建、江西和广东各地的四通八达的道路网络。

连通香港、广州、深圳、珠海的高速公路正在建设之中，全部通车后，将大大改善深圳与珠江三角洲的交通状况，促进这一地区的经济腾飞。

连接沙头角和深圳市区的梧桐山公路隧道，是国内最长、设施最先进的公路隧道，全长2 610米，可同时双向通过两辆大货车。梧桐山隧道的建成，大大缩短了从市区到沙头角、大亚湾等地的距离，提高了由香港经沙头角到深圳的直达运输能力。

深圳也十分重视城市交通建设。截至1989年底，特区城市道路总长已达247公里，人均车辆数居全国首位。市区公共交通给快节奏的各类旅客提供了很大方便。

蓬勃发展的运输业给深圳城市建设带来活力，而迅速发展的口岸建设，则是特区发展外向型经济的重要保障。

深圳原来已有罗湖、文锦渡两个口岸。建设特区后，又陆续开设了沙头角、蛇口、皇岗等几个口岸，成为目前我国最大公路出入口岸。它南接香港，北通广深珠高速公路，宏伟壮观，设施先进，目前已部分启用，日进出车辆上万辆。全部开通后将使深圳和香港之间的汽车日通过能力提高5倍，成为我国对外贸易的重要枢纽。

现在，一年中经深圳各口岸进出的港、澳、台和国际旅客已超过3 000万人次，进出口岸的汽车达400万辆。

在发展陆上交通的同时，并重空中和海上交通的发展。空中交通规划并建设了全天候直升机场和深圳机场。海上交通规划了赤湾、妈湾、蓝田三个深水港。把公路、铁路、海运、空运连成一体。通讯则实现了与国际156个、国内550个主要城市的直拨电话，使城市能以较快的速度直接与全国及世界各地联系。

五、注重城市环境质量，创造美的城市环境

良好的城市环境质量，始终是我们城市规划工作者追求的目标。

城市是第二产业和第三产业的集聚地，是非农业人口的集聚地。由于大量的产业和人口的集聚给城市环境带来了许多问题，城市的环境保护已逐步成为制约城市发展的主要因素，正确处理城市的发展和城市的环境已经成为一个迫切的任务。深圳市在既迅速推动城市发展又加强环境保护方面，从城市规划的角度，在防止环境污染和创造优美的环境两个方面进行了一些有益的尝试，许多地方值得我们效仿。

深圳市在规划中十分注意保护和利用自然环境。防止大规模经济建设造成环境污染，采取了一些行之有效的措施。一是在确定城市布局时，以强烈的环境保护意识，科学合理地布置工业区，从总体布局上防止和避免环境污染。二是在吸引外资，引进项目的同时，对有污染的项目的选址和审批严格管理。三是依据环境容量安排工业企业，严格执行环保工作的"三同时"规定，对水源保护区实行严格保护措施。四是建设比较先进的三废处理厂，积极整治深圳河的污染。

深圳市城市规划非常重视创造优美的城市环境。首先，重视城市绿化工作，在功能组团之间配置数百米宽的绿化带，在中部沿海地带建立300公顷的红树林水鸟自然保护区，对原有较好的树林和具有深圳特色的荔枝林采取了有效的保护措施。其次，在小区规划中采取方案竞选和公开招标的办法，鼓励创新，为城市居民提供良好的居住环境。再次，对于城市的单体建筑的选址和选型设计，特别是那些对城市具有标志性的公共建筑，采取慎之又慎，精雕细琢的态度。

六、理顺规划管理体制，加强城市规划实施

只有科学合理的城市规划是远远不够的，假若科学合理的规划得不到实施，城市规划也就失去了存在的价值和意义。所以，我们不仅必须重视城市规划，而且要加强城市规划的实施，使城市规划真正起到城市建设的龙头作用。当前，我国在城

市规划的实施上主要存在三个问题：一个是城市规划随便改动，形成顾此失彼的局面，破坏了城市规划的科学性、系统性和统一性；另一个是违法用地和违法建筑破坏了城市规划；再一个是规划管理体制不顺，形成有权有利争着管、大家管，棘手问题互相推、没人管的责权利不统一的情况。深圳市在城市规划的管理方面也进行了一些探索。

为了加强城市规划的实施，深圳逐步健全了城市管理的法规，强调城市规划的法律效力，要求任何单位和个人都要无条件地服从城市规划。深圳市政府明确规定，凡是经过反复调查研究，慎重考虑，认为确属城市建设需要拆迁的，该拆的就拆，该迁的就迁，积极做好补偿安置工作，保证城市总体规划的严肃性。对于任何单位和个人的违法用地或违法建筑，深圳市坚持以行政手段辅以经济处罚，给予严肃处理，该罚的坚决处罚，该拆的坚决拆除。同时，对参与违法建筑的施工单位也给予严肃处理。

为了理顺规划管理体制，保证城市规划的实施，深圳市针对在批地划地测绘方面规划局与国土局有交叉、在设计方案审查方面规划局与基建办有交叉、在房产与地产管理方面规划局与房管局及国土局有交叉的情况下，于1988年撤销了规划局基建办，组建了建设局和建筑工务局，规划、国土、房地产市场等工作由建设局统管，深圳的这一管理模式还有待实践的检验。

七、尊重专家学者的意见，重视多学科论证参与

城市规划是一个城市在一定时期内城市发展计划和各项建设的综合部署，是一个城市建设长远发展的蓝图，是城市建设、工程设计和管理的基本依据。城市规划对城市建设和发展的影响巨大，如果城市规划出现大的失误，将会给城市的发展、

建设和环境等方面带来无法弥补的损失。同时，城市又是工业、商业、交通、金融、信息、科技、文化等各行各业的集聚地，又是这些行业的有机统一体，所以城市规划需要多学科参与和论证，需要认真分析专家和学者的意见。只有这样，才能减少城市规划的失误。深圳市高度重视城市规划的科学性和可行性，非常尊重专家学者的意见，高度重视多学科的论证和参与。深圳市1986年成立了以市长为主任委员的城市规划委员会，还聘请了中外10多位专家担任顾问，每年最少召开一至两次全体委员、顾问会议，研究进一步深化规划大计。1989年深圳市在总体规划的修订过程中，先后邀请了100多位国内外各学科专家学者进行评议论证，吸取了不少建设性意见。

"神州春意暖，今宵月更圆"——我们古老的俗语说得确切，十六的月亮，比十五更圆。我衷心地希望我们的规划更上一层楼。

写于1990年

第二篇

点评城市耀慧眼

万国衣冠会上京

——在北京市总体规划评议座谈会上的发言

一

北京，它是全国24个历史文化名城中的第一个，不但名震华夏，而且早已远播重洋，是世界上最著名的历史文化古城之一。所以北京的总体规划为全国10亿人民所关注，并为国际所瞩目。北京规划与建设的优劣在国内外影响都是巨大的。北京的一举一动都会波及全国。北京市的城市规划是对北京城市规划工作者、全国城市规划工作者，尤其对北京市委、市政府甚至城乡建设部的一项严肃、重大的任务，我们都有责任和义务共同来把北京规划做得更好些。

这座文化古城，瞬间已800年，如果说从元大都到明北京是北京城市建设的第一高峰，那么我们今天进行首都北京规划，就是在攀登第二高峰，理所当然地要比过去攀登得更高，视野更远些。

中华人民共和国成立33年，在党中央和周总理的亲切关怀下，加上全国人民的支持，北京的规划与建设取得了巨大成绩，成功地改建了天安门广场，兴建了宏伟的十大建筑，还成功地改建了地安门立交大桥，新建住宅2 700余万平方米，城市绿化近1万公顷。成绩是有目共睹的。

我国城市规划工作，走过了一条曲折而艰辛的道路，但总的趋势是向前，向前。大家都说："一五"期间是城市规划和建设的兴旺时期。但是，由于指导思想上的片面性，城市规划也跟着出了些偏差。我们没有发挥社会主义制度的优越性，没有把城市规划作为国家经济发展、长远规划和国土规划的组成部分，并把它编制在册、记录在案。结果使本来就先天不足的城市规划又加"后天亏损"，使城市中各种建设比例失调。我们要搞好城市建设，就要汲取过去的教训作为鉴戒。

二

这里，我先说说北京这个总图。北京市的我的同行们确实付出了辛勤的劳动，在不算长的时间内，做了大量的调查研究工作，专项材料很有说服力，很厚实，有依据。作为"规划总图"，从其深度和广度来说，我认为够了，这个框架，这个"鸟笼子"，装这么大的鸟可以了，我认为是不错的！建议国务院早日批准，以便实施，并在实施中不断深化。

我认为北京市的规划工作者和主持编制总图的周永源同志的规划视野还是很大的。但这次没有把廊坊、承德规划进北京圈内，这是个不足之处。我们必须头脑清醒，应该知道我们的规划还有哪些不足之处，以便在今后的实践中加以补充和修订。

北京，过去曾是封建王朝统治中国的政治中心，它的格局和建筑比较成功地体现了封建帝王唯我独尊的雄伟气魄。北京城市的布局、紫禁城的宫殿、城市水系规划以及西郊众多的园林，其规模之宏伟，工程之浩大，都是举世无双的。

今天，我们应将北京建设成为既保留古都的风貌，又要逐步走向现代化，具有高度精神文明和高度物质文明的、环境优美的、高效率的政治中心，真正成为全国以至全世界人民向往的中心。如果我们做到了这一点，它在国内外的影响将是不可估量的。可是，情况怎样呢？城墙拆光了；护城河填了一半；不少文物、古迹遭到了破坏；工厂建了不少，重工业比重很大，污染严重；人口膨胀，水、电、气供应全面紧张；交通拥挤，通讯不灵，住宅严重不足；违章占地，违章建筑，到处可见；建设单位搞封建割据，一个单位一块土地、一圈围墙、一个烟筒，把这块国有土地变成了单位所有；民族风格，民族形式没有多少人敢讲了。这些情况群众是不满意的，国外友人也为我们惋惜。这个问题如果再不解决，我们就要犯下历史性的错误。

造成这些问题的原因是多方面的，我们不必过多地埋怨过去，关键是应真正吸取教训。

做好首都的规划与建设，有利条件很多，主要有：

第一，中央书记处对北京的建设作出了明确的指示，有了正确的指导方针，北京的建设工作就有了方向，办事就有了依据。这个指示，同样也应适用于全国其他城市。

第二，过去30多年的经验教训是一笔"财富"。这是我们用很大代价换来的，应该认真加以总结。

三

我认为，要做好首都的规划与建设，重要的是要解决以下的几个问题：

1.要有统一的指导方针。中央书记处的指示，就是首都规划与建设的唯一指导方针。从中央各部、委、办到北京市属各单位，都应该坚决贯彻执行，不得各唱各的调，置若罔闻。北京是首都，高耗能而又污染严重的工业，不能再发展了。三环路内严重污染环境的工厂，要限期治理，转产或迁出，三年办不到，五年也行。文物要保护好，古城的风貌不能破坏。要同心协力，把北京建设成为既保留古城风貌又是世界第一流的现代化城市。

2.国务院及中央有关部门对首都建设要加强领导。党中央、国务院对首都建设是很关心的，特别是万里同志亲自在抓。建议国务院指定专人来领导监督首都规划的实施。城乡建设部的领导和有关同志要协助国务院来指导首都建设，并协调中央各部在京建设中的各种问题。特别要解决好控制人口、控制重工业、控制各部下属新建单位、改变投资体制以及供电、供煤、供煤气、供水及城市交通等重大工程问题。当然，北京市委、市政府更要加强对首都建设的领导。市委第一书记、市长要亲自抓首都规划和建设，要同违反四项指示的做法做坚决的斗争，腰杆子要硬，不要怕得罪人。

3.体制要改革。如果国家计委能把中央各部门在京建设的（除了关系国家命脉的大工业建设）建设资金，包括一般工业厂房、办公楼、公共建筑、住宅、基础设施以及其他配套建设的资金全部拨交北京市，由北京市依据规划，指定地区，统一开发、统一建设，真正实行"六统一"，将是城市建设的一大幸事。北京城市的建筑、市政行业，要全面实行责任制，彻底改变"吃大锅饭"的做法，提高质量，加快速度，恢复统建的名誉，树立统建的权威，给全国其他城市作出榜样。

4.要扩大地方自主权。城市建设是综合性、地方性、服务性很强的事业，中央不宜统得过死。扩大地方自主权，包括：

（1）地方可以根据城市建设的需要，用各种办法筹集资金，如向建设单位集资，征收土地使用费，发行地方公债等。

（2）为了按规划进行建设，实行"六统"，地方可以制订地方性的法律和规章制度，对于违章占地，违章建筑，阻碍拆迁，无理取闹，超标排污，超额用电、用水，破坏文物，乱伐树木，破坏市容等违法行为，可以采取经济制裁等办法，情节严重的要追究法律责任。不管是中央单位或地方单位，不管谁来说情，都要铁面无私，按法律办事，以维护城市规划的严肃性。

5.提倡地方风格和民族形式。在建筑设计中要提倡地方风格和民族形式，这一点，在古都北京尤其重要。其他城市同样地也要注意地方风格，绝不能千篇一律，一个模式。现在我们若干城市里的建筑，一条马路两条红线，沿着红线修两排列车车厢式的建筑，鳞次栉比，密不通风，千楼一样，失去了个性，失去了风格，失去了传统。即便是单体设计得十分漂亮，但和相邻建筑互不呼应照顾，很难组成完美的建筑群和得体的空间。有的建筑大煞风景，造成了人与建筑、建筑与自然、建筑与城市的不协调，这应引起我们足够的重视。

6.要走群众路线，发挥专家的作用。城市规划与建设关系到各行各业，关系到广大群众的切身利益，要充分走群众路线。听说这次上海搞规划展览，发了3万张票，外国人也可以看，这很好。规划不要神秘化，要集思广益，充分走群众路线。规划的专业性也很强，要充分发挥专家的作用。北京人才济济，北京市规划委员会聘请了32位专家当顾问，可以充分发挥他们的作用。

这次审批北京规划，希望国家计委和城乡建设部针对北京规划与建设中的问题，提出审查意见，形成一个水平高的文件，报请国务院批发全国，遵照执行。这不仅对搞好首都的规划与建设很有必要，对全国其他城市的规划与建设也有很大的益处。

就城市发展进程一般原则来说，工业、交通、能源等经济活动，诚然是推动城市发展的动力，但就某一个具体城市而言，它的职能、性质，和它的功能结构主要取决于所在地区的资源特点、地理位置、自然条件、环境容量和历史形成的基础。

而且不存在什么绝对的生产性或消费性城市的问题。我认为笼统地把消费城市变为生产城市（翻两番），把消费和生产对立起来的观点在理论上是不妥当的，在实践上是有害的！

万里同志说，不要求首都重工业也翻两番。这是个英明论断。北京似乎不应该再发展重工业了！因为它是首都！

北京，不仅是物质生产基地，更应具有精神生产的职能。历史上不少城市，生产的发展孕育着文化的发展。城市应该是人文荟萃、思想活跃、科学发达、文化昌盛和艺术繁荣的中心，是信息的中心。建设城市，更要有这种认识。因为多少年来，我们对城市的建设（首都也不例外），往往局限于安排工业，发展生产，对城市推动精神文明方面的重要作用还认识不足，贯彻不力。

四

编制北京规划，首先要有历史观点。北京应当是中华民族感到骄傲的城市，因此编制首都规划，必须先熟悉它的历史发展过程，研究在此建都的历代王朝的兴衰演变情况与历史上北京城市建设的关系，了解北京有哪些主要建筑和设施、有哪些城市布局与自然环境、人工环境具有哪些历史意义和纪念意义，哪些古迹、名胜、风景确有神韵和意境，我想北京市各位领导及我的同行战友们会比我了解得更清楚！只有深入地了解过去，才能更好地认识现在，只有正确地认识和掌握现在，才能正确地展望未来和编制出恰当的规划。如果丢掉传统，割断历史，认为它们古老破旧，不堪一顾，没有生命力了，这个规划总图就难以体现北京的神韵和特色。

我们中华民族的劳动人民，其聪明才智是无与伦比的。在过去受压榨苦难重重的日子里，众多的能工巧匠以及他们之中实质上的规划师、建筑师和工程师们，就能够规划出如此规模宏伟、格局严谨、气势磅礴和功能完善的城市；建设出如此绚丽多姿、巧夺天工、光彩照人和庄严肃穆的建筑，留传至今，仍受到国内外人士的广泛赞誉，那么，在社会主义的今天，在党的领导下，我们必定能继承先贤，保持民族传统，也必定会超越古人，创造出更加辉煌壮丽的业绩，使北京成为举世景仰的城市。这就是我着意回顾北京历史的原因所在。

五

规划首都特别应有环境观点及环境持续发展的观点，历史观点是从城市发展的纵向来了解，环境观点和持续发展观点则是从首都地区的横向即南北东西中的各方面来了解。

北京城建于平原地区，我们先人建造皇城的规划是杰出的，对城市总体布局有全面深刻的见解，有根据，有意境，有风采，建筑互相对话，紫禁城与地区环境（自然环境与人工环境）有对话，其空间处理也是上乘的，并使自然与人工的山水、绿化、林木互相交融，而成为统一协调的整体。例如三海、景山与紫禁城及其左祖、右社是对话的，这一组皇宫建筑群，注意了环境生态保护，不影响日照、气流，水系运行自然，宫城内外环境优美。其设计手法，规划立意值得我们学习。

我们今天规划北京，理所当然地更要有发展观点。发展观点，不能食古不化。因循守旧，便不能满足时代对我们的要求。例如天安门广场上的人民大会堂及历史博物馆，如果把太和殿照样搬到那里，将是不伦不类的。我认为现在这两组新建筑，其形式、体量、高度都是很合适的。如果在天安门两侧修两组超高层的建筑群，那与故宫建筑群就无法协调了。以新代旧，推陈出新，我们应当做到心中有数，应有自己的观点。北京是历史文化名城，已载入史册，我们不能轻易改动。

要把北京城里城外历史文物都一一加以保护、保留，让它完整地存留下来，并发扬光大，要保留它周围的视景空间，如果在钟楼、鼓楼四个角上，修上四座超高层大楼，这几个存留几个朝代的建筑物就成"小巫"了。同样在紫禁城周围都建起高层的现代建筑，那将又是一片什么样的景象？我认为靠近紫禁城周围修建高层建筑是不适当的。

北京是国家级历史文化名城，在首都搞规划，搞旧城改造，当碰到某些文物古迹风景名胜影响新建项目时，我们应当权其轻重，以"重神优于重形"的原则去处理。如果这样还不行，或移地迁建，更可推陈出新嘛。总之，"泥古则死，变古则生"。在这一点上，历史观点应为发展服务，但却不能以"发展"为名，不顾其他。不能认为凡是旧的都是落后的，不能一点论，不能一拆了之。

在保护范围内占用古建筑及文物古迹的单位，要它搬出去谈何容易，一定要定出法规条款。除文物保护单位加强管理外，还要为占用单位创造条件，使其有能力迁出。

在文物保护区内一定要严格保持古建筑的历史风格，环境、绿化、水面不容破坏，环境保护区要有大面积绿化，不能见缝插针搞建筑，在这样的区域内对建筑高度、形式、用途都应有所限制。再者，为了环境意识的持续发展，似应把文物保护区纳入首都城市总体规划，还要和城市建筑层数分区相结合，可以达到从环境上保持历史风貌和环境持续发展的目的。

随着首都今后的大发展，特别是旅游事业的发展，必将需要对古城风貌、文物古迹、西郊众多的园林、明陵、长城等处加强管理，否则后果将会是不堪设想的。现在还面临着另一种性质的破坏即建设性的破坏。恕我直言，这主要是我们对如何协调保护与利用文物古迹，加强环境保护和进行建设之间的相互关系认识不够，需要加强管理，制定办法和法令。故此，我们热切盼望国家尽快批准《城市规划法》，制定历史文化名城保护法和文物古迹保护法。

北京西郊和北郊的平原及山区，有着众多的园林、苑囿、离宫别馆、寺庙陵墓和万里长城的一段，还有郁郁葱葱的大片果园。在首都的总体规划中，怎样组织和安置这大面积的既具有历史文物价值又各具独特风貌的自然或人文景观，使之有机地、妥善地交织融合在首都的环境之中，是首都总体规划的内容之一，也是最主要的内容之一。

西郊园林之美久负盛名，在清代就有"三山五园"之美称。三山即万寿山、玉泉山和妙峰山。五园为畅春园、圆明园（包括长春园、绮春园在内）、清漪园、静明园和静宜园。其实又何止五园呢，不过就其中之荦荦大端如此称道而已。可悲的是1860年英法联军入侵北京时，圆明园惨遭劫掠焚烧，其他各园也遭受不同程度的破坏。1900年八国联军再次入侵北京，重建中的圆明园及其附近各园再度遭劫，并遭彻底破坏。这些都是中华民族的奇耻大辱，我们应当铭记在心，永志不忘。在目前财力尚不能顾及修复时，也应列入规划，作为开展爱国主义教育的基地。

北京的城市规划，的确是不同凡响的大块文章，聚济济之英才，穷毕生之精力，也很难说就达到了绝对完善的地步。但是"千里之行始于足下"，有今天这样高水平的起点，只要假以时日，坚持不懈，通过实践，不断修正充实，相信是会日趋完善的。

1983年春于北京

黄浦江头起大潮

——对上海市总体规划的几点看法

一、上海印象

上海是一个特大城市，现代中心城用地面积141平方公里，城市人口640万人，全市人口达1 162万人。上海早已跻身于世界上著名的特大城市的行列。

上海濒江临海，是中国的名港城市，工业商业贸易发达的城市，也是对我国的政治、经济、文化、科学事业有着重大影响的城市。上海市年工业总产值达678亿元以上，每年可给国家上缴利润180多亿元，对国家的贡献最大，是我国有着巨大生产力的城市，是一个可以引以为豪的英雄城市、功勋城市。

上海又是一个在半殖民地半封建社会条件下畸形发展起来的迅速膨胀的城市，1949年前若干年中这儿是冒险家的乐园，是帝国主义所分割霸占的城市，不可避免地有着"先天不足，后天亏损"的弊病，但它的城市向心力很大，人口过分集中。大上海，突出的问题就在一个"大"字上。主要表现是：

用地很紧张，人口特别多；

旧区房屋密，车多道路窄；

江岸船坞满，陆路不畅通；

工厂满天星，危房连环套；

火车站太小，机场限净空；

生产任务硬，建设牵扯多；

向心力太大，多年摊大饼。

由于上海"大"，各方面的问题就比较多，而且集中，尤其是旧城改造是一个特大难题。如新客站地区、田路地区和打浦桥地区，有大片的棚户旧房区，房靠房，幢接幢，房子里面又是房套房，挂吊铺，实在是拥挤不堪，人口密度高达4～16万人/平方公里，这恐怕是我国居住区中人口密度最高的地区了。在这样的情况下，大上海的城市规划其难度是很大的，其矛盾是错综复杂的，面广量大，任务艰巨。

上海在城市规划与城市建设方面是一个成效卓著的城市，在某些方面具有领先地位。20世纪50年代以来，上海在城市建设方面不断出现新的局面，如闵行一条街，嘉定、吴淞、金山卫、宝山等卫星城的建设，全国闻名，令人瞩目。

二、关于规划

对于上海市的城市总体规划，从20世纪50年代到今天，我总的感觉是越搞越深入、越细致。这次规划在广度上与深度上更进了一大步，包括26个方面，绘制了44份图纸，构思内容完善，制备精良。上海规划界的同行们，确实付出了辛勤的劳动，做了大量的工作。一些专业规划材料，都很有说服力，很厚实，既有定性、定量的东西，又有措施设想，《上海市城市总体规划纲要》写得简要明确，而且实在。我认为这次总体规划搞得是好的！虽然还有若干"欲言未尽"之处，但作为一个城市总体规划，其深度与广度是够了，应当早日上报、批准。理由是：

其一，编制总体规划的三条指导思想是明确的，尤其是第二条与第三条，我很欣赏（详见《关于上海市总体规划方案的几点说明》第四页）。如果我们能够按照这三条总目标坚持下去，我相信，上海终将逐步改造和建设成为一个"经济繁荣、科技先进、文化发达、布局合理、交通便捷、信息通畅、环境整洁"的社会主义现代化城市。这个目标，是一定可以达到的，尤其是上午听了市计委主任同志所讲"七五"计划，更令人放心了，上海是"前程似锦"！

其二，城市发展方向是明确的。虽然还要解放思想，开阔视野，但总的方向是明确的。这就是要根据现有城镇基础，发挥经济地理优势，有计划地建设和改造中心城，充实与发展卫星城，有步骤地开发长江口南岸、杭州湾北岸的"两翼"，同时加强郊县小城镇的建设，进一步把上海建成一个以中心城为主体、市郊城镇相对独立、中心城与市郊城镇有机联系、群体组合的现代化城市。形成一个城市网，有主有次，序列分明，在建设中可以心中有数。

其三，中心城市结构构想合理。这次规划，对建设和改造中心城，提出了从实际出发、改革城市结构的构想，即把中心城划分成11个综合分区，使中心城形成一个"多心开敞式"的城市结构布局。这种构想我十分欣赏。上海市的城市形态是环状的群体结构，5月4日，陈敏之同志主张不能忽视开发浦东地区，规划要为开发浦东地区创造条件，浦东与旧市区一河之隔，只需建桥及开挖过江隧道与浦西联通，并修建铁路与京沪线接轨，沿黄浦江左岸及长江右岸，修建码头，使远洋船舶直接停靠，如有力量，择地修建国际机场，以解决交通问题。我认为浦东是大有作为的，这是一块宝地（浦东现仅有30万人，基本没有多少动迁，海边有宽阔的土地，确实是块宝地。），"天生丽质难自弃"，尽管现在它还是"养在深闺人未识"，总有一天它会发出万丈光芒，和浦西一起大展宏图。我认为，在总体规划中应把浦东地区列为发展预留地，保护起来，待将来用。

其四，工业布局、住宅、旧区改建、交通、环境建设及郊县农业等单项规划比较齐全，设想具体。进行旧区改造，实行松动旧市区，按照"多心开敞式"城市结构布局分为9个综合分区建设新区的想法是很好的，我很欣赏这种处理。工业布局分为工业区、工业街坊、工业点的布局方式也是可行的，是实事求是的。提出要改变"生产挤辅助，辅助挤仓库，仓库挤马路"的用地状况，是非常必要的。提出要"积极开辟沿江、沿海、沿河绿化，在崇明结合海塘和围垦，大片植树造林，规定候鸟保护区；在南北"两翼"开辟大、小金山的风景保护区和长江濒江林带；规划淀山湖风景区、松江余山风景游览线等"。我认为是非常好的。

其五，近期建设规划的10个指标是现实的。比如，计划本着"适当分散，相对集中，就近生产，方便生活"的原则，逐步在中心城形成十几个新居住区；重点对肇嘉浜路、漕溪路地区、新客站附近的天目路、恒丰路地区以及四平路地区三个地区进行改造，计划具体，工作细致。

从以上五个方面来看，这次总体规划，基本上达到了总体规划的目的，即确定城市发展的大轮廓、大方向以及几个较大的控制因素，已经具有战略性的指导城市建设的作用。我认为，不要把城市总体规划这一阶段看得太神秘化了，不能要求总体规划像设计蓝图那样详尽无遗，对于这个规划，早定比晚定好。如果能够把上海市城市总体规划早日确定下来，对上海今后的建设好处是多的。

对于我们来说，重要的问题是需要保持清醒的头脑，要心中有数，知道自己还有哪些不足之处，在实施中加以完善、充实、修改。批准的总体规划，包括详细规划是不是可以再修改呢？我的意见是可以。但只能在规划实施中，通过实践检验，发现生产生活与发展有不相适应的地方，是可以补充与修正的，使其更臻完善。而城市规划付诸实施的过程，是不断发现和解决矛盾的过程。在实施的过程中必然会出现新的问题和新的矛盾，因而，这就需要经常性地不断地进行调查研究，以了解变化着的情况和出现的矛盾，从而进行补充与修正。

三、几点建议

1.关于上海市区园林绿化。能不能想方设法使园林绿化接近水面呢？我看到上海市的园林绿化规划图，中间是空白点，只有中心城周围有几块绿地，正如余森文同志指出的，园林绿化太少。我看了园林绿化系统规划图，脑子里马上就提出一个问题：为什么沿黄浦江两岸，绿化不能接近水面呢？尽管黄浦江岸线占用无遗的事实给我做了回答，但我总认为，沿江两岸或一岸一定的地段，进行园林绿化还是必要的，也不是完全不可能的。

2.关于旧区工业的调整问题。全市8 000多个工厂，占总产值的60%的5 000多个工厂分布在旧市区内。我们看工业规划图，由于散布在市内的星星点点的工厂在比例尺小的图上反映不出来，似乎是不太混乱；实质上，如果用比例尺大的图再来看，其市区内工厂与住宅相杂，布局的状况是很严重的。再从工业企业质量来看，全市大型现代化工业企业只有一二百家，而大多数是中小企业、里弄工厂，相对来讲，设备已经陈旧，手工业比重相当大，厂房拥挤，缺乏回旋余地，老机器还在超负荷运转，因没有扩展余地，迫使这些工厂不能更新。长久下去，这些工厂势必会跟不上前进的步伐而被迫淘汰。另一个问题是，这些工厂已经在严重地威胁着居民的生活环境，工业三废、噪音危害严重。1982年有300多个工厂因居民的冲击而被迫暂时停产。可见，旧市区内工厂与居民混杂相间的矛盾是会日益加剧的。如何对这些工厂进行合理调整，是当务之急。一是上海的工业必须走内涵为主的道路，进行技术改造；二是一定要有计划、有成效地把市区一些老化和没有发展余地的、扰民严重的工厂迁出来。建议搞工业区和工业广场，不搞或少搞工业点。搞内涵还得从外延开始，不少工厂必须外延才能生存。当然，这绝对不是说一说就能办到的事，这需要做大量的工作。我认为，更关键的是要下决心去办。

3.关于城市规模问题。规划提出，2000年，全市人口将达到1 300万人，中心城控制在650万人，每个卫星城130万人，这些不包括50万～60万的流动人口。我就想，中心城现状人口就已600万人口，而到2000年控制在650万人，能控制得住吗？城市不发展是不可能的，尤其是上海，家底厚，条件好，当前还得发展生产，人口也非增加不可。看起来，关键要取决于第三条措施了，即向卫星城以至郊区、外地疏解工业和人口，不做大量的扎实的工作，实现这一条是有很大难度的。

关于用地规模，上海中心区10个区149平方公里，602万人，每人城市用地只有24.7平方米，这个指标太低了。规划中心城扩大到300平方公里，人口650万，每人城市用地为46平方米，其中生活居住用地仅为23平方米，这个指标也是不高的。怎么办呢？国外若干城市中心区用地每人100平方米的不少，我国13个百万人口以上的特大城市平均每人用地58平方米，而上海的指标与之相比，无论是规划还是现状，均是很低的。怎样疏解，今后还要根据需要与可能再修订规划。

4.关于对外交通问题。我认为，一个城市的发展就好比一个人一样，即从婴儿到青壮年，到老年，到下一代，是不断地经历着由量变到质变的过程。如果按这个比喻来讲，上海的陆、海、空交通问题就好比是四肢是否皆备的问题，不能不给予足够的重视。

陆——铁路，显然旧火车站是应付不了这个大城市的发展的，上海新火车站，位置已定，地下工程正在开工，建议进度应快一点。铁路内环线似乎不能再保留了，淞沪线似应拆除。

海——港口建设，黄浦江两岸，几乎摆满了，这两岸是黄金之地，寸土千金，不能浪费，对于使用不当的海岸用地，一定要下决心调整过来，再一次进行真正合理使用论证的必要。绿化也应列为重要内容之一。如果以长江口两岸和杭州湾地区开拓为新港拓建重点地区，我总想，能不能在黄浦江两岸规划几段滨江风致路，使人民和绿化接近水面。

空——飞机场问题，即扩建虹桥国际机场，在川沙规划保留第二国际航空港用地，这很好。对于江湾机场，机场对城市干扰大，互相干扰、限制、影响，建议空军另选一个符合现代化国防要求的机场，空军应支持城市，给城市解放净空。

5.关于城市容量问题。一个城市，由于各个方面条件的制约，它是存在着一个容量问题的。上海市最大到底能发展到多大的人口规模和用地规模呢？是不是应当进行一下科学论证？决定城市容量的因素很多，而且每个城市都不会一样的。一般来说，主要限制因素是：环境、土地、水源、能源、交通。从工业的发展、车辆的增加、物资供应、建筑密度、市郊蔬菜、农副食品供应等各个方面来进行分析，从现实与可能，从理论与实践，从经济可能（需要与可能），从近期与远期相结合来进行分析，以至于基础设施现状是否可能关系到未来，去探讨它，寻找最佳方案，我觉得，这步工作也是有一定意义的。我们认为，探讨城市容量问题，是应该研究的一个科学的课题。上海各种因素多，条件也复杂，是大有研究价值的。这样我们心中就更有数了。

上海这个战略性总体规划，我看是该定下来的时候了，战略方向已定，问题就可集中到应当如何在战略规划的指导下的具体战术规划上来。我一直认为，仅有一个战略规划，是不足以确切地指导城市建设的，真正指导城市建设的是在总体规划的总图之下搞出的近期建设规划、详细规划和它的城市设计。只有搞出近期建设规划、城市设计与其实施管理方案，才会有更明确的目标，才可避免失误，才能真正指导城市建设，从而加快城市建设的步伐。当然，没有总体规划，就会失去方向和目标，搞城市总体规划，就是要开阔视野，解放思想，要瞻前顾后，要思前想后，为以后的工作奠定基础，创造良好的条件。在这方面，上海市城市总体规划是考虑得很周全的。我尤其对该规划的求实精神深为钦佩。实事求是的精神是城市规划的灵魂，只有实事求是，才能使城市总体规划的实施建立在可靠的基础上，而不成为一纸空文。

在这里我还想对上海市的城市发展问题再谈一点不成熟的探讨性的意见：

像上海这样一个对国家有功勋的特大城市，基础设施比别的城市雄厚，但就其本身城市来讲又是相对薄弱的城市，究竟是严格控制好还是发展好呢？到2000年，人口发展到1 300万就到头了吗？我们不能不思索这个问题。

我前面已经说过，上海市面临着许多难处，是需要认真对待、逐个解决的，而且有些问题又是在短期内不能一下子解决了的。但是，从另一个方面来看，上海是我国当前唯一的工业基础最雄厚的城市，又是世界著名的国际港口大城市之一，文化发达，科学技术队伍最庞大，经济效益最高，又是国际资金的投资中心，信息的集散地，这些优势，这样巨大的生产力，它责无旁贷地应当成为我国社会主义现代化建设的重要发展基地，应当进一步充分发挥它的巨大作用！我认为上海市应按国际标准、国际城市来发展来建设。基于上面两点来衡量，我的看法是：到2000年，上海还应当再发展，也许不到下一个世纪，土地还得征，市区还要扩大。当然，我的意思，不是说上海越大越好，不主张上海无限制地发展，我在前面曾建议从现在起上海应当着手研究上海市的城市容量问题。再说，再过30～50年，上海中心城市区内每平方公里还要挤4万～5万人吗？上海本身也要发生变化，总不能叫人们都上天入地吧？谁敢说我们的孙子辈、重孙子辈，浦东地区发展不到海边去呢？总之，上海城市还要扩大，我们应当有这个先见。

我这并不是一点论——大城市非大不可，而是说，今天的这块中心城区应该控制，在严格控制的同时，必须积极发展新上海，发展卫星城，发展上海辖区内的中小城镇。不论是唯一的办法也好，还是根本途径也好，发展市区周围的卫星城镇势在必行，非如此不行，否则上海中心城想喘口气，那是比较困难的。

就以上海市的工业发展来看，前面已经提过，上海8 000多个工业企业中就有近5 000多个集中在市中心区内，不少工业企业厂房拥挤，缺乏回旋余地，挖潜已挖得够意思了，像床单印染厂那样的生产条件，那样的陈旧设备，它如果不更新换代，恐怕其生命力不会很长的，也可能被别的城市的同类工业企业的发展取而代之。我就想，这类厂子，恕我直言，不能把产值指标压得太紧，不能竭泽而渔，应当下决心创造条件，另选新址，更新设备，更新产品结构，搞内涵还得从外延开始。只有创造新的生命力、生产力，它才能起飞、翻番，应当允许这类厂子在一定时期内有所收缩，收缩的目的是为了更大的进步和发展。我想，上海的这类厂子恐怕不在少数，这也是城市经济发展和社会效益提高的问题，都属于城市发展范畴。

关于上海大发展的另一个问题，人们都明白，那就是上海在超负荷运行中。听说上海到1990年应还欠债（城市基础设施的欠债）150亿～180亿。我完全相信这个数字，不是谎言，可能还有些保守吧。上海要起飞，要翻两番，还清这笔欠债，应是刻不容缓的。关于城市基础设施在城市中的重要性，已是"老生常谈"，缺乏认真的认识研究。不少人总是认为市政公用设施等城市基础设施大多数不产生物质产品，考虑得不多；殊不知它虽不直接生产物质产品，但所有物质产品的生产，离开它就无法进行，它是社会主义物质生产和各项社会活动的基础，缺了它，各项社会主义事业就难以进行，更谈不上发展了。时至今日，那种"先生产，后生活""重生产，轻生活"的片面性，是到了应当彻底扭转的时候了。

当前，我们正处在改革调整的时期，这是一个新的历史时期，上海要起飞，就要把生活设施（基础设施）千方百计地调整上去。谁都知道，生产与生活，两者是相辅相成的，绝不能把生产与生活对立起来。因为它是一个支架，如果这个问题不能及时得到很好的解决，城市发展就会失去这个"支架"，城市就有可能瘫痪。城市基础设施是实现城市经济、科技、生活现代化的基础条件，也是城市现代化的主要内容和标志，绝对不能忽视！

说到这里，可能财政部要说：说得有道理，岂奈没有钱啊。是的，我们国家现在确有困难，不可能百废俱兴，我替上海说句话，但不能就以此为借口而堵塞言路。我们是社会主义计划经济，它本质与特点是有计划、按比例发展，比例失调了，我们就应当发言。而上海对国家贡献很大，更应优先研究，考虑解决上海城市建设中的比例关系和人民生活急需调整的问题。

就从生产发展的角度来看，城市是一个统一的整体，应当是按比例协调发展的，忽视哪个方面都会受到客观规律的惩罚，经济发展是不能与经济建设相脱节的。实现2000年翻两番的战略目标，同样应从整体上综合考虑，不能光依靠经济部门来实现，尤其是在上海，铁路、港口等交通运输系统和城市基础设施必须设法跟上，否则翻两番是有一定困难的。

上面所说的，我的意思是，上海要发展是客观存在的，是客观需要的，但是要发展，就应正确对待旧城工业问题和基础设施问题。每一个城市，应对严重影响城市发展的主要问题和对人民的各种切身需要，作出鸟瞰性的解释分析与反映。应对上海市城市发展中遇到的主要问题及时反映。一句话，上海的城市还会发展扩大，而当前必须认真解决发展中存在的各种主要问题和开发新区、卫星城等，以缓和市区内的矛盾，给予市区以喘息机会，一俟有所调整，上海将会发出更大的光和热，为国家作出更大贡献。

我相信，上海市今后的城市建设，一定能够在总体规划的指导下，在实施与管理方面下大功夫。人常说，城市建设"三分规划，七分管理"，尤其是大上海，实施规划的难度大，管理措施十分重要，应坚决按照规划要求来管理城市。上海市一定能够开拓出中国上海这个城市规划与城市建设的独特道路，把上海建设成为一个真正具有中国上海特色的现代化城市。

写于1992年

果欲问君规划事，抚今怀古计何求

——在西安市修订城市总体规划专家评审会上的发言

一、古代长安风貌

古代长安是一座国际性都会。唐代皇帝居住和处理政务的大明宫是盛唐建筑的最高峰。从考古学家和古建筑家复原绘制的麟德殿彩图可见一斑。麟德殿相当于我们现在的人民大会堂的功能——皇帝议朝政和举行国宴招待外国使臣的地方。前——中——后三殿相连的建筑形式，其布局气势之浩大，建筑风格之华丽，超过今日世界旅游者称赞的北京故宫。

唐代长安是中国各族人民聚居、拥有百万人口以上的空前宏大的京城，同时又是外国使者络绎来访、大量外侨定居的国际性大都会。这与丝绸之路畅通、海上交通开辟密切有关。当时，国内各少数民族在长安定居的多达1万余家。其中有到京城国子监求学的少数民族子弟，有在朝廷任职的文武官员，有民族的舞蹈家、音乐家、画家等，各民族相互学习，取长补短，创造了灿烂的唐代文化。

当时，日本一批批遣唐使者和留学生纷纷来到长安，中亚细亚各国行经丝绸之路派留学生进长安国子监（相当于今天的大学院）进修，有许多外国人在长安定居，有的从事宗教活动，有的经商。

长安有两个坊，东市和西市，是贸易中心。外国人多数住在西市，他们不仅开设"胡店""胡邸"（旅馆），还开设以胡姬侍酒的酒肆。李白有"落花踏尽游何处？笑入胡姬酒肆中"（《少年行》）的诗句。

长安当时已是国际都会，聚集了大量的外国人，朝廷专设大鸿胪寺（类似如今的外交部和对外贸易部）处理外交和国际贸易事务。

盛唐中外交流频繁，国内外大量的珍禽异兽，名花奇草传到长安，在郊区开辟了上林苑。这是一处庞大的动植物园。

中国古人发明的火药、冶金术、纺织（养蚕织丝）、天文……对人类是有伟大贡献的。另一方面吸收外国的精华，在经济文化以至人民生活方面都获益匪浅。

以唐朝京城长安为中心，中国各民族之间，中国与当时世界各国之间，形成了交流文化的巨大场面。盛唐文化传播到东西方各国，起着推动各国文化发展的作用。

文化输出国不可自傲，文化输入国不必自卑。我们要善于学习任何一国的好东西为我所用，在城市规划和城市建设上也是如此。

古长安的都城选址选得好，天然地势险奥，东边是函谷关和崤山，十分险阻，南临太华山、终南山为屏障，西边接界褒斜谷，陇首山更是险要，源远流长的泾河和渭水流经长安。"秦川八面碧如染"，真是秦川明秀，这是块美丽富饶之乡，中华民族文化摇篮之地，这个城市是中华民族精神的故乡。从大的宏观的地理环境来说，是北绕泾渭，南凭秦岭，群峰环抱，八水分流——真是得天独厚的好地方。

二、今日长安规划

今西安（古长安）不是一般的地方，它是闻名世界的历史文化古城，不但名震华夏，而且远古之时已声名远扬了。如果今天我们来写中国的城市规划建设史，汉唐长安的规划与建设为我们后代积累了丰富的理论与实践，这座古城对我国城市的兴起、充实和发展曾做出过巨大的贡献。我们的前辈用理想、智慧和劳动谱写了自己城市与城市建设的诗史，并在认识自然、改造自然、征服和利用自然、让自然更好地为人类服务的卓越斗争中，杰出地处理了人、自然、建筑、城市这四者的关系，使人工环境与自然环境浑然一体，使城市从局部到整体，从内容到形式达到有机的统一。古长安就是一个杰出的例子，虽然它原是帝王之都，但它却是尊重科学的产物，是人民群众的智慧结晶，是个了不起的地方，也无怪乎唐太宗李世民在帝京篇写道："秦川雄帝宅，函谷壮皇居。"隋唐长安是我国封建社会全盛时期的政治文化中心，东方最大的商业文化输出的城市，丝绸之路的起点。连日本奈良、京都都是仿唐城建的。今天的长安是人民的长安，我们应当如何谱写新长安城市的篇章呢？这就值得我们深思熟虑了！

时至今天，我们的西安，在多种地缘关系上已发展成为全国甚至全世界的一个大文化中心，为世界人民心向往之的一个文萃之都，在这里随时可参观到我们祖先遗留下来的千奇万异的稀世珍宝，秦俑就是一例。这些稀世之珍宝正在填补着我国文化史的空白，或正在校正和解答着历史记录的若干疑问。因此，我深深感到西安市城市规划工作者肩上责任的艰巨。

瞬息千余年，一代代的人物，一代代的人民血汗，一代代的文化结晶，亦即一代代的阶级剥削统治，改朝换代不过是左手转右手，所谓周文、秦皇、汉武、唐宗的时代，试与今日的中华人民共和国相比，则何啻天壤之别，是不可以同日而语的。我们应当温故而知新，"前事不忘后事之师"。列宁说，马克思主义这一革命无产阶级的思想体系赢得了世界历史性的意义，是因为它并没有抛弃资产阶级时代最宝贵的成就，相反地却吸收和改造了两千多年来人类思想和文化发展中一切有价值的东西。我们规划工作者一定要考虑如何继往，怎样开来，要考虑在我们这一时代能给全市、全国、全世界人民留下些什么？

我绝不是在卖"老古董"，我们今天的西安城当然要搞现代化，当然需要现代技术，我们要的是既利用现代技术，而又保持优良传统面貌的城市空间和生活环境。我们不能割断历史，更不能抛开中华民族古老而优秀的文化遗产和民族传统而不顾。我认为现代技术的应用，只能给它增添新的内容、新的丰采、新的生命，为人民创造更加美好的生活环境，开拓中国式的社会主义现代化城市，这是我们这一代规划建筑师肩负的重任。

我在20世纪50年代初期就参加过西安城市总体规划审订工作会议，近30年来，我一直关心西安的城市建设。如果我没有记错的话，20世纪50年代西安市的城市总体规划是以"明城"为基础的，近30年的实践证明，这个规划起到了很好的指导作用，规划是正确的。这次修订的城市总体规划仍是在原有的总体规划基础上，根据新的变化着的情况进行修订的，力求把市区的各项建设与自己城市的传统特色、独特的自然特色协调起来，建设一个具有现代化城市结构而又保持古都历史风貌的完整的统一体。

这次修订的规划既要保持"明城"的严格布局，又要显示唐城的宏大规模和气魄，真可谓"圈皇基于亿载，度宏规而大起"，怎能不令人振奋呢！我郑重建议：古都西安是中华民族的骄傲，保护和建设好这座古城，这不仅保护了一个古代城池，而且是保护了一个我国古代的巨大文物和文物宝库。我们有责任把这座古城保护并建设成能体现中华民族自尊心的城市，让全国人民和全世界人民从古城西安看到我中华民族的雄伟气魄，看到我们中华民族光辉灿烂的古代文化，看到中华民族的文明与伟大。热切希望西安能恢复明城原状。

把古城墙及护城河改造成为有花、有树、有水、有园的彩带，不要再"堕城"了。我建议：在众多的古建筑、古遗址中，希望首先集中力量，先把明城的城墙修复起来，这既有可能，也是需要。至于汉、唐古迹以及它周围的环境，我们应着眼一个"留"字，就是先把它们妥善地保存下来，留给后人去恢复建设。在这个问题上一定要小心从事，切不可一拆了之，免得让后代子孙骂我们。我认为，在西安今后的规划与建设中，应把"古城保护"这个主题当作长远规划来抓，千万不能放松。

规划或修复一个名城，应顺乎民心，要满足人们生理上和心理上的需求，使他们生活工作在这样的城市里，既能得到物质上的享受，又能得到精神上的享受，没有空间上的压抑感，没有交通拥挤的危险感，更没有尺度、色彩上的局促不安感，人与自然、人与建筑、人与城市相得益彰，要考虑到美的感受和视觉平衡的要求。总之，让自然、建筑、城市为人这个主体服务。尤其在"明城"内和它的遥控视野走廊之内，应着重探索人在其中活动时所展开的连续空间是否合乎人的尺度（也就是现在科学中提出的"人体工程学"的道理），是否与"明城"风格特色统一。修复"明城"建设，切忌高、大、洋、浓、密，否则新旧杂陈，支离破碎，会使古城风貌黯然失色！我们只有权利、义务让古城特色与丰采在现代技术中更加润色、充实和发展，而不是相反，这才是"为人民"的需要。当然我们必须体现人民的意志，尤其是西安城，尤其是明城周围方圆，更应时刻想到这个"体现"。

我国优秀的传统建筑，小至民居、庭院，大至宫殿都很重视体现建筑与人、建筑与自然、建筑与城市的结合、联系，并且还很注重建筑与园林、自然环境的结合，充分利用水光、山色、树林、地势，顺乎自然，量体裁衣，因地制宜，巧妙安排，使建筑与人的需要、自然美结合起来，形成我国西部建筑风格。当然，现代建筑不同于古代建筑，它们各有特点，但也绝不能割断两者的关系。

古今中外，世界上任何地方，没有一个规划是天衣无缝的，再"上乘"的规划，它的深度和广度都是相对而言的。我对城市规划工作提倡"修正主义"，也就是修正、修正、再修正，越修越正，越修越好！中华人民共和国成立33年，我们这不是第二次修订了吗？到20世纪末，我们国家的经济力量，科学、文化水平再向前发展时，我们还会修订第三次的。

我认为，20世纪50年代国家批准的西安和兰州的城市总体规划的指导思想，基本上都是正确的，在全国的大规模工业建设和城市建设中，都起了较好的指导作用。西安和兰州的城市规划工作者，从中华人民共和国成立初期，开始搞规划时，共同经历了欢乐和苦恼，辛勤和艰难，挫折和误解，甚至是污蔑和打击，但是我们也具有了坚强和不懈，振奋和自信，我们都挺过来了。

考之史册，西安——这个历经2 000多年的文化历史名城，在它的发展史上，曾经出现过两个高峰，汉长安城和盛唐的长安城，都是当时世界上规模最大、规划建设成就最为突出的都城。古长安城的沃野千里，八水分流，大道通天，格局严谨，不但有城市总体规划，还有郊区规划。如今，古城西安正在攀登自己城市历史上的第三高峰，我热切希望做到"古城要发展，特色不能丢"！后人胜过前辈，一辈应比一辈强。我衷心祝贺西安的同行、战友，勇向第三高峰攀登，预祝成功！

写于1982年8月

喜看南国起鲲鹏

——在深圳市福田中心区规划评议会上的发言

深圳的10年巨变和光辉成就，使中国人，尤其使我们从事城市规划与城市建设的工作者们感到骄傲。深圳，作为中国改革开放的排头兵，已率先走向世界了！深圳的发展以"深圳速度"这样一个专有的形容词表达了它赶超世界发达国家的势头和潜力。今天我们论证福田中心区规划，就是要使这块土地上的规划和建设发展具有赶超世界发达国家的势头和潜力。

10年，短短的10年，深圳市创造了中国城市建设上的神奇速度，它不但是一个奇迹，更主要的是在于它作为改革开放的"实验场"，在于它为建设有中国特色的社会主义进行一次大胆而又成功的探索。十几年前这儿还是一个抽一支烟都可走完的十字小街，全镇最高级的建筑仅是一栋五层砖木小楼，而今天是"高楼巨厦平地起，风吹浪卷巨轮，一曲颂今时，万国衣冠皆做友，一年四季尽成春，能不笑声频。"

深圳基本上是中国人自己规划设计、自己建设的一座现代化的城市，深圳的总体规划以及这次福田中心区的规划都是自己搞的。我深信不用10年，福田新区的建成更会迎来八面春风，更加繁荣昌盛。

深圳奇迹的创造告诉了我们一条主要经验，即告诉我们全国的城市不能再紧锁国门了。

深圳建市以来成绩很多，有三件事让我深感高兴。

第一件事：1983年周部长、袁镜身和我奉谷牧同志之命来到这儿欣赏胡应湘先生提出福田区规划，那时福田区30平方公里的土地都给胡先生来进行开发，胡先生在广州大酒家开幕那天，盛宴之后，他把"福田区"的设计图纸拿出来给我们看。胡先生当时说，这是他请意大利最著名的大建筑师规划的福田新区，这个规划可以说是当今世界城市规划和建设设计的顶峰之作，非常好！我们仔细看后，我先说了几句话："据我所知，古今中外的城市规划和建设，截至今日，没有一座城市可以自豪地称它的规划和建设已达到了顶峰和终点。咱们中国盛唐时的长安，古罗马的城池，巴黎古都，都有过辉煌的历程，但是也不敢说已达到了绝顶高峰。如果说有的话，也仅仅是在某个历史阶段相对而言罢了。我以为城市规划和建设永远没有顶峰，也永远没有终点，它是一个永远奏不完的交响乐章。"我们3人看了这份意大利名建筑师规划的福田中心区设计图纸后，惊讶地看到了在福田中心区竟要计划集中居住100万以上的人口，真是高楼林立，尤以中心部位一组高楼之高之大堪称亚洲第一，"气魄非凡"，楼群高密度集中，它已超过纽约的高楼集中区，这种人口聚集的方案是与我国的国情不符的，也是我们难以接受的。我们抱歉地对胡先生提出了我们的意见：这个方案在人与自然的和谐、城市与自然的协调方面体现得不够，人类的现代文明的进步应更加体现生态平衡，而不应以牺牲自身的生存空间为代价，我们希望创造符合生存的环境，具有高效、舒适、便捷、安全、优美多样的福田区，而不是把福田区搞成高大楼房的集中地。

我们正式向谷牧同志提出了这个方案与我国国情尚有较大的差距、不可取的意见，他采纳了我们的意见。以后，中规院和深圳市组织人民共同来搞深圳市总体规划，直到现在。福田区这块30多平方公里的黄金宝地没有给胡先生，而是收回来自己规划自己建设。这个决策为深圳市城市总体规划的完整性立了一大功。深圳市政府这10年来，能把福田区完整地保留下来是很有远见的，是宏伟气魄的体现，为20世纪，为子孙后代留下了"英雄有用武之地"的空间。

第二件事：关于深圳国际航空港的选址问题。中规院驻深圳的同志们、周干峙部长和我为了这个航空港的选址曾专程多人、多次去过黄田、西乡、羊台山、白沙洲地区实地察看，现场研究，反复论证。我们一致认为将国际机场放在黄田滨海地带较为合适。可是，1987年3月22日香港《大公报》第一版报道了一条新闻，其内容是深圳机场甄别地址最新构想在白沙洲，副标题是：接近新界，海陆交通方便。我当时看到这条消息甚为震惊，连夜写了一个向"大会"递交的提案，并按法定代表人数签了名，其中有我们建筑界的老前辈陈植，由我以个人名义上书国务院几位总理，表明了我反对在白沙洲建国际机场的理由，并描绘了两张图纸一并送呈国务院。经过近两年的时间，在深圳市领导的支持下，李鹏总理为选址事宜亲自到现场视察，同意了把机场选在黄田的方案。这是一个英明的决定，表现了深圳领导们较强的城市总体规划意识，又一次使富有卓见的规划得以实现。

第三件事：胡应湘先生欲在车站广场盖一座高楼（已经开工了），市政府花代价把地买回来了，这又办了一件大好事。我个人以城市规划工作者的身份建议市政府，是否还要在原址上再修大楼呢？要从长计议，我认为不要修这个楼了，把这块土地作为扩建站前广场的修建之用，使之真正成为深圳的窗口。

以上这三件事是深圳市政府为城市规划做的大好事。立下了大功，使规划师、建筑师在总体完整规划的基础上有了创新、立意的广阔空间和用武之地。

开发福田区，这是一个"大块文章"，要有一个高标准。我们怎样来建造这块在山、海条件下出现在深圳的中心区呢？在迎来21世纪时，如何迎接香港的回归呢？我记得曾和中规院几位同志说过我的这一愿望。福田区自然环境很好，福田新市区在总体规划图上的地理位置正好是特区带状组团结构的中心部位，它背靠莲花山，面向大海，是个有山有水的地方，它与香港新界仅有一水之隔。该区可用的总面积有30余平方公里，是目前特区内预留下来最完整的一块宝地。登莲花山，极目四望，青山、碧海、蓝天、白云、平原、丘陵、水塘、绿地，北有莲花山、山场绿地、香蜜湖、植物园研究所、高尔夫球场、深圳湾保留下来的红树林，南边有绿荫覆盖的小山，这样天造地设的"绿带"与"蓝带"，怎样把它充实、改造、再提高呢？福田区自然环境如此之好，不但不能轻易破坏，更要考虑如何充分加以利用。过去曾有人说过："莲花山是座小山，没有多大特色，不一定要照顾它，把它推平能给福田区增大多少用地呢？"我认为这座莲花山，山虽不高，却是"山不在高，有仙则灵"，我们规划工作者和建筑师们有手段来利用这座小山的"灵气"。

城市的自然、环境是城市轮廓和构成城市面貌的基本条件，我们必须有意识地在城市空间构图中，进行比较，从城市面貌上加以安排，纳入规划。不仅要使各个建筑群之间的协调布置互相平衡，重点突出，而且要和自然环境要素，如山、水、园林、风景等相协调，体量相当，尺度合适，相互呼应，使其相得益彰，才是上乘之作。

1992年听李市长说方案已定，以中规院的为主。时隔一年后再次讨论，这次同济、华艺、中规院的三个方案有个共同的特点，就是你中有我，我中有你。

1.同济的方案。

在规划分析上较深入细致，尤其是对土地开发和效益考虑得比较周到，商业布置在深南路以南的想法是妥当的，也符合南部商业发展的趋势，中轴线的想法不错。存在的问题是中心的空间布局是否会加剧交通拥挤，绿地和建筑尺度是否过大？北部高层建筑和现在的罗湖相像。

2.华艺的方案。

绿地面积大，有气势，但尺度太大。建筑布置严谨与灵活相结合得好，中心部分比较开阔，停车库的处理我很欣赏，并且赞成。不足之处是北部的高层建筑与莲花山对比有点喧宾夺主，处理不够恰当。穿过本区的车流应由深南路和滨河路分担，而中部环状路把大部分车流引向深南路，这样可能使深南路难以承担重负。深南路下沉使乘车的人无法感受中心区的壮美，这是个缺陷。南部两个高层建筑群所产生的交通量，道路可能难以承受。新洲路东面应设南北向道路以保持交通方便，如果增加骨干道路，势必引起整个框架的较大的调整，而且路网和总体规划路网不太协调。

3.中规院的方案。

我参加过前几轮做的方案，这一轮没有参加。我详细学习了《深圳市城市发展策略》，对香港回归后深港关系也做了研究。中规院根据总体规划和建设局的要求编制了方案，当时中规院起草了一个传统格局的方案，提出的规划原则也是经过多次会议定下来的，规划者应该执行。如果原则有缺点，可按照一定程序修正，经批准后执行。

（1）中规院的方案对这一地区整体的自然环境，在认识自然、利用自然、改造自然上考虑得比较周到，有求实的态度，眼中有"物"，没有把莲花山铲平，尽可能地使青山、碧海、笔架山甚至皇岗口岸互相呼应，进行对话——这是无声的默契，无声的契合，我欣赏这一规划的意境。在深南路以北，中规院尽量采用较低层建筑，突出了莲花山，这样处理两者的关系，我认为是比较适当的。

（2）中心区骨架与深圳带状城市关系处理较默契，在这个前提下，中心区的轴线、格局是比较明确的，强调了它在全市大环境中的地位，在平面构图上这种处理还是不错的。在方格网的道路形式之下，为未来城市更高层次的开发留有余地，这种想法做法是好的。文化设施、绿地、大部分游乐设施都集中于北部，应做一定的控制，以适应21世纪发展的需要。

（3）分析外部交通条件之后，提出滨河路、深南路、北环路担任过境和中心区交通，利用南北向的新洲路和彩田路，形成三横两竖的格局，它是最初定下来的。这样，南北东西形成了完整的交通系统，这个格局不好打破了，一打破就把城市格局的灵魂打破了。轻轨和交通枢纽设于CBD北端，体现了现代化的城市交通，还有点先进性。尺度400米×500米的五洲花园广场是比较合适的，符合人的尺度，对步行者来说比较适宜，对坐车者如果时速限制到30～40公里，或到中心区再有意识地降低点速度，有1分钟的时间举目四望，一览无余。如空间过大，视觉的效果大大减弱。五洲花园广场中应构成一个标志性的景观，这个处理是否是最好的，我不敢肯定，应等框架定下来，再慢慢讨论，进一步请教专家、艺术家，大家一同来研究，进一步深化。一些细节，是示意而已，不必老在这儿讨论，建筑处理可以再重新搞。

（4）在分析之后，提出由深南路、滨河路同时负担中心区交通，是可以满足要求的，中心区的核心部位和重要节点却要细致深化。

（5）中心区的综合性功能分布得比较合适，北以文化为主，南以金融、商贸、办公为主，中间是万民所到、喜见乐用的广场，边角地也可处理好。我希望再深化达到中轴虽长而有变化，路虽远而有情趣，有变异的效果，空间处理以带状片状相结合，围合与流动相结合，序列与灵活转换相结合的方法。广场轴线以何种意境为主还可考虑。总之，要创造一个诱导性空间，以人工来奴役风月、左右游人，才是上乘之作。但框架定下来，下一步就可搞这个事情了。大框框不要再变了，别拖下去，由政府拍板定案。我的意见是，以中规院的方案为基础，吸收另外两个方案的优点，至于建筑的处理可以各显神通。

要对莲花山麓的建筑好好规划，不能搞庞然大物，喧宾夺主，要有人的尺度。轴线上的建筑到底怎么处理还可以再研究。当前首要问题是要把大框框定下来。我赞成中规院的方案，但也有一些需要修改的地方，可以改好的。

这几年在会上会下，大家对中规院的方格网道路系统有意见，甚至是不小的意见。方格网并不一定是封闭空间，再改来改去，改三年也可以，这对深圳不利。我也参加了规划，我也负有一定的责任，有人说这种传统的方格网络太落后、太陈旧了，时代气息太少了。一句话，不咋的！但我对此有不同的想法，对于古、今、中、外、新、旧等问题，我认为我们中华民族有自己深层的文化。20世纪50年代，国家计委一位苏联专家组长克拉夫丘克在一次会上说，你们中国没有城市规划。我当时就把他顶回去了。我说，中国自古就有自己的城市规划的理论与实践，并举例说明。我认为应以优劣为界，不论古今新旧。方格网道路系统是我国古代的创造，往昔的东西不一定是现代化的累赘，相反有一些养料，有合理的部分。方格网道路系统运用得好，同样能创造出新的环境来，古、今、中、外、新、旧都要依具体时间、地点、条件、环境、经济情况的需要为转移。

陈青松先生的方案，我很欣赏，很有现代气魄，大片的绿地，富有新意，如果哪个国家需要建设新首都，我看这个方案很好。但如果在福田原地上改建，我认为有些不符合经济特区的需要和可能，有些"可望而不可即"的感觉。深圳放炼油厂一定要慎重又慎重。石化厂没污染，我就不信！谁不同意，请到兰州来看看我们的西固工业区！

总之，我对福田中心区的规划表示同意，可归纳以下5点：

（1）中心区的综合性功能、分布比较合理，北部以文化内容为主；南部办公、金融、商贸；以中间的市民广场作为联结南北的中心。

（2）严谨规整的路网，与城市的总体布局结构相衔接，保证了交通的流畅和便捷；机动车与自行车合理分道，主要人行道路有明确的系统。

（3）南北向的中轴线贯穿广场和活动中心，空间有变化，尺度比较适当。考虑了与红树林海岸的通达性和与笔架山、皇岗口岸的视线走廊，加强了与环境的协调和联系。

（4）考虑了发展步骤和弹性。特别是把北部作为保留，南部的中心商务区有向东西延伸的余地，是富于远见的。

（5）中心广场以群众交往活动为主的构思是好的；以五大洲为象征，深圳向世界开放，作为21世纪的世界性城市有巧妙的寓意；取椭圆形既有团结合作的意念，又有空间的变化和围合，也是一种很好的处理手法。

写于1983年

对深圳国际航空港选场的建议

深圳经济特区建立以来，基本建设取得了很大成绩，初步创造了一个比较良好的投资环境，道路、港口、车站、供电、供水、电讯、排洪、排污、城市绿化等基础设施都有了很大发展。在上步、蛇口以及沙河、沙头角镇完成了近40平方公里城镇新区域的建设。蛇口、上步、八卦岭等工业区的建设已初具规模，沙河、水贝、莲塘、南头工业区正在加紧建设中，这些成就，为特区经济的迅速发展和居民生活的大大改善奠定了良好的基础条件，正在发挥着四个窗口的作用，正在向着一个现代化的城市迈进。

为了适应深圳经济特区的发展形势，并考虑到1997年香港回归祖国后的发展情况，中国城市规划设计研究院与深圳市规划管理局，在深圳市委、市政府领导下，共同编制了"深圳经济特区总体规划"。规划范围160平方公里，开发区为123平方公里，规划人口规模到2000年控制在80万人左右，暂住人口30万。城市性质为建设一个以先进工业为主，工贸并举，工贸技结合，兼营旅游、房地产等综合性外向型的现代化城市。从1983年以来，我作为中国城市规划设计研究院的高级技术顾问，及深圳市"城规委"的顾问，5次应邀前往深圳参与该市的城市总体规划的编制工作，我作为一个城市规划工作者为能够参与这项工作感到荣幸，能看到这座新城的诞生与健康成长，心中感到自豪。但愿这座新城真正能发挥四个窗口的作用，成为值得中国骄傲的城市。

关于深圳国际机场的选址问题，我在深圳工作期间，曾与有关同志数次到黄田地区、西乡、羊台山等地选过场址，也多次进行了分析研究，大家几乎一致认为，深圳机场的选址已有多个方案，都涉及和香港启德机场的关系问题，都要起到分流香港机场的作用，所以在规划立意上是作为国际机场来考虑的。

国际机场的选址涉及大量的基本建设投资和地区经济的发展，涉及香港及珠江三角洲地区的经济关系，必须有全面的和长远的观点。白沙洲方案的根本问题就是：1. 完全忽略了一个经济区域的作用，只考虑深圳和香港，不能同时为珠海、广州、澳门等经济中心城市以及将来珠江三角洲地区服务；2. 把启德机场在香港的不合理局面和西安市机场必须迁出市区的教训再现在深圳。一个国际机场紧靠市中心区（福田区将是新深圳市的中心区），作为国际机场，昼夜24小时都将有飞机起落，飞机轰隆而来，喧嚣而去，破坏了深圳市城市环境和城市合理发展，这和世界上大型机场都和城市保持一定距离的科学规律背道而驰，这个方案的所谓"优点"，也就是眼前对深圳有些利。我认为以牺牲全局和长远利益来换取短暂的局部利益是不够明智的。

我以党培养我半个多世纪的城市规划技术工作者的身份，以对祖国的赤子之情，郑重向国务院各位有关同志建议，对深圳国际机场的选址问题，广开言路，科学论证，慎重决定。

写于1987年4月

璀璨明珠出碧海

——在珠海市与同行战友们随谈城市建设问题

城市建设要有一个较宽余面的考虑；城市建设矛盾很多，如何解决，需要慎重考虑。如果这些问题处理不好，城市建设就会遇到困难。

先谈第一个问题，就是城市建设与国情、省情、市情关系的问题。孤立地看城市是片面的，必须与国情、省情、市情结合起来。我国的国情是10亿人口的大国，经济不太富裕，不考虑这些因素，不结合这些情况，我们所说的城市现代化就没有一个标准。眼下大量修建高级四星、五星级宾馆，不但中国人住不起，外国人能住起的也不多。

根据十二大精神，到20世纪末工农业总产值翻两番。我们珠海怎样翻两番？这一点要有个科学论证。我们都不能想当然。

第二个问题是城市必须考虑自然条件。水源问题，必须落实。能源问题，也必须落实。对于自然环境，应怎样认识自然，利用自然和改造自然，让自然更好地为城市建设和旅游事业的发展服务，使其相得益彰！

第三个问题是城市里的生产和生活的矛盾。光抓生活，不抓生产不行，或者是光抓工业生产，不注意生活也不行。尤其是经济特区，怎样处理好两者的关系，这里有很大的学问。珠海搞工业我赞成，但要研究如何发展自己的王牌工业。具体的说不上来，但有一条应该肯定与警惕，那就是不要走"狭路相逢"的道路。比如珠海搞丝绸，怎么也比不上苏杭，搞石油也比不上兰州。

第四个问题是城市与农村的关系。如何建立社会主义的新型的城乡关系？这还是我们规划工作者们的新课题。

城乡两种经济互为依托，两种市场相互利用，两种资源互为基础，两种资金互为流通。怎样才能使城乡都恢复生机，怎样加强工农联盟，怎样建立新型的密切的城乡关系？这里我只是提出问题。至于怎样才能办到，还需要请教经济学专家。看来，规划工作者急需学点经济学，把社会经济学纳入我们的城市规划，可以减少若干矛盾。

有一点是可以肯定的，城市经济、社会、科学、文化的发展与它的管理，一定要从小生产者的管理向现代化、科学化的管理过渡，没有这个过渡，就不会有经济的起飞、科学的发达，社会的治理就有问题。

第五个问题是要正确处理发展工业和其他各项事业的关系的矛盾。时至今日，我们国民经济计划中，似乎只有工业概念，缺乏城市概念，加上以工业产值为考核城市工作成绩的主要指标，就挤了其他各项事业，这对城市发展十分不利，说了多年，似乎以"没有钱怎么办"为理由。真正是没钱吗？以三道河为例就足以说明。

第六个问题是要正确处理经济建设和城市规划的关系的矛盾——这也是正确处理局部与整体的关系问题。

我们的城市规划，不仅涉及工程技术问题，而且涉及大量的社会问题。多年来的经验是，经济部门强调本单位的经济效果，例如电厂要修在现有的海军基地上，只知道强调本行业的方便，矛盾很突出，争论不休。我多年的体会，很多问题就是建设单位与城市规划要求有矛盾。至今，我们的若干城市仍然是"说起来重要，做起来次要，碰到矛盾就不要"。我深信，珠海市不会遇到这类事情。因为市委市政府十分重视规划。

第七个问题是正确处理城市现代化和保持发扬城市特色的关系。城市要发展，特色不能丢。珠海——这座美丽的滨海城市，是一座美丽多姿的城市，碧海，蓝天，繁花绿树，青山如染，绿得发光，绿得耀眼，优雅的环境太美了，我们应尽一切力量，先要充分认识这个天造地设的自然美，要充分利用这些自然之美，改造它，提高它，尽可能保持已形成的特色。

现有一种倾向值得注意，就是不考虑当地的特色和条件，盲目模仿外国的某些模式，不从实际出发，贪大求洋，把某些地方搞得不伦不类（如吐鲁番也搞一些广式建筑）。我认为像珠海这个城市（旅游胜地）如果能继承我国古代城市精华，推陈出新，就更能吸引人！

我们搞城市建设就是要讲效益，包括经济效益，社会效益，环境效益。话好说，怎样体现，非三言两语可以说明白，但这个问题必须有个科学论证，否则我们的规划就是无源之水，无本之木了！

写于1983年

半城山色半城湖

——在考察惠州时的讲话

一、初见印象及看法

初会惠州芳容给我留下了十分美好的印象。到达惠州首先从陆上和水上游了西湖，可谓"玉塔微澜，象岭云飞，留丹点翠，花洲话雨，红棉春醉"。看了孤山苏迹，眺望了荷花观鱼，游了苏堤，真是极目望去，美不胜收。尤其是临湖极目西望美景醉人，远山千叠近山低，不尽青山起落，雾散苍山翠，霞动玉楼悬，真是天造地设的美好湖山。惠州给我的初见印象，远远地超过了我的想象。在这座城市里不论你走到哪儿，到处都有"秋波"荡漾，到处都是极目林滴翠，风清花气香。

到惠州后，先后看了西湖、两江和江北的新开发区，还看了东、南、西、北四处的出入口。给我的第一印象是：惠州是个希望之城。惠州的自然条件太好了，太美了，大有英雄用武之地。只说这两江、五湖吧，两江四岸的滨江路和五湖的环湖路，已构成惠州的"一翠"，把滨江、环湖路规划好，建设好，必将给惠州增添无限的光彩。加上东江和西枝江之滔滔江水给惠州带来生机，成为惠州市生产和生活用水取之不尽的源泉。再说五湖六桥的存在，足使惠州成为一个有山、有水、山静水动、山清水秀、山高水长的山水城市。尤其是西湖上这20余处景观，不仅是惠州市城市精华荟萃之处，也是惠州市的象征和惠州市的正面形象。我希望惠州市政府应从两江四岸中割舍出一些土地，花一些财力把它规划建设成为几条彩带，使它成为城市的呼吸道，成为绿化走廊，成为城市生态平衡的重要纽带，成为城市新陈代谢的调节器，成为市民重要的生活、游憩地带，再和西湖（五湖）结合起来，组成数十里的点、线、面相结合的风景游览带，成为惠州最吸引人的地方。

我们看了熊猫厂、大亚湾工业区以及澳头港，乘船游了水晶宫阙，百里波光潋滟，这地方太美了。而且大亚湾地处亚太经济圈的中心部位，拥有建设远洋大港的自然条件，西北隅的哑铃湾，水域很宽，泥沙少，是个难得的避风港，堪称是我国华南地区的海上门户。开发大亚湾，其经济发展前景必然十分广阔。我看了大亚湾总体规划方案后，觉得这个方案规划意图明确，结合自然条件堪称上乘之作。把规划区西北部的淡水系的冲积平原、丘陵地带都纳入规划，这是很有远见的。把滨海山区、丘陵地带、沿河岸的台地都纳入规划，移山填海，扩大建设用地，这一规划意图有魄力，有远见。大亚湾岸线曲折，岛屿众多，有良好的天然海滨浴场，旅游资源堪称上乘，银沙软，海云长，而且风光迷人，不亚于海南岛的亚龙湾。这实在是一处大有发展前途的新兴滨海工业城市。飞车观花看了惠州古城、江北新开发区、古塘坳和部分斜下工业区，还看了大亚湾的澳头港，往来三次过淡水，再看总体规划图，惠州真可称土地辽阔，水源充足，陆海空运方便，是一座大有希望之城。

纵观惠州山川形势，惠州市及其周围的城镇群，都称得上是一处阴阳调和的城市群。我看到惠州市辖区土地辽阔，耕地和待开发的土地远比深圳市富有，"五行"之母的"土"，惠州最有优势。

从"五行"之首"金"字来看，这儿的矿产资源有铁、铅、锌等，矿产比较丰富，当然有待开发，这是后事，从现在来看惠州的"金"，首先应萃于已开始建设的"熊猫汽车制造厂"——它的用"金"可以来自全国各地，可以促进自己矿产资源的开发，可以远涉重洋进口"金"，工业经济发展了，"金"可招之即来，无需多虑。

至于"木"，惠州处处青山环抱，远山千叠近山低，在这儿建设大环境的生态绿化系统，是得天独厚的好地方，少有的清新环境，再大力封山育林，"木"必然兴旺。

"水"呢？"水"在惠州更是得天独厚。只要把水源保护好，使它不受污染，便取之不尽，用之不竭。仅东江平均年径流量即近300亿立方米，且水质良好，而且还有众多的大小水库。红花湖还要建造一处高山水库，使西湖五湖的水活起来。我建议对全市的河湖水系调查论证之后，再补充一个"惠州河湖水系总体规划"，按规划把水管起来，把水开发起来，使"水"在惠州发挥两个文明和三个效益作用。我认为这个规划是十分迫切和必要的。

"火"，惠州的水电资源的蕴藏量近60万千瓦，大亚湾核电站发电后怎能不供给惠州用电呢？总之，惠州给我的印象是"五行"俱全，是有强大生命力的城市。

惠州建成区的四处入口，正在按规划进行改造，这种远见，这种魄力，我表示钦佩。把建成区按自然地形分为9个组团，很结合实际，各组团之间，由已有的干道和已规划待开拓的道路连接起来，这样做可使每个组团既能相对独立生产与活动，又能相互联系，可将"中心"的活动变为有机的分散的多中心活动，这在生活与生产的关系上有利于居民就近上班、就近游憩活动，可减轻城市内的交通压力，提高城市的综合效益。这种规划设想，我表示赞赏。不过在规划总图中，应该再进一步深化、具体！在今后各组团中的城市设计（包括环境设计）中，再搞细些，更上一层楼。

江北新区将是今后全市的政治、文化、金融、贸易、文娱、体育活动中心。这儿将是寸土寸金之地，又是铁路在惠州市的乘降总站的所在地。而惠州近期还将发展为40万人的中等城市，实现这一指标，为期不会很远。所以江北这块土地及其沿东江的滨江地带，其土地如何合理利用，要多动一些脑筋。

惠州西湖，有五湖、六桥等20余处美景，登高四眺，视野开阔，东西南北景色各异。"留得隙地延明月，不筑高墙碍远山"，应是装点西湖时的警句。

惠州已决定把红花湖水库扩大为1.2平方公里的高山水库，将使西湖——五湖变成活水，此举真是造福惠州人民，多么振奋人心啊！每一个城市的传统特色和自然特色，绝不是一朝一夕形成的，多是经历了几十年、几百年、甚至上千年才逐渐形成的。如果惠州的西湖、两江四岸一旦失色，那惠州精华所粹的正面形象就没有了。使我特别高兴的是，惠州市已决定最近不惜代价就要拆除沿西湖边上那些"高墙碍远山"的建筑物和构筑物。这一壮举表示惠州领导们抓住了自己城市的特色，并使其发扬光大。我表示十分赞赏！

我来到惠州，除惠州的山山水水、城市建设以及美好的规划设想都给我留下了很好的印象外，惠州市的领导们和同行朋友们，舍掉中秋佳节天伦之乐，到这里来听我的发言，使我"难忘今宵"呵，这也表示出惠州市政府领导对惠州城市规划与建设事业的执着追求，表示出城建意识的浓厚，表示出在位的诸位同行朋友热爱你们自己的城市、自己的家乡。

我深信"规划是龙头"这句话，在惠州已深入人心了！关于"规划是龙头"的问题，我在这里再啰唆几句。《城市规划法》的颁布实施，为我国城市规划事业的发展提供了法律武器，但是，要进一步确立规划的"龙头"地位，还有许多事情要做，任重而道远。我的体会和认识是：

1.市长抓规划，"龙头"才能抬起来。

许多城市的实践雄辩地证明，只有"规划"掌握在市长手中，才能发挥城市建设和社会经济发展的"龙头"作用。市长的科学决策离不开城市规划，协调矛盾离不开城市规划，动员人民群众建设城市更离不开规划。市长的重视、支持是规划工作顺利进展的前提。城市规划是最得力的武器，市长们不只是要重视，而是要熟悉、掌握、运用，以至于像天津市老市长李瑞环同志那样熟练运用，得心应手，发挥规划的"龙头"作用，带动全市的经济社会发展。

2.不失时机地健全规划管理机构，才能发挥规划的"龙头"作用。

当前，我们许多城市依然存在着规划管理机构不健全，政出多门，权力分散的问题，严重地阻碍了规划的实施和管理监督。规划的"龙头"作用在这些城市则难以发挥。

3.培训人才，提高素质，深化规划工作，塑造规划"龙头"的新形象。

只有提高了规划本身的科学性，才能从本质上塑造"龙头"新形象。当前，影响规划"龙头"地位的一个问题是，我国城市规划专业技术骨干奇缺，人才不足，素质不高。另一方面是我们前几年编制的总体规划，有待于进一步深化和完善。规划本身如何适应新的形势，各地都有不少工作要做。我认为，只有提高了规划本身的科学性、权威性，才能从本质上塑造规划"龙头"的新形象，发挥规划对城市各项事业的综合指导作用。

当然，抓领导，抓机构，抓规划的科学性，抓规划人才的培训，提高规划人员的政治素质和业务素质，对于发挥规划的"龙头"作用也是至关重要的。在这里，需重复强调的是，"龙头"要抬起来，主要依靠各级领导，特别是依靠一把手市长和市政府的所有领导，这是更好实行规划法的重要条件。书记、市长的重视、支持是城市规划工作顺利进行的前提。

二、关于城市规划、城市设计与城市风格的问题

城市作为经济重要的载体推动社会不断进步的同时，应以它特有的文化内涵，丰富着城市文化。

我较细致地看了"淡澳大道"两侧新建的单体设计，深感到设计的建筑师们还是下了一番功夫的，但在总体上和通体美上，建筑物与建筑物之间没有很好地互相照应，缺少群体美，缺乏复合体设计意识。

我看淡水镇城市建设发展很快，到处正在大兴土木，建筑物与建筑物都挤在一块了，更谈不上"留得隙地延明月"了。采光、通风、消防问题也很少考虑，这个问题在快速发展的惠州市，应当引起注意才是。城郊和小街小巷中个体户随便盖房子的问题应当纳入城市规划，否则将难以收拾。

当然，城市结构、功能、形象随着时代的发展必然会有新的发展。但是，现代城市要求组成合理的建筑空间环境，使城市获得内部的完整性和外部的完美性，体现出城市的功能、技术、艺术三位一体的较完美的效果，这都是不会变的。城市规划与城市的修建，其科学性、合理性、艺术构图的完美性多受社会经济发展状况的制约，并且和其他许多问题密切相关。城市的设计和建设首先必须满足人们的物质条件方面的要求。它对居民的生活来说，应当是方便的和有利于健康的。我们应当把"健康、方便、有文化和美丽"这四者结合在一起来考虑"城市设计"与它的实施。

城市布局和它的建筑空间形式是互相联系的。城市各个组成部分之间也是互相联系，才能构成规划布局这一基本内容。

城市的建筑物、构筑物、城市绿化和重大的艺术作品等项的综合布局和相互配

合，不仅应满足实用要求，而且要满足文化的、文明的需要。所以，只有在城市风格明确的前提下，才能进行城市规划，进而由城市规划具体指导城市设计和它的修建。

城市风格、城市规划、城市设计既不能混为一谈，又不能截然分开。因而，我们评价一个单体设计，不能离开城市规划的整体要求来谈，单体设计必须服从于城市的整体要求。如果忽视了这一点，即使建起许多建筑物，开拓了若干的干道广场，也形成不了一个像一曲交响乐那样美好的城市。还有，一个城市的自然环境是城市轮廓和构成城市全貌的基本条件，我们必须有意识地在城市空间构图中进行比较，从城市风格上加以安排，纳入规划。不仅要使各建筑群之间的布置互相协调，互相平衡，重点突出和多样化，而且要与自然环境要素，如山、水、风景等相协调，体量得当，尺度合适，主次分明，相互呼应，相得益彰。惠州市在这方面大有文章可做。

作为市政府，不仅要"依法治城"，重要的是要了解人民的意愿，把过去城市行政中所缺乏的对人的关怀的重要性体现到城市建设和环境建设上来。你们动员群众修复菱湖，新建红花湖水库，这就是目中有人，目中有环境。过去的城市建设，只把技术放在最优先的位置，再少许添加上一些狭隘的所谓"规划"；现在，我们要建设好一个城市，除了必须进行城市规划之外，还必须加强"城市规划"，使规划、设计、技术三者都得到充分的发挥。惠州赶快起步，为时尚不晚也。

城市风格是城市规划、城市设计的灵魂。一个完美的城市不仅要和其他城市有着共性的美，而且还要有自己的个性美，自己的风格。惠州城确有自己的个性美和自己的风格。任何城市都有它自己发展演变的过程和山川大势，同时也都形成了各自的特点。因此，对特殊的城市风格或风貌的创作来说，首先要求对其自然环境及其发展过程和规律有一定的认识。

城市建设应当首先抓住城市之"神"——城市风貌、风格之构思。"神"在而形不散。

我认为惠州城市之"神"的所在之处，即是两江四岸和西湖五湖，当然，还应再发掘其他"神、灵"之处。可是当前这两江四岸，西湖五湖已足够使规划师、建筑师、艺术家、经济学家们驰骋才思了。如果能把这两江四岸、西湖五湖的"城市设计"和"风景园林的规划设计"抓好，就抓住了惠州城市之"主神"——神在而形不散啊！当然，成熟的时代风格（包括地方风格）不是一朝一夕之功，即使方法、立意对头，也需要经历一个足够长的时间，才可能日趋完美，也许还要几代人的"接力赛"。因此，我们必须立足于我们的实际情况，虚心而合理地借鉴古今中外的先进经验，果欲问君规划事，追今怀古计何求？只有来研究我们自己城市风格创造问题，才能开创自己城市风格的新方向。

城市的环境美，它是城市建设文化内涵的综合体现，是一种综合性很强的整体美，它要求我们把自然环境、人工环境、社会环境科学地统一起来，把历史传统和时代特征有机地结合起来，把城市的个性和地方特色鲜明地突出出来，使城市布局和空间的构成、建筑物的艺术风格等与社会生活和人们日益增长的物质文化需要达成和谐与统一。如此几乎可称之为上乘之规划。当然土地的合理和经济使用，更是不可忽视之大事。

我衷心建议：惠州江北新开发区正在拓建一条宽120米南北向的主干道，气势宏伟。可是正在施工的新铁路站场及其铁路路基走向，就平行在这条路的西侧，离干道太近了，几乎紧紧靠着干道。这样选线看来可能是铁路方面，只是为自己线路和站场节省一点土石方，而没能从城市的总体利益出发。如有可能的话，我建议铁路的这条南北走向线路尽可能向西边移出一条街坊的位置来，这样站前广场也好布置了，多出的街坊用地，当是寸土千金之地，可以派上大用场。否则这条120米宽的马路岂不只是服务街的一侧，而那一侧就是铁路站场。惠州城这条唯一的有气魄的大马路，如果这样干下去就像一个人少了一条胳臂一样，很难处理。其街景，因为马路西侧没有盖房子的余地，即便勉强建一排像火车列车一样的建筑，也没有纵深余地。我希望惠州市和铁路方面进行一次再论证，为时尚不晚。

因为我对惠州芳容还仅是一面之识，了解还太少，存在上述这些问题，只能从理论与实践上说明自己的看法和意见而已，仅供参考。

写于1991年9月

银沙白浪翠椰林

——审议海口市城市总体规划的小结发言

从中规院海南分院杨院长在前天上午的汇报中，以及这两天我所了解到的情况，看图、看材料后，给我的总的印象是：

1. 中规院海南分院的同志们在基础资料缺乏、依据不足的情况下，积极采取措施，克服种种困难，与协作单位紧密配合，通过多学科的协作，从区域宏观分析和从城市综合发展出发，以工程地质综合评价为基本依据，勇敢地、科学地担负起海口市城市总体规划的编制工作，这种主动干事业的精神我表示钦佩。在这么短的时间里拿出来这份规划，是有一定难度的，这个规划是较为难做的。

2. 这次海口市城市规划在编制内容和方法上，很有特点：一是在内容上，分区规划考虑了海口市社会经济发展战略，加深了"城市生态环境""地质环境质量"和"土地工程能力的评价"这三部分的内容，收集了大量的资料，进行了大量的分析，付出了辛勤劳动，做了大量有益的工作，并将其与城市总体规划尽可能地融合为一体。因此，使这个总体规划在内容上、广度上和深度上得到了加强，从而提高了城市规划的综合性，在规划内容上有所突破。二是在方法上，运用了红外遥感航拍片、系统动力学仿真模拟、方案优化评价以及计算机辅助规划等技术手段和科学的预测方法，从而在方法上有较大的革新。

3.在规划分期方面考虑了"起步期""近期"，增加了一个"中期"，还有"远期"。至于分期时间跨度长或短的问题，我们可以再研究。我欣赏这样的做法，使得规划具有动态特点。

4.海口市城市布局结构，采取了"带状组群"形式，多中心开敞式布局，这样规划立意，既能较好地结合滨海的自然条件，又有利维护生态平衡（环境），这样规划能更好地适应特区城市发展的可变性，具有弹性，而且有利于抗震防灾。每一组团迈步就可以走进清新的环境——抬头可以看得到、摸得着的田园风光中，又给每个组团的发展留有余地，使人、自然、建筑、城市四者融为一体。我欣赏这种布局结构，组团还应明确市中心广场和区中心广场。

5.组团内按"综合区"原则组成城市功能和道路网络分级分类的道路系统，这是可取的（中规院在深圳已尝试过，是可行的），这符合现代化城市的生产、生活要求，是目前世界上提倡的一种规划布局。

6.在城市总体规划中，考虑近期建设和近期开发的土地利用规划，并提出了以下问题和建议：

（1）秀英港位于海口市中心区海岸的黄金地带，紧邻海滨大道的金融贸易区。因这儿将是海口市城市正面形象所在之处，高层建筑群集中地区，且淤积严重，因此不宜再做过大的扩建。

（2）远期规划将省政府放在旧机场的位置上是可行的。近期，在现在省政府南侧的美舍村办公，安排过渡，也是正视现实的。

（3）我个人意见，铁路引入中心市区内的理由还不能说服人。

（4）海口市的岸线（海、河、湖的岸线）是海口市的宝贵资源，是表现城市风貌，发挥社会效益、环境效益和经济效益的好地段，不能轻易地开发、使用，应该特别珍惜。一定要给"生活岸线"留有余地。

（5）上报飞机场选址，建议有一个比较方案，以便更好地选址。

（6）海口市总体规划要建立几片对外开发区，这是发展外向型经济、吸引外资的好办法。问题在于，我们如何创造投资环境和条件。外来投资者，来与不来，原因是多方面的，包括硬环境因素，更包括软环境因素。我们如果还不具备以上条件，匆忙上马，那将是个什么样的情况呢？开发要达到什么目的，不是主观臆断的，而是受客观规律制约的。我建议诸位专家在评议中对这个问题认真研究一下。怎样把海口市建设成为一个外向型的国际港口城市？怎样在规划中更好地体现？这要做科学细致的论证，不是我们有了港口，就会是国际性港口城市了。

7.关于海口城市的人口规模为70万的固定人口，流动人口为30万，从发展角度来看，是可能的。但是城市规模问题实际上是海口市的开发度问题，制约开发度的问题，就是"开放度"如何的问题，这两者是相辅相成的关系。规划更要正视它的制约因素，其中主要一个问题，就是承受力的问题，不仅是社会经济发展方面的承受能力的问题，更是自然因素的承受能力问题。如海口市的水源问题（淡水）、地质、土地、地震、台风、防洪等等因素，都不是"拍脑袋"可以做结论的，这要做实际工作，才可心中有数。

8.把城市交通作为一个系统来规划，这是好的。就是要研究海口市交通与陆上、水上的对外交通，对外交通是包括与岛内、岛与大陆、岛与五洲要规划一个协调的交通运输系统（从远景上看通过海底隧道与大陆相通是完全可能的）。

要重视将来公、私小汽车的发展。在这3个城市"组团"之间，应该考虑"轻轨"和"有轨"的交通系统，是较为实用和经济的。轨道交通对于100万人口的大城是合适的，尤其是像海口市这样带状组团布局尤为可取。城市道路网规划和布局要给现代化交通管理创造条件。

9. 再强调几句，我认为海口市的用水问题不可等闲视之。例如南渡江，它是宝岛上主要内河之一，最大流量为每秒7 200立方米，几乎是黄河兰州段的最高洪峰流量，可是最小流量仅为每秒2.2立方米，枯水季节等于干河，在上游建长藤结瓜式的中、小水库，估计是可能的，但要及早进行调研和论证。如果有可能建水库，还带来一个严肃的环保问题。南渡江从现在起就应当考虑如何设法控制住全流域不被污染。还有一个松涛水库，据说库容有20亿立方米，但它是林业水库，如果分给农业，能分多少，还有多少？这就要细致地算算账了。海口市的用水问题（水资源）一定要有一个开发和统一管理的办法。

马林港，说是有地下水资源，储量多少数字不详，如果千家万户都打井滥开发，那就糟蹋了这块水源宝地。建议马林港水源问题也要管起来。如果石化工业建在马林港，就必须重视对地下水的污染，同时水资源的储量必须弄清，要合理的节约开采。

10. 马林港是海口市未来的工业区（海口市和北部经济区），将是起动海南经济起飞的引擎。海口市应当具有海南全岛重要的生产力，是强大的工业基地，海南第二产业起飞的一处跑道。我建议对土地的功能分区再加深考虑。

11. 一个市跨了两个县的地界，这就要有一个有权威的能协调统一这三方面的机构，来协调这件大事，互相之间应有个"全局观点"，不要扯皮。为此，我建议应有一个规划附件，使这两个县怎样与海口市总体规划衔接起来，同步发展。

写于1988年

在海南省海口市、三亚市城市总体规划咨询会上的发言

　　我们应海南省人民政府的邀请，最近对海口、三亚两市五县和一些重点的风景名胜地区进行了半个多月的实地考察。仅以三亚为中心的地区旅游资源就非常丰富，它集山、水、沙、石之秀美，兼有胶园、椰林、猴岛、渔村、民族村寨等特色。自然环境和各具特色的人文环境，巧妙融合，构成了华夏大地上独特的、世界罕见的热带海滨风光。合理地开发这处资源，可使它成为我国最富有吸引力的对外开放的国际性热带风景旅游区，国际上著名的避寒、冬泳、度假旅游胜地。我热切希望亚龙湾的建设地带，要保持良好的生态环境，控制整个大自然环境。可考虑组织国内、国际设计竞赛方案，择优录用。发扬其特色，使其成为全国乃至全世界的杰作之一。

　　海南的规划，这次的重点虽放在海口和三亚两市，但不要忘了，中央已决定海南设省，并在全岛办成全国最大的经济特区，这就为我们制定了城、镇规划的基调。海南的城、镇规划，要着眼于海南全省创建我国最大的经济特区，要以世界一流水平，采用国际规范来进行规划。规划要经得起历史的检验，起点要高，质量要高，既要有海南的特色，发扬"蓝色文化"，又要为我们子孙后代发展海南留有

余地，要控制与发展适度结合。我国传统城市多是依山就势，坐山镇海，善于利用大自然的气势，改造自然，妙造人工的"自然"。我们在海口、三亚都要注意这一点，此众家之所望也。

吴良镛教授指出，海口市滨海大道、海甸岛是海口市黄金地带，将是海口市的正面形象，我完全赞成吴良镛先生对滨海大道和海甸岛的这一评价——正面形象、黄金地带。这是寸土寸金之地，不可等闲视之，要让外来的旅游者临近海口市，这座城市壮美的轮廓便可以一目了然。因此在这一带的任何建筑的规划与修建设计，其层次、体量、形象、建筑、性质都要精心来研究，万不可建庞然大物，挡住了观海的视线，不可失去或抹杀了海南岛特有的风采。应把金融、贸易和对外机构集中安排在这一黄金海岸线上。海口市除了滨河大道外，还要规划几条相当畅通的主、次干道。环岛及全岛都应以公路贯通起来，达到四通八达。首先把环岛公路建起来，全岛要逐步形成畅通无阻的公路交通网络，并为今后建高速公路留有余地。

至于海口和三亚市两个先建城市市区内的主次干道的规划，标准要高，快、慢车道功能要分清，人、车、机、非分流，一定要努力形成井然有序、畅通无阻的交通网络。滨海、滨河、滨湖的道路，要努力修成"风致路"，以壮市容，美化街区。可以说，城市发展快与慢，就看各项必要的基础设施能否走前一步。周干峙副部长已说了，要以建设部的技术力量，以中国城市规划设计研究院为主要力量，帮助海南岛规划设计出最佳蓝图，为把海南岛建设成为东方夏威夷而努力。这就太好了。

来到五指山下的通什市（今五指山市）等地区，亲眼看到海南岛瑰丽旖旎的热带风光和得天独厚的自然资源，使诸位专家赞叹不已。中规院顾问陈占祥和原深圳市副市长罗昌仁两位同志认为：海南长期以来，应朝什么方向发展，多年来想法很不一致。过去，有人强调海南地处国防前线，要搞好战备，又有人说海南应当着重发展农业、林业，这些观点都不全面，曾一度妨碍了海南开发建设的进程。现在中央决定海南建省并办全国最大的经济特区，这就为海南的规划定下了基调。凭着各位专家对这个宝岛这种诚挚的感情，可以预料，一张宏伟绚丽的海南岛的建设蓝图，在不久的将来必将展现在我们面前。

"无烟工业"——是海南应大力发展的事业。可考虑西起崖州古城，东到猴岛，在全长100余公里的滨海地带，包括不少风景区，可以建成8~10片旅游小区。如果修一条高速公路把这些风景小区连起来，其行程都在1个小时之内。要特别注意开发与保护的关系，力求与环境协调，而不是突出自己而破坏环境。海南岛的建设应分片开发，开发一片，成一片，不可遍地开花，到2000年时，海南省建设起码也应是亚洲的先进水平。将来海南省的建设蓝图应是个什么样子？如何使这颗南海的明珠更加绚丽多彩？是众家之所望也。

再者，海南省要面对21世纪的挑战，控制与发展相结合，则是我们现在就要注意的大问题。

写于1987年12月

鹿回头处赏金瓯

——在三亚城市总体规划专家评审会上的小结发言

　　三亚城市总体规划专家评审会于1988年9月5日下午至8日在三亚市召开。与会省市领导和专家听取了中国城市规划设计研究院海南分院的汇报，进行了实地考察，对三亚市的城市总体规划和三亚风景旅游区域规划立意进行了认真的评审，评审意见简略综合如下。

　　1. 从大量图表、说明、资料中可以看出，中国城市规划设计研究院海南分院的规划工作者在现场进行了大量的调查研究，并提出了三亚城市总体规划和三亚风景旅游区域的两项规划。这两项规划是同期编制的。这样做是很科学的，目的明确，有的放矢，因而使整个规划成为一个包括风景区域、城市和市区3个层次，将社会经济发展、城镇市布局、风景旅游开发、环境保护和景观控制工程设施等多个方面综合起来，成为一个较为完整的大的系统。规划的内容有深度、有广度、有系统，还考虑了长远发展的目标和近期开发建设的需要，因而它是一个较好的规划，基本上达到了上报的要求。

　　2. 三亚风景旅游区域规划，经过深入调查，系统地发掘了区域内的风景旅游资源，经过分析归纳为十大风景旅游资源，并对100多个景点进行了分类和评价，这是很难得的，这就为地区风景旅游的开发提供了依据。规划综合考虑风景点系统、旅游点系统和城镇体系的发展，并提出了风景旅游区的保护和开发与区域的社会经济发展的协调问题，提出了风景旅游开发的目标和区域经济发展的方向以及城镇体系的布局，对整个三亚地区的风景旅游开发建设做了较全面的战略性规划。

3. 参加会议的全体专家，一致赞成把三亚市作为对外开放的国际性海滨风景旅游城市这一总的指导思想。"国际性"是我们建设三亚的长远目标，要通过逐步开发建设来达到。三亚市的性质是重点发展旅游业和高技术产业的热带海滨风景旅游城市，这是很合适的，与全岛发展战略是相符的。

三亚城市的规划建设要服从城市总的性质要求，因而主要是突出风景旅游，围绕旅游事业大发展来做文章。同时还要大力发展商业贸易。三亚市的工业不宜发展得过大，可适当安排一些高技术和技术密集型产业，但绝不能安排有污染的项目。

4. 专家们一致赞成梁湘同志的讲话，三亚的城市人口规模不宜过大，50万人可做长远控制数，到21世纪初人口规模要低于此数，可按30万人左右考虑。但旅游者和常住临时户口数目不会少。

所估算的旅游人数和床位数的规模是否偏大，当在6：4左右。对此需要进一步研究，提出较合适的控制数为宜。

5. 城市总体布局是合理的，与风景区分布和保护环境一致。城市采取带状多点的布局结构形式，以三亚市区为中心组团，在其外围发展居民点，规划提出的各个组团的主要功能也是较为明确的。

6. 三亚市区具有综合性质，更应充分反映作为旅游城市中心区的特点。三亚市区通过改造旧城中心，建设新的城市中心，将市区的中心地带建设成为商贸服务的中心，既满足对内对外的需求，又具有以地方特色为中心的设想，是可行的。

7. 三亚市区的建设项目要有所选择，有的可根据性质安排在田独、南山等地。

各主要风景旅游区的规划建设要满足多方面多层次的要求，在亚龙湾、大东海、三亚湾要逐步建成能适应国际人士和国内人民并有一定吸引力的旅游、度假、休养、会议、游乐等不同层次中心。

8.对风景旅游、城市环境和景观等进行了专项规划，这是很必要的。规划反映了三亚的特点，构思是好的，要求也较具体。三亚的建设要加强环境保护和考虑景观美化问题。尤其对一些重要地段环境和景观要有较高的要求，要严格审批建设项目的性质、规模、层数、体量和色彩等。工业和较大建设项目需要同时严格审查环保措施。在规划划定的海滩、山体等需要保护的具体范围内，严禁乱占乱建和毁坏山林、沙滩等。三亚的绿化面积要大，建筑切忌高、大、浓、洋、密，各项工程管网设施水平要高。给水、排水、供电、通信、燃气和交通等均应考虑到发展的要求。

9.全体专家同意三亚港近期不做大的扩建，远期拆除铁路专用线，改为客运和货运码头。新的货运码头宜在市区外围选址，但需有关部门做专项勘察和可行性研究后再确定具体位置。

10.铁路和环岛公路干线从荔枝沟北经过三亚市区、天涯海角一段，同意在远期绕向马岭以北通过。

11.现有军用机场、荔枝沟农场、425医院以及部分盐田等可辟为城市建设用地，可与部队等有关单位通过协商调整解决，但要按城市总体规划来实施。

12.近期建设的重点是加强城市基础设施的建设，改善投资环境。当前急需改变水、电紧缺，交通、通信条件较差的状况。风景区的开发要有重点、有步骤地进行，近期不急于开发亚龙湾。工业开发区不宜过大，要成片开发。

13.在城市总体规划基础上，对城市水源组织力量进行专门的勘察，并确定具体的近期实施计划，解决城市近期和远期的供水问题。

14.加强城市土地管理，要采取断然措施解决各种不合理占地问题，实行城市土地分区、分级有偿使用。成片征用土地，进行统一规划和开发，努力减少零星征地和拨地。

在总体规划后，需进一步拟定当前建设的实施计划，并编制好急需的分区规划和详细规划以及城市规划管理的细则，实行以法治城。

写于1988年9月

心驰三亚绵绵思　神会天涯依依情

　　三亚是中国最南端的滨海城市，面积1 905平方公里，人口32万，其中市区人口仅5万多。三亚是个旅游城市，素有"东方夏威夷"之称。1月平均温度为20.7℃，阳光充沛，沙滩松软，海面浩瀚，山岭绵延，有天涯海角、鹿回头、大东海等名胜区，又有亚龙湾等著名的旅游胜地，真是：新城三亚展宏猷，海角蓦然起画楼，毕竟夏威夷逊色，鹿回头处赏金瓯。

　　这里，我说说对三亚市规划的一些浅见。

　　由于市委、市政府及省上有关领导的高度重视，三亚市的总体规划制定的速度快、质量高，基本上符合三亚市的发展需要。1987年，我曾来过三亚，此地此山此水之佳之美，实属少见少有。最令人欣慰的是三亚远在天涯海角，许多处还保留着原始风貌，自然景观犹如深闺少女的绝美。三亚有许多亟待开发的风景旅游资源，如天涯海角、大东海、小东海、榆林湾、海棠湾、七指岭等风景区，特别是亚龙湾滨海风景区，它的苍山、碧海、银沙、绿树是一幅七色交融的绝美的画屏。真令我激动啊！我热切地希望我们大家、三亚市的同行专家和领导们对祖国的山山水水付出一片真情，对三亚市的一山一水都要有拳拳之心；希望必须防止建设性的破坏。三亚作为国际性旅游城市，它首先要有既科学又合理的发展规划，又要依法治城，以保证科学合理的规划方案得以实施，不要叫"孔方兄"迷住了我们的眼睛，任凭"开发投资"者去胡作非为。宁可开发的速度稍慢一点，也不可损坏甚至牺牲自然风光而急于"求成"。

对三亚市而言，具体的发展步骤和规模应是怎样呢？我的意见是：

1. 三亚在20世纪末、21世纪初不宜发展过多的人口，应保持中等城市水平，不可在规模上争气派，而应在城市特色上争高低。城市要发展，三亚特色不能丢。

2. 在建筑上切忌高、大、洋、浓、密，要同自然环境统一起来，力戒平庸、雷同、抄袭，要充分体现滨海城市之秀美风格和灵活通透的空间环境。我建议三亚应注意体现"三雅"，即水雅、山雅、人文更雅。三亚有了这"三雅"，才会使人们钟情。

3. 城市基础设施，要有长远的全面考虑，不可轻易动土。三亚和包括亚龙湾、大东海和小东海等地的建设更不可无长远规划而遍地开花式的开发。尤其是有污染的工厂建于此地，无论其产量有多大，都将得不偿失，会带来不可弥补的损失！这一点应引起全社会的认识和重视。

4. 城市是人类文明的产物，它是人类文明的高度结晶。令人赞叹羡慕的城市，都是由人工创造的建筑物、构筑物与大自然环境成功结合的范例，都是达到了人文建筑与自然风貌最佳的结合之作。例如，八百里秦川上的平原古城长安（今之西安）四面环山、一水中流，古丝绸之路上的金城（今之兰州），戈壁荒滩上新兴起来的镍都金昌市，丘陵满布的铜城白银市，水乡城市姑苏、绍兴以及滨海城市真是数不胜数。这些城镇地理位置和气候差别，尤其是民族、文化、艺术、宗教信仰的种种影响，使城市形成了不同的风貌，不同的景观。可以说城市是各有其性格的。

影响城市性格的因素是多种多样的。同是山城，重庆就不同于兰州；同是平原的古都，北京就不同于长安；同是滨海城市，青岛就不同于三亚。除了地理、气候、山川、海河大势、植被情况等等以外，更有地方的建筑语言和历史文脉等等因素的影响，不能把城市都搞成为房子的堆积地，弄得千城一面。

三亚是不同于以上这些城市的，它有其独特风貌，不可低估。三亚是属热带海滨城市，热带海滨城市的风貌，从文化色彩来看属于"蓝带"文化；从文化空间来看属于水空间文化；从气候特点来看，三亚是长夏无冬、气温高、日照强、海风多；从整个海南省来看，它同黎族、苗族文化有着千丝万缕的联系；从地形地貌来看，三亚等城镇都是背山面海，同内陆平原城市风貌不同。这是我和我的一位朋友兰州大学叶骁军教授说起海南沿岛诸城镇时，归纳出来的热带沿海城镇风貌的因素。

鉴于热带滨海的城镇的特殊气候条件以及它丰富植被条件和它的特殊地理位置，三亚地区风貌应体现"淡妆最相宜"。这次海南之行，同行的专家学者数十人，大家异口同声赞美亚龙湾堪称人间仙境，不是夏威夷，胜似夏威夷。今后要开发建设这块旅游胜地，首先要注意防止建设性的破坏。其次，今后在三亚亚龙湾地区及大、小东海等沿海地区搞建筑，方案要选优，建筑物宜淡雅而不沉闷，活泼而不凌乱，艳丽而不刺激，以典雅为基调，既有传统的承继，又要有时代精神，力戒平庸。努力去创造具有海南气息的建筑景观和亲切宜人的环境气氛。要突出雅的建筑形式，灵活通透的空间构成，亲切得体的尺度，乡土味浓郁的环境，构成诱导性空间，达到"奴役风月，左右游人"的境界和效果，吸引四面八方来客，此众家之所望也。

海南岛必将成为改革、开放、开发建设热点。怎样才能把海南建设好，已成为建筑界、规划界和全国人民共同关心的问题。总结起来一句话：首先要搞好规划，然后按规划进行开发建设。这是我们城市规划实施近40年的经验总结，我希望这一点能引起各有关方面的重视，再认真总结特区建设在各个方面的经验和不足，把海南建设得更好。

写于1988年

奋力攀登十八盘

——给中共山东省委并泰山悬索方案座谈会的一封信

承蒙谷牧副总理、中国建筑学会、山东省人民政府之邀，要我参加这次座谈会，不胜感谢。奈因国家建委领导要我留京和几位同行一起研究起草《中华人民共和国城市规划法》，任重力薄，时间又紧，实难以抽身赴会，失此难得的学习和交流意见的机会，深表遗憾。谨致歉意，敬希见谅。

但是，我对泰山是有感情的。对有关泰山的任何重大建设措施，我作为一名城市规划、建设工作者，有着不能漠然置之的责任感。因此，我人虽不到，但意见一定要表，以供与会的各位专家、学者、同行战友以及山东省、泰安市领导同志决策时的一点参考。

泰山的高名已贯九州，声播远洋，非比寻常之山。自秦汉以至今日，以它的独特雄姿伟貌、风景名胜、古代文化传之史册，成为中国人民的骄傲，为全世界人民所景仰。可以说，泰山是全中华民族的泰山，是全中国人民的泰山，也是全世界人民的泰山。泰山之在于山东、在于泰安，乃是山东、泰安之得天独厚，令人钦羡。同时也要委以重任并寄希望于山东以及泰安的人民及其政府。因此，有关泰山的重大措施，它就不仅仅是地方之举和一般的建设项目，而是具有全国性的、历史性的、甚至国际性的特殊项目。

为了适应旅游事业的需要，开辟登山索道，这本无可非议，问题的关键是，要以保护泰山的风景、名胜、古木、奇石为原则，否则泰山就不成其为泰山了。我们所做的任何好事，都可能得不偿失，如果这样我们就有可能上对不起祖先，下对不起子孙后代，造成历史的大憾事。拟议中的自中天门至南天门的悬索工程，恕我直言，即属于此。

泰山的特点是一步一景，随角度不同而其景亦不同。中天门到南天门它是泰山的头和眼睛，是泰山的正面形象。在这里伐木、破石、动土，无异是在眼睛、鼻梁、脑袋上动手术。手术再高明，也要落下个疤痕。再者，我们试想一下，空中吊车，庞然大物，轰然而来，哗然而去，它既破坏了泰山独特的自然、人文景观，也破坏了泰山特有的宁静，而一步一景的泰山独特风光又怎可能从空中鸟瞰而尽收呢？假设这样浮光掠影地游泰山，泰山留给人们的印象，还会是心目中的泰山吗？因此，愚意悬索工程方案不足取，尤其不可以在中天门到南天门泰山的鼻梁上动工。如果非建设不可，正如泰安建委主任在泰安专家会上所说的："这是省委决定了的方案……"但我还要建议，另选他途。对现有方案，我持坚决反对态度。不论"理由"或难处多少，都是不应迁就而权宜从事的。

古语说：一失足成千古恨，再回首已是百年身。我愿改为：一失策成千古恨，再回首已毁泰山容。以赠与会的诸位专家，非危言耸听也。语出至诚惶问冒渎，大海不弃涓滴，众家岂拒微意，敬祈硕果。

写于1984年

淄博行留言

之一

1980年夏秋之际，我在北京城建局看到淄博市的总体规划，这座由5个区（5个小城镇）所组成的"城镇组群"的淄博市，让我十分注目。这座具有特殊形态的组群型城市，既古老而又年轻，2000年前的古城，今天发展成了一组新兴的工矿业城市，并且还是一座独具特色的城市，怎能不吸引着一个城市规划设计者呢？

我先到达张店，首先给人一种清新之感，街道整齐，路边两行法桐树绵延不断、绿荫成行。看到这一点，就不难想象到这是一座按规划搞建设的城市。

看了张店、淄川、南定、周村等地，给我留下了深刻的印象：古城临淄即现在的淄博市，大约是公元前850年建成，距今已有2 800余年了，此后，齐国一直建都临淄，共历600多年，到公元前200多年为秦始皇所统一。

自齐献公迁都临淄后，又经过历代的缔造经营，到春秋时，已经建成为一座大城，还包括两座小城。大城南北近4.5公里，东西3.5

公里，小城嵌筑在大城的西南隅，南北2公里余，东西近1.5公里，两城总面积60余平方公里。据《战国策·齐策》记载，临淄之中7万户，后来发展为10万户。

这座城建立在淄河两岸，大城东城墙紧傍河岸，古城附近土地肥沃，取水便利，南去牛山以南的丘陵地带不过5公里，北面临一望无际的原野，既宜农作，又便渔猎，自然条件十分优越。这一城址的选择绝非偶然。临淄古城的大城轮廓最值得注意的一点是东面城墙和其他三面截然不同，它不是尽量地取直，而是随处凹凸，顺应地势，不求规则。这些凸出或凹入，并非漫无目的，而是有意设计的。这一设计突出地说明了敌对势力来自东方，整个城市设址在西岸就是为了因河设防，这样既利于保卫城市，又便于打击敢于来犯者。在这里淄河河床成为弯曲河道。河流向西摆动的部分，近逼城下，形成弓背，河流对弓背外侧冲刷，造成陡峻的峭壁，高可数米难以攀登。利用这一天然峭壁再加筑城墙就是在有利地形上，又加以人为的工事，居高临下，坚不可摧。至于河床向东摆动的部分，情况恰恰相反，这里（西岸）淤积成大片弧形河滩地，地势平坦开阔，又多沙碛，既不利于防守，又不可以在这里兴筑工事。如果向西退出河滩地以外修筑城墙，遇有对方来攻，则对方首先坠下河床对岸（东岸）的悬崖，涉过激流，才能进入河滩地。河滩地平坦开阔，目标明显，从城墙上瞭望，对方活动一览无余。这不仅便于监视对方，而且可以伺机杀敌，或使对方无法接近城下。

细看临淄故城的复原图，对照一下东城墙凸凹部分和淄河的弯曲关系，这一规划设计的意图，跃然纸上，是再明显不过的了。就连城墙上最细微的凸凹处也无背于这一设计原则。我们先人在建筑工事上因地制宜的创造性，令人感到惊讶。

大城内有宽阔纵横的大街，还有排水渠道把城内流水泄入护城河。护城河环绕全城南北西三面，东边以淄河代替了护城河，这一切说明了这个古代城市是有很好的规划的！

古代"筑城以为君，造廓以守民"，这大城就是古代的所谓"廓"，嵌筑在大城西南隅的小城才叫"城"，这就是王城，是帝王居住的地方。小城之所以嵌筑在大城的西南隅，可能是有意避开敌人前来进攻的方向，更明显的一点是这里紧靠城西的泉群地带，这一地带林木茂盛，风光秀美，因此当时齐国的统治者在这里开辟了范围辽阔的"苑囿"，以便随时可以从宫中到这里游憩或狩猎。

齐国临淄故城的考古勘探，说明我国古代的城市规划与城市建设已经达到了相当高的水平，从城市选址到布局都是有计划地进行，充分利用了自然条件。

淄博的确是博而大的城市，5个区共计2 000多平方公里，用中国式尺度来说，可称为"八千里路云和月"，其发展的潜力不可估量啊！

临淄（原齐国故城），目前这里除了麦田以外几乎没有什么故城的遗址了。我感到临淄故城选址的位置很好，可以说很合乎管子的建城理论。我们的老祖宗在几千年前就有了城市规划与城市建设的理论与实践，临淄故城就是古人用理想、智慧、劳动谱写了城市规划与建设的史诗。临淄故城杰出的处理了人、自然、建筑和城市的关系，人工环境与自然环境巧妙结合，浑然一体。仅就按故城的布局，假若今天重建起来，也不失为一个美丽的城市。临淄故城的规划建设史应是中国古代城市规划中的重要组成部分。现在，把临淄作为历史文化名城是有其足够的条件的，所以在规划中应该充分地考虑这个问题，还要考虑旅游方面的问题，要划定古迹保护区，不要破坏现有的地貌和环境，逐步恢复、修缮名胜古迹。

在现代，淄博作为一个综合性工业城市是客观存在的现实，这里的建材工业大有发展前途。从当时看来，这儿还是阴阳调和之地，当时城市生命力——水还是够用的，纵贯全市有两条大河，一是发源于博山山地的孝母河，一是发源于市区南端鲁山北麓的淄河，另外还有较丰富的地下水。到现代，自从工业在这儿发展以来，人口增加，工农业的用水量都大大超过以往，地下水也被污染，故而造成了"阳盛阴虚"的不幸局面。如果现在还不能引起我们的重视，地下水依然被污染下去，其后果将不堪设想。

人所共知，一座城市的园林绿化水平是衡量这座城市的文化、文明程度高低的重要标志之一。在这一方面，淄博市是做得很好的，这里城镇和郊区的道路两侧的绿化，就是一个证明。可见市领导十分重视这项工作。再进一步的要求，目前的绿化程度还只是"线"上的绿化做得好，而"点"上的绿化，还有待进一步努力，继续去做绿化工作，要做到"点""线""面"几方面结合起来，在这些方面，还应当进一步做好战略性和战术性规划。淄博的山场和丘陵地带大面积的绿化工作尚待再努力，这一工作，应作为淄博地区综合环境规划设计中的一项主要内容。搞好这项工作，也是扭转"阳盛阴虚"不幸局面的一种有效措施。

1.城市的组群与职能问题。

淄博市城市规划的原则是可行的，这是指在规划战略上来讲是可行的。但具体到5个大区上的规划，应有所区别对待，不能太原则化。

辛店：大型化工基地。

张店：全市政治中心，这里的化学工业化似乎不应该再发展了，应加以严格控制，防止污染。

周村：加工工业城镇，有特色的古镇，山东的丝绸工业基地。

洪山、淄博地区：洪山是矿务局所在地，应该把这两地区连接起来进行规划。

博山：这是一座美丽的"山城"，是山东的瓷都。博山与博南两地最好不要连接起来，各自独立为好。博山是"山城"，其建筑设计还要注意第五个立面——"屋顶"的处理。如果在这里搞成屋顶花园，无疑又是一大好景观。

这五大片应是淄博市的"五朵金花"。淄博市千人以上至10万人口的城镇共有16处之多，我认为，延期到20世纪末，应把重点放在这"五朵金花"上，要保证主要的，保证重点的开发建设，似乎不应该"遍地开花"，无序的开发，希望在规划上能考虑到这一点。

50万以上人口的城市就是大城市了，淄博市现有总人口51万，已进入了大城市行列。按规划方针，应控制其人口发展，但淄博市在地理上和城市结构上有它的特殊情况，人口分散在5座城区里也就不算拥挤。这5座城区是否还有其再发展的必要性？我认为，这种特殊情况应在总体规划图上阐述清楚。我敢预言，这"五朵金花"如果把它有机地处理好，不出10年，必将成为一束有序组织起来的"花束"，必将成为一座百万人口以上的大城。

2.旧城改造问题。

到现在，旧街巷还具有很大的吸引力，一些居民总是舍不得离开这一历史形成的环境。所以，对于旧城的改造应该特别的慎重，千万不要轻率地否定现状，更不要把旧城当成一张白纸任意涂抹，而应当认真做好社会调查，分辨留拆，稳步地进行改造，并要保持旧城的特色。

3.规划的控制和弹性。

回顾30多年来，我们有些城市的建设项目往往是"遍地开花"，建设项目缺少有序的计划和安排，这样就难免使城市规划工作一直处于被动的地位，由此，城市规划要加强控制性和弹性。在城市规划中要留有余地，对各种类型和性质的建设项目要提前进行规划论证，确定其规划区域，这样才能争取城市规划工作的主动。同时，在规划中一定要注意乡村的规划工作，要体现现代化。当然，乡村现代化不等于乡村城市化。

以上发言，只是我对淄博市城市规划工作的一些建议，也许考虑得还不成熟，供淄博的同行参考。

写于1981年5月

之二

淄博市5个城区之间的距离都在20公里左右，这是一座相对独立而又统一的具有独特面貌的城市组群。在行政区划上，5个城区各有完整的行政辖区，各自城乡结合、工农结合。在城市形态上，5个城区又相当于5个中等城市，由它们组成了一个百万人口以上的大城市——淄博市。很明显，在规划编制、实施和管理上具有很大的独立性。基于这样一个特点，在规划上就要重点考虑5个区在职能分工、区间联系、资源共享等方面的统一衔接与协调。我认为，淄博这种独特的城市形态应采取自下而上和从上而下相结合的规划方法。

1.各区规划与全市规划的关系。

根据淄博市的具体情况，全部规划工作即使是由一家单位承担，也要对5个区进行相对独立的规划。目前，在实际操作上，5个城区的规划分别由4家设计单位承担了，这4家设计单位的城区规划，都各有特色，各有所长。我认为，淄博市5个区的规划似乎不宜称"某某区城市总体规划"，建议各区规划称为"淄博市某某城区总体规划"。淄博市城市总体规划则是由全市的城镇体系规划和5个城区总体规划所组成。全市规划与各区规划应当是一种整体与局部的关系。

2.关于共性与个性的问题。

从宏观和中观的区域范围来看，淄博5区构成了一个完整的地理单元，资源共享，优劣互补，不可分离，这是它们的共性。但是在更小的层次上，各区又有鲜明的个性，发展条件各有长短。因此，在许多指标上，不应该也不可能像一般城市那样硬性要求各城区完全的整齐划一，应在保持共性的同时，充分体现各城区的个性特征。

3.关于规划区的确定。

本次总体规划各区的规划区范围划定标准不同。张店、博山以全区作为规划区的范围，既考虑了城区发展的情况，同时也考虑了5个区之间的衔接。作为一个整体，建议5个区都以全部行政辖区为规划范围，避免城区与城区之间留下规划控制的空白。

4.关于城市的性质。

各区的规划中都提出了各自的"城市性质"，单独地看，这样的提法问题不大，但作为一个整体应该是各区在淄博市中承担的"城市职能"，称为某某区主导职能较为适当。淄博市城市性质确定为国家重要的石化原材料工业基地、鲁中地区经济中心和邮电通讯、交通运输枢纽。

5.关于临淄历史文化名城的规划问题。

按照国家有关部门的要求，历史文化名城的总体规划应该有相应的内容。临淄市应该在现有工作的基础上补充历史文化名城保护规划与发展的专项内容，如齐国故城轮廓的再现问题。我在15年前来淄博时曾提出建议：按侯仁之教授所考证绘出的图纸，用绿化林木把皇城和外城的轮廓再现出来，使游人望风怀古。

6.未来城市发展的标准问题。

用跨世纪、现代化、高标准来认识未来城市，用较高较宽的眼界、超前的意识、发展的观点来进行分析和论证，未来城市的发展标准不应只是城市建设有关指标的高标准，更应注重城市质量的提高。

7.环境保护问题。

环境保护规划是城市规划统一整体不可分割的部分，是城市总体规划的重要组成部分。应该重视生态环境保护规划，建立"持续发展"的观念，考虑城市经济效益、社会效益、环境效益的三统一。

8.交通与机场问题。

现机场的规划选址离周村太远，有碍周村区的发展，可另选一个合适的地方保留下来，待有经济力量时再建。

淄博市的城市规划基本是可行的，主要有：

1.城市性质的定性基本合理，符合淄博市特点和未来城市发展要求。

2.城市规模的论证是有根据的，即以山东省在今后20年内在经济总量上达到亚洲中等发达国家的水平为基本目标，凭借淄博市的基础和条件，经过努力基本上是可以达到的。

3.5个区的规划布局经过协调，成为组群结构或者说"星座式结构"，是基本符合实际的。

4.转变了规划的传统观念和思维方式，使城市规划为发展社会主义市场经济服务。

规划指导思想明确，由简单落实国民经济计划转变为主动为城市发展创造条件、创造机遇，为淄博市人民政府出谋划策，为城市各项建设提供空间上的保证。

5.研究解决了城市持续发展需要跨越的门槛。

研究提出了适合淄博市既分散又统一的大城市特点的交通网络规划和其他基础设施规划的初步框架，为下一步工作打下了基础。

6.调整了城市规模，开拓了城市新的发展空间，既满足了城市当前面临的开发需要，又为长远发展提供了控制方向。

写于1995年3月

一市双城话海连

——在连云港建设规划会上的发言

连云港是陇海线的东起点，由于它得天独厚的区位优势，革命先行者孙中山先生在他的《建国方略》一书中曾提出欲将连云港建成东方大港。今日的连云港，由于亚欧大陆桥的贯通，它的身价将十倍、百倍、千倍地上升，它是一座大有希望之城，未来连云港建设前景将会更加美好！

连云港是《西游记》《镜花缘》等名著的"诞生地"，这儿有山有水，是山奇海秀的海滨城市。真是山也神奇，河也神奇，海也神奇，前也是画，后也是画，"海、古、神、幽、新、奇"得天独厚，名不虚传。连云港具有自己的特殊魅力。听了城市规划修订成果的汇报，看了市容市貌和城市建设情况，对连云港有了一个大概的了解，恕我先说几句感想，再说对连云港的规划建设的意见，仅供参考吧！

一、对连云港城市总体规划成果的看法

1. 连云港的书记和市长同志们曾连续用两天半时间听了规划成果的详细汇报，并进行了现场踏勘，同时又提出了"八个再思考"的

问题，主管副市长任致远同志对规划图纸和文字严格要求并亲自动手写补充文字，改写《连云港城市总体规划文本》，完善规划图的内容。

这说明了市委市政府的领导已把城市规划放到很重要的位置上，并亲自来做，这真是难能可贵。市委、市政府的领导们对城市规划如此重视，省建委更是十分重视，这是今后搞好城市规划，建设好城市的首要条件和重要保证。

2.连云港市总体规划反映了自己城市的优势和特点，有高度，有弹性，更有特色。

这次总体规划修订成果拿出了文本和近20个专项规划说明、30多张图纸，说明了中国城市规划设计院和连云港市规划局做了大量的工作。从这些成果看，一是体现了作为亚欧大陆桥东桥头堡和沿海开放城市的区位优势、港口优势、开放优势和风景旅游优势。连云港东桥头堡的位置和区位优势图，连云港风景特色构成图等，简单明了地向人们展示了连云港的优势和特点，反映了自我的独特地位。二是充分强调了城市特色。城市特色是城市内在素质的外部表现，从狭义上来说，城市特色是城市形象的特色。我们每到一个城市最初感受到的城市的特色，是城市的景观和空间。无疑，城市形象美，是城市建设的一个重要目标，它可以使人们得到心理上的舒适和精神上的愉悦。从广义上讲，城市特色包含着物质文明和精神文明的广泛内容，更涉及城市历史、文化遗产的如何保护和利用。三是连云港是一个风景、环境十分优美的地方。我看过任致远同志写的《连云港：一座神奇的城市》一文，来到这里，又走马观花亲自领略了一遍，这里确是一块美好的土地，有山、有水、有海、有石、有泉，山海景观是独特的，具有"海、古、神、幽、奇、新"等特色。这次规划体现了这个特点，突出了这个特点。比如说，连云区突出了一个"海"字，海州区突出了一个"古"字，新浦区突出了一个"新"字，给人留下了深刻的印象，而且都有其可操作性。四是重视港口建设，并考虑充分利用港口优势和近海建厂的有利条件，考虑了临海工业区，我认为是有必要的。但又实事求是，对临海工业区和经济技术开发区的发展留有弹性，没有说"死"，这一点是对的，可以适应以后经济发展的变化，留有余地。五是连云港的城市形态结构为"一市双城"式，这是符合10～20年连云港城市发展实际的明智选择，恐怕一下子还不可能发展为40公里长的带状城市，经济实力恐怕还达不到。市政府对连云港的城市发展既有远见、有眼光，又实事求是，这是值得称道的。

3. 这次规划对连云港市的城市性质的描述，简单明了，我认为可以在此基础上再进行推敲。

是不是今天就定为国际大港城市？从远景看，连云港应是地处我国万里海疆脐部的一座大的海港城市。随着1990年9月我国北疆铁路与独联体土西铁路接轨，第二条欧亚大陆桥的正式开通，国务院生产委员会座谈会纪要确定连云港为东方桥头堡，再加上连云港是国务院确定的14个沿海开放城市之一，因此它具有了国际性的使命、性质和内涵。连云港确定的"以港兴城，以城促港"的发展城市战略方针是完全正确的。从长远看，它应当建设成为一座综合性、多功能的现代化的国际海港城市，真正实现西有鹿特丹（荷兰）、东有连云港，使连云港城市与它的国际性职能相匹配，成为新亚欧大陆桥的东方桥头堡。为此，连云港的城市发展也应当有相应的规模，起码是一个大城市的规模。我认为，这次规划所考虑的城市规模并不过分。

4. 连云港"一个市中心、一个副中心、突出新海、连云两个地区的特点"的结构方式是符合连云港实际的，我表示赞成。

连云港由"一市双城"构成，上述结构方式不但说明了新浦与连云这两大片的关系，又反映了对两片（新浦、连云）发展的程序、轻重关系和侧重面。位于三县县城和连云区、飞机场差不多等距离的新浦作为市中心是较为合宜的，强调连云副中心则具体体现了"以港兴市"的战略思想，突出海州"古"的地区特点和连云"海"的地区特点，则反映了各自的城市特色风貌。上述结构方式表达了连云港自己的特点，也是区别连云港与其他城市的特征。再具体讲，上述结构方式基本上指出了新浦、连云、海州地区在整个城市中的相互地位分区功能及其环境特色，连云港城市总体规划对其城市形态结构的描述，是实事求是的！

二、连云港城市发展需要考虑的几个问题

1.连云港的城市发展最少存在当前与长远、全局与局部、保护与开发、规划与发展等几个矛盾，应当处理好这几方面的关系。

（1）当前与长远。连云港当前的经济实力还比较薄弱，需要大力发展经济，上建设项目，这样一来，往往就给长远发展带来一定影响，把一些不该占用这块土地位置的项目却摆到了这个位置，使将来应占这个位置的项目不能各就其位。连云港需要控制几块王牌地，既要面对现实又要面向未来，立足当前，着眼长远。具体是要注意四个"留有余地"：一是为发挥东桥头堡作用的项目留有余地；二是为港区发展留有余地；三是为临海工业留有余地；四是为大力发展风景旅游事业留有余地。

（2）全局与局部。这里主要指新浦、海州、连云、云台这4个行政区城市发展之间的关系。对于这4个区的发展，要有轻重缓急，每个区的发展要服从市区城市总体规划这个大局，要局部利益服从全局利益。从连云港的这次规划来看，从以港兴市战略来看，连云、新浦区要加快发展，海州次之，云台区（2001年撤销）的发展就可能要缓一缓，否则连云港的发展力量就要分散，分散建设是不好的，这是我们几十年来城市建设中的一个重要经验。

（3）保护与开发。在当前深化改革，开发开放，以便持续、快速、健康发展经济的形势下，土地综合开发、房地产开发、风景区开发、科技开发、工业区开发等

等，已经是经常在耳边回响的字眼，这就不可避免地出现开发与保护之间的矛盾。比如开发与文物古迹的保护、与风景区的保护、与园林绿化的保护、与环境的保护、与景观的保护之间的矛盾。对于连云港来讲，风景区在城市规划区内，这是多么好的条件啊！风景区是块宝，不要低看了风景区的经济、社会、环境效益，一定要处理好发展工业与保护风景区的关系。市区规划的公园绿地，是城市老百姓不可缺少的，绿地指标的高低是衡量一个城市现代化文明程度的重要标志，不能用来搞房地产开发和发展工业。当然，在风景区可以搞风景性质的合理开发，公园可以搞公园性质的合理开发。但是，必须明确，开发绝不等于不要保护，该保护的一定要严格保护，绝不允许乱开发。

（4）规划与发展。本来，城市规划本身是指导城市发展的，规划与城市发展不应当是矛盾的。但是，由于不少人对城市规划地位和作用认识不够，再加上有的人喜欢自己说了算，还有社会上存在的一阵风现象。比如开发区一阵风，廉价出让土地一阵风，往往严重冲击着城市规划。因此，就给城市规划戴上了"规划滞后发展"的帽子，我认为，这是不公道的。当然规划只是城市发展一个阶段内的优化方案，不是城市发展的最终理想方案，规划也不是一劳永逸的，它要在不断发展中及时加以调整。

2. 连云港应当千方百计加强城市基础设施的建设，创造良好的投资环境。

改革开放以来，连云港在加强基础设施方面做了大量的工作，新墟公路就修建得不错嘛！一下子缩短了"一市双城"之间的距离，也为促进港口发展和开发区建设创造了条件。机场的扩建也是一个很好的工作。但从目前来看，铁路、公路、海运、河运、航空仍有许多工作要做，由于对外交通的关系，仍然影响着连云港的对外经济联系和城市发展。城市的道路交通问题也要给予足够的注意，规划考虑对几个交通结点的控制是必要的，一定要有远见，不要在关键交叉口处统统建"四大金刚"，一定要为建设立体交叉留有余地。

3.城市规划的实施是一个非常重要的环节，一定要给予足够的重视和支持。

把城市规划好十分必要，只有规划好，才能建设好、管理好。因此规划好是一个重要前提。但规划得再好，在实施中不按规划办，城市就不可能健康地发展。因此，一是城市中的各项重大工程、重点工程一定要经过可行性研究，按照规划进行安排。《连云港城市总体规划文本》中对几项重大工程提出了规划意见，如建核电站、电厂和化工厂等，我认为非常好。我看，在这样美丽的城市，放一个核电站，是不适宜的，希望市委、市政府慎重慎重再慎重，万万草率不得。二是一定要依法办事，不能搞违法用地和违法建设。听说连云港搞建设不办"一书两证"的现象还不少，一定要坚决给予纠正。三是领导对城市规划工作的重视和支持是保证城市规划顺利实施的关键。连云港市委、市政府高度重视规划工作，连云港城市规划的顺利实施一定会出现一个新的局面。

三、一些意见和感想

1.就连云港城市总体规划修订成果来说，它的基本任务或者说它的主要任务，已经基本达到了，我认为已具备上报审批的条件。

是不是这个修订的总体规划已搞得十全十美、天衣无缝了？这是不可能的，还有一些不足之处和需待深入研究的问题，还有一些缺项。例如内河水系规划与园林规划的关系结合不够；交通水陆结点、重要陆路交通结点的处理，有待研究深化；内河水系还没有专项规划，是不是应该搞一项内陆河湖水系规划图；港区城市用地，分工范围不够明显，有待进一步推敲；永久性水源地的来源与保护问题，规划上交代得不够明显，但它不伤大雅，还可继续深化。实践证明，城市规划永远没有顶峰，也永远没有终点。将来省上批了这个成果之后，在实施中通过实践的检验，确实发现了生产、生活、服务、环境与发展之间有不相适应的地方时，是可以补充与再修订的，以便使其更加完善。但不能取决于个人的憎爱和专断，必须有科学的论证。

城市规划付诸实施的过程，也就是不断发现和解决各种矛盾的过程。因为任何城市都要新陈代谢，它总是在不断地改造与更新。它总在不断深化，不断充实，绝不是一次规划论，希望领导同志，应充分认识和支持这一正常的规划修订工作。

对于城市建设，我认为，只有相对的建设区，没有或者少有绝对的建设区。另一方面，每个发展阶段必须具有相对的完整性，这就是说，规划不仅要有一个合理的空间布局，还要有一个相对的步骤，时间性的步骤，如果将实现总图的希望寄托在遥远的未来，那将是错误的。其表现形式则不可避免地"遍地开花"，东拓一块，西拓一块，新旧杂陈，支离破碎，即使把总图填满，也不会有一个统一性、完整性的城市。如果我们忽视城市发展的这些基本特点，就很难把城市，包括经济开发区建设得既经济、又美好、又有效率。这就是说，在连云港所有的开发区中的建设起点，近期、中期、远期的建设和它的发展步骤（时间性的步骤），都要做出科学合理的安排，要分期、分片集中建设，做到开发一片，见效一片，万不可遍地开花。因此，我建议再补充一幅较为细致的开发区建设用地分期建设规划图和城市基础设施分期规划建设图。

2.实践告诉我们，城市规划及其实施建设是一个巨大的系统工程，非一家之言。

我们要把多学科的工作者请进来共同参加城市规划工作，要求各个专业工作者及其职能单位携起手来，使各个学科为城市规划的编制和修订通力合作，各显神通。

3.在我们沿海的若干开放地区，程度不同地存在着上游工业项目少、末端工业项目多的问题。

而原材料、设备的基础件、电子元器件等上、中游项目近几年才逐步认识，但从数量上来说，仍是不多。这种"急功近利"的做法会影响集中力量发展中、上游工业企业和改善中心城市与县、镇之间的产业结构的合理分工。如果总是依靠外来件加工的末端工业，还会带来沉重的外汇紧张的局面。当前沿海地区经济发展实行"两头在外，大进大出"加入国际经济大循环的战略，从当前来说是正确的、可行的，但我认为我们应更有志气，争取一头在外，岂不更好嘛！低水平的盲目的重复引进，在沿海若干城镇是不乏其例的，这样发展的结果会给国家产业结构的合理化造成新的困难。我希望管工业的市长同志要深思这个问题。所以，搞工业区规划要先搞软件，而后搞硬件，正确的发展城市的生产力，抓住城市发展的良性循环规律，对那些很快就能增加产值、利润的"短、平、快"项目要慎重，别让眼前的利益蒙住眼睛，图一时的小便宜，而吃了大亏。在连云港既要重视港口的建设，又不要光是依靠港口发展来带动城市发展，我们要重视研究国家的社会经济发展战略，要以市场经济如何发展的思路来补充连云港发展的动力。

4. 城市公共绿地十分要紧。

不要认为我们这里有了云台山和锦屏山就够了，云台山风景名胜区是国家级风景名胜区，而且坐落在城市规划区内，这是一个难得的环境条件。城市总体规划一定要把风景区纳入规划。如果城市总体规划不反映风景区总体规划成果，应当说是不完整的。城市规划同样要重视城市园林绿地系统规划，城市园林绿地有风景区不能替代的重要意义和作用，任致远同志在《关于连云港城市发展的十个关系》中说得很清楚，我就不再多说了。总之，在连云港，对城市公共绿地必须给予足够的注意，不能忽视。

写于1993年

七溪碧水皆通海　十里青山半入城

——对常熟市城市总体规划的意见

常熟地处江苏省江南东部，长江三角洲沿江地带，东邻上海、西接无锡，南依苏州，北与南通隔江相望，素为江南鱼米之乡，因连年丰收故名常熟。这是一个历史悠久、文化灿烂、人文荟萃、风景如画、融山水为一体的古老城市，素有"七溪碧水皆通海，十里青山半入城"之美誉。其独特的城市布局的确与众不同。街坊依河而建，小桥流水，粉墙青瓦，古朴典雅。

常熟古城的城垣并非方方正正而是椭圆形，枕山面湖，山城相连，可避水患，可御强敌。城内河道纵横，可与长江太湖相通，远至海上。河畔人家，白云水乡，城区既有水乡之秀，又有山城之美，所以我初见就一往情深了。因之，1980年我到马尼拉参加UIA亚太地区"人类与环境"学术讨论会时，就在《如何规划与建设具有民族特色的人民城市》的论文中，把兼具山水秀美的常熟市介绍给与会的各国专家学者，引起了他们对我国历史文化名城的向往。

"初见已钟情，再见情更深"。此次来后我又细致地参观了虞山风景名胜区、尚湖风景区和古城，这三处应是常熟总体规划中重点之重点。通过规划，常熟应该撩去面纱，显露出江南明珠的本色，表现出特色城市的超群风貌。

虞山风景名胜区，应是这次规划的重点。虞山是一座有着丰富文化内涵与人文景观的名山。自山麓以至巅顶，寺、庙、庵、观、亭、台、廊、榭，各因地势，高下其间。我们两次参观了辛峰亭，它是虞山的眼睛，也是古城的标志性建筑之一。登上辛峰亭，回顾山下古城楼阁，参差错落，东西两湖水光接天，如烟如云。山北中部有兴福禅寺（又名破山寺），古刹位于一山谷盆地之中，四周古木参天，茂林修竹，十分幽美。此刹始建于南齐，距今已1500余年，唐常建游此寺时，曾写下了脍炙人口的《题破山寺后禅院》一诗。虞山中部山巅原有藏海寺与报国寺（两寺已毁），二者都兴建于明朝。此处自然景色绝佳，四周巨树蔽天，洞壑幽深；前有剑门石景，山南为以风光旖旎著称于世的十里尚湖。

这次编制的这个"鸟笼子"不错（城市性质、发展规模和总体布置），尤其是古城保护分为一、二、三级保护区，虞山景区总体规划有说服力，有现实精神，有实现的可能，我表示赞赏。古城的这个规划，首先是要确定城市性质，把历史文化古城放在什么适当的位置上，提出什么样的保护与建设相结合的方针，要把保存、保护、复原、改建与开发新建密切结合起来。丰富的人文景观，是城市的另一个优势，应发扬光大。例如常熟历史上的文化名人（画家、书法家、诗人和学者）众多，可以收集复制他们的作品，设立一个大展览馆，这将是常熟的骄傲，是城市规划中不可忽略的部分。常熟有深远的文化渊源，在规划中要重视文化传统。

规划较突出的特点，是通过一系列措施，极力保护、发扬、突出古城特色，我表示赞成。全世界友好人士不远万里来到中国就是想亲眼看看具有中国风格、中国文化的中国历史文化古城。常熟能做到这一点，它在国内外的影响将是难以估量的。

常熟的城市骨架似乎应继承传统格局，即便建设新区也不一定非要方格网不行，应顺应地形，该方就方，该圆就圆。城市环境的个性和特色，取决于城市的传统格局，而不同类型城市的格局，又取决于规划要素。例如常熟旧城，它既是山城（山城就更应注意主体轮廓），又是水城，水城又受制于河网水系，而硬要笔直弦张是不行的。你们已经把城墙拆了，再修起来没有必要，但护城河犹在，能不能沿着护城河搞它个"碧水绕市，绿染环城"呢？不能完全实现，一部分或大部分实现是有可能的，关键是要下决心突出古城的精华。

前天下午登虞山山脊，在辛峰亭上，看到方塔高耸，方塔周围古色古香的长街短巷，黛瓦粉墙的民居，感到古城情趣盎然，留下了难忘的印象。但对那些红瓦红墙，油漆洋楼就感到不那么亲切，看来，颜色问题，也是个大问题。

什么是这座古城的精华？方塔、水系、江南民居、规划中标志性的古建筑、古园林、十里青山的虞山。规划说明中"老城改造一段"说明很实际，如果坚持做下去，会起到眉目清秀、画龙点睛的作用。

如何给古城赋予新的生命

常熟古城，文物丰硕，人杰地灵，城郊胜迹，多与历史人物、事迹、掌故交织在一起。这就要求保护古城，不仅要保护好三级文物单位，而且应该继承一般文化传统，例如民居、府第、会馆、古老的商店、酒家、一般古建筑和古街巷、新旧风景区等，应有机地组织到城市总体规划中来，使它们在现代城市中同城市建设过程很好地结合起来，在现在城市生活中，发挥应有的社会效益、经济效益和环境效益，这是很重要的（重修庙宇、素画金身不是为了提倡迷信）。

还有一点，30多年的实践告诉我们，大量的历史建筑绝不是我们这一代可以改造完的，保存利用是由经济规律所决定的。近几年来，随着旅游事业的发展，我们应该创造多种保护与利用、创造相结合的实例。人民公园的倚晴楼处理得就很好——这个概念就是给文物、古迹、风景名胜赋予新的生命。"和尚坟"拼凑的墓塔，也很有趣，也赋予了新生命，再过100年谁也不敢说不是古墓碑！我们也可以在某一处为古代名画家、名诗人、名文人建立塑像，配以娇小玲珑的园林，使历史气氛更加浓郁。常熟的旅游事业是大有前程的。

我们还要创造新风景园林点，那就要把规划设计与文物典故相互结合起来，重视史料的考证，反映历史时代特征（例如兰州小西湖公园）。规划选点、建筑布局、单体风格、绿化配置的特征（例如维摩寺、兴福寺）应力求确有出处，切忌想当然和大杂烩。

你们不是要保存几条步行街么？我认为保存与改造相结合为好。这就有一个问题，即需要对保护、继承和发展的矛盾进行研究解决。

你们发展历史文化古城，拟在郊区有计划地开拓新区，这无疑是有利旧城保护，促使新城完整发展的较为妥善的办法，也是较为妥善的规划结构形态之一。

孤立的谈旧城保护，或者不切实际地要求旧城一律保护原状丝毫不动，事实上是行不通的。我认为，任何城市，总需要不断进行改造与更新。

对总图的建议

总图似乎应绘制得眉目再清晰些。比如，似乎缺了一幅水系规划。常熟是山水兼备、阴阳调和、十数里青山、十数里西湖、大片农田、水网纵横，这一点很难得。一个城市没有水面，犹如一个人缺了明亮的眼睛，一个城，没有水面，等于一个人心肌梗死。有了水，市容市貌就优美，还可以调节气候，其功能和绿地的效果大同小异。这里雨量充沛，城内城郊河流纵横，可是有的水面有破坏、污染和淤积。我建议搞一个功能明确的水系规划，保护水资源，应该明确今后建设不准再填塘、填河。

总图的绿化系统似乎应再明确些。要点、线、面相结合，仅靠虞山十里苍林，那是不够的。搞城市绿化，眼睛不能光盯住几个公园和几条主要街道，绿化面积分布要均匀，做到点、线、面真正结合，并且和水面结合起来，就会相得益彰的。

旧城改造，切不可搞"推倒重来"，你们已明确了这个问题，这很好。常熟历史悠久，先人建设的旧街老巷，古色古香，对旧城不可全盘否定（你们总图说明上也明确解决了，这很好）。今后要明确哪个部位要改造，哪些民居经过修缮予以保留，现代建筑如何与古代建筑结合，传统风格怎样推陈出新，这些都要经过调查，深入研究，做出设计。我们做城市规划工作，切忌"一刀切""一边倒"，要善于学习国内外先进的东西，要善于继承优秀的历史传统，做到古为今用，洋为中用。千万不能不管实际情况，照搬照套。

滨河路和滨湖路，应是你们城市的一粹！可是总图上表示的不清楚。这个战略要眉目清楚才好。

虞山山阴山阳是这个城市的正面形象所在之处，除了注意保护景区的古迹名胜，要使山水林园、古刹新添的亭台楼榭大放异彩，使游人到此，不仅观赏山光、水色、名木、嘉树、奇花异草、园林艺术和自然风光，更能看到文化艺术、历史传统，从中受到教益。

湖圩区作为水上公园，这很好，离城很近。将来在湖圩周围搞建筑，应着力探索人在其中活动时所展开的连续空间是否适合人的尺度，是否与湖光特色统一。如果建起了过高、过大、过洋、过于繁杂的建筑物或构筑物，就会使湖光水色黯然！

虞山上，虞山阴、阳两坡，可以大做文章：

①剑门，是否在其上建一组建筑物，可以像滕王阁一样"层峦耸翠，上出重

宵，飞阁流丹，下临无地"，遥望西湖，可以有"山原旷其盈视，川泽盱其骇瞩"的意境！

②破山寺，"清晨入古寺，初日照高林，竹径通幽处，禅房花木深"。现在这个意境已经很淡薄了，完全有可能把这个意境恢复起来。山光悦鸟性，潭影空人心，万籁此俱寂，唯闻钟磬音——也可以造嘛。

③将来在虞山绝顶上或者长江边上，可以建一座"什么楼"，也可以造成像岳阳楼"衔远山，吞长江，浩浩汤汤，横无际涯，朝晖夕阳，气象万千"的景观！

④在虞山搞景点，就是要人工环境与自然环境相结合，要使其达到巧夺天工、浑然天成的程度才好。

城市建筑与自然景色、园林绿色相结合，城市与农村相结合，就可以创造各种适宜于人们不同需要和活动所需的连续空间。我们前人的经验和长处，是应当认真学习的。

碧溪镇的开发建设反映了社会主义的新型的城乡关系。城乡两种经济互为依托，两个市场互相利用，两种资源互为基础，两种资金互相流通，使城乡恢复了生机，搞活了城乡经济，加强了工农联盟，建立了新型的密切的城乡关系。这是很好的成绩。

你们生产上海"名牌"产品，这也很好。你们这里建立了城际间的经济来往，创造了更大的经济自由活动舞台，这是一大飞跃。

如能在长江岸边，建立一个风景旅游区，我看前景不错。搞现代化建设，就要通过城镇带动农村，这个问题值得再研究，再实践。

城镇化是社会经济发展的必然趋势。合理的发展模式，应是大、中、小城市，集镇和农村组成的多层次网络体系结构，只有这样才能有效地控制人口盲目向大、中城市集中。

要正确处理城市现代化和保持发扬特色城市的关系。常熟是山水相映的美丽古城，现代化不都是一副面孔，也绝不能把现代化只理解为高楼大厦、立体交叉，叠三架四。现在有一种倾向值得注意，就是不考虑当地的特色和具体条件，盲目模仿大城市的和外国的某些模式，就是不从实际出发，贪大求洋，把城市搞得不伦不类。

城市发展的中心就是要积极发展工业生产，常熟坚持发展轻纺工业，这是有米之炊，一定能大发展（搞工业就是不能搞无米之炊）。电子工业你们也有前途，要把你市的国民经济计划、工业技术改造规划与城市发展规划紧密结合起来，应当形成城市发展统一的战略部署，并要明确在总图上。你们的总图还不明确（例如兰州西固的那个留字）！

写于1980年3月

人间今日即天堂

——对杭州编制总体规划的几点意见和建议

一、总体规划的制定

来杭州走马观花地看了西湖的主要风景点和市辖区内的5个县镇，看了之后感到杭州和兰州所存在的问题几乎是一模一样的。这两个城市在20世纪50年代就做过总体规划，1958年两市的总体规划又一同代表国家拿到莫斯科世界城市规划展览会上展出，受到了好评！但由于种种原因，这两个城市的建设没有达到原规划的预期目的，我们干了30年了，只不过为现代化的城市建设和发展清除了一些垃圾，开拓了一块还不够完整的基地，初步形成了一个骨架而已。

城市建设上的欠账不少，缺口很大。居住紧张，旅游拥挤，交通不畅等等都处于超负荷的运行状态。给水问题尚待解决，雨水污水的排除（普及率很低）还谈不上根治，工业三废污染不小，尤以水质污染特别严重。前几天我们到临平看到上塘河的那股又臭、又黑的污水一直从杭州流过临平，市中心区的大运河段以及东河、中河也全部变成了臭水沟，严重地威胁着人民的健康，风景资源和生态系统都受到了破坏。据介绍，杭州近郊的河、塘里的鱼虾濒临灭绝，这和素有"天堂"美称的杭州太不相称了。这种局面已引起省、市领导的重视，并正在加紧编制新的城市总体规划，研究和解决这些问题，这是件令人兴奋的大事。杭州的建设事业今后不能零打碎敲，腰痛治腰，腿痛治腿，应有一个总体的全面的战略考虑。杭州饭店、18层的五塔大厦、市中心区的运河西侧的工厂和仓库的分布层次、体量都是缺乏总体全面考虑的结果。至于"见缝插针"的问题现在还有。填河填塘还要慎重为是。恕我直言，杭州不仅是杭州人民的杭州，它不仅是全国人民的杭州，而且已成为世界人民心中向往的杭州，杭州这个地方贵就贵在于此。要充分维护和保留这个地方的空间价值。

杭州的城市性质已定（现代化的风景城市），而西湖风景区已天然地成了国家级的风景区，市规划局和园林局的同志们已做了大量的调查研究分析工作，掌握了不少第一手资料，同时也有美好的设想，只是设想还不够解放，不够大胆。我们应当理直气壮地给省、市领导当参谋，我们要抵制和批判"规划空虚论"的错误倾向。10多年来，"规划无用，占地有理，违章合法"等错误倾向不断出现，严重地破坏了城市规划和建设，这个问题，哪一个城市都有实例。我们搞总体规划的同时，把这些问题调查清楚，我们就有发言权了。对违背城市规划建设项目和工作中的分歧意见，我们规划工作者有义务事先提出我们规划的意见，事后则要实事求是的总结经验教训，就一定会得到领导的重视的。

我们的城市规划，不可能毕其功于一役而一劳永逸。就是总体规划搞出来了，国家批准了，也绝不是一成不变的，在执行过程中一定还会有部分的修正。

编制杭州总体规划，已打下了良好的基础，我看了总图，感到规划的着眼范围还嫌过小，例如，杭州的工业合理布局，还应慎重研究，不能只考虑杭州的建成区，起码应扩大到市辖区的7个县镇，全盘统一考虑才好！环境保护，水源保护也应该放眼到郊区的江、湖、水库里去，统一考虑，先有个市辖区内战略性的总体考虑，然后回过头来重点搞杭州建成区的总体规划。

研究杭州建成区的总体规划，有个前提要先定下来。杭州的城市性质既然是"现代化的风景城市"，顾名思义就要把49平方公里的西湖风景区和49平方公里的建成区共98平方公里的地区规划得"浑然一体"——杭州今后只是一个有风景的城市，还是个"浑然一体"的到处有景色的有"诗"如"画"有旋律的城市？我说，应该是后者。应该不是杭州市里的风景，而是风景里的杭州市。

现在这些总图，像是"现状"的扩大！当然我们要慎重对待现状，要有创造性的发展！要创造新的风景线、新的风景点，把杭州的城市园林绿化和西湖风景区的规划都纳入城市园林绿化的总体规划之内来统一考虑，不能各搞各的！这次搞杭州总体规划，应搞一个包括西湖风景区在内的"杭州地区园林绿化总图"作为专题上报国务院审批！

二、关于水系规划问题

建议杭州总体规划图纸中应搞一个有一定深度的"河、湖水系规划"的专项图纸和说明。杭州大运河通过市区、江干、湖滨、大运河两侧，包括上塘两岸，甚至包括中河、东河、铁沙河。例如，如果打算把中河填死修大马路，这种做法值得慎重考虑，不填死它，而治理、扩宽它行不行？一位居住杭州70年的老同志对我说，原来的西湖水可以流进浣纱河，原来的浣纱河碧波荡漾，河岸两旁绿柳垂金，环境很美，现在这条水系被填死，改做防空洞，起不了人防作用，倒成了蚊子的滋生地。杭州的河湖水系正是杭州城市的特有风貌，大运河和上塘河基本平行着，现在已有小河接通，稍加人工修理即可成为一个"日"字形环行水系，可辟为水上交通线。再把沿河两岸绿化起来，以水为界，形成几块居住区，当可成为杭州的"威尼斯"水乡式的居住区，这有什么不好呢？东河是个死头，两岸扩大一些绿地，一河两路，在河与次干道之间这块条形地带，房子拆除后可改为滨河绿地，使它成为一条滨河风景路。在绿地中可考虑搞一条南北向的自行车专用线。总之，杭州的水系规划大有文章可做。杭州的河湖水系是创造风景城市的有利条件，这个好条件，我们应当加以充分利用才好！

杭州地处大运河水系的上游，静水位时间长，冲刷能力小，这个问题要想办法解决。解决好这个问题不但能造福于人民，必将给杭州多添很多风采。"六月溪风洒面凉"的境地又恢复了。

大运河新线将从市中心区通向钱塘江，这个打算很好，这条运河新线应当成为新杭州的新风景线，新水上交通线，把这条线规划好、绿化好，意义重大！一条碧水，夹岸桃柳又是一条滨河风景路。至于原考虑的大污水处理厂，可以尽可能沿钱塘江向下游移。在这儿如果看得见钱塘江观潮，还可以在这块未来的三角洲上创造一处可以观潮的新风景点。

三、关于城市道路交通规划问题

当前杭州的道路交通是在超负荷运转，主要是南北拥挤，东西也不够畅通。市内和西湖风景区交通也十分紧张。造成这种情况的主要原因之一是道路的普及率太低，杭州的道路建设跟不上形势发展。因此，打通拓宽南北向的中河干道势在必行。问题是中河干道怎样拓宽才合适？我建议中河不要填死，治理这条水系，两路一河呢？还是一路一河？值得再细致地研究。同时，要创造条件打通秋涛路、凯旋路，把过境车辆引出去，这样可以大大减少市内的车辆拥挤和城市噪音。即使中河大路拓建出来，也不能走卡车。

东西过境线，应考虑在适当位置另辟一条，而不应是南环路。南环路有一大段应成为滨河运河的风景路。这次修订规划，应下决心把炼油厂和其他有污染的工厂搬出去，仓库码头也要有计划地逐步迁出市中心区段的运河两侧，起码从现在起再不要往这里挤了。现在这条水域是杭州的一条盲肠，而且是有了严重炎症的盲肠，对它就要施行手术。当然困难很多，舍不得迁，也是常情，但从长远来看，总是功不抵过。

解决城市交通问题，拓宽马路不是唯一的办法，各种道路功能要考虑各种车辆分流办法，仅用主次干道和支路这种分法不行了。因为现代的城市规划和它的管理问题，已是一个多学科相结合的综合性学科了，它早已超过我们在20世纪50年代以组织城市广场、干道和建筑群艺术空间为主要内容的规划，已不能应付当前城市的各种需要了。今天的城市是一个高频率的活动体，而且是"几度"的空间活动体。例如，杭州的城市就包括了西湖的动态特性，与20世纪50年代相比，哪有这么样的"到处挤"！城市的人流、车流的增加和运动速度的加强，拥挤的情况是越来越突出。我们大约估算了一下，到杭州的内宾、外宾每年不少于120万~140万人次，并且与日俱增，怎么办呢？在规划上我们就要研究杭州规划包括西湖风景区的"容量问题"，否则会自食其恶果的。

杭州这个风景旅游城市，要比一般城市的各种活动量大，因此更要适应高效率、大容量、长距离、低消耗（物质的和时间的消耗），这种客观需要简明地可以概括为活动的高效率和高效能。这种活动反映在城市内部、城市与郊区、城市与风景区、风景点与风景点之间的各种活动的联系上。

我们现在限于技术经济条件，实现交通现代化还要有个过渡，但无妨考虑个方案作为远景规划，从现在起就要预留位置，以虚线表示控制起来，今后不准任何建筑物构筑物侵占，给子孙后代留个条件，给现代化国际化的高速公路留个条件。

当前杭州解决市区、市郊、市区和风景区的道路交通问题，应当是普及与提高并举，以普及为主。例如，西湖风景区有不少口袋形的道路，这不行。连接各风景点的环形线，应当早日打通，包括隧道建设。萧山一个厂就搞了两个隧道，难道西湖风景区打通几条隧道就那么困难？也可以和人防研究，搞平战结合嘛！这比填浣纱河有意义！

四、关于杭州的工业合理布局问题

往总图一看，最使人难受的就是市中心区大运河南岸那片工厂和仓库区，摆得不够妥当，当然这是现状，规划局还无力叫它们搬出去。但这样下去，杭州要成为现代化的风景城市，那将只是一句空话了。这儿的大运河又黑又臭，浮油可以燃烧了，远远超过了兰州的水体污染，展览馆的珍贵油画都不能在那儿展出，长此下去，活人将怎样生活下去？从萧山远望大江东岸的几个水泥厂，浓烟滚滚把玉皇山都盖住了。沿江一带工业、铁路太集中。这些情况应引起我们的注意，积极治理工业三废，要从工业的合理布局入手，当然这事就是难办，这就要我们下番功夫，对有严重污染的工业进行一下细致的调研工作，保留它，发展它，限制它，转产或迁出它，应在这次修订总图的同时，提出我们的意见。起码自报公议一番吧！起码应通过这次规划，我们先彻底摸清情况，再向省、市委和国家建委，甚至国务院领导说说我们的规划意见，争取领导重视和有计划、有步骤地解决一些问题。

大运河南岸的炼油厂应该迁出。今后也不能迁出一个厂又来一个厂，市中心区的大运河段应明确规定今后停止在那里再建任何工厂和仓库，仓库应另辟新区。这次修订总体规划，要真正根据工业性质、地形、气象条件和所在地区和社会环境进行专业分区。工业区内的新规划不一定都画满，要留有余地。工业区的规划、绿地也是个重要内容。现在没有工业项目，我们不一定硬把工业区都画成一片咖啡色，留块绿地（就是种菜种稻）有什么不好？实际上，人们是离不开绿化的。星期天人们到处寻找绿地，而绿地又接受不了大量人员的参观，结果公园风景区成了赶庙会的，使城市交通量大大增加。所以，我说工业区内都应有一块足够容量的绿地，它不仅给人们以享受，它更能起人防作用。在工业区内布置一定面积的避灾公园绿地，防地震、防火灾，这有什么不敢干呢？日本在这个问题上从严重的教训中已经醒悟过来了，我们的思想解放得还很不够。创造一下试试嘛。杭州可以结合城市性质，将工业区规划成为花园工业区。为此，工业区现有的水系，更不能轻率地填掉它，以水系作为防止火灾延烧的河道和林带岂不是更好？搞工业区规划要注意一个"留"字，留有余地，以免被动。我想保护林木和水系也应该和保护文物的精神一样才好。

30年的实践告诉我们，经济活动、生产活动是不太好预测得很准的。尽管如此，城市规划总是百年大计，我们就要下功夫来研究它，否则以后一定会发生后悔之事，悔之晚矣！

"现代化的风景城市"这并不意味着排斥工业建设。也不一定要限制工业发展，问题是什么样的工业在杭州合适，要摆得适度。所谓适度就是环境容量、生态平衡和风景资源不受破坏，在这种情况下，还是可以摆些工厂的。

五、杭州的"三水"问题

给水、排水、雨水——这三水的问题不解决，现代化的风景城市就有些逊色。看来短期内解决这三水的问题还很不容易。但如何制止工业污染，严密保护水源，却是当务之急，这要有个专业规划。污水问题，当前应扩大管网普及率，先给污水一个出路，这是当务之急，而后再研究它的根本治理问题。把河湖水系规划搞好了，加上人工努力，杭州的雨水排除看来问题不会太大。

听说富阳上游和萧山上游也有工业污染，这个问题值得关注，祥符桥水厂的水源，是来自天目山的一条小河，听说也有工业污染，而且不轻。类似这些问题要有一个统筹规划，故此这次规划范围应扩大到市辖区内的各县镇去。要严格地保护水源，每天有10万吨以上的污水排入运河的这种情况，不能再继续下去了，应向国家呼吁！解决这个问题，还有仓库堆场的污水大量排入城内水厂的水源地，这就太可怕了。总之，杭州和我们兰州一样，在市政公用设施建设上有三大问题，第一是水，第二是水，第三还是水！这次修订总体规划，水的规划应是一大项。

写于1979年

对杭州风景区规划的建议

杭州是当之无愧的古今中外著名的风景区，我们能够参与这一规划工作，在庆幸之余深感识短力绌。在近一个月的时间内，初步做了一些实地踏勘，初步地结合过去兰州城市规划中走过的弯路，谈谈自己关于杭州风景区规划的若干意见、错误和不足之处，请予批评指正。

1. 明确规划的目标。

总体规划要明确主攻方向，主要矛盾解决了，其他问题就迎刃而解。应该说不是杭州市里有风景，而是风景区里有杭州市，我们的视野不应停留在杭州市现有的行政区划的狭隘范围内，应该以广阔的杭州风景区的整体来进行规划，这一地区内的规划和建设都应围绕建设好古今中外的著名风景区这一中心目标而努力。站得高才能看得远，才能规划全面。

2. 正确认识整体和局部的关系。

城市是一个有机的整体，风景区尤其是一个有机的整体。风景区应该做到浑然一体，有"诗"、有"画"、有旋律的境地。建设一座城市尤其是风景城市，是供人游览的，如果局部地修修补补简单堆凑，不顾周围环境的谐调性和融合性，随便乱建，这种局部不服从整体、不按规划原则办事的做法必须纠正。

3. 保持和发扬历史的一贯性。

"上有天堂，下有苏杭"这句话是天上掉下来的吗？不是的，是我们的祖先辛勤劳动的结晶，是悠久历史积累的文化财富，是中华民族的骄傲。杭州的每一个古文物都有一定的价值。"采菊东篱下，悠然见南山"，东篱下的菊和南山谐调在一起，正是中华民族文化之粹。我们规划杭州风景区离开中华民族历史的一贯性，那么苏杭就不成其为苏杭了，如果过分地搬入外国的建筑艺术，以修高楼大厦为美，以西洋风景为幽，我们就不必来此地旅游了。凡是历史性的古迹、文物、风景、建筑，包括一草一木都要保留维护。杭州这个地方贵就贵在于此，要充分维护和保留这个地方的空间价值。

4. 充分注意环境整体的谐调性。

发扬历史的一贯性，并不等于复古，也不等于排斥现代，应该古为今用，洋为中用，推陈出新，有的放矢，因地制宜。新建的每一个建筑，每一条路，每一个风景都必须周密考虑周围的环境，使之与其谐调，增加整体空间价值。

5. 增强空间价值观念。

一张好的图画并不一定是大红大绿的，这样的图画除了令人生厌以外，再无价值可言。"欲把西湖比西子，浓妆淡抹总相宜"，西湖的价值就在于此。我们的祖先善于利用空间创造价值，我们在这方面要多加努力。

6. 调动一切积极因素。

山高有高的好处，低有低的好处，水深有深的好处，水浅有浅的好处，重要的是周密调查、细心研究，做到地尽其利、物尽其用。例如，运河如果废弃它，土方工程很大，应该化消极因素为积极因素，在运河的基础上修建公园路。在运河西侧分段修建小游园、人行步道、广场、水池、喷泉等等，还可以设些小商店，修一条现代化的公园路。或者再整理一下，依旧是一条运河，使它担负一部分交通功能也未尝不可。

7. 在规划的前提下做好设计。

总体规划是绝对必要的，没有人手一份的乐谱，没有固定的指挥者是奏不好交响乐的；同时，离开每个奏乐者的精心演奏依然是不行的。

规划工业区要把该企业的整个工艺流程搞清楚，而且要选择最优的生产工艺条件，设计高效率的生产线，没有这样的精心设计，即使规划了，也南辕北辙，对不上号。

规划游览区尤其应该精心设计，工业设计是为生产，风景区设计是为旅游，如果不投其所好而择其所厌，同样南辕北辙。例如外国人来中国是为了看中国的特点，你偏把外国的照搬，他就失望，就枯燥。你把中国的风格、中国的特色给他看，把中国的住宅给他住，他就感到新鲜；把中国古代艺术给他体会，他就神往就回味。在风景区的设计中，什么是艺术，什么是美的概念应该明确，杭州地区的审美观应该以过去数百年来所赞叹的那种审美观为标准，同时进行一些结合实际推陈出新的创造。

我们不仅要建设中国的杭州，而且要建设中国历史的杭州和中国将来的杭州。杭州风景区规划得好坏应该用这个尺度来衡量。我们要继承我们祖先的光辉遗产，使它在我们手中接好接力棒，为杭州添彩，为祖国争光。

写于1981年

对西湖风景区的意见

杭州西湖风景区，是我们的"国宝"，一块了不起的"无烟工业基地"，把它规划好、建设好、经营好，当是一个聚宝盆。

1.应该细致地搞一张杭州西湖风景区和城市园林绿化综合规划总图，作为杭州上报总体规划的一份重要图纸，报请国务院同时审批。

没有这张专业规划总图无以体现杭州这个风景城市的性质。这个专项规划，既要保护好风景区，又要有所扩大，有所创造，有所创新。风景区规划设计是为了发展旅游事业，为了"风景出口"。对旅游者如果不投其所好，而择其所厌，将是南辕北辙。外国旅游者到中国来，最想看的是中国特点、特色，你把上有天堂、下有苏杭的中国江南的风采特色给他看，他就感到新鲜，把中国古老的文化、艺术、建筑给他欣赏，他就神往。所以说，这将是一个"大块文章"。搞好这块"无烟工业大基地"，会为我国社会主义四个现代化建设积累资金，这是吸取外汇收入、一本万利的重要途径（我们可以好好算这笔经济账），一定会促进杭州城市建设事业的大发展。我们这次搞总体规划，应搞专题的图纸，写一个专题的报告。西湖和杭州市辖区，是得天独厚的大自然风景优美的好地方，现在已经具有相当规模的旅游条件了，也是别的省份不能比拟的。搞好"风景出口"，前景极为广阔，起码应和发展工业同样被重视才对。

我们前几天做了一次画中游，行程三天半，从杭州经富阳、桐庐、白沙直到新安江大水库（千岛之湖）游了一趟，一路风光如画，旅游资源太丰富了。新安江大水库是碧波万顷，青山环抱，山川之胜，宏伟非常，这块水域就是一个天然水上大公园。

杭州风景资源之多、之大、之胜、之美，得天独厚，我们不能抱着金饭碗要饭吃。只搞西湖风景区规划是不够的，我们的视野不应停留在杭州市城市规划的狭隘范围之内，要把杭州市域内的风景区规划搞好，要整修和开辟杭州郊县的风景名胜点、线、面，并把这些风景的点、线、面组织到风景游览网中来，这才是高见。应该以广阔地域、以杭州风景区的整体来进行规划，站得高，才能看得远，才能规划得较全面。规划区域不局限于现有的行政区域为固定范围，可包括一切直接、间接、有关联的地方。尤以旅游规划更要放开视野。

2.在当前，在杭州发展旅游事业中，除了扩大旅馆，开辟江上航线，开辟公路交通，将来一定要建设高速公路，国际标准的高速公路。

建议在西湖区内的所有机关、部队、疗养院从大局出发，创造条件，退出占用的风景区，把所占用的古建筑退还或让给市上做接待旅游客人之用，以此缓解旅游的紧张情况。把必要的疗养院可以移到别处去，例如新安江等地。西湖有规模的风景点，据说原有55处，现在勉强可以开放的仅有29处，真正对外宾开放的仅有14～15处。北高峰、净慈寺、上天竺、中天竺、下天竺，有的改为工厂，有的为部队占用，应考虑改变这种情况。有30多个工厂建在西湖风景区，污染了湖水，污染了大气，占用了风景点。据说在西湖风景区内有100余个单位，应考虑逐步移出去。为了搞好西湖风景区，希望考虑"解放西湖，废除割据"，拆除不必要的围墙，希望在有可能的情况下把西湖禁区"还景于民，与民同乐"。

3.西湖风景区的环境"容量"问题已到了科学合理解决的时候了。

前几天我们参观了"灵隐"，真是人山人海，你挤我我挤你，这样赶庙会，有人就不愿意再去挨挤了。这就提醒我们规划工作者，要思考一个现实问题，姑妄叫它为"观赏""视觉"或者"容量"问题吧！我们怎样在规划上解决这个问题呢？应是总体规划要考虑的重要内容之一。

要研究西湖风景区内的每个景点、古迹、名胜，到底容纳多少旅游者（包括机动车辆和自行车），才不至于产生视觉、观赏以及社会治安交通上的"大"问题，我们要有个解放思想的大胆设想。旅游者如何分散和集中，我们应当研究出一个规划方案和政策。听说在江干（钱塘江果园内）准备搞1万个床位、近22万平方米的旅游宾馆，再加上服务人员的用房和住家用房，这个地区估计将有4万～5万人，这就成个旅游城了。为这1万名旅游者服务，没有600～1 000部大小车辆恐怕不行，而每天这上万的人、上千部的大小车辆，都出来溜达溜达，交通秩序将无法维持，而且还会有其他相应的服务问题。为此，建议要慎重从事，认真的再研究一下这个方案。1万个床位有22万平方米，太大了，有个3 000～4 000个床位就够意思了。我赞成余森文等同志的意见，分散为好，大分散，小集中，甚至可以考虑分到杭州的郊区去。如果一定要修高楼宾馆，可结合旧城改造，尽可能放到市内去，远离西湖，不要喧宾夺主。

4.今后环湖的新建筑的风格与体量问题。

这个问题许多专家都有评说：众望所归，在西湖风景区内今后搞新建筑应有"五忌"——高、大、洋、浓、密。这是郑总的意见，我表示完全赞成。

西湖的山水特点是有山山不高，有水水不大，可是无山不青，有水皆碧，这是它的通体之美，自古以来就把它比做西子。西子啥样，虽没看见过，她定比贵妃窈窕。西湖的通体是秀雅，宜淡抹，而不宜浓妆。虽然古有"浓妆淡抹总相宜"的赞词，但这个"浓"字，应是万绿丛中几点红的"红"。在西湖搞建筑物，注意不要破坏西湖的通体美，而是如何利用建筑、花木，构成淡雅、精巧的园林风格，而一定是中国的江南的园林风格。庞然大物的建筑不宜摆在环湖地区。吴山腰里那栋手表厂大楼和另一栋气象单位的大楼大煞风景。西泠饭店那栋大楼，把一座山都挡住了。前几天到岳坟，看到杭州饭店的小礼堂竟盖到岳坟墙边，如此庞然大物硬挤在那儿，太欠妥当。今后在西湖区搞任何建筑，应充分维护和保留这个地方的空间价值，要充分注意环境整体的谐调性。发扬历史的一贯性，这并不等于复古，也不等于排斥现代。古为今用，洋为中用，推陈出新好嘛！但要有的放矢，因地制宜！在西湖区今后新建每一栋建筑，应当周密考虑周围的环境，使之与其谐调均衡。在增加整体空间价值上下些功夫。我们的祖先，善于利用空间创造价值，值得我们好好学习。产生价值和多花钱不是一回事，多花了钱，创造不出价值的事例，在西湖旁边并不是罕见的。杭州饭店的小礼堂盖到岳坟旁，这对文物古迹景区，不是创造了空间价值，而是降低了空间价值。

西湖风景区内的名胜古迹因为建筑都是粉墙、黛瓦、秀美、淡雅、和谐，再加上苍松翠竹、湖光山色这一切表现了它的通体美。今后在环湖地区搞建筑请参考古代两句诗："倾国宜通体，谁来独赏眉。"在环湖地区，在山麓地带，尤其是不要建方盒子式的庞然大物。到底应该修成什么样的形式？一句话是说不清楚的。总之，要"量体裁衣"，你衣服做得再漂亮，可是"西子"穿上不合适，那就给"西子"减色了。万不可喧宾夺主，只能装点湖山。建议在搞总体规划时，起码要把西湖环湖地区（包括西湖在内）搞一套立体的规划方案（或模型），这样也可以看出问题，便于研究。

在西湖区今后搞建筑，对于局部与整体的关系，似乎有必要重新认识。城市是一个有机整体，西湖风景区尤其是一个有机的整体，不能各顾各。今后在风景区里搞建筑，应做到浑然一体，达到有"诗"、有"画"、有旋律的境地。例如一个管弦乐队，尽管每个人奏得如何之好，可你吹你的，我奏我的，还有什么悦耳可言呢？

5. 关于风格问题。

郑总已谈了不少，我都同意，在环湖地区搞新建筑，要照顾民族的地方的传统风格，风格要具有感染作用。很多外宾旅游者对中国民族形式的建筑倍加欣赏与赞美。我说的建筑风格，是不是就是复古呢？我个人看法是：古之精华所粹者，何乐而不复？古之糟粕，当然要丢而弃之。古为今用，杭州同志作出不少成绩。玉泉观鱼的建筑群，我很喜欢，城隍山的说书场、茶厅，搞得也朴素大方！建筑风格应当作用于人的感觉，给人一种感受、一种联想、一种体会，并具有一定的美感要求。搞西湖风景区各类建筑要考虑古为今用的民族风格，特别是地方的优秀的传统风格。外表太洋气了，那就不是杭州了。我们所以强调西湖风景区的建筑风格形式问题，因它与杭州的城市性质关系很大。西子湖畔今后将要建设成为一个什么样子？切要慎重从事，要广开言路。众人是圣人，方案可多征集些，比较比较有好处。郑孝燮总工的"五忌"概括得很好，值得研究。各地的园林建筑风格都有各自的特点，如果把兰州搞的一些西北风格的园林建筑拿到西湖来，就显得太重了。在杭州西湖区搞建筑我们要强调杭州的地方风格。省委大楼戴的那顶大帽子就不是杭州的风格，显得有些不协调，帽子戴得不对号。今后在杭州西湖搞园林建筑或其他建筑，希望不要搞"南北大杂烩"。我不是否定传统与革新，我是说：革新应当尊重传统，尤其地区的优秀传统，不能割裂历史而侈谈革新。

有人说：搞总体规划是个多余的劳动，干脆咱们搞一条街，搞小区规划就行了，我看这不行，不能本末倒置，这样搞欲速则不达。像作战一样，打仗就要有个战略，根据战略来研究战术，战术不能代替战略。总体规划和详细规划既要有所区别，又不能混为一谈，既要紧密配合，又不能截然分开。大家都知道总体规划是详细规划的依据，而详细规划是总体规划的具体化。总体规划在实施过程中，一定会出现不足之处，那我们可以在详细规划中加以补充和修订。这和改文章一样，那不是全篇抹掉重来，而是越修改越好！看来杭州的总体规划要做得更详细一些，正如周干峙同志所说："对一些影响较大、要求高的重点建设地区，如湖滨、大型建筑群地区、广场，要做些细部规划方案，定个基本布局，使详细规划和设计工作有所遵循，少走弯路。"

配合着总图上报，应搞一个有实现可能的"近期规划"，这很必要。这个规划要重视进行建设的各种实际条件，不能只从需要出发，不顾实际可能，但也不能只谈可能，不照顾将来。搞近期规划要纳入国家与地方的国民经济计划，把需要与可能紧密地结合起来，使规划建立在可靠或者比较可靠的基础上。更要估计一下城市建设总造价，争取把某些项目列入国家计划之内就好了！

总体规划是绝对必要的，省、市委要抓起来。要规划和建设杭州，应有三个注意：一是中国的杭州，二是中国历史的杭州，三是中国型的现代化的将来的杭州，这是人人皆知的。要在规划中体现它，就要付出巨大的努力。因为，要把杭州规划好，这里面包括许多问题，值得深入调查研究和分析。杭州，我们继承了中华民族祖先、劳动人民的光辉遗产，在我们手中，要接好接力棒，为杭州添彩！我完全相信杭州的同志可以胜利完成光荣的规划任务！

来杭州的时间不久，所谈的意见一定会错误不少，仅供参考。

写于1979年5月

杭州园林绿化的设想

一、西湖状况

西湖因在杭州城的西边故名，总面积49平方公里，水面5.6平方公里，环湖一周15公里，有外湖、里湖、西里湖等5个水面和4个岛屿，如孤山、三潭印月。西湖诸山属天月山脉，山不高，最高的山是天竺山，高405米，实在是典型的丘陵地区。市区是冲积平原，在西湖风景区里面穿插了若干溪、泉、涧、洞，自然资源很丰富（三面环山一面城）。平均气温16℃，最高气温40℃，最低气温-10℃，夏天受台风影响。年平均降雨量1 500毫米，四季分明，夏闷热，冬天冷。林木多是混交林，落叶和常绿树混交，大部分为次生林和人造林。

中华人民共和国成立后，对西湖园林建设极为重视，首先是大面积的造林，植树有2 500万株，共有6万亩，造林5万亩，城市绿化600万株。16条马路中有180公里有行道树，共计4.2万株。大的公园有植物园、动物园、花港观鱼、柳浪闻莺。现在苗圃1 500亩，花圃500田。疏浚西湖，平均深为1.8米，清污泥770万立方米，相当于33条苏堤。

环湖这一圈里（环湖地区）总面积约3 600亩，环湖路内侧包括孤山270亩，共约4 000亩。"文化大革命"期间，被占用的面积有1 200多亩（这仅指各单位，还没计算1 000多户住宅所占面积），但在规划上，这3 600亩是环湖公园的绿地！

更有些风景点，或因长期失修，或因交通不便，至今未能开展旅游业。55处风景点中，一般能对外开放的仅有29处，"双峰插云"早已有名无实了，对外宾开放的仅有14～15处。

山林方面的情况，已出现疏林地区，由于病虫害的发生，造成大批马尾松死亡（山林的1/3是马尾松，占1.8万多亩）。还出现了毁林种茶、毁林开荒的现象。由于人防工程、挖井，破坏了地下水系，很明显的例子是黄犬洞，玉泉水质量也受到影响。天竺溪和九溪过去的水量很丰富，现在却枯竭了！

市区的绿化面积平均每人为0.69平方米，建成区公园绿地有51公顷，算上动、植物园，每人1.75平方米，风景区里的公园绿地，每人4.17平方米，风景点每人4.78平方米。怎样计算，请大家研究！

二、设想打算

为达到园林绿化的目的，必须做到：

1. 西湖列为全国自然风景的重点保护区。

在规划中，山水兼顾，江湖兼顾，以西湖为中心，以风景名胜为重点，普遍绿化为基础，充分发挥江、湖、山、林、洞、溪、泉等自然风光的特点。要妥善保护古建筑和各种文化遗产，扩大园林面积，丰富园林景色，充实风景游览的内容，增加游览道路和设施，开辟市辖区内的外围风景线，逐步形成山山相连处处相通的点、线、面连接的风景区。

2.确定风景区的保护范围，应分三级管理。

环湖地区应为一级保护区，风景区为二级保护区，外环应为三级保护区，为此要求一级保护区只出不进，只拆不建（现已有人口2.7万人，其中农民有3 000户，约1.2万人），对医院、疗养院，首先要控制其发展，逐步创造条件改为旅游用建筑。在二级保护区内，与风景无关的建筑不许建，这一条一定要坚持。在三级保护区，一切建设项目都要经过一定的审批手续，严格审查通过后方可再建。三级保护区以外，还要划几处应保护的风景点！

3.二湖、两峰、三泉、五山、九条路的近期建设。

（1）扩大环湖公园的绿地面积。现共有12万平方米的各种建筑，有的建筑要拆除，有的要保留，有的要改建，尽可能地把它们打通，特别是围墙要拆掉，只许迁出，不得迁入。省科技局、博物馆，因为还要发展扩建，最好先迁出。

（2）引水进湖。青山水库如果够用应引进活水。

（3）两峰（南、北高峰，包括4个洞属南高峰区）。保持自然风貌，主要风景特点是林、泉、石，北高峰要开放；天竺的数厂迁出后，上天竺应辟为旅游休憩处，中天竺搞竹的种植及竹的工艺品，下天竺辟为花圃。

（4）三泉。虎跑泉（已有方案）。龙井泉应保持原有风格，可以宣传一下龙井茶和其他中国名茶。玉泉要发展其（玉泉观鱼）"鱼"的特点！

（5）五山（吴山、九章山、玉皇山、北山、五云山）。在吴山上可搞个建筑群，九章山为陵园区，五云山（在云楼旁边的高山）下有云楼的竹林，并有唐的银杏，还有钱江果园区！可利用钱塘江作为水上运动场。

（6）九条路：很多风景名胜点都在山区，交通不便，缺乏登高鸟瞰的地方。要开辟道路，把游人引上山顶去。

4.其他问题。

（1）岳庙的修复。

（2）灵隐的美化完整。

（3）护建"曲院风荷"（北面，以荷花为主，南面以鱼为主的不同风景区）。

（4）恢复、整修净慈，可研究是否搞个碑林。

（5）阮（小二）公墩，湖中的一个小岛要创造一番，要继续扩建动物园、植物园、花园、苗圃。

（6）扩大市区的绿地面积，使绿地不低于市区总面积的25%，新建市区绿地应不低于30%，要开辟东湖绿带和市区公园绿地。

（7）道路系统，要注重道路的修建。从飞机场进城，从火车站进城至今都还没有一条像样的风致路。

（8）西湖山林管理问题和林权问题应彻底解决。近山应以风景林为主，远山可搞薪炭林，每个景区都要有主要林象，如吴山以香料，天竺以竹为主等等。

（9）毁林建茶园，大有得不偿失感。近几年毁林约600余亩，砍树约万余株，改成了茶园，茶每年亩产100~200公斤。

（10）如何开辟新的旅游区？要有原则，首先要打破禁区（不能到处是"游人止步"），废除"封建割据"状态。旅游事业应有利于风景点的开辟与建设，而不能独占，让少数人来享受——这要有一个法律的规定。

（11）西湖土地使用问题，应定一个细则，作为法律解决的形式定下来，征而不用的土地要交回来！1977年，皇叔路塔的背后，浙江省财贸局盖了大楼（还是浙江省军区的油库），是两个单位私自进行交易，要了28万元做了土地买卖，占了国家林木土地45万亩；以"人防工程"名义占用的国家土地开了20多个洞口，共占800多亩土地；浙江省环办在葛岭的违章建筑有4 000多平方米，以"人防"名义建了个汽车技校，几十部车辆停在马路上，把树木都砍光了（黄龙洞附近）。

（12）杭州邻县的"外围"风景点的问题。萧山有湘湖，原是个风景点，搞了大运河可以直通湘湖。可是搞了一个围湖造田，搞了一个砖瓦窑，全把湘湖给糟蹋了！

等等问题，尚需我们进一步认真研究。

写于1979年夏

千金不须买画图

——关于绍兴编制城市总体规划的意见和建议

绍兴是江南历史悠久的文化古城，水乡古国，为古服荒之国，禹平水土肇九州，隶属扬州域，隋改吴州，唐更越州，南宋绍兴初置府，明仍为府，清因之，民国废府，并山阴会稽为绍兴县。

绍兴建制甚古，并以古迹见称，禹陵、越王台、兰亭、柯亭、柯岩都称山水之妙。柯亭在山阴县7.5公里处，三面临水，山水幽美，足以浇涤尘襟。柯岩在东湖距城仅7公里余，后人凿石成穴，穴外可仰视会稽山，俯瞰鉴湖，历历在目，这些文物古迹，都给绍兴规划增加了光彩。

对绍兴这座历史悠久的文化古城，我在50多年前读《兰亭序》时，虽不能至，却早已心向往之了。看了绍兴城区之后，有两个突出的感受，一是我国古今文化的光辉传统（值得骄傲），二是我国古代城市规划的杰作。观绍兴全城，对我们祖先2 000余年来的规划和建设，对它的城址选择以及它的整体布局，尤其是充分地利用了水系交通这一点，表示折服。基本上达到了城乡兼顾，有利生产，方便生活的要求。条条水路，通到家门，水路、陆路交通互相联系，四通八达，城乡畅通，远达曹娥、甬江，可从绍兴城内泛舟江、河、湖、海。由此可知，自隋唐南宋以及明清等代，绍兴城内这些水系，就充分发挥了它的功能，而且至今它的功能和作用并没有减退多少。绍兴古城原有9门，其中有7门为水门（只能通舟）。城乡物资交流，可以交汇于城郊，更可集中于市中心区。把山水、城乡、田、村、路、桥很自然地联系在一起，融合在一起，在物质建设的同时创造了文化价值。仅就这座古城的规划和设计而言，应该说是我国城市规划历史上的一个杰作，值得我们后代总结和学习，可写入中国城市规划史里，写入世界城市规划史里。

绍兴城本身特点很多，大街、小巷、民居院落里青石板铺地，小河夹道，边河边路，三步一桥，家家踏步下河，到处都有功能和美学上的价值。李可染的"江南水乡"画得惟妙惟肖，灰砖青瓦，粉白墙面，乌黑廊柱，淡雅轻巧，园庭建筑也是粉墙青瓦，檐牙高啄，各抱地势，再配以苍松翠竹，花木参差，亭栏曲折，别有一番风情。这一切都表现了绍兴古城的通体之美。可见我们的祖先、劳动人民，在规划和建设这座城池时，规划视野不是仅仅停留在绍兴城区这块狭隘的范围内，仅就它的水系规划和城区内3座独立的山都是有群众观点和功能要求的，一遇战乱、水患时，又有御敌和避难之用。

从绍兴地区的山川形势可以看出，祖先建设绍兴城不仅是有规划，而且主攻方向明确。规划全面，善于认识自然、改造自然，善于利用空间创造价值，这在当时也堪称一处杰作。

这里谈谈我对修订绍兴城市规划的看法和建议。绍兴城区是一处"千金不须买画图"的好地方，据同行陈占祥总工程师讲，绍兴与威尼斯相比也毫不逊色（他到过威尼斯）。

今天我们搞绍兴规划不是在白纸上搞，而是在"锦绣"上搞，要特别小心细致才是。搞绍兴城市总体规划首先要明确主攻目标，拿规划术语来说，就是要决定城市性质。主要矛盾解决了，其他问题就容易解决。

听了绍兴文管会方杰主任和杭州大学的王嗣均、张友良两位老师介绍后，深深感到绍兴已做了大量细致的有益工作，问题考虑得比较全面，有很多好的设想，为进一步搞好绍兴的城镇规划打下了良好的基础。我相信在省、地区领导和国家城建总局的大力支持下，在全国各地专家、学者的关心下，新的绍兴规划一定会焕发出新的光彩。

一、关于城市性质与规模

根据绍兴地区的地下资源和其他工业资源，国家尚不会在这个地区安排大的"生产力"，现在还看不出明显的前景。这里不应发展为冶炼工业基地或有其他污染的重工业基地，在这儿发展大的文化教育和科研事业中心，当前也还看不出明显的前景。当然，到将来我们国家的国力极大丰富之后，那就另当别论了。此其一。

提出了城市性质，以酿造（绍兴酒）为特点，是应该的。但大发展也是不容易的。即便每年酿造绍兴酒10万吨，对绍兴地区经济发展的促进力也是比较微小的，而且要用去好多的粮食。10万吨的酒要储存多年，如果储存3年后出售，每年产10万吨就不行了，还要多产，那么粮食呢？还要建仓库、要土地。这一单项的酿造工业是否是左右性质的主要因素？值得再探讨。我认为应以地方原料为主，要在充分调查的基础上确定生产规模。此其二。

一个城市的生产发展了，其他事业才能发展。当前绍兴要大发展，却不能以牺牲为代价来换取"财富"。利用绍兴有利条件发展农业和外贸，应根据绍兴地区自然条件和水乡的特点，利用本地区资源，依靠自己的力量，集中把传统的轻工业、手工业产品和农副土特产搞上去。可以广开农副业生产门路，因地制宜地发展多种经营，如水稻、蔬菜、塘鱼、塘虾、蚕茧，甚至养花、养鱼，还可利用荒山、荒地营造花果山，利用水塘养鸭育鹅。另外，要大力发展对外贸易，发展多种经营和社队企业，发展纺织工业，发展纺织印染业及其他有历史传统性的轻工业，这些都是合理的。但同时要防止河湖污染问题，要考虑鉴湖和其他水系再不能被污染。此其三。

绍兴城濒运河南岸，铁路、公路、水路交通便利。有运河可达萧山之西兴，东与曹娥、甬江相通，从水上可做江、河、湖之行。这个优越条件，我们搞绍兴总体规划时，应充分考虑。正因为交通方便，则完全可以把绍兴及其郊、镇的名胜古迹和各个风景点组织到以杭州为中心的旅游网中来，大力发展旅游事业。

我说"一定程度"，是因为仅靠东湖、禹陵、兰亭等几处名胜古迹吸引旅游者，其吸引力还嫌不足。三面临水，风景优美，足以洗涤尘襟的柯亭等，一些名胜古迹已多遭破坏，都应积极进行整修复原。为了吸引旅游者，在园林建设上扩大景观，想些点子，还要下一番功夫才行。例如，禹陵正在进行整修，这很好。游客中恐怕了解大禹治水肇九州的历史的人不多，外国人恐怕更不知道大禹是何许人也，还有待我们宣传一番，才可引人入胜。如果重整禹陵，素画全身，再扩大并美化禹陵景观，宣传大禹平水土肇九州的动人事迹，这就更有意思了。

兰亭——晋王右军修禊赋诗、作序于此的地方，不但应该整修，还应考虑扩大景观，起码应把"此地"有"崇山峻岭，茂林修竹"，又有"清流激湍，映带左右"的景观恢复起来。对王右军的书法，日本人知道的较多，而西洋人知道的不会多，如果依靠这些名胜古迹来吸引外国旅游者，似应深入调查、了解，精心规划、设计，不仅要有迷人的园林风景，而且要有美丽动人的传说，这样才能相得益彰。

我看，吸引旅游者的最大动力，应是有着古老文化，有着近代革命文化传统的江南大府城本身！绍兴城本身，应是让旅游者来看的"正面形象"。这个"正面形象"在我们的新规划中，不但不能破坏，似应"青出于蓝而胜于蓝"。不可割断历史，不可忽视文化遗产，应保持和发扬文化古城和水乡城市的特色，更要适当保存或复原创新水乡城市典型环境和浙江典型民居，加以功能上的现代需要，叫它古为今用，继续焕发历史文化古城的光彩。

二、关于城市特色与创新

绍兴城市本身的特色很多，大街、小巷、河桥、民居、边河边路、踏步下河、青石板铺路等等，都充满诗情画意。

新的绍兴总体规划，要考虑每一条水系，每一组有价值的古建筑，有特殊江南风貌的民居以及每一个局部风景点，更要周密考虑周围的环境，使之与其谐调、均称，要在增加整体空间价值上多下些功夫。

有没有必要在绍兴旧城内拓开50～60米宽的大马路？我希望市领导慎重从事。若干城市的实践证明，建设很宽的道路，就不可能很好地和保护文物结合起来。鲁迅纪念馆设计很不错，如果当时不放在现有的地方，则更能突出鲁迅故居地的"原始"风貌。

再强调说几句，搞绍兴城市规划中的城市交通规划时，要注意传统与创新的关系，应以传统为基础，而不是不顾传统，另搞一套。比如，绍兴城内的所有水系起着道路一样的功能，而且比陆路更有功能价值，河上舟船运输极为方便。我们没有理由把河填死改成陆路，非要用汽车运输，这岂不是一大浪费？一只小小乌篷船能载千斤重，较大者可顶两个卡车的运输，只是用点人力，而不用汽油能源，就可进行客运和城乡物资交流，这岂不是多快好省呀！仅这一点优越性就值得我们搞规划的同志三思。而且开拓水系，发展水上运输，节约能源，减少污染，岂不又是一举两得的事吗？

我们要把绍兴建设成有江南独特风貌的真正的古往今来的水乡之都，让河（湖）水清清、大气洁净、交通方便、绿树荫浓，是完全能办到的。

三、关于历史文化名城

绍兴山水美自古广为流传，历代名人留下很多美妙的诗句。晋·王羲之：崇山峻岭，茂林修竹，千岩竞秀，万壑争流。晋·王子敬：山阴道上行，好似画中游。唐·贺知章：鉴湖澄澈，清流泻注，水川之美，使人应接不暇。宋·陆游：千金不须买画图，听我长歌歌鉴湖。明·刘基：会稽虽有层峦复岗，而无梯磴攀陟之劳，大湖长溪而无激冲漂复之虞。明·袁宏道评山阴山水：人或无目，树或无枝，山或无毛，水或无波，隐隐约约，远意若生，此乃山阴之山水。明·徐文长：岩壑迎人，到此已无尘市想。杖藜扶我，过来都做画图看。

绍兴水城，河网纵横交错。据说原来220余座大小桥梁，形式近百余种，现存者还有几许？我不得而知。据说还有宋代留下的八字石桥，在东门附近丁字河口上，就有宋代建的好几座桥呢。此外还有元代留下的光扬桥，明代的谢公桥等。

我不是"复古主义者"，我希望在城市规划中与城市建设实施中，不要轻易地把它拆除掉，保留些文物、古迹为好。山、水、林、田、桥、路这是绍兴的自然特色，有"村如荷叶浮水上"的美称。听说，原绍兴城内有水池（小湖）20多个，已填了不少了。绍兴原有"三山、六水、一分田"之说，现在已是五山、一水、四分田。当然这是因"需要"而填的，是不是都填到点子上了？

据记载，明代时绍兴城内及城郊有200多处大小园林。"沈园"现已大半为"民居"所淹没。我不是说这些都不许动，而是我认为一个城市越有民族性，就越有世界性，旧的东西不一定都是落后的。文化古迹应结合园林绿化、旅游景点统一规划，定出保护区，逐步加以整修复原。我建议：第一，"文化历史名城"虽然现在还未经国家批准，但如果我们努力去搞，总有一天会成为中国历史文化名城。问题是我们这一代怎样把这座文化历史名城继续传下去呢？第二，绍兴是古城，又是水乡，这两者在新的总体规划安排中如何体现呢？如果全新了，又全盘洋化了，它就不像个古城了。河、湖都填死了，它就不是水乡了。怎么办？我们应当深思熟虑，不可等闲视之，这里大有文章可做。第三，既然绍兴政府已经考虑了综合整治全城水系，那就太好了，我建议专门结合园林绿化、水系交通，搞一份绍兴河、湖水系治理规划总图来。第四，沈园的保护与复原修建问题，儿童公园和城内如塔山等的三山问题。不少山场建议把它作为全市性文化游憩公园，把工厂和单位迁出去。再者，有60多处省、县级文物保护单位，都应好好保护，逐步整修恢复。

今天在绍兴搞规划，请恕我再强调一句，应保持文化古城和水乡特色，给历史、文物、名胜古迹予以必要的重视。

四、做好绍兴城市总体规划的有利条件

第一，今日绍兴基本上仍是一个比较宁静的城市，没有大的工业三废污染。现有的居住条件每人可达8平方米，这在全国是少见的。水质污染比起杭州来，情况要好得多，防治比较容易。要让河湖水清、大气清新，完全有条件，不用花太大力气的。

第二，现在我国若干大、中城市动态特性（城市的交通拥挤）愈来愈严重，城市交通流量和运动速度也正在不断增加。怎样在空间与时间上进行有效的控制，已成了城市规划工作者大伤脑筋之事。可是绍兴却不然，整个城市还没有出

现像其他大、中城市那样的城市交通拥挤的现象，整个城市至今还不是一个高频率的活动体。

第三，城市自然灾害方面，过去的城市规划已基本上做到了充分的防治，化水患为水利，这也正是我们祖先在规划上的杰出之作。我们参观了若干民居宅院、大街小巷和市内的纵横水系，宅院与道路，水系标高处理得很好，大雨时雨水很自然的可以排入河道流出。

五、当前，要认真抓好以下几件事

（1）城市规划一经上级批准就要严格按照规划办事。

（2）不准再有新的污染，一定要把好关。

（3）城市建设要目中有人，那就是群众观点。

（4）我们要使绍兴在现代化城市建设的进程中，继续发扬文化古城的光彩，体现鲁迅先生作品中所描述的、为中外广大读者所熟悉的水乡特色，体现出越有民族性、地方性，就越有世界性的特点。

写于1979年

一见倾心话福州

——在福州市城市总体规划座谈会上的发言

　　福州是一座山川俊秀、人杰地灵、名人众多的文化名城。来到福州，看到的是：一城山光、处处水影、江河纵横，城内三山鼎立，闽江烟波浩渺，到处是鲜花碧树，绿得发光，绿得耀眼，又有那么多的名胜古迹，对人的吸引力太大了。

　　我第一个印象是——福州是一个有文化的城市，是一个可以大大发挥山、水、温泉作用，融合文物、古迹、名胜于一城的风景宜人的美丽城市。

　　福州旧城的规划很有思想性，它较好地处理了人、自然、建筑、城市四者的关系，使人工环境与自然环境比较巧妙地融合，浑然一体，使城市从局部到整体，都具有自己的传统文化和民族特色。我同意并支持把福州市列为全国文化名城之一并上报国务院，它是当之无愧的。

　　第二个印象是——福州既是山城、水城，又是著名的古港，闻名中外，它是一个阴阳调和的城市。

　　我们的老祖宗认为建设城市要达到三条标准：相其阴阳之和，尝其水泉之味，审其土地之宜，然后营邑立城。500年前，这儿是一个阴阳调和的城市，现在呢？水虽然还多，但已不能盲目乐观。有人说，一个城市没有水，这个城市就没有灵魂；一个城市没有水面，这个城市就会"心肌梗塞"。一个城市里，看不见水面，就跟人没有眼睛一样。水是一个城市的生命线，我们要像爱护自己的眼睛一样来保护这条生命线。

第三个印象是——福州的绿化条件，真是得天独厚。在福州挖个坑，栽上苗，树就活。福州的白玉兰可以做行道树，这在兰州是做梦也不敢想的。

人所共知，一个城市园林绿化的好与坏，是衡量这个城市文化、文明程度高低的重要标志之一，更是创造舒适的城市环境和美好的城市空间不可缺少的组成部分。另外，还反映着一个城市的建设水平和环境质量水平。有人说，城市园林绿化好比是人的"肺腑"和"肾脏"，这两种比喻既形象又真实，一个人如得了肺病和肾病，是没有生命力的。

福州城内的"三山"，是自古以来的精灵荟萃之处，是福州城区的正面形象的代表，这三座小山，易于攀登，在一个城市里能有这样天造地设的好条件，实属罕见，应当让这个优势得到充分的发挥。可现在，屏山为省委所在地，乌山（塔）为市委所在地，于山为其他单位占有。希望省、市委考虑，如何创造条件发挥"三山"的作用。

福州城内的两塔，白塔与乌塔，是你们城市的两只眼睛，应当妥善保护。可现在，四周建设比较乱，缺乏规划。我认为，应当把该拆的东西拆掉，配上碧树鲜花，如果这样，这两只眼睛就更加有丰采了。

你们城内的"三山"之上，包括烟台山公园，搞了一些园庭建筑。但我建议，今后在三山之内，包括烟台山，再设计建筑物时，应当注意有地方语言，不要搞出口转内销那样的设计形式。在建筑物的造型处理上，除了这栋建筑物的前后左右立面要处理好外，不要一律是平顶的，没有风格。

再有一点希望，就是今后再在干道两侧搞建筑，一定要注意退红线，如侨联大厦，就建在马路的红线上，如果能退出红线十数米，搞前庭绿化，花鸟绿带，那就更有风致了。把前庭绿化与道路绿化结合起来，城市就会大大变样了。

闽江、乌龙江，既是福州的宝贵财富，又是城市的正面形象。江河岸线要合理使用，两岸要加强绿化，能否创造条件搞几条或几段滨江风致路呢？目的是给人们提供一些接近水面的道路，同时也把大的江河和城市连接起来。可现在，都被码头和凌乱的建筑物挡住了。

温泉，是福州的特色，十分难得。当前，在温泉地带修了这么多建筑物，我不能不说这是一项失误。过去我只知道福州有温泉，却不知道福州有这么大一片温泉，可谓"百泉之城"。这次来了，也亲自享受了，感觉到这太难得了。温泉是能源，应大力开发，综合使用，节约使用。温泉地带，今后应严加控制，制定一条法律，不宜再建那些与温泉的开发没有关系的建筑物。空下来的地方，可以种树、栽花，给儿孙后代留个余地。

我认为福州城市规划可作"大块文章"，在总体规划指导之下，做好各个系统规划，建成一个具有独特历史传统和鲜明地方风格的美好城市。城市规划工作不能"毕其功于一役"而一劳永逸。福州总体规划已报国务院审批，今后仍有大量工作要做。福州规划工作的第二步，应在总体规划指导下，做好各次系统（包括商业服务、文化教育、园林绿化、电讯交通、市政建设、文物古迹等等）规划，我着重建议：

抓好水系规划。福州山水兼备，阴阳调和，这一点很难得。有了水面，市容市貌优美，还可以调节气候，其功能和绿地大同小异。福州雨量充沛，城里内河纵横，从现在起，绝对不能再干那种填河塘盖楼房的蠢事，一定要像爱护眼睛一样爱护市内的河湖水系，对现有河塘要进一步疏浚，赶快搞一个较细致的水系规划。严加保护水资源乃当务之急，应明确规定今后搞建设不准再填池填塘。温泉区的建设规模目前先控制住，以后慢慢雕琢，温泉的利用要尽快作出规划，实行统一管理。

继续在绿化上下功夫，要不断提高林木覆盖率。搞绿化，眼睛不能光盯住几个公园和几条主干道，绿化面分布要均匀，做到点、线、面相结合。闽江流经福州的地段和城里内河的岸线绿化，要抓紧规划实施，把建设滨江、滨河风致路的规划从速搞出来，以便控制，逐步实施。

旧城改造不宜搞"推倒重来"。福州建城历史悠久，先人建设的旧街老巷古色古香，对旧城不可把旧城、古巷、古老民居当作一张白纸，随意涂改，一定不能割断历史，应该在保持原有特色和风貌的基础上，为福州老城增添新的光彩。

有些古老民居应经过修缮予以保留。现代建筑如何与古代建筑结合，传统建筑风格怎样推陈出新，这些都要经过调查、深入研究，做出详细规划。搞规划工作最忌"一刀切""一边倒"。正确的方法是，既要善于学习国外先进的东西，又要善于继承历史传统，做到古为今用、洋为今用。千万不能照搬照套，把"延安"变成"西安"。

保护"三山"和古建筑。福州市内的屏山、乌山、于山，自古以来就是福州精华荟萃的一部分，是反映福州风貌的一个真实所在。三山鼎立，互为犄角，相去无远，而且山势不高，易于攀登，只要稍事修葺，再加绿化、美化，是很好的游览胜地。这个天造地设的有利条件，在其他城市也是少见的。"三山"是榕城正面形象的重要部位。建议省、市机关不再增加建筑，为今后"还山于民"创造条件。在省府大院的全国重点文物保护单位"华林寺"，可考虑就地改善一下环境，把它突出出来，保留在原地，万不得已时亦可按旧制迁建合适的他处，以利于保护。

我对福州城市的印象是美好的，我的这几点建议是出自一片赤子之情，仅供参考。总归一句话，福州要发展，特色不能丢。

写于1983年11月

朝霞白鹭飞天际

——在调整厦门市总体规划技术讨论会上的讲话

我认为城市规划永远没有顶峰，永远没有终点，子子孙孙是做不完的。我来厦门是第二次，第一次是1983年，一来我就爱上了厦门，一个城市规划工作者，如果不爱城市他就做不好规划。厦门的规划是在锦缎上做的，非同小可，刚才周院长说的我都同意，想再补充几点：

一、这次规划的设想，视野不小，气魄很大，
并有新意，同意周院长的估价

构思思想很解放，没有局限于厦门本岛，把环海城市来个锦上添花。但一个城市的规划要和国家的财力相适应，要考虑国情、市情、地情，一个城市的规划重要的问题，不只是要修什么，而更重要的是要保留什么，给子孙后代留有做文章的地方，厦门城市的一山一水，较好的生态环境，不可轻易破坏。这次这个规划设想，中间环绕内海用长条大干线把六片连成一片，这个设想既大胆也合理，宏观是可取的。从中华人民共和国成立几十年的经验来看，什么是城市规划的基本规律呢？从古今中外的城市发展看就是需要与可能的对立统一，需

要是无止境的、客观的。如兰州城市规划，50米宽的道路在一段时间内被批判，现在又对了，而且认为当时的眼光还不够。从发展来看，我赞成这个方案，但怎样去实现它，我认为只有在可能条件具备之下，需要才是现实和具体的。这条路短期实现不了，而我们的规划工作与地方政府要慎重估计、论证、讨论，光靠一张图是不行的，把幻想当作现实，吃了大亏。规划工作包括基本建设规划，就其本质来说，就是统一、需要与可能。统一的好是多快好省，反之就是少慢差费。我们面临许多矛盾，远期与近期、集中与分散、平衡与不平衡、统筹兼顾等等，归根结底，都是需要和可能的统一范畴，而规划的目的，就是统一其发展，而不是限制其发展。如这条路，我很赞成，非常好，但怎样过渡，要有个过渡的办法，需要做工作。如果这个住宅区是合理先进的，目前无力实现怎么过渡呢？应该有个过渡方案。在城市建筑上，谁都愿意一下就搞好，但如果只停留在臆想和直观、直觉上，就可能产生主观。我希望把这一规划再做细一些，分轻重缓急，远期近期，要稳步实现规划。海湾问题，作为战略规划，应该有个设想，海湾地区怎么处理，规划中应有个交代，有所示意。海滩地、海岸线如何利用，在图上应有所示意。员当区规划，我很赞成，比原规划更胜一筹。

二、旧城改造问题，采取保留与改造相结合的办法，我十分赞赏

旧城改造是个专论，非三言两语能说透彻，很多老城的旧街旧巷，时至今日，仍然具有吸引力，群众不愿离开。因此对于旧城的改造应特别慎重，既不可轻率否定现状，也不能把旧城当作一张白纸，任意涂抹。旧城改造万不可用"剃光头"的办法，请不要割断这个城市发展历史，我认为丰富的历史文化是环境质量的最高层次，也是现代化城市的重要标志。因此旧城改造之前一定要进一步进行社会调查，

来分析判断哪些房子要改造、要拆，要稳步进行改造，这样就可以保留厦门固有的特色。就是说，我们城市在发展，但特色没有丢。尤其是鼓浪屿地区，具有异国情趣，如果把那个地方好好美化改造一下，该保留的保留，该加工的加工，该绿化的绿化，真是个美丽的地方，如果在那儿搞几十幢50层的大楼，我看就完了。旧城改造规划是个艰巨的工作，它不仅要有经济的目标，更要研究社会效益，不仅考虑长远，还要正视近期，要考虑实施计划是否合乎实际。好高骛远，我们已经交了很多学费了，绝不能一哄而大拆。兰州1958年拆的到现在还在那里搁着。我们改造一个旧城比建设一个新区更复杂，应稳步前进。旧城改造规划是一个更加全面的综合规划，而且它不是一个单纯的技术问题，而是一个社会性、经济性更加复杂的问题。我对员当地区的街面处理，海滨区的环境规划立意形成绿化的结构，表示赞赏。对于海滨的花园城市，在规划上有所加工，有所体现，那就更好了。何先生在建筑处理上有独特之处，对于建筑的形状尺度是以人的尺度来考虑的。我们这个环海的袖珍城市，应有其不同的面貌，这样做有好处，能反映厦门建设的连续性，使这个城市的发展，既有传统特色，又有新的气势。我认为这个城市，不需要像香港那样的高楼大厦，密密麻麻，那就不像厦门了。技术是手段，不是目的，我们需要既利用现代技术，又保持优秀的传统面貌的空间和生活环境，我们不能割断历史，更不能抛弃中国固有的优秀文化遗产和民族传统，现代技术的运用，只能给它增添新的内容、新的风采、新的生命。城市的主体是人，在发展经济的同时，在规划中，要解决好人们的生活、生产中最密切的水、能源、电厂、呼吸、住房、排污一系列问题。在沿海城市，最大的问题是水，没有水，就缺乏生气，现在新区分四块同时建设，是否可行？

初期开发城市，不宜过大，集中建设是个重要的战略思想，既可节省投资，又可迅速见效。城市规划设计，城市基础设施，没有搞停当就匆忙上马，欲速则不达。厦门是块宝地，自然条件非常好，土地比锦缎还贵，要珍惜厦门的锦绣山川，优先可以，不能太贱卖了。这四片同时开花，基础跟不上，可能造成被动。刚才周院长说的交通规划问题，基本上没有很好解决，起码要有投资估计，否则就会造成规划与计划的脱节。

如何美化环境，注意文化的连续性，包括保护历史文物，重视科学文化建筑等等。在战略上应有所示意，提高到建设社会主义精神文明上去。

特别值得一提的是，城市规划不可"目中无人"。像厦门这座有着碧海、蓝天、繁花、绿树的滨海城市有条件来处理好人、自然、城市、建筑这四个因素的关系。

许多古代名城的优秀传统建筑，小至民居、庭园，大至宫殿、陵墓、庙堂，从北京胡同深处的四合院到江南前街后河的民居，从苏州的园林到甘肃喇嘛寺，常能因地制宜使山、水、草、木与建筑群相协调，把建筑同人的需要以及自然景色结合起来，使人们享受到生活环境的美。建设一座城市不像下围棋，这一盘摆得不好，下一盘可以重新布局。一座城市被搞乱、搞坏了，不仅影响今天的生活，而且带来的后遗症可能危及好几代人。近几年来，不少地方搞"见缝插针"式的建筑，高层居民楼紧紧挤在一起，弄得老人无处散步，儿童无处玩耍，青年男女连个谈情说爱的地方也没有，这种"目中无人"的做法，早已引起人民群众的责难。

在建设新开发区中，应联系我们自己的城市实际正确评价与借鉴国外建设现代化城市的历史经验与教训。高楼、巨厦并不是城市现代化的重要标志，要建设一座美好的城市，我们在规划、设计时一定要加强环境处理和它的持续发展观念，我认为这是提高厦门市今后城市建设水平的一个要害问题。如果让厦门市到处都变成了高楼巨厦的堆积地，厦门将失去其传统的风采和魅力。

写于1985年7月

再兴海上丝绸路

——在泉州城市总体规划技术鉴定会上的发言

在怎样走出中国自己的城市规划与城市建设道路的实践中，泉州市做出了应有的贡献，也总结出一些经验。因此，历史文化名城这顶桂冠给泉州戴上，当之无愧。这顶桂冠一是来之不易，二是有严格的标准和条件，应该十分珍惜，应该感到光荣。这不仅是泉州人民的骄傲，也是中国人民的骄傲。这是我的第一点感想。

为什么我多次来访泉州呢？因为这座历史文化名城太吸引人了。泉州不但历史悠久，而且文化昌盛，人杰地灵。泉州是海上古丝绸之路的起点，与陆上古丝绸之路的起点长安一同载入史册。我们华夏子孙应该怎样珍惜它呢？泉州不但是经济开发区、闽南"金三角"之一角，又是著名的侨乡和很多台湾同胞的祖籍地。从资料上看，泉州旅居海外的华侨就有400多万，台湾的1 900多万同胞中，近800万人的祖籍就在泉州。泉州！以其巨大的凝聚力牢牢地吸引住这么多泉州的海外子孙，他们都想回故乡来探亲访友，寻根问祖。

请恕我直言，我们泉州市的领导同志，我们将怎样妆点泉州，以慰这些海外归来的游子渴望一睹泉州母亲那古朴、典雅、秀美慈颜的深情呢？我认为这不是一件小事。泉州的当政者也好，从事规划的同志也好，都应深思和回答这一个大问题。因此，泉州总体规划的修订调整，对这个问题，不可等闲视之。这是我的第二个感想。

泉州历史文化源远流长，保存下来的文物古迹琳琅满目，是著名的文化之邦。清源山上有一副对联：海滨邹鲁，人文荟萃，满郡州民皆俊秀；清源峰峦，景物天成，寒泉顽石亦风流。泉州历史上出了多少名人，多少俊秀，这古城确是人杰地灵之乡，考诸史册，名不虚传。陈从周老兄是我的老朋友，他在清源山上留下了对联：青山如画水如油，泉州未必逊杭州。泉州有泉州的独特风貌，它集山、水、城三位于一体，相得益彰，是不容分割的历史文化名城，这个城市当然要发展。但是，城市要发展，特色不能丢，一点儿也不能丢！泉州要是把特色丢了，破坏了，这就犹如麋鹿失去了角，孔雀失去了尾巴，是令人不能容忍的，我们也就可能成为千古罪人！这是我的感想之三。

站在清源山上，登高望远，青山、长河、蓝天、碧海、平原、丘陵、古塔、古城，这个自然和人文组成的美好环境，好像是一幅锦缎。地质专家讲泉州古城的地质情况时说道：为什么把泉州古城建在这块地方？从地质上来说，这座古城正坐落在一块大磐石上，西北洋是沼泽地，没有把泉州建在那儿。可见，几千年前，我们中国就有城市规划的理论和实践。古语就有这样的总结：凡立国都，非于高山之下，必于广川之上。高毋近旱而水用足，下毋近水而沟防省。因天才就地利，故城郭不必中规矩，道路不必中准绳。看来古人在建立泉州古城时，也是经过精心研究和科学论证的。首先，"相其阴阳之和，尝其水泉之味，审其土地之宜，然后营邑立城。"这座古城的建造和兴起，是经过我们先人科学规划的。我认为若写中国城市规划史的话，应把泉州城列入史册。在这样一座文化古城搞发展规划，城市规划工作者的一笔一画都要慎重，别乱画，别把这幅锦缎给糟蹋了。

人所共知，宋元以来，泉州的盛名就大噪远洋，声播四海，是天下皆晓的名城。中华人民共和国成立后，城市归于人民，泉州被定为我国第一批历史文化名城，又被定为国家级的风景名胜区。其国家重点保护的文物数量之多，是许多名城不能媲美的。泉州是华夏明珠的城市，我们珍惜它、爱护它、发扬光大它，这是我们这一辈人为了后代子孙应该做的事。我认为，这次规划应该是古泉州和新泉州之间，泉州市城市规划史的第二高峰，看我们这一辈人和后代子孙能不能登上这个高峰。我想，我们应能攀登上这第二高峰的。第一高峰前人已攀登过了，登上第二高峰就是我们责无旁贷的任务，我们应当青出于蓝而胜于蓝，这是我的又一个感想和希望。

泉州是一座历史文化名城。对此，我曾对中规院我的同行们说过：现在，搞规划不能割断历史，我认为中规院在这点上做得好。这里我说一个小故事。1980年我到东京参加国际建协亚太地区一个国际学术会议，中心议题是城市与环境。在座谈时，有个日本名古屋的建筑师问我说："我请问中国代表团团长先生，苏州的'绿浪东西南北水，红栏三百九十桥'现在怎么样了？"因为日本很多文化渊源于中国，日本园林建造也是从中国学去的，我是实话实说。我说："绿浪东西南北水，现在差不多都变成臭水沟了；红栏三百九十桥，有没有九十桥我不知道，三百桥一定没有了。"那个日本人听后笑了，说："我非常钦佩团长先生的诚实，我是刚从苏州回来的，我想在苏州古塔照张相，遗憾的是这边是电线杆，那边是烟囱冒烟，找个好镜头难了。您说的是实话，我钦佩先生的诚实。这很好，你们既已意识到它毁坏了可惜，那你们就有可能会把它重新恢复起来的。"他又说，他到苏州去，是为日本古建园林寻根问祖去的。一个外国人跑到苏州，去为古建园林寻根问祖，使他感到遗憾，我也感到脸红呀。如果泉州的几百万侨胞想回来寻根问祖的话，我们将怎么办？这不值得我们深思吗？所以，这次修订城市规划，应该是高水平的、要瞻前顾后的、视野高的规划。我看了中规院的规划总说明，我是赞成的。这山、这水、这城强调了三位一体，古城风貌是不容破坏的。我认为泉州这个城市首先应该强调如何认识自然、利用自然和改造自然。我们中华民族原来就是一个具有自觉、深沉历史文化意识的民族。考证史册，唐太宗对历史文化的看法就很有启发性。他说："人以古为镜，可以知兴替。"司马光也说过："鉴前世之兴衰，考当今之得失。"我想，这些是值得我们学习的。我们搞泉州的规划，不要忘了泉州是历史文化名城。我们的祖先在这座城市，曾经杰出地解决了人、自然、建筑、城市这四者的关系，把人与环境（建筑环境、自然环境）巧妙地融洽在一起。我昨天又到文庙参观了一下，文庙左侧建了一座高楼，显得喧宾夺主了。这座新建筑物，对古城风貌的发扬没有起作用，相反地把文庙这组古建筑一下子压下去了，故说它是遗憾之作。

五年前，我初访老君像时，觉得这座精美的石雕是不朽之作，很有气势，好像是清源山长出来的。这次再访，老君像前却出现新的构筑物和建筑物，上了层层石阶，才看到老君像，老君像好像比前几年矮小得多了，又是喧宾夺主了，造成人为的视野局限，这也是一个遗憾！我以为，我们对这座历史文化古城泉州，搞规划、搞文物保护、搞新景观的创建，要有像对故乡亲人那么深沉的爱，有那么一种执着的追求，那么一股浓浓的故乡之情，才能把自己的建筑创作融化到那个地区的文化和环境中去。

泉州古城内，未来的新建筑布局，从内容到形式，要有个互相对话，要有个先来后到，要有主有宾，要协调统一，才是上乘之作。我们的先人在这个城市，把人、自然、建筑、城市这四者处理得很好。这四者之中的辩证关系，我认为人是主体。自然也好，建筑也好，城市也好，必须很好地为人服务。"古为今之上游，今为古之继续"，应是泉州城市规划者、决策者都应该考虑的两句话。往昔不一定都是现代的累赘，相反，却有不少是合理的养料。古与今，不仅具有对立和抵触的一面，也具有统一和补充的一面。所以于古于今，是厚是薄，要看具体情况来说了。世界上一切事物都是依时间、地点、环境、条件、需要为转移的。假如开元寺不幸被毁，就应该修复如初，不要再别出心裁，因为它是文物古迹。

对于泉州铁路的走向问题，早在几年前我个人已表过态了，我是不赞成老北线方案的。请先允许我再说点感想：北宋的蔡襄为泉州修造了洛阳桥，功德无量，千百年来，泉州人民还对他怀念不忘。我希望再过100年泉州人民也怀念着我们现在的决策者、搞规划和建设的人。

当前，我国正处在开放、改革的时代，要治穷致富，要方便交通，修铁路，怎么不好？泉州市领导想把铁路赶快搞上去，为人民办点好事，这种心情我十分理解。但关键问题在哪里呢？就是要对这座中华民族的历史文化名城负责任，那就不能就城市论城市，就铁路论铁路，要做全方位考虑，起码要考虑闽南"金三角"厦门、漳州、泉州甚至福州这几座城市之间是一种什么样的关系。铁路如何修才最有利于这些城市？我初步考虑起码在泉州应该把厦门、漳州、福州这近二三万平方公里的土地，17个县、6个区、4个市、若干港口，做全面的思维。清源山作为这个历史文化名城不可分割的重要组成部分，铁路从这儿通过，不仅割裂了古城的一体性，而且是对历史的割裂。这座历史文化名城当然要打开门户，引进经济，引进科技，但我们对自己的传统文化价值更应当做重新估计。如果铁路从风景区通过，就面临着风景资源的保护问题。这里的文物古迹、古树名木，它是历史的见证，它具有风景区环境的悠久的时间和优化的空间，是个宝地。火车轰然而来，哗然而去，这处宁静、幽雅的风景区，将成个什么模样呢？

前面有的同志介绍说，铁路通过噪音不大，这我不信。为什么不信？兰州市的铁路规划，是我亲自和铁路系统的同志沿途勘察了不知多少遍，步行纵穿兰州60公里，而不是你们这2公里。今天，那里挨着铁路住的人们骂人的话就多了。而现在这条线又改为电气化，这样一"化"，电气列车一过，附近居民的电视机全部颤，图像模糊。人家问我怎么办？群众批评我，从前你搞规划是怎么搞的！说我这个规划师是毫无远见，没有知识。我常忠告我的同行们，我们城市规划工作者应长四只耳朵，用三只耳朵听批评的意见和不同的意见，那你拿出的方案可能多少要比别人正确一些。

有人说，火车通过对文物古迹、对石雕石刻不会有什么损坏。这也不是事实！我也曾到龙门去了两次，我就问过这事。河南龙门石窟西南方向150米处地震站测量，地震记录曲线表明，火车通过一次，对地垒式的岩石震动移位达0.03～0.85微米；东南西北和垂直的三度空间都有震裂的影响。泉州清源山，据地质学家讲，这里是地垒式断块岩，那些摩崖石刻都在岩石上，如果日积月累继续震动下去，确是不堪设想。震动是客观存在，应当承认事实。

清源山临近古城，名山、名城联系如此紧密，名山和古城景观交融的特殊性，全国少有。我们硬把它割裂了，这好吗？清源山的价值可贵，就在于它把城、山、海和江融合为一体，而这种融合所记录的文化历史，不是钱可以买来的。所以说老北线方案，我完全理解，但我不赞成。从营运角度来看，老北线方案比新北线方案省钱2 000多万元，但将来的城市投资要比这2 000万元多得多。

说这个铁路折角不好，我也承认这个折角不好。说老北线方案和新北线方案两个结论不一样，我认为这很正常。这是由于专业的出发点和着眼点不同造成的，但这不是技术经济分析的差别。

泉州这样的城市怎样选择铁路？这个城市不是以铁路运输为主要职能的城市，它不像兰州是铁路枢纽站，不像郑州、石家庄，不像宝鸡，也不同于西方的工业城市和港口城市。泉州是戴了几顶桂冠的历史文化名城，这几顶桂冠，是泉州选择铁路方案的重要砝码。铁路在城市中的地位和作用，对于泉州来说，有异于其他城市。根据铁路在泉州对外交通中的地位，从保护名城和风景区方面来看，相比之下，显然新北线方案比较好。

一般而言，工业、交通（铁路、公路、航空、水运）、能源这些经济活动是推动城市发展的动力。但对于具体的某一城市来说，比如泉州，比如桂林，它的职能、性质、发展方向、功能结构，主要取决于城市所在地的地理位置、自然条件、环境容量，尤其是历史文化所形成的基础，而不是什么决定性的消费城市或生产城市。福州规划院丁少琪总工说："大量的运输在湄州湾。泉州的后港我看过了，港湾淤积很严重，只能做一小港，再有一条二级公路，我看近期使用15年也够了。"高级工程师顾为善说："不修这条铁路也行。我说起码10到15年不修这条铁路，影响不了泉州的发展。如果福厦公路改善之后，还可应付若干年。"因此，我再重说一遍，我是赞成新北线方案的。

从大量图表说明和相关资料可以看出，此次中规院调整泉州总体规划的技术工作者，在进行了大量的调查研究、走访、请教工作后，提出了这个方案。这个调整规划是科学的，目的明确，有的放矢，因而使整个规划包括了一山、一水、一城这3个层次，更包括了社会经济发展，城镇、市、港的布局，风景旅游的开发，环境保护和景观的控制，工程设施等多个方面，综合起来成为一个较为完整的大系统。规划的内容有深度、有广度、有系统，还考虑了长远发展的目标和近期开发建设的需要，因而它是一个较好的规划。城市总体布局是基本合理的，与风景区分布的保护、开发、创新、保护环境是一致的。城市采取这三点的布局，并提出这3个组团主要功能，也是较为明确的。这种城市结构我是很欣赏的。古城和两个新区临大江，濒碧海，靠青山，每个区都和大自然靠近，这种结构顺应了山川形势，结合了实际。这样的城市布局结构，采取"带""连"组团的形式，这样能更好地结合了沿江、滨海、靠山的自然条件，十分有利于维系生态环境，有利于创造新的人工的生态环境，适应城市发展的可能性，有弹性，更有利于防灾抗震。组团内按综合区原则组织城市功能和道路网络，这符合现代城市生产、生活要求，是目前提倡的一种规划布局。

至于规划说明中所提到的规划原则、城市职能、城市性质、用地和人口规模以及城市发展布局原则等等，是可行的。城市环境应有健全的生态环境的问题，规划上已体现了并在规划中考虑了近期建设用地和近期开发的土地利用规划，这样就使城市总体规划可以与规划实施较紧密地结合起来。这些我很赞成。

泉州是国务院批准的首批24座历史文化名城之一。清源山是国务院批准的第二批国家重点风景名胜区，老君岩是国务院批准的第三批国家级重点文物保护单位。据地质专家说：清源山属华夏古陆地的一部分（距今约5亿年）。在新生代初期（距今约6 000万年），我国东南沿海发生大规模的断层活动，它是地壳活动最剧烈的断裂错动，上升为"地垒式断块岩"，而清源山风景区的石雕、摩崖石刻都附着在"地垒式断块岩"上，任何人工地震对它都有严重破坏。如果铁路从清源山前通过，列车呼啸而过，在历史的长河中，日复一日地持续震动下去，一旦岩石失去重心，滚石是不堪设想的。更何况火车排放的烟尘将随风刮入城市，会造成不堪设想的大气污染，从而破坏了风景区宁静的气氛。

中规院在其规划中阐述的：清源山，它本身足以自成体系。清源山的文物价值，除自身的艺术外，更重要的在于山与物的巧妙融合以及这种融合所记录的灿烂的悠久的文化历史。这个规划是不是十全十美呢？我看还有不足之处和值得再研究的地方，但无伤大雅。我的意思是，只能在规划实行过程中通过实践的检验，确实发现了这个规划与生产、生活或某一方面发生矛盾和不相适应的地方，就可以修订补充，使之更加完善。随着泉州市的经济发展，在实施过程中，必然会出现若干新的问题和新的矛盾需要解决。因而，需要经常不断地进行调查研究，提出问题，从而对规划进行修订和补充。从这个总体规划上来看，还有两个地方要做深。例如从滨江地带、码头地带到滨海地带，应成为一条彩带。如何使人能接近水面，而不要像上海黄浦滩一样密密麻麻那么挤，尽是码头仓库。我希望中规院再做一做沿海滨海的环境规划。西北洋地区这块低洼水域，我建议划给清源山风景区管理好。能否扩大水面，造一个人工水面，作为一个洼地水上公园式的风景区？比如东湖，我没去看过，据说东湖快填满了。我再建议中规院做一个江河湖海的水系规划。比如渠道两侧，滨河两岸应该怎么利用？能不能沿着海、沿着晋江岸边搞一条滨河、滨江风景路呢？

谈一谈泉州古城改造问题。"旧城"改造和"古城"改造是不一样的。古城是文化古城，虽一字之差，但差之毫厘，谬之千里了。要把古城改造变成旧城改造，这问题就微妙了，其结果也不一样。就是像兰州那样的城市，老街老巷至今还有很大的魅力、很大的吸引力，何况泉州这样的文化古城。人们不愿离开这历史形成的生活环境。因此，对旧城、旧街巷的改造应持特别审慎的态度，千万不要轻率地否定现状，更不能把旧城当作一张白纸随意涂抹。你们这里也不是没有任意涂抹。恕我直言！如果高楼再多修几幢，靠近开元寺，开元寺的两个古塔也就无地自容了，这叫建设性的破坏。因此，泉州古城的改造要做好调查研究，征求民意，发扬民主。让大家分辨，哪个应该留，哪个应该拆，哪个应该建，哪个应该补，哪个应该稳步进行。

对历史文化名城的环境设计，不单应该注意哪些地方应当建设什么，而应当同时注意哪些地方不应该建设什么，这是为了照顾优良的传统环境。文化名城搞新建筑，应该有点对话，有点地方语言，其形式艺术表达的精神应该深思熟虑。记得在8年前，我到马尼拉参加一个会议，有一个工程师说："建筑应当看作是一种'达摩'（佛法的意思），是一种社会职责，而不能仅仅看作是一种业务委托。"他的发言虽然是应用佛教语言，但他不是宣扬佛法。我的理解是，城市也好，环境也好，实质在于它的社会性。从社会观点上来看，城市环境的未来，只要是人民喜闻乐用的，它就是永恒的。今天的建筑是以人民为中心，在文化古城泉州，尤其是古城改造，要注意反映传统，体现文脉，建筑要服务于人，以人为中心，具有人情味。

清源山风景区的入口500米左右应控制，不要乱建，2 000米以内不要建高层建筑。附近城镇要有规划，不要包围景观，要管起来。医院近期迁不出去，但不要扩建了。听说最近在清源山风景区建传染病院，规划部门要管一管。

再者，城市能不能发展工业呢？众所周知，工业化是当代人类拥有的向自然深度和广度进军的有力武器，从而为国家为人民积累财富而造福人民。但它也会破坏城市环境，所以在咱们这个地区，在名城地区建设工厂，一定要严格防止在工业化进程中所出现的消极因素。

最后，我还要重复一句，对于新老北线方案，我赞成新北线方案，这方案把不合适的地方在技术上再改善一下。请泉州市的同行们不要见怪，这是我对泉州的赤子之情。中国有句老话，我套用一下，"对铁路问题一失策成千古恨，再回首已毁泉州容"。语粗志诚，大海不弃涓滴，敬祈泉州总体规划能得到丰硕成果。

写于1988年

武当山下汽车城

——十堰市城市总体规划评议会上的发言

一、初见印象

初会十堰芳容，宽阔的街道，满街碧树鲜花，新的立交桥，新的高层建筑，新的园林，高峡出平湖，大大小小的水库，新的剧场，新的图书馆，入夜彩灯万盏，给这座汽车城增添了新的光彩。与20年前十堰山村的"老街"相比，变化之大之快，不能不令人叹服。

20年来，可以说，十堰市已经度过了最困难的时期，克服了最困难的条件，并且经受了种种考验。今天十堰市人民完全可以自豪地说：十堰市是鄂西北的万山丛中一个具有中等城市规模的并具有独特风貌的闪光城市，成为一座山城、汽车城和社会主义新城。其城市街道之独特，恐怕在世界上是绝无仅有的。

十堰市是在一个特殊的历史条件下，在当时特定的规划建设思想指导下建设起来的特殊城市。经过近20年的实践，十堰已弥补了过去在"三线"路线下搞建设的缺点，其生命力正在方兴未艾的增加之中。

二、十堰——大有希望之城

我国自古就有"五行"之说，从"五行"来看，在十堰市之用"金"首先萃于"二汽"，二汽之用金，是来自全国各地，甚至远涉重洋进口金，这是国家保证的，招之即来，无需多虑。"木"——这儿是青山怀抱，远山千叠近山低，到处绿得发光，绿得耀眼。这儿绿地覆盖总面积竟达75%以上，建设大环境的生态绿化系统，是得天独厚的好地方，也可大搞城市绿化与山河体系绿化相结合，真是少有的清新环境。"水"呢？昨天我亲自去看了黄龙水库，是个高峡出平湖、烟波浩渺的百里长湖，水质清澈。从图上看另外还有四处小水库，这种条件是其他城市很难得的条件。应该说，十堰市的水源基本上是充足够用的。"火"呢？这儿有火力发电厂10万千瓦，并在扩建中。现在15万千瓦的水电站，听说丹江水库还有90万千瓦的水电资源，远处还有葛洲坝水电站，这两处都已并网。应该说十堰市的"火"是很盛的。至于"土"这一行，十堰确有其不足之处，但是如果我们放开视野，在居住用地及文化游憩、仓库的建设上使用缓山坡，还是大有潜力的。总的说来十堰市是一处"五行"俱全，具有较强生命力的城市，我们是不可以低估的。

三、关于十堰市总体规划的几点看法

1. 1981年的城市规划发挥了指导20世纪80年代城市建设的作用，这次总体规划的修订，是在1981年规划基础上进行修订的。

2. 20世纪80年代是我国经济发展和城市化、现代化进展比较迅速的时期，也是经济改革由农村转向城市的重要时期。出现了许多无法预料到的新情况、新问题。即使当时规划做得再好，也难完全预见并适应这种变化。因此，及时修订规划是非常必要的。

3.既要进行修订，就要有一个指导思想，也可以说首先要解决修订规划的立意问题。

是修"补"呢？还是从20世纪80年代我国出现的新情况、新问题以及对下一世纪改革、开放中的经济发展前景来做一番全面的客观研究和探索，使十堰市的城市总体规划、城市建设和管理更上一层楼呢？显然是后者这种指导思想更为深刻，更有利于十堰市今后的发展。因为城市总体规划代表城市政府的意志，是不能含糊的。

任何一个城市总体规划，都不可能毕其功于一役而一劳永逸。这次十堰市总体规划的修订是建立在前四次规划编制基础之上的，尤其是对1981年经湖北省政府批准实施的城市总体规划的一次补充、完善和提高，它是总结过去、适应当前改革开放和展望未来的产物。

4.我认为，中规院这次对十堰市总体规划进行修订是一次探索，是对城市总体规划进行改革，为的是使城市规划能够更加适应当前有计划商品经济发展的需要。这次规划明确提出了，城市规划应该通过深入细致的比较、科学的经济分析，使这个城市规划不至于成了城市经济发展的控制和限制因素，而是应当引导和促进城市经济发展、再发展。以这种明确的规划思想来指导城市规划就能以经济发展作为动力，使城市的三大效益，即社会效益、经济效益和环境效益得到改善，得到更好的有机的辩证统一。

5.在就业岗位规划和小汽车在城市发展可能给规划带来的问题进行了一些探索，这种探索方向无疑是正确的。人无远虑，必有近忧，想得远一点有什么不可以呢？

6.这次对城市布局结构的调整，我认为与计划商品经济发展有很大关系。当然，布局结构调整是多目标、多因素的，但是商品经济讲究经济效益的规律，使原有布局分散的矛盾更加激化了是不容否认的事实。公共汽车不能老是大量赔本经营，商店要办高、中档、多规格的商品经营，没有足够的客源，资金积压不起，等等。这种局面是棘手的。进一步集中发挥集聚效益，正是有计划商品经济的重要追求目标之一。按十堰市中心区现有的各项设施水平来看，现有的人口是远远不能发挥其应有效益的。再增加六七万人口，不再增加多少设施，就可以使城区更加繁荣，集聚效益就更好发挥。

7.通过规划修改，突出解决几个关键问题，也是这次规划的一大特色。这次规划有一些问题是试图这么做的。比如城市总体布局调整就是一例，中部山区景观规划为全市形成一条景观主轴，如果配上百二河蓄水，那也是很动人的一种规划设想，这是十堰市人民梦寐以求的。《说明》中谈到土地有偿使用计算的起步收税标准，已被省财政厅批准实施，这也是很好的内容。

8.领导支持是搞好城市总体规划编制工作的关键。这些规划改革，没有省建设厅领导的鼓励支持，没有十堰市、二汽、郧阳地区领导的鼓励和支持，没有市建委、市规划局积极配合协作是不可能实现的。

四、特殊的城市结构

1.十堰市的城市布局结构形成，是在特殊的历史条件下形成的。

二汽在这儿建厂时，根据当时的"山、散、洞"的要求，沿着老白公路呈带状组团式的分布，20多年来已经形成了中部、东部和西部3个组团。这3个组团由于被自然山地及规划的绿地所分开，每个组团又各自形成比较完善的生产和生活的服务配套设施，以至到今天基本上形成了较为良好的生活环境。

这3个组团原有8片，相对集中为3个组团，这种组合我是赞成的。各组团之间由已有的干道和待开拓的道路连接起来是非常必要的，这样做既能相对独立，又能互相联系。这次修订的规划，将城市的活动变为有机分散的多中心活动，各组团按多功能综合体组织，有利于居民就近上班，就近游憩活动，减轻城市交通压力，提高城市的综合效益的规划设想，我表示欣赏赞成。

（1）中部组团（包括现有二堰、五堰、车城路和土门）这一组团是目前十堰市精华荟萃之地，是市政府及地区行署和行政机关集中区，更是全市政治、文化、商业服务、文娱体育的活动中心，二汽总部所在地，是寸土寸金之地。现有人口近14万人。今后金融、贸易在此发展，势在必行。此次修订规划，考虑要合理利用市中心这块缓坡山地，把这块较大的山坡，化整为零，保留一定的绿地加以美化、香化、彩化，寓千家万户于万树丛中，把沟城真正变为山城，以增加市中心的容量。这种大胆设想，我认为，不但需要，而且可能。至于能不能再增加10多万人，我还没有计算过，总之潜力很大，定可以增加不少城市容量的！如果我们规划得好，把需要与可能这两个对立又统一的关系处理得合适，在这块山地上，确可以形成有独特风貌的良好生活环境，使其成为我国一座独具特色的美丽山城。

（2）西部组团（包括现在的花果、柏林两片）——现在这儿确实十分缺乏公共设施，居民生活十分不便，这儿的居民还在饮用未经处理的"原水"。这次修订规划拟通过加强公共设施的共建和新居民区的集中布局，逐步形成相对集中的西部组团的规划设想，我表示赞成。不过，先发展西部组团还是东部组团，并不以我们的意志为转移，这要在发展中来定实施方案。

（3）东部组团（包括茅箭和白浪两片）有较大片平缓的土地可供工业开发利用。还有大片低缓山坡地可作居住用地，使新工业区、居住区及商业、文体设施相对集中，结合成为一个有机整体，这是理所当然的！

中规院提出这3个组团原则为：完善中部组团，重点发展东部组团，改进西部组团。这样的发展顺序，我基本上赞成。但是我认为努力完善中部组团，是当务之急，而且榜样的作用是很要紧的！如果我们能在几年内，在中部缓山坡地带做详细规划（城市设计），让建筑上山，总结经验，以利推广，这就更有说服力了，推广也就不费劲了！

十堰市城市布局结构，采取了"带状组团"多中心布局形式，这样的规划立意，它既能较好的结合山山水水的自然条件，又有利于维系生态平衡，这样的规划能更好适应这座山城、车城发展的可变性，而且具有弹性，有利于抗灾防灾。

中规院这次修订规划提出，拟将六里坪、老营、郧县（现郧阳区）等市区纳入十堰市市组团系列，为的是增加郧阳地区参与十堰市的发展机遇，同时增加十堰市发展的回旋余地，这不是吞并，而是互惠互利，是社会主义人民城市的统筹兼顾，综合平衡。

十堰市修订的总体规划，在编制内容和方法上有以下特点：

（1）在内容上，分区组团，考虑了湖北省的社会经济战略，加深了"城市生态环境""地质环境质量"和"土地定等分级"的评价，收集了大量的资料，进行了认真的分析，付出了辛勤的劳动，作了许多有益的工作，并将其与城市总体规划尽可能融为一体。因此，这个总体规划在内容、广度和深度上得到了加强，从而提高了城市规划的综合性，在总体规划的内容上有所突破。

（2）在方法上，走了群众路线。从这次搞的社会调查内容上来看，是下了一番功夫的，调查内容与市民切身利益息息相关，所以调查表的收回率很高，共收回了1 400多份调查表，这实际上并不仅仅是代表他们个人，也代表着他们家庭成员的看法，也许还包括他们亲朋好友的看法。因此说，这次规划修订牵动着广大人民群众的心。这种方式，值得在今后进一步改进和提高。

（3）这次修订总体规划结合市上的具体情况，做到总体规划与土地有偿使用相结合，这无疑是在总体规划阶段在国内具有首创性。尽管十堰市地处山区，土地价值不如襄樊、武汉，但在十堰的中部组团地带，其土地价值也是寸土千金，可见这方面的探索是很有价值的。

（4）在修订的城市总体规划中，考虑了近期建设和近期开发土地利用规划（例如中部组团缓山坡的利用），因而可使城市总体规划与规划实施较紧密地结合起来。

规划的实施，是门大学问，这里我提些原则性的建议：

中华人民共和国成立40多年来，我们在城市规划与建设工作中，需要总结的经验教训是很多的。但从根本上来说，要提高对城市规划工作的本质认识。规划工作，包括基本建设规划，就其本质而言，它是统一需要与可能的手段，问题在于是否能统一得好。统一的好与坏，就会产生多快好省或少慢差费的不同效果。我们所面临的许多矛盾，多是与此有关。所谓远景与近期，集中与分散，平衡与不平衡，统筹与兼顾等等矛盾，归根结底都是在需要与可能的统一的范畴之内！而我们的工作的目的是促进其发展，而不是限制其发展。在这个基本思想指导上，我们还存在着不少分歧。例如，建设规模，尤其是工业的建设规模必须首先考虑。需要与可能的对立统一，必须同国情相适应，这一问题在理论与实践上都是极端重要的。当前在城市经济工作中必须给予特别的注意，不能盲目发展。

2.对城市交通系统规划的设想基本上是好的。

主干道工程较大的是拟将老—白公路从穿过人民路、车城路等闹市区的现状，调整到南面的过境路上去，这是应该的。如果财力许可的话，可以优先考虑。东边还有一条过境路，从发展来看也是必要的。至于先修哪一条？十堰市自会考虑论证。对车流调查测算分析工作，已经作了研究，这样心中更有数了。我的意见是对城市交通系统规划还是眼光放远一点好。

从图上看，主次路基本上是可行的。但还缺少街坊内上山越山生活道路的走向示意图，当然在详细规划阶段是可以补上的。

3.对中心区景观规划设想很好，希望早日开始实施。

橡皮坝分阶段蓄水问题，原则上是可行的，但要首先服从汛期安全行洪。无妨多设计两三种形式，经过实践考验，再做推广。这一设想的成功，在十堰的中部组团中，其社会效益是不可估量的，也是一种精神文明建设，它将对美化、净化城市起着增光生彩的作用。如果这一规划设想成功了，到那时十里长河碧波荡漾，"两岸楼台排伟阵，一城风月汇芳川"的意境就来了。

合理利用缓山坡的设想，我个人表示支持，但我不主张在山坡上搞高层建筑，可以搞些爬坡退级（阶）的建筑，底层的屋顶，就是上一层的院落，这样的建筑在兰州已有实例，是行之有效的。在十堰实施这一设想，首先要做好详细的规划设计，拟出一个"施工须知"，市规划局还要有一个检查把关之人，万不可遍山开花，要注意景观，要限制体量，切忌高、大、密。确实要看看"风水"呢！不能搞房子的堆积。要注意"天际线"的美好轮廓，把现有的"沟城"真正变为美好的山城。

4.现在十堰市行政区划的回旋余地，确实有些太小了。

从郧阳地区划过一部分到十堰市来，对十堰是很好的，可是恐怕又是郧阳地区的一块"肥肉"，这些矛盾是应该妥善解决的。当然，最好的是地、市合并，似乎应该创造这一可能，这关系地、市内政，我仅做此建议，供参考。

五、结束语

我认为，十堰市总体规划的基本任务或者说它的主要任务已基本上具备了上报审批的条件。是不是这个修订的总体规划，搞得十全十美，天衣无缝呢？曰：还有一些不足之处，有待于进一步研究。实践证明，任何城市总体规划，都不可能达到"顶峰"。

我建议：我们不要总在规划上绕圈子了。将来省上批准了十堰市规划之后，我们在规划实施过程中，通过实践的检验，确实发现了生产、生活、服务环境与发展之间有不相适应的地方时，才可以补充与修正，使其更加完善。但不能取决于个人憎爱和专断，必须有其科学的论证。城市规划付诸实施的过程，也就是不断发现和解决矛盾的过程。因为任何城市都要新陈代谢，都在不断地改造与更新，它总是在不断深化，不断充实，绝不是一次规划论。希望市领导同志，应充分认识和支持这一正常的规划修订工作。

我认为，城市建设只有相对的建设区，没有或者很少有绝对的建设区。另一方面，每个发展阶段必须具有相对的完整性。这就是说不仅要有一个合理的空间布局，还要有一个相对的步骤，即时间性的步骤。如果将实现总图的希望寄托在遥远未来，那将是错误的，其表现形式则不可避免地出东抓一把、西抓一把，新旧杂陈、支离破碎等现象，缺乏统一性和完整性。如果我们不认识城市发展的这些基本特点，就难以把城市建设得好。这就是对城市的起步、近期、中期、远期的建设和它的发展（时间性的步骤）应做科学合理的安排，要分期、分片集中建设，做到开发一片，见效一片。因而，我建议再补充一幅较为细致的城市建设用地分期规划图和城市基础设施建设分期规划图。

我再重复几句：十堰市总体规划编制成功，中规院的同行同志们付出了辛勤的劳动和智慧。这个总体规划，基本上结合了十堰市开发的基本构想，可以体现湖北省城市化过程和十堰市发展的前景。所以提出的10项十堰市规划目标是可行的、必要的，也是能达到的。

对这个市发展的有利条件和不利因素，分析得也很实际。例如对外交通问题，还是有缺欠的，受土地问题的局限。

这次中规院派出他们搞城市规划的青年精英来到十堰，还有老一辈的专家指导，想通过十堰的试点，走出一条中等城市规划修订的路子来。修订工作就是要解决总体规划与城市发展中的各方面的矛盾，在城市规模、性质、城市地位、城市经济分析、发挥山地作用、土地有偿使用、环境综合区划、城市交通、就业岗位分布等十余个方面进行广角综合论证，运用社会学等新科学理论进行了调查和分析，完成了多项的专业规划，制定了1995年之内的近期建设规划。总体规划这样做，真是难能可贵的。中规院选择十堰市这个课题很有战略眼光，我作为一个老的城市规划工作者，感到十分欣慰。"难得后生皆俊秀，雏凤清于老凤声。"中国的城市规划事业是后继有人的。请市长大力培养和合理使用人才，发挥他们的才干，把十堰市这座山城、车城、社会主义新城的经济、文化发展提高到一个更新的阶段。这是我的衷心祝愿。

写于1989年8月

巍巍宝塔映朝阳

——在延安城市总体规划论证会上的发言

一

这次，我们有幸来到延安，当我们登上宝塔山，眺望延安城，凤凰山、清凉山、宝塔山三山鼎立，延河、南川河蜿蜒着傍山流去，真是龙盘虎踞、依山傍水、气象万千的气势，使我们很自然地想到了毛泽东"靠山近水扎大营"的教导，也体现了毛泽东当年把党中央、革命的大本营、最后方选在延安的伟大的战略思想。在我们参观当年延安党政军机关、文教、学校、商业、工业等部门的旧址时，从这些部门在城市中明确合理的布局中，就重温了一次毛泽东主席关于"大分散，小集中""全面规划，加强领导"的教导。在抗日战争年代，日寇对延安狂轰滥炸，全市军民修建了市场沟，延安军民照常革命、生产、建设。市场沟的开拓、建设充分体现了城市建设一定要有战略观点。直到今天，市场沟仍然是延安市内最理想、最具有战略观点的很好的居住区。在参观坐落在农村之中的枣园、杨家岭、凤凰山、王家坪这些毛主席旧居和中共中央旧址时，一眼就可以看出来，因地制宜、灵活布局、因坡就势、就地取材的典型的建筑处理。修筑在山坡上的一排排、一圈圈的窑洞，那么因坡就势，那么朴实、淳厚，令人有亲切之感。中央礼堂、边区银行和参议会礼堂，都是具有延安特色的建筑。从当时的延安的建筑布局和建筑来看，这里既是城市又是农村，体现了"城乡结合，工农结合"的原则。

怎样建设延安？建设怎样的一个延安？毛主席在延安的13个春秋中，已为我们指明了方向，作出了榜样。问题是我们如何加深理解、深刻领会并运用于今天城市规划与建设的实践中去。

二

在延安期间曾听了有关领导介绍延安总体规划方案。听了介绍，看了现场，我们认为这次的延安具体规划，在国家建委、省地市委、省建委、西安市建委领导的关怀和支持下，搞规划的同志们付出了辛勤劳动，做了大量的扎实细致的工作，开门搞规划，搞得很好，达到总体规划应有的深度和广度，有的地方还做了详细规划。

1. 延安的城市规划的指导思想明确。延安平地起家，从无到有，发扬了南泥湾的精神，办起冶炼、煤炭、化肥、农机、水厂、电厂等62个工厂，市政工程、公共服务设施、文教卫生等各个方面都取得显著成绩，到处是一派欣欣向荣的大好形势。柳林大队在治理延安的农田基建专业队的工地上，虽时届严冬，但干劲冲天，一定要把延河治好，成绩巨大。延安人民保持和发扬了过去在革命战争年代里的那么一股劲，那么一种拼命精神。

2. 好就好在，特别是在城市规划中要求对革命旧址妥善保护，严禁乱拆乱改，严格注意保持原有建筑和周围环境的原貌，不要喧宾夺主另搞富丽堂皇的新建筑，保留、保护西北川，不做其他建设项目用地，搞好农田基本建设，把环境绿化起来。这些措施令人感到很满意。

3.规划贯彻了毛主席、党中央关于城市规划与建设的一系列方针、政策的指示，贯彻了"以农业为基础，工业为主导"的发展国民经济的总方针。功能分区合理，结合实际，城市的工业区，放在杜甫川的上游，在恒风的下向，这很对，充分利用了有利地形。市中心区的位置，天造地设选得很适当。南川市区是以行政机关所在地为主的地区，西北川市区以商业居住为主，北川是对外交通建设的地方，有机场、公路、汽车的始发站，有可能也是火车客运站的所在地等等，这样的功能分区是结合实际的。城区内的道路走向，基本上是充分利用原有道路，符合关于旧城改造的指示精神。冶炼、电厂、化工等污染较大的工业，放在远郊区的姚店地区，另立工人镇，这符合搞好小城镇的方针政策。近郊柳林大队和杨家岭大队采用新农村规划体现了城乡结合，有利于缩小三大差别。

总之，延安市的总体规划做得很好，是成功的。我们热切希望市地委、省建委、省委、国家建委能较快地把延安总体规划肯定、批准下来，下一步的详细的远期规划就有章可循了。

延安是革命圣地，慎重考虑、多方征求意见是应该的。我们认为延安的这次总规划，指导思想明确，大方向对头。总图能早日定下来，比放着再考虑好得多，现在的建设速度是一日千里，如无总图控制就可能造成"见缝插针""遍地开花"的不良后果，希望早日听到批准延安总体规划的好消息。

三

1.延安总体规划的情况。

延安在1972年2月经国务院批准设市。

延安在春秋战国时为白狄部落所在地。

秦（公元221年）开始建郡，秦称"上郡"，置肤施县。后魏改名为"金明郡"。

隋炀帝取延水为名，称"延州"。

唐、宋初仍称"延州"。

明洪武二年（公元1369年）改称"延安"府。府设在肤施县。

1935年11月，中国工农红军解放了延安。

1937年1月，毛泽东主席和党中央进驻延安。同年2月，设立延安市，为陕甘宁边区首府。

1947年3月13日，国民党蒋胡匪军进犯延安，我军主力撤离延安，转战陕北，继续指挥全国解放战争。

1948年4月22日，我人民解放军解放了延安。

中华人民共和国成立后，改称延安县，是中共延安地委所在地。

1972年2月7日，国务院批准设立延安市至今。

2.自然地理概况。

延安市位于陕西省北部，延河中部，北纬36°36″，东经109°30″。

市区处于延河与南川河交汇处，在宝塔山、凤凰山、清凉山之间，依山傍水，是一座山区小城市。

海拔1 452米，最低943米，相对高差509米，整个地形被河流切割为梁峁和河谷两大类型，以梁峁为主。河谷狭窄，呈带状分布。

气候常受西伯利亚寒流侵袭的影响，地形复杂，沟壑纵横，构成气候多变，温差较大，日照比兰州少！

陕西省委领导曾经指示：窑洞化和绿化。

外宾到了延安，都以住一下窑洞而感到光荣和幸福！这就提出了一个问题，是不是要大修窑洞式的建筑呢？是不是广修窑洞就让延安风格化了呢？

革命人民向往着延安的窑洞，热爱着延安窑洞，是因为毛泽东主席、党中央有十三个春秋住在延安窑洞里，为中国的革命事业立下了不朽的功勋。正如有的外宾说："毛主席在延安这个山沟里，指导中国革命取得了伟大胜利，真了不起呀！"还因为延安窑洞体现了自力更生、艰苦奋斗的延安精神，有这种精神，山可移，河可填，什么人间奇迹都可以创造出来。

我的看法，建筑形势不等于风格。风格的形成是许多方面因素的综合，是许多矛盾的统一，是经济基础的反映，是科学技术和社会思想感性的统一，是满足对大自然的斗争和阶级斗争两个功能的统一。归纳起来，大体上有5个方面：经济基础、自然条件、政治思想、科学技术和生活习惯。

窑洞是一种形式，但延安窑洞就不单纯是一种建筑形式问题了。在延安这样一个特定的地点（革命圣地，毛主席生活达13年地方），发展延安精神，大干社会主义这样一个特定的时代，我们国家的生产力正在大提高中，新建筑材料、新技术正在不断涌现，研究延安窑洞怎样继承和革新的问题，应是历史赋予我们革命圣地延安建设的光荣任务。

理论和实践都告诉我们，决定建筑风格的是社会经济基础，我们应先从物质方面出发，谈建筑风格。经济基础决定社会上层建筑，决定建筑内容和形式，而后才能普遍谈建筑风格。从精神方面出发，来探讨建筑风格，应该是经济基础决定艺术观点，控制创造方法，产生建筑形象，反映建筑性格，而后才能谈建筑风格（建厂修车间硬搞个窑洞式也不好吧）。建筑风格应该属于第二性的，它的产生发展决定于社会经济基础，决定于生产力和生产关系的发展。我们不要忽视它，也最好不要超越它。

延安山地很多，风大，日照时间较少，大木料较少，平原肥沃土地要种粮食。因为风大，日照时间较少，这就要避风向阳（这是向大自然做斗争嘛），延安有足够的地方建筑材料，如山石，窑洞就是在这样的物质基础上建造出来的。技术在发展，新建筑材料日新月异，在这样基础上，怎样继承延安的建筑风格呢？这是摆在我们面前的一个课题，要大家研究解决，从实践中去解答它，去创造它，不能说在延安全修窑洞，就算是延安风格化了。

写于1977年

丝绸古道上的白银市

一

这片土地——东南狭窄，西北宽阔，四周环山，丘陵起伏，自西北向东南逐渐由高至低倾斜，西北部的驴耳山和与它相连的了高山，是群山的制高点，如巨鹰般昂首屹立着，两侧群山如鹰鼓翼，向西南、东北起伏延伸至白云生处。登上山腰，极目四野，是一眼望不到边的连绵起伏的低山丘陵地带。无数道历时千百年的冲沟，从北向南曲折蜿蜒向黄河奔去。真是"丘陵起伏腾细浪，沟壑纵横驰黄龙"。这片起伏的丘陵地带像一湾怪异的、黄色的海洋，缓坡如朵朵浪花，层层远去，焦黄、单调、静谧，没有海鸟翻飞，没有惊涛拍岸，只是一片冷漠、寂静的瀚海，黄风掀起的尘埃，如一片水雾，使人心里顿觉悲凉、沉重……

1954年，在风吹砂石跑的晚秋，我们一小队城市规划工作者，第一次踏上这块土地勘察时，大家都惊诧不已，造物主是怎样用如此残酷无情的心肠，造就了这样一块红板砂岩、干旱得似乎要冒烟的土地，难得看到一朵鲜红、一片翠绿。同行们都说：在这人烟稀少的荒凉野地，只见遍地蜥蜴窜来窜去，偶尔还会碰上一跃而起的野狼。在这干旱多风的内陆高原，黄河远在20公里之外，怎能建设城市呢？这儿的年降水量仅202毫米，而蒸发量却为降水量的10倍多。这儿春季沙飞风嚎，入夜狼嚎，喝了"黄毛井子"唯一的盐碱水，闹得你肚子要嚎上几天呢，真成了有名的"三嚎"之野。这就是1954年甘肃铜城——白银市诞生前的郝家川。

郝家川虽然是其貌不扬，但你翻开《金城郡志》，记载这块荒漠之地却如"和氏璧"，剖去蛮荒的外表，还是一块璀璨的瑰宝呢。郝家川金矿的开发史远在汉朝（或更早）。距郝家川东北15公里处的折腰山、火焰山、铜厂沟在明洪武年间就设有采矿机构，并以采炼白银而著称，曾有"日出斗金"之说，后来就销声匿迹了。直到1940年，国民政府的资源委员会才派来一小组地质工作者到这儿来探矿，但仅仅侧重于硫黄与铁矿的粗略的调查，没有什么较大的定量的发现。

中华人民共和国成立后，党和政府对郝家川（白银）矿山开发极为重视，当即组织了大批地质工作者对这里矿藏进行了大规模的地质勘探工作。结果，这儿不仅发现藏有黄金、白银，还有白金呢！储量最大的是黄铜矿床。于是国家迅速地开始筹建"白银有色金属公司"。

第一个五年计划期间，国家在郝家川把重点骨干企业，如白银有色金属公司、银光化学材料厂等确定在这块荒滩上，随之进行选址建厂，进而进行城镇规划和城市建设。当时，我有幸参加了这一新城市的规划设计工作，成了白银市拓荒者的一员。

在第一个五年计划中期，白银市在祖国的大地上，被列为第一批新建的工矿城市之一，决定以郝家川为中心，规划为这几个大厂服务的白银市区。

1955年，国家建委正式批准了为期20年（1955—1975年）的城市总体规划，从此，在郝家川展开了大规模的工业建设和城市建设的画卷。

二

白银市的拓荒建设与发展，走过了像"九曲黄河"一般蜿蜒曲折的道路。1958年正式设为地级市，1963年"困难时期"撤销市的建制，成了兰州市的一块"飞区"，处在距兰州市96公里的东北角上。"文化大革命"中，白银市的城市建设处于停滞不前的状态。

1985年经国务院批准，又恢复了白银市的建制。新建制辖有靖远、会宁、景泰三县和白银、平川两个区，总人口135万人，市域总面积2.115万平方公里。白银市在近35年中，市行政辖区变迁了7次，可是白银市建成区的城市建设，基本上是遵照1955年国家批准的总体规划进行的。实践证明1955年的白银市总体规划是符合实际的，当时预留的西部发展用地，是有其先见的，有效地指导了白银市各项基本建设，并为其发展壮大创造了条件。

从第一个五年计划开始，国家相继在白银进行密集投资，至"六五"前已投资了20余亿元，先后兴建了白银有色金属公司、银光化学材料厂、西北铜加工厂、甘肃稀土公司、靖远煤矿、长通电缆厂、磷盐化工厂、铝冶炼厂等20余个大型骨干工业，新的铝锌冶炼厂正在破土动工中。

祖国第二条大河——黄河，其干流经白银市辖区的两区两县，长达214公里。此段河道坡降大，峡谷多，水能资源丰富，为发展工农业生产及城乡居民生活用水提供了充足的水源，而且还为建立梯级水电站提供了良好的条件。黄河上游甘肃境内高坝型水电站有5座，其中3座就在白银市辖区内。白银市水电、能源、农田水利均占有优势。白银市辖区的大峡水电站工程已开工在建，它将为高耗能的工业发展提供广阔的前景。除此之外，白银地域广阔，只要黄河水和黄土坡"结婚"，就会诞生"黄金之地"，就会长出蜜桃、鲜果、好庄稼。白银光热资源极有优势，年日照数在2 777小时左右，年太阳总辐射值为每平方厘米145.88千卡，无霜期全年平均最多可达145天之多，太阳能利用前景广阔。

白银市已成为"丝绸古道"上新兴起来的一座充满希望的工矿城市，并正在向着具有多种功能的有色金属之城发展。它有着充裕的电力资源，丰富的有色金属资源和煤炭资源。已经形成的铁路、公路交通网络，使白银市具备了以交通促流通、以流通促生产发展的条件。铁路有包兰线、兰宝线贯穿全境，公路有2条国道、3条省道、15条县道，已形成便利的交通网络。白银南依兰州，北通宁夏，西接武威，东连陇东，具有发展商品流通的良好条件。这些都奠定了白银市经济和社会发展的物质基础。

白银市已经形成了以有色金属工业为主的煤炭、化工、建材、轻纺、科研综合发展的工业结构，为白银市工业的进一步发展奠定了雄厚的物质技术基础。

白银市开拓、建设、发展30多年来，客观上已经初步形成一个区域经济中心，并在一定程度上和一定范围内发挥着区域经济中心辐射的推动作用。白银是一座闪耀着熠熠金属之光的"希望之城"。

三

"了高山"下这片35年前还是人烟稀少的荒漠之地，在日新月异的变化中，焕发出青春的容颜。谁能相信35年前的一堆沙丘，而今已成为白银市区内的市级公园——金鱼公园（这个令人悠然神往的名称还是我在35年前首次登上这堆沙丘时，看到沙丘似摇头摆尾的一条大金鱼，我和同来搞规划的同志们研究，咱们就因势利导，用这组沙丘做主体，将来引入蓝带和绿带，把它变成一处大公园，就叫"金鱼公园"）。昔日"一片荒滩罕人烟，千里风沙万重山"的戈壁荒滩，奇迹般地变成了欣欣向荣的城市，白银开始以崭新的姿态和应有的地位呈现在我们共和国的版图上。

白银土地资源丰富，全市共有耕地面积450万亩左右，人均4亩，大大高于全国人均耕地占有量，另外，还有203万亩可利用。

白银市的城乡一体化的总体规划，在全国小城市来说是领先的。这一规划，不仅就白银城区论白银这个城市，而是放眼于市辖全市域，并特别想到了兴黄河之利，济山区之贫，同时看到了借铁路、公路之便，扩大流通领域，发展商品经济，注意到了借助于城市经济拉力，逐步调整优化农村的产业结构（这是一种高瞻远瞩的设想）。总体规划的白银市域，还要向外继续延伸，在战略发展上，将要跟兰州、临夏这个城市群一起来做大的发展战略研究，与甘肃省的国土规划和经济发展战略衔接在一起！这是一种高瞻远瞩的设想。

白银市正在准备大力开发西区，并定了"富规划、穷开发、边开发、边见效"12字原则。"富规划"，就是指规划起点要高，标准要严，设计要新，功能要全，创造良好的投资环境，吸引国内外企业家到白银来。于开国市长曾对我过："城市基础设施是城市发展的支柱。"他也深切了解白银市的现状和存在的问题，正在想方设法采取适当超前投资政策于西部开发区，调整投资比例，寻求多途径地解决资金来源，进行公用事业合理计价的研究。白银西区开发办已邀请了兰州的几个大设计院为西部开发（先建区）进行"城市设计"的优选方案工作，这个方案要通过多种设想、多种手段，设计出西区美好的城市环境，达到满足使用机能及精神功能（即生产、生活、游憩、交往、出行等活动），发展丘陵城市的特有风貌，使城市人民与环境具有融洽协调的关系，使局部环境与城市的整体环境，建筑、绿化、街道、广场、铺装、雕塑、建筑小品各具特色，相得益彰。

白银城市设计的目的，十分明确，它的主体对象是"人"，是为了生活、生产在城市中来往的"人",白银市正在进行这一工作。"穷开发"是指的一种精神,就是在开发过程中要发扬艰苦奋斗精神,做到少花钱,多办事,"边开发、边见效",一面搞城市基础设施,一面搞生产,成熟一个项目,建成一个项目,力争做到开发和建设同步,稳步前进。

白银市的优势不可低估,是一座"金、木、水、火、土"五行俱全之城。先说这"五行"中的"土"吧!土为五行之母,白银市西区尚有大片土地亟待开发。白银市准备拿出几平方公里的土地,欢迎高耗能的工业到这里来搞开发,可以考虑土地无偿使用,甚至考虑到建立"无税区"。白银市领导大有预见的设想,是很有见地的,如果真能创造这样一种软环境,这样一个良好的政策环境,怎能没有吸引力呢?"火"——白银境内的靖远、景泰十里沟有储量非常大的优质煤矿,年产近500万吨,大峡水电站正在筹建,乌金峡、黑山峡水电站已列入建设计划,还有靖远的热电站。总之,白银市的能源优势极好。"水"——白银这里虽然干旱,但是"黄河之水天上来",黄河流经白银市214公里,占黄河流经甘肃全省480公里的44%,在全省省辖市内,白银市可以说得上是得天独厚的地方,大可兴"黄河之利"。"木"——从白银来说,是最为薄弱的,35年前,郝家川生态破坏严重,看不到植被,但这儿却有丰富的矿产资源和水力、电力资源,更有辽阔的土地资源,地理位置又靠近兰州,这些都是难得的优势。可以说白银占了"五行"之中的"四行"优势。我们规划城市是要先"相其阴阳之和,尝其水泉之味,审其土地之宜",然后营邑立城。规划城市时我们就深知环境对城市的制约作用,人们能够能动地改造自然环境!35年来,白银人民在绿化这块野地荒坡时,付出了惊人的毅力和劳动,把"蓝带"和"绿带"已引入城市,扩大绿化,把黄河之水引入城里。白银市人民正用彩墨丹青重新描绘着这昔日的干旱之地。35年的实践证明,白银市环境是一种高度人工化的环境,通过人们主观地去调节,让自然环境更符合我们的要求，是完全能办得到的。"金"——人所共知，白银建城以来就是"铜城"，是我国有色金属的重要基地之一，经过30多年的建设，白银已成为一个拥有有色金属采选、冶炼、加工、化工、轻纺、建材及其他轻工业并具有一定规模的新型工业区，是我国有色金属的重要基地，铜产量居全国首位。白银正在准备实施重点开发，带动全市经济发展。白银市已把市区西部确定为重点经济开发区，并以发展加工工业为主导产业，加工增值，这是一个富有开拓精神的创新之举。白银市必须充分发挥现有的优势，努力克服不利因素，选择并确定新的经济发展模式，把体制改革与经济发展有机地结合起来，制定"符合白银市实际的产业政策，使白银市经济由资源型经济转变为资源——技术型经济，进而发展为资源——技术——市场型经济"。这种构想，我相信一定会实现。

35年，弹指一瞬间，白银市作为一个人工外力推动的城市已形成一个铜城新貌。城市基础设施的建设，虽然还有若干不足之处，但从设市以来，他们即注意了建设一个市中心区和数个区中心，开拓了作为市级中心公园的金鱼公园，新建了银光、铜花、西山公园，并正在开拓防风林带和森林公园。如今白银市厂房成片，楼房林立，道路纵横，市容整洁，已成为一座闪耀着社会主义新时代灿烂光辉的新城市。

为了保证白银市继续发展，国家计划在"七五"期间投资27亿元，已经开工建设白银铝厂、西北铅锌冶炼厂、厂坝铅锌矿（天水成县）、884厂锌材车间以及银光厂TDI生产线、靖远火电厂、平川区煤矿。上述项目投产后，仅铜、铝、铅、锌等有色金属产量可从现在的5万吨增加到30万吨。

白银市作为国家一处重点的有色金属基地，并有条件成为甘肃仅次于兰州的科学技术副中心，在其合理规划和积极开发建设中，白银市将进一步发挥其聚集效应。从"点轴论"来看，白银正处在我国东西向陇海——兰新轴线上，属于该线所属区内的联合开发的大有希望之城。

白银市域内有雄伟的黄河峡谷，将有高峡出平湖的湖光山色，有靖远寺湾、乌兰山、清泉寺、景泰五佛寺的石窟艺术，有铁木山、崛吴山、寿鹿山、哈思山、昌林山等地的森林风光，有多处古迹名胜、寺庙古殿、长城遗迹——所有这些都已纳入了白银市的市域规划之中，"唯望哲匠重抖擞，白银处处有蓬莱！"

写于1989年

在"陇海—兰新地带（甘肃段）的城镇体系规划"论证会上的发言

　　甘肃省此次进行"陇海—兰新地带（甘肃段）的城镇体系规划"，就是要积极研究本地带中每一个城市经济和社会发展的具体思路，深化城镇的规划，要尽可能地考虑如何变每个城市地区的资源优势为经济优势，变封闭城市为开放城市，变"自燃"城市为辐射城市，变消费城市为生产服务城市……沿海城镇大发展的经验告诉我们——没有经济的大发展，就没有城市建设的大发展，而城市基础设施建设跟不上，什么都超负荷运转，也必然会制约城市经济的发展。所以我们首先要论证大陆桥通过的每一个大大小小的城镇。这是我们这个课题的基础。

　　城市的主导作用来自工业、贸易、金融、文化、科学技术，作用来自城市多层次、主体化的功能。沿大陆桥的每个城镇，对其现状和前景都要有所估计，都要进行科学的论证。所以，我们要有全局观念，长远观点，解放思想，放开眼界。看到"物"也要看到"人"，既要研究省内市场、国内市场，又要研究国际市场，还要看看这荡荡的大千世界，也许能给我们一些启示。例如欧亚大陆桥，苏联解体后，我们面对15个国家，这为我国，尤其为甘肃开辟市场提供了机遇。再如，中东市场虽已被瓜分，但有空隙，我们在中东开辟市场大有可能。听说兰石、兰州三毛厂在中东已做成生意。我们甘肃开辟中东市场的有利条件，一是新疆、甘肃与中东地域比较接近，大陆桥沿线居住着十几个信仰伊斯兰教的民族，中国的穆斯林与中东居民信仰相同，风俗习惯相近，语言文化相通，有着传统的"伊斯兰感情"。二是双方贸易互补性强。中东国家借石油发了大财，人民收入高，消费档次高，市场潜力大。所以规划城镇体系，尤其是沿大陆桥城镇，都要树立大陆桥观念，更要有上桥勇气。要从天安门看这座桥，这是兴国家之利，在使用大陆桥的问题上应抛开"诸侯观念"。尤其我们的河西古四郡和今天新兴的嘉峪关市和金昌市，更要考虑如何联合上桥？不能搞部门利益，不应对桥上、桥下不一视同仁，不能让没兴利先结怨的情况出现。这个大陆桥如何能上得去，我看也是一个系统工程（甘肃段城镇体系范围包括5个地级市、9个地州区、67个县，涉及范围总面积40余万平方公里），这是个"大块文章"。大陆桥在我国境内东起连云港，西到阿拉山口，贯通和辐射11个省区。

当前，我国城市规划及其建设工作，已进入第二个"十年"发展较高的新阶段。根据建设部对全国各城镇的要求，在这个新阶段里，如何深化城市规划中的重要任务，我个人的体会是：继续当好探索有中国特色的社会主义道路的一个"排头兵"，起码在陇原大地上，我们是责无旁贷的。在陇原大地上，首先把陇海——兰新地带上的城城镇镇，分等级的建设成以先进技术工业为基础、第三产业比较发达的城镇。农业现代化现有水平如何，将来啥样；科学技术现况和未来将是个啥样；哪个城市具有较好的基础，可规划建设成为一个综合性经济发达的、外向型、多功能的城镇，并率先成为经济繁荣、社会全面进步的城镇；到20世纪末，到下一个世纪的10年内，我们陇原大地主要城镇要实现的战略目标是什么？搞个什么标准呢？

1991年9月18日我到深圳参加了"深圳市城市规划委员会第五次会议"，会议上他们提出20世纪末的战略目标是：

第一，率先实现我国经济发展战略，第三步奋斗目标，到2000年人均国民生产总值达到或接近中等发达国家现在的水平。

第二，成为我国重要的出口创汇的基地，到2000年人均出口创汇居全国领先地位。

第三，成为经济、政治改革成功的试验区，建立完善的社会主义有计划商品经济的新体制。

第四，成为社会主义精神文明建设的先进城市，人民群众有较高的科学技术水平和思想道德素质，保持和发扬社会主义风尚。

我们对陇原上的几个重要城镇的城市总体规划、城市建设等，特别是对每个城市的基础设施建设的现况以及它的未来"建设"，要提出更高的标准和更严的要求。因为，近年来我国若干城市或大多数的城市，经济发展规模与速度超出了预测的目标。例如，城市人口增长过快等等（人口问题也是我们这次科研的主题之一），造成供水、供电、电讯、电话严重紧张，交通拥挤情况严重，影响了城镇的投资环境，制约了城市经济发展。今天论证这一专题，首先要转变观念，适应经济和社会发展的大趋势，在这一前提下来研讨规划的来龙去脉，使我们这一规划的设想，更有其生命力。

我国社会主义现代化建设已进入了新的历史时期，对我们的城市规划和建设也提出了新的更高的要求。

随着以城市为重点的经济体制改革的不断深入，迫切要求我们更新城市规划观念，以适应国民经济与社会发展，适应对内搞活经济和对外开放。我们应充分认识到每一个城市的城市规划在国民经济建设中的重要地位和作用。城市改革的重点应把国营大、中企业改革作为重点中的重点。

在过去很长一段年月里，我们把城市规划作为国民经济计划的继续和具体化，具体的工程建设问题，我们研究得比较多，往往就事论事，就建设论建设，没有很好地起到协调经济社会发展的作用。面对改革开放的新形势，使我们认识到，城市发展建设问题，是一个庞大的系统工程，我们不仅要研究微观的建设问题，更要研究宏观的发展问题，既要运用自然科学，更要涉及社会科学领域。

城市规划的"龙头"地位和作用，要求我们必须依据国民经济和社会发展的总趋势来协调城镇建设、生产、流通以及生活服务等等各项事业的发展建设，发挥综合指导作用。在这一点上我们必须有所认识，"没有社会经济的大发展，就没有城市的大发展"。我们要再次强调这两句话的重要关系。

实践证明，我们只有更新观念，把城市规划与经济建设和社会经济发展紧密结合起来，才能提高"城市规划"的"龙头"作用和地位，发挥城市规划的综合职能。

在规划过程中，我们碰到不少新情况、新问题，在我们分析这些新情况，研究这些新问题时，深深感到城市经济发展问题是我们规划工作者应补充学习的主要"功课"之一；深深感到在城市规划的全过程中（包括城市规划管理）必须坚持生产力标准，坚持经济、社会、生态三个效益的统一。

搞好这一课题，我们既要有生产、流通观念，又要有城市和环境的观念，力求做到经济建设、城市建设和环境建设三者统一规划、协调发展。第二要认识到城镇体系规划的真正形成需要一段漫长的历程，它是区域社会的经济发展的产物，所以说：一个城市的群体发展成为"城市体系"就不是短期所能形成的。城市体系是一定地区内各种类型、不同等级的城镇空间组织，也就是城市网的综合反映。只有在区域社会经济发展到一定的程度时，不同城镇间产生大量的联系和交换时，那才能把职能各异、规模不等和区位分离的城镇结合为具有一定网络结构的有机整体，这才能叫作"城镇体系"。

我们甘肃省这次搞了这么大的一个课题，有勇气，有远见，敢于追求、探索，这是一个很好的开端。只要我们勇于攀登，这一规划是一定可以实现的。

写于1992年

在甘肃敦煌鸣沙山、月牙泉省级
风景区评审会上的发言

敦煌是一处极富魅力的历史文化古城。凡是到过敦煌的人，无不被那"大漠孤烟，边墙塞障，古道驼铃，清泉绿洲，瀚海草原，茫茫苍苍，丝绸古道千里迢迢"的多姿多彩的自然景观和人文景观所震撼。"敦煌"二字，名字好得很——"敦"者"大"也，"煌"者"盛"也。这两个字概括了它的辉煌的历史，照出了它繁荣的未来。敦煌城市的规划论证每次我都参加。在上次修订城市规划的论证会上，我说过：我们今天修订敦煌市的城市规划，既要努力概括它的辉煌历史，又要展示它繁荣的未来。因此，我们修订、深化敦煌城市规划时，每一笔、每一处都要考虑到如何显示民族的荣誉，如何发扬华夏的光彩，如何大力发展敦煌的第三工业——"无烟工业"（旅游业），以带动新敦煌的经济腾飞。

甘肃，是地下、地上古建筑遗物、遗址留存众多的省份之一。从甘肃境内发现的距今四五千年以至七八千年前的马厂、半山、马家窑、大地湾等原始部落建筑遗址，西汉时河西走廊上的黑水国古城，前秦始建的敦煌莫高窟，东汉张掖的大佛寺，唐代兰州的庄严寺和宁县的政平塔，崇信县的唐武康王李元谅寝宫及大量数不胜数的元、明、清古建实物，都为我省研究、修复人文景观以及发展旅游业提供了难得的实物资料，这在国内是少有的！至于名山，如天水的麦积山，平凉的崆峒山，陇右第一名山兴隆山，永靖的炳灵寺，洮河之滨的莲花山，这些古迹、名胜在继承中华民族传统、弘扬民族文化方面还有潜力可挖。

为了重振丝绸古路雄风，仅敦煌一地就是一座具有中国特色的文化历史名城——旅游胜地。

今天我们论证的主题是鸣沙山、月牙泉能不能无愧地被列为省级风景名胜区。我看有过之无不及。

"文化大革命"之后，我第三次来访鸣沙山、月牙泉，当时正值料峭春寒季节，古建筑已是残砖败瓦，一片凄凉景象，月牙泉已被农田用水抽得枯瘦如娥眉敛起，一脸凄苦欲泣之状，我停立沙山之腰，曾信口得"俚唱"数句，尚能记得：

"沙谷"乍出清光细，

浑似玉盘残碎。

娥眉敛起，

料峭春寒人散后，

剩瘦影空塘，

问谁怜惜？

这次我又去看了月牙泉，它正在变美，古建筑群已经修建起了一部分，古色古香，十分得体，希望早日按规划建成，壮此绝景。鸣沙山、月牙泉的风沙造型地貌和鸣沙奇观声如雷吼，我曾建议月牙泉畔建一个"听雷轩"，具有重要的观赏、文化、科学历史价值，其景观之独特，为国内外专家、学者赞叹。鸣沙山的景区规模较大，具有发展潜力。有人说，看鸣沙山是"一无所有"，可是"气象万千"呵！诚哉斯言。我认为这个风景区符合国家重点风景名胜区自然和人文景观的评价条件。我这次来又到鸣沙山细细地看了一遍又得俚唱四句：

"煌"城诗意满，

愧我乏诗情。

若问情何在？

耽迷沙海中。

敦煌地区内有鸣沙山，风成沙山造型奇观，月牙泉、渥洼池和党河水系的沙漠泉源水文景观。沙洲郡城、古阳关、玉门关、汉长城及寿昌城遗址，都可引得人们发思古之幽思。还有古墓葬群，尚待开发考古。至于莫高窟等石窟那就不在话下了，敦煌特殊的民俗风情、自然景观与人文景观都有重要的观赏价值。再加上农副产品丰富，瓜、果、棉花久负盛名，沙漠绿洲，远近驰名，真是"沙中水草堆，好似仙人岛，过瓜田碧玉丛丛，望马群白浪滔滔，汉、唐先烈经营早"的"大盛"之城也。

在一个地区，一个城市附近有这么多古迹、名胜、风景区、风景点，分布成片连线，又距敦煌城较近，吃、住、行、游、购物十分方便，待服务设施日趋完美后，敦煌的"无烟工业"——旅游业之美好前景大有可观。我们应争取将欧亚大陆桥的中间站建在敦煌，事在人为嘛！

甘肃自古以来是匈奴、月氏、羌、鲜卑、吐蕃、突厥等民族反复征战、聚落、活动的地区。所以甘肃的古建筑有其特定的历史、地理、自然环境、气候条件和民族风俗。又因古丝绸之路的开通，西方外来文化在甘肃古建筑中的影响更得以体现，使之至今仍保留着近东、印度、波斯等国的许多古典建筑和国内外多民族文化的遗痕和特征。这在敦煌壁画上可以看到，显示出当时政治、军事、经济、文化等内涵。甘肃古代各族劳动人民在长期的生活、生产、实践中，既保持了各自的民风习俗，在建筑文化上又相互渗透、交融，创造出多元的风格。为此我建议，今后敦煌市的建筑风格不排斥多元的建筑风格，我认为是可行的。我不同意在敦煌搞高大建筑，应以低层的建筑群为主。

最后，我建议，将敦煌市鸣沙山——月牙泉风景名胜区列为国家级重点风景区，请国务院接纳审查，予以批准。

写于1992年

家家泉水伴垂杨

承蒙邀请我参加济南市总体规划评议会，不胜感谢，奈因奉国家建委领导之托，参加起草《中华人民共和国城市规划法》，实在难以抽身，失此难得的学习机会，深感遗憾，谨致歉意，敬希见谅。

对泉城济南我素怀向往之情，前年"城市园林绿化会议"期间有幸再访泉城，虽是飞车观花，来去匆匆，但所到之处，印象颇深，至今仍萦系脑际……

此次未能亲临会议学习，是我的一大损失。因为没有看过规划方案，就没有发言权，仅有几点还不成熟的浅见，供规划上参考。

1. 名闻中外的泉城，历来享有"齐多甘泉，甲于天下"之盛名，是济南得天独厚的骄傲。

据历史记载，济南是"家家泉水……"，有名泉72处。我前年至此，有位同志告诉我："目前市内尚有清泉百余处。"有名泉如趵突泉、黑虎泉、五龙潭、珍珠泉等若干泉组，再加上大明湖风景区，形成了济南市独具特色的风貌。在一城之中，竟有如此众多的清泉涌流，在世界各城市中也属罕见，因此就更当珍重这一天下瞩目的自然特色。我建议在济南的总体规划中，应有一个河、湖、泉组的专项规划，既保有历史传统、自然特色，又有益于美化市容。另外可否考虑另辟城市用水的专用水源。例如，利用黄河水？以减少使用泉水，保持"齐多甘泉，甲于天下"的盛景？目前若干名泉已被破坏了、污染了、淹没了，我认为此事不可等闲视之。城市要发展，特色不能丢。在济南城市现代化建设中，泉城胜景应当发扬光大。我想，如果把护城河（我只看了黑虎泉那一段）疏浚，把淹没的涌泉挖掘出来，使环线河水活起来，沿河植树种花，清泉到处，长街流水，户户垂杨，再加上碧草如茵，清新秀丽，市容景色会更加妩媚宜人。对此我建议，应把"齐多甘泉"作为总体规划中体现的要素之一，结合着城市园林、河湖、泉组水系搞一个专项规划，并注意到泉源、地下水的保护，以确保泉水长流不息。

2.济南历史悠久，名胜古迹多，因此热切希望济南的城市总体规划应当有保护和发展自己城市特色的内容，并珍视这一点。

市区内今后的各项新建设当与传统特色呼应配合，协调一致，形成一个完美的统一体。例如，在黑虎泉、趵突泉及东湖附近，应禁忌"高、大、洋、浓、闹"的建筑物出现，以免大煞风景！"高、大、洋"容易理解，"浓"我指的是刺目扎眼，既不像大家闺秀，又不像小家碧玉，大红大绿，只讲醒目，尽失庄重，毫无雅相。"闹"则是杂乱、无序之意，是指单体建设体量、形式、色彩的失谐。不能你唱你的调，我吹我的号，搞成房子的堆积地。

济南的护城河要加以整修，使其泉涌水流再现昔日风采。我认为中国历史文化古城首先要有传统的文化风格，其次要有现代的生活、工作、学习、生产、游憩的适度的环境空间。我们应当充分吸取传统中的优秀建筑并以绿化来美化泉城，使其不失为"齐地多泉，甲于天下"之美称。

上述这点浅见仅是挂一漏万之言。敬祝会议成功。

写于1980年8月

罗马尼亚的区域规划和城市规划工作

中国建筑学会，应罗马尼亚建筑师学会的邀请，派遣了10人的代表团，从今年7月1日至7月28日，在罗马尼亚进行了28天的访问，我们参观了许多重要的城市和名胜古迹。罗马尼亚建筑界的同志们给予我们中国建筑师们的亲切接待和深厚友谊，令人难以忘怀。

在布加勒斯特期间，我们听取了布加勒斯特城市规划设计院给我们介绍了布加勒斯特城市规划方案和该院的组织情况，在7月份还曾两次访问了罗马尼亚城市规划设计院，但由于访问时间短促，了解得不够深入，只能谈谈我们访问参观中的一些记忆和体会：

一、布加勒斯特的城市规划设计院

首都布加勒斯特城市规划设计院在布加勒斯特市人民苏维埃和建筑艺术规划管理局直接领导下，进行布加勒斯特的城市规划设计和指导监督具体的规划实施工作。当然也受国家建筑及建设委员会的领导与监督。

布加勒斯特城市规划设计院，共有工作人员600余人，从事建筑与土木工作的技术人员就有450人。

院内设院长一人（建筑师），副院长二人，一人是建筑师，一人是工程师，分工管理全院一切技术和行政业务工作。

院下面分设10个设计工作室：总图规划设计室、建筑设计室（负责详细规划设计）、结构与卫生工程设计室、土木工程设计室、标准设计室（公共的、居住的标准设计）、零星工程及整修工程设计室、技术经济室、测绘室、（东区、南区、西区、北区）分区的建筑艺术、规划工作室（包括首都主要干路设计，并吸收国家杰出的建筑师参加这一工作）、行政室。

除上述的专业室以外，还有家具设计室，模型制造车间和技术档案室。此外，还有技术顾问室。这是一个综合性的专家组，由院长、主要建筑师、工程师、各室主任和经济学家组成。技术顾问室等于一个城市规划问题的研究室，他们的主要任务是研究规划上的重大技术、艺术、工程等问题，研究怎样提高城市规划设计水平和城市建造的经济问题。

设计院的特点是每一个设计室既有建筑师，也有工程师，有的搞建筑艺术，有的搞结构，行政与技术能密切配合在一起，实际规划设计工作与调查研究和科学研究也能配合在一起，在必要时，设计院还邀请全国最有权威的专家来帮助研究解决若干重大问题。

在院本部领导下，布加勒斯特在全市分设的东、南、西、北四个区的建筑艺术规划设计室，是在总图规划指导和全市各区分期规划实施计划密切配合下，进行详细规划与修建设计及规划实施工作；并且对若干具体问题，随时可以提出修正意见，作出建设性的规划方案，交院本部研究解决。这样做，在实践中不断地进行修正，一方面能保证规划按照总图的意图实现，近期规划实施能结合远景。我们认为这是一种好的规划方法。

二、布加勒斯特的规划简况

（一）解放前的实况和现在的现状。

12年前——解放前的布加勒斯特也和所有的资本主义的城市一样，是没有什么计划，是在紊乱中发展起来的，工业、企业、铁路没有系统的分布，好多街巷和不适宜现代化的交通运输，将城市分成很多的小街坊。

在市中心区有完善设备资产阶级的花园、大洋房和郊区贫民居住区有着尖锐显著的对照。

在资本主义和法西斯统治时代，投机商人们在首都建筑了不少不合高度位置的多层建筑，建筑形式与罗马尼亚的丰富多彩的优良的建筑传统毫无相同之处。市中心区为人民所喜爱、为歌唱家所歌颂的登博维察河变成了臭水沟，把布加勒斯特一块美丽的地方糟蹋得不像样子。

在第二次世界大战中，受英、美及希特勒的轰炸，使城市情况更加恶化了。

1944年8月23日，是划分两个社会的分界线，英勇的苏联红军解放了罗马尼亚。在共产党领导下，推翻了法西斯独裁专制，自此首都布加勒斯特的面貌才开始了真正的变化，那些城市丑陋的痕迹早为人民扫除干净而整修一新。市中心区的富丽堂皇的旧皇宫，已改为国家艺术馆。为工人修建的愈来愈多的新式住宅，正在迅速地兴建起来。现在的布加勒斯特有居民120余万人，平均居住面积已是5.8平方米/人，供水量160公升/人，市内的公共绿地（不算森林公园和防护绿地）每人已大于4平方米了！由于党和政府的关怀和生产的发展，人民生活水平正在不断地改善和提高，若干大建筑物，例如火花大厦、伯纽萨航空港、广扩大厦，布加勒斯特歌剧院、中央影院等千百幢的民用建筑也建立起来了！在布加勒斯特最美丽的地方，都为人民而开放，以斯大林命名的文化休息公园，8月23日文化体育公园和大体育场，都是在解放后才拓建和扩建的，广阔的林荫道也是在解放后才培育成荫。

（二）布加勒斯特的规划简况。

为了保证首都劳动者有更好的生活条件，为使布加勒斯特变为更加美丽的英雄城市，罗马尼亚的建筑师们，在首都规划设计工作上作出了卓越的贡献。

现在首都布加勒斯特的新规划正在呈报国家批示中。

布加勒斯特的城市性质，除了它是罗马尼亚的政治文化科学中心以外，它还是一个重工业城市，也要相应地发展轻工业，并以食品工业为主。

布加勒斯特的人口增长，到1970年计划人口数字为155万人。

布加勒斯特城市体型，基本上近于圆形，很像他们祖国的体型，城市中有两条从南到北、从东到西的主要干道，恰似在一个圆心上通过两条直径一样，每条道路长度在4～5千米，还有两条环行路，这些是现在和将来的城市中最重要道路，这两条交叉路，和环行路可以充分保证城市内部交通的便利及对郊区的联系。

布加勒斯特的新规划方案，每人以8平方米居住面积为基数，他们在新规划过程中，做了详细的现状调查、测绘和研究工作，对各种自然和社会的情况，也都做了详细的研究分析，所有现有的广场和建筑群，都有大比例尺的测绘图纸，以供规划设计之用。

首都新规划是结合着国家计划和布加勒斯特区的区域规划而制定的，它在考虑了首都建立工业的原料来源和交通运输业发展的可能性、扩大水源地和人工水面的可能性之后，考虑供水、供电、运输及道路和各种市政工程规划。

他们特别强调的是，首都布加勒斯特的社会主义改建总规划的远景规划不能估计得太远，他们以15年为远期，在某些问题上多以20年为远期，因为在15～20年间的经济发展水平，人民生活的提高和城市发展的可能程度，是可以较有根据地预计出来的，"过分精确的远景规划，实际上是唯心主义的规划"——这是他们一位副院长同志所说的！我们认为说得很对。

布加勒斯特的远景规划（15～20年）仅是确定功能分区，主要道路的功能走向宽度园林、河湖系统和一些若干的专业规划示意图等，他们将绝大部分的技术力量投向了近期的详细规划、修建设计和具体的规划实施工作上去，我们认为这样做很好，非常实际，能解决迫切需要解决的各种实际问题。

在布加勒斯特的新规划中，已着重解决了下列若干重大问题。

第一，工业如何分布。

布加勒斯特现有不少大大小小的各种工厂，在过去王朝统治时期，由于没有规划，有些工业和居民混建在一起，现在的布加勒斯特的东、西北、西南都有工业把城市包围起来的现象。新的规划方案，已很好地按着各种具体情况，考虑了如何改变这种不合理的现状。现在对环境卫生有碍的，有易燃性的工业、企业、移出首都；已有的无害工业、予以改建和迁建，新建的工业必须建立在指定的工业区内，而新的工业区都在市郊。

第二，现有的铁路走向必须要在新规划中加以改善。

那即是改组铁路枢纽站，将大部分已有铁路站场移至城市外围，建立铁路的环路，有一段将在地下通过，并将铁路系统电气化，以便保证首都有最便利的直达客货运输。

第三，首都的水系规划。

拟将通过市中心的登博维察河流改建为通航河道，将要和多瑙河连接起来，并将现有的河道展宽为50米，并在秋毕勒建立一个大蓄水库。沿着登博维察河的两岸将修建石砌护岸，它将形成城市的中轴线，这将是有着公园和广大绿化的滨河大路。

第四，扩大城市的绿化系统。

绿化系统规划是考虑到首都所有有价值的古建筑物、地形、河湖、树木的现状和保证现有绿地的充分利用。新绿化规划是把大片的森林沿着外环的湖沼两岸，从郊外引进城市，成为绿色的外环，并沿着登博维察河两岸建立内环绿地，这两个绿环，把整个的首都广场、公园、林荫路、街心花园都密切地结合起来，成为伟大的绿化系统。登博维察河的内环绿地，正楔入市中心区，和居住街坊之间的绿地密切地联系起来，外环绿地和工业的绿化防护地带联系也很密切。首都的绿化规划气魄很大，在布加勒斯特新规划中，城市绿化工作已是城市规划中很重要的内容之一了，新规划中的公共绿地定额是19～20平方米/人（不算森林公园和防护林带），他们已有的大片绿荫带给我极大的愉悦和享受。绿色的布加勒斯特正在成长中。

第五，旧城的改建和利用。

布加勒斯特市中心区有很多建筑艺术很好、建筑质量很高的建筑物，在新规划中如何充分利用是总规划设计中的重要任务之一，罗马尼亚的卓越建筑师们，充分地考虑了当前的现实问题，他们善于利用当地的自然地形和历史文物，例如在"大学广场""胜利广场"和歌剧院广场等处的新规划方案，把所有原有有价值的建筑物都很好地组织到新规划中来，并使它起积极作用，美化了城市，利用了原有的建筑来为人民服务。

第六，发展并改建首都的市政公用设施，供排水系统，电力、电讯、热力和煤气供应。

新规划中将发展地下火车、公共汽车及无轨电车交通网。将现有市内有轨电车移往市郊。

（三）几项规划中的定额和它们的详细规划，到1970年首都计划人口数字为155万人。其中：基本人口29%～30%；服务人口24%～25%；被抚养人口45%～47%。

现在在布加勒斯特平均每公顷土地上的人口毛密度为130人/公顷，新规划中的净密度为 400人/公顷。

层数分区的规划，他们规划得很切合他们的实际情况，并处理得很适用，灵活、不死定什么地区建几层，"高""低"如果处理得适当，都很美观、适用和突出，并可以丰富城市造型，但全市计划层数是：单层和两层占51%；三层和四层占42%；五层以上者占7%。

首都供水量将从现在的160公升/每人日，达到计划的400公升/每人日。

布加勒斯特近期的详细规划设计，都做得很细致，把若干住宅区、广场和建筑群，都做有若干比较方案，并做了模型，以便征求批评和修改意见，这些方案艺术水平很高，并强调了详细规划必须结合小地区特点，必须从分期建设逐步发展的观点来研究规划如何实施。

在1956年以前，他们住宅区的详细规划，也都是些周边式和行列式的布置方法，在近期，他们正在进行采用大街坊、小区和街坊组群的规划方法。

他们布置住宅区规划的方案是采用标准设计和定型设计，他们的标准图的类型、面积、比数和层数，对他们一般的生活习惯很合适，最近设计的住宅趋向小面积，强调了分户独居，每户面积为30～32平方米，家内净高为2.7米。一室一户，一室半一户，二室一户的占百分数比较大，层数一般的是两层和三层，五层的很少见。

住宅房屋设备都较好，每户都有浴室、厕所、厨房（有煤气灶、洗菜池及碗橱等）、储藏间等。

一般住宅用煤气取暖，浴室一般用煤气烧热水，高层住宅和公共建筑用集中取暖的办法，用煤气作燃料，集中锅炉的烟囱没有独立的，多是扶墙而上。

在布加勒斯特新建的工人住宅区，全部地下设施——自来水、下水道、煤气管道和供电、管网等，在街坊交付之时连内路都一齐做完了。

在街坊规划（或小区规划）布置中对利用和改造自然特别注意，他们正在研究最好最合适的排列方式，他们特别注意朝向，如何避免街道上的噪声等问题。为了朝向好，背风和避免噪声，有的把房子山墙对着马路，有的把房子和马路摆成斜角等，迎着风雪那面窗子很小。他们的新规划在功能适用上考虑很多，我们认为这样处理优点很多，在新的小区规划中，已减少周边式和取消转角单元，布置得比较自由，每栋房屋的大小、层数的高低，结合地形，跟着地形起伏，房屋排列也是多样化的，他们很巧妙地利用了低地和高地，创造出很美的生动的环境，充分地利用了"小地形"，他们的建筑密度一般只为32%~24%左右。

他们街坊内的绿化和街区人行道的绿化，不仅在房屋设计中一并进行了规划设计，而且在竣工的同时，绿化建设也同时完成了。

除了布加勒斯特规划设计院也在进行民用设计以外，现在在建造部下设有标准设计院，到目前为止，已经领导批准的标准设计300种，每种标准设计制定出一个总的造价，并附有材料表，可供给各地根据具体条件计算造价，考虑使用，据说他们的标准设计的使用率，一般的仅在50%左右。

在布加勒斯特，社会主义的美好生活，已经浮现出来，到处都是一片熙攘景象，劳动人民的新生活与解放前有了根本的改变，社会主义的新生活愈来愈幸福了，这是自由人民创造力解放的结果。

布加勒斯特卓越的城市规划设计院，在罗马尼亚工人党中央的直接领导下，已完成了首都的伟大规划，他们雄心勃勃的伟大理想，正在实现中。

现在布加勒斯特将伟大的建设发展，正孕育一个更美好、更伟大的变革阶段。

三、访问罗马尼亚区域规划和城市规划设计院

在布加勒斯特期间，曾在7月两次访问了罗马尼亚城市规划设计院，这个设计院，在建造部领导下负责全国的（除布加勒斯特外）所有的大小城市规划设计工作，并对各城市的总建筑师和规划机构进行技术领导。

全国的区域规划工作，也由该院负责，以全国16个行政区为单位，进行区域规划工作。他们的区域规划目的是要在经济、地理等条件和民族情况的基础上，建立成为经济和行政单位，每一个经济和行政单位，都包括工农业、牧业、林业中心，以便相互配合来发展每一个经济区。

罗马尼亚土地总面积为237 500平方千米，共有大小城市171个，除首都布加勒斯特外有170个城市，都由这个设计院负责规划设计（包括改建和扩建）。罗马尼亚全国的城市分布得很均匀，没有大量建立新城市的必要，因此问题就集中在旧基础上如何发展。

全国共有著名的60多个风景区（包括温泉区），现在已有12处温泉疗养区的规划已基本完成并已开始修建。

全国各个行政区都有分院，但人数很少。总院的主要任务是在区域规划指导下，提高全国各城镇的规划设计水平。为了在工作过程中培养规划人才，在现阶段他们把大部分技术力量集中于首都，全院现有技术人员250人，其中建筑师级的有60人，他们认为还不敷工作需要。

全院领导级人员共6人，一个建筑师任院长，一个建筑师任第一副院长，一个工程师任第二副院长，还有三个院长助理，一个建筑师，一个是工程师，管理卫生工程和市政工程，一个工程师做经济工作。此外还设有专门技术顾问室，由全院主要技术人员组成，遇到特别问题，再请教在全国最有权威的专家，并与各部、各城

市、各有关单位取得协作。他们的实际工作与科学研究工作是密切结合着的。

在罗马尼亚城市规划设计院中，分行政与技术两部分工作，全院共有三个（有时是四个）设计室（视工作需要常有增减），每个设计室分管若干区和区域内的若干城市，每个设计室还负责整个区域内的各种资料的调查、研究、分析和鉴定工作，每个设计室除做区域规划和这个区域内的大小城市的总体规划外，也做若干具体的建筑设计。

除上述三个（或四个）设计室以外，另有一个市政工程设计室，包括绿化、供电、供热和它的工程经济问题的设计与研究工作。他们目前正在进行典型示范规划，以便取得经验，推行全国。

他们把每一个城市的规划总图做出之后，就给该城规划设计分院研究。规划总图是与分期修建规划相结合着的。地方总建筑师在实践中可提出修正意见，这样可以保证规划不致脱离实践。

此外还有古建筑文物的调查、研究、保管的工作组，现有人员大都是建筑师，有20余人进行全国文物古迹调查、测绘和利用改造的规划工作。

在区域规划进行中，他们对全国十六个行政区都进行了细致的调查研究和测绘工作，为规划工作寻找科学根据。对全国的各种资源、自然情况、工业、水电、农业、山脉形势、工程地质、土壤、水文、气温、雨量、风向、绿地和森林披复、铁路、公路、水运、道路、桥梁等等都需要做很细致的调查、研究、分析工作，除了研究每个地区的具体情况外还必须研究城与城之间、区与区之间互相影响之关系，包括交通、资源，互相支援与影响的关系等，作出区域性的规划方案。这个方案是根据国家生产力的分布要求，根据上述资料进行综合布置，并对建设先后程序也作出决定，并在这样的区域规划方案指导下，来进行各个城市的规划或风景区、温泉区的规划。

在罗马尼亚规划设计院内，还有一个技术组织，它主管图书、拍照、模型制造等工作，为规划工作提供实际材料。

因为时间短促，他们没有来得及把全部情况介绍给我们，他们拿出几个城市的例子给我们看，每一个城市的规划，包括八个部分的重要工作，也就是八部分材料和几百张图纸和很多照片。

第一部分——总论

第二部分——城市发展简史

第三部分——自然现状（地质地形）

第四部分——交通情况（水、陆、空）

第五部分——人口和人文经济资料、城市功能

第六部分——地方建筑材料

第七部分——市政工程和公用设备

第八部分——居住情况和经济技术问题，绿化、街道、休息。

以上这八部分材料，都有图纸和照片，文字说明做得十分详尽。

我们参观了他们的区域规划图纸设计：

（1）第一张图——罗马尼亚大小城市建立的年代示意图，表示出它是在公元8世纪诞生的，并附有说明，说明每个城市的性质和它的发展历史。例如某个城市的诞生，有的因为战略上的需要，有的则因为政治、交通、工业、农业或林业的生产而诞生的。

（2）第二张图——是表示全市处在怎样的自然形势中。在这张图上可以看出罗马尼亚在东北部与苏联接壤1000余千米——这在区域规划上是特别具有重要意义的地方，沿着多瑙河，在南方有保加利亚、西方靠匈牙利、西南方靠南斯拉夫，它的四面的都是兄弟国家——全国总面为287 502平方千米。从北部疆界到多瑙河有

450千米，从西部疆界到鲁特河有600千米。

在这张图上告诉我们多样的起伏着的地形，分布得很均匀，山地、丘陵和平原约各占国家面积的1/3。

在这张图上可以看出，山地是森林地区和经营牧业的地区，也是开发矿藏和若干水力资源的地区；平原构成了广大的农业区；丘陵地带是适宜森林与牧畜业生产结合发展的地区；大片的葡萄园和水果也是丘陵地区所特有的经济作物。

在罗马尼亚的土地上，主要的河流是多瑙河，多瑙河的支流在全国呈放射状的分布，多瑙河是罗马尼亚主要的航行干线，能顺利地与中欧国家建立方便的水陆联系，它是区域规划中的主要内容之一。

除了这条主要河流——多瑙河以外，在罗马尼亚国土上还有许多盛产鱼类的主要湖泊，若干湖泊还有重要的疗养价值，他们把这一类的问题，也组织到区域性的经济规划之内。

同时，在这张图上，也可以看出全国大大小小城市的具体分布。例如在山区城市较少，在一般平原区城市和居民聚落最多，丘陵区次之，全国98%的城市都靠近河流，这张图做得很好，并且都附有说明。

（3）第三张图——是全国气象图，这张图根据充足的气象资料制定的。他们国家处在从西大西洋气候到极端东方大陆性气候的过渡地带，在很小程度上也受南地中海的气候影响。

总的来说，全国具有温和的大陆性气候，它的特征即是温带气候的特征，表现在四季的更替和年平均温度维持在10°C，年平均温差近20°C而最高温度与最低温度差是80余摄氏度（零下38°C～44°C）。

风带有不规则性，小气候的风带使它刮风的间歇时间不定，并来自不同的方向，这种不规则性，在罗马尼亚的东部和东南部表现得更为突出。

全国雨量是：

山地 1 000毫米~2 000毫米

丘陵地带 600毫米~500毫米

平原 600毫米以下500毫米以上

有部分地区在500毫米以下，因而常有旱灾，因此在区域规划中抗旱就成为一项重要的项目了。例如扩大灌溉，培植防护林、提出农业技术问题，就应该成为这个地区的农业规划一项重要内容了。

这一张图把全国分成若干气象区，东南部分气候较好，城市分布较多，如在"斯大林"城，过去因气候资料不足，错误地把一部分居民摆在恒风下向了，以致这个错误至今还无法改正。

（4）第四张图——全国城市分类图，按城市的性质、功能、人口、大小来进行分类，这项工作在1956年2月才完成，经过这项调查、研究、分析后，证明全国各地旧有城镇的潜在力很大，这些城镇还没有能够充分地利用这些潜力，因此国家不准备另建新城市。

现在罗马尼亚人口1700余万人，就人数而言，在欧洲各国中占第九位，人口平均密度是75人/平方千米，但在全国分布是不均衡的。密度大的是平原与丘陵地区，密度低的是山区。

全国有550万人居住在城市，约占全国人口1/3稍弱。

由于国家不准备另建新城市，那么问题就集中在如何更合理地分布人口和利用改建和扩建旧城了。

（5）第五张图——全国各城市的人口组成圈。任何一个城市都可表示出有多少居民，什么成分、基本人口、服务人口和被抚养人口的现状。

（6）第六张图——是全国城市城区的大小、土地使用现状和每公顷的城市人口密度。从这张图上证明大多数的城市人口密度不拥挤。例如"西碧屋"每公顷不过60人，这说明城市还有很大潜力可以发挥。

（7）第七张图——表示每个城市、村镇、从居住地区到工厂和每个大的工作岗位的步行或车行的距离，以小时为单位，分别以乘火车（用红表示）乘汽车（黄）步行（黑线）明显地表示出来，每个城市交通现况，以便在规划中如何考虑解决这个问题。例如斯大林工业区距旧城很远，故新住宅区是尽可能地放在距工厂较近的地方。

（8）第八张图——（这个图是本装图纸）全国每个城市的上水、下水、供电、供热、街道情况、交通工具、煤气、绿化、浴室等重要城市福利设施现状（包括缺点）都记录在这本图书中（同时每个城市的地方建筑材料都有调查研究）。还有全国交通线系统的现状图和规划图，现在全国已有10万余千米公路，公路的等级、建筑质量都可在图上表示出来，已建、新建和正在建设道路，也都在图上表示出来。

罗马尼亚的铁路网长达12 000余千米以上，从这个图上可以看出，由于地形所促成的铁路网的集中形势，可以看到两个环，一个在喀尔巴阡山脉内侧，另一个在脉外侧，许多铁路从这两个环旁引出来，不是把它连接起来，便是通达国家的边疆。

全国水路可以通航的有1 100余千米，沿着多瑙河还发展起来许多港口。这仅仅是举一个例子，他们在这项工作中，把每一项都做出十分详尽的调查研究，并制出图表说明。

所有这些资料除给规划工作提供科学依据外，同样可供给全国各建设单位和设计专门使用，资料的搜集、调查、研究、分析、鉴定工作也是他们的经常性的工作，这些资料越详尽，当然有助于规划人员的工作和提高规划质量。他们在这项工作上，付出了很大的力量，做了巨大的工作。

他们非常强调地说：区域规划在罗马尼亚已成为他们国内合理地分布生产力和合理分配建设项目的主要"杠杆"，它同时已成为罗马尼亚国民经济发展计划和城市建设计划中一根不可缺少的"纽带"了。必须在区域规划基础上来编制城市规划方案，否则在"城市规划工作"与"国民经济计划"之间将一定会存在着一定的脱节现象，这种现象也就削弱了"城市规划设计意图"指导城市建设的积极作用了！这种情况之所以日益严重，是因为国民经济计划往往是按照各个经济部门来制订的，而不是按照每一个区域和每一个城市的经济综合来拟定的。

发展区域规划工作就可以解决在城市规划中的若干重要矛盾和纠纷。

我们因为时间短促，了解体会不深，建议国家建委区域规划局可派人出国进修，学习一下他们的区域规划工作，有很多方法可以成为我们的参考。

写于1957年12月

第三篇

总结经验爱事业

我们是怎样进行修改
兰州市总体规划工作的

　　兰州是我国第一个五年计划期间重点建设的城市。当时，为了密切配合国家重点工业的选厂定点，进行了为期20年的城市总体规划。1954年，国家建委批准了这个总体规划。20多年来，在甘肃省、兰州市委领导下，在总体规划的指导下，对兰化、兰炼、兰石等骨干工业，对许多地方工业、机关、学校、科研单位、职工住宅、公共福利建筑、供水、供电、公交等服务设施和铁路枢纽站场，进行了合理的布局与建设，使兰州发生了巨变。目前，全市工矿企业已发展到824个，工业总产值由1949年的359.1万元增加到39.3亿元，增长了1 100倍；建成区面积由16平方公里发展到146.26平方公里（其中城市用地91.53平方公里，农业用地54.73平方公里）；城镇人口由17.2万人发展到101.5万人；修建城市道路190多条，300多公里，300多万平方米；修建桥梁73座；敷设给水管道200多公里（日供水量达到81万吨）、污水管道80多公里、雨水管道86公里；城市园林绿化，郊区农业以及文化、教育、卫生、商业服务等事业都有了很大发展。今天，已把一个旧社会遗留下来的荒僻落后的消费城市初步建设成为一个以石油、化工、机械制造为主的社会主义的工业城市。实践证明，1954年国家批准的兰州市总体规划是正确的，它有力地指导了各项建设事业的发展。

但是，由于"文化大革命"，有些工业项目未能完全按照规划摆布，使布局不尽合理。在市政建设、环境保护等方面出现了许多新的矛盾。为了配合新的工业建设的需要，协调"骨头"与"肉"的关系，严格控制城市的发展规模，解决存在的问题，我们从1975年9月起开始编制兰州市的新的总体规划。两年多来，我们在甘肃省、兰州市委领导下，在有关部门的协助下，进一步收集整理了兰州地区气象、水文、地形、地质和历史沿革等资料，调查分析了城市建设现状及存在的问题，初步研究了工业和各项建设的发展趋势。在此基础上，完成了包括市区工业用地以及道路系统、铁路系统、园林绿化、人防工程、电力工程、电讯工程、给水工程、排水工程、公共交通、公共建筑、郊区规划等内容的市区总体规划；完成了白银、海石湾、窑街、连城、河桥等工业点规划；绘制了兰州市现况图、总体规划图和各种单项工程规划图，清绘印刷了《兰州市总体规划图集》，写出了《兰州市总体规划说明》，初步完成了修改兰州市总体规划的任务，为城市建设的进一步发展提供了科学的前景。

在这次修改兰州市总体规划的过程中，我们的主要做法和体会是：

1. 坚持党的正确路线，坚决抵制和批判"规划无用论"的错误倾向。

在这次修改总体规划的过程中，我们认真学习了党的方针政策，认真总结了20多年来城市规划和城市建设中正反两个方面的经验。例如生产燕麦敌、敌敌畏等剧毒农药的西固农药厂，经常排出有毒气体，像这样的工厂竟摆在了黄河兰州段上游和西固工人福利区的上风地段，并在继续扩建，对此我们提出了迁厂意见，并经过调查，写出了建议该厂搬迁到郊县扩建的专题报告；在新的总体规划中，明确提出该厂需要搬迁或部分进行搬迁的意见。在城市道路网规划中，有人硬性推行城市道路一律以33米宽度为标准的做法，我们则坚持不同的道路有不同的功能、需要不同的宽度，坚持在原规划的道路红线基础上，合理定线，反对不按规划办事、只顾眼前、不顾将来的做法。特别是在对待庆阳路规划的问题上，提出了各种方案，几经反复，最后根据群众意见，确定了庆阳路为50米宽，从而使新的规划保持了一个基本合理的道路骨架。在居住区规划和住宅建设中，曾经吹了一股"住宅建筑不准搞阳台"的风，并下令城建部门把阳台设计统统砍掉，否则不准拨地，不准发施工执照。对此，我们查对了国家建委的有关规定，采用一切可能的方式阐述自己的观点，坚持城市建筑可以根据需要设置阳台的正常作法。我们知道，城市规划绝不是一成不变的，在执行中一定还会有所修改，但城市规划一经国家批准，就具有法定的约束力，不能任意进行重大改动。我们要用实际行动，为规划适应四个现代化需要的社会主义城市而努力。

2.加强调查研究，努力掌握科学依据，使规划建立在可靠的基础上。

城市总体规划是建设社会主义城市的蓝图，如果没有对城市的历史、自然、政治、经济、人口等基本条件的现状与发展情况的调查分析，作出的规划方案就会脱离实际，招致不必要的损失。例如兰州东方红铝厂，在没有搞清地质条件的情况下，把厂址选在沙井驿地区的山坡下，摆到了湿陷性黄土地层上，结果造成大部分车间、房屋不同程度的沉陷和开裂，加大了加固、维修和改建的费用，成为全国遭受湿陷性黄土危害、损失较严重的单位。这个经验教训是应该汲取的。在这次修改兰州市总体规划中，为了提供城市变迁发展情况，我们翻阅了大量的历史文档，编写了兰州历史沿革资料，绘制了兰州辖区变迁图，整理了兰州地区近40年的水文、气象、气候等自然资料和地形、地质、矿藏资源等基础资料；为了提供合理分布工业、防震防灾和人防战备工程等方面的科学依据，我们用5 000多个数据绘制了工程地质暨城市用地分析图，绘制了黄河兰州段河道变迁图；为了弄清厂矿企业的现状和发展情况，我们向800多个单位索取工业情况调查表，并到现场落实和补充必要的数据，听取有关领导和工人同志谈对本厂规划的设想和意见。特别是对城关、七里河、西固、安宁4个区的492个工业企业进行了两次大调查，甚至携带图纸和皮尺等，一个厂一个厂地核实用地情况，写出了工业调查报告；为了扭转和弥补由于各种干扰破坏所造成的管线混乱和资料不足的严重局面，我们对地上、地下工程，特别是对地下管线进行了大量的调查摸底和实测工作，绘制了电力、电讯、给水、排水和人防等工程现况图，为管线综合规划创造了条件；为了确切掌握城市建设中"骨头"与"肉"的比例数据，了解现有居住水平和建筑密度，我们在对教育、医疗卫生、文化体育、商业服务等公共建筑进行调查的同时，还对土地面积近5公顷、建筑面积24 200平方米、615户、2 951口人的居民区进行了重点调查工作；为了给道路网规划提供可靠的科学依据，我们对兰州市的车辆增长情况，几条主要城市干道的车流量和事故情况进行了调查，绘制了车流量分析图。同时，我们还进行了人口情况、土地征用情况和环境保护等方面的调查工作，整理了关于城市建设问题的调查报告和关于兰州市土地使用情况的调查报告，绘制了兰州市工业三废污染调查图等。以上一系列的调查研究，为编制兰州市总体规划提供了较为切实的科学基础。同样，我们在进行白银、海石湾、连城、河桥、窑街等小城镇和雁滩、彭家坪、陈坪、安宁等郊区规划时也是从勘测、调查基本情况入手，绝不轻率。我们这样做，得到了在兰各单位和广大工人、农民的积极支持。海石湾的农民群众说："你们跑遍了我们的川地、台地和院落，摸清了我们的家底，了解了我们的心思，画出了我们脑子里的新农村，使我们心里有了谱，生产、生活有了奔头，这样搞规划就是好。"

3. 充分发动群众，依靠群众搞规划。

我们认为，城市规划关系着各行各业和各个方面，是为工农业生产和广大人民群众服务的。因此，要搞好城市规划，就必须使广大群众关心并参加到这个事业中来。我们在这次修改兰州市总体规划的过程中，基本上就是这样做的。首先，在规划队伍的组成上，以工程技术人员为主，实行群众、领导、技术人员的"三结合"。工作人员来自30多个有关单位，兰州市骨干工业企业，如兰化、兰炼、兰石、兰铁、白银有色金属冶炼公司、安宁三厂等和甘肃省军区、省建工局等单位都派来工作人员，以兰州市城建局规划办公室专业人员为基础，组成了修改兰州市总体规划领导小组办公室。在充分发挥技术人员骨干作用的同时，集中广大群众的智慧，结合各系统、各单位的具体情况和实际需要进行综合平衡工作。我们还采用了"走出去""请进来"的办法，邀请有关单位派人和我们一起搞，城关区、七里河区、西固区、安宁区规划就是这么搞出来的。"配合搞"，就是与正在进行有关工作的单位配合搞，兰州市人防、环境保护、郊区规划等就是这么搞出来的。实践说明，这样搞，可以充分调动各方面的积极因素，在任务大、技术力量不足的情况下，既可以抓住建成区这个重点，又可以保证小城镇规划和郊区规划的同时进行；既可以充分发挥技术人员的技术才干，又可以使规划方案"从群众中来，到群众中去"。海石湾规划小组在当地党委领导下，与当地工人农民群众一起，在一缺资料、二缺图纸、三缺专业技术力量的情况下，从地形勘测到编制方案，边干边学边提高，胜利完成了海石湾工业点规划任务。我们及时总结推广了海石湾规划小组的经验，白银、窑街、连城、河桥等工业点的规划就很快拿了出来。为了把规划工作搞扎实，努力做到条条与块块相结合，以块块为主；远期与近期相结合，以近期为主；需要与可能相结合，以可能为主。我们先后召开了由省、市、区各有关单位参加的工业企业、对外交通、公共交通、电力电讯、给水排水、商业服务人员、文化教育等各系统规划座谈会，还召开了由城关区居民委员会代表参加的座谈会。我们组织动员了6个中学的学生调查了7个交叉路口的交通量。对于城关区道路网规划，我们曾绘出5个比较方案，又先后召开了15次有关单位的座谈会，进一步征求意见，进行修正，提高了规划质量。我们绘制了1：500、1：2 000，1：5 000、1：10 000、1：100 000等不同比例的100份图纸，在此基础上作出了兰州市总体规划图。通过"三结合"搞规划，看到了人民群众的智慧和力量，使我们深受教育。例如，雁滩郊区规划，原以为我们已经进行了大量的调查研究工作，规划方案是建立在群众基础之上的，可是，再经群众讨论，农民群众又提出了许多新的意见，指出雁滩主干道应拉直与城市干道连接起来，这样更有利于实现"工农结合、城乡结合、有利生产、方便生活"，加强工农联盟。经过充分讨论，我们采纳了这一意见，现在雁滩主干道已经采用社办公助的办法拓出，从游泳池东开始，笔直延伸近5公里，汽车、柴油车、拖拉机、自行车等来往穿梭，路、林、渠、田四配套，为沟通城乡、运输蔬菜和建设新农村都带来了很大方便，受到广大农民群众的欢迎。

4. 加强党的领导，始终把规划工作置于党的领导之下，是搞好城市规划的根本保证。

城市总体规划，是建设和发展社会主义城市的蓝图，是战略性的指导文件。甘肃省、兰州市有关领导同志担任了修改兰州市总体规划领导小组的组长，直接领导了这一工作，国家建委，省、市建委也及时给予指导，两年多来，召开了4次规划领导小组或规划领导小组扩大会议，转发了会议纪要，出了简报，明确规定了修改总体规划的方针、政策、原则和方法，给我们指明了方向。有关部门还召开了关于兰州市环境保护、二期给水工程、排水工程、黄河城关大桥等城市建设的专门会议，及时制定具体的措施。1977年11月2日，兰州市委在规划设计现场召开了常委会，听取了关于修改兰州市总体规划的情况汇报，预审了总体规划方案。1977年11月13日以来，宋平书记、韩先楚司令员、肖华政委等领导同志以及省、市委负责同志和省、市建委的负责同志曾多次亲临现场，听取汇报，做了重要指示，这对于确保城市规划的顺利实施起到了很大的推动作用。在这次修改兰州市总体规划的过程中，我们除了及时向上级党委请示汇报外，在进行白银、海石湾、窑街、连城、河桥工业点规划和雁滩、彭家坪、陈坪、安宁郊区规划的过程中，还坚持了以当地县、区为主的原则，依靠县、区党委领导，发动县、区各方面的力量进行工作，从而保证了修改总体规划工作的顺利进行。实践证明，只有把规划工作置于党的领导之下，统一指挥，统一思想，统一行动，才能调动各方面的力量，把城市规划好、建设好。

两年多来，在各级党委的领导和各单位及广大群众的支持下，我们虽然做了一些工作，但是，离党和人民的要求，离实际需要还差很远，与兄弟城市相比，差距很大，水平也很低，摆在我们面前的任务还是艰巨的。我们决心虚心向兄弟城市学习，继续前进，为把兰州市规划和建设成为一个适应四个现代化需要的社会主义城市而努力。

写于1977年

曲折的道路　美好的未来

——兰州市30年城市规划与城市建设的曲折历程

兰州，祖国大西北一座美丽的中心城市，是全国第一个被国务院批准其总体规划的城市。25年来，这个规划的执行与城市建设，经历了一个曲折的路程。

兰州市总体规划在城市建设中所起的作用

优越的社会制度是一个新兴的城市迅速崛起的保证和动力。从20多年城市规划和城市建设的实践来看，1954年制订的兰州市总体规划有力地指导了大规模的工业和城市建设。这主要表现在以下几个方面：

1. 按骨干工业的特点和协作关系进行了比较合理的布局，给生产发展创造了较为良好的条件。比如把西固工业区规划为石油化工综合基地，把热电厂和水厂净化站布置在三大厂（兰州炼油厂、兰化橡胶厂、兰化氮肥厂）的中心地带，使其供热、供电、供水有最经济的路线。兰化的橡胶厂和氮肥厂在生产协作上关系密切，规划中把两厂布置在互相平行的位置上，使其便于敷设各种公共的管线，同时创造了便于相互协作和统一管理的条件；根据石油化工发展的需要，在七里河工业区按照协作关系布置了兰州石油化工机器厂、兰州铁路枢纽站和兰州机车工厂；在安宁区布置了运输量稍小的国防精密仪表工业。在规划中，我们在西固工业区、七里河工业区、安宁工业区都保留了一定的工业发展备用地；在骨干工业的附近，保留了建设为大工业服务的和综合利用、协作配合的中、小型工业的用地，满足了1958年"大跃进"时期大办地方工业的要求。

2. 按照兰州是天兰、兰新、包兰、兰青4条铁路连接点的要求，结合地形、地区特点，较合理地规划了铁路线路、站场和专用线。比如在城关区规划了兰州铁路客运总站和铁路管理机构，在焦家湾和七里河区安排了铁路货运站，在西固区设置了铁路环行线。西固各大厂都在一条环行专用线上分支接轨出线，七里河区的几个主要大厂也在一条专用线上接轨出线，做到运输方便，线路经济，为工业生产的发展创造了良好的条件。

3. 从西固热电厂和刘家峡、盐锅峡水电站（现在又有了八盘峡水电站）的几个电源出发，结合山形地势，规划了市区内和通往外省、各个工矿区的输电线路及高压线走廊，基本上保证了工业生产和城市建设的动力要求。

4. 按照工业布局，结合兰州带形城市的地形特点，较为合理地布置了各项市政工程设施。规划确定了市区道路网骨架，拓建了纵贯市区东西的主干道，修建了必要的桥梁，修建了大型水厂，敷设了给水、排水、电力、电讯等管线。

5. 本着有利生产、方便生活的原则，基本上按照规划修建了大量的住宅和各项公共福利设施。比如西固职工福利区位于西固区上风地段，在兰化、兰炼、水厂、电厂等厂矿企业以南，由西固路和卫生防护林带相隔，既分区明显又有密切的联系，既保护了环境又便利于生产和生活。

6. 保持了兰州盛产蔬菜瓜果的特点。在规划中注意保留了安宁区大片果园，保留了一定数量的川地、滩地和台地等作为蔬菜瓜果的农副业基地，使城乡结合，互相支援，为建设一个工农结合、城乡结合的社会主义城市创造了良好的条件。

实践证明，1954年经国家批准的兰州市总体规划在城市功能分区、工业布局、确定道路网骨架等方面是正确的，对指导兰州市的城市建设起到了积极的作用。

兰州城市建设中的问题

兰州市的城市建设按照兰州市总体规划有计划、有步骤、按比例地顺利进行，成绩是显著的。但"文化大革命"期间，曾一度否定和取消了城市规划机构，拆散了城市规划和建筑设计的技术队伍。诽谤城市规划是"搞本本主义"，是"鬼划"，对1954年国家批准的规划几乎是全盘否定；无视城市规划的科学性，鼓吹"需要就是计划"，煽动甩开规划搞建设，从而造成了城市建设中乱挖、乱拆、乱建、各行其是的无政府主义局面，使兰州市的城市建设出现建筑杂乱、功能失调、污染严重、市容不整的严重恶果。下面我举几个例子加以说明。

1.稠密的居民区出现了几个污染严重的工厂。

大家知道，在城市里摆工业建设项目，尤其是冶炼工业、化学工业等建设项目，必须布置在城市恒风下风向、河流的下游地带，万一两者不能兼顾，首先应当摆在恒风下风向，同时解决污水处理问题，把处理后的污水设法排向下游，以防止有害气体和污水对城市造成污染，并要注意工业区与居民区保持一定的防护距离。这些都是进行工业布局的起码的常识，也是国家关于工业建设的有关规定。可是当时，硬是要把有严重污染的工厂摆在城市的恒风上风向，摆在河流的上游地带，摆进了稠密的居民区，严重破坏了兰州市工业建设的合理布局。工厂中粗大的烟囱排出的废气，严重地污染着兰州市的空气，在兰州一年里有200多天出现逆温层的情况下，大气中的污染物扩散不出去。

2.庆阳路再也直不了啦。

庆阳路作为兰州东西主干道的一部分，早在1954年规划中就确定红线距离50米。这条路规划走向基本上在旧路以南利用城墙基拓建（可以少拆500多间房子），从东方红广场西口经过南关什字是一条笔直的线型，这是一个比较切合实际、又有发展余地的规划方案。可是在当时却完全不顾不同道路、不同功能需要不同宽度的规划原则，硬要推行什么"今后的道路规划都要向天水北路看齐"，不能超过33米的标准（其实天水北路红线距离也是50米），给庆阳路规划戴上了一个"宽、大、平、直，典型的修正主义黑货"的罪名，把庆阳路缩窄到33米，并在这条路的南侧先后竖起了胜利饭店、南关什字百货大楼和供电局大楼，破坏了原来的规划红线。其结果是把本来是经济、实用、通畅、合理的笔直线型变成了一个一段大弧线、三处弯道的线型，特别是过车频繁的南关什字只能成为一处折线，致使十字交叉路口人为地造成了两个锐角、两个钝角，留下了不利于布置大型公共建筑的永久缺陷。由于供电局大楼摆的位置不恰当，致使庆阳路与东方红广场大道中心线错开了25米，同时使庆阳路与315号路及316号路不能交汇于一点，对广场西口的交通指挥造成了很大困难。庆阳路再也直不了啦，这不能不令人感到痛心！

和庆阳路同样命运的还有316号路，即所谓"西放射线"。这是一条解决皋兰路以西，酒泉路以东，白银路以北，庆阳路以南1 300余公顷之内南北交通的城市次干道，它使东方红广场与五泉山公园直接联系起来，有利于广场集合的人流疏散。原规划道路宽度变为38米，可是硬说这条"西放射线"与平凉路对称是"形式主义""修正主义规划"，而一笔抹掉了。于是在道路红线之内修建了东方红广场西口的菜市场，五层楼的一机社和区电机厂，在五泉山公园门前修建了无线电厂主楼，还有不少违章建筑。结果使这条本来是一条笔直线型的道路现在不得不躲过障碍物增加两个转折点，增加不少人为的拆迁量，道路宽度也不得不变成30米。

3.滨河路绿带出现了"柏树脱裤子"的奇观。

滨河路绿带是1958年拓建滨河路时，园林工人到兴隆山、七道子梁挖来野生的珍珠梅、野丁香和名贵的（可以入茶）香料花树——太平花等各种绿树灌木，经过数年苦战，精心培育后修建起来的。20世纪60年代初，它已是绿树成荫、百花争艳、风物宜人。春天，这里迎春报讯，千木吐翠，万花怒放；夏天，这里珍珠梅如玉似雪，太平花香气洋溢，垂柳拂面，绿树成荫；秋天，这里红染百果，枝头累累，一派金色景象；冬天，这里苍松挺拔，柏树含翠，银装素裹，分外妖娆，滨河路已成为兰州人非常喜爱的地方了。可当时却以"红花绿叶香喷喷是修正主义的东西，它腐蚀人们的灵魂，消磨人民的斗志"为理由，下令一律拔掉。于是数百株太平花，数千株可供香料用的玫瑰，药用的植物连翘、金银花等都被拔掉了。至于弯弯曲曲的龙爪柳更是遭到了覆灭的命运。在园林工人的一再请求下，只留下了部分柏树，但必须把挡住视线的枝叶砍掉，以免坏人躲藏，危及首长安全。就这样，柏树的下部枝叶（"裤子"）被全部砍掉了，甚至连上部的枝叶（"上衣"）也砍掉了，只留下了一个柏树头。这就是被称为"柏树脱裤子"的奇观。

和滨河绿带经历同样遭遇的例子还很多。例如红古区苗圃里的近万株药用花卉——牡丹被全部糟蹋了；五泉公园苗圃内药用香花植物——数亩金银花被当成地毯一样连根卷了起来当成柴烧了，数万盆盆花抛弃了；邓宝珊送给市花圃的数十盆数十年生、树干高达2.5米以上的各类桂花树也被连根拔掉了；养了多年的近万尾热带鱼、金鱼被滴滴涕药死了；西固工人住宅区内职工早晚练拳、长满了苹果树的街心公园也被毁掉了。总之，兰州的园林绿化被践踏已到了令人触目惊心的程度。

4. 修建阳台变成了罪过。

阳台是建筑物的一个组成部分，同时也可以方便群众生活。国家建委在《关于工矿企业住宅宿舍建筑标准的几项意见》中指出："要适当增设及改进必要的生活设施的简易阳台。"可是，在兰州修建阳台却变成了一大罪过。以修阳台浪费钱，有碍观瞻为理由，不准修建阳台。这也算全国之一绝。

5. 马路需要安上"拉链"。

修建马路绝不是一件简单的事情，马路上要行人、跑车，马路下有各种管线通过，比如给水管道、污水管道、雨水管道、通讯电缆、热力管道、煤气管道，甚至电力电缆、人防地道都要从路面下通过。因此，地下管线的综合埋设是城市规划和城市建设的重要内容之一。地下管线是整个城市的血管命脉，搞好地下管线的综合埋设对建设一个现代化的城市、人防战备、防震防灾有着十分重要的意义。兰州对这一工作是非常重视的，设有专门机构和人员，随时掌握和管理地下管网的建设情况和资料，坚持先地下后地上的建设原则，合理安排各种管网的布局，节省城市建设的综合造价。可在当时却认为这一工作无关紧要，他们把城建机构撤销了，造成地下管线多年来无人管理，许多资料丢失，马路任人开挖，许多地上、地下管线工程互相冲突，地下各种管线不按规定埋设，致使许多路面铺了挖、挖了又补，多次返工，带来人力、财力的大量浪费。所以群众讽刺地说："你们最好是把马路安上一条拉链！"

社会主义城市形象问题

兰州市新的总体规划为城市发展提供了科学的前景，但如何去实现它，如何把兰州市真正建设成为一个社会主义的城市？几年来，我一直琢磨着这个尚待认真研究的问题，即关于社会主义城市的形象问题。这是一个急待解决的关于城市规划和城市建设的科研题目。我们必须认真总结古今中外关于城市规划与城市建设的经验，特别是总结我国近30年来城市规划与城市建设的丰富经验，经过深思熟虑，反复探讨，在自己的脑海里先树立一个社会主义的城市形象，才能自觉地、主动地去实现它。这就是说，搞城市规划和城市建设的工作者，需要有善于思索的头脑，多方面的知识，高度的综合能力，坚强的政策观念；更要有尊重科学的态度，具有一定的远见和革命胆略。

我们讲社会主义的城市形象，不仅仅指工业建筑建造得多么现代化，民用建筑建造得多么富有我们自己的风格等等。我认为：只有将大规模的建筑群正确地布置在总体规划的位置上，也就是在战略性的总体规划的指导下，能具体地体现在城市干道、广场、街坊和小区的时候，才能谈得上社会主义的城市形象；只有形成按照城市规划系统联系起来的群体感很强的建筑群，形成了明显的城市干道、广场、街坊、小区时，才能体现出一个社会主义城市的形象。这些街道、广场、街坊、小区的建设要有利于促进城市生产和生活的正常活动，要组成一个有机的整体。这些如果不按照规划（计划）去合理布置，即使有大量的设计与建造得极好的建筑个体，也不可能创造出社会主义城市的新风貌。

兰州市25年来的实践证明：不管我们的建筑成就有多大，不管我们在建筑的艺术上，功能处理和内部处理及外部装修上所表现的手法、技巧是多么令人喜欢，但是只有在整个城市的各项主要用地，即工业、对外交通、仓库、生活居住、公共建筑、园林绿化等用地的布局以及城市各主要地区的相互联系，都能够得到正确的、科学的合理解决时，社会主义的城市形象才能达到它的完整性和和谐性，从而体现社会主义制度的巨大优越性。

我们党的建筑方针是：适用、经济、在可能条件下注意美观。我们的建筑风格应当是什么样子呢？我们要古为今用，洋为中用，要为革命创新！我们要结合国情和城市的具体情况，古为今用，洋为中用，为革命创新，创社会主义之新。因此，我们绝不能用马车时代的旧城市形象，来对待我们社会主义的新型城市的形象，更不能用资本主义国家自由竞争、盲目发展的城市形象，来代替我们社会主义的城市形象。我们要建立社会主义的全新的城市形象，我们的城市规划和城市建设要为无产阶级政治服务，为工农业生产服务，为广大劳动人民的生活服务。建设一个"工农结合，城乡结合，有利生产，方便生活"的社会主义新型城市，这就是我们城市建设的方向和方针。

居住问题是城市的重要问题，居住建筑是城市的大量性建筑。它的兴建不仅可以改善我们的居住水平，还能使城市功能得到合理布局，改善城市的面貌。居住街坊的处理绝不应该有损社会主义的城市形象。兄弟城市和兰州市城市建设的经验告诉我们，只有集中统一的建设，才能体现社会主义的优越性。在居住区的规划、设计和建设中，除了保证一定的居住面积外，要综合考虑一定的生活服务设施用地、街坊绿地以及儿童活动场所用地，同时要综合考虑各种管线和街坊道路、人防设施等。居住建筑，需要最充足的阳光、新鲜的空气和一定的绿化（城市绿化不是可有可无的东西，它是净化城市，美化城市，直接影响人民的精神生活和物质生活的巨大因素，它可使城市风景点更加接近自然、丰富生活的内容，从而完美地表现社会主义的城市形象）。因此，要求居住建筑不要太多地沿街布置，特别是不要完全沿主要干道两侧临街布置，而应该尽量建筑在街坊、小区内部，创造一个比较好的生活环境。当然，临街是可以布置居住建筑的，但是如何使居住建筑远离大街上的噪音和灰尘即布置些楼前绿地是非常必要的。如果有人认为，一条长街，两条红线，两排大楼，这就算是城市建设的面貌，那就太狭隘了！我们认为，建筑物的布置应与干道连成一个有机的和谐的整体。居住建筑，不仅要在房子内部，而且要在房子周围，都能为劳动人民生产与生活的需要创造良好的条件，而绝不应该是简单的几何式的房屋堆积地。我们不主张盖非常豪华的大楼，因为我们认为城市市容的好坏并不完全取决于建筑立面的富丽堂皇，而应该是平面布局、立面效果、城市绿化、各种设施都处理得得体、生动、活泼，为我们的劳动人民、老弱妇孺和孩子们创造一个设施齐全、舒适、安静的环境，使大家能够幸福地工作、学习、劳动和生活。我们坚信"随着社会主义革命和社会主义建设的深入发展，城市必然向实现现代化的方向迈进"，我们要努力创造一个社会主义的现代化的城市形象。

兰州——奔驰在社会主义的大道上

兰州市新的总体规划是按近期10年，远期25年，即到2000年考虑的，它仅仅是一个社会主义城市建设战略性的规划图。通过它，我们可以看到兰州未来城市风貌的轮廓，而要使兰州的城市建设风貌真正体现出社会主义的城市形象，尚需我们付出巨大的心血和劳动，在总体规划的指导下去建设它、实现它、补充它、完善它、美化它、创造它。下一步的工作即详细的规划，修建规划，建筑市政设计和具体建设等，任务更繁重、更艰巨、更细腻。

就拿黄河上的铁桥来说吧！自汉以来，兰州在历代都是黄河上中游的重要渡口。渡河的工具，最初是船筏，到了北宋时兰州才有了渡船，到了明代才建有半固定的铁索浮桥，名曰镇远桥（即现在中山桥的桥址上）。志书上所描绘的兰州美景之一"河桥远眺"就是指这个镇远桥而言。直到清末的1909年，腐败的清政府聘请了帝国主义专家在白塔山前横跨黄河两岸修建了一座能供马车通行的铁桥，就是现在的中山桥。修这座桥，花去白银30余万两，当时号称"天下第一桥"！以后若干年中，才在数千公里的黄河上先后又在郑州和济南修建了两座铁路桥。中华人民共和国成立以来，我国的桥梁建设发展很快。30年来，仅兰州市辖区的黄河段上就已经建成了七里河公路桥，西沙公路桥，新城公路桥，还有铁索吊桥等。目前宽21米、长304米的新的兰州黄河大桥已经建成。到20世纪末，兰州还计划修建安宁区越过崔家大滩接连西固工业区的黄河大桥（这将是兰州黄河段上跨度最大的市政桥）。还规划了从雁滩通往盐场堡，从雁滩通往白兰瓜之乡青白石的黄河大桥。至于兰州黄河段上的铁路大桥，已经建成的就有桑园峡、河口、新城、河西等4座铁路大桥。随着铁路事业的发展，铁路桥势必还要建设。

黄河——这条大河横穿兰州全市西起河口东到桑园峡近60公里，在世界上来说一条大河这样横穿市区也是少有的。这条大河不仅应该成为现代化工业城市交通系统中的巨大要素，就兰州而言也是造福于人民，体现兰州独特风貌的重要内容之一。因此，如何规划好、建设好黄河两岸的滨河路以及它的建筑和园林绿化等，已经成为兰州市城市规划和城市建设者的重要任务之一。规划好、建设好滨河路及其建筑物园林绿化等，将给兰州市人民带来交通方便（这将是兰州东西交通的第二条大动脉），带来风光秀美的游憩环境，同时也是有益于城市防洪、防汛、防震和环境保护的重要因素。黄河两岸的滨河路建设得好坏，关系到兰州城市独具风格的正面形象。

在黄河南岸，从雁滩桥到白云观一段5公里长的滨河路已经在整修。不久，从城关区西去的滨河路将从雷坛河入黄河处开始（这里将修建一座近80米的跨越雷坛河的独孔桥），经过滩地（未来的小西湖公园）的北沿，从一条能抗洪6 500立方米/秒的大坝上通过，再经陆军总院的滨河地带，连接七里河桥的南桥头，全程5公里，这就是近期要拓建的滨河路工程。这段工程，将有80万立方米的土方工程，2万余立方米的砌石工程，还有两座桥的修建工程以及5公里长的铺路工程。施工完毕后，路的宽度包括绿化用地比现有的滨河路还要宽！黄河南岸滨河路的后期工程，将继续向西延伸，经过马滩、崔家大滩直达西固区。这条滨河大道最终完成之后，它不但成为兰州市黄河南岸东西走向的另一条干道，也是一条长达20余公里的带形公园。当黄河南北两岸的滨河路都建成以后，滨河路侧，红花绿树簇拥着幢幢巨厦，大河上下，滔滔黄河水映衬着架架虹桥，未来的兰州黄河之滨将是多么迷人啊！

目前，甘肃省航运处正在进行航运规划。刘家峡、盐锅峡、八盘峡大坝相继建成，不仅给兰州和西北提供了丰富的水电资源，而且使兰州以下河道水量得到了有效的控制，从而使常年水量总在每秒1 000立方米以上，冬季不再结冰了。再加上沿河群众大修河堤，逐步固定着河身，加深了航槽，于是为发展航运事业创造了条件。兰州至靖远这段河道（包括小峡、大峡、乌金峡三个峡，长51公里；兰州—什川—青城—靖远4个川地，长99公里）全长150公里，不久即可通航。试航成功后，在兰州黄河段水面河心飘荡着的将不再是羊皮筏子，取而代之的将是汽船和快艇。若干年待黄河根治后，那500吨的拖轮还可以从渤海逆航而上直达兰州！我们可以从兰州乘船去游览三门峡，我们还可能顺流而下，经过3 100公里的河航，驰向渤海之滨。

再说兰州的黄河水利事业。兰州附近的黄河水势，峡谷多，落差大，非常壮观，是发展水电事业的宝库。兰州解放后，随着大规模的工业建设，市区上游建起了刘家峡、盐锅峡、八盘峡三个水电站，市内建起了西固热电厂，总装机容量近200万千瓦。眼下一个60万千瓦的火力发电站正在大通河西岸某镇兴建中。这样一来，兰州已经一跃而成为西北电力最丰富的城市。兰州附近生产的电力，不仅能够满足兰州巨大的工业生产和各方面的用电需要，而且还可远顾陕甘和青海。不容置疑，新兰州市的电气化是指日可待了！

黄河的水不仅提供了水运、水电的优越条件，还给广大的农业土地提供了灌溉用的丰富水源，为农业大丰收创造了优越的条件。更重要的是，水运、水电事业的发展以及其他事业的发展，给兰州的工业建设提供了巨大的方便，兰炼、兰化、兰石、兰钢等500多个工矿企业相继建成投产。经过28年的工业建设，兰州已经成为一个以石油、化工、机械制造为主的社会主义工业城市。

安宁堡周围20平方公里的大果园，雁滩、马滩和七里河高坪果园，在春季里已是"火红桃花数十里"，秋季里已是"红染百果满枝头"，再过10年，这些绿地、果园一定会上连高山，下入河滩，形成一块绿色的海洋。这绝不是梦话，这是未来的现实，而且正在实现中。以白塔山公园为例，1958年以前，这里还是童山濯濯，一毛不存的孤塔山峁，只见塔影层层，直竖钢鞭追白日；可是现在已经穿上了绿装，长廊高殿隐没在一片碧翠之中，成为城市劳动人民休憩的大好场所。为了美化城市，省、市委领导同志曾多次亲临现场视察园林建设，指出要把白塔、五泉、雁滩公园都搞好，并指示：兴隆山可以搞成群众游览地，刘家峡也可以搞成兰州市的一个公园。未来的兰州必将是一个令人心旷神怡的、花园中的河滨城市。

在修改兰州市总体规划时，还考虑了现在和未来城市交通量与日俱增的因素和解决现代化城市中这种必然趋势所带来的问题，决心改变目前兰州市城市交通东西拥挤、南北不畅的局面。这就是在东西方向首先要打通东西主干道，特别要打通其卡脖子地段——中山路、庆阳路，结合现状，利用旧路，将五处弯道改为一处弯道，一处折线，红线尺度宽到50米，并疏通全线，使这条35公里长的东西主干道畅通无阻。接着延伸拓建滨河路，西延至西固，东延伸到雁儿湾，成为解决市区东西交通的第二干道。其次要改善南山战备路，疏通河北主干道，远期还准备规划一条穿山电车道，平时是电车道，战时是防空洞，一举两得。修建时不占平地，不拆房子，又隐蔽，又防空，保证城市安全供电和通讯的畅通。在南北方向要延伸天水北路，打通316号路，拓直315号路，拉直展宽酒泉路，拓宽皋兰路，改善骆驼巷道路，疏通武威路，修建西固区立交桥等。远期还准备规划几条过黄河隧道，必须使市区黄河两岸南北交通平、战通畅都受到保障。这样一来，兰州市的城市道路将会主、次干道和支路既功能分明，又有机联系，四通八达，形成了一个具有带形城市特色的城市交通道路网。同时还考虑建高速公路，以适应现代高速机械化运输飞速发展的需要，使未来的兰州成为实现现代化交通运输的城市。

在考虑城市道路的同时，我们亦考虑了对外交通的发展，航空、水运、公路运输、铁路运输都纳入兰州市总体规划。结合人防战备，我们还考虑了铁路南联环线和北联环线，以便形成完整的对外交通系统。与此同时，我们还考虑了适应城市发展的市政工程与公用设施的建设，即城市给水、排水、供电、电讯、公共交通以及对高等院校、中小学、医院、影剧院、体育馆、饮食服务和商业服务设施等都做了相应的安排，特别是考虑了生活居住区的合理布置，以适应住宅和公共建筑建设的迅速发展，努力创造一个"骨头"与"肉"协调发展，有利生产，方便生活，体现为生产、为工人和城市群众服务的方针，以适应四个现代化需要的环境。另外，还考虑到科学、教育事业的大力发展，我们还在安宁区预留了准备建设成科学教育事业中心的用地。一座科学城完全有可能在兰州出现。

不用许久，当你乘坐火车抵兰之后，首先映入你眼帘的就是崭新的兰州火车站建筑和面积达3.5公顷的车站广场，这就是兰州的门户。广场周围是火车客运站，邮件转运站，高层旅馆以及其他适应人流出入、汹涌如潮的商业和公共服务设施所组成的建筑群。广场正对着的是笔直而宽阔的天水路，穿过盘旋路广场，向西，现代化交通工具便会把你载入兰州全市性政治、文化活动集散中心——东方红广场（东方红广场可容纳8万～10万人）。广场西部规划为大型体育馆，广场东部规划为工业与科技展览馆，广场周围由省级文化和公共服务等机关、大型图书馆和一些点缀式的小品建筑组成高低错落、有进有退、考虑空间组合得体的建筑群，从而体现兰州新型城市的一代风貌。未来的兰州将乘着时代的列车，风驰电掣地向着社会主义现代化城市迅猛发展。

写于1979年

兰州市总体规划简介

　　在兰州市总体规划编制过程中，我曾多次向甘肃省、兰州市委和国家建委城建局进行了汇报。1978年8月12日至16日中国建筑学会城市规划学术委员会在兰召开成立会议期间，对兰州市总体规划进行了认真的会审与评议，之后我们又进行了修改补充。同时我们还举办了兰州市总体规划汇报展览，公开向全市人民广泛征求意见（参观群众超过3万人次）。两年多来，甘肃省兰州市修改总体规划领导小组召开了四次领导或领导小组扩大会议，认真讨论了规划方案。1977年11月2日，兰州市委在规划设计现场召开常委会，预审了规划方案。甘肃省委主要领导同志曾多次听取汇报，作了指示，于1978年11月5日，甘肃省委召开常委扩大会议，研究、审查并通过了兰州市总体规划方案；于1978年12月上报国家建委和国务院。1979年10月29日，国务院正式批准了兰州市新的总体规划。

　　国务院在《关于兰州市总体规划的批复》中指出："今后，兰州市的各项建设，都要在中共兰州市委的领导下，按照城市总体规划及详细规划进行；要发扬勤俭建国、艰苦奋斗的精神，逐步把兰州市建设成为适应经济发展和人民生活需要的社会主义现代化城市。"我们知道，要实现上述目标，建设一个人民的城市，是一项非常光荣而艰巨的历史性任务。它需要整个社会的努力，需要整个城市的努力，需要全市人民付出巨大的劳动。当然，这也就需要全市人民首先在脑海里有一张自己城市发展的蓝图，展望未来，为其奋斗。为此，在这里我们把兰州市新的总体规划向全市人民做一简要介绍。

兰州市新的总体规划，近期考虑到1985年，远期考虑到2000年，着重考虑了以下几个问题：

城市性质与规模

兰州是甘肃省的省会，是第一线城市，是西北交通的枢纽，是一个以石油、化工、机械制造为骨干的社会主义工业城市。

规划市区面积148平方公里（其中：城市用地105.9平方公里，农业用地42.1平方公里），市区人口规模控制在90万～100万人左右。

控制城市规模，主要是控制市区人口与用地规模。市区抓配套，旧区抓改造，新的项目到远郊，积极发展小城镇，绝不是控制市区生产和各项事业的发展。市区工业要实行专业化改组和现代化的生产和管理方法，做到企业有增有减、人口有进有出、合理使用土地、大力发展生产，努力建设一个适应四个现代化需要的社会主义工业城市。

工业布局规划

根据兰州市地形、气象条件和环境保护原则，工业布局进行如下分区：西固工业区是石油、化工综合基地，重点安排了兰炼、兰化、热电厂、水厂等骨干工业；七里河工业区是以机械制造、轻工、铁路枢纽为主的工业区，重点安排了兰石、石油机械研究所、兰通厂、二通厂、一毛厂、毛条厂、铁路枢纽站和机车厂；在安宁三厂和机床厂的基础上，安宁工业区以发展机械、精密仪表工业为主；在沙井驿地区建立建筑材料工业基地；城关区以发展机械、轻工和电子工业为主。

对外交通规划

兰州是陇海、包兰、兰新、兰青四大铁路干线的交汇点，又是西兰、兰新、兰银、兰青、甘川等公路的交汇点，飞机航线通达国内各主要城市，黄河航运也有发展前途。规划的远景是：铁路电气化，公路高速化，加速发展航空事业，黄河水运向下游方向通航，使兰州真正成为水、陆、空四通八达的交通中心。为了实现这个目标，近期计划着手解决以下问题：铁路增设复线、扩建站场，并考虑增建兰广（兰州—四川广元）线和北环联络线；公路增加城市出口，形成市区外围环线，实现队队通公路，并在有条件的地方逐步发展高速公路；在空运方面，中川机场条件较好，但离城太远（65公里），考虑加宽中川公路并改为高速公路；黄河水运，有着巨大潜力，但在兰州上游修建桥梁与水电站时未考虑通航问题，水运只能上溯到八盘峡，近期内欲先打通兰州到皋兰什川、青城、靖远一段航线，逐步再向东发展。

仓库区规划

为了适应工农业生产和人民生活的发展需要，对现有仓库区进行了调整，在市区边缘集中建立油库，在市区主次干道独立地段分设加油站若干处，以此改变各单位分散建立自用油库、占地多并威胁城市安全的状况。

<h2 style="text-align:center">生活居住区规划</h2>

根据生活居住区应设在工业区的上风、上游地带，居住区靠近工业区，公共服务设施靠近居住区或在居住区内的规划原则，西固工业区的生活居住区设在其东南部，七里河工业区的生活居住区设在其东北部，安宁区生活居住区在安宁三厂附近和十里店地区，城关区生活居住区主要集中在旧城区。规划这几个生活居住区基本上都可以就地平衡（只有局部地区不够平衡）。市区现有生活居住用地25平方公里，平均每人33.8平方米，规划生活居住用地53.7平方公里，平均每人42平方米。今后要加强居住区建设，补充住宅和公共服务设施的缺口。居住区建设一定要实行"六统一"，成街、成坊、成片地进行。规划建设五一新村、南河滩、崔家崖等居住区，并结合旧城改造逐步兴建600万平方米以上的住宅，以便使市区居民居住水平近期达到5平方米/人以上，远期达到8平方米/人。

<h2 style="text-align:center">道路交通规划</h2>

市区道路规划与建设的基本思想是先普及，后提高。市区道路交通的首要问题，是解决东西拥挤、南北不畅的问题。兰州黄河大桥已建成通车，减轻了中山桥南北交通的压力。目前主要是拓建七里河滨河路，打通西津东路南平行线，改善徐家湾道路，减轻东西主干道的压力。规划市区东西向共有6条干道，即东西主干道（33.3公里）、滨河路（39.5公里）、河北主干道（38公里）、南山战备路（39

公里）、南山高速道（36公里）和穿山电车道（南山高速道与穿山电车道如果近期不能实现，必须预留其位置）。南北方向，重点扩建316号路，延伸天水路，扩建酒泉路、皋兰路、骆驼巷路、武威路、盐场路等，有条件时修建几处过黄河隧道。规划修建黄河大桥7座（已建4座）。规划实现后，城关、七里河、安宁、西固就可以形成连环的4条环路，在主要交叉口设置环形交通广场，为远期修建现代化的立体交叉留有余地。同时还考虑了自行车专用道、步行道、缆车道等，这样，可在兰州市区形成一个功能分明、四通八达的道路交通网系统。

防洪治河规划

兰州的自然地形是两山夹一川，因而山洪对市区威胁很大，解决的办法仍然是"上治下防"。"上治"就是封山、拦淤、堵坝、挖水平沟、种草、造林，保持水土，减少山洪暴发；"下防"就是对洪道要清淤整坝、打通出口、固定走向、确保畅通。对于黄河，要恢复和打通崔家大滩、马滩、雁滩南面人工河道，加固沿河河堤，要求设防能力达到6500立方米/秒，河滩堤坝设防能力达到4500立方米/秒。

给水排水规划

给水规划考虑近期扩建西固水厂、马滩水厂和迎门滩水厂，新建2个水源地和2个污水处理厂等。污水规划考虑近期扩建西固、兰炼、七里河污水厂，并提高污水管道普及率，远期形成现代化污水排除系统。雨水规划考虑近期新建10个排雨系统，远期形成完整的排雨系统。

电力电讯规划

供电规划考虑近期扩建西固电厂，建设连城电厂，市区内要提高电网的安全经济运行水平。电讯规划考虑新建3个电话分局，自动电话总机近期达到1.5万门以上，远期达到2万门以上，并逐步形成现代化的通讯网系统。

人防战备规划

根据兰州的战略地位和两山夹一川的地形，考虑平战结合、地下工程要符合战备要求、地上各种设施也要充分考虑战备疏散这一因素，逐步形成完备的人防战备系统。

公共服务设施与公共交通规划

根据兰州是由4个中小城市组成的城市群这一特点，考虑把各种大、中型公共服务设施分散布置在各个区域内，形成区级服务中心，使商业服务网点、影剧院、中小学、医疗机构增多且均匀分布，减少旧市区的供应和交通压力。近期考虑公共汽（电）车增加到480辆，公共交通线路增加24条。远期考虑公共汽（电）车与出租汽车增加到635辆，线路增加到35条，平均路网密度达到1.5公里/平方公里。

环境保护规划

工业"三废"污染是兰州环境污染最严重的原因。环境保护的措施，首先是加强社会主义法制，限期治理和综合利用工业"三废"，根治污染源。污染严重、危害很大的工业企业无论其生产能力多大，也是功不抵过，必须限期停产，搬出市区。凡是有害环境的工业企业都要进行治理或调整，进行合理布局。除强调要求新建的工业企业基本建设必须坚持治理工程与主体工程"三同时"和近期内全市消烟除尘率达到80%以上外，特别是要改变燃料结构，使城市居民用上煤气和逐步实现集中供热。要采用各种切实有效措施，尽快把兰州建设成为一个清洁的城市。

园林绿化规划

鉴于兰州市工业区、生活区与农田果园相间的特点，除扩建现有的3个公园，新建7个公园和18个小游园等公共绿地外，要保留和利用大片农田果园作为绿化系统的一部分，并新建五一山植物园、白塔后山、仁寿山、徐家山森林公园，开辟兴隆山、菜子山等名胜古迹游览地和开放刘家峡水上公园、八路军办事处等，组成市区旅游区。市区园林绿化，采用了点（公园与小游园）、线（林带、道路绿化、专用绿化）、面（街坊绿化、建筑附属绿化）相结合，大、中、小相结合，市区与郊区、平原与山地、园林与生产相结合的方法，使公园、小游园道路绿化、专用绿地、苗圃、花圃、植物园、动物园、疗养院、烈士陵园，特别是将南北两山绿化（246.42平方公里）以及近郊农田果园等有机联系起来，形成一个完整的园林绿化系统。规划市区公共绿地近期达到3.5平方米/人，远期达到5.22平方米/人，市区绿化覆盖率达到20%~30%，远期达到30%~50%。尽管公共绿地规划指标仍低于全国同等城市的水平，但是如果实现南北两山绿化，再加上城乡相间的大片农田果园和菜地，兰州市完全可以建设成为一个绿色城市。

郊区规划

近郊以种菜为主，多种经营，大力发展农副业生产。目前，每天供应城市人口人均0.5～0.6公斤蔬菜，近期可增加到0.75公斤，远期达到1公斤以上。远郊以种粮为主，农、林、牧、副、渔全面发展。近山、山坡造果树林、风景林、防护林；远山、山峁，凡宜林地带大造用材林、水保林、薪炭林；郊区农村要实现台地田园化、坡地梯田化、旱地水利化、山地森林化、农业机械化、田路林渠四配套。近期内特别要抓好"引大入秦"和"享海"（享堂—海石湾）引水等水利工程。要把郊区道路与市区道路紧密联系起来，并加快改造旧房、建设新农村的步伐。

小城镇分布规划

控制大城市规模的唯一出路是发展小城镇。在市区周围根据各自的特点规划了若干个不同性质的小城镇。规划镇区面积除白银区为28.91平方公里外，其他均在10平方公里以下；镇区人口除白银区为12万人，窑街为8万人外，其他均控制在3万~5万人。

与此同时，还考虑了市区防震抗震规划、煤气规划、供热规划以及旧城改造规划等。为了做到从长远着想、近期着手、需要和可能相结合；既解决急需又留有余地，根据兰州市总体规划综合经济分析，编制了兰州市近期建设规划。

近期建设重点

1. 环境保护。

近期内要搬迁某些污染严重的工业企业单位，并加强工业"三废"的治理和综合利用工作。同时要建成煤气站，使居民用气率达到100%。建立集中供热站，以改变燃料结构，使消烟除尘率达到80%以上。

2.道路、桥梁、广场。

近期内在建成兰州黄河大桥的同时，扩建部分道路、广场；扩建七里河滨河路、西津东路南平行线、徐家湾道路、庆阳路、中山路和南山战备路等；要建成东方红广场、火车站广场及其建筑群，建成10个环行交通广场等。

3.城市给水排水与防洪治河。

近期内要完成西固水厂二期扩建工程，建成崔家大滩水源地以及相应的给水管网，新建扩建污水处理厂以及相应的排污水管网，新建排雨水系统，打通黄河南雁滩、马滩、崔家大滩3个人工河道，整修防洪道等。

4.住宅。

结合庆阳路、中山路一条街改造，加快建设步伐，补齐住宅缺口，1985年使居住水平达到5平方米/人，并建设相应的各种公共配套设施。

5.南北两山绿化。

南北两山绿化对调节城市气候、净化空气、保护环境、绿化美化城市作用很大，在新建8个城市公园和小游园的同时，必须尽快完成南北两山既定的绿化任务。

这个规划，仅仅是一个战略性的计划，不可能预见和解决实施过程中的所有的具体问题，因而它还不够完善。同时，在实施过程中，还会出现许多新的矛盾和问题。今后，根据国民经济发展的情况，加以分析综合，在具体实施中不断进行补充和修正。

"今日已多姿，明朝更壮美"。我们可以深信，在国务院批准的兰州市新的总体规划的指导下，经过全市人民的共同努力，兰州市的城市建设一定会出现新的、更大的变化。

　　不久的将来，当您踏上10多公里长的滨河风致路时，在花园中、树荫下，仰望葱绿的南北两山，万里晴空如洗；俯视东流的黄河之水，汽艇游船如梭；放眼雄伟的虹桥两岸，巨厦林立、车水马龙；入夜，华灯初上，灯光的海洋又把兰州的夜色装点得分外迷人。您面对着如此壮丽多娇的祖国江山，一定会感到心旷神怡，从内心里发出赞美之声。

　　同志们，让我们向着更加光辉灿烂的兰州的明天——2000年张开双臂吧！

写于1980年

对兰州市再次修订、深化城市总体规划的一些思考

　　城市是生产力发展的载体，又是人类社会活动的载体。城市人民的社会活动，尤其是社会经济活动的变化与城市空间布局结构会互相产生影响。从城市规划角度来研究社会经济发展的目的，这就是要求我们从城市空间布局的角度来考虑怎样才能满足日益增长的社会活动，使城市空间布局充分适应社会经济发展的需要，这是深化城市规划应该研究的一个重要领域。近10年来，随着改革开放和社会经济的发展，各个城市都在修订、深化他们的城市规划，尤其是沿海开放城市，如深圳、珠海、厦门等城市，都在不停地进行着城市规划的进一步深化再修订工作。深圳经济特区建市10年来，我去了10次，每次都研究、论证如何进一步深化城市规划方案，时至今日，深圳的城市规划，仍然跟不上该市经济发展和城市发展。

　　纵观全国大、中、小城市，总的来说仍是城市规划工作落后于建设的需要。好多城镇总认为我们已有了城市总体规划，似乎是万事大吉了，这种思想是会误大事的。我们一再强调：规划应当走在建设的前头，可是，我们并没有做到这一点，常是"临危抱佛脚""临阵磨枪""现蒸现卖"，仓促决定，失误的地方不少，缺乏科学论证的说

服力。所有这些，都是我们缺乏城市规划意识的一种表现。

再次修订深化兰州的城市总体战略规划和近期建设的战术规划时，我们必须了解自己的现实情况：

1.兰州市是20世纪50年代中期在城市建设"一穷二白"的底子上发展起来的一座工业城市。41年来的实践告诉我们，兰州市的工业结构还不尽合理，多是生产原材料产品的工业企业，进行精加工的中、小型工业还太少；大部分工业原料富了沿海城镇，兰州是近水楼台却不能先得月；高、精、尖技术产业在兰州的比例太小了；市属的工业主导产业、拳头产品、支柱产品还不多，未能形成优势。在深化修订兰州市的城市规划的同时，必须认真研讨这一问题。必须十分注意如何处理好城市建设与经济建设相辅相成、互相促进的关系。这两者是相互补益的，没有经济的大发展，就没有城市建设的大发展；城市基础设施跟不上，必然会制约了城市经济的发展。所以修订城市规划，必须与经济建设规划结合起来。工业是城市主导产业，是城市建设资金的主要来源，我们搞规划时，脑子里要多些经济意识。我们不懂经济问题，那就请教各行各业的经济专家嘛！

2.这两次规划主要是轮廓性的总体规划，宏观问题研究得不够，微观问题研究得不细不透，还有不少规划缺项，所以还不足以及时地、正确地指导建设。这是我们的不足，不要往什么"客观原因"上推。

3.城镇规划法制还不完备。

4.城市规划管理还不严密、不健全，管理机制还没有规范化。

5.要实施总体规划，最终要通过城市规划来加以体现。可是城市设计却跟不上城市发展的要求，这是出现城市面貌千篇一律现象的原因之一。再次修订、深化我们兰州市的城市总体规划，势在必行了。

在这次深化规划中，我们应考虑研讨的事情很多。例如：

1.如何加快大企业的技术改造，怎样开发新兴产业？兰州已不是20世纪50年代、甚至70年代的规模，它起码是以石油、化工、石化机械制造、有色金属冶炼为主体，精细加工、塑料加工、电子技术、生物工程、精密仪表、新型建筑材料、毛纺工业、食品加工等等各具特点、轻重工业协调的现代化的综合工业城市，而且更应该是西部地区的现代化工业中心之一。为此，在进行修订、深化规划时，若没有这些部门和这些部门的领导参加，是缺乏说服力的，是完成不了工业规划任务的。

2.怎样充分利用兰州优越的地理位置呢？怎样加快交通条件的改造方案呢？要把兰州建设成为铁路、公路、航运、航空综合发展的现代化交通枢纽，在修订深化规划时也必须和有关部门的同志共商大计，而不能由我们自己来拍脑袋。

3.一个现代化城市必须加速信息产业的发展。怎样把兰州建设成为黄河上游高水平、高质量、高效能的信息收集、加工、输出中心？在我们这次修订深化规划时，也是必须解决的问题之一。否则，不可能建成现代化的城市。

4.为了重振丝绸之路的雄风，兰州不但是座现代化的工业城市，今后也应该在成为我国西部一座现代化的商贸中心城市和旅游城。关于这个问题，我认为在这次修订规划中应该有所体现。

5.从改革开放的新形势来看，兰州市的城市规划与建设，应该适应现代化商品生产和流通的需要。如何发展具有高度灵活性的中国式的社会主义金融产业？如果搞一个"金融中心"，它应该放到兰州市的哪个位置？规模将会有多大？是集中规划还是分散规划？是改建旧的还是建新的？我认为这也是应该考虑和研究的问题。

在这次修订深化兰州市的城市总体规划时，还应认真考虑研究城市化道路与人口问题；兰州市市域内的城镇体系的布局问题；小城镇的发展规划与建设问题；城市各项基础设施的规划与建设问题；城市基础设施今后如何纳入经济发展和取得稳定资金来源问题；旧城改造和安宁区干道以南的新区开发利用问题；城市交通问题；城市市区人口控制，城市生态环境污染治理和控制问题；城乡关系问题以及城市精神文明建设问题等一系列的问题。为此，我们必须广开门路，组织可以组织到的各方面专家、学者、实际工作者，充分发挥大家的聪明才智，广泛运用科学知识，进行深入研究，专题攻关，众志成城，共同完成我们修订兰州总体规划的任务。

兰州作为一个区域性的经济中心，城市规划和建设是很有基础的，兰州也是西北乃至全国的科技教育中心之一，以中国科学院兰州分院为骨干，有自然科学研究机构100多个，还有十几所高等院校和一大批中专中技，有1800多所中小学，这是发展兰州经济，开发智力资源，建成黄河上游现代化经济中心的重要科技力量。为此，我们在修订深化规划中，必须完善科技教育中心的规划。

《中共中央关于经济体制改革的决定》指出要充分发挥城市的中心作用，逐步形成以城市特别是大、中城市为依托的（兰州已是大城市）不同规模的、开放式网络的经济区。国家第七个五年计划强调要继续贯彻执行"控制大城市的规模，合理发展中等城市，积极发展小城市"的方针，切实防止大城市人口规模的过度膨胀，有重点地发展一批中等城市和小城市（兰州市域内还没有中等城市，连海经济开发区，还有急待拓建的秦王川新市镇区）。这次修订深化兰州规划，要考虑如何使这些小城镇在发展中逐步形成一个布局合理、匹配适当、各具特色的城镇网络。我们城市规划工作者，就是要善于觅寻和捕捉未来信息，用高瞻远瞩的战略眼光，构思方案，要考虑到未来10年、20年，甚至更长一些时间的发展远景。同时还要考虑这些小城镇将与兰州城市如何分工的问题，尤其是高精工业生产分工问题，要从兰州拿出一部分分到这些小城镇去。

近几年，省、市领导多次强调：兰州地处我国东部经济技术先进地区与西部资源优势地区的结合部位和过渡地带。在东部先进技术向西部扩散、西部丰富资源向东转移中，起着承东启西的作用。在带动甘肃省和黄河上游的经济发展中，兰州市已经起着和正在起着中心城市的先导和依托作用。

"联合西北，东挤西进，两开两改，聚才致富"，是把兰州建设成为黄河上游经济区的现代化经济中心的十六字方针。

"联合西北"。远在古丝绸之路畅通时，兰州就与西北各省有着比较密切的经济联系。今天新的亚欧大陆桥即要正式开通，我们不能让亚欧大陆桥到了兰州只是"酒肉穿肠过"，而要它到了兰州留下财富，留下科学技术，留下文化艺术，留下友谊！这就要求我们的规划怎样为这几个"留下"创造条件。展望未来，兰州既然要作为现代化的经济中心城市，起码要分层次地与周围村镇建立更加密切的经济技术联系，以求互惠互利协调发展。这次修订深化规划，首先要把永登、榆中、皋兰、红古、永靖、临洮、定西、天祝、景泰作为城镇经济一体化的格局，当然还可以扩而大之，那就是区域规划的范畴了！我们应当有此眼光。

"东挤西进"。在工业产品上要拿出拳头产品和名、优、特产品来。有了拳头产品才能向东打入华中、华北、华东、东北、华南及东南沿海，甚至港澳、东南亚等国内、国际市场，向西通过新疆口岸进入独联体、东欧、西亚等国际贸易市场。因此，在这次修订深化城市总体规划时，必须要与兰州各大工业、企业共同研究，怎样革新、开发自己的名优特产品？在城市规划上、土地使用上、基础设施的配套上都有什么建设性意见和要求？以便在规划中做到统筹兼顾，综合平衡。

"两开两改"。就是开放、开发、改造、改革这八个字。兰州市的工业产业结构如何逐步向技术密集型和知识密集型为主的轨道上转移？如何向高精尖方向和现代化方向发展？如果我们在规划上、在城市空间上不留有余地，它们向什么地方发展呢？省上已经确定设立五个经济开发区，其中包括宁卧庄高技术开发区和连海经济开发区，经再论证确定后，纳入修订的总体规划之中。

"聚才致富"。给这些人才创造一个有文化的学习、生产、科研、生活的优越环境，这是我们城市规划工作者责无旁贷的事。

甘肃省"一岸两翼"资源开发战略的实施和以甘、宁、青为主体的黄河上游经济开展区建设的逐步展开，使兰州市理所当然地成为区域经济开发中一个举足轻重的重点城市，我们在这次深化规划中，应当有所思考。

回顾兰州的城市发展史，工业是我们这个城市得以发展的重要组成部分和推动力。20世纪50年代大工业的建设，赋予了这座古城新的生命，也带动了其他诸多公用事业、市政、对外交通、商业、金融等事业的发展。虽然工业的发展还影响着城市环境质量等问题，但我们不能"因噎废食"。正如柯茂盛同志所说："我们要积极研究经济和社会发展的具体思路，来深化我们的城市规划。"我十分欣赏这个观点。例如，敦煌的旅游事业，带动了城市的发展，我们兰州同样有着丰富的旅游资源，前景十分可观，但如何安排，充分发挥其作用，以推动兰州城市的发展？研究得还很不够。这就是说我们这一课，在这次深化规划工作中要补上。

过去，我们城市规划工作者，多以建筑专业为主，我们的城市规划也以物质规划为主要内容，这是必要的，但还缺少经济学家参加，尤其是缺少工业经济学家参加我们的城市规划工作。例如对西固工业区、七里河工业区的工业发展结构、规模、速度以及工业用地布局的预测，在今天看来，仍是有些落后于实际发展的需要。虽然杨一木书记在任时批准了我的建议，在西固地区留下三块"王牌"地以备不时之需，今天看来我们当时的规划视野仍是短浅，在"留"字上下的功夫还不够。科学技术是生产力，科技进步深刻影响着经济、社会、文化等的发展，当然也影响着城市建设与城市规划的各个方面。同时，科技进步产生了新兴的工业门类，使城市布局组成要素大大增多，因而丰富了城市布局的内容。如电子工业、航天工业等。其次，由于技术进步，增加了新的城市基础设施。

40年前我们开始搞兰州城市总体规划，对东柳沟以东的和平乡就没有想把它考虑到兰州的建成区内，现在由于隧道和空中立交交通技术的进步，使得兰州将向东发展。如果道路先行、水电跟上，这座"东大山"可成为理想的太阳房的居住山村。我不是说将来兰州的城市必须向东发展，没经过调查论证，还不能做出这样的决策。但有一点必须看到，由于大城市、特大城市的纷纷崛起，许许多多的城市都不由自主地跨出了原有城市建成区的范围，不断地吞并周围的地区。就兰州具体地形来说，谁能断言将来不沿着黄河、庄浪河、西河（湟水）向上延伸呢？以使沿着这几条河流两岸的乡、镇都相互连接，形成3个长长短短的城市带呢？兰州到底先向哪个方向发展，在这次深化规划中要说个"子丑寅卯"。我举这几个例子，是想说明，深入研究科技进步对城市规划产生的影响，丰富城市理论和提高城市规划水平是有一定的理论意义和实用价值的，也是我们深化规划应当研究的内容之一。未来的技术进步，对城市规划与城市建设还有哪些影响？我们规划工作者有责任去探索、去构思，拿出较高水平的城市规划。未来年代的城市规划，应"青出于蓝而胜于蓝"，一代比一代更好。从这点出发，我们超前对今后的城市规划提出思考和深入研究，应是一件当务之急的大事！

建设地下城市的设想，美国、日本、加拿大已在尝试中。现代科学技术和他们丰富的财力、物力，为住在地下的居民创造了一切条件。我们虽然现在还没有这样的条件，但我们兰州是山城，开发利用南北两山的问题，在这次修订规划中应该有所答复。我们还可以设想，将来兰州的城市发展沿着3条水系逆水而上，我认为也不是空想。因为当代的快速交通运输以及瞬时的通信手段、信息储存技术以及黄河的通航，是完全有条件实现这个愿望的。我说这些的意思，目的就是要我们打开思路，展望未来，规划起点比以往要高一些，但不是好高骛远，不切实际，而是在规划进程中首先要立足于兰州实际。只要我们遵循"不唯上，不唯书，只唯实"的方针，在城市规划工作中是不会犯错误的。中华人民共和国成立41年来纵观全国所有城市的城市规划，还说不出来哪个城市的规划是好了"高"、鹜了"远"。我主持搞得两次兰州城市规划，今天看来，还是对社会主义建设的发展前景认识估计不足。

在今后深化的城市规划工作中，我们还要着重研究区域经济发展、生产力布局和城市经济发展规律，为深化我们的城市规划和建设提供依据；把城市规划与经济计划"两张皮"的现状改变为"皮"与"肉"的有机结合。我认为这样才能更好地提高和深化城市规划设计质量。这也是加快城市建设的重要课题之一。

我再重复一遍——我们在城市规划中所提出的工业发展速度、规模、布局等问题，这不仅仅是城市问题，而是一个区域经济发展的问题。每个城镇仅仅是所在区域的一个或大、或小的中心，这个问题我们城市规划技术工作者不可能单独来解决。也就是说应把城市规划纳入国家、省、市、自治区的建设规划系列中来，把城市规划与经济区划、国土规划、区域规划结合起来，即把城市物质规划与经济规划密切结合起来，这样城市才会有其生命力！才会有其发展动力！

回顾以往的规划工作，我们对城市经济发展，对城市工业经济发展，研究不多，搞规划，是以规划师、建筑师、工程师以及园林、市政工程专业为主。今后我们深化城市规划，不能没有经济学家参加，尤其是不能没有工业经济专家参加，要把城市物质规划、精神文明规划和经济发展规划结合起来。我们一定要努力走出一条物质形态规划、精神文明规划与城市经济因素规划统一的路子来。

写于1990年冬

关于兰州市总体规划答记者问

一

问：请你谈一谈，最近国务院批复了兰州市总体规划，你有什么观感和认识？

答：国务院批准了兰州市总体规划，这是党和国家对我们兰州市社会主义建设的关怀和支持，对今后进一步把兰州市规划好、建设好、管理好，具有深远的现实意义和历史意义。

国务院的批复指出了兰州市的重要性，兰州地处国防前哨，又是国家的重要工业基地。

国务院的批复解决了城市建设的领导问题，这个批复中指出：今后，兰州市的各项建设，都要在中共兰州市委的领导下，按照城市总体规划及详细规划进行。

批复中要求我们严格控制建成区的人口规模，认真搞好小城镇的建设，切实抓好环境保护工作，要我们限期采取措施治理"三废"，污染严重而又不易治理的，要坚决调整、转产或逐步搬离市区。同意兰州市民用燃料逐步实现煤气化。还指出，当前城市建设资金，要重点用于职工住宅和相应的市政公用设施的配套建设。并指出：今后凡在兰州市列入计划的各类建设项目，在定点、布局上必须服从城市规划的安排。

国务院批复中要求我们修订落实城市的近期建设规划，逐步把兰州市建设成为适应经济发展和人民生活需要的社会主义现代化城市。

二

问：1954年国家不是批准过兰州的总体规划吗？1954年的规划执行情况怎样？为什么又搞了这个总体规划呢？

答：是的。1954年国家批准了为期20年的兰州市总体规划，那是我国第一个五年计划期间，国家将兰州列为重点先建城市之一，确定了以石油、化工、机械制造为骨干的工业项目，所以当时我们做了兰州市的城市总体规划，并经国家正式批准，在"一五"期间，兰州市的总体规划是第一个被国家批准的城市。实践证明，这个规划有力地指导了兰州市大规模的工业建设和城市建设有计划、有步骤地进行。经过20多年的建设，我们兰州已由一个封建落后的消费城市变成了一个新型的社会主义工业城市。

可是，为什么又要向国务院报请审批兰州市总体规划呢？主要因为，近十几年来，由于历史的原因，给城市规划与建设造成了极其严重的损失，1954年规划的一些合理部分也被破坏了，改变了，以致造成今天城市建设上问题成堆，欠账极多，严重地影响了工农业生产和人民生活。之后，甘肃省、兰州市领导为了在需要与可能的条件下，尽快把多年的欠账有计划、有步骤的还清，协调"骨头"与"肉"的关系；为了突出兰州是第一线城市的战备要求；为了切实有效地消除严重的环境污染，逐步建设一个清洁城市；为了全面考虑已扩大了的市辖区范围内的工农结合、城乡兼顾；为了严格控制建成区规模，积极创造条件发展小城镇；为了适应兰州已是开放城市，必须保护文物古迹和开辟建设风景区，以发展旅游事业的需要；特别是为了适应在20世纪内实现四个现代化而必将进行空前规模的城市建设的新形势，我们在肯定1954年国家批准了的为期20年的规划的合理部分和总结20多年来正反两个方面的经验教训的基础上，在甘肃省委、兰州市委和国家城建总局的关怀和支持下，经过两年多深入现场、调查研究、分析矛盾、综合平衡，在1978年末再次编制出了兰州市总体规划。这就是最近（10月29日）国务院批准了的兰州市新的总体规划。

三

问：请你向听众介绍兰州市新的总体规划考虑了些什么问题？

答：兰州市新的总体规划，近期考虑到1985年，远期考虑到2000年。主要考虑了以下8个主要问题。

1.城市性质与规模。兰州是省会，是第一线城市，又是西北交通枢纽，是一个以石油、化工和机械制造为骨干的社会主义工业城市。规划市区面积为148平方公里，到2000年市区人口拟控制在90万人。

2.工业布局与环境保护。总体规划确定西固区为石油、化工综合基地；七里河区为机械制造、轻工业和铁路枢纽为主的工业区；安宁区以机械、精密仪表为主的工业区；城关区是全市政治、经济、文化和科研中心，以机械、轻工、电子工业为主。市区内要合理调整工业布局，切实抓好环境保护工作，逐步达到清洁城市的要求。

3.道路与交通。当前市区已拓建道路仅占规划道路的53%，真正达到标准的，还不到47%。兰州是个带状城市，市区交通出现了东西拥挤、南北不畅的严重局面，总体规划确定近期要拓建七里河滨河路中段、西津路南平行线（建西路延伸），扩建河北主干道，拓宽旧城区卡脖子地段——庆阳路、中山路，以解决东西拥挤问题。积极拓建大桥北路、河水道（315号路），改建静宁路、天水南路及火车站广场，拓建西放射线（316号路），扩建酒泉路、骆驼巷、武威路、牌坊路、23号路等，并相应修建桥梁、立交桥、广场和停车场等，远期计划修建东西走向傍南山的高速公路。逐步形成一个功能明确、畅通无阻的道路网系统。

4.防洪治河与雨污排除公用设施。规划确定"上治下防"的方针，"上治"就是封山育林、种草、挖水平沟、保持水土；"下防"就是疏浚河道，打通出口。今后规划拟在10年内新建10个雨水排除系统，新敷设雨水管道100公里，新建城关雁儿湾和盐场污水处理厂，扩建七里河污水处理厂，敷设污水管道90公里。远期建成完整的污水管网。1980年前完成西固水厂二期扩建工程，建设崔家大滩地下水源地，新设给水管道50.5公里，解决市区用水紧张问题，远期扩建西固水厂三期工程，建设雁滩水厂，并形成完善的给水系统，逐步完善市政公用设施。

5.城市住房与旧城改造。当前要大力抓好职工住宅和相应的市政公用设施的配套建设，1985年前需建房600余万平方米，以达到每人5平方米的居住水平。居民住宅的建设要逐步实行"六统一"，建设各种公共服务设施齐全、市政设施配套、庭院绿化整洁、环境安宁、生活方便的居住区。1980年开始建设南河滩、新华巷、大教梁、耿家庄、上下沟等居住小区，逐步实现成街成坊的改造旧城。

6.城市园林与绿化。园林绿化是兰州城市建设中薄弱的一环，必须大力加强。计划整修五泉山、白塔山公园，扩建雁滩公园，将邓家花园改建成人民公园，新建黄河桥头儿童公园、段家滩东湖公园、小西湖公园、安宁公园、西固公园、盐场公园等，并规划18个小游园。同时规划建设徐家山森林公园、五一山植物园，开辟兴隆山、刘家峡郊区公园等。进一步搞好道路绿化和营造专用绿地防护林带，发展苗圃，并切实抓好南北两山的绿化，市区绿化覆盖率近期达到20%～30%，远期达到50%。兰州完全可以建设成为一个绿荫覆盖的城市。

7. 建设现代化的对外交通设施。兰州是西北铁路交通枢纽，天兰、包兰、兰新、兰青四大干线交汇于此，为了提高运输能力，天兰铁路电气化工程正在积极施工，计划1981年建成，随后包兰、兰新线的兰武段也要在1985年建成电气化，并完成兰州铁路枢纽技术改造。兰州又是陕、甘、宁、青、新公路交通枢纽，公路四通八达，主干公路逐步改建为一、二级公路，根据战备要求正在修建联系西北、华北的干道公路——兰大公路，并在每个方面增建两个以上的出口公路。积极开辟黄河水运，规划为五级航道，可通行300吨驳船。中川机场航线通达国内各大城市，进城公路改建为高速公路，远期在拱星墩机场保留直升机飞机场，加强与中川机场的联系。

8. 小城镇规划与建设。合理分布工业，严格控制市区人口规模。这次修改规划中我们在市区附近现有工业点的基础上，规划了14个不同性质的小城镇，今后必要的新建、扩建、迁建项目尽量安排到小城镇去建设，逐步形成一批"工农结合、城乡结合、有利生产、方便生活"的小城镇。

四

问：听众很关心污染问题，你能否谈谈如何搞好兰州市的环境保护？兰州市大气污染如何治理，准备采取哪些措施？

答：环境保护是城市规划和建设的重要内容。兰州市区污染严重，已列为全国环境保护重点城市之一。当前《环境保护法》已公布，我们必须切实遵照执行，并从各方面采取积极措施，做到三年基本控制，五年基本治理，十年大见成效，使兰州成为一个清洁的城市。

搞好兰州市环境保护，需要做到以下几方面：

1.合理调整工业布局，坚决实行"三同时"。

2.切实抓好消烟除尘。

3.扩建、新建城市污水处理厂，并符合排放标准。

4.大力开展工业废渣的综合利用，建设垃圾处理厂。

5.积极保护水源。

6.控制和减少城市噪音。

7.进一步搞好城市卫生。

8.加强城市绿化，提高绿化覆盖率，净化空气，改善环境。

兰州市大气污染尤为严重，兰州市逆温层厚、静风率高是两个不利的气象条件，更加强了市区大气污染的程度。市区内现有各种锅炉1 800多台，工业窑炉1 200多台，食堂、茶炉2 900多台，还有近15万个燃煤小火炉，每年燃煤650多万吨，共排放烟尘和工业废气1亿立方米，有害物质达26种之多，大气中飘尘、二氧化硫、一氧化碳都超过国家标准1.5~10倍，达到不可容忍的程度。

党和国家对兰州市的环境污染问题十分重视和关怀。在环保工程投资、材料方面给予极大的支持。我们一定要认真对待，积极治理。

1.进一步做好锅炉改造和消烟除尘，到1980年城关、七里河两区的窑炉改造达90%以上。

2.推广联片供气、集中供热，组织民用无烟煤供应，尽量减轻污染。

3.狠抓工业废气限期治理，兰化、兰铝、兰钢等有害废气2~3年内要得到有效治理。

4.逐步改变燃料结构，近期建设液化气储备站，储气能力达4万吨，扩大液化气用户。为了彻底解决大气污染，国家批准兰州建设煤制气厂，总投资1.35亿元，一期工程建成后，日供煤气54万立方米，同时建设集中供热工程，在拱星墩机场建设热电站，规模20万千瓦，每小时供热量4亿大卡，投资约1.7亿元。这两项工程建成后，可以基本上解决兰州大气污染问题。

只要我们按照国务院批文中指出的"切实抓好环境保护工作"，在实施总体规划中认真贯彻执行，兰州市的污染一定能够彻底解决，一定能实现清洁城市的要求。"天空湛蓝，黄河变清"——兰州市人民共同的愿望，一定会实现。

写于1979年12月

前事不忘　后事之师

——兰州城市建设小结

从年龄和从事城市规划与城市建设工作的时间上来看，在这一战线上，我似乎是一个老兵。自1937年来到兰州，直到迎接兰州解放，中华人民共和国成立至今，我几乎参与了兰州市城市规划与城市建设的全过程，而今已经是78岁了。50多年来，经过了不少曲折，看到不少事情，有必要做一历史回顾，作为今后的借鉴与参考。

一、三年恢复时期（1950—1952年）

我们进行了全市性的大地测绘及有关自然条件、经济和社会状况等方面的基础资料调查、搜集、分析和研究工作，培训了城市规划和城市建设干部，为新兰州的建设奠定了基础。在此期间，天兰铁路通车，要确定从兰州进新疆的铁路走向和主要客运站、货运站等站址。与铁路部门共同实地踏勘，经过多方案比较，确定了兰州市区内的铁路走向及各种站、场的具体位置。实践证明，布局基本上是合理的。

二、第一个五年计划时期（1953—1957年）

在党中央的关怀下，经过市政府和规划人员的努力，兰州市的城市规划得以制定，1954年12月经国家批准实施。这是"一五"期间我国第一个由国家正式批准的城市规划。由于这个规划从兰州的实际出发，考虑了各方面的需求，因此为今后几十年兰州的发展奠定了一个好的基础。1955年，按照规划，开始在西固区、七里河区进行工业建设、市政建设、公用设施以及居民区的建设。

1955年开始的增产节约运动中，批评了城市建设的"规模过大，占地过多，标准过高，求新过急"的"四过"偏差，在兰州，大反马路的"宽、大、平、直"。因此，不顾城市实际，硬把国家批准的宽75米的皋兰路压缩为宽33米；滨河路东段也未能按规划拓建，缩减了11米等等。

怎样评价反"四过"？应当具体问题具体分析。纠正工作中的缺点，反对浪费，是完全必要的，但过了头就会走向反面。当时，有的城市和新建的工业企业确有占地过多等现象，但是全面提出所谓反"四过"，用政治运动代替科学总结，用政治口号代替技术标准，那就不对了，更不应该把责任强加在城市规划工作方面。

在反"四过"过程中，我们坚持在不"伤筋动骨"的前提下，两次修改了1954年的总体规划，把按苏联标准搞的小街坊，尽可能地改为大街坊的小区，取消、合并了一些生活居住区的内部道路，节约了人力、物力、财力和土地。同时，对公共福利设施的分布也做了结合国情的调整，修改了原城市规划中的居住用地定额和人口构成比例。这些修改，收到了一定的经济效果。

"一五"期间，城市建设发生了新的巨大变化，成效显著，可以说这是一个飞跃。当时的主要经验是：

1.城市建设与重点工业项目建设结合进行。工业建设如同"骨头"，城市建设如同"肉",二者缺一不可。

2.在兰州市委和城市规划与建设部门统一指挥下进行建设,因而基本上保证了城市建设和厂外工程建设的顺利进行。

3.统一安排投资。重点工程建设和城市建设投资,由国家计委有计划、按比例同时安排。我们思想上十分明确,工业将是形成新兰州城市的重要条件,一组新工厂的出现,就是一个新的城市雏形。建设像西固、七里河区这样的大型骨干项目或联合企业,无疑将形成一处几万、几十万人口的城市,这就不仅需要提供基础设施,而这些重要项目也将对兰州城市的性质、规模、布局、发展产生很大影响。正确处理重点建设和城市的关系,这既是保证重点工程顺利建设的条件,又是保证城市得到合理发展的重要因素。我认为,这是"一五"期间,在兰州的基本建设工作中的一条宝贵经验。

"一五"期间城市规划工作比较正规,从中央到地方都有比较完整协调的机构,还制定了城市规划工作程序与条例,因而规划工作比较顺利。1954年总体规划所制定的城市性质、规模、布局结构、用地标准等等,基本上是正确的。当时,各有关部门联合选厂,对重点项目统筹安排,城市各项建设都纳入国民经济计划,并按规划有秩序地进行,"骨头"与"肉"的比例关系也比较协调,市政建设日新月异,成效显著。尽管也曾发生了简单照搬国外标准等缺点,但总的说来,"一五"期间我们的城市规划工作,是从无到有,从小到大,从知之不多到知之较多,开始摸索出一些中国城市规划的经验。这一阶段可以说是城市建设的兴旺时期。

三、"大跃进"时期(1958—1960年)

这一时期,城市规划工作大上大下,几经挫折。当时,工业交通等许多部门都提出了大发展计划，城市规划必须跟上"大跃进"的形势。于是，搞了扩大兰州市区的规划，搞了红古、永登、河口南和秦王川等地的总体规划。这些规划，没有基础资料，也没有国民经济计划与建设项目，只是盲目地画了一张多功能的分区规划图，结果都成了"画饼"。当时，按照上级指示，我执笔搞了个西固石油化学工业基地大规划，拟使用西固区的全部川地，包括整个崔家大滩和部分高坡台地。由于这个规划脱离实际，根本无法实现。

1958—1960年的两次全国城市规划会议，提出了"向城市现代化进军"的口号，在"左"的指导思想影响下，兰州掀起了瞎指挥和浮夸风。如当时兰州市辖区面积为9 688平方公里，而报省的规划成果竟达4万多平方公里，当时的甘肃省曾提出"大刀阔斧改造城市""三年改造，两年扫尾""苦战三年，彻底改变旧城面貌"等战斗口号，于是，主要道路红线大大加宽了，东岗西路、庆阳路要扩大到70~80米，中山路扩大为60米，一时大拆大迁成风，大搞楼、堂、馆所，搞什么"十大建筑"，编制了庆阳路一条街规划等，强调现代化，追求高标准，这些都超越了客观可能，因而导致了城市规划思想上的主观主义和城市建设上的盲目主义。三年调整时期，来了一个"急刹车"，从一个极端走向另一个极端，"有规划还不如没规划好"等规划无用论的非议之声四起，甚至宣布"三年不搞城市规划"。城市规划工作受到重大挫折。

来自上面的"三年不搞规划"的提法怎么说也是错误的。城市时刻都在发展，它一时也离不开城市规划的指导，怎能不要城市规划呢？对城市规划和城市建设出现的问题，本应冷静地总结历史经验，但是由于指导思想上的问题，上面提"三年不搞规划"，下面就大批"资产阶级的城市规划思想"，以"左"反"左"，岂不是"缘木求鱼"？今天看来，"大跃进"时期带来的后遗症，我认为不容忽视！后来，有的同志说："任震英搞的宽大平直，现在看起来是对了。"其实关键不在于任震英个人如何，也不是城市道路非要宽大平直不可，问题是要看城市规划是否符合城市发展的需要，是否适合人民的需要。青岛会议认为很多中、小城市将发展成为大、中城市，在这种思想指导下，当时兰州欲发展为200万人口的大城市，白银发展到20～25万人。桂林会议则是青岛会议的继续和发展，提出了"在十年左右基本上实现现代化，十年建成社会主义新农村""我们过渡共产主义已不很遥远""中国所有的城市都要变消费城市为生产城市"等，结果兰州的有害工业遍布市区，尤其在人口稠密的城关区，也摆了不少不应该摆的工业项目，给兰州的改造和发展带来了麻烦。就城市化的一般原则来说，工业、交通、能源等经济活动无疑是推动城市发展的动力，但就某一个具体城市而言，它的职能、性质、发展方向和功能结构，主要取决于城市所在地区的资源特点、地理位置、自然条件和历史上形成的基础，不存在什么绝对的生产性或消费性城市的问题。笼统地提"变消费城市为生产城市"，把消费和生产机械地对立起来的观点，在理论上是不科学的，在实践上也是有问题的。

四、三年调整时期（1961—1964年）

兰州市的城市规划工作，在三年调整时期，认真贯彻了国民经济"调整、巩固、充实、提高"的八字方针，相应地制定了"充分利用，适当控制，合理发展，积极改造"的具体原则。当时，缩短了基本建设战线，停建、缓建了一批项目。同时，压缩了城市人口，减轻了国家负担，这些措施是必要的，也收到了明显的效果。

五、"十六字方针"与"干打垒"

20世纪60年代初，大庆油田总结了建设矿区的十六字方针——"工农结合，城乡结合，有利生产，方便生活"。1964年我们到大庆取经，但机械照搬，回来后摆起了"干打垒"的"擂台"，于是"干打垒"成了一股风。风到之处，兰州搞了一批二层土坯拱、砖拱的住宅楼房，现在变成了包袱。长津电机厂搞了"干打垒"的铸工车间，严重影响生产，甚至连闹市区的公共建筑也搞"干打垒"等。有人主张要像大庆那样，不搞集中城市，只搞工人村、工人镇，似乎城不像城，乡不像乡，那才叫作"工农结合，城乡结合"。在我们社会主义国家里，十六字方针，在什么时候都不能丢掉，然而不顾客观具体条件，硬搞"干打垒"，进而不要城市则是不对的。接着，在城市建设上又提出了"先生产，后生活"的口号。社会主义经济应该是有计划按比例的发展，在发展经济的基础上千方百计提高人民的生活水平。可是，我们的城市建设在"先生产，后生活"的口号下，多年来忽视市政公用事业的配套建设，酿成供水紧张、交通拥挤、排水不畅、水域污染、公共卫生设施和园林绿化奇缺，成了向四化进军的障碍。后来，又把"先生产，后生活"和"变消费城市为生产性城市"的口号混为一谈。一提发展城市，就是大搞工业建设，大办工厂；一谈生产性城市，似乎只能搞工业；一谈城市的地位，工业产值就是标准。这样，在城关区就搞起了不应该放的若干工厂。忽视商品经济流通，忽视文化教育，忽视生活服务，把本来就不宽裕的城市建设维护费挪作他用，造成城市住房和市政公用设施严重失修失养，欠账越来越多，"骨头"和"肉"的比例失调。

六、"十年动乱"期间

此期间是我们城市规划工作最困难的时期。"政治可以冲击一切"的错误理论和实践，造成"规划无用""违章合法"等错误倾向。在1966年以后的三线建设中，大搞"山、散、洞"和"羊拉屎"的错误方针，许多企业布点过于分散，"一走十数里，沿村四五厂"，结果不得不把三分之一以上的投资花在道路、桥涵、管道和运输上，不少企业建成后，因种种原因不能正常生产，经济效益很差。

在"文化大革命"中，极"左"路线达到高峰，对城市规划的践踏也达到了极点，规划机构被撤销，人员被解散，资料档案丢失，全盘否定了1954年国家批准的兰州市总体规划。说什么"需要就是规划"，实行的是所谓"点头规划""跺脚定点""见缝插针"，根据个人的好恶确定某些建设项目。结果，建筑杂乱，功能失调，污染严重，市容不整。比如，庆阳路是1958年国家批准的规划道路，走向基本上在旧路以南，利用原城墙之基拓建；这样拓建，可少拆500多间民房，从东方红广场经南关什字，是一条笔直的线型，这是一个比较切合实际，又考虑了发展余地的规划方案。可是这条路在"史无前例"的日子里，硬是按了几个拨不出的"钉子"，使本来较经济、实用、通畅、合理的笔直线型，只能建成一段大弧线、两处弯道线型。特别是交通频繁的南关什字，只能成为一处折线，在十字交叉路口，人为地造成了两个锐角。

粉碎"四人帮"之后，我们拨乱反正，加强城市规划，在可能的条件下，力求尽快把多年的"欠账"还清，协调"骨头"与"肉"的关系，使城市建设真正按照自然规律和经济规律办事；为了突出兰州是第一线城市的战略要求；为了切实有效地消除环境污染，建设一个清洁卫生文明的城市；为了全面考虑已经扩大了的市辖区范围内的工农结合，城乡兼顾；为了严格控制市区规模，积极创造条件发展小城镇；为了适应兰州已是开放城市，必须保护文物古迹和开辟建设风景区以发展旅游事业的需要，特别是为了适应实现四个现代化而必将进行空前规模的城市建设的新形势，在肯定1954年规划的合理部分和总结20多年来正反两个方面经验教训的基础上，近期考虑到1985年，远期考虑到2000年，兰州市又重新编制了新的城市总体规划。

七、20世纪80年代的复兴

20世纪80年代是我国城市规划事业恢复并迅速发展的时期。1980年召开的全国第一次城市规划工作会议，提出"控制大城市规模、合理发展中等城市，积极发展小城市"的方针，提出"城市市长的主要职责，是把城市规划、建设和管理好"，提出"加强城市规划的编制审批和管理工作"，国务院批转了《全国城市规划工作会议纪要》。对促进我国城市规划的恢复和发展发挥了重要作用，兰州市的规划工作也迅速恢复和发展起来。

1979年10月29日，国务院批准了兰州市新的总体规划。国务院在批复中指出：兰州市的各项建设，都要按照城市总体规划及详细规划进行。在兰州市总体规划的指导下，兰州市城市建设出现了新的气象。按照城市规划，拓建了天水路、东方红广场、滨河路，建设了几个小区，建设了小西湖公园、南山公园、滨河带状公园等，城市面貌焕然一新。兰州出现了新的车站、新的街道、新的黄河大桥、新的园林、新的建筑、新的马路，变化之快，变化之大，不能不令人惊叹。兰州市市长王道义在1983年8月31日的《甘肃日报》上发表文章说，南北两山已绿化1万余亩，植树300万株，这是一个伟大的成绩。1984年我在《从事兰州城市规划工作三十三年》中说：一座旧城池，卅年起宏图；今日已壮美，明朝更多姿。

1984年1月5日，《城市规划条例》颁布，特别是1989年12月26日《城市规划法》的颁布，我国城市规划工作从此走上有法可依、依法行政的道路，这就为我国的城市规划工作开辟了新局面。《城市规划法》的颁布，让我非常高兴，因为我参加过1979年《城市规划法》草案的起草工作，对早日颁布《城市规划法》翘首盼望已有10年之久，因此，《城市规划法》颁布后，我在《建设报》上发表感想说，这是中华人民共和国成立后城市规划建设史上的第三个里程碑。

20世纪80年代是我国实行改革、开放政策的重要时期，也是城市规划改革的重要时期。全国、省城、市城、县城镇体系规划，分区规划，控制性详细规划等的开展，不但充实丰富了我国城市规划理论和内容，更重要的是为使城市规划适应国民经济和社会发展的需要做好超前服务，走出了一条更好的路子。

20世纪80年代城市发展和城市规划工作的经验值得我们好好地总结。我认为，至少有以下几个方面需要认真加以总结：

1.城市发展基本方针，对指导生产力和人口的合理分布，促进有计划的城市化进程有重大作用，严格控制大城市规模，合理发展中等城市和小城市，是我国城市化的重要方针。

2.城市政府和市长的主要职责转变到"把城市规划好、建设好、管理好"上来，对推动城市的发展和城市规划事业的发展极其重要。

3."统一规划、合理布局、综合开发、配套建设、基础设施先行"的原则有力地指导了城市建设走上综合开发的道路，促进了我国综合开发建设事业的发展，改变了过去分散建设、难以实施城市规划的局面。

4.《城市规划法》的颁布实施，彻底改变了过去我国城市规模建设方面"人治"大于"法治"、主要依靠经验和行政手段进行规划管理的被动局面，使我国城市规划建设走上法制化道路。

5.经过城市规划改革，我国城市规划的思想观念，规划内容、深度和方法正在发生重大的变化和更新，将使我国的城市规划理论日臻成熟、完善。

6.自1987年全国首届城市规划管理工作会议以来，各地重视了城市规划管理工作，过去"重规划、轻管理"的状况大为改观，"三分规划、七分管理"已经成为大家的共识，从而保证了城市规划的顺利实施。

7.城市规划的重要地位和作用逐渐被人们所认识，城市规划与国民经济计划相结合，城市规划管理与土地管理相衔接、配合，城市规划是城市各项建设的"龙头"，已经逐步受到社会的承认，城市规划出现了大好形势。

8.实践证明，按照法定程序经过审查批准的城市规划，在指导各项建设，促进城市经济、社会发展和城市发展方面发挥了非常重要的作用。

今天，我们已经跨入了20世纪90年代，《关于国民经济和社会发展和第八个五年计划纲要》为我们勾画了今后10年经济、社会发展的蓝图，指明了今后10年的奋斗目标，这就为我国城市发展和城市规划提出了更高的要求。城市规划必须适应90年代和跨世纪经济社会发展和城市发展的需要，为实现我国第二步战略目标，人民生活达到小康水平作出我们应有的贡献。

从1991年到2000年，在我国社会主义现代化建设的历史进程中是一个非常关键的时期。对于兰州而言，同样也是一个非常关键的时期。兰州经济要发展，城市要发展，20世纪90年代又是一个千载难逢的大好机遇。首先，我们面临着一个如何加快我国西部经济开放，迎接国家经济建设在不久的将来重点向西部转移的发展形势。其次，结合陇海兰新经济带的发展以及随着欧亚大陆桥的开通，兰州如何适应这个发展形势，从城市规划来讲，必须作出切合实际的科学预测和如何适应这个发展形势的回答。兰州的两次城市总体规划是受过表扬的，实践证明，也发挥了很好的作用。但是，那是过去，不是现在。今天看来，兰州的城市总体规划，宏观研究得不够，微观问题也研究得不透，还有不少规划缺项，已经不足以及时地、正确地指导当前建设。因此，调整，甚至修改兰州城市总体规划和进一步深化城市规划工作，是20世纪90年代兰州的一项重要任务。兰州的城市规划，应当为实现"联合西北、东挤西进、两开两改、聚才致富"的十六字方针，为把兰州建设成为黄河上游经济区的现代化经济中心发挥综合指导的作用。

事物的发展不是直线的，40年来，我们有成功，也有教训，但总的看，我们闯出了自己的路，对后人，这无疑是十分宝贵的。我干了一辈子城市规划工作了，今天回顾以往的城市规划工作，我们对城市经济社会发展，对城市如何在"计划经济和市场调节"的机制下健康发展研究得十分不够，现在看来，这是不行的。我们应当努力走出一条城市物质形态规划、精神文明规划和经济因素规划统一的新路子。20世纪90年代，我国的城市规划应当在80年代取得重大成绩的基础上，上质量，上水平，跨上新台阶。

展望2000年，我们城市规划工作者肩负的历史使命仍然是十分艰巨的，我们应当在总结城市规划工作的实践经验，尤其在改革、开放以来的新鲜经验的基础上，努力适应今后我国经济社会的历史发展需要，以更新的姿态，更大的干劲去迎接新的挑战，去争取更大的胜利。

我相信，我们的目的一定能够达到。

写于1991年春

关于严格控制兰州建成区规模
认真建设小城镇问题的探讨

兰州市区人口已达81.5万人，从目前了解到的情况看，兰炼、兰化、兰石等大厂还要扩建，另外还有一些较大的新建项目准备安排在市区内，如石油化工二厂、树脂涤纶厂、合成革厂、兰州毛条厂、有机玻璃厂、自行车厂等，估计到1985年末市区人口大有上升到90万左右的可能性。现在"骨头"与"肉"不协调的现象已经很突出了——住房拥挤、公害严重、城市交通不畅、市政设施和服务设施跟不上发展形势需要，给城市建设和管理造成重重困难，给生产和生活带来极大不便。如果城市规模继续扩大，将会带来更多的问题这是肯定无疑的。为此，甘肃省、兰州市领导指示：到20世纪末兰州市区人口要控制在80万人左右。今后，兰州城区（东起东岗镇，西至西柳沟）大小五块平原上的工业发展，主要应靠挖潜、革新、改造和加强经营管理；要按照专业化协作的原则改组工业，合理地调整布局，尽量做到增产少增人、少扩地或不增人不扩地；把必须新建的项目，放到远郊的小城镇去，建设新工业区，从而坚决地严格地控制兰州建成区的规模，为建设小城镇创造必要的条件。

一

许多工矿企业要挤在兰州建成区的理由是：条件好，水、电、道路都有，上马快，投资省，收益快。我们能不能在小城镇里创造这样的有利条件呢？兰州市辖区内，自1955年以来先后兴起了白银、窑街、阿干、连城、海石湾、河桥6个小城镇，它们都是随着工业和铁路交通运输的发展而逐渐把各项建设搞起来的，现在已初具小城镇的规模了。例如，白银区是兰州市的远郊工业区，是我国以铜为主的有色金属选、冶、加工工业的主要基地之一。为了适应白银有色金属公司、银光厂、西北铜加工厂等几个大厂和发展需要，把郝家川的一片计23平方公里的沙丘荒滩规划为生活居住用地，逐步兴建了各种公用设施；海石湾工人镇的发展，是由于碳素厂的兴建；连城工人镇的发展主要是由于铁合金厂的兴建；河桥镇是由于铝厂和电厂的建设而正在兴建。由此可见，只要把一些工业项目摆在那里，就会迅速兴起一些小城镇，从而减轻大城市的压力。但目前存在的问题是：对这些小城镇，国家投资极少，甚至没有什么投资，所有的公用事业建设多靠厂矿企业投资，甚至市政设施投资也主要依靠企业。因此，当地政府无法统一规划和管理。例如，白银撤销了市的建制，改属兰州市辖区范畴，撤销了城建管理机构，乱拆、乱建、乱挖、乱占现象十分严重，使城市建设和管理工作处于无政府状态。加之，多年来城市建设投资极少，迫切需要的市政公用设施无力兴建，更无维修力量和设备，至今白银全区的上水工程仍属白银金属公司所有。又如，八宝川地区的窑街、连城、河桥的铁路支线，至今仍掌握在窑街矿务局手里。水、电各成系统，地方工业和人民生活所需的水、电、铁路等都要靠企业。

这种情况如还不能引起我们的重视，要建设好小城镇，将是一句空话。我们社会主义国家的城镇建设，要求具有高度的统一性和计划性。只有在党的领导下，才能够使城市建设工作协调发展，只有省、市、地、县、区委在城镇建设中起主导作用，而且又有物质条件做保证时，才有可能保证党领导的统一性，才能建设好城镇。

二

具体问题怎样解决呢？我认为应当起码解决以下几个问题：

1.合理的分布兰州市行政辖区内的工业和小城镇，防止兰州建成区的极度膨胀。

根据当地的自然条件和经济条件，在以"农业为基础，工业为主导"的方针指导下，结合国民经济长远计划，对全市工业、农业、水利、动力、交通运输、邮电设施、居民点、商业服务网点、建筑基地等各项建设进行全面规划、合理布局。要做好这项工作，绝不是城镇规划部门一家所能做到的，必须以省、市计委及各级计划部门为主，吸收有关单位参加，进行统筹安排，全面综合平衡，把国民经济计划与城市规划紧密结合起来，做到全市"一盘棋"，真正实现有计划、按比例地发展社会主义经济和发展小城镇建设。

2.必须把大、中、小城市建设成为社会主义生产城市。

有些部门安排建设计划，往往只注意主要的生产项目，而忽视配套工程的建设，如供水、排水、供电、通讯、道路、桥梁、公共交通以及职工生活必需的住房、文教、卫生、商业服务设施等。再者，对现有的一些公用设施，其维修费用和人力也极其不足。即使有了一些维修费用，材料供给也没有保证。由于这些问题长期得不到解决，不仅影响了职工生活，也直接影响到生产的进一步发展。为此，我们的意见是：今后在国家和省、地、市建设计划中，对这些小城镇的建设、维修、投资、材料、设备等应给予适当安排。同时，对职工的生活供应，对职工子女的上学、就业等问题，也应统筹安排。只有很好地解决了这些问题，才能使新建的工厂、单位和大城市的职工安心到小城镇去，为发展小城镇和控制兰州城区人口规模创造先决条件。

3. "麻雀虽小，肝胆俱全"，小城镇建设和大城市建设一样，涉及面广，而地方性又强。

我们要注意发挥所在地区党政领导及建设、管理部门的积极性，在地方党委的领导下，采用"六统一"的办法搞好小城镇建设。

要使小城镇布局严整、设施齐全、市容整洁、交通有序、建设速度快、收益快、造价低，就必须将小城镇建设所需的投资、材料等列入国家、地方经济计划内，下达给城镇地方党委统一掌握和使用，严格按照规划统筹安排各项建设项目，做到道路先行，水电跟上，逐步解决其他必需的公用设施，这是建设小城镇的起码条件。如果一时还不能全统起来，则应先把市政工程、公用事业统起来，再创造条件逐步把住宅和公共建筑统起来。其次，每个小城镇还必须设置相应的建设和管理机构。如兰州的海石湾、窑街这两个小城镇的总体规划已制订出来，并由红古区委批准后准备上报省、市审定。可是这两个城镇至今尚无专管城建和管理的机构，规划批准后，由谁来执行和监督呢？为此，我建议：在这些城镇中应建立城建管理机构，由他们按照城镇规划逐步进行统一建设和经营管理，以保证城镇规划的实施。当然，要搞好小城镇的建设，也要充分调动厂矿单位等各方面的积极因素，以便在当地党组织统一领导下，按照统一的规划和设计，共同努力完成任务。

4. 认真实行"六统一"，严格执行各种"法规"。

我们是社会主义国家，有党的领导，有计划经济的优越条件，并且拥有搞好"六统一"的许多有力手段。比如土地归国家所有，凡征用土地，必须征得所在地规划管理部门同意，并经上级部门批准。对不符合基建程序及城镇规划要求的任何建设项目，规划管理部门有权拒绝安排用地。对于工业的合理布局，除城镇规划部门提出意见外，还要经环保部门批准，否则不予拨地。

5.各级规划和管理部门，必须树立全局观点。

各级规划和管理部门，必须有全局观点，包括考虑国家的总形势和总任务，考虑一个地区、一个市的"一盘棋"和一个城镇内部的"一盘棋"；一定要从全局出发，搞好综合平衡工作，处理好城镇建设各方面的关系。如果各方面的关系处理好，工作中又能互相协作紧密配合，就有利于规划的实现，有利于城市建设工作的顺利进行。在规划中，还必须把近期需要和长远发展结合起来，既要从客观实际出发，加强调查研究，处理好当前城镇的实际问题，妥善安排年度和近期的建设项目，也要考虑将来的发展远景，为逐步实现长远规划铺平道路。如何处理好全局和局部的关系，近期和远景的关系，是城市规划和建设工作中必须经常考虑的重大问题。

另外，我还有个想法和建议：我们要控制大城市的发展规模，但要做到"控制"，则一要有"法"，二要说话算数，有执行的权威。比如说，控制城市规模，谁来控制呢？我看，各个城建部门现在还没有这个权威，这就要由国家定下一个城镇建设大法来，各城镇都严格遵守，不能随意逾越。应明确规定在什么样的城市里，要从严控制什么工业项目，新建和扩建的工业项目应经过哪一级党组织批准后方能执行；产、供、销面向农村的工业，原则上应放到郊县和工人镇；三废污染严重或生产易燃易爆产品的工厂，今后不能建在大城市里。至于如何严格控制人口增长，也必须定出一个"法"来。

控制大城市规模，合理发展中等城市，积极发展小城镇，是我国城市发展的正确方向，既是一个实际问题，也是一个科研项目。我所谈的这些还不成熟，也不全面，还需要继续深入地加以研究探讨。

写于1982年

兰州市西固工业区规划与实施

西固位于黄河南岸一、二级阶地，离兰州市中心21公里。西固工业区是中华人民共和国成立后按规划建设起来的一个崭新的石油化工基地。全区现有各类企业79个，工业职工7万余人，工业总产值17亿元，总人口达13余万人。

西固工业区规模大，项目多，建设又集中，而且是多种交叉，没有一个统一的城市规划做指导，后果是不可想象的。我们在兰州市总体规划的基础上，对工业区厂外工程管线和西固住宅区进行了详细规划工作，为工业区的进一步发展创造了条件。本文就其规划布局及特点作一简要介绍。

一、规划布局

1. 工业区的选择。

西固区位于兰州市的上游，北临黄河，有较开阔的平川地，平原区达31平方公里，地质条件较好，又有良好的水源地，交通方便，作为发展大型石油化工企业是十分合适的。

2.工业区的布局。

主要骨干工业都布置在14号路以北沿河地区（兰州炼油厂、兰州化学工业公司所属橡胶厂、化肥厂、石油化工厂）。在工业区腹地，安排了水、电、汽的动力中心。工业区上游安排了西固水源地，水厂净化站安排在电厂以南，便于电厂的电缆和余热送到水厂，并以最短的距离和最经济的管线为主要工业服务，形成了一个比较紧凑的布局。

为适应大型石油化工区生产运输的需要，在铁路干线上规划建设了陈官营和西固两个车站，规划建设了工业区铁路环形线以及石岗车站和颖川堡车站。仓库采取分类分散的布局，原油罐区建在兰炼西南的松阳堡，在河北沙井驿建了危险品库区。根据货场分工，陈官营为散料堆装货场，在西固车站附近安排了一般仓库和煤场等。

居住区布置在铁路以南，位于工业区上风，偏于南部靠山，主要交通干道不穿越，环境较安宁，比较理想。

3.人口规模及用地指标。

1954年西固工业区仅确定了主要骨干工业布局，第一期工业区人口规模定为8万余人。经过20多年的建设，西固工业区原定的骨干工业已几次扩建，生产成倍增长，1977年底人口达13.2万人。根据各单位的发展规划，西固工业区城市人口近期控制在17万人，远期控制在19万人以内。用地指标详见表1、表2。

二、特点

1.占地大。

西固工业区全部用地约31平方公里，其中工业用地占11平方公里，就全国来说也是一个较大的工业区。石油化工生产工艺较复杂，生产流程较多，占地较大。石油化工工业为了维持连续生产，一般都有较大的油罐区和各种生产罐区，需占用大量用地。此外，石油化工生产多在一定温度和一定压力下进行，从原料到成品，多数是易燃易爆的气体或液体。为安全起见，工厂与工厂、车间与车间、装置与装置之间以及生产区与铁路、道路、居住区等设施之间，都考虑了防火、防爆的间距，因此占用较大的土地。例如，兰州炼油厂占地面积达444公顷，其中厂区为370余公顷，比原兰州旧城面积还要大，兰化工业公司占地面积达500多公顷，仅这两个大厂占了西固工业用地的80%以上。当然西固的工业是20世纪50年代的水平，工艺较落后，占地也偏大，现在采用先进技术、新工艺、新设备，占地将不断减少。

表1　西固区用地平衡表　　　　　　　　　（单位：公顷）

用地分类	1954年规划	现况
城市总用地	3008.00	3015.40
一、工业用地	1012.50[①]	850.70
二、居住用地	335.89	372.30
三、对外交通用地	280.55	144.00
四、仓库用地		237.20
五、公共事业用地	109.00	151.70
六、基建用地		102.00
七、科研基地		25.00
八、工业区道路广场	123.60[②]	39.5
九、高压线走廊	87.40	99.70
十、洪道		60.80
十一、农业用地及隔离带	870.67	869.10
十二、全市性联系道路		61.50
十三、空地		35.70
十四、其他	188.39	66.20

① 包括仓库用地和基建用地。
② 包括全市性联系道路用地

表2 西固区居住用地指标

用地分类	1954年规划		现状	
	面积（公顷）	m²/人	面积（公顷）	m²/人
居住区用地	335.89	41.90	372.30	28.20
住宅用地	252.52	31.50	194.40	14.70
公共建筑用地	252.52	31.50	120.00	9.10
绿地	34.68	4.30	10.40	0.80
道路广场	48.69	6.10	47.50	3.60

2.运输量大。

石油化工工业区运输量大，且有一些大型、超重设备的运输要求，规划必须注意这一特点。例如兰州炼油厂目前年处理原油250万吨，生产成品200万～220万吨；兰化公司需要各种原料200余万吨，生产成品100余万吨；西固热电厂每年需煤120余万吨。仅这几个大厂的运输量就十分可观。西固工业区规划建设了环形铁路，较好地解决了生产运输问题。运量大的几个工厂都在环形铁路线上，工业编组站就近出专用线，这样布置，繁忙的工业运输对铁路正线干扰少，取送作业方便，便于整车（如兰炼的油龙车）不需改变方向直接送到工厂。主要工厂的专用线方向一致，便于推送作业。颖川堡工业站还设有编组作业，同时考虑油罐槽车的需要，设有洗罐所，清洗油罐车、酸槽车等作业，可满足特种生产需要。环形铁路的建设注意了石油化工生产的特点，取得了较好的效果。今后，西固工业区的运输量还将进一步扩大，这就需要考虑更经济的运输方式，规划建设输油管线，解决大量原油的运输，同时充分利用黄河，发展水运，以降低运输成本。

3.水、电、汽耗量大。

石油化工生产需消耗大量的水、电、汽，而且要求复杂。例如生产用水、冷却用水、清洗用水、反应用水，水质要求各不相同，蒸汽也有高压、中压、低压的不同需要。由于用量都很大，相应的水、电工厂就近安排，以接近负荷中心。西固工业区规划建设了西固水厂，在上游设水源地，在工业区中心设净化站，原设计能力46万吨/日，经过不断挖潜改造，西固水厂供水能力已达69万吨/日，现正在进行二期扩建工程，以满足工业生产不断增长的需要。石油化工企业对电力和供热的要求也很高，兰州周围虽然水电资源丰富，但考虑到工业区供热的需要，为解决冬季水电不足的矛盾，所以在西固区建设了热电厂。目前西固热电厂装机容量30万千瓦，供热达800吨/时，基本上满足了各大厂生产的需要。同时为考虑安全供电，平时充分利用水电资源，在本区宣家沟建设一次变电站，由刘家峡、盐锅峡220千伏输电线路供电，并与西固热电厂以110千伏联络线连接，作为工业区第二电源。西固工业区规划把水、电、工厂组成一个动力中心，安排在工业区腹地，接近各主要负荷中心，较好地掌握了石油化工区规划的特点，达到了经济合理的布局。

4. 管线工程多。

石油化工生产的另一个特点是连续性生产，从原料到产品，很多是处于气体或液体状态，许多反应是在密闭容器中或管道中进行。各种厂外管线工程也十分复杂。西固工业区现有各种厂外管线30余种，有明沟、暗管，有地下埋设、地上架空，有自流管、压力管，互相交叉，错综复杂。以上水管为例，就有钢筋混凝土自流沟、生活消防用水管、过滤生产用水管、二次沉淀生产用水管及自流输水干管等。排水管道有含硫化物和废硷液污水管、化学污水管、含油污水管、生活污水管、工业净水管、生产废水管、污泥排出管、油污干管等。热管道有架空热管道与地下热管道等。还有许多工艺管道，如石油气管道、空气管道、瓦斯管道、排灰管道等。这些管道有的易燃、易爆，有的有毒、有污染，有的互相干扰产生矛盾，必须统一规划合理安排。西固工业区在动力中心附近集中规划了两个管线走廊：热电厂以南安排了230米宽以高压线为主的走廊和12号路300米宽的综合管线走廊，并作了厂外工程的管线综合，使错综复杂的各种管线得到合理安排，保持了安全间距，较好地解决了相互干扰的矛盾。西固工业区管线走廊用地达102公顷。总之，安排好管线，是石油化工区规划不容忽视的一个特点。

5.留有发展余地。

石油化工工业的又一个特点是发展迅猛，日新月异，向着规模大、产品多、综合利用的方向发展。对必须增加的新项目和综合利用项目，规划要留有余地，适当安排。例如兰州炼油厂原设计年处理原油100万吨，所产石油气供给兰化做原料，是一个单一的炼油企业。经过20多年的发展，兰炼已建成既能炼油，又能生产重要化工产品的综合性企业，油品品种也由16种增加到160多种，每年处理原油达250万吨。兰化公司从只生产合成氨和橡胶，发展到以石油气加工合成氨、合成橡胶、塑料、化纤为主和以这些产品的加工为辅的多品种企业。1954年规划，西固工业区留了工业备用地，1964年兰化公司建设中间试验基地，就利用了这块备用地。随着化工企业的发展，预计还要在西固工业区建厂，这说明工业备用地是十分必要的。

6.污染严重。

石油化工工业的"三废"污染是不可忽视的问题，必须充分注意，做好环境保护规划。石油化工生产经常放出有害气体（有毒的、有腐蚀性的、易燃、易爆的或有强烈刺激性的气体或粉尘）。例如兰炼和兰化橡胶厂、石油化工厂都有"火炬"，这是石油化工生产的一种安全装置，供正常或事故排放，终日燃烧不停，危害很大，有浓烟、热辐射，严重时下"火雨"，废气主要成分是碳氢化合物的"火炬"气。兰化化肥厂的氧化氮尾气，号称"黄龙"，有机厂的硫化氢废气，号称"白龙"，都是极毒的有害气体，危害人体健康。石油化工生产排出的废水成分复杂，当生产不正常或事故排放时；许多物料也从污水管道中排出，其中很多污水有毒、有害、有爆炸危险。如兰炼的油污水，每天排出2.6万吨，浓度达200毫升/升；兰化的化学污水，每天排出8万吨，其中含丙烯腈32毫克/升，含氰化物3.5毫克/升，含拉开粉7.6~38.9毫克/升等毒物；化肥厂的碳黑水，所谓"黑龙"，排出大量煤粉，严重污染黄河。废渣主要有兰化砂子炉废砂，含石油和化学成分；污水处理厂有大量污泥，兰炼的氧化锌废渣，热电站的粉煤灰，污染也很严重。西固工业区主要污染情况见表3。

表3　西固工业区主要"三废"污染情况调查表

工厂名称	废气	废水	废渣	废气污染半径
热电厂	总量255.40吨/日 其中：二氧化硫86.4吨/日 粉尘169吨/日	含灰废水 21 500吨/日	粉尘2 000吨/年 煤粉42万吨/年	粉尘500米 烟雾2~3公里 二氧化硫1 500米
兰化橡胶厂	火炬2 200立方米/时	含油废水3 000吨/时		火炬500米
兰化308厂	火炬1000公斤/时 丙烯腈4 300立方米/时	含油、腈、酸性废水等100吨/时 洗砂废水1 680吨/日		丙烯腈1 000米
兰化有机厂	硫化氢537.6立方米/日	90吨/时	铁泥1 800吨/年	硫化氢1 500米
兰化化肥厂	氧化氮680公斤/时	碳黑水3 500吨/时	200吨/年	氧公氮2~3公里
兰州炼油厂	硫化氢700公斤/日 石蜡氧化气13 000立方米/时 氧化沥青气7 000~8 000立方米/时	油污水1 200吨/时	氧化锌 酸碱65 200吨/年 催化剂	硫化氢600米 一氧化碳1 000米 火炬500米 沥青烟600米
兰州铝厂	氟化氢4 610立方米/日	冷却废水3 400吨/日	氟化盐511吨/年	氟化氢4 500米
合成药厂	苯乙酰胺尾气385.6立方米/日 氢氰氰240公斤	3 300吨/日	670吨/年	苯乙酰胺尾气2 500米
西固农药厂	二氧化碳（硫）7 650立方米/日 氯化氢0.3公斤/时 粉尘超标14倍	总排水量240吨/日 有害废水48吨/日		

由于污染严重，特别是兰州自然条件的不利，逆温层的形成，又进一步加剧了大气污染。当逆温层严重时，工业区排出的大量烟尘和废气在低空滞留，整个西固区上空烟雾弥漫，经常不见阳光。经测定：西固工业区大气中烟尘和二氧化硫的浓度超过国家标准2~9.5倍，并检出3.4苯并芘，平均浓度达3.68微克/100立方米，多次出现光化学烟雾等严重污染。

由此可见，石油化工区的污染十分严重，必须引起大家的高度重视，做好环境保护规划。1954年按照国家规定，石油化工企业都充分留出防护地带1~2公里。这些地带在基本建设进入高潮时期，都作为临建工程用地，之后，防护地带作为"框框"被批判了，废除了规划，破坏了布局，临建工程逐步改建为小平房住宅区。例如兰化厂前小平房区距氧化氮污染源仅100~600米，严重影响职工健康。另外一部分防护地带又为地方工业所占用，所以西固工业区的防护地带没有按规划真正建设起来，这也是造成工业污染严重的原因之一。

写于1957年

从唐山地震灾害中汲取经验教训

——对改进兰州市城市规划和城市建设的几点意见

1976年7月28日凌晨，唐山市发生了7.8级强烈地震，当日下午6时又发生一次7.1级余震。全市绝大部分建筑倒塌，其中生产用房倒塌80%，生活用房倒塌94%，给水、供电、通讯、桥梁、堤坝、道路等市政工程和公用设施的破坏也很严重，使城市的生产和生活一度陷于瘫痪，给人民生命财产造成了重大损失。我们应从唐山地震中汲取经验教训，以改进我们的城市规划和城市建设工作。1976年11月，国家建委城建局在《从唐山丰南地震的严重后果，看城市建设应当汲取的经验教训》中提出了12项要求，对我们当前的城市规划和城市建设工作做了全面的指示。结合兰州市的具体情况，以唐山地震灾害为借鉴，分析一下我们存在的问题是很有必要的。我们可以从唐山地震灾害中汲取经验教训，从而提出改进兰州市城市规划和城市建设的有力措施。

一、关于贯彻"搞小城市"方针的问题

从唐山、丰南地震来看，唐山市人口集中的市区死亡率是

21.3%；丰南县城的地震烈度和唐山一样，但人口死亡率仅为10%。这说明了城市越大，人口越集中，损失也就越大，抢救恢复越不容易。我国如此，世界上发生过地震的国家，经验也是如此。

兰州市建成区位于黄河两岸若干个山间河谷冲积盆地上，各盆地面积有限，其间由长短不等的走廊地带相连接，这就是控制兰州城市规模及形式的地形条件。它决定了兰州市与平原地区的大城市的有所不同。但是，我们必须看到，现在的兰州市已具一定规模，不宜再扩大了，大型企业不要再新建，必须新建的要放到远郊区去，要发展周围的小城镇。特别从防震的角度来考虑，无论大城市也好，小城镇也好，都必须防止建筑物过密、人口过分集中。1927年古浪地震，由于建筑密度大、人口过于集中等因素，虽是小县城，但损失甚重，伤亡很大，这是一个值得汲取的教训。在控制城市规模的同时，我们还应当正确处理好生产和防震的关系。我们认为：应该在保证生产的同时，合理地进行防震。发展生产是目的，防震是保障发展生产的措施之一。盲目地在城市增大人口密度，增大建筑密度，不考虑周密的预防措施是错误的。因为，一旦发生地震，在直接震灾之后继而会发生次生灾害，损失会增大。当然，害怕地震，忽视城市在发展生产上的各种有利条件，逃避现实的想法也不对。所以，就兰州市的具体情况而言，同样必须有防震措施。坚决贯彻"搞小城市"的方针，这绝非权宜之计，而是社会主义城市规划和城市建设的正确方针。

二、关于地震烈度的基本调查问题

从唐山市的经验来看，地震部门分析认为唐山市地震烈度为七度，震前汇编的1976年河北地震活动预测图把唐山列为六级以上地震预报区。但该市震前抗震设防烈度却规定为路北区六度，路南区七度。这一规定，低于唐山附近历史上曾发生过的地震烈度1～2度，和这次地震的7.8级（震中烈度11度）比较更是相差悬殊了。这是我们从唐山地震中应该吸取的经验教训。如果事先比较确切地知道震级和烈度，作出相应的防震措施，所受的灾害会比现在少得多。

兰州市建设局和甘肃省工业厅、甘肃省建筑工程局、甘肃地震台、兰州大学等5个单位在1954年、1955年两年内对全市各地区的地震情况进行调查。调查方法主要是根据历史地震资料、古建筑、地形、地质等情况，深入群众访问摸底，初步认为：兰州市从1508年建城开始到现在的470年中，从1920年、1927年两次地震所受的灾害来看——黄河以南三块盆地地震烈度应为七度，黄河以北盐场堡、安宁堡七度偏高；沙井驿、崔家崖台地边缘应为八度。不过，我们并不放心，因为兰州市内断裂活动带是比较复杂的，1955年李四光同志就这个问题发表了西北地质旋卷构造的理论。论文中罗列的现象和我们观察的现象一致，对他的科学的预见即上升到理论的论述我们深信不疑。因此，自来水厂、兰炼、兰化、兰石厂的设计都是按照震级七度的要求进行设计的。

20多年前，我国地震科学尚处于"幼稚"的阶段。当时中国科学院地球物理研究所在兰州只有一个小地震台，我们搞调查的几个人对地震没有经验，更谈不上有什么研究，特别是当时兰州还没有现代化的建筑，只有砖木结构的古庙宇可资参考，所以当时定的地震烈度是否合适，尚待研究。现在，兰州市内已有甘肃省地震局，地震科学水平有了很大提高。通过唐山地震的经验教训，我们对兰州市的地震烈度不能不加以警觉！希望国家地震局和甘肃省地震局对兰州市的防震设防的地震烈度提供更为可靠的依据，以便我们按照国家建委城建局的要求，根据基本烈度，按照抗震规范进行设防。

目前，地震部门提供的基本烈度包含了时间的概念，即一个地区的基本烈度是今后100年内可能遭遇到的最大地震烈度。按1974年国家建委颁布试用的《工业与民用建筑抗震设计规范》TJ-11-74规定，一般建筑物均应以基本烈度作为设防烈度。可见，准确地确定一个地区的基本烈度对做好规划和抗震设计来说非常重要。

近年来，甘肃省地震局对兰州市及附近地区的基本烈度又重新做了工作。从历史地震、地震地质、大地构造、地震活动性等几个方面做了论证，从已看到的工作成果来看，主要的论点是：

1. 兰州市既是强震活动区又是周围大震的波及区，但最强烈的地震是在本地发生，而不是周围波及的。

2. 历史上兰州市大的一次地震记录是公元1125年。现已查明，那次地震的极震区恰在现在兰州市区。史料记载过简，详情无法考证，但极震区内最大的烈度可达六度。这次地震的发震背景不清。

3. 初步认为，兰州市区没有活动的发震带，附近主要发震构造有两条：一是北西西向的兴隆山—马衔山活动断裂带，一是北北西向庄浪河活动断裂带。这两条发震构造百年以内都有发生7级地震的可能。

4. 根据上述情况，兰州市区的基本烈度为8度。

这个结论对我们非常重要，但是，至今尚未见到正式的基本烈度鉴定意见。我们迫切要求国家地震局尽快确定兰州市的基本烈度。

三、关于对防震工作的认识问题

过去我们对地震的认识是模糊的，对防震抗震工作未能引起足够的重视，存在着一定的侥幸心理。

回顾兰州市的防震工作，从1951年到1958年间，从领导部门来说是重视了，但宣传工作做得不够好。城市管理工作时紧时松，对于防震抗震的认识思想不一致，有思想上单纯考虑节约的一方面而忽视对地震的预防。最近这些年，虽然在报纸上报导了邢台地震以及世界上其他地方的地震，特别是唐山、丰南一带发生强烈地震给我们敲响了警钟！大家重视了对地震的设防措施。但也应该看到，因为有些人没能身临其境，体会不深，有可能现在注意了，过些时间就又麻痹了。所以，对于防震抗震工作，建议要广泛进行宣传教育，特别要在主管部门和建筑设计、施工人员中间进行教育，让每一个人都知道：在城市人口稠密、工业集中的地区，为了保障人民生命财产的安全，保障各项工作和生产的顺利进行，必须克服麻痹思想，尽快把防震抗震工作摆到应有的位置上来，积极创造条件，克服困难，采取措施，搞好防震抗震工作。

从唐山地震的后果中应当汲取许多经验教训。我们认为首要的一条就是必须加强对防震的宣传教育工作。为什么有的多层砖房坏了，而有的没有坏？为什么有的水塔完好无损？为什么12个烟囱有8个基本完好？为什么油池、油罐没有发生火灾，毒气没有漏泄？为什么没有发生爆炸事故？等等。我们一定要加强对防震工作的思想认识，进一步搞好防震抗震工作。

四、关于严禁违章建筑，加强城市管理的问题

从唐山地震来看，违章建筑泛滥、乱建房屋、乱搭棚厦、挤占绿地、乱挖土地、乱堆垃圾的现象给抗震救灾造成了一定的困难，若干城市也有不少地方出现见缝插针、乱建房屋的现象。兰州市多少年来搞违章建筑，也一直制止不住。实践证明，违章建筑对加强城市管理和防震救灾都是有害的。我们必须严禁搞违章建筑，加强城市管理工作。

五、关于合理控制城市建筑密度的问题

城市建设必须防止建筑密度和人口密度过大。以唐山市为例，唐山市路南区是密集的平房区，在8平方公里内居住了12万人，平均每平方公里有1.5万多人，建筑密度为70%。这次地震死亡率高达市区平均死亡率的两倍多。由于建筑过分密集，许多人地震时跑出室外又被砸死在狭窄的胡同里、街道上。

兰州市旧城区的许多地方，建筑和人口都比较集中，特别是这些地区的许多房屋年久失修，危险建筑、违章建筑多，建筑质量低劣的房子多，再加上街窄巷小，一旦发生强烈地震，势必会造成重大伤亡。因此，在城市规划和建筑设计中，首先应注意建筑物的群体防震，采用合理的房屋层数、间距和合理的建筑密度。国家建委的通知中指出：房屋层数应符合民用建筑抗震设计规范要求。对于房屋间距一般应是两侧建筑物主体部分平均高度的1.5倍至2倍（最好是2倍）。住房的布置，要与街坊内的道路、公共建筑和附属用地、体育活动用地、儿童活动用地以及街坊内小块绿地相结合，合理组织必要的疏散安全用地。在高大工程的构筑物周围（如水塔、烟囱等）布置住房时，要有一定的安全隔离带。在兰州市的城市规划与城市建设中，在建筑设计与施工中都应当贯彻这一通知精神。在旧城区内，要发动群众维修危险建筑、拆除违章建筑、打通被堵塞的街道、实现土路柏油化、排水管道化、街巷绿化和庭院整洁化，提高旧街区的防震抗震能力，尽量降低人口密度和建筑密度，搞好防震抗震工作。

六、关于场地和工程地质问题

历次强震的经验证明，建筑场所处的场地条件对震害有明显的影响。尤其是城

市，因为建筑密度大，场地条件对震害的影响更为明显。唐山地震时，建筑物破坏最严重的地区是：路南区，正处在活动的断裂带上；市区范围内有大面积地下采空区；紧靠陡河两岸的地区。相反，靠近山脚、地质条件较好的地区，一塌到底的住房只占12.1%，而居民逃出的占48.4%。

所谓场地条件大致包括4个方面的因素：构造因素；场地土因素；地下水因素；地形因素。由于上述4个方面因素的影响，建筑物所受的震害可能有很大的差别，这点在国家建委的材料中已有所介绍。

兰州市在1954年刚要开始大规模城市建设时，就注意了这个问题。当时，就历史上几次较强的地震发生时，市区南北六块河谷阶地的工程地质条件对建筑物震害的影响做了些初步调查。从中发现：西固、城关、七里河等地区，地下水位较低，一般说来，破坏程度较小。但崔家崖边、沙井驿、安宁堡的破坏程度却比较大。如1927年古浪地震时，沙井驿堡子城墙有倒塌处，还见有小的地裂缝，古庙宇损坏较多。崔家崖的古庙宇白云观倒了一个塔，其他倚崖修筑的建筑也多有坍塌。白塔山的古庙宇有不同程度的损坏，但1578年修建的白塔却基本无恙。通过感性认识的第一手材料，规划时决定西固、七里河区为工业区，城关区为主要机关单位、商业和各种重要建筑物比较集中的地区，盐场堡可以发展若干工业，沙井驿为建筑材料工业地区。高阶地上的工程地质条件不算太好，一般暂不考虑建造重要房屋。为了避免滑塌、砂土液化等，崖边、滨河地带及河间沙洲等地暂不修建大型建筑。今天看来，这个布局虽然没有经过地震的考验，但从地震的角度，在结合工程地质条件、合理地利用城市用地方面，还是做了充分思考的。

现已时过20年，城市防震抗震分析工作已有一定基础。近年来，在城市供水、工程地质勘探、地震地质及场地调查中又陆续积累了更多的资料。地质局水文地质二队、兰州大学、甘肃省地震局等兄弟单位在这方面也各自做了不少工作。如初步查明了东盆地河道的变迁，甘肃省地震局抗震中队对市区场地土及场地条件做了初步划分等等。这些勘探、科研成果，对我们今后进一步搞好城市规划是有益的。

在城市规划中，整体的抗震措施和建筑物的抗震措施上都有许多要注意的事项。整体抗震措施首先应注意规划布局。参照兄弟单位初步划分的结果，市区黄河南北六块平坦的低阶地震条件都比较好，以场地土而论，大都属于Ⅱ类（按TJ—11—74，下同），其中大部分地区对抗震有利，即在遭遇到相当于基本烈度（兰州市一律按8度考虑，下同）的地震时，地面不致出现危及建筑物整体安全的残余形变。低阶地上不利的因素和地区在于：

1. 黄河两岸受震的局部塌岸的危险，塌岸的范围不易精确测定，暂按20米宽度考虑。

2. 黄河漫滩（如马滩、崔家大滩、雁滩等）上地下水位较浅，砂卵石层中往往夹有饱水的粘细砂夹层，受震时局部有液化的危险。

3. 市区有几块饱和的粉细砂或淤泥质土较集中的地段，也有可能受震产生地基失效。如西固月牙桥至兰炼、七里河西站敦煌路一带、小西湖至新桥一带，城关区西关什字—安定门—铁路局一带、一只船—盘旋路—五里铺—段家滩一带，安宁区兰空医院—西北师范大学西部等。

上述地区的不利因素主要是地基失效。地基失效主要可能是由砂土液化而引起的。

砂土液化的确是一个值得注意的问题。1976年唐山地震时天津市区海河故道及其两侧地带发生严重的喷砂冒水，建筑物所受的震害较其他地区重。1975年海城地震营口市以及盘锦的下辽河地区因大面积饱和砂土受震液化，损坏了许多建筑物。1964年日本新潟地震时，由于砂土液化，结构很强的钢筋混凝土建筑物整体倾斜。这些惨痛的教训提示我们应对砂土液化问题给予充分的注意。但是我们也不能听到砂土液化就谈虎色变。对具体问题应采取具体分析的态度。兰州市区的一些地方确有受震发生砂土液化的可能，但就整体情况而论，这里和天津、下辽河以及日本新潟等有着本质的区别。天津、下辽河以及日本新潟等地地处海滨平原或大河下游三角洲，那里在较大的范围内有厚度大（如下辽河地区厚几十米）、结构均匀的饱和粉细砂，当地的地下水位一般不超过2～3米，而饱水砂层以上的地表覆盖层厚度一般不超过它。所以当发生强烈地震时（6～7度以上），大面积的饱和粉细砂液化，造成严重的地基失效。

相反，兰州市区和上述情况不同，这里是山间河谷阶地，饱和粉细砂层的厚度一般不超过2米，而且也不是大面积分布，砂层上面的覆盖层一般较厚，砂层的不均匀系数一般较大，因而液化的可能性和范围相对要小，液化后对建筑物所造成的危害相对要轻。由于砂层薄，便于采取预防液化的工程措施。所以只要弄清它的分布范围，在设计和施工建筑物时予以认真对待，这种灾害是可以预防的。目前已大体掌握了这些饱和粉细砂层的分布范围，可以预见，当兰州市区遭到大震袭击时，砂土液化仅限于个别地方、危害未经设防的建筑物，绝不会像天津等地那样严重。但我们应从最不利的角度去评价液化可能性：即凡是顶板埋深小于7米、厚度超过0.5米的饱和细砂粉层都看作是可液化的。今后我们准备会同有关单位对这一问题做进一步的研究，以便更确切地评价其液化的可能性，划出液化的范围，有目的地采取设防措施。

为了躲避液化砂土，在城市规划中一直不把河间沙洲及滨河地带作为重点建设区。可是，炼油厂在崔家大滩修建了石油贮罐，这不能不引起注意。我们认为，因震害而使石油贮罐遭到破坏是一种灾难，而大量石油混入河水顺流东下，将使下游多日不能用水，问题将会更大（我们在1958年曾具体提出了西固马耳山上光家坪油库方案，因造价较高未被采用）。我们仍坚持在河心沙洲及河滨、崖边修建重要建筑物要万分谨慎的观点，必要时，首先应弄清地震时饱水砂土液化的可能性以及采取必要的基础工程措施。

除液化砂土及淤泥土外，市区临山坡的冲沟危险性更大，这一带的建筑物更应十分慎重地加以考虑。

从唐山震灾的经验来看，在建筑物的地基基础处理上应切实注意：

1. 大型重要建筑物应尽可能躲避软弱的地层，任何建筑物基础都应保证不发生不均匀沉陷；

2. 同一建筑物不应使用不同型式的基础；

3. 同一建筑物基础不应跨越两种不同性质的地基土，无法避免时应做特殊处理。

七、关于次生灾害的问题

唐山地震，除发生道路堵塞，水、电、通讯中断，城市功能麻痹，人民吃、喝、住、行、医困难以外，上游水库坝体没有坍毁、没有造成水灾，易燃易爆工厂也没有发生太大事故。又由于地震后下了大雨，故没有发生火灾。但是，对于这些方面我们都应引起充分重视，因为次生灾害（即第二次灾害）往往比直接的第一次灾害造成的灾害更为严重。从国外灾害来看，在地震后往往伴有火灾、危险品爆炸、毒气扩散、洪水袭击以及停电、断水、交通堵塞、通讯停顿等次生灾害，这些连锁反应，是值得警惕的。

防止次生灾害的发生也是防震抗震中极其重要的一环。从兰州来看，万一发生大震，可能出现的问题很多，我们不妨把问题想得重一点。比如：

1. 人口密集的地方火灾难免。主要原因是家家户户有火炉，不少家庭有液化气罐；人口最密集的旧式房屋又都是非耐火建筑；市内易燃易爆物质的存在，这都是引起火灾的原因之一。尤其是兰炼、兰化以及中小化工厂，都贮有大量的易燃品，尽管兰州市内几个大型化工厂建在远离居民密集的地方，从规划布局上说还是合理的，但绝不应该有丝毫的麻痹大意。

2.兰州市区处于一个封闭的河谷盆地之中，通向外地的几条铁路、公路在进入市区之前，都要经过一段傍山、临河、高填、深挖地段，或者穿过隧道、通过桥梁。这些地段关键性道路工程的抗震性能，对本市大震后市区人员疏散、市区生活、救济物资的供给影响极大。建议组织有关部门事先对这些重点工程进行一次切实的抗震鉴定，以保证震后对外交通畅通无阻并能承担任务，震后抢修订出切实可行的抢修措施、以利抗震救灾。

就兰州市具体情况而论，东西狭长，东西向交通平常已显得拥挤，紧急时期交通堵塞，拥挤践踏，不易疏散。市区从东到西仅有一条主干公路，这种状况不能适应疏散需要。所以在修改规划时新增加了两条道路，并适当增加其他道路，以利于平时和紧急时期相结合。

3.关于水灾方面。兰州市上游有3座水库，尤其距兰州不远的刘家峡水库，满库时库容达57亿立方米之多，万一遭到破坏，河水直泻，因桑园峡狭窄，不能急速排洪，有可能造成像1904年那样的水灾。

4.根据唐山的经验应当把城市公用设施（例如供水、供电、通信线路、重要的变电站、电信局、站等）列为防震的重点。使其在震后仍然可以照常工作，在保证人民生活、消防、指挥、治安、宣传等工作中发挥作用，避免次生灾害的发生和扩大。

5.根据唐山的经验，对兰州市区贮存、生产、使用剧毒物品以及足以严重污染环境的单位和部门进行统一管理，并列为防震重点，切实做到震后不使这类物品蔓延扩散、危及人民的健康。

八、关于建筑设计与施工的问题

防震抗震的根本在于提高建筑物的抗震性能。从石家庄市《唐山灾害调查报告》中可以看出如下事实：

1.砖石墙体房屋倒塌或遭严重破坏，只有个别的修复加固后可继续使用；

2.钢筋混凝土框架结构倒塌或遭严重破坏的约占50%，可修复的约占30%，基本完好的约占20%；

3.砖烟囱全部破坏；

4.钢筋混凝土水塔一个完好，一个因地基失效倾斜，但水箱塔身无损；

5.砖筒水塔全部破坏，三分之一倒塌；

6.钢筋混凝土烟囱80%基本完好，一个损伤，一个掉头。

这说明钢筋混凝土框架结构的楼房以及钢筋混凝土结构的水塔、烟囱破坏较少，约有半数或更多些未被破坏。破坏十分严重的是砖石墙体房屋，特别是预制空心楼板的砖房。唐山市在中华人民共和国成立后兴建的民用住宅绝大部分是多层混合结构砖房，地震后房屋震塌伤亡最多的也是这种房屋。结合在兰州市在中华人民共和国成立后新建的各种建筑来看，绝大多数系这种多层混合结构砖楼房，这就是说，迫切需要我们提高防震的措施。

兰州市除新建的多层混合结构砖房外，还有许多中华人民共和国成立前的砖木混合结构平房以及砖柱土坯房，如果发生六级以上地震，建筑物毁坏大概也是不可避免的。特别是预制空心楼板的砖楼房，有的预制板中没有拉筋，有的搭接长度不够，有的施工质量较差，具有更大的危险性。但是，只要我们重视地震，加强抗震措施，地震灾害就能减少。唐山建筑物在抗震方面有许多值得我们学习。建议对唐山市现在完整无缺的民用建筑、工厂厂房烟囱、水塔、上下水管道、泵房、电缆、纪念物、地下工程等进行全面摸底调查，汲取其长处，这是我们抗震建筑的好示范、好教材、好经验。

我们对地震的态度是不怕。只要我们重视防震，把各项建筑的设计与施工做好，就能起到有效的防震抗震作用。因此，我们建议：

1. 兰州市应该从现在开始对危险建筑、违章建筑进行全面检查，对城市危房要按照城市规划抓紧进行改造；

2. 应逐次审核各新建建筑的设计与施工，研究抗震的补强办法，并逐次有计划地进行补强工作；

3. 对正在施工的建筑物要一律重新审查原设计，考虑设防的补强措施，影响补强措施的应停止施工，待修改设计完成后再施工；

4. 正在设计中的和今后新建工程的建筑设计一律要按抗震烈度TJ—11—74规范中的要求进行设防；

5. 对要害部门的建筑，包括三班生产厂房、医院、消防队、广播与电视台、通讯、军事部门；对生产、贮存易燃易爆和剧毒的单位；对污染环境的仓库、工厂；对省委、市委、特殊保密单位；对烟囱、水塔等，应按抗震鉴定标准认真鉴定其抗震性能，对存在问题作出设计、施工安排；

6. 对给水排水、电力电讯设施（包括地面和地上）应根据防震要求进行检查，予以加固或修改。今后的建设项目，一律要按抗震要求进行设计和施工。

除采取上述紧急措施外，为了防止地震造成大的伤亡，使国家财产损失降到最小限度，以便在地震时能维持正常的紧急活动，应该把耐震建筑工程和经济问题结合起来郑重地进行考虑。在进行耐震设计时，应能达到下述目的：一是建筑物在耐用年限中应使建筑物在发生几次中震或强震时不发生重大损坏；二是100年内发生强震或极震时，建筑物结构虽然遭损伤，但不崩塌，以保障人的生命安全。为了实现上述目的，中央和地方都应该组织人力围绕城市规划、耐震设计、建筑材料、建筑施工、工程地质方面进行专门研究，提出适合我国各地情况的具体措施。

此外，鉴于唐山地震时地下工程受灾程度较地面为轻（世界各震区受灾情况也是如此），我们建议今后应增加地下工程项目，在设计时不但要考虑建筑工程本身防震的各个方面，还要考虑紧急时期供水和照明电源不致停顿等问题。

九、关于城市其他问题

关于其他问题，如供水、排水、防洪、电力、电讯、煤气、热力、人防等方面应当由各部门提出防震措施。

总之，防震抗震工作，是关系到国家和人民生命财产的重大问题，甘肃省委、兰州市委非常重视，许多部门都在研究制定措施，希望今后加强领导，统筹安排，共同做好这一工作。

写于1977年

从兰州大气污染初谈城市规划中的气象条件问题

兰州是全国环境保护重点城市之一。

兰州的大气污染从20世纪60年代中期就已冒头。10多年来，由于历史的原因，搞乱了若干工业的合理布局，再加上"三废"治理缓慢，致使大气污染日趋严重。兰州的污染情况已闻名全国。

兰州市的排烟量在全国各大城市中仅居中等，何以大气污染名列前茅？这是由兰州河谷盆地特殊气象条件所致。这种山谷地形，容易形成厚而稳定的逆温层，即较暖的空气覆盖着冷空气，比重较大的空气在下部，稳定少动。逆温层顶像个看不见的帽盖，扣在兰州市区上空，严重阻碍了烟雾的扩散，使兰州市犹如罩在烟笼之中。

20世纪50年代初期，兰州市总体规划的布局中，对气象条件的考虑，是根据国内外通行的"主导风向"原则来进行的。兰州市的风向玫瑰图也表明，其主导风向为偏东风，因此把兰化、兰炼、电厂等大工业放在下风向，即西固区，西固和七里河的生活区基本上设在主导风的上风向。因当时没有探空资料（本市探空观测始于1957年），对兰州市上空的逆温层认识不足。

兰州大气污染的教训告诉我们，在建设一个新的工业城镇之前，必须下功夫弄清楚该地区的特殊气象条件，而后才能布置总体规划。

我们认为，抓住兰州这一典型，正视事实，查明原因，采取对策，防治污染，从中总结经验，对今后城市规划是很有意义的。根据初步的学习和调研，本着实事求是的精神，初谈以下三个问题。

一、兰州市大气污染的严重性

从目前国内外的一般发展进程来看，大气污染经历了三个时期。在以烧煤为主的时期，"烟囱林立，浓烟滚滚"，以煤烟飘尘为主是第一代大气污染。第二次世界大战后，工业大国进入以石油为主要燃料的时代，因此以各种烃类、硫化物、氨等废气为主要特征标志着进入第二代大气污染。第三代大气污染就是光化学污染，它是汽车和工厂排出的氮氧化合物和烃类等经日光照射产生光化学反应生成的有毒气体。

兰州市的大气监测资料表明，第一代污染极为严重，第二代污染正在加剧，第三代污染已露苗头。据不完全统计，目前兰州市区约有1 600台锅炉，3 000台窑炉、23万户居民小炉灶，燃煤仍有增多之势，致使兰州大气中煤烟飘尘含量早已超过国家允许的最低标准（以下简称"超标"）。主要有害物质平均超标（冬季）情况为：飘尘14倍，一氧化碳10倍，二氧化硫3倍；在最高浓度时，飘尘超标25倍，一氧化碳15倍，二氧化硫10倍。其他如氟化氢、氨、苯并芘等有毒废气含量均超标几倍至几十倍。值得注意的是，近几年污染有加速之势，如1974—1975年冬季飘尘超标4~8倍，1976—1977年超标9~15倍，同期二氧化硫超标从3倍增长到4倍。

兰州市区最大的污染源：西固工业区有兰化有机厂的硫化氢尾气（白龙），化肥厂的氧化氮尾气（黄龙），兰州铝厂的氟化氢废气，西固制药厂的苯乙酰胺臭气等；在城关区有兰钢、兰铁、造纸厂的废气及个别科研部门排放的放射性污染等。每天在市内行驶的汽车约3万辆次，日排一氧化碳、碳氢等有害气体近百吨。随着各种污染物源源不断地增加，兰州市区的大气污染愈来愈恶化，整整半年几乎不见蓝天，天空呈灰色，日光惨淡无力，处处烟雾弥漫，行人戴口罩者甚多；临近傍晚，烟更重，有强烈的刺激感，呼吸困难，街道对面不见人，车辆要开黄灯缓慢行驶。很多人都抱怨道：再这样下去，兰州住不得了！

事实上，兰州市的大气污染已经对人民健康和工农业生产造成了一定的危害。一般成年人每天平均吸入12～15公斤的空气，这远比摄取的食物和水要多，而每吸一口脏空气，几乎有一半的粉尘留在气管黏膜里和肺泡里，造成老弱病残者患病率激增。据10个大医院报告，患呼吸道及心血管病人的死亡率近年来成倍增长，患癌率也大于郊区农村，癌症死亡率显著上升，这都与大气污染有极大关系。同时，大气污染对兰州蔬菜果木、粮食等农作物的生长也有危害，如兰州某制药厂排放的废气中含氯，使附近生产队大片果园减产。兰州铝厂排放含氟毒气，使附近新兰村、张家大坪桃杏绝产，每株苹果树结果率仅为雁滩的1/4。蔬菜、瓜果、粮食中的含氟量上升了5～7倍，造成人们慢性氟中毒。光化学烟雾也时有发生，如1977年6月29日到30日西固区居民感到眼、鼻、呼吸道有刺激感，出现眼红、流泪、喉痛等轻度光化学烟雾中毒现象。今后因车辆激增，若不采取有效措施，在兰州这样的气象条件下，第三代大气污染势必加剧。另外，大气污染能严重削弱太阳辐射，据测定，20世纪70年代初期与60年代初期相比，兰州市全年太阳辐射已被削弱20%，其中冬季减少30%～50%。最近几年，冬季已减少到50%～70%，其中紫外线几乎为零，这对居民健康，特别是少年儿童发育是有影响的。

一般城市或多或少都有大气污染，其危害是慢性的，不易觉察的，因而一般人不太介意。但在兰州，几乎人人都感觉到大气污染的威胁，特别是对少年儿童和65岁以上的老年人威胁很大。群众的反应是强烈的，改善环境污染的要求是迫切的。1977年底，兰州市召开了"消烟除尘紧急动员大会"，并向国家建委发了"兰州市大气污染严重"的紧急电报。反映出情况的严重、领导的重视和群众的意愿。这在国内尚属少见。

二、兰州市大气污染的气象条件分析

工业城市每天都向大气排放大量的浓烟和废气，把大气作为"垃圾场"。在一般情况下，由于大气处于经常不停地运动之中，因此对这些"垃圾"不断地进行着扩散和自然净化。空气的水平运动是风，上下垂直运动称为对流，而不规则的杂乱运动称为湍流或乱流。风，对流和乱流把倾入其中的"垃圾"进行着扩散、稀释和净化，特别是降水对空间的净化作用非常显著。

但是，在某些气象条件下，当空气处于运动停滞或稳定的状态时，工厂排出的废气就会在空气中逐渐聚集，浓度不断提高，导致严重的大气污染。因此可以说，空气的滞留和稳定是形成大气污染的最重要的气象原因，我们应注意掌握形成无风及抑制对流和乱流的气象条件。下面我们以兰州市为例，说明逆温与静风对大气污染的重要作用以及地形对形成逆温与静风的重要作用。

根据探空实测，兰州市区近地面逆温层有三个显著特点：

1. 逆温出现的频次高。在全年约有80%的天数出现逆温，其中夏半年占60%，冬半年在90%以上，即除了寒潮大风降雪天气外，冬季几乎天天都有逆温。

2. 逆温层厚度大。从全年平均来看，近地面逆温层厚度约为520米，夏季较薄，约330米，冬季较厚，约770米。各月最大厚度都在1 000米以上，或近2 000

米。这样厚的逆温层往往是由于辐射性逆温和下沉性逆温连在一起所致。

3.逆温持续时间长。一般地区辐射性逆温在日落后逐渐形成，日出后开始消失，从上午到傍晚是没有逆温的。但在兰州冬季，由于大气污染已经严重削弱了太阳辐射，故形成恶性反馈，致使逆温层维持时间较长，甚至连日不散。

地形与风对大气污染的作用。

在山地，一般城镇常坐落在河谷走向，与大区域盛行风一致时，会形成"渠道风"。这对污染的扩散很有利。但是，当河谷与盛行风垂直或其四面环山时，则谷地为背风区或静风区，这时在谷地容易形成大气污染。

在山地还因热力作用形成局地性的山谷风，即白天的谷风和夜间的山风，白天由于湍流较强使谷风不明显，但日落后，由于山坡比谷底冷却要快，于是较冷的空气沿坡下沉到谷底，并迫使原来谷底较暖的空气上升，山风对形成逆温层起了加速和加强的作用。

兰州市的西、北、东、南分别有乌鞘岭、华家岭、兴隆山、马衔山、冷龙岭等大山。因此大风常被阻挡和屏蔽，市区海拔1 517米，南面皋兰山海拔2 020米，北面九洲台海拔为1 920米，南北两山相距很近，开阔处为6 000多米，窄处仅300米。因此兰州市区大风日数极少，静风和小风日数占60%以上，年平均风速仅0.7米/秒。特别是在冬季，除个别寒潮天气外，几乎无风。兰州冬季受蒙古高压下沉气流控制，并受上述夜间山风影响时形成逆温的强化作用。在这些因素的共同作用下，兰州的逆温特别严重。

前已指出，兰州市区逆温层平均厚度为500米，周围山高约300~500米，两者的作用，使逆温层"帽盖"刚好像个看不见的锅盖扣在兰州市上空，致使烟和废气封闭积存于市区空中。

综合上述，逆温和静风是造成大气污染的最重要的两个气象条件，而像兰州这样的山谷地的地形条件更有利于形成逆温和静风。国内外出现的一系列大气污染现象，从环境条件去分析，几乎都是地形上处于山谷盆地或带状河谷，气象上具备无风和逆温的气候条件。

最后，我们简略指出其他的气象因素：

1. 空气湿度与降水。在我国东南和西南多雨湿润地区，有雨日数多，这对净化空气是很有利的，但空气潮湿和饱和并长时间持续时，又容易形成多雾天气（例如"雾重庆"），这往往加重了大气污染（如二氧化硫易形成湿酸雾滴）。而兰州位于少雨的半干旱内陆，特别是入冬后半年，雨日极少，因之被污染的大气很难得到雨水的净化。

2. 主导风向问题。过去，我们在城市工业的布局上，采用"主导风向"作为城市合理规划的依据，"上风""下风"已成了人所共知的布局原则。至今，国内外很多地方仍按"主导风向"的原则布局城市工业。例如在欧洲，由于冰岛低压和亚速尔高压这种"准大气活动中心"的作用，大部分地区一年四季盛行偏西风，频率高达60%以上，是名副其实的"主导风向"。我国西北、西南不少地区也盛行主导风，但在我国东部地区，冬季盛行偏北风，夏季则盛行偏南风，季风规律十分典型。在这种情况下，只按"上风""下风"来布局显然是不够的。在兰州地区，仅考虑"上风""下风"是不够的，有很大的片面性，还不能很好解决诸如兰州这类城市的大气污染问题。因为从风向玫瑰图上看，偏东风虽然在各个方向的风中占优势，但真正占主导地位的却是静风，静风再加逆温，才是造成兰州大气污染的主要环境条件。

3. 城市的"热岛效应"。城市温度比周围农村高，夜间有时可相差8℃。从城市边缘向郊区走去，每走1公里气温可降低2～3℃；因此城市对乡村来说，就好像是一个热的岛屿。在静风时，城市的热空气将上升，郊区凉空气来补充，形成环流，这时即使排放毒气的厂房设在郊区，也会随风飘入城市，污染市区，兰州市的白银区就属于这类情况。

小结上述，从兰州市大气污染形成的气象条件分析可得，工业城镇的布局不是一个简单的问题，而全面研究和评价当地（包括小地区）的环境条件（包括地形、气象、水源、土壤、植被等）是城市规划与避免环境污染不可缺少的依据。但目前的兰州来说，这方面工作仍相当落后，特别是城市小气候方面，有关观测资料不仅数量少而且时间短，远远不能满足城市规划与治理污染的需要。今后在这方面很有必要予以充实和提高。

三、从城市规划着手改善兰州大气污染的对策

马克思曾指出：人类要利用自然，自然界就要以某种形式报复人类。我们现在向四个现代化进军，就是全面开发自然、充分利用自然的时代，"三废"的出现反过来恶化生存的环境，这就是自然界给人类报复的一种表现。恩格斯也指出：人类总是逐渐地"学会认识我们对自然界惯常行程的干涉所引起的比较近或比较远的影响"。这就是说，我们能够学会支配自然界，工业现代化的进程带来环境污染，但又包含着战胜污染的有利条件和物质基础。由国内外一些先进的事例表明，经过全面规划和三五年的认真治理，原来大气污染严重的工业城市，是可以改造成空气洁净、环境宜人之都的。

我们是社会主义国家，保护环境已经载入《宪法》，我们党的关于环境保护的基本方针是：全面规划，合理布局，综合利用，化害为利，依靠群众，大家动手，保护环境，造福人民。显然城市规划是保护环境的重要组成部分。

为了逐步净化兰州大气污染，从城市规划的角度，我们提出如下几点建议：

1. 贯彻执行工业布局大分散、小集中、多搞小城镇的方针，尽量控制兰州建成区规模。在建成区不再新建大型企业，必须新建的，要放到远郊区或小城镇去（小城镇规模小，人口少，工业和生活的污染物比较单纯，也易于处理，城镇周围有广阔的田野，即使排出少量的有害的废气，也易于稀释和净化）。

2. 今后，坚决贯彻修改了的总体规划，坚持在布局上合理安排工业、生活居住、对外交通、公用事业设施和卫生防护。把影响城市大气污染新建的街区小工业尽量放到危害程度最小的位置，把生活区放在环境质量最好的地方。对夹杂在旧城居住区内严重污染环境的工业，区别情况采取治理、合并、改产、搬迁等措施。

3. 有计划有步骤地改变燃料结构，推行集中供热、区域供热，大力发展煤气事业。

4. 在污染源与生活区之间一定要尽最大可能设防护带，进行一定程度的隔离，并大力进行城市绿化，通过防护带和城市园林绿地吸收和削弱有害气体，改善城市小气候，净化大气。

5. 20世纪50年代我们的兰州总体规划，尤其在西固区和七里河区是有防护林带规划的，由于种种原因，几乎都做了别的使用。现在应该强调，凡有条件设置防护林带的地方，应该恢复并立即建立。我国卫生部1959年规定，按照不同工业危害的程度，防护林带宽度共分为1 000米、500米、300米、100米和50米五级。由于多年没能坚持搞防护林，至今有若干地方已达不到标准。尽管如此，还是应该尽量补救，大力进行城市绿化建设，这不仅可美化城市，更重要的是有过滤净化空气的好处。绿化能改善大气污染，环境保护可起到的巨大作用已为各国所重视。

6. 在兰州，应该有领导、有组织地尽快掌握防止和消除大气污染的治理技术，吸收国内外的先进经验，研究高效消烟除尘、排烟脱硫、微波脱硫、排烟脱氮等新技术；研究无害的石油化工、炼钢、有色金属、火电站、制药等新工艺和新技术。

7. 力求在1980年以前，扭转兰州市大气污染的恶化趋势，在控制污染上做到初见成效。1985年以前，把兰州大气中的主要污染物，如粉尘、二氧化硫、一氧化碳等下降到国家规定的允许标准之下，使兰州市区的大气污染得到根本好转。

在消烟除尘的新技术、新工艺未过关之前，可参照国外已有的一些暂行办法，有效地控制污染，如规定在冬季傍晚后到次日8点前，不许排放毒性较大的废气，因为这段时间正是逆温层较强的时段。

我们一定要治理好兰州的大气污染，也一定能治理好，现代化的兰州应该是阳光灿烂，黄河水清，让兰州成为名副其实的蓝天之"州"。

写于1978年

珍惜兰州有限山川
节约城市建设用地

　　土地是城市建设必不可少的物质基础。中华人民共和国成立以来，随着社会主义建设事业的发展，兰州市区（东起东岗镇，西到西柳沟）用地规模不断扩大。由于市区内工厂、机关、学校、商店、医院、文体设施和居民住宅等的迅速增加，城市规划范围内的空旷土地早已不能满足城市各项建设事业发展的需要，于是就大量征用农业用地。据不完全的统计，已经征用农业土地13万亩以上。城市用地的不断扩大，再加上农业人口的猛增，近郊农村人均耕地日益缩小。而城市用地扩大的同时，又要求郊区农业提供越来越多的瓜果蔬菜和农副产品，需要一定的耕地和不断提高单位面积产量，于是，工农业就出现了争地矛盾。以全市人民关心的住宅建设为例，根据市属房管部门的初步统计，目前的居住水平是平均每人居住面积3.6平方米，若要达到平均每人居住面积5平方米的水平，尚需兴建住房600万平方米（包括拆迁安置住房、商业服务网点、幼托医卫设施、人防和其他配套设施用房），这就需要占用大量的城市用地和不可避免地继续征用一定的耕地。兰州是四面群山环抱、黄河贯穿东西的带状城市，城市用地非常有限，这样一来，工农业用地矛盾很可能尖锐化。在这有限的土地上，如何才能使工农业与城市建设的各项建设用地各得其所，用地矛盾得到合理解决，而不致使兰州市城市总体规划落空呢？"珍惜兰州有限山川，节约城市每寸土地"的议题已经紧迫地摆在了大家的面前。

早在1957年6月3日，周总理就指出：所有城市建设，都要提倡节约用地。节约城市用地的途径很多，我提出十项措施，请大家议定。

1.最关键的是计划与规划要统一。

多年来计划与规划存在着脱节现象，规划部门不了解计划部门的打算；计划部门往往是把基建投资与材料逐级分拨到各个单位，又由各个单位向城建部门要地。由于事先缺乏统一的考虑，具体使用的一块土地往往几家争用，来回扯皮，不能及时划拨，再加上种种原因，一拖就是一年半载，给城市规划与城市建设造成了很大损失，当然也包括土地的滥用浪费。今后，计划部门与规划部门应互相通气，使规划部门预先了解计划部门关于基本建设投资分配等基本情况，特别是近年的投资情况，做到"未雨绸缪"，避免"临渴掘井"。计划部门制定城市建设计划时，应考虑城市总体规划与详细规划意见，为实施规划创造条件，特别是为城市"统建"创造条件，这样城市的各项建设用地就一定能够得到合理使用。

2.要建立社会主义法制观念，认真整顿基本建设征用土地的管理工作。

过去，个别建设单位不按国家有关规定办事，擅自占用土地，或是早征晚用，多征少用，甚至征而不用，把国有土地视为己有，打围墙，围大院，争地盘，以邻为壑，寸土不让，各自为政，无视城建部门的统一规划与管理。个别社队化国有荒山荒地、河床滩地、沟沟岔岔为集体所有，临时堆土为田，插干树枝为林，向征地单位无理索取土地补偿费，任意提高征地条件，要高价，要设备，要材料，有的一个"姑娘"许了几家，谁家的"彩礼"多就许给谁。有人说"与公家打交道，就要占公家的便宜"，致使一些建设项目的用地迟迟不能落实，最后只得下马，造成城市用地苦乐不均和滥用浪费等现象。我认为，所有建设单位都应遵守国家规定的征地申请和审批制度，严格按照《国家建设征用土地办法》行事，被征用土地的社队不允许哄抬地价，应正确处理好国家、集体、个人三者之间的关系。各个单位对于征用土地的使用情况要进行一次清理，把那些早征晚用、多征少用、征而不用的土地调拨给急需的单位使用。

3. 要结合工业化改组，合理调整工业布局。

兰州是一个以石油、化工、机械制造为主的工业城市，工业建设是兰州城市发展的基础。因此，工业建设的统一规划、合理布局、统筹建设是节约城市用地最有效的一环。过去，由于工业的布局凌乱，不仅占用了大量土地，还造成了生产线长、工艺不顺、管线不顺、运输不顺、人员增加、供应紧张等一系列问题。今后，市区人口与用地规模要进行严格的控制，工业生产的发展应"挖潜、革新、改造"，加强科学管理，并按照专业化协作的原则改组工业，认真调整工业布局。例如上海市的标准件生产，原来分散在686个工业点，后采用"同类合并、大小分档"的办法，调整为27个专业厂，职工人数减少了30%，节省让出大量的土地，劳动生产率提高了19倍，工业产量增加了10倍。兄弟城市能办到的，难道我们就不能办到吗？目前，城关、七里河、西固、安宁4个区内各有许多同类厂子，能不能打破各自经营的局面，实行同类合并呢？在工业生产发展到向高效率、低消耗、高水平进军的现阶段，组织专业化生产是必然的趋势。如果工业布局调整得合理、集中、紧凑，城市用地也就节约出来了。

4. 住宅应成片成坊地进行配套建设，不应该再搞"见缝插针"。

兰州市区内约有城市居民23万户，居民住宅及其相应的公共服务设施是城市建设中必不可少的部分，一般说来生活居住区用地约占整个城市用地45%左右，其用地量是很可观的。过去，往往只强调少拆迁、省投资，在城市空地或容易拆迁的缝隙安排住宅楼，致使建筑物东一幢西一幢，多年来市区内没有建成一片像样的居住区。这种"见缝插针"的建设方法不仅浪费土地，而且后遗症很大，往往是市政设施和公共服务设施不配套，群众生活很不方便，给城市建设造成严重欠账。北京、天津、上海等地实行成片统建、配套建设的经验说明，这不仅有利生产，方便生活，而且便于工业化施工，建一片，成一片，用一片，见效快，能够较好地实现总体规划的格局，各种设施和管线可以综合利用，相对集中，既可创造良好的生活条件与环境，又可以合理布局，充分利用每一寸土地，从而可以杜绝不必要的土地浪费。

5.同样的土地面积，高层建筑要比低层建筑的实用面积多，我们为什么不向空间（包括地下空间）发展呢？

旅馆可以搞高层建筑，住宅可以盖五六层楼，工厂可以搞多层厂房、多层仓库，甚至可以搞成上面是公园绿地、停车场，下面是地下剧院、地下商店的形式。特别是机关单位，目前几乎每家都有院落，独门独户。不必讳言，有的需要，有的就不尽然了。我们如果把各家盖办公楼的投资集中起来联合建楼该有多好呵！这样办，既有利工作联系，又可减少院落，综合使用各种设施，可节省大量的土地。

必须综合考虑日照、通风、交通、商业服务、公园绿化等必需的占地面积和技术因素，不一定房子盖得越高就越节省土地，我们绝不应当脱离实际去一味追求把建筑物搞得越高越好。

6.要科学合理地按照土地使用定额标准办事，加强城市规划与城市建设的科研工作。

土地使用定额标准是规划设计的依据，也是审定建设用地的准绳。今后，对土地的使用要进行严格的控制。与此同时，我们还应当认真收集、积累城市规划与城市建设方面的各种资料，开展科研工作，包括各个单位对各自的发展制定一个实事求是的全面规划，与城建部门建立共同语言，使大家都来关心和研究节约城市土地的问题。这样，土地的滥用浪费就一定能够大大减少，甚至杜绝了。

7. 要抓住基本建设的每一个环节。

从厂址选择、总图布置、建筑群组合、工程设计直到管线综合等都要精打细算，适当提高建筑层数，合理增加建筑密度，特别是要尽量采用先进技术、先进工艺、先进设计和先进的施工方法，在有限的土地上办更多的事情。从规划、设计直到施工组织，充分发挥技术人员的积极性，采取多方案比较，以便衡量利弊，从中确定出一个行之有效的方案来，使土地的利用收到较大的效益。

8. 要积极推行建筑"六统一"，即统一规划、统一投资、统一设计、统一施工、统一分配、统一管理。

兰州旧城改造的任务很大，如庆阳路一条街的改造，喊了多年，见效不大。什么原因呢？恐怕就是由于过去那种投资"撒胡椒面"，用地"零打碎敲"，建筑"见缝插针"，施工"拖长尾巴"，分散建设能力达不到的缘故。实行"六统一"，扯皮少，速度快，收益大，效果好，对迅速改造旧城，尽快解决城市住宅问题作用极佳。旧城区多半为城市黄金地带，将来在这儿修建筑物万不可以节约建设用地为名，而不合理的增加容积率。现在已有这个苗头，应该警惕。今后，一定要坚持民用建筑"六统一"，提高旧市区土地的使用率。

9. 兰州市区附近保留了大片滩地、高坪、台地等果园菜地，不仅可以开放空间，调节气候，净化空气，美化环境，消除污染，弥补绿地面积不足（兰州市区内公共绿地指标人均仅有0.98平方米，太低了），建设旅游与游憩区，组成城市与大自然的有机联系，而且可以生产瓜果蔬菜与农副产品，以满足和方便城市供应，在促进工农结合、城乡兼顾的同时，还可控制城市规模的扩大。真是一地多用，一举多得，我们绝不应随意侵占它。今后，我们应当少征良田，留下必要的耕地，切实解决好农民的安置问题。如无锡乡办工业，把城市中可以下放的农产品加工、农机部件生产等向乡办企业扩散，在城市少建厂房，少增职工，既节约了土地，增加了生产，又解决了农民的安置问题，这个办法，我们能不能采用呢？另外，对于农村自己占用耕地和浪费土地的现象也应引起足够的注意，不少地区对基建占地和农民盖房，特别是"五小工业"，没有规划，随意修建，浪费了不少土地。

10.要加强城市规划、城市建设和城市管理工作。

过去，由于机构不健全，特别是因管理体制受到了破坏，管理人员思想动荡，管理工作跟不上，造成了城市土地的使用和征地工作出现混乱并导致土地的滥用浪费。今后，要加强对城建部门的领导（包括技术领导），同时，为了适应今后城市建设的需要，市、区、街道的城市建设三级管理体制应当立即恢复并健全起来，从而把城市建设管理落实到基层，迅速改变目前城市建设管理被动的局面，为把兰州规划好、建设好、管理好而奋斗。

写于1979年6月

开发兰州市南北两山的基本设想

一、开发兰州市南北两山势在必行

30多年来，兰州仅城关、七里河、西固及安宁4个区被征用的耕地约16万亩以上，现存耕地只有8万多亩，农业人口的人均耕地面积为0.7亩，城市中可利用空地基本上已被用完，土地资源供求之间矛盾日益尖锐。出路何在？综合开发市区南北两山沟壑边坡地带，是解决此矛盾的有效手段之一。理由如下：

1.从兰州的地理位置、经济发展潜力、交通运输的枢纽作用、能源及资源的丰富、相对的科技人才优势等方面考虑，兰州是大西北的中心城市，依客观发展的需要，必将要为它提供新的建设用地。由于它位于东西长35公里、南北宽仅2～10公里的黄土高原河谷盆地中，不开发南北两山，现存的这点宝贵耕地就无法满足兰州发展的需要。

2.从城市本身的安全、自然灾害的防治、环境保护及生态平衡方面考虑，将迫使我们对市区南北两山沟壑边坡地带进行综合开发。

（1）目前，在市区内遍布大小各类油库约千余个、气库约几十个，此外尚有危险品库等。如果将这些设施有计划地科学地搬至山沟，一方面可消除火灾威胁，保障城市安全，另一方面也可增加建设用地。

（2）在市区南北两山，约有50多条沟尚未根治，程度不同地存在着发生山洪、泥石流的危险。例如1978年的一场大雨，造成14条沟同时发生山洪及泥石流，1 500多户受灾，3 000多间房屋倒塌，市内交通中断，且有伤亡事故发生。将这些山沟根治好，可以消除山洪泥石流威胁，保证城市安全，增加建设用地。

（3）兰州是8级地震设防区，又是上百万人口的大城市，城市的总体抗震系统尚未全部形成。按每人1平方米的抗震安全疏散地来计，城市要有很大的广场面积，只有开发市区南北两山才能给城市内带来抗震疏散广场。

（4）根据兰州的山城地形，采用掩土、爬坡及传统的窑洞建筑形式，一方面可以比较容易地解决居民的人防问题，做到平战结合，另一方面可开辟绿地、屋顶花园，进行立体绿化，为环境保护、生态平衡创造条件。

综上所述，综合开发南北两山沟壑边坡地带，利多弊少，势在必行。

二、开发南北两山的基本设想

为了使兰州市区南北两山沟壑边坡地带综合开发具有明显效果，我们拟提出"内改外扩，综合开发，科研先行，政策鼓励，加强领导，各方支援，稳步前进"28字的基本设想。

1.内改外扩。

为了给兰州市的城乡建设提供更多的用地，在对现有旧城区进行改造的同时，必须对南北两山沟壑边坡地带进行综合开发，使两者有机结合，浑然一体。

对旧城区进行改造时，要适当合理地兴建高层建筑，扩大城市空间，节约出一定土地预留广场及绿化用地和各种紧急情况下的疏散场地。要有计划地将一些有火灾威胁、环境有污染、无改造场地的设施及企业搬迁至适宜的山沟内。将东西方向的人流有意识地减少后，并部分地增大南北方向的人流。要结合低洼地区的改造，使南北两山开挖出的土方派上用场。要使建筑所用砂石采场与南北两山沟壑边坡地带的开发相结合。要使旧城区改造下来的旧料及民族形式的传统建筑能利用于南北两山的开发之中，以减少投资。要劝说那些没有必要非留在旧城区的新建单位，或适宜于安静环境中工作的新建企事业单位进沟上坡，在市政设施上要给开发南北两山创造条件。

2. 综合开发。

对南北两山沟壑边坡地带进行综合开发时，一要扩大土地资源，向荒沟荒坡要地，为乡镇及街道民办企业、贸易市场、省内外合资企业、居民点提供建设基地，以减少旧城区密度；二要防止山脚边体塌滑，保证城市公用设施的安全和交通运输的畅通；三要对沟谷的山洪及泥石流进行防治，以减少对城市的潜在威胁；四要扩大绿化面积，开辟屋顶花园，进行立体绿化，以保证生态平衡；五要采用节能措施，利用窑洞保温及太阳能，以减少城市污染；六要考虑建筑形式的艺术处理，以取得与周围环境的协调，增加城市美感；七要结合现有绿化成果、园林景致，开辟小片林带，配以室外建筑小品，给市区居民创造舒适环境；八要考虑庭院式、别墅式住宅的可能性，以改造目前千篇一律公寓式住宅的模式。一句话，应进行创造性的综合开发。

3. 科研先行。

在南北两山沟壑边坡地带进行综合开发过程中，由于地貌地形及地质情况复杂，技术处理比较困难，需多种学科并进；另外，由于我们缺乏这方面的成熟经验，因此，应科研先行，在科研的基础上，以工程试验为先导，逐步开发。应将此项工作列为兰州市的专题科研项目。

此项工作不同于一般实验室的单项科研，更不同于一般纯理论式的科学研究，它是实际应用方面的科研，其着重点在于工程实施。因此，应提倡科研、设计、施工相结合。绝不可能通过一两次的实验就可达到预期的目的，因此，更应该坚持阶段性、持久性、重点突破、综合补充、由低级向高级的发展过程。由于我们的财力、人力的不足，必须坚持科研协作，要和正规的研究单位、高等院校结合，取得他们的指导和帮助。由于它是城乡建设改革开拓中的一部分，还需要政策理论方面、管理和经营方面的探索。

4．政策鼓励。

综合开发南北两山沟壑边坡地带需要大量的资金，所需资金不能全部依靠上级拨款，而应进行多种渠道的集资。政策就是力量，就是资金。要从有利开发、有利于调动各方的积极性、有利于筹集资金等方面出发，结合实际情况，有区别地来研究我们的具体政策。

（1）信贷政策。用无息、低息、贴息贷款或优先贷款的方式先筹集少部分的开发资金。

（2）税收政策。用免、减税收的办法来鼓励开发单位积累资金、扩大再生产，用"滚雪球"的办法来增加开发的经济实力，把社会效益放在首要位置。要清醒地看到，如不组织南北两山的综合开发，既无社会效益又无经济效益可言，大量的资金将用于土地征用费及拆迁费，必然加大国家的负担。

（3）拨地政策。凡愿进沟上坡的新建单位，规划部门应优先安排并给以优惠的待遇，鼓励他们集资开发或委托一个开发公司专门进行南北两山的开发工作。

（4）按劳取酬。要说服有关单位落实多劳多得的政策，使那些在艰苦环境中工作的同志更安心工作，使开发单位便于聘请专门人员。

（5）市政设施的优惠。

在进行兰州市市政设施的规划、设计、施工时，要考虑南北两山的开发，留有余地，优先允许配套管网的联结。

5.加强领导，各方配合。

南北两山沟壑边坡地综合开发涉及许多部门，任何一个部门的支持与否直接影响着工作的顺利开展。例如荒沟荒坡可以几十年任其自然破坏，无人问津，一旦进行开发，主人就来了，罚款也来了。因此，加强领导，统一指挥是关键。健全开发机构，配备强有力的干部，完善机构的规章制度，都是必须要办的事。

写于1982年

用经济地理学看兰州的城市规划

　　长期以来的实践证明，若城市规划不按经济地理学的科学规律，只是主观地为求图面布局合理，这是舍本求末，肯定要失败的。而一个城市规划的成功与失败，其影响是长远的，也就是说一旦城市形成后是很难改变的。符合经济地理的科学规律就可能是一个"工农结合、城乡结合、有利生产、方便生活"的城市，否则贻害无穷。从我国看是这样，而世界各国的大城市无不如此。所以我认为，经济地理学应是城市规划的先行学科，这也是我近年工作实践中得出的结论。

　　城市是政治、经济、文化的中心，它是在特定的地理环境内，经历了不同的历史阶段而发展起来的，可以说是一个不以人们的意志为转移的客观发展过程。同时，它又是若干年内人类对其所处的地理环境不断地加以利用和改造而逐渐形成的。

　　城市的产生和发展和一定的社会主义经济形态有着密切关系的。封建社会的城市往往是政治、军事和商业的中心。资本主义的城市，更是工业、金融、商业和交通运输的中心，常常形成工业和农业对立，城市和乡村对立。而我国社会主义的新型城市，则必须是"工农结合、城乡结合"。要将城市建设与城市规划置于可靠的科学基础上，就必须对城市产生、形成、发展的规律进行深入的调查与研究。

很早以来，城市就是地理科学，特别是经济地理学的研究对象。因为经济地理学正是从自然环境、历史和经济发展这三个方面来研究城市的。所以在实际工作中，经济地理学与城市建设、城市规划工作有着最密切的关系。

兰州是一个有优越的地理位置和自然环境基础的城市，先是黄河上游的重要渡口、交通枢纽，而后成为军事要塞、政治和物资集散中心。但在旧中国，兰州只是一个消费城市，它丰富的资源和优越的地理环境，并未得到充分利用。中华人民共和国成立以后，党和政府按照社会主义经济有计划地按比例发展的规律，预见到兰州将迅速成为一个社会主义的新型工业城市。从中华人民共和国成立初期开始，我们虽然对经济地理学并无多少了解，但却认识到在掌握人文与自然资源的基础上进行规划是必要的，因而邀请兰州大学地理系及其他有关方面对兰州市全市范围内的地质、地震、地貌、气候、水文、地下水、植被、土壤和自然资源等自然因素进行了艰苦的调查研究工作，并取得了大量的第一手资料，实践证明了我们这样做是有科学依据的。从经济地理学与城市规划的角度，我们主要进行了以下工作：

1. 工业。

工业是有计划按比例发展的，在20世纪50年代期间，将我国新建工业的重点摆在内地，因为兰州是西北铁路的枢纽，有黄河水源，又有刘家峡等水电站，当时西北石油资源比较丰富。从全国和区域的生产力合理布局，结合兰州的地理条件，确定了炼油工业、化学工业和机械制造工业为骨干工业。之后，白银、红古等相继划入兰州市区，有色金属冶炼也成为兰州工业中的重要项目。20多年来的事实证明：把城市骨干工业部门放在全国工业生产力合理布局的高度去考虑是有其科学性的，是符合客观规律的，是经得住实践检验的。

2. 从兰州和甘肃本身的资源条件考虑中央和地方工业、大型和中小型企业的结合问题。

有了若干中央所属的大型工业，如果不发展地方中小型工业，不搞一些轻工业，兰州仍然不能形成一个完整的工业体系，有"骨"没"肉"，许多矛盾会更加突出。另外，根据兰州及其附近的资源条件（如皮毛、药材是甘肃传统的土特产），确定大力发展毛纺织、制药等工业，并相应地发展面粉、肉类加工、烟草、棉纺等工业，使兰州的轻工业与重工业、地方中小型工业与中央大型工业有机结合。

3.兰州是甘肃中部黄土高原上一个由黄河分割所形成的若干河谷川地（盆地）。

黄河自西而东贯穿全市，市区恒风向又是偏东风，风向我们虽无法改变或控制，水是可以人为地加以控制并防止其污染的。根据这些特点，我们将兰州几块河谷平川地进行了如下功能分区。

（1）城关区：是旧城区，处在上风、下水方向，为省、市机关和军区领导机关所在地，是全市政治、经济、文化、科研的中心，安排一些噪音小、污染轻的机械、轻工、电子工业。规划用地规模37.5平方公里，人口规模控制在42万人左右。

（2）七里河区：在黄河南岸，处于城关和西固工业区之间，是新建工业区之一。安排有铁路编组站、货运站和石油化工机械厂、轴承厂、电力修造厂、通用机器厂、毛纺厂等大中型工厂。规划用地规模41.7平方公里，人口规模控制在22万人左右。

（3）西固区：在七里河以西，处在下风、上水方向，是全市最大的新建工业区，是以石油和化学工业为主的综合工业基地。有兰州炼油厂、兰州化学工业公司、兰州热电厂、兰州自来水厂等大型工业企业及兰棉厂、兰州三毛厂、兰州高中压阀门厂、兰州玻璃厂等地方工业。规划用地规模31.5平方公里，人口规模控制在

19万人左右。

（4）安宁区：在黄河北岸，基本是上风向，是以精密仪表工业为主的新建工业区，有长风机器厂、新兰仪表厂、万里机电厂，地方工业有机床厂、电表厂、汽车配件厂等。同时也是高等学校集中区和科研中心。规划用地规模37.2平方公里，人口规模控制在7万人左右。

这是1954年经国家批准的兰州市总体规划的主要区划。我们在进行规划和建设时，既要考虑到工业生产的合理布局（特别是工业布局要大分散、小集中的协作关系的要求），也要考虑到市内不同地区的位置、水源、风向等条件，基本上是符合经济地理学的规律的。与此同时，还规划了一批小城镇。如以有色金属开采、冶炼加工和以化工为主的白银区，以碳素工业为主的海石湾，以煤炭工业为主的窑街和阿干矿区。连城因有丰富的石英砂，安排了合金厂，河桥驿安排了铝厂，这两个厂距刘家峡水电站较近，而且有大通河的方便。第二火电站安排在窑街矿区附近。我们把连城、河桥和窑街规划为既有联系又相互隔离的3个小城镇。中堡以水泥、化工为主，花庄以食品工业为主，河口以化纤、食品工业为主，新城以国防工业为主，永登、榆中、皋兰以发展支农工业和地方工业为主。20多年来的事实证明，我们的规划基本上是好的，是符合生产力合理布局和城市发展的客观规律的。

由于我们对一些客观规律性的问题认识不足、预见不够，兰州市在城市建设与规划方面还存在不少问题，有的问题还比较严重。比如城市规模问题、城市布局问题、环境污染问题、交通问题等。

我们要坚决按照城市合理布局的要求办事，不搞特大城市，多搞中小城镇。严格控制城市人口和规模，兰州市4个建成区人口控制在100万～150万之间，这就要求只发展和扩建那些最必要摆在兰州的企业，如兰化、兰炼二期工程等，而其他企业一律在附近小城镇布点。同时，对现有工业和交通企业尽量挖潜、改造，实现自动化和现代化。加速高速公路的建设，以解决当前市区交通拥塞问题。加速拓建东方红广场至五泉山的西放射线，以便利交通和人防疏散。对外铁路运输，主要修建南环联络线和北环联络线以及兰州到四川广元的铁路干线，以保证铁路运输畅通。抓紧解决供水问题、职工住宅建筑和城市绿化等问题，以适应城市不断发展的要求。

写于1987年

滨河风致路

——兰州城市规划与建设中的"飞天巨龙"

　　我们伟大的祖国的第二条大河——黄河，气势磅礴，蜿蜒曲折，澎湃地流经兰州，从西边河口到东边桑园峡，有60余公里，给兰州增添了无限的生机和光彩。且不说黄河之水是城市工业生产和人民生活用水取之不尽的源泉，也不说它的存在使兰州成为一个有山有水、山静水动、山清水秀、山高水长的山水城市，仅以城区这段白塔重栏，黄河前横，铁桥飞虹，已构成了一幅独特的景观，成为兰州的象征，载入了有特色城市的史册。这条60余公里的彩带，将河口、新城、西固、七里河、安宁、城关、盐场等七块河谷平原有机地联系起来，使兰州成为一个由几个中小城市组成的城市群体和城郊相间的带状城市，给兰州城市规划与建设提供了天造地设的优越条件，使兰州成为一块宝地。黄河规划与黄河两岸的滨河风致路的规划正是兰州城市规划与建设中的精华所在。

一、滨河风致路在城市中的地位与作用

　　兰州市区现有的滨河风致路（包括黄河南北两岸的滨河路）以南

北纵深120米计算，这个地区约有5平方公里的面积，占该地区城市用地面积的5%以上，再加上黄河水面，成了城市建设中的精华，是城市的呼吸通道、绿化走廊和城市生态环境平衡的调节器，是防洪抗震的重要地带。更重要的是这条滨河风致路已成为重要的生活游憩地带，是现阶段贯穿东西城市交通的主干道之一。

1.滨河风致路与带状公园。

兰州市的滨河风致路的规划与黄河河道规划是兰州市城市规划与建设中的重要组成部分，其地位与作用都很重要。这条滨河风致路与带状公园相结合组成的兰州带状景观地区，成了市区内极其重要的生活游憩地带。目前已建成的这条南滨河风致路，从西到东把崔家大滩、迎门滩、马滩、雁滩联系起来，把七里河黄河大桥、中山桥、城关黄河大桥联系起来，把绿色希望、黄河母亲、西游记、大漠驼铃、平沙落雁等城雕联系起来，并把小西湖公园、白云观、白塔山公园、儿童公园、雁滩公园及沿河一系列的小游园也有机地联系起来，组成了一条点、线、面相结合的风景游览带。这条绿带与蓝带有机而系统地组合起来，成了兰州市城市中最吸引人的地区之一。

2.城市呼吸通道与绿化走廊。

兰州是一个相对高差为500~600米的高原盆地城市，在这样的地形条件下，兰州全年有80%以上的天数出现比较严重的逆温层，静风期占全年天数的62%，全年蒸发量是降水量的5~7倍，干旱少雨，绿化成活率低，再加上兰州工业"三废"排放量很大，兰州的环境污染十分严重，在这个逆温层像锅盖一样扣在兰州市区上空的城市环境里，有一条通风道是非常重要的。黄河及其滨河路乃是东西走向，可以把市区主导风——东风、东北风引经市区，从而成为兰州市区重要的呼吸通道。城关区大气环境质量评价数据表明，黄河地带是环境污染较轻地段。为了增加这条城市呼吸通道的作用，除了按规划使黄河不受污染外，还应当使滨河风致路成为兰州市的一条绿色长廊。绿化是城市中的"肺"，是城市中极其重要的呼吸器官，它可以吸收二氧化碳和一定的污染物质，而放出氧气来净化空气。把滨河风致路作为一个带状公园和绿化走廊来看待，其重要的意义就在这里。

3.抗震疏散地与防洪堤坝。

兰州是一个按8度设防的地震区，抗震疏散不能不考虑。南面皋兰山是一座黄土覆盖的半怀抱市区的山脉，不仅有断层，而且山坡坡度陡达45~55度，有市区内最大的滑坡地段。因此，皋兰山下的白银路作为抗震疏散通道是不够的。东岗路、庆阳路、西津路是当前贯穿城市东西向的交通主干道，地处闹市区内，道路两侧楼房密集，人口密度很大，作为城市中的抗震疏散地，也有一定的局限性。滨河路作为城市中贯通东西的一条主要抗震疏散通道有它天然的优越性。因为它只有一侧有建筑物，而且因防洪防汛的需要，黄河两岸的堤坝修筑的标高较高、牢固坚实。再说，由于滨河路带状绿化带的宽度较宽，有疏散人流的空间，并可就近取水，有利于抗震救灾。同时，被它所联结的菜地果园，也可为抗震疏散提供宽阔的疏散空间。此外，兰州若遇特大洪水，滨河风致路及其滨河带状公园可以成为理想的市区泄洪通道。

4.暂时的第二条东西向交通干道。

现阶段看来，贯穿兰州市区的城市交通主干道只有一条，即东岗路、庆阳路、西津路、西固14号路，客流和货流量都很大。以西津路为例，高峰时期机动车流量可达每小时2 500余辆，道路交通十分紧张，车辆拥挤，噪音很大。为了扭转这一局面，在现阶段暂时把滨河风致路这条风景游览大道作为城市的第二条东西主干道。从长远的角度来看，傍山高速路拓建之后，滨河路将成为一条反映兰州带状城市特色的独具风貌的风致路和带状公园，在城市交通系统中又是一条以客运为主的生活性道路。

二、滨河风致路建设的历史回顾与瞻望

兰州市内滨河风致路是1958年按规划开拓的。当时的滨河路东起雁滩桥，西到白云观，长达5公里。现修筑了黄河南岸护堤，又打通了城关区的东西向交通道路。更重要的是修建了滨河带状公园，到20世纪60年代初已经成为惹人喜爱的地方。党的十一届三中全会之后，重新设计了7～8米宽的游览步道、8～40米宽的带状绿化带，安上了路灯、座椅、石桌、石凳等，迎春、连翘、丁香、柳树、果树等也在这里安了家，5公里长的滨河风致路又出现了新的面貌。1979年，建成了城关黄河大桥，接着修建了桥头儿童公园。特别是1982年按规划要求开拓出来的白云观至七里河桥这段5公里长的新路，使兰州滨河大道长度延伸至10公里以上，在一定程度上减轻了西津路道路的负担，给兰州的城市建设带来了无限生机。

1992年为迎接首届中国丝绸之路节的召开，兰州市政府集中了财力、物力和人力，拓建了由七里河桥向西至秀川的这段滨河路，形成了东起雁滩桥、西至秀川的南滨河风致路，同时还拓建了黄河北岸城关黄河大桥至中山桥这段的滨河路，构成了白塔层峦，两虹飞卧，相互辉映的新景观。今日的兰州滨河路，在我国的城市中已经占据了值得自豪而引人瞩目的地位。

目前，兰州滨河风致路的长度仅为整个规划要求的1/4，今后的任务还十分艰巨，如果再把安宁区、西固区、新城区、河口地带的黄河南北两岸的滨河风致路按照规划全部建设起来，再加上南河道的疏浚等工程的成功，兰州将会拥有几十余公里长的带状滨河花园式的滨河风致路，这将是一个非常壮观而美丽的图景。兰州这倚山带水的城市则会名扬于全国。

三、滨河风致路规划与建设中应该注意的问题

滨河风致路的规划与建设是兰州城市两个文明建设的象征，是兰州城市建设的缩影，它是骄子，是兰州城市美好未来的希望所在。因此，在滨河路的规划与建设中，需要三思而后行，应注意以下几个问题。

1. 滨河风致路是兰州的空间画廊，人工环境一定要与自然环境相结合、相协调。

在滨河风致路上进行规划与建筑设计，必须考虑滨河带状公园与风致路的空间景观要求和城市东西延伸方向轮廓线的构思，使山、水、园林、绿化、建筑、城雕、桥涵、路牌、路灯、广告、公厕等一切构筑物都能协调起来，组成宜人的需要和美的空间，给人们以生活享受和精神享受。同时在规划设计中一定要体现兰州城市自己的风格，即当人们漫步在滨河风致路上，所看到的建筑群组合，不要感觉到是北京前门大街的再现，也不要以为来到了深圳特区，而是身在西北黄土高原上的兰州城里浏览一卷独具特色的美丽空间画卷。

为此，兰州滨河风致路东段的规划与建设，必须突出北面的白塔山景，并要使白塔山公园、中山桥北广场和桥南广场建筑群体相协调，构成一组群体景观。在这组白塔山景区范围内，北岸的白塔山麓下的滨河路上不允许盖高层和板式建筑，白塔山区内的建筑风格要古雅、大方，不要琐碎，借以烘托白塔层峦胜景。城关黄河大桥这组景区是将桥北立交桥、盐场建筑群与桥南儿童公园、青年农场的点式高层建筑群以彩虹般的桥组合起来，即由北向南形成高——低——更低——更高的空间轮廓，即由屹立在大桥东北角的黄河宾馆为起点，通过大桥、儿童公园到公园南侧的高层建筑群达到了景点高潮。城关黄河大桥景区范围内的建筑风格，应以调子明

快、线条简洁、新颖轻巧为宜，做到洋为中用。在七里河区保留难得的小西湖公园这块开放空间，通过它站在西津路上可以通透地看到黄河北岸山景，它可以把喧闹的市区与滨河路联系起来。在小西湖景区范围内，不宜建高层建筑，不能建长条形的遮挡视线的建筑物。雁滩公园与河心岛景区，这是与水面相结合的游憩地区，必须发挥水的优势来丰富水上景观。七里河桥这组景观环境优美，体量得宜，但今后南北桥头还应充实美丽而壮观的建筑，以联系南北两区的繁荣景观。将七里河桥、小西湖公园、白塔层峦、城关彩虹、雁滩河畔公园等人工环境与自然环境，组成一个高低错落有致的城市空间，优美和谐的"乐章"，在这段城市空间景观中，其高峰部分应当是白塔山及其景组，以期反映兰州的城市特色。

目前，七里河桥以西秀川与西固14号路相接的这段滨河风致路虽已开通，但临河一侧尚未装点起来。这个地区的规划不能单一的考虑，还须考虑到将马滩、西固崔家大滩和安宁迎门滩的规划以及其各滩的滨河风致路等规划统一进行才行。因这个地区是兰州现有唯一的待开发的宝地，在地形上又形成了三足鼎立之势，故在规划上应相互协调，互相呼应，视为整体，进行通盘规划，以形成兰州又一繁华中心、又一城市景观高峰区。再者这三区的联系势必修建跨河长虹，这长虹大桥应起到彩虹的作用，使其成为兰州又一重要标志，这些课题应予以重视起来。

2.滨河风致路的规划建设一定要与该地区的规划建设有机地统一起来。

滨河风致路的规划与建设不能考虑单薄的一条街，而应当在平面上考虑到有一定厚度。因此在考虑滨河路上的建筑群体组合时，就不能只考虑沿街建筑的摆布，而必须考虑附近地区街坊纵深的规划，即考虑到滨河路上各个临近街坊、居住小区的建筑布局。生活居住区除了以居住建筑为主体外，尚须考虑街坊小区之中的公共福利设施，如商店、学校、幼托、医院、副食店、饭馆等，不仅有小区级、居住区级的公共福利设施，还应安排市级、区级公共建筑以及一些文化、科研、机关单位等。这就是说，像市委大楼一带的几幢压红线、那样单调地布置住宅群的做法，就必须在平面布置上考虑到有一定厚度，使各组建筑群的布置成组成片，能形成一个个相对的有机建筑群体，而且要求沿滨河路布置各种建筑物必须是退红线布局，留出一定的前庭绿化用地及空地，切忌平面上建筑群体的呆板布局，更要避免出现与山水景致活泼的景观气氛不协调的一切建筑。

滨河风致路上的建筑布置要符合滨河路的功能要求，避免"板、浓、密"，更不能形成房子的堆积地。为了使滨河路真正成为景区，建筑的造型要新颖、大方、美观、明快，为了使滨河风致路空间活泼，呼吸通畅，滨河路上的建筑不能密集，不能搞过长的板式建筑，建筑物更不可千篇一律。因此建筑物的群体布置要灵活多样、通透而不凌乱。为了有利于交通车辆行驶快速安全，沿滨河路不宜过多地安排住宅楼，以避免人口集中，形成人车互相干扰。另外，在滨河路临河一侧，基本上不允许搞建筑物。至于建筑小品和必要的建筑物、构筑物，也要尽最大可能避免影响和遮挡水上游览风景线。同时，整个滨河风致路要大搞绿化，用绿化、美化、香化来贯穿一切、联系一切、融汇一切，以增加生活气息，美化滨河风致路的空间。

3.滨河风致路的建筑标准要求高，必须充分考虑多渠道集资开发。

滨河风致路是兰州市的橱窗，其建筑标准应该是甘肃省和兰州地区的最高水平，因之造价必将提高。现仅就滨河风致路近几年要建近50幢高层建筑这一项工程来说，建筑面积要在30万平方米以上，以目前的造价最低需要投资1.6亿元以上，再加上拆迁费、公用设施费与配套工程费、绿化工程费用等，尚需要3亿多元，而兰州市每年用于建筑的费用只有6000余万元，因此仅以兰州市自己的财力是难以办到的。再说，在现有滨河路南侧建这么多的高层建筑，其旧城改造拆迁量相当大，不仅需要一大笔拆迁补偿费，还需要投入大量的人力做有关拆迁工作。因此必须广开渠道，大集资金，进行开发，分散建设。

再者，关于在滨河风致路上盖高层建筑问题需要有一个建筑分区、分层的规划分布图，即从整个风致路的角度、山水自然特色、自然景观、组景要求、呼吸开敞、有利交通、城市轮廓线构思以及游览者在动态（坐在车里或船上）和静态（站着或漫步游览）情况下来研究滨河风致路的空间规划。有了这样的规划图，盖高层建筑才能盖在合适的位置上。

4.滨河风致路的规划与建设，一定要充分体现出兰州城市具有的独特风采。

滨河风致路的规划与建设，除达到交通畅通的要求外，首先要保证此地带要有相当宽度，为带状公园和绿化长廊提供空间保证，必须将风景游览系统、园林绿化系统、道路交通系统、人工景点、自然景观以及各种式样的建筑物、构筑物系统有机地组织起来，形成一个统一体，将蜿蜒曲折、气势磅礴的黄河衬托起来，使黄河的"灵气"升华，使黄河的"神韵"永世长存。当万家灯火时，登上皋兰山上的三台阁或爬上白塔山的山巅，将会发现这条澎湃的黄河巨龙，正在吞云吐雾，腾空欲飞。正如古诗云："黄河之水天上来，奔流到海不复回。"这条巨龙从天而降，翱翔于祖国大地，象征着兰州的起飞。

在带状公园与绿化长廊规划中，要因地制宜地设置小游园、小景点、游憩场地、休息场所以及有代表性的城市雕塑及建筑小品。同时要注意到与周围景观有机的结合，从而达到由细部到整体产生美的和谐，构成一幅独具特色美的画廊。这正是兰州的精华所在，使过去拥有"黄河第一桥""黄河第一路"的金城，今天再现奇迹。

5.滨河风致路的规划与建设一定要与有关规划与建设相结合。

滨河风致路的规划与建设不仅是一条交通道路的规划与建设，也是一条绿化游园相兼的规划与建设。顾名思义，首先是"滨河"，其次是"风致"，气势磅礴的黄河与沿河绿化风景景致的结合，组成了"飞天巨龙"的滨河风致路。黄河本身的规划涉及面甚多，如水文、地质、防洪、堤坝、水利、水运、洪水、河道改造、防止污染以及养殖等规划与建设。而滨河风致路涉及交通道路、园林绿化、景点景观、市政工程、公共福利设施、建筑物与构筑物、防洪抗震救灾等等的规划与建设，再加上由滨河路延深向市区的规划与建设，因此滨河风致路的规划与建设确实是城市规划与建设中极为重要的组成部分。在规划伊始，首先要吃透所有有关规划，唯有这样方能有效的布置人工景点，充分利用自然景观；唯有这样方能达到规划预期的目的。因之第一手资料极为重要，这第一手资料则是规划有效的保障。

在滨河风致路的建设中，一定要注意到近期与远期的结合，整体与部分的衔接，这项规划不单是物质文明建设，同时更重要的是精神文明建设，二者必须齐头并进，以弘扬兰州市的两个文明建设，更期在政治、经济、文化、艺术、福利等方面产生良好的影响。要使兰州这条"飞天巨龙"翱翔在祖国大地，从省、市领导到全体市民都必须重视这项工作。

写于1983年

对小西湖公园规划方案的意见

道义同志指出，要我对小西湖公园的规划方案拍个板，定下来。现将我个人意见陈述如下，请道义同志最后批示。

1. 同意市建委"关于小西湖公园规划方案，第一方案为主，吸收第二方案及会上专家们的合理意见，一二方案互相取长补短，再做一次补充，并在规划图上具体化"。这个补充修改方案，由规划局执笔，由专人负责改绘，一周内定下来。

2. 小西湖公园性质——同意定为"综合性游憩公园"。要能适应老年、成年、青年活动游憩的公园（不专搞儿童游憩活动和设施）。

3. 小西湖公园，顾名思义，应以水面为主，否则就不能成为小西湖了——水面是这个公园规划设计的主要"立意"。

我们搞园林规划设计，就是要造成一个有诗情画意的美好境界，所以在规划之前，首先是如何"立意"。例如誉为万园之园已毁的北京圆明园，它的特征是："烟水迷离，殿阁掩映，因水成景，借景西山，北国风光，江南景色"——这些就是圆明园的设计的立意。我认为它的成功关键在于"因水成景，借景西山"。我们小西湖公园的规划，如何因水成景，如何借景白塔山和滨河风致，应是规划设计要着重考虑和研究的主题。

4.这个公园面积为中型偏小，设计是以动观为主，还是以静观为主，这是要好好研究和处理的问题。我个人意见是以动观为主，以静观为辅，不知以为然否？要使人进园子后不觉其小，不是一览无余。动观和静观是相辅相成的，以哪个为主的问题，希望要认真考虑。

5.我双手赞成，规划方案定下来后即现场放线，先挖湖、堆山、筑岛、修堤、拓路，大框架作出之后，在可绿化的地方，广植林木。园庭建筑容后一步研定（修园庭建筑的位置当然留出来）。我个人意见园庭建筑物，万不可堆积，要放在点子上、适当的部位上，高低错落，疏密有致，起到画龙点睛之妙。搞园庭园林设计，包含着辩证法。动和静是辩证法，高低上下远近都是辩证法，若是一目了然，那就没意思了。

6.我个人认为，搞小西湖公园，先要抓住"山与水""林与木"（包括花卉）。在开拓水面，配置林木之间（林与木是两回事，不能混为一谈）希望注意三个关系——大与小的关系、封闭与开放的关系、曲与直的关系。《园冶》上说"园必隔，水必曲"很有道理，园越隔越大，水越曲越有变化（湖要修成一个矩形池子那就是游泳池了），这是实践证明了的，应该继承。怎样在小西湖公园中具体化，这要定下来。

7.挖湖、堆山，要注意巧意匠心，要知道水与山的关系，堆山不是堆个土堆，应是"水随山转，山因水活"。怎么转，如何才能活？希望规划设计的同志们研究研究！

8.希望小西湖公园内的游览路，应随地形（自然的和人造的地形）做高、低、平、下、曲、直的多种路型，不宜多用丁字尺、三角板来处理。除必要的地方外，少搞些几何体型的道路，自由一些为上乘。

9.造园还要有分散，有聚，有合。所谓分散、聚合，就是要有节奏。

10.造园要能做到"奴役风月，左右游人"，搞到这个地步才是上乘之作。例如，我们栽一片松林，松涛就来了，拓一泓水面，月亮就来了（这不过举个例子）。我们搞园林规划设计，确应考虑如何才能"左右游人"之力，那就是要你走你就走，要你停你就停，能做到这个地步，就算近于成功之作。否则人们进来游了一趟没啥印象，出门就忘了，这就是不成功之作。一个公园之内，最少要有一处风致区或点，或建筑群，它应起到画龙点睛之作用，否则这条龙可能是瞎眼龙。如果将小西湖公园比作一条龙的话，"龙睛"在何处？应该考虑。

11.造园还要注意"分隔关系"。分隔关系，就是园中的分合关系。我们中国传统的园林中，一般来说大园子里有小园子，大湖中有小湖，就是这个道理，这样做能增添空间和雅趣。

12.造山问题。在园内造山就要山有脉，造水就要水有源，如山无脉，水无源，山水都是孤立的，那就不好了，那只能算是切割成的"大拼盘"！

13.我建议这个公园要体现地方特点，园庭建筑似以地方的民族形式为好（我不赞成搞"广式建筑"）。如果搞民族形式的，我们兰州市还有很多庙宇、民居，把这些迁移、加工、改造一下，是大有成绩的了，我们可以旧瓶装新酒，也可以古为今用嘛。如果搞中国式的园林，没有建筑物的配置，那就原始化了。

搞园庭建筑物设计与选址，要起到隔景、引景、借景、点景、对景的作用。在小西湖公园内将来搞园庭建筑时，对这几项要求要作出答案来。

造园主要是要得体，量体裁衣十分重要。

我认为，南方、北方的传统园林，都有其优秀传统，互相交流是有好处的，应该的，但我反对的是你抄我，我抄你，这就失去了自己的特色。

谈了十三条，仍是挂一漏万。俟小西湖公园把大框框实现在地上之后，我们还可进一步精雕细刻么！先把山、水、路搞出来，是不会被动的。我全然赞成园庭建筑当年基本不搞，从明年起可根据我们的财力逐年上，而绿化工作却可以全面上！

写于1983年5月

城市建设随谈

——看在眼里，急在心上，写出来，供王道义市长参考

自党的十一届三中全会以来，城市工作越来越受到党中央、国务院和地方党政领导的重视，随着经济的繁荣，城市建设有了很大进步，到处是一片兴旺景象。

但是长期以来，因"左"的思想影响以及体制不合理等等原因，我国城市规划、城乡建设和管理上尚存大量的急待解决的问题。有些矛盾已经相当突出，到了应该解决的时候了。

一、控制大城市规模，合理发展中等城市，积极发展小城市

党的十一届三中全会以来，我国城市发展的方针已经明确，可是实际上，却缺乏与此相适应的具体政策，甚至有些现行政策还同这一方针相矛盾，结果大城市控制不住，小城市得不到发展。1978年全国百万人口以上的大城市15个，总人口3 388万，到1983年大城市发展到了20个，总人口4 303万。上海市人口1 194万人，市区人口639万人，平均每平方公里4.2万人；北京933万人，市区人口567万人。上海、北京市区人口密度远远超过了伦敦（每方公里9 000

人）、巴黎（每平方公里8 000人）、莫斯科（每平方公里9 500人）。这样集中的结果，造成了一系列难以解决的问题。如建设用地奇缺，水源严重不足，交通紧张拥挤，住房紧张，环境质量下降，一句话，城市基础设施跟不上发展形势了。没有坚实的市政基础设施，怎能有好的合理的上层建筑呢？这不是舍本而求末吗？这样长此下去怎能不阻碍国家和地区的经济发展呢？举个例子，20世纪70年代末兰州市由任致远同志做了一个较为科学的推算，如果人口不进行科学的控制，如果机动车辆将来发展到7万~8万辆，而兰州市已被国务院批准的城市道路和桥梁这两项市政基础设施，又不能在人口及机动车的发展速度超前一些拓建出来，那时群众将指责我们"敢问路在何方"？他这个估算，我认为有道理。我们干了几十年，兰州城市道路、桥梁的普及率太低了（仅有53%左右）……谁如不信，可以拭目以待，这里允许姑妄论之。

小城市呢？由于严重缺乏建设资金，城市的基础设施和文化、教育、医疗卫生设施条件差，交通、通讯不便就更不用说了。当然，我们要勤俭建国，应当以自力更生为主，发展生产，增加收入，扩大财源。同时还要发挥国家、地方、集体和个人几方面的积极性，广开渠道。现在是希望中央和省、地、市各级财政要给予起码的经济补助，否则第一步就迈不开。

30多年来，随着经济的兴衰、政策的变化、体制的调整，小城镇建设是走过一条几起几落、曲折发展的道路。今天，面临着全国经济改革的新形势，如何从实际出发，以改革的精神，认真研究和解决城镇发展中存在的问题，采取新的对策，探索具有中国特色城镇化道路，是一件十分有意义的工作。

1982年，我们一行数人及国家规划研究院周干峙院长应李强同志邀请，到常熟研究他们的规划，并和若干同行专程到苏南若干小城镇进行了考察。考察后我们认为首先要解决责、权、利不统一的问题。例如，镇办企业按八级累进税率交所得税，基本工资计起点为47元，加上30%奖金，实际上61元以内不征税，税后还要交能源税15%。新建房屋交10%，建筑税、工商税为5%，可是乡办企业不交能源税，不交建筑税，工商税为3%（乡办企业原为20%税率），现虽实行八级累计税率，但有减、缓、免，基本工资起点为60元，加上30%奖金，实际78元以内不征税。

另一方面，镇办企业又不享受全民、大集体企业的待遇，不计工龄，不吃供销粮，不能调动工作。镇办企业的产、供、销主要靠市场调节，找米下锅，自找出路。他们自己说：千辛万苦搞供应，千方百计搞流通，千言万语搞推销。镇办企业负担重、发展慢。

建镇以后责、权、利的不统一，造成了建制镇"城乡义务都要尽，城乡好处都不沾"，有的镇政府牌子做好，就不愿挂出来。

现行管理体制约束了建制镇的发展。例如，江阴县（现江阴市）青阳镇，是镇乡并存的建制镇，镇、乡人民政府仅一墙之隔，"谈笑之声相闻，常年不相往来"。镇有镇的规划，乡有乡的目标，各搞一套。青阳镇规划镇西下风向地区为工业区，但青阳镇没有郊区，处于公社22个生产队的包围之中，乡镇交错，城乡混居。由于爱国卫生运动对镇乡要求不同，住在镇上的农民照样喂鸡养狗挖粪坑，卫生检查时，青阳镇总是倒数第一。群众说"青阳不清"！又如江都县城（今江都市）江都镇，5万人口，县属机关单位2万多人，人、财、物三权属系统，连征兵、计划生育工作都分别进行。镇政府诉苦说：婆婆太多，侍候不了，县政府几十个局，个个都是领导。一条马路有3个县长管，分管交通、卫生、绿化，镇政府无权、无钱、无地位，无法行使自己的职权。镇上的同志说：我们这个镇政府土地爷，管不了城隍（驻镇上的上级机关），管不了土地庙（镇区）。这种情况，不大刀阔斧的改革行吗？！我认为，我国小城镇建设是一件大事，搞好了，它必将加速我国城镇化的进程。在具体设镇建制的时候，还应考虑以上问题，给予迅速地解决。

"城市本身表明了人口、工具、资本、享乐和需求的集中"。建设城镇，要按城市"集中"的方式来安排生产，组织生活，要有一定的城镇文明。因此，要考虑人口聚居数量、经济发展水平、各项基础设施完善程度和行政管理职能以及小城镇内的合理布局，有计划地选择城、乡、镇建制。

我国幅员辽阔，不同地域的自然、文化、交通、人口等都有很大的差异，经济发展水平也有高低之分。经济发展程度不同的地域，城镇化途径，城镇发展的重点、要求、步骤也应不同。所以不同地区小城市和建制镇的发展速度、标准也要有所不同。建议国家经计委按经济发展水平、城镇化进度分成几个区域，分别制定标准，并有一定幅度，稳步向前，不要一哄而上（税收政策，要考虑城和镇的差别，要考虑小城镇条件差、底子薄的特点，采取一些变通办法和措施，不能完全按大、中城市的一套办法执行）！

二、加强城市基础设施建设，实现基础设施现代化的问题

这一措施正在深圳、珠海和沿海的十几个开放城市实施，他们集中资金先搞三通一平、七通一平，他们深深了解，一个城市没有应有的基础设施，上层建筑就是建筑在沙土上。香港的上层建筑和市政基础设施的投资比例是1：1.5。而我们长期以来，在规划上把为生产服务、市政公用设施建设视为"非生产性建设"，安排基建计划常常是排不上队，压缩基本建设规模时，先削减这些项目，以致许多城市基础设施处于严重超负荷运行中。

1. 从全国来说，城市供水水量不够，水质不好，水压不足。全国236个城市，有180多个城市出现不同程度的缺水，每日缺水达1 240万吨。就连青岛、大连等城市，由于缺水严重，被迫定时、限量供水，工厂停产、减产。上海被单八厂由于水

中含锰量太高，水质泛黄造成2万套被单重新返工处理。这类例子还不少。

2.城市排水设施太少。全国城市建成区有一半城市排水设施跟不上需求。哈尔滨、太原、成都、青岛、重庆、兰州等城市下水道普及率仅占25%~30%左右。一些中、小城市则更低了！

3.许多沿江沿河城市，防洪设施很差，兰州仅做了规划中1/8的河堤工程。

4.城市煤气和集中供热。供热水平还太低，全国城市用煤气的人口仅占城市总人口的20.2%。不少城市新建的高层建筑和旅游饭店，因供不上煤气，迟迟无法使用。城市供热方式落后，集中供热普及率极低。

5.城市道路、桥梁不足，交通拥挤。兰州30多年来，道路普及率仅占53%，还有47%未修建呢！黄河上的桥还有4座待修，一个过河隧道都未修，一条通往机场的高速路也还不知什么时候能动工呢。按规划已修成的城市道路仅占53%，其中够格达到标准的不到47%。全国城市实有道路3万多公里，比1949年增加近2倍，而城市机动车辆却增加了50倍，这怎能不出问题呢！

6.城市电讯十分落后，打电话难已成了一个突出的问题。北京市只有8万部电话，平均每100人1.4部，在世界53个大城市中，名列倒数第二。

7.环境污染加剧，城市环境质量下降。我国是一个发展中的国家，但工业"三废"排放量却在世界是最多的国家之一。而这些"三废"大部分集中在城市，加之治理能力低，造成城市污染不断加剧。由于大量排放未经过处理的污水，使城市水源受到不同程度的污染。对47个城市调查，有43个城市水源受到污染，占91.4%。江苏省沙洲县针织厂漂染车间在镇中心河边，每天排出大量污水，一日三变。有人来信向规划院反映：这里早晨是红河，中午是黑龙江，晚上是蓝色的多瑙河。

实践告诉我们：城市是个社会实体，又是经济实体，还是一个物质实体，我们的现代化很大程度上是基础设施的现代化。要增加城市承载能力和服务水平，就必须加强基础设施的建设。

兰州城市基础设施虽初具规模，但欠账太多，约有20多亿元欠账。道路只拓建了一半，各种工程管道建设很不配套，污水处理更差。兰州市政府已确定近期城市建设的重点项目是：两水、四路、一街、四园和两山绿化。这是加强基础设施的一个安排，要在力所能及的情况下再安排其他一些基础设施建设：①滨河路西段继续向西延伸到穴崖子6.25公里；②分期打通南北山公路；③新老桥之间的滨河北路；④结合煤气、热力管网，一并考虑庆阳路拓建的可能性；⑤马滩、崔家大滩、雁滩的南河道的开拓，事关地下水的补充；逐步打开马滩、迎门滩河道以巩固河防。此外，还要拓建西关什字、小西湖等处立交和停车场！绿化重点是南北两山，同时抓雁滩、金城中心公园、小西湖公园、西固南坪和南山公园。

三、从分散建设转向集中建设的问题

30多年来，由于计划体制、基建管理体制和其他方面的原因，全国城市截至现在，除了深圳、珠海几个城市之外，我们仍在搞分散建设。分散建设存在着许多弊端，必须彻底改变。如建设脱离规划，布局缺乏章法，很难实施规划；旧城依旧新城不新，不利于旧城改造；"缺水少电路不通，家家户户伸烟囱"，市政设施没有条件同步配套；"小而全"，很难全，社会化，化不了，公用设施很难社会化；千家办一件事，建设单位都要去征地，拆迁、用地难于平衡，土地浪费严重，削弱了城市土地管理；政出多门，管理混乱，助长了不正之风。针对这些问题，我们应当学习深圳，起码来个"五统一"（规划、拨地、征地、搬迁、配套），否则没有出路。还要加上一条"我们必须从'人治'转向'法治'"。

另外我们要面对现实，认识到工作中的不足。

1.兰州市现行的总体规划是在50年代总体规划基础上进行修订，于1979年获得国务院批准的。这个规划是我领头搞的，由于是在党的十二大以前完成的，所以对如何适应实现工农业总产值翻两番的问题，两个文明一起抓的问题，如何迎接20世纪末、21世纪初国家建设重点要转向大西北的问题，在经济体制改革中要为对内搞活、对外开放服务等一系列新问题还反应得很不够，这一规划还不能更好地适应当前形势的需要，还有一定的局限性，因此还要尽快地编制出详细规划和各项专业规划。

2.要搞城市容量的预评价。如城市规模问题，如何发挥中心城市作用，组织经济网络，提高综合经济效益。

3.兰州行政和经济区划以多大为好？

4.市区人口控制以多少为度？都要给予科学的解释和定量的论证。

5.城市建设如何适应经济体制改革？开放型的经济，需要开放式的城市，怎样设计这个动态模式？

6.两个文明建设如何在城市规划与城市建设中很好地结合起来？两个文明的发展，必然引起城乡人民生活的改变。例如，人们出行方式是以努力发展公共交通为主呢，还是将来自备交通工具？自备是否是自行车？这对城市交通影响很大。

7.城市形态发展趋势如何？是上山上坪"人往高处走"，还是打开口子，人往外边流，搞卫星城镇？

8.环境目标如何？

9.旧城改造政策以及城市燃料结构，取暖方式，煤，煤气，电炊，集中和分散供暖的利弊，应该研究决定。城市建设的资金如何解决，欠账怎么还？城市风貌和景观设计，城市特色的研究等等。

四、许多单位被迫自办生活和文化设施，不符合社会化的发展方向

在现行的体制下，几乎在我国所有的大、中城市中，许多工厂、企事业单位的生活服务和文化设施都由上级（条条）部门下达投资，由各单位自行建设和经营管理。工厂办社会，工厂厂长当了"市长"，这样不但分散了他们的管理生产、教育职工和致力科研的精力，而且各自形成"大而全""小而全"的小社会，结果仍是挂一漏万，全不了。这样的结果，大大不利于向社会化方向发展，同时有许多文化服务设施得不到充分的利用。例如，北京三里河在3平方公里范围内有9万居民，只有影院两家，而机关礼堂却有17家，有1.7万多个座位得不到充分利用。又如北京海淀区南部已有海军、空军、304、721和地方的永定区医院，但第四机械工业部又在这里建立了一个医院叫玉泉路医院，利用率很低，721医院病床利用率仅在60%左右。而北京市的医院则十分紧张，经常有3 000～5 000人等候住院！我们是社会主义国家，这样干下去行吗？

五、人到中年还不能"安居"，怎能"乐业""敬业"呢？
城市规划建设的队伍亟待加强

全国从事城市规划的技术人员（包括中初级技术人员在内）总共不到5 000人过去有些省、市、自治区长期没有规划机构，近来虽然加强了一些，但技术力量奇缺，专业规划技术工作者更是少得可怜，以致一些紧迫的城市规划设计任务和科研任务无人承担。相比之下，苏联和日本全国从事城市规划的专业人员分别为9万人和9 000人。而我们10亿人民的大家庭还不足5 000人，太可怜了。同时，由于我国目前还没有设置城市规划职称，加上城市规划设计不收取设计费，规划人员待遇低于

建筑设计人员，现有的规划人员纷纷改行，去搞单体设计，多不安心现职工作，而且认为这还有"政治思想上的问题"，这一情况不能等闲视之。可以说，我们城市规划、建设和管理的落后状况十分明显，已经成了严重影响城市经济、文化的发展和人民生活进一步改善的问题了。城市建设已经成为我国国民经济发展中的一个突出的薄弱环节，这些问题是到了需要尽快设法解决的时候了！

写于1983年春

忧乐万民心上事

—— 关于金城中心公园致兰州市人民政府的报告

兰州市人民政府并茂盛、良琦市长：

"国发〔1979〕252号国务院关于兰州市总体规划的批复：

甘肃省革命委员会：

国务院原则同意《关于报请审批兰州市总体规划的报告》及'兰州市总体规划'。兰州地处国防前哨，又是国家的重要工业基地，要按照批准的总体规划把城市建设好。今后，兰州市的各项建设，都要在中共兰州市委和市革委会的领导下，按照总体规划及详细规划进行，要发扬勤俭建国、艰苦奋斗的精神，逐步把兰州市建设成为适应经济发展和人民生活需要的社会主义现代化城市，在实施规划中，要认真注意以下几个问题：

一、严格控制城市人口规模。（下略）

二、认真搞好小城镇的建设。（下略）

三、切实抓好环境保护工作。（下略）

四、修订落实城市的近期建设规划。（下略）

列入计划的各类建设项目，在定点布局上必须服从城市规划的安排。"

在国务院此次批准的第二版兰州市总体规划中，将东方红广场北面，金昌路以东，平凉路以西，南昌路以南，南城根前街以北，原规划面积约167 500平方米（约250余亩）土地（含尚未建成的金城盆景园）仍规划为金城中心公园。为了实施此一规划，1978—1979年，在省市领导支持下，兰州市筹集40多万元，将位于公园用地范围内的省干休所迁走，先行改建为金城盆景园。但由于我市经费缺口甚大，难以再行筹措资金，因之此工作暂停，未能进一步实施。根据我市具体情况，三五年内筹措此笔资金确有困难。而位于市中心黄金地段的这一大块土地，在建筑用地日益缺乏的今日，已成为盘中佳肴，觊觎者大有人在。如不早日征地兴建，终将被人瓜分，后果实难设想。

这一地段在20世纪70年代中期以前，原为一片果园，居民不多，房屋简陋。10余年来，由于人口增加，耕地被征用等原因，为了解决生活问题，农民毁树建房者日益增多。同时，临街部分更成为房屋开发者竞逐的目标。金昌路拓建后，路东沿街220米长地段已全部被占用。平凉路路西沿街也已有金辉饭店、兰州市工商行政管理局和东岗交通中队等建筑。这些建筑都占用了公园用地。此外，我于1993年11月亲身进行实地考察时，了解到光辉村因耕地被征用数字甚大，而劳力逐年增加，为了解决农民生计，先后在该地段自建曙光旅社、布料市场、服装市场和汽车修理厂等，占用土地25 940平方米，建筑面积23 100平方米，其中二层建筑约14 000平方米。此外，居民住房及其他建筑都有扩大之势。这些违章建筑的出现，虽都有其历史和现时的背景，不足为怪，可以理解。但长此下去，将成燎原之势，无疑会给今后建园带来更多的困难。

这块公园用地，规划虽经国务院批准，但实际上已被蚕食鲸吞，日渐缩小，而公园也只能在纸上谈兵了。我看在眼里急在心头，希望有所补救。为了尽快扭转这种局面，避免继续恶化，并能基本上贯彻执行业经国务院批准的兰州市总体规划，我个人提出如下的亡羊补牢建议，以供参考。

1.多途径筹集资金。只有筹集到足够的资金，并进行征地建设，使公园成为现实，才能从根本上解决违法乱占，维护规划的严肃性。根据党中央抓住机遇、改革开放、搞活经济的精神，采取"社会公益事业大家办，谁投资谁受益"的原则，成立兰州光辉花园股份有限公司（或其他名称），以吸收社会闲散资金，引进外资等办法筹集资金，实施建园。

2.创收益，以园促商，以商养园。公司成立之后，在该地段拿出一部分土地建设花园城，进行经营，做到以园促商，以商养园。这样，既可保证公园常年经费开支，又可依托公园开展多种经营，以扩大业务面，并获取更大效益。

3.该地段土地现由城关乡光辉村使用，考虑到光辉村人多无地，又无其他工业企业，为了保障光辉村农民的正常收入，减少社会不稳定因素，该村可将地价入股。这样既可以减少征地投入，也可为光辉村农民提供一条创收渠道。

为了促进此事，在1993年11月我两次去实地考察。之后，尽管年老体衰，老眼昏花，双手不听使唤，仍勉力执笔草绘三个方案略图，由小女清绘成图，概略表达规划立意。此三方案都保证公用绿地及水面面积占总面积的75%以上。其中第一方案建筑占地面积为15 115平方米，为总面积67 725平方米的22.5%，且集中在该地段东部及南昌路沿街一带，不太影响公园的整体布局。

1978年8月全国城市规划学术委员会在兰州召开成立大会之时，全国规划界专家、学者、教授及资深实际工作者云集金城。兰州市有幸邀请全体与会代表对第二版兰州总体规划进行了认真的论证和评价。重点对城市中心部分的规划详加推敲。东方红广场及其以北的金城中心公园和邓园的规划，受到了一致的赞赏和认可。如果在我们手中把这一规划糟蹋了，化为乌有，必将成为兰州历史上的罪人，对于子孙后代将无法交代。

由于事急时迫，这个报告是急就之章，语言逻辑、文字结构，都不遑细予斟酌，而且心急如焚，五内俱焦，出言如有唐突之处，务请见谅。如认为方案尚有一二可取之地（我推荐第一方案，同时可参考二、三方案）大致可以定下来时，可以再行深化，作出模型，争取在艺术节期间，拿出来招商引资，进行开发。当然这些方案也是匆匆之作，仅作为引玉之砖，先行抛出吧！

古语说："一失足成千古恨，再回首已是百年身。"我拟改为"一失策成千古恨，再回首已毁兰州容。"深愿各位领导参酌定夺。语出至诚，遑计冒渎，大海不弃涓滴，各位领导岂拒微言，敬祈硕果。

任震英　1993年3月15日于兰州

时年八十有二

附录：各有关领导批示：（依批示先后顺序）

柯茂盛（市长）：任老方案，语重心长，应认真研究，并在修订总体规划和方案前的项目审批中予以重视。请良琦同志酌。

1994年3月30日

杨良琦（主管城建的副市长）：转请规划土地局阅。

1994年4月1日

王道义（原兰州市市长）：这是一个维护兰州市城市规划"金城中心花园"部分的抢救方案。我认为切实可行，请省市领导审定。在实施这一方案中，我认为应坚持以下三个原则：1.基本维护原来规划的要求；2.在基本维护原来规划要求的前提下，划出一部分商业用地，以创造经济效益的办法来养必保的社会效益；3.对商业用地的部分，提出切实可行的方案，争取在艺术节期间招商。力争在政府不投资（或少投资）的前提下，将此事办成。

1994年6月25日于北京

周干峙（中国科学院院士，中国工程院院士，建设部原副部长，现高级顾问、全国政协副秘书长、中国城市规划学术委员会副主任委员）：完全赞同这一方案，在中心地区保留绿化是现代文明城市所必要的。城市房地产开发项目必须在城市规划指导下进行。因为从长远，从整体，经济效益和环境效益是统一的，仅从开发项目利益左右规划往往是短视的。

1994年6月27日于北京

建设部规划司批文：兰州市总体规划从50年代起，就是我国城市规划中的榜样，规划的实施和管理也一直是比较好的。1979年国务院批准的兰州总体规划是经全国许多著名专家评议通过的。中心公园是1979年批准的城市布局中的重要一环。现在有这么多违法建筑出现，使中心公园面临完全破坏的前景，是非常不应该的。任老的亡羊补牢方案是一个很好的抢救方案，希望地方政府批准后能认真按规划实施，真正做到依法建设，严格管理，不要再出现违法建筑的事情了。

1994年6月27日

吴良镛（中国科学院院士、教授、中国城市规划学术委员会主任委员）：1979年我曾参加兰州市总体规划论证会，很赞成所通过总体规划方案。在东方红广场后面能保留有中心公园大片绿化空间，这是难能可贵的，城市房地产开发，不能只顾当前利益而牺牲长远利益。我见到任老为了照顾现状而提的"补救"方案，深为赞同。希望有关部门能予以采纳，并积极付诸实施。当然在实施中不免要对某些细节进一步推敲，但以不能损害原有规划意图，建造中心公园这一总体构思为原则。

1994年6月30日于北京

金瓯卜（原建设部建筑科学研究院院长）：尽力维护规划，保护城市绿化，是我们搞城市规划义不容辞的责任。因此我完全同意任震英大师和周干峙部长的意见。

1994年7月2日于深圳

宋春华（建设部房产司司长）：任老来京征求我对这个方案的意见，我看了说明和图纸，认为金城人民公园（陆都公园）地址即原总体规划确定的城市中心人民公园的位置，这个方案体现了原总体规划的意图，基本保持了原规划的绿地体系。因此，总体上是好的，应于支持，应在维护绿地完整性的前提下，统筹安排相关建设用地。以上看法，供参考。

1994年10月21日于北京

在兰州市城市发展规划
研究课题评审会上的发言

10月28日下午听了中科院、国家计委地理研究所经济地理部承担的《兰州市城市发展规划研究》这一课题的"要点"汇报。可以看出，课题组一年多的时间里在深入调查和反复的综合研究的基础上，以党的十三大以来的指示精神，尤其是根据1992年年初，邓小平同志视察南方谈话指示精神，结合兰州市进一步改革开放（国家已决定兰州为内陆开放城市之一）这一新形势下的地位和作用，以及兰州市发展基础和条件，论证了今后兰州市城市发展中的几个重大问题。例如：经济发展方向的规划预测；城市发展性质问题；城市人口发展规模以及人口的合理分布问题；城市用地发展方向选择与功能分区组织等等问题。看得出，都是有的放矢，论证有据。参加这一课题的全体同志，确实付出了辛勤的劳动，在这几个大问题上，为兰州市城市规划与建设发展前景提供了较为科学的依据和要点。所有这些，也都符合兰州市的实际情况，更符合党的十四大精神。

一、关于城市性质问题

记得两年前我曾在市规划局以"对兰州市再次修订深化城市总

体规划一些思考"为题在全体同志中谈过我的一些浅见。我说过："兰州市城市的性质，时至20世纪80年代末期，已不应是50年代或者70年代我们所定的城市性质了。现在已经有了新的发展，它起码是应以石油、化工、石化机械制造、有色金属冶炼为主体，以及有色金属的原材料的精细加工、电子工业、能源工业、生物工程、食品工业等各具特点、轻重工业协调的现代化的综合工业城市。"我还说："一个现代化城市，必须加速信息产品的发展，把兰州建设成为黄河上游高水平、高质量、高效能的信息收集、加工、输出中心，是十分必要的。否则，兰州不可能成为一个现代化的城市。""为了重振丝绸之路雄风，兰州今后不但应该是现代化的综合工业城市，在今后也应该成为我国西部一座现代化的商贸中心和旅游城市……""城市的主导作用来自工业、贸易、金融、文化、科学的作用，来自城市多层次、立体化的功能，城市不应单纯是工业基地。"从改革开放的新形势看，兰州市的城市规划与建设更应适应现代化商品生产和流通的需要。

这次课题组经过调研论证，对兰州城市发展性质做了概括，我同意这种概括。

二、关于经济发展的宏观区域背景分析

报告中重点论证了兰州市发展的经济依据，突出建成区的论证，加深了对兰州市经济发展的宏观区域背景和各种条件研究，也恰当地评价了兰州市在全国范围内的地位和作用。这些，我都表示欣赏，言之有理有据。兰州正处在我国版图的几何中心，兰州具有特殊的区位优势，并是沿海和中原地区联系大西北的纽带，是通往新疆、青海、西藏、内蒙古等边远地区的"中转站"。从西北地区来看，兰州处于"座中四联"的位置，我认为这一评价准确。现在，沉寂了500多年的"丝绸之路"重新获得生机。古丝绸之路在我国境内长约4 000公里，甘肃境内就占1 530

公里，约占总长度的38%。甘肃省处于古丝绸之路的"咽喉"和黄金地段，兰州就是在这段黄金地段上居中的最大的城市，是国家加速发展大西北重要的区位点。甘肃省是全国发现油气资源潜力较大的一个省。甘肃省处于有多源供应油气的有利地理位置，西有新疆三大含油气盆地，南有柴达木含油气盆地，东有陕甘宁含油气盆地，北部从潮水盆地到雅布赖池盆地直到中蒙边界，最近发现有大量中生界断陷盆地。所有这些均为我市的经济腾飞提供了新的机遇。

三、课题中确定了产业结构的调整、发展方向的预测和规划

我认为具有对现状较为细微的分析基础，这一段写得好。对兰州市现有第一产业、第二产业、第三产业的种种现况分析，恰到实处，这样使我们的头脑更清醒，有利于我们今后工作的发展。

课题组在研究报告中指出，兰州市发展现状远不能适应它在加速西北地区开发中所担负的历史重任的主要表现有以下四点：1.二元经济结构及条块分割状况制约全市经济持续稳定发展；2.中型骨干企业设备陈旧落后，技术和设备更新缓慢；3.投入规模少且小，经济增长缓慢；4.城市基础设施建设因资金严重不足而滞后。我表示赞同。

课题组认为未来的20~30年，兰州市经济发展将是挑战与机遇并存，困难与希望同在的这一观点，是切合我们的实际的。

课题组正确指出了兰州市工业应由以能源、原材料为主的初步加工，逐步向以深加工为主的过渡创造条件，组织实施产业调整的步骤和具体途径以及与之相配套的重大建设项目的建议，是可行的。如重点扩建、更新兰炼、兰化旧设备，建议新建30万~45万吨乙烯和6万吨聚酯工程、兰钢分厂选新址等等，所有这些研究成果

都具有规划的可操作性。振兴兰州经济，势在必行。我个人表示拥护和赞成。

我们兰州地处我国东部经济技术先进地区和西部资源优势、水电能源优势地区的结合部位和过渡地带。在东部先进技术向西部扩散，西部丰富资源向东部转移中，起着承东启西的作用。我们不能自我低估，要有雄心壮志和自信。

课题组的这份报告，以改革开发的新思路，突破了"兰州为工业城市"为主的框框，论证了要大力发展商贸、金融、运输、通讯、科技、旅游、信息等新兴的第三产业的可能性。没有经济的大发展，就没有城市建设的大发展，城市基础设施跟不上去，必然会制约城市经济的发展。

四、课题组根据兰州市经济发展前景预测了人口规模

到2000年，兰州城市的合理人口环境容量为350万人，4个区为200万人，这一测算，我认为较为可行。我在这里补充一下，建成区的这4个区到2000年发展为200万人，土地容量是不成问题的。崔家大滩、马滩、迎门滩这三滩鼎立，安宁区干道以南到黄河边，东到师大，西到安宁大桃林区，保留了近40年、20余平方公里的"处女地"，有似深圳福田区。现滨河路西段已经开通，1993年即将向崔家大滩和西固延伸，再在黄河上建2～3座跨河大桥，把三滩一平原连接起来，规划成为以科技、商贸、金融、信息、文化为主的，为全市服务的多功能、综合性的新中心是完全有条件的。有一位老朋友看到这几块"处女地"后连声赞叹说："难得呀，难得，你老任是怎样把这块宝地藏到了今天！这是规划英雄们的用武之地。"我说："这不是我的功劳，一是兰州较穷没钱修路，人走不进来，没发现；二是如果上游没有盐锅峡、八盘峡、刘家峡及青海的龙羊峡水电站建成控流，这几个滩地也不能轻易使用，这叫'天赐我也，人赐我也。'"今后修订城市规划时要反映现代化、

高科技项目、高设施水平，环境质量要好，实行机非分流和形成绿化空间系统，将主要的功能进行必要的分区，与综合开发结合起来，再充分利用沿黄河南北两岸的自然地面条件、水面条件，创造富有情趣与诗意的绿化空间，并适当地开发利用地下空间，使地尽其用。我希望把三滩一平原建设成具有现代化、高科技、高效能、适应对外开放的新区，成为一个面向21世纪，欣欣向荣、环境优美的兰州城市的次中心。

关于人口问题。安宁区目前人口密度最低。兰州市区现有未建成可改建土地3.2万亩，退出1万亩作为建设用地，容纳25万～30万人口是不成问题的。因此，兰州"无土地论"是不切合实际旳。现在兰州市建成区内还有不少土地在等待开发，新城、河口地区还有土地潜力！南北两山开发利用后，据我初步估算，容纳10万～20万人没什么问题，仅兰州4个区的人口发展到200万人，土地是绰绰有余的。所以不能再说兰州土地紧张。

我欣赏报告中所提出的：近15年内，城市发展应依托现有基础，立足于城关四区，有计划加强对连海河口、东川两组团的开发。我认为这是实事求是的。

在课题组的这份报告中，突破了以往兰州发展受环境制约和用地束缚的概念。我们今后要大力宣传这一点是十分必要的，否则给人们的印象，一是污染严重，二是没有土地，你们谁也不要来了，这是一种误会。

城市扩建发展方向符合"分区平衡、协调发展、结合新区开发、加快旧城改造"的原则，并基本上明确了城区、近郊区和城市规划区的分布范围；选择的城市新开发区，保留的绿地地带和重点建立永久性的蔬菜瓜果基地，是符合国家土地利用方针的，有利于保证城市环境质量、城市分区结构和功能分工，保持了兰州建区带状组团分布的合理结构和组团间的明确分工，指出了进一步深化分区结构调整；预测的市域城镇体系发展布局有着广阔的区域发展分析基础，是全然符合原国家批准的兰州市总体规划战略立意的，我表示赞同。

五、报告中重点研究了当前影响城市发展的环境问题

兰州环境问题在过去是"臭名远扬"，近十多年来的治理实践证明，兰州环境质量已大有改观，再不能说"白天和黑天一样""日头和月亮一样"，吓得外地人都不敢来了。

这次课题组，在充分掌握本市环境质量变化趋势的基础上，提出了系统的城市基础设施建设标准和重要项目，如水厂的扩建与新建，民用燃气的配套工程，第二热电厂的配套建设，建设低温核供热反应堆等等。以快速公路和轻轨为骨干的城市交通网络，迅速完成污水排放的净化工程等，所有这些也是兰州市的领导们梦寐以求的兰州城市基础建设的夙愿和奋斗目标。兰州是一座水电资源十分丰富的城市，开发这种水电资源，并利于全市人民使用电灶、供暖，保证大气环境的质量的再提高，兰州是有条件的。我认为这项能源工业应当重视起来。

此外，课题组又结合兰州市和西北地区发展的需要，在报告中提出了城市对外交通和其他有关区域基础设施建设的建议，我认为很必要，也是势在必行的，只是时间早晚的问题。

但是，为了更好地衔接下一阶段城市发展总体规划的修订和明确今后城市建设步骤，报告对城市基础设施部分提出更为明确的建设途径和具体安排才好，还有城市交通规划问题，如何加深加细，还有待我们共同努力。

再者，还有一个属于第三产业范畴的新问题，这个问题就是市场问题，兰州市前两版总体规划，都是在计划经济指导下的产物。以至于马路市场、露天市场比比皆是。当时两版规划多考虑了建"城"，很少考虑建"市"，市场无"场"哪来

"市"，怎么样来交易？"市场"在我们过去的两版总体规划中没有占有应有的位置，因此也就大大影响到兰州市的经济发展。发展社会主义商品经济，就必须大力提高市场，建设市场和完善商场体系。

上述问题提出来供诸位专家、学者、同行们再深入研究。

柯茂盛市长曾说过："我们要积极研究经济和社会发展的具体思路，来深化城市总体规划。"我希望在这次课题中，对第三产业再进一步深入研究，是解决人口就业促进市场经济发展的问题。美、日等国的第三产业比例都超过了50%以上，仅日本1985年就达到了53%以上，现已超过了55%。兰州市的第三产业比重应处于什么比例，应该提出一个"目标"来，研究这一问题，以便在深化总体规划中体现出来。

总的说来，工作组已成功地完成了兰州市城乡规划土地管理局所委托的重任，这一研究报告，在我接触到的同类工作中居全国领先水平。

写于1992年10月

完善城市土地管理的一件大事

——在兰州市土地分等定级成果鉴定会上的讲话

    兰州今天的面貌，是千万个建设者用他们非凡的智慧和辛勤的汗水换来的。但真正要办好一件事并非轻而易举的事。我的体会是：要干好一件事，一要心中有数，二要兜里有钱，三要身边有将，四要手下有兵。但是，自从中华人民共和国成立40年来，在城市规划和建设上我们一直忙于搞硬件工程，如建工厂、修马路，但却忽略了城市规划与建设的软件科学研究。近两年来兰州市正开始填补这一空白，已先后完成了以下9项研究成果：带形城市的合理交通规划研究（北京建工学院协助完成）；马滩、雁滩、崔家大滩、南河道取水模拟实验研究（兰州铁道学院完成）；环境保护论证；兰州城市地质环境的研究与论证；山体滑坡及泥石流的防治规划；城市基础设施研究；房地产改革研究；兰州南北两山的开发利用，窑洞及生土建筑试验研究；抗震分区的研究规划。加上这次刚刚完成的这项"兰州市土地分等定级"研究，我们已做了10项软科学研究。

    我最近刚从北京回来，去那参加了部里举行的"城市规划法"颁布新闻发布会。盼望已久的城市规划大法在迎接20世纪90年代到来之际颁布了，可庆可贺。

今天即将评审通过的这一成果又一次填补了兰州市软科学研究的一处空白，对兰州来说其意义非同小可。

规划土地局送来的报告，我仔细拜读了几遍。当然课题调研的过程中，我和兰州大学老师同学曾多次交换过意见。现在，我乘此次机会再谈几点看法。

1. 与以前做过该项工作，并获国家土地局一、二等奖的宜昌、福州的成果相比，在资料调查搜集、数据处理、要求选择、子要素的确定、数量值等方面，要全面得多，科学得多。这个课题是按照国家规程中"十大要素"来进行的，这在全国来说，也是数一数二的（除昆明用网格法以外）。宜昌市选择了8个要素，福州只选择了4个要素，作为定量计算依据。可见，能够这样全面地科学地收集分析、加工处理资料，截至今天在全国还是第一家。因素分值计算方法在许多方面较宜昌、福州两市更为合理。可以这样说，目前这份成果在土地分级方面，在全国处于先进行列，尤其是农村部分的土地分级工作，是课题组同志在毫无资料借鉴的情况下，进行大胆探索、努力研究取得的成果，建议可将此经验加以介绍和推广。

2. 该课题分等定级对象存在着建成区、县镇、农村三种类型。分成三个系列进行土地分级工作，在全国也是领先的。分级成果将这三个系列科学地衔接成一个较完整的土地分级系统，可作为外地同行在今后开展土地分等定级借鉴，甚至为将来全国的土地分等定级系统的建立提供经验。从某种意义上说，这是一项具有创造性的成果。

3. 课题工作中数据资料准备较为充足，做了大量的扎扎实实的工作。这可以从文字报告，所有图件附表中看出他们的劳动成果。所采用的方法是科学的，也是可行的，符合兰州市的实际情况。将来在成果动用时，我们的使用单位应该以动态的观点来看待它，随着城市建设和规划发展，还要不断更新。这样，这成果在使用时必将会取得很好的社会效益和经济效益，具有重要的参考价值。如房地产、税务部门、城市改建、规划等等。同时该课题在探索中取得的成功经验为完善国家土地局的试行规程提供了补充和参考依据。

这次兰大地理系师生所做的这份"兰州市土地分等定级的软科学研究报告"，是不是天衣无缝，完美无缺呢？谁也做不出"天衣无缝"的成果，我们仍要"上下而求索"。所以在报告的第29页需要说明的几个问题中指出，希望使用这个成果时，要注意活学活用，不能把这份成果看成是一个僵死的"框框"。这次兰州市土地分等定级，仅仅是在文本上反映了兰州市、县、镇、乡的土地质量现阶段的差异，随着改革开放，随着今后城市建设的发展，基础设施的逐步完善，城市各区的土地也将发生质变。如东飞机场一带，安宁规划中的区中心以及干道南部区域，如果再建成安宁区的滨河路及其傍山路，这些地方定要发生土地级别的跃升。如果我们这一课题在四年前做，铁路局那儿还没有工贸大厦等建筑的出现，其"分值"就不是如我们报告里所写的那样。因此，土地分级成果，需要我们今后在工作中根据"变化"，要不断补充、更新。在指标要素的设置、计算系统化、规范化的基础上，今后只需求出分级单元变化的分级要素值，就可以较科学地迅速确定单元的土地级别来。

所以说，这份软科学的研究工作，它也要联系过去，创造今天，预测未来，未来是无止境的，故而，这一份软科学研究和它的充实、提高也是无止境的，它也是一项长远的系统的社会工程。我这一认识，请诸位专家指正！

写于1990年1月

兰州市城市规划工作的基本情况

兰州市总体规划工作，从1950年起就开始组织测量，遂进行市政地形测量和经济自然条件等基础资料的搜集调查工作。由于缺乏实际经验和有系统的社会主义城市规划知识，在着手制定《城市规划提纲》和《城市规划总平面》的工作时，虽然一次又一次前后共设计了很多方案，但仍是脱离了"国家经济发展指标"。只是凭幻想在那里设计，在思想上不明确"社会主义工业化才是建设的推动力量"。对社会主义城市规划原则体会得太皮毛，规划技巧很落后，基本上还没有脱离资本主义城市规划的范畴。例如那时我们曾错误地提出兰州市的规划原则是以商业为主工业为辅。1951年和1953年几次到北京中财委请示，等到中财委领导上的纠正，见到苏联专家穆欣同志后得到他的热情帮助，才真正开始明确了城市规划工作的方向、步骤和方法。至此我们才从"瞎摸、瞎撞"的阶段走出来。

但是明确了社会主义城市规划的原则，并不等于做好了城市规划工作。在我们的工作实践中仍然走了许多弯路。比如制定的总平面，虽然逐次均有若干进步，但距离社会主义城市的原则要求还很远。城市"区划"还分得不对，把安宁区划为"文化教育区"，把七里河区

划为所谓 "经济中心区"，街道绿地广场不成系统，市中心区中心不明确，位置不适当等等。

从1953年到今天，我们遵照上级党和政府的具体指示，在苏联专家穆欣、巴拉金、克拉夫狄克同志的热情无私地帮助和指导下，并得到各方面的有力支持，经过参与此项工作同志们的共同努力，经过最近两年来在北京和兰州反复研究修正，我们兰州城市规划工作顺利开展——由浅入深，由局部到整体，逐步深入，将社会主义城市规划的基本原则与国家在兰州的工业企业的建设计划、地理特点、资源情况等条件结合起来。现在已经完成了我们兰州市的初步规划。这个初步规划已在1954年12月经国家建设委员会审查批准。这个初步规划是依赖苏联城市规划程序编制的。在编制过程中，我们采取了下列几个步骤：

一、区域规划

区域规划是一个经济的综合体，它是根据区域的经济条件、资源条件、时间条件、交通运输条件和国防观点等要素来确定的，这是规划的第一步。

我们兰州市是西北区重要城市之一，是甘肃省省级领导机关，所在地是全省的政治文化中心。附近资源丰富，各种宝贵的有色金属，如石油、铜、矿等，不仅质量好，而且蕴藏量大，黄河在甘肃境内蕴藏着800万基罗瓦特的水电资源。而兰州正处在这些可发电坝址的中心。兰州不久将成为我国国际铁路交通线的中心点，更和首都北京以及沿海各重要城市都有方便的铁路、公路、航空线联系着。

黄河根治之后，水上运输也有发展前途。兰州的地理位置离海很远，居全国腹地。从国防观点来看，价值很大，但是兰州的地形地质、气候、水文等情况比较复杂，因而它的发展就不能不考虑到这些自然条件的限制。但经过实地勘察和调查研究后，证实兰州还宜于进行各项基本建设。这就为我们的城市规划工作提供了先决的有利条件。

在我国第一个经济建设五年计划时期，国家考虑到了上述诸条件，即工业发展的可能性，已经确定兰州市为重点建设城市之一。按照国家的计划，兰州将要发展成为一个以石油工业、化学工业、机械制造工业为主体的重工业城市和一个运输枢纽。这些社会主义的工业建设，和交通运输业的发展，仍是我们建设社会主义城市的主要物质基础和重要推动力量。因为城市规划工作的先决条件，是必须建立在国民经济计划基础上的。如果离开了国民经济计划，而制定的城市规划是错误的，因而也是不可能实现的。

二、总体规划

总体规划工作是根据区域规划所确定的条件，来考虑城市的"规模"和"性质"，确定城市近期和远期发展步骤与规模。因此这项规划是国家一部分国民经济的继续和具体化。

总体规划是根据已决定的城市性质和规模，确定城市的布局。这就是把城市各项物资要素——工业企业、物资仓库、居住建筑、公共建筑、绿化、街道、广场、给水、供电、供热等等设施，进行合理和适当的布置，是他们之间相互取得有机的密切关系，以逐渐满足城市居民，首先是工人物质生活及文化生活的需要。从而体现出为劳动人民创造正常和健康的生活条件的社会主义原则。

在拟具初步规划的设计工作中，我们走的弯路是什么呢？

在制定城市发展远景规划时由于对国家经济建设和城市发展规律研究不顾，对现有人口分类和详细调查不细致，和有关部门共同研究少，所以存在着盲目性。我们曾提过120万人口的指标数，经过几次修正，后20年间发展到120万人的指标数降低到80万人，这个数字是根据"工业企业交通运输业的发展，城市中各种文化教育事业的发展和社会主义改造事业的完成，兰州市将来的基本人口，服务人口和被抚养人口"等实际条件确定的。因为人口发展指标数必须与生产发展相适应，经过党在过渡时期总路线的学习和全国城市建设会议的召开明确了"重点建设、稳步前进"的方针。国家各重点城市各经济指标有了明确指示。对不实际的大城市思想进行了批判。

前面已经说过总体规划工作，我们是经过一段摸索过程的。起初应对社会主义城市建设原则了解不够。没有完全摆脱旧城市的影响。因而在市区内计划了一个以商业企业银行为中心的经济中心区。硬要在安宁区拼凑一个大学区，不切实际地把某些道路宽度设计为90米，不适当地强调了马路要宽，广场要大，绿地要多，楼房要高，这些错误几年来经过党和上级政府不断地纠正和指导，逐渐在观念上纠正了，使城市规划工作走上了正确的社会主义的道路。

截至目前，在已批准的初步规划中，经国家建设委员会指出，还有在一定程度上不切实际的地方，如城市总造价尚未计算出来，地方工业、仓库位置、郊区规划还要补充确定，各项定额还不完全合理地和中国实际情况相结合。总之，城市规划工作，无论过去和现在，都赶不上建设发展的需要，这是亟待和必须解决的问题。今后必须根据国家指示，坚决割除"漠不关心"经济现象，必须进一步对各种经济技术资料进行调查研究，详加核算，正确编制城市总体规划。

在不断改正工作和思想上的错误之后，我们得到了下面两点初步体会：

（一）强调中国特殊情况，对苏联的先进经验采取不认真的态度是错误的，同时如果脱离中国实际情况，空谈社会主义远景也是不现实的。

（二）社会主义远景定额与分期定额的分期结合，完全可以解决规划设计时的困难，避免城市建设中的弯路。

正确的总体设计从实现建设需要出发，以远景为基础的综合性设计工作，是把城市的各基本部分，即上述的那些物质要素组成一个协调的整体，是把社会主义建设原则具体化，使城市设计与自然条件相结合，我们兰州市处于黄河河谷盆地中，东西长，南北窄，南有皋兰山，北有白塔山，黄河纵贯全市。两侧山岳连绵，山洪的沟渠相间，形成了河谷盆地。两侧共有五块本源地带，并有台地，地形是非常复杂的。兰州市四周的界线，在黄河南岸，东起东岗镇的阳洼沟，西至西柳沟的岸门桥，直线长度33千米多，南至南山的分水岭，并沿雷坛河延伸到阿干镇山寨；在黄河北岸，东起白道沟坪，西至虎头崖，北至北山分水岭，总面积约450平方千米。

先进行规划的区域约126平方千米，包括：

（1）河谷平原：104平方千米——东区26平方千米，七里河16平方千米，西固20平方千米，安宁区23平方千米，庙滩子3平方千米。

（2）高平台地：6.5平方千米。

（3）滩地：14平方千米。

（4）走廊：2.5平方千米。

上述在规划区内根据地形、地质、风向、交通运输及供水、供电等条件，合理地划分了以下各区域：

（1）将西固区、七里河区划为工业区，第一次新建的大工业都集中在这两个区域内。

（2）西起雷坛河，东至大洪沟，南至山麓，北至河边，划为市中心区，省市领导机关，高等学校，科学研究机关，广大的居住建筑，都修建在这个区域内。

（3）将十里店以西安宁区部分和大沟以东（包括现在飞机场地区）划为计划工业区。

我们是以每人9平方米的居住面积，每人63平方米的居住用地（包括住宅用地、公共建筑用地、道路广场用地和公共绿地）的远景计划进行设计的，在西固、七里河、安宁区、庙滩子区布置了新的住宅区，此外还划出若干台地、滩地作为蔬菜瓜果供应区。

为了把城市各部分连成一起，为了给劳动人民创造工作、休息和生活的便利条件，并体现社会主义城市的伟大气魄，在规划中计划修筑若干干道和广场。目前我们已开始拓建和将要拓建50米宽，可通行各种车辆和行人的主干道和38米宽的次干道以及若干12到20米宽的支路。同时为了美化城市并满足人民生活需要，沿黄河两岸的必要地段，在将拓建的20到50米宽的滨河路上将有27米宽的绿化带（这样性质的路，除了负担交通运输，美化街区的作用外，还有更重要的卫生作用）可防止阳光直射、街道尘埃、交通噪声等。此外还能形成阴凉（根据任林专家的材料，风由林边空地向林内深入25米，风速可降低30%～40%，树高20米时，他的防风地区最高可达600亩）。并在西固、七里河通往雁滩段、段家滩等处修建几处跨黄河（或支流）的大桥，把两岸绿地和黄河中的滩地连接起来。

城市广场在便利交通、建筑布置、群众进行社会活动和美化城市等方面都有很大作用。因此我们规划了作为全市性的集合用地的市中心广场（位于光武门外一带），全市性的活动广场（位于万里金汤城楼以南一带）以及火车站站前广场、桥头广场、区中心广场等等。

规划初期我们曾脱离实际，以固定形式拼凑市内道路系统，在东部市区、在七里河硬做棋盘式的划分，在高坪又不顾地形做出了幻想的自由体的街道设计。这样做，如果单纯从图案上看，倒是很美的，但是很不实际，所以设计本身缺乏充分的实际根据，干道职能不明确，艺术性不高。后来由于苏联专家的启示，逐渐明确了若干道路设计的基本原则，纠正了偏向。

道路广场和绿化系统规划设计绝不是随便画一条交叉线，仅图面好看就行的。它是一个错综复杂的问题，是总图规划的重要组成部分。专家这样说：道路设计没有一定的设计格式，但要依据城市特点来进行，要讲效用，要有形式，要有内容，要保持整体匀称，庄严朴素的格局。

其次，整个城市的道路广场系统不仅要有整体，而且还要看出重点。全市的道路网，绿化系统，公共建筑分布，由市中心区到其他各区以至郊区要组织得紧凑完整。一个广场应有完整的空间，也应有相互协调的建筑群（我们在广场设计上几乎都过大了，比北京天安门广场还大，经专家几次提意见，领导几次批评才修正过来）。

每条干道要有起讫，有中心地段，中轴线要有重点，一般街道分为主要与次要，只要几条街道是重点，就是在一条街道上也应有其重点地段配合附近的高层建筑、广场和核心绿地。再次应当给重点的建筑群的设计执行性打下基础。道路广场的规划设计，必须事先考虑到建筑物的布置轮廓，而折现建筑物必须有其实现的可能性。幻想修上20层的大厦，修上200万立方米，那是今天与将来都不可能的。但是我们却走过这样不切实际的错误的道路，经过很长时间，才把设计思想端正过来。

关于公共的绿地设计问题，在规划工作上，这也是一件很重要的事，它是提高居民文化水平的一个方面。在卫生和人防上也有重大的意义。我们兰州旧城区缺乏公共绿地，四面荒山濯濯。因此在初拟绿化系统时，把绿地定额定得很大，但最后采用的定额不高过每人15平方米，分为文化休息公园（在雁滩）、区公园（悟泉、雷坛、小西湖、西固、庙滩子、安宁区）、森林公园（安宁堡果园区）、小游园林荫路和滨河路——用林荫路和滨河路林带将各公园连成系统，并使湖河水系统与绿地相配合。

绿化水系的规划是要用最少的钱取得最大的效果——这是苏联城市绿化规划的

努力方向。目前我们兰州应改善有绿化条件的地区，动员群众进行荒山复活的工作，大量育苗，新建工厂与住宅区，应有计划地进行绿化建设，逐步造成绿化系统。

为了节约城市用地和建设投资，必须合理地分布城市人口，并体现城市的整体性和执行性。规划中计划城市住宅区采用大街坊制，每个街坊面积一般为4～8公顷，大街坊的好处是集中，容纳人口多，公共福利设施经济，也好布置。同时规定平原地区一般建筑不低于三层，不短于45米的长度，在主要干道两侧和大广场周围的建筑层数还应高些。

我们仅初步做完了西固和七里河福利区的详细规划，这个详细规划设计，是城市建设计划的更具体化，它将进一步利用实际的物质基础来处理城市建筑中的空间构图的可能性。我们不仅仅沿着街道布置建筑，而且还按照统一的、整体的意图来布置街坊内部并且要把宽敞的街坊和绿化包括到构图中去，详细规划不仅要作出房屋的立面构图，而且要把城市的全部"实际平面空间"与"立体空间"组织成为建筑群。

在详细规划中，建筑组群的布局不是由"立体的总和组成的"而是由所有房屋的总体积组成的。要求房屋与园子的绿化、道路、园庭、街坊内部、家务院子，甚至一堆树丛都要很协调地结合起来。

详细规划中，居民区建筑群的规划原则应关怀居住街坊中的日常生活，即家务院子、儿童游戏场地、服务设施及儿童福利机构等。概括地说，居住街坊建筑群要由这些因素组成。

我们兰州西固、七里河居住区的详细规划在北京，在苏联专家巴拉金同志的指导下，和好多单位同志共同协作下，已初步完成了。

在这次详细规划中，我们有一些体会就是：

（1）街坊的规划千万不能忘记社会主义城市建设的基本原则是"关怀居民的方便与舒适"。

（2）在处理一栋建筑物时，无论它怎样好，如果不能与四周环境、街区的性质相统一，它是不能独善其身的。一个街坊孤立起来看，不管它布置得怎样好，如若不顾周边的街坊的建筑布置，就会成为无花无叶的枝茎。

（3）单纯处理好个别建筑物的立面，是不可想象的。体积空间、构图，这一概念，已经不带有形式上的性质，而是与城市建筑的内容和组织城市全部生活有着最密切关系的。

我们布置一个建筑群，不仅要注意到它的各方面的立面，而且还必须注意到街坊的实际空间和建筑物的体积。

凡是做过详细规划的同志，他会了解城市的整体性、统一性的重要和对人们生活关怀的意义。

我们西固和七里河福利区详细规划，虽然初步提出来了，但存在着很大的缺点：

（一）这个详细规划的可变性很大，原因是我们市上没有能掌握标准设计，我们所布置的详细规划中，采用的图纸是西安设计院搞的，那个设计只能说是一个初步定型图，还够不上标准的标准设计。几个月来，西安设计院标准图几次修改，使我们的设计也不得不跟着修改。因此在兰州福利区的街坊建筑，跟着西安设计院的修改，我们也常跟着修改。如果我们和其他设计部门不能做出一套合乎国家经济指标为居民喜闻乐见的标准设计，那我们就会陷入经常修改和被动到底的状态，这是我们当前亟待考虑解决的问题。

（二）从我们详细规划的平面布置图面来看，艺术构图还可以，但具体修建起来的建筑物，无论从经济适用上，修建的质量上和人民美感的要求上，都和平面布置图设计时的理想距离很远。当然我们在进行建筑设计时，必须照顾国家经济状况和客观条件的可能性，把需要与可能，近期与远景，整体与部分利益均得结合起来。但拿具体要求来检查我们详细规划的事实却差得很远。

（三）为了正确地体现详细规划，使社会主义建设实现时不致成为最大遗憾的建筑群，使详细规划真正成为"计划"而不至于成为"图画"。那么我们就要在标准设计上很好加工（在实用上、经济上和减低造价上，人民美感要求上都得很好的加工）。因为标准设计，是决定详细规划好坏的主要因素，不然你在绘图时，把街坊平面布置得如何得当，但如果没有一个肯定下来的标准设计、单元组合，其详细规划的现实性就不会很大，相反地，可变性就会很大，因此也就实现不了经济合理的规划来。

城市规划工作是一个带有综合性的极其复杂的工作，它和当前紧迫的工业建设密切不可分割的关系，而在我们兰州市建委担负规划工作的队伍很弱，水平犹低。经验缺乏的状态下，在新任务新事物面前，对规划工作不得不是在边摸边做的情况下进行的。

写于1955年5月

兰州市总体规划实施情况的汇报

1979年10月29日，国务院正式批准了兰州市总体规划，并明确指出："兰州地处国防前哨，又是国家的重要工业基地，要按照批准的总体规划把城市建设好。今后，兰州市的各项建设，都要在中共兰州市委和市革委会的领导下，按照城市总体规划及详细规划进行，要发扬勤俭建国、艰苦奋斗的精神，逐步把兰州市建设成为适应经济发展和人民生活需要的社会主义现代化城市。"这就为兰州市的城市规划与城市建设工作指明了方向，使全市人民受到了极大的鼓舞，其意义是深远的。

一年来，在省委、市委和省政府、市政府的领导下，在全市人民的共同努力下，为切实贯彻《国务院关于兰州市总体规划的批复》精神，我们做了一定的工作。

一、关于严格控制城市人口规模的问题

国务院在批复中指出：要"严格控制城市人口规模。到2000年，兰州市区的人口规模，应控制在九十万人以内。"

控制城市人口规模是城市规划与城市建设中的重大问题，对此，

我们进行了实事求是的分析。从最近三年的情况来看，1977年末，兰州市区（东起东岗镇，西至西柳沟）城市人口约为81.5万人；1978年末，达到83.65万人；1979年末，已增加到87.17万多人。两年来，城市人口有增无减。城市人口的年增长率，分别为26.36‰和42.17‰，其增长速度是可观的。人口增长的主要原因，一是城市人口的自然增长；二是城市人口的机械增长；三是近几年来政策落实和下乡知识青年回城所引起的。根据1979年的初步统计，市区人口增长的总数字中，人口自然增长的人数占总数字的21%，而人口机械增长的人数占总数字的79%。由此可见，促使城市人口猛增的重要因素乃是机械增长率，即工厂企事业单位的扩建、改建与新建。

兰州是一个以石油、化工、机械制造为主的初具规模的工业城市，如果不再增加新的工业项目，就现有工业的生产大发展而言，限于当前的经济条件和技术能力，不增加一定数量的职工是不现实的。即使在短期内进行了工业调整、挖潜、改造、革新，提高了劳动生产率，所减少的职工人数也是有限的。就全省范围内的各种条件而论，市区内，科学文化水平较高，生产发展有潜力，水、电、交通条件比较好，生活服务设施比较齐全，学生升学与青年就业机会比较多，各种人才集聚，具有很大的吸引力。因此，大量的人口不断向城市集中。据1977年至1979年的统计，两年中，榆中、永登、皋兰三县的人口减少12 300多人；而市区人口却增加了56 000多人。另外，市区内的一些工厂下马了，职工调走了，但往往家属却大部分留在市区内，城市人口仍不见减少。

30年来，兰州基本建设征用土地约30万亩，市区内征用社队土地13万亩以上。当前，市区及近郊已有二十多个生产大队的人均耕地不足五分。农业用地的减少必然造成人多地少的局面，因此，解决部分农业人口的生活出路问题已经摆上了议事日程。

综上所述，兰州市区人口的机械增长是一个客观存在，再加上人口的自然增长这个客观因素，要把兰州市区人口规模控制在90万人以内是很不容易的。

但是，我们清醒地知道，兰州市今天已经存在着住房紧张、公用与公共服务设施不足、园林绿化指标太低、道路交通拥挤、环境污染严重等问题，如果城市人口超过100万大关，市区环境、生产、生活、交通、安全与健康将会带来更加严重的后果，因此，不有效地控制城市人口规模是不行的。有那么一句话，叫作"大控制，小发展；小控制，大发展；不控制，乱发展"我们采取了一些措施，收到了一定的成效，但我们觉得，至今还没有更得力的控制办法。

我们认为，要控制城市人口规模，就城市本身而采取措施，使城市人口出大于进或维持在一定的水平上是不够的；就市辖区范围内考虑小城镇的发展，为控制市区人口规模而为新建、扩建、迁建项目寻找出路也还是不够的。大量人口向城市集中，它与区域规划中工业的分布以及农村、小城镇、大城市存在着差别有关。因此，要使兰州市区人口规模得到控制，还应当突破市辖区的范围着手包括洮河流域、靖远地区在内的区域规划，从战略布局上为控制兰州市区的人口规模打下基础。如果我们从大的地区和市区周围的十多个小城镇着眼，统一研究，合理安排工业、城镇、旅游、交通等布局以及整个区域内的水利、能源、物资和人口等问题，有计划地组织生产与生活，引导整个区域之内的人口得以合理分布，并制定相应的政策，这对减少人口大量向市区集中是非常有利的。

二、关于规划与建设卫星小城镇的问题

国务院在批复中指出：要"认真搞好小城镇的建设。1985年以前，兰州市要重点建设一两个卫星城镇，以利于控制市区人口和用地"。

甘肃省委、甘肃省人民政府和兰州市委、兰州市人民政府非常关心市区周围卫星小城镇的规划与建设。经选点，初步拟定在榆中地区建设一个以科研、文教、电

子工业为主的卫星小城镇。据不完全的统计，尚有甘肃农业大学、甘肃林学院、西北畜牧兽医学院、甘肃省教育学院、甘肃省中医学院、甘肃省建筑材料学院、兰州地质学院、兰州大学分校、西北民族学院分校、甘肃省商业学校、甘肃省粮食学校、甘肃省银行学校、甘肃省林业勘测设计院、甘肃省公路设计院、甘肃省土地普查规划队、中国科学院兰州分院第二科研基地等要求在兰建设，计划安排到榆中兴建。已由省、市建委会同省、市规划、气象、地质、水利、市政工程等部门以及榆中县政府等有关单位，组成榆中卫星小城镇选点工作组，经过几次现场踏勘，初步选定榆中县城以西地区为卫星小城镇建设地点。下一步，将对该地区水源这一关键问题进行深入的勘查分析，待综合比较后最后定点。与此同时，已开始了勘查测量工作。

搞好小城镇规划至关重要，我们准备尽快做出榆中科学城规划，以便使各项建设按照规划进行，重要的是为市政工程、公共服务设施等先行一步创造条件，并为请省计委列入年度计划予以落实提供依据。同时，计划把小城镇的所有主要建设单位联合起来成立总甲方，以便统一规划、统一投资、统一建设，做到统筹协作、合理安排、协调发展，争取尽快建成这个卫星小城镇。榆中卫星城镇的规模，初步拟定近期5万人，远期不超过10万人。

除了新建榆中小城镇外，对市区周围现有小城镇，我们将充分利用，积极发展。例如白银，水、电、交通都较方便，公共服务设施也有一定基础，镇区周围尚有沙丘荒地可作城市扩建用地，因此，市区内的一些搬迁工业和有较大扩建的工业可到白银进行建设。当前，兰州轻工业发展较快，拟安排到河口小城镇去建设，使其发展成为一个以轻纺工业为主的卫星城镇。

对于小城镇的建设，不仅要从计划投资、三材供应、水电、道路、公共服务设施配套等方面为其开路，还要在各种待遇和具体政策上为发展小城镇创造条件。例如制定鼓励市区工厂企事业单位到小城镇去安家的方针政策，使小城镇的居住标准、物资供应，工资福利待遇、文化娱乐、子女教育水平、升学就业条件等与大城市相当，有的甚至高于市区水准，增强小城镇的吸引力，从而使市区人口乐意到小城镇去定居。同时，还必须从建制上保证市区周围小城镇的顺利发展。政企合一的小城镇要加强城镇规划管理的机构与力量，政企分开的小城镇，要建立地方城镇建设管理机构，并把城市公用设施、水电设施、商业服务设施等从企业手里接管过来，统一使用与管理，从而掌握小城镇发展的主动权。对重点小城镇，我们赞成采取综合开发的办法去建设。

三、关于加强城市环境保护工作的问题

国务院在批复中指出：要"切实抓好环境保护工作。对污染城市的企业，应按照规划中的规定，限期采取措施，治理三废；污染严重而又不易治理的，要坚决调整、转产，或逐步搬离市区。要注意抓好综合利用。同意兰州市民用燃料逐步实现煤气化。"

兰州是全国环境保护重点城市之一。工业三废污染严重，再加上兰州是一个河谷盆地，风速小，长年静风多以及特别厚、强度大并延续时间长的逆温层等自然条件，更加重了大气污染，黄河水体与土壤污染也十分严重。省、市政府部门，已把搞好环境保护工作作为兰州城市工作中的首要问题来抓。

主要措施和具体做法是：

（1）合理调整工业布局，污染严重而又不易治理的工厂，坚决按照规划要求，进行调整、转产、停产或逐步搬离市区。1979年，我们对城关区138个工厂进行了污染调查，1980年4月23日，由市规划局和环办联合提出了《关于城区污染严重的企业需要搬迁的报告》，建议市二轻局橡胶厂等23个工厂企业搬出市区或调整布局。现在，胜利铁厂等8个工厂已经停产转产或搬迁，市电俄厂，贡元巷橡胶厂，白

银路氧焊洗桶厂，旧大路胜利化工厂等单位正在计划搬迁中。我们正在对七里河安宁西固区进行摸底，计划年底提出第二批需要搬迁的名单。

（2）对新建、扩建（包括技措项目）、改建、挖潜等工业项目，坚持"三同时"原则，决不允许再增加新的污染。对现有企业的三废，限期治理，并采取排放收费、罚款等办法进行管理，力争1985年以前达到消洁工厂的标准。1979年，已撤并电镀作业点15个，有12个单位新建成电镀废水处理设施。并有5个医院新建污水处理装置，使具有污水处理装置的医院增加到41个，占市区医院的87.2%。

（3）继续抓好消烟除尘工作。我们制定了《防治大气污染的若干规定》。1978年与1979年两年治理锅炉达800多台，各种炉灶治理的百分率为：锅炉已达57%，工业窑炉已达33.68%，茶炉已达68%，食堂灶已达80%，对减轻兰州市区大气污染起到了一定的作用。特别是冬季民用炉灶供应无烟煤以后，1979年冬，兰州大气污染有明显减轻。

（4）积极筹建煤制气和集中供热工程。兰州煤制气工程计划任务书已由国家计委批准；正由化工部第五设计院编制扩大初步设计。坐落在城关区的第二热电厂，正由西北电力设计院编制计划任务书，并考虑将来在七里河区建设第三热电厂。在热电厂未建之时，已有7个连片集中供热点建成供暖。15台热水锅炉替换出36台快装锅炉，减少锅炉房10个，增加供热面积约10万平方米。

（5）对市区污水管网和污水处理设施，采取措施，逐步完善。当前，城关区雁儿湾污水处理厂以及会宁路污水管网正在施工，并积极准备五里铺至雁儿湾污水干管的修建工作。计划扩建七里河污水处理厂，新建盐场红柳滩污水厂。兰石厂酚水处理第二期工程建成使用，兰炼污水处理厂二期工程全部完工，兰化公司有9项污水治理工程完工。

（6）积极开展对工业废渣的综合利用。当前，省建硅酸盐制品厂正在建设中，建成后每年可利用电厂粉煤灰20万吨。市建二公司预制厂粉煤灰大板生产线正在建设，建成后可利用废渣11万吨。此外，各区都在积极筹建垃圾处理厂，以便统一处理市区垃圾，改变乱堆乱倒的现象，改善市区卫生状况。

（7）1980年前半年，规划、环保、医疗等部门联合对市区噪声进行了测定，绘制了兰州市区城噪声与交通噪声污染现况图。当前，市区噪声较大的区域和干道已达85分贝以上。根据调查，我们对一些噪声严重，影响居民安宁的工厂提出了限期治理、转产或搬迁的建议，如兰州市金属制品厂、市模型厂等。

（8）严格控制黄河兰州段的污染。要求沿河工业企业和单位的污水排放必须符合国家排放标准。力争1980年使未经处理的58个分散的污水排出口减少到12个。同时，保护水源，特别是地下水源，严禁采用渗井、渗坑等排放有毒有害的废水废渣。

（9）努力搞好园林绿化工作。保留市区内的大片农田果园，加强城市园林绿化，特别是南北两山（总面积37万亩，近期可造林面积11.4万亩）绿化和育苗工作非常重要，这是加强兰州环境保护的巨大因素。已请省上列入投资计划。除新建、扩建公园和小游园外，市区内街道的绿化重点是整理、补空、见缝插树，消灭空白，提高绿化覆盖率，并形成点、线、面和大、中、小相结合的绿化系统。力争1985年城市绿化覆盖率达到20%以上。同时，还要充分利用兰州有山有水有文物古迹的条件，绿化环境，美化环境，改造环境，为全市人民创造适宜的生活环境。

（10）建立健全市区保护监测和科研机构，并开展对于兰州市区环境保护的研究。当前，城市规划、环保、医疗卫生、气象、监测等部门正在对兰州逆温气象、黄河水体、城市噪声、工业污染等进行调研，以便提出科学的环境保护措施。

四、关于修订落实近期建设规划的问题

国务院在批复中指出：要"修订落实城市的近期建设规划。兰州市的近期建设内容，要根据'调整、改革、整顿、提高'的方针进行修订，逐步实施。"

近期建设规划与详细规划是城市总体规划的具体化，要切实把城市规划好、建设好、管理好，还必须搞好近期建设规划与详细规划。1979年6月开始，我们着手兰州市城关区中心地区的详细规划工作，1980年，开始了盐场地区和七里河区的详细规划工作，计划1981年、1982年初步完成安宁区和西固区的详细规划工作，以便为实施总体规划打下坚实基础。根据国务院批复精神，我们对近期建设规划进行了具体修订落实，依据国家的长远计划、近期计划和年度计划，做了各项工程的近期建设安排。具体的工作主要是：

（1）当前，城市建设资金，要重点用于职工住宅和相应的市政公用设施的配套建设。1979年，兰州市区划拨住宅和相应的公共服务设施等民用建筑用地114万亩，其中住宅用地1505亩，建筑面积77.76万平方米，可解决1.5万多户约6万人的住房问题。到1979年底，市区共有住宅建筑面积551万平方米，居住面积330万平方米，平均每人居住面积达3.79平方米。1980年2月，市政府决定：在近一两年内，住宅建设以征地新建为主，旧城改造为辅，首先建设周转倒班楼。嗣后，则以旧城改造为主，按照小区规划，成街成坊，先地下、后地上，生活福利设施、道路、绿化配套地进行改造。今后，兰州市属单位计划每年竣工住宅建筑面积20万至30万平方米，1985年基本解决市级职工住房困难的问题。为了加快住宅建设速度，除国家投资外，我们提倡统筹集资建房和自筹资金建房，同时，鼓励私人建房或买房。

（2）市工程设施在"文革"中欠账很大，现有道路仅为规划道路的53%，现有污水、雨水管道的普及率只有20%多。在这方面，我们的任务还是很大的，但限于资金、物力和施工力量，只能力保重点工程。市政工程的重点是：三年内重点建设滨河路中段（5公里，投资3200万元）、大桥北路与西津南平行线，并全部完成市区小街小巷的改造。1980年对防洪设施进行一次大检查，在此基础上，提出兰州南北两山的洪道"三年基本改善，四年大见成效，五年改变面貌"的具体措施。要使市区供水紧张的状况"三年内大大改善，五年内基本解决"，力争1985年完成城关区污水排除系统的建设，1990年前，修建七里河、安宁和盐场地区的污水系统。为了解决排水用的管道，1980年建成排水大管车间。

（3）园林绿化的重点是，使公共绿地面积由现在的平均每人0.98平方米提高到1.4平方米。后5年，使公共绿地面积指标提高到每人2平方米以上。特别是要利用兰州山水、台地、川地、滩地所构成的天然空间层次和田园绿地错落在市区内的自然特色，以及黄河河滨地带带来的秀丽景色，还有文物古迹、古建筑、八路军办事处等革命遗址，加以整修、发展、绿化好，去创造更加美好的生产、生活、游憩环境。

我们在进行城关区详细规划和安排近期建设项目的过程中，深深地感到对于旧城改造的问题有必要重新认识。当前，旧城区内居住紧张、交通紧张、供应紧张、用地紧张、一句话，人满为患，城市住宅见缝插针，园林绿地难以开辟，市政道路不易拓建。一是不应当建在市区的工厂却摆进了市区，如兰州钢厂、西固农药厂等，而且带来了污染。二是不必要留在城关区的机关单位和相当多的一部分职工家属挤在城关区内。三是公共服务设施相对地来说，过分集中于城关区，如大型商场、公园和影剧院等。四是城关区的生活条件与环境比其他几个区较好，具有很强的吸引力。其次，我们需要纠正一个片面的概念，即以为拆旧房、建楼就是旧城改造的唯一出路，兰州曾提出过"三年改造旧城，两年扫尾"的口号，结果不切合实际。再次，我们应当研究一下改造旧城的方法，那种只顾眼前利益，大搞"见缝插针、遍地开花"的建设方法再不应当继续了，其结果往往是越"改造"越乱，还得进行再改造，甚至留下了在一定时间内难以改造的后遗症。

基于上述认识，我们在旧城改造中除实行充分利用，整旧如新，抓好旧街道、旧建筑的整顿、维修、绿化、卫生等工作，少花钱，多办事与拆旧建新，按照详细规划成片改造，创造新的生活环境相结合外，还应加上一条措施，这就是立足于疏散。具体做法是：

（1）调整压缩城关区的工业企业，把有污染和妨碍市容的工厂迁出去。同时，不再增建新的生产、文教、科研等单位。

（2）城关区是省、市政治、经济、文化、科研的中心，并不意味着一切省级行政机构必须都拥在此，国家机关、军区所属单位也可以迁到其他几个区去。机关不在兰的家属基地更应当迁出去。

（3）要加强七里河、安宁、西固区的商业服务业的建设，尽快建立起各区的区级商业服务中心和公园等，减轻对城关区的压力。

（4）逐步创造条件和积极搞好调房工作，使挤在城关区内的西固区的职工与家属迁居西固区，七里河区的职工与家属迁至七里河区，安宁区的职工与家属迁至安宁区。

（5）决不允许侵占园林绿地和文物古迹、古建筑、革命遗址用地。对于违章建筑不姑息、再不搞"下不为例"，要拿出具体的制止办法来。当然，我们迫切要求尽快制定并颁布《中华人民共和国城市规划法》。

中央书记处对北京市的建设提出了"三年一小变，五年一中变，十年、十五年一大变"的要求，兰州市的城市规划与城市建设，也决心向实现这一目标而努力。

写于1980年

（本文是兰州市副市长任震英同志在全国城市规划工作全体会议上的发言稿）

荒山变公园轶事

一、插曲

要说修建兰州白塔山公园，得从我的坎坷遭遇说起。1958年秋，兰州市的总体规划尚在莫斯科举行的世界城市规划展览会上展出，并得到了好评。规划中的兰州化工厂、炼油厂、兰石厂、热电站等骨干企业，正在紧张组织施工。我作为团员兼俄语翻译，参加了当年6月末由国家建委组织的，以周荣鑫同志为团长的中国建筑师访苏联、罗马尼亚代表团。7月1日到达莫斯科，半个多月后胜利归来。此次在两国共访问了10余个大小城市，我的任务着重于城市规划和城市建设。访问心得在回国后要向国家建委、建筑学会及省市领导汇报。可是回到兰州，还未来得及整理汇报材料，反右扩大化的厄运便降临到我的头上。在兰州市党代会上宣布给我以开除出党、撤销党内外一切职务、降两级的处分，暂时在孙剑峰副市长领导下工作。但没过几天，孙副市长告诉我，新上任的市委书记王观潮让我到白塔山塔儿院去见他，对我有所指示。于是，我奉命前往……

在十几天前的党代会上，是经过新任市委书记王观潮的批准，宣布我为右派分子的，我在会上见过他两次。我到达白塔山塔儿院时，院内有不少市里的领导。王观潮见了我就问："你就是任震英吗？你说你能把荒山变公园吗？"我答道："我就是任震英，您信得过我并支持我的工作，我就能把荒山变公园，可是要请您答应我几个条件。公园规划及园庭建筑设计我来动手做，做出后向市委、市府汇报。如果通过，我要亲自上现场监理施工。因此请给我用人权、工程指挥权、财权和物权。如果我不能完成任务，就加重处罚我。"王书记沉思了一会说："君子一言，驷马难追。就由你领着干吧！只要你说得有理，就支持你。你何日上山？"我说："明天就上山。我还想请组织上为我派两个人做助手，最好是能管理行政事务和财务的人，设计绘图工作，我可以一个人来搞。"

不多日子，果然派来了两个人。一个是兰州大学毕业的尹建鼎同志（他当时是城关区副区长，被"拔了白旗"），另一个是马文俊同志（他当时是盐场区区长，也被"拔了白旗"）。这两位都是党员，原来也都认识。他们二位来到山上后，辛勤工作认真负责。有一天，他们问我规划设计的白塔山公园，到底要搞成什么样子？希望能先和他们说说，以便大家共同努力。于是我们3人用了两天时间，走遍了公园一带的全部荒山，边看边说。最后我们站在山巅上，看着起伏的山峦，看着奔流东去的黄河，看着屋宇鳞次栉比的市区，也看着熙来攘往的行人。我不禁脱口而出：

改变北山面貌，楼阁建在坡腰。

拦洪石坝锁狂蛟，不准山洪乱跑。

植树造林种草，青山绿地明朝。

黄河九曲浪滔滔，万里东风欢笑。

任是高原黄土，我们满不在乎。

山山岭岭共欢呼，万紫千红透露。

要与颐和比美，姑苏名园不孤。

三年巧战展宏图，白塔晴空万树。

当时，他们两位哈哈大笑，这样的"干山和尚头，遇雨水土流，草木难生长，人人犯忧愁"的光山秃岭，没有水你怎么植树造林呢？我说："'人可胜天'嘛！我不是已把王书记的许诺告诉你俩了吗？他不是说我说得有理，市上又有这个条件时，就答应我呢。"从此他们干得更有劲了，和我同心协力，不分昼夜地忘我工作。经过13个月的奋战，只用了40余万元投资，就完成了7600平方米的园亭建筑。这包括总入口三台的建筑群，牡丹亭、东风亭、喜雨亭、夕照亭等8处园亭建筑，并把多年失修的残破庙宇加以修葺，整旧如新。

在白塔山公园规划建设初期还有两位同志帮我做了不少工作，一人是张成山同志，他1957年从天津大学建筑系毕业分到兰州市规划局搞规划管理工作，刚到局里想搞建筑设计，不太安心规划管理工作，我把他叫到办公室，告诉他城市规划管理工作的重要意义，要他安心工作，并介绍兰州市的规划及发展的前景。之后，这个青年工作确实认真起来，1958年被评为局先进工作者。我到白塔山搞公园规划，虽然有尹、马二位同志的帮助，但我又忙修建，又忙画图顾不过来。白塔山公园的总体规划还要搞建筑设计，真得有个帮手才行。这时我想到了张成山，可是又想我是"右派"，不要连累了这个青年。有一天他到白塔山上来找我，我正忙于给工匠师傅们讲木作构造。同时既忙于施工放线、监理，又忙于画图，真是忙不过来。他主动问我："我帮您画图吧！"我说："你不怕我是右派吗？"他说："不怕，您为兰州人民建公园是件大好事，我帮助画图不是帮你，那是为人民办好事嘛！"就这样他就抽空来帮我画图。那时山上又没有电话，为了联系方便，就约好，我要叫他，我就在塔儿院楼上挂上一个白色的手帕。他在规划局4楼办公室看见，就马上上山来帮我。为这事还闹出了一个笑话：当时正值盛夏，一天我在塔儿院二楼上，由于炎日难当，汗水湿透了我的白衬衣，我即随手搭在塔儿院二层楼门口的绳子上。白衬衣在绳子上不时摆动，谁知无意之举，却引来有心人。他在局楼上看见白色衣衫不停地来回摆动，以为有什么急事，就匆匆忙忙一口气跑上山来，气喘不停，满头大汗。见我就问有什么急事，我说什么事也没有，他说您不是摆白手帕了吗？这时我也蒙住了，一摸手帕，才发现没有上衣，看见绳子上的白衬衫，恍然大悟。我俩会意地相对哈哈大笑。他说，我既然来了，一时无事，请您带我在山上转转，你也休息休息。我让他看西南角为什么建听涛轩，那里是牡丹亭、葡萄园、杏花村、梨树沟，为何种此树种，在什么地形种植适宜，介绍白塔山总体规划意图。他都细心地听着，不时提问。他说："我在学校里虽然学了城市规划、园林、建筑，但没有这么实际，真是又上了一次课。"我领他看了改建了的古建筑，尤其是对古建筑飞檐翘角，他很感兴趣，问长问短，为什么与宋式、清式不一样等。我给他讲了兰州地方风格与我改进的意见。看到三台用砖石挑很长的檐口，他很惊奇，我做了解释，他都认真地听，细心地揣摩，虚心地看。就这样他帮我画了许多白塔山公园的规划图。以后还帮我为民族学院院内小游园规划设计画图。为便于施工，把规划的小山包用等高线画出来，工作真是细心、认真。回想起这段相处，真让人回味。所以在一些公共场合，我给朋友介绍张成山时诙谐地说："这人没有阶级立场，在我1958年当'分子'的时候，还帮我在白塔山画图呢！"他后来任兰州市规划土地管理局副局长，现已退休。

兰州园林古建筑继承与革新始于20世纪50年代末期，那时是我直接参与领导这项工作。在我整修五泉山公园时，在众多青、老年艺人中，我与一个青年彩画艺人魏兴贞相识。那时他还是一个24岁的小伙子，我亲眼看到这个小伙子彩画技巧不亚于老艺人，但他却有 "疾学尊师"的向上精神。他不耻下问，不故步自封，又与我和老师傅互相切磋，我看在眼里，喜在心上，这个小伙子，真是一个"日知其新亡，月无忘其所能"的好小伙。在1959年搞白塔山公园园庭建筑的彩画时，我和他商量：希望他既要继承传统，又要有所革新。当时对白塔山二台七级云斗的大牌楼，我提出要用"七红"（即七种深浅不同的红色为主彩画这个牌楼），又用以多种绿色为主调的彩色走廊。这个小伙子没有几天工夫就画出大样给我看，我又召集了彩画老师傅一起研究，大家都说好！于是把革新的彩画画到二台的牌楼上、长廊上和三台大殿上。在继承传统的基础上，他在我和老师傅的鼓励下，改革创新了不少彩画图案。这一功劳应记在这个小伙子名下，1993年他出版了一本园林古建筑彩绘图专集，由甘肃人民美术出版社出版，我为他写了"序言"。

对于植树造林等绿化工作，确实，水是一个主要问题。我把引水上山的想法向市委王观潮书记做了汇报，同时也得到了市委季维时副书记和孙剑峰副市长的肯定和支持。1959年就发动群众冬季背冰上山，以备植树绿化之用。虽水量有限，但鼓舞人心。引水上山一定要干，我们这就叫作："谁说春雨贵如油，不下雨，也不求。蓄、引、提并举，清泉处处流。"（杨一木副省长拨9万元支持上水工程，1960年终于完成了引水上山工程。）

二、就由你领着干吧

白塔山，位于兰州市中心区的黄河北岸，山高坡陡，山势起伏，拱抱金城，"白塔层峦"曾被地方志书列为兰州的八景之一。

1949年前夕，全山仅存一座古塔，数楹破庙和庙内的7株柏树，濯濯童山，露骨突筋，十分荒凉。当时，正值兰州进行大规模的工业建设和城市建设，有若干残破的寺庙和大量的旧民居需要立即拆除。被拆除下来的砖瓦木石堆里有不少是精美的门、窗、斗拱、雀替、木雕花饰等木建筑构件，以及基石、柱顶石、石雕、砖雕、琉璃瓦、鸱吻等砖石构件——这些无疑都是前辈匠师用心血、汗水和智慧创造出来的产物，怎能把它们当作残材废料和柴火弃置、烧掉呢？我想到，我国有一道菜，叫作"回锅肉"，我们为什么不能把这些拆除下来的东西，收集起来，经过加工，"回"一下"锅"呢？即请老师傅们添油加料，岂不是一"桌"很好的"美餐"！一个建筑师的责任感，促使我要把这些支离破碎的古建筑零部件加以改造利用、重新组合、赋予它们以新的生命。于是，我便徘徊于"废料"之间，斟酌取舍，因材利用，因材设计，初步搞出了白塔山公园的庭园建筑方案。

白塔公园的规划及其庭园建筑群设计开始了。当时的建筑师中多数是年轻人，他们对民族形式的建筑研究不多，缺乏经验，而且不少人正热衷于搞所谓新建筑，对这些东西不屑一顾，尤其是对充分利用拆除下来的旧料更不感兴趣。形势逼着我不得不去向老工匠请教。

于是，由我亲自动手搞出了一个白塔山公园规划和园庭建筑方案。手捧草图，登门求教于各位民间工匠。近80高龄的李伯秦说："我当了一辈子大木匠，当我看到50年前自己参与建筑的那些建筑毁坏失修，感到十分痛心，以为我学的这一行没有用场了。今天，人民政府对古建筑这么重视，我太喜欢这个方案了。若能照这样的规划创建我们新的人民公园，我这把老骨头确实是'枯木逢春了'。我还有3个徒弟，也是多年怀才不遇，也叫他们来好吗？"当时我就答应了下来。支持变成了行动。工匠师傅们出了许多好主意，并在一起搞现场设计，于是，在五合板上和老师傅们学着打施工详图大样，现场集体讨论定案。白塔公园庭园建筑的建造就这样开工了。

开工不久，民间匠人听到自己有了用武之地，一传十，十传百，纷纷从城市、郊区甚至远郊县赶来报名参加，多达200余人，工种也十分齐全。工程中，最大的困难是如何充分地、恰当地利用各处拆除下来的砖、木、石等零星构件，半毁坏者要修补复原，数量不足者要照样新制补齐，不仅工作量大，而且十分烦琐。最后决定动员各个工种的工人师傅，把拆除下来的各种各样的构件，如梁、柱、桁、椽、斗拱、花板以及各种木、石、砖雕等分门别类，各归各项列出清单、说明哪个能利用，能利用到什么地方；哪个是缺项，缺多少，如何补足，哪个已半损，由谁来复原等等，提出具体办法，核实工料，责任到人，定期完工。在大清查之后，掌握了最基本的情况，即可供采用的原构件的数量与品种，用到什么地方最合适以及施工组合上的难易程度。结果，这项工程采用旧构件达70%左右，不仅大大节约了开支，而且大大地缩短了建设工期。

整个工程，由七八位富有经验的老师傅担任掌墨师，即做准确精细的放样工作。我同他们配合得很融洽。当然，也不是没有争论的。比如，中国建筑是有它的传统法式的，老师傅们传艺多年，已有他们的一套做法和一定的尺度，陈陈相因，毫不改变。可是，我在白塔公园的建筑设计中却要有所改变——把长廊净空按"法式"抬高25~28厘米，因此、出现了争论。为了说明问题，我们做了一个简单的模型，在长廊建筑中，柱高与开间有一定的法式比例，这是前人的经验总结，是对的。可是，这不是绝对不能改变的。例如北京颐和园的长廊最初是为了供皇宫内苑游息之用的，今天要供广大群众游览，就显得低矮了。有的师傅认为提高净空会使每个开间的高与宽比例不美，这也是对的。可是，这是对单一的开间而言，如果把数十间连在一起，它们的长与高的比例关系就会发生变化，稍做提高，可能会使长廊更适用更壮美。实践证明，没有按"法式"框框的效果是人满意的。

再如，中国建筑的飞檐翘角，中原的宫廷建筑与江南的庭园建筑，乍看千篇一律，细看却各有千秋，而且地方色彩很浓。白塔公园的飞檐翘角应该采取应该采用哪一种形式呢？北方宫廷建筑的飞翘形式偏于严肃，江南庭园的飞翘形式偏于轻巧，都不适合于兰州黄土高原的环境，应当有所创新，使它比江南庭园建筑的形式稳重，又比中原华北的形式轻巧，并在兰州传统的法式基础上加以改进。最后共同研究出了一种形式，即把飞翘加长加高，比兰州传统的地方法式长出1/4。对于某双层屋檐的建筑，则把飞翘方向扭了90度，使双层屋檐的飞翘相互错开。

由于这是一种创新，我向当时甘肃省城建局技术副局长杨耀同志（他原是梁思成先生创建的营造学社成员之一，对古建筑很有造诣）做了汇报。他看了我的图之后说："你这个设计，前无古人，我是支持的。但考虑到你目前的身份，建议你不要搞。"由于当时各部件均已制妥，如要改变，浪费甚大。于是将这些情况全面向市委副书记李维时汇报。在看了草图之后，他说："很好嘛，就照你的意见办，有人要说什么，就说是我批的。"在领导的全力支持下，这个创新双层错角屋檐就建成了。至今还在向游人显示其特异的面貌。

在我们收集的古老的木构件中，有四组明初年代遗留下来的"七级云斗"。这原是一个古老清真寺的门楼，早已塌毁，又位于新开的城市道路红线之内，必须拆除。这四组"七级云斗"，每个体积为宽、高各1.5米的庞然大物，在全国来讲也算是个少见的大斗拱了。其制作之精美、形式之壮观，堪称上乘。可惜的是有两组已全部毁坏不堪了，其他几组也有所损坏。我们决定把它用到白塔公园第二级台地上，组成一组建筑群，作为公园的主体牌楼。但是，这两组已损坏的云斗如何复原呢？聪明才智蕴藏在人民群众之中，我们把它运到公园的建设工地上，经过大家的反复研究，木工刘兆祥承担了修复任务。他妙手回春，照原样复制了两组大斗拱——这两组复制品达到了古今难辨的程度。

白塔山公园建筑，包括部分五泉山公园新建的庭园建筑，堂、廊、榭、亭、台、楼、阁等，共7 000多平方米，其一瓦一木，一砖一石，都是用人力抬上山的，从拆除旧建筑，平整施工场地，现场设计、现场放样、具体施工，直到油漆彩画最后完工，在广大工人师傅的辛勤劳动下，只用了13个月时间就胜利交工了。白塔山公园建筑群的建成，既是"古为今用"的一个大实践，又是一个如何多快好省地进行建设的初步尝试。它充分地显示出建筑师到群众中去，与广大工人师傅协力合作的巨大力量。

梁思成先生看到了我向他说起的有关白塔山公园的照片及资料之后，立即给我回信，认为这份"回锅肉"做得好，真是一道佳肴美味，令人口舌生香，回味不止。它不仅重现了我国园庭建筑的历史传统，也为保存古建筑创出了一条新路。1980年5月日本友人入园参观后，在牡丹亭畔的禹王碑碑阴，以毛笔题下了"三人登白塔、流水乐哈哈，昨夜春风过，今朝踏落花"的诗句。多少中外游人陶醉于这人造山林风光与园庭建筑浑然一体的景色而流连忘返。当他们得知在不是很长的时间前，这里还是一片荒山时，竟难以置信。

三、尾声

白塔山公园到今天已初具规模，虽然还不能与颐和园比美，更不能说"姑苏名园不孤"，但是要和1949年前的情况相比，可以说已经是"白塔晴空万树"了。但前山和后山尚有一些景点有待开发，这就寄希望于后人的努力了。我虽年已八十有五，但仍鼓余勇，正为白塔山—金城关一带前山部分，考虑做出一到两个方案，使兰州黄河北岸这一幅山水长卷，再添一些风采。以了却我60余年来与兰州山川朝夕相对眷恋不已的千千情结。

如果说要对建园论功行赏的话，我认为应该首推1958年到任仅十余天把我划为右派分子的王观潮书记。没有他的明目睿智，没有他的果敢决心，哪敢担此风险委我以重任，付以全权，让我来领着干呢！如果没有他要把荒山变公园的指示，没有他的实际支持和鼓励，我任震英虽有此志，也实行不了，仅是一片空想而已。其次是当时的副市长孙剑峰同志、市委副书记李维时同志和其他一些领导们都大力支持，又有尹、马二位同志真诚实干的相助。当然200余位辛勤劳动的师傅们（当时施工的技工和普工最多共达800余人），也都是有功劳的。

在我的内心，早已蕴藏并孕育着一份真挚的虔诚的愿望：即努力把兰州建好。这份心愿起始于战火纷飞的1949年。兰州解放时，在奉命抢修黄河铁桥的那天晚上，彭大将军在为我们举行的庆功会上，就语重心长地对我说："任震英同志，你是党员工程师，现在兰州城市归人民了，怎样建设好人民城市，你可是责无旁贷啊！"就从那天起，出自这位戎马倥偬、肩负西北战场指挥重任的元戎之口的话语，质朴无华，但却像火一样，在我心中燃烧，我一生都未曾须臾忘情。

1957年4月陈毅元帅来兰，当时兼副省长的兰州军区第一副司令员韩练成同志，要我陪同元帅参观白塔山。我向元帅汇报了"把荒山变公园"的设想。他站在白塔之旁，认真地听完了我的汇报，对我的设想十分欣赏，助勉有加，并表示如果需要，可以派工兵前来支援。面对这位为打下人民江山鞍马半生的一代元戎，聆听着他对建设人民城市的教诲和意见，我在心中默默地但却斩钉截铁地说："一定要把人民市建好。"党的教育，领导同志的教导，组织的支持和工人师傅的忘我劳动，是白塔山"荒山变公园"成为现实的根本原因。我为自己能成为建园队伍中的一员而高兴。近两年的艰辛劳动，近两年和工人师傅的友好相处，一大批园庭建筑拔地而起，大片的新绿改变了荒山的黄土，这些使我的思想境界得到了升华。我跳出了个人得失的圈子，心情变得开朗了。有诗《晚归》（1958年秋）为证：

云霞在西天凝翠，我从白塔上晚归。

带来了满头的尘土，披上了一身的霞辉。

我走过了黄河大桥，红旗在人群中飘摇。

河面上阵阵轻风，吹去了我一身疲劳。

我为人民的城市、人民的事业，流了汗、出了力，这就是一切。在白塔山公园初步建成之时，党组织通知我"右派"问题已经初步解决，恢复了我的党籍。不久，省委书记张仲良同志的夫人亲自来我家，邀请我夫妇俩到他家做客。张仲良同志对我慰藉有加，并一再表示歉意。其后，委派我以修建北京人民大会堂两个甘肃厅的重任。

当时，我曾填《满庭芳》词一首，表露了我的心情。

白塔晴岚，繁花碧树，北山今已名园。

殷勤三载，万手变荒寒。

喜看红襟翠袖，佳节日，歌舞联欢。

疏林外，风流诸老，破晓练柔拳。

心丹，终不改，闲愁旧恨，过眼云烟，

有深情如海，浩气凌天。

何日拦河筑坝，萦望眼，帆影相衔。

兰州好，晴空万里，跃马再挥鞭。

1983年7月我陪伴伍老修权，游白塔山公园即赋诗二首：

（一）

驱车直上后山腰，翠柏苍松起碧潮。

白塔彩霞红万里，青藤漪竹绿千条。

三台大殿凌空际，百丈长廊挂铁桥。

最是古香兼古色，七层云斗与砖雕。

（二）

九曲黄河万里流，泥沙淘尽几春秋。

雾迷白塔笼新树，烟绕兰白映旧楼。

岁月四旬随水逝，亭台百丈伴云浮。

轻风拂面游人醉，身在凌霄更上头。

1958年被划为"右派"分子之前，我身任兰州市城市规划管理局局长并兼任市城市建设局局长（当时尚无园林局建制，为城建局下设的园林处）。重任在肩，政务繁杂。正因为有了这一段坎坷经历，使我进一步理解"智慧"存在于群众之中的道理，以及"人民是真正的英雄"这句至理名言。所以这一段历程令我终生难忘，心有所感，附记于此。

　　1980年，国家城市规划设计研究院总工程师陈占祥初次来到兰州。他站在白塔山的牡丹亭上眺望西北面环翠山下连绵起伏的苹果梁、桃树坪、梨树沟绿化区，高兴地对我说，这白塔山公园简直是甘肃人民强悍而爱美性格的象征。你和老工匠合作，把50年代旧城改造中拆下的古庙宇、宅第部件抢救下来，精心构想装配，为人民创作了这么个艺术作品，既发挥了中国传统的优势，又有创新，这就是用我们中国自己的方式办的。陈占祥总工程师是一位在国外颇有影响的建筑规划专家。他还曾在菲律宾首都马尼拉举行的国际建筑协会第四届学术讨论会上用英语介绍了我们艰苦奋斗、在干巴巴的白塔山上建设这些亭台殿阁的经过，使与会的外国建筑师们惊叹不已，说中国人真了不起，还流露了慕名来兰州亲自看看白塔山的愿望。陈占祥从白塔山下来时又对我说，兰州有个健康的骨架，可惜后天有些不足。但是，兰州已插上了一朵鲜花，给人一个突出的形象，那就是这个美丽的白塔山公园。

写于1999年

4

第四篇

生土建筑唤春天

国际生土建筑学术会议开幕词

生土建筑遍及世界各地，它关系着亿万劳动人民的切身生活。特别是在今天，全世界都关心节约能源，节约土地，保护自然生态环境，保护和发扬民族传统文化的情况下，我们共同探讨生土建筑学术问题，为世界上亿万人民群众着想，这无疑是一件具有重大意义的好事。从今天起，我们即将讨论"生土建筑与人"这个主题，即将提出来并且需要大家共同探讨和回答各项有关生土建筑的问题。我深信在讨论中一定会显示出各位专家、学者独特的聪明、才智、专长和你们卓越、富有创造性的理论和实践。

近年来，在世界各地，众多的有关生土建筑的调研报告、论文、专著和优秀的生土建筑实例相继问世，令人大开眼界，耳目一新。深切体会到"阳春白雪"——高楼大厦应该谱写，而广大人民群众所喜见乐用的"土屋窑舍"这首"下里巴人"之歌更拨动了亿万劳动人民的心弦。这次大会所探讨的主题，反映了全人类的需求，我们坚信，它必将造福于每个国家，各个民族。

传统的生土建筑对现代建筑潮流，有什么启发和影响？生土建筑的提高、发展和它的现代化，将给人类的居住环境带来什么前景？这正是我们共同关心和要探讨的问题。我热切希望通过这次盛会，能够在大家共同的努力下，提供必要的条件，以便帮助解决全世界农村居民，特别是那些还不富裕的人民所面临的住房问题。我们今天所研讨的主题，我想同发展中的第三世界广大的农村居民要求是相吻合的吧。因为这次大会所研究的生土建筑问题，旨在着眼于改善居住在生土建筑中的广大村镇居民的生活居住条件，使生土建筑，既保持传统本色，又具有现代化内容，适应时代的要求。

中国是生土建筑广泛存在的国家之一。雄伟的万里长城，可以说是中国古代大规模修筑生土构筑物的代表作。生土建筑过去是，现在依然是我国广大农村中主要的建筑形式之一。经过千百年来的沿袭、演变、改革，发展到今天，中国有着多种多样风格迥然不同的生土建筑，独具特色的黄土高原上的窑洞民居，已经引起国内外学者的广泛注意。在座的，以我的老朋友日本东京工业大学的青木志郎、宫野秋彦和茶谷正洋三位教授为首的一行多位，曾数次来华考察我国黄河流域的黄土窑洞民居，我的老朋友——美国宾夕法尼亚州立大学的吉迪恩·戈兰尼教授也曾多次来华研究黄土窑洞民居，还有不少学者要求来华考察中国的生土建筑。

一个人所共知的事实，我国是拥有10亿人民的国家，有8亿多农民，这些人的生活条件，必须改善。中国政府决心全面发展农村，首先是要研究城乡差别，以便改善农民的居住条件和生活环境，政府在这一领域，从各方面正在努力之中。我们十分明白，中国耕地仅占世界耕地总面积的7%，在这一相当少的土地上要供给几乎占世界人口25%的人居住生息。面对一方面缺少耕地，一方面人口众多，这一双重问题所产生的矛盾，怎能不引起我们的关注？现在摆在我们面前的问题是整个农村如何重建的问题。因此，农村的生态环境必须重新考虑。如果继续采用旧的造房方式，用越来越多的耕地建造房屋，耕地必然相应减少，这是中国的大问题，也是若干国家和地区同样存在的一大问题。农村居住建筑应向哪个方面发展？时至今日，还得不到足够的注意和应有的思考，尚未得到创造性的解决方法。我深信世界上所有生土建筑学者携起手来，就一定能有助于这些问题的逐步解决！我热切地希望各位专家、学者，能够向我们，向全世界劳动人民指出，应该如何来指导这一古老而又新鲜的生土建筑的改革进程。

我国学者，在生土建筑的发展方面，作出过和正在做着有益的工作。详细情况我将在主题发言中再介绍。

近六年来，我们曾举办了三次全国性的生土建筑与窑洞民居学术交流会，拿出近百篇论文、实验报告和科研总结。国家领导人——陈云同志对于我国黄土高原地区的窑洞民居和生土建筑的调查、研究和革新工作，给予很大的鼓励和支持。在这次大会上，中国学者在向来自世界各地的各位专家、学者学习的同时，将会介绍自己的学术活动情况，坦率地表达自己的科学观，请大家指教。

这次会议，不仅是一个学术方面的探索会和交流会，也是一次在学术上加强了解，增进友谊的盛会。我愿意和在座的专家、学者们一道，为世界的生土建筑架一道长桥，开辟一条现代化的道路，让这一古老的建筑形式重放光辉。

写于1985年11月

生土建筑与人

——在国际生土建筑学术讨论会上中方主席的主题发言

一

对我们来说，承认生土与人存在着不可改变的关系，这也就够了！直到今天在地球上很大部分土地上的人类聚落之处，还在大量利用生土建筑。这一事实，说明生土与人的关系密切。在我们中国，仅在中国的西北部的黄土高原上，就有4 000万以上的人民仍然居住在各种形式的生土建筑中（尤其是窑洞中）。有人估计全世界有1/3的人仍然居住在类似的生土建筑之内，这主要指发展中的国家。地处亚洲、非洲大陆，从南、北美洲，直到大洋洲，纵观人类文明的历史，都与生土建筑相关联。

生土建筑的使用质量，是由生土本身的素质所决定的，这正引起当今世界有识之士的关注。除了大家都熟悉的生土的物理性能外，生土的可塑性已为建筑表达了各种各样的形式——提供了创新机会和可能。在世界各国若干名垂人间的生土建筑物，至今仍傲然屹立着，为生土建筑的适应性、可塑性做历史的见证。开罗附近用生土建造的一座金字塔基座上的一段文字碑铭，是这样写的："把我同金字塔的石头相比时，请不要藐视我，我同朱彼特（Jubiet）一样，比其他的神像都高，因为我是用湖底的泥土制成的土砖建造的。"我们中国的万里长城，修建在崇山峻岭之上，在沙漠戈壁之中，绵延5 000余公里。它的大部分也是用泥土建成的——当你看到它时，你能蔑视它的存在吗？能否认这一古老的建筑技术的有效性吗？从人类社会开始起，生土一向就是人类建造住所的最为广泛利用的材料。

时至今日，当我们谈起生土建筑还有它的生命力时（还有效时），则非议之声四起，主要是来自对生土建筑的不公正评价。说它是临时性的，土里土气的，不值一顾的；生土建筑代表落后；研究它的人是"倒退份子""保护落后"。反对者并没有深刻意识到可塑性、经济性是生土最基本的特征，它的主要优势是任何人的功力所不能比拟的。现代的科学技术应当努力提高它的使用水平，而不应该鄙视它。

我们建筑师作为造型创造者，应当重视生土这一内在特性，而不是回避它，这就是对我们的挑战。

二

我国生土建筑，分布极广，历史悠久，类型繁多。它的构造和夯、筑、挖、填的方式以及它的外观式样既丰富多彩又保持了朴实无华的乡土风格。从我们的先民开始建造住所以来，"生土"就是被首先广泛利用的主要建筑材料。

我国生土建筑（包括生土窑居），如果考察古人类居住天然岩洞到人工凿穴为居室的历史，可以追溯到65～80万年前的陕西蓝田猿人和近年发现的甘肃秦安县的7 000多年前的大地湾遗址，以及6 000年前的西安半坡村人的穴居遗迹。在黄河流域的山西省夏县东下冯村的夏代横穴遗址，距今已有4 000多年的历史了。在河南省洛阳市发掘出来的战国时期的地下粮仓群，有的完好无缺。我国新疆火洲——吐鲁番地区（现吐鲁番市）的伯孜克里克千佛洞，是由73孔土窑洞组成的"神"的住所，它创建于南北朝，盛于唐，迄元至今犹存。陕西省宝鸡市金台观是元朝末期遗存的"张三丰洞"古窑，距今已有650年之久了。现存的山西省临汾太平村张玉林家的黄土窑洞，是闯王李自成进北京那年（即1628年）修建的，距今已有357年的历史，已经有17代人在这窑居里居住过。山西省芮城县杜家村一孔6米宽、30米深的窑居，已有10代子孙在那里繁衍生息。甘肃陇东、陕北、晋南等地区的土窑居，多数建于明、清时代和中华人民共和国成立以前。陇东地区的窑居十分古朴，还带有仿生学的胎记。这些窑居非房、非屋、非楼阁，如堂、如殿、如洞府，堪称列祖列宗认识自然、顺应自然、利用自然和改造自然的人工佳作。

人所共知，马可·波罗曾经经过的楼兰古城，原为汉代的丝绸之路（西域南路）的必经之地，现已成为"沙漠的庞贝城"，现还存有土坯建筑的遗迹和高10米的土塔。至于吐鲁番地区（现吐鲁番市）的高昌古城和交河故城，建于公元前1世纪，14世纪废弃。我国著名佛教法师唐·玄奘于公元7世纪到"西天"取经，曾在这里为高昌王讲经说法。交河故城自汉至元，也经历了较长的年代，与高昌故城不同的是，它的城墙是夯土建筑，城内建筑多是土坯砌成。交河故城的房屋院落大多一半在地下，系挖掘而成，一半在地上为夯土筑成。秦汉时代的长城遗迹保留到今天，其中烽火台、战城、军城、仓城等，基本上都是用素土夯筑的。明代重修的万里长城，从山西河曲县城以西全部用素土夯筑而成。河曲县以东的长城内部用土夯筑，表皮砌有砖石。封建王朝时代，全国州、府、县一级城池都是用夯土技术筑成的。许多古城的夯土城墙保存至今其夯层与夯窝还历历在目。时至今日，寺庙、陵墓、高矗的古塔，有很多是用土筑成的。例如河西古郡敦煌和张掖的土筑塔，经历了上千年的风霜雨雪，至今昂然屹立，风姿不凡。

传统的甘青藏族民居，多为两层的"内不见土、外不见木"的土堡形式，甘南卓尼博拉、阿木去乎，不少房子具有100年左右的历史，有的房龄达200年。福建南部、广东东部地区的"外封闭、内开敞"的客家民居，是东晋、唐末、南宋等时期外族侵入中原、汉族南迁定居后创造的"大圆楼""大方楼"，有的高达5～6层，一栋大楼建筑面积可达4万平方米。许多建筑已经受了300～500年的沧桑变化，这是我国生土建筑中层数最多，体重最大，群体最多的夯土墙楼房。晋南地区所见的"牛踩坯拱脚""夯土拱脚""原土拱脚"与"土坯拱脚"的土坯窑洞建筑等，其历史也是非常悠久的。

我国特有的黄土窑洞民居，遍布于黄河中上游的黄土高原地区。黄土高原是指太行山以西至乌鞘岭、秦岭山脉以北抵古长城。主要有甘肃、陕西、山西、河南4个省，河北和内蒙古以及青海、宁夏的部分地区也有黄土窑洞分布。

黄土窑洞是生土建筑中重要的建筑类型，分布广泛，建筑布局和营建方式极为特殊，有许多固有的优点并具有科学依据的因素。其一，是特种功能与低代价的统一。具体表现在功能、经济、材料、结构、施工等基本要素之间的较好的统一。据河南巩县（今巩义市）的调查，无内衬的黄土窑洞，每平方米的造价为8元，仅是土木结构的农房建筑造价的五分之一；冬暖夏凉，最冷的1月份，窑外温度1℃，窑内为11.27℃，室内外温差10℃以上，是很有效的节能建筑类型。其二，是人工与自然有机结合。在人与自然的结合中，窑洞建筑更受自然条件和环境的支配，有人工融于自然之感。因此，自然气息、乡土味更浓，充分体现了敦厚、朴实的性格。其三，窑洞又是争取地壳浅层地下空间很好的建筑形式，可以起到保护自然环境、减弱噪声污染的功能，提供安静、舒适的居住环境。这在我国人多地少的情况下，更有意义。目前，我国按人口平均耕地为1.55亩计，仅是世界人均耕地5.5亩的1/3。如果把有条件的城镇和乡村居民点转入地下，做到洞内为室，洞顶为田，是很有现实意义的。由此可见，我们的先辈很久以前就懂得了利用黄土的可塑性、可凿性、保温性和干土的坚固性，或原土凿洞，或夯打，或制坯与木、砖、石结合。自古至今，因地制宜地在各地建造了许许多多生土建筑和窑洞民居，从而给我们留下了不少的人工杰作、遗迹和实践经验。可以说，我国的生土建筑及窑洞民居是我国的一种别具特色的传统建筑形式。时至今天，它的发展很快，不仅大量用作民居，也用作宾馆。在座的潘祖尧先生十分欣赏把窑洞作为宾馆的倡议。以黄土窑洞而论，可以归纳为三种类型：即崖窑、下沉式窑洞、半敞式窑洞。它们分布于山腰、山坡与山脚地带或沿沟崖，分布塬上及塬边与塬的沟壑地带，民间俗称为"明庄子""暗庄子"与"半明半暗庄子"，它是黄土地区，尤其是黄土高原上的特有建筑形式，反映了浓厚的地方色彩与乡土风格。我们一提到黄土窑洞，人们便会立刻联想到延安的窑洞，空间层次丰富的崖窑村落更具特色！进入村庄，见不到地面建筑，所有窑洞全在地下坑院内，正是"上山不见山，入村不见村，院落地下埋，窑居土中生，平地起炊烟，忽闻鸡犬声"，极富地方风土特色。洛阳邙山和甘肃庆阳的下沉式窑洞村落已经引起了国内外建筑学者的注意，并载入了有关的著作之中。当地群众赞美自己的窑居说："我家住着无瓦房，冬天暖来夏天凉。"有人因此称其为神仙洞。

在我国广大地区所看到的大量的生土建筑，多是土坯（用生土捣制而成）房子，或用麦秸和土制成草泥坯与木柱、木檩、木椽结合修建的平房或二层楼房，有的是白墙黛瓦、乌黑的廊柱。由这些房子形成的各种平面、立面形式的住宅院落，也颇具特色。

以其他形式的生土建筑而论，吐鲁番的土拱建筑则反映了"火洲"地带的地方特色，它发挥了土拱隔热性能特好的特点，并且不少土拱建筑采用了半地下的形式，从而使室内的温度比室外低得多，再加上用葡萄架凉棚遮阳，于是形成了非常适应当地气候特征、能避酷暑的土拱民居。我国新疆维吾尔族的穹顶生土建筑，可以不用支撑架，不用画圆心，不需用什么工具，也不需绘施工详图。人所共知，土坯砖不能承受弯矩和剪力。因此穹顶是按照弯矩圆的图形，采用抛物线状建造的，这就消除了所有的弯矩，而使其承受压力。新疆维吾尔族人民的穹顶房屋，既廉价又美观。

数千年来，我国建筑材料改进不大。西周时才产生了瓦，战国时期才出现了砖，北魏时期才生产玻璃。至辽宋时代试图用铜、铁做建筑材料，但因其昂贵，平民百姓用不起，因而除了砖瓦木石之外，其他建筑材料没有更多、更新的发展，只有生土建筑却一直与社会历史的发展并存，它是有其生命力的，我们要延续和壮大它的生命力，就在于我们不断让它运动、向前、改造、更新……

生土建筑在过去、现在已经伴随着人类的生存和发展作出重要的贡献。我们相信，今天和明天它将会为人类的进步作出更大的贡献。所以，我衷心祝愿，通过这次大有收获的国际生土建筑学术讨论会，为世界生土建筑现代化，创造一个为人类服务的居住环境而探索经验，探求佳径！让这一古老的建筑类型，在我们的共同努力下，焕发出光彩夺目的青春！

写于1985年11月

中国建筑学会窑洞及生土建筑
第一次学术讨论会议开幕词

　　我个人对窑洞及生土建筑是很感兴趣的，但知之不多，研究更是十分肤浅，值此机会，我仅提出几个问题作为开场白，与同志们共同讨论。

一

　　窑洞及生土建筑，是我国黄河流域广大地区的一种传统的建筑形式，主要集中在陕、甘、宁、青、新、晋、豫等省区。由于这些地区黄土资源特别丰厚，这就为窑洞及生土建筑提供了先决条件，使其具有悠久的历史，如果从有历史记载的西安半坡村人的穴居说起，至少也有6 000年的历史了，不仅历史悠久，而且规模宏大，分布很广，种类繁多。至于生土建筑则分布范围更大，利用方式更为多样（土坯、土打墙、土房顶、半地下式的地窝子等）。据初步估计，直到今天，居住在窑洞生土建筑中的人口约有两亿人之多。河南省约有1/10的人口（近800万人）居住在这类建筑中，山西省约有1/5的人口在窑洞中居住，甘肃省庆阳地区约有88%的人口居住在窑洞中。延安窑洞是举世闻名的，宁夏、青海、新疆的广大人民也有不少人居住在这类建筑中。在东北、华北平原、福建等地的农村中，更有多达数亿的居民居住在生土建筑里边。在如此漫长的历史长河中，有如此众多的人民把窑洞及生土建筑作为生活起居之所，经久而不衰，这个事实本身就足以表明它造福于亿万人民，是一个重大的建筑科研课题。日本学者茶谷正洋在东京对我说，窑洞及生土建筑，尤其是窑洞建筑，中国是这类居住建筑的鼻祖。由此可见，中国的窑洞及生土建筑在世界建筑史上具有一定的位置，从这一点来看，也是值得我们探讨的。

二

中华人民共和国成立以来，我国的建筑工作者，对窑洞及生土建筑进行了许许多多的科学研究和调查工作，这包括对它们的历史、现状的调查和其发展方面的研究以及理论、实践方面的探索。工作在规划、设计、施工、管理部门的许多同志，怀着对广大劳动人民的热爱，付出了不少心血，进行了辛勤的劳动。随着大规模的经济建设，在广大农村和城镇，设计人员吸取民间经验，建设了一批农村民居示范点和工人村镇，修建了不少有所改进的窑洞，显示了传统建筑的生命力和优越性。

因为历史的原因，耽搁和影响了对这类建筑刚刚展开的科学研究工作，以致造成了一些人对这项工作的认识不足或估计过低，甚至出现了漠视的态度。例如，目前有些设计人员只热衷于高楼大厦，这些好比是"阳春白雪"，而对于"下里巴人"——与广大人民群众的生活息息相关的窑洞及生土建筑却兴趣不大。

窑洞及生土建筑时至今日究竟还有没有生命力，它还能不能为实现四个现代化服务？它怎么才能为广大劳动人民造福呢？换言之，我们建筑工作者，在谱写"阳春白雪"的同时，如何才能谱写好"下里巴人"的新曲呢？如何才能使这个"下里巴人"的新歌曲为广大劳动人民所接受、所拥护呢？这些问题，已经摆在了我们的面前，它需要我们作出科学的论断。

随着当前农村经济形势的明显好转，农民收入不断增加，生活水平日益提高，要求尽快改善当前的居住条件，建设社会主义的新农村已经提上了我们的议事日程。这是形势发展的客观需要，也是广大劳动人民与建筑工作者的主观愿望。在总结过去经验教训的基础上，以现代文明和现代化科学技术支援广大农村，改进当前窑洞及生土建筑，提高质量，保持风格，降低造价，美化环境，造福于广大人民，这已经成为我们建筑工作者义不容辞的神圣责任。这就是我们这次学术讨论会议的中心议题。

三

当今世界，能源危机普遍存在，在能源危机的冲击下，欧美日本等国家的建筑师正在倡导"能量守恒"的建筑设计新理论，他们呼吁在建设过程中要大力保护自然环境，保持生态平衡。有不少实例，如有意识地在屋面上覆土，在墙角处填土，种植花草树木等，不但使室内温度得以保持，节省燃料消耗，而且又美化了环境，巧妙地结合地形特点把房屋隐蔽在地下或半地下，既不破坏自然风光，又创造了幽雅恬静的居住环境。实质上，这就是利用现代技术，应用新的设计理论，发展窑洞及生土建筑的优越性。

我们同样应当考虑节能问题。我们既要着眼于当前，也要放眼于未来。我们不仅应当对窑洞及生土建筑本身的优缺点进行总结，以便扬长避短，推陈出新，我们更要着眼于节约能源、保护环境，使窑洞及生土建筑作为广大农村的传统建筑，在城镇建设中发挥其应有的作用。为窑洞及生土建筑开拓新的境界，这就是我们这次学术讨论会议的内容之一。

四

地球上黄土层分布最广、最厚的国家当属中国。我国的黄土地区，包括山西高原、陕北高原、陇东高原、豫西山地等，黄土丰厚，这就为我国窑洞及生土建筑的发展创造了得天独厚的自然地理条件。这些地区，干旱，降雨量少，日照时间长，为产生窑洞提供了有利的气象条件。除此而外，窑洞可以结合地形，就地取材，因地制宜，而且农民可以自己动手，自己建造，这恰恰又与我们家底很薄的经济特点相吻合，于是，窑洞在我国黄土地区得到了广泛的发展。如果从现代优化发展的角度来衡量，它又是一种天生的节能建筑，可以弥补黄土高原林木缺乏的不足。如果从争取空间的角度来看，可以巧妙用沟壑，少占良田，节省耕地，它可以在地下、半地下、山坡、崖顶等处建筑，空间多变，形式多样，独具特色。从历史的发展和宏观的角度来推断，我认为这种建筑仍具有一定的生命力，在四化建设中，我们应当给它以一席之地，使其为我国广大劳动人民作出应有的贡献。

当然，窑洞及生土建筑同任何一种建筑形式一样有着它的局限性，也存在着若干不足之处。例如建筑布局零乱，窑洞本身的通风与阴暗潮湿等问题。如何发扬其固有的优越特点，弥补其不足之处，并把现代化的血液输入到这种古老的建筑体系之中，这就是我们建筑工作者面临的光荣任务。对我们建筑工作者来说，应在继承和借鉴前人的经验和成果的基础上，探讨窑洞及生土建筑如何才能使其在理论上具有科学依据，在功能上更加符合现代生活的要求，在技术上更加先进、合理，在施工过程中能够大量减轻农民的劳动强度，并易于被广大劳动人民所掌握。同时，还应该探讨节约能源、节省土地、保护环境和美化居住环境以及充分利用各种空间的途径等问题。简言之，我们在这次学术讨论会议上，就是试图通过普查现状、总结经验，对窑洞及生土建筑进行初步评价，用现代化的设计方法、技术措施、分解实例，来鉴定优劣，并提出群众喜闻乐见的改进方案。

五

在会议期间，与会代表为会议提供了不少有关窑洞及生土建筑的论文，我们将在会议上进行交流和讨论。希望大家在学术讨论中，各抒己见，畅所欲言，使我们的认识得到提高，问题有所深化，以便为今后窑洞及生土建筑的调研工作开拓新的局面。

我们希望通过这次学术活动，将更多的热爱这项事业的人民群众、民间匠师、专家学者、规划师、建筑师、工程师等吸引进来，从而使我国的窑洞及生土建筑的研究工作不断获得新的进展。我深信，在党中央非常重视农村建设的今天，我们在各省、区、地、县党政和广大群众的支持下，经过我们努力工作，是一定能够把这项造福于亿万人民的工作深入下去的。

7月份，日本建筑界以茶谷正洋教授为首的10人代表团将来我国要求与我们合作进行窑洞的研究，并把我国传统的乡土建筑——窑洞及生土建筑介绍到国际上去，这是一件好事。在与其共同研究的过程中我们也可以向他们学习，从而进一步提高我们自己的科研水平。这项学术活动，一俟决定，我们还必须请与会的专家学者和实际工作者给予大力的协助。

从民间传统的建筑之中吸取营养以丰富现代建筑的百花园，是历史发展的一个必然趋势，我们每个人都是一名辛勤的园丁。让我们打开智慧的源泉，浇灌这生土建筑之花，使其在建筑的百花园中盛开怒放吧！

写于1981年6月

为4000万窑居者召唤春天

——给国际建协的一封信

一、背 景

黄河流域是中华民族的发祥地，是中华民族文明的摇篮。黄河流域上、中游的黄土地区之广大，其中原生黄土层面积之辽阔，举世罕见，特别是我国大西北的"黄土高原"地区最为突出，竟达63万平方公里。千百年来，窑居建筑始终是黄河流域黄土覆盖地区人民的主要民居类型之一。

窑洞民居主要分布如下：

1.在甘肃，窑洞建筑绝大部分分布在陇东的庆阳及平凉地区。庆阳地区窑洞建筑占该地区各类民居建筑的83.4%，平凉地区窑洞占72.9%，其中崇信县的农村中，窑洞占93%。在兰州北山山区窑居者约有1.5万户，近7万人。

2.在陕西，窑居主要分布在秦岭以北的延安、米脂、铜川、绥德、渭南、潼关、乾县、宝鸡等地，几乎占了半个省区。

3.在山西，晋南、晋中、晋西都有分布。

4.在河南，窑洞建筑主要分布在郑州以西的巩县（今巩义市）、偃师、洛阳、新安、三门峡、灵宝等地。

5.在宁夏，窑洞建筑大部分在宁夏的西吉、海原、固原的南部山区中，居住人数占该山区农村总人口的52%。南部山区中约有45%的农户84.7万余人居住在各类极其简陋的"寒窑"之中。宁夏目前仍有20万户，约70万～80万人的居住条件急需革新与改造。

6.河北省西南部太行山区的武安、涉县等地，青海省东部地区，均有窑洞民居的分布。

由于黄土高原的干旱、半干旱的特殊地理气候环境，人们为躲避酷暑严寒，利用黄土覆盖创造了窑洞民居。地上种田、地下居住已成为黄土高原上一种传统的生活方式。窑居者深知其所住的窑洞，具有冬暖夏凉、经济实用、生产和生活两利的优点，对其有着深切的眷恋之情。但对窑洞的阴、暗、潮、闷等缺点却非常不满，纷纷向我们研究会的调研人员提出呼吁，希望在现有的经济条件下，改善、革新窑洞民居，提高居住质量。这个责任历史地落在了我们当代的规划师与建筑师的肩上。

二、现　实

中外专家、学者一致认为：革新的窑洞及生土建筑是一种能够节省土地、降低造价、节约能源和保护环境的居住建筑，在有条件的山区大力推广革新的窑洞建筑，这样就可以制止"弃窑下山"占用耕地建房的现象。

近几年，我国绝大部分农村经济好转，出现了建房热潮，仅1979—1986年的7年间，农村新建住房42.3亿平方米，超过前30年农村建房的总和。

我国福建省革新了的"土混建筑"（夯土墙、土坯墙承重，钢筋、混凝土梁板混合结构）；广东省的"生土墙建筑"；新疆维吾尔族的"生土穹顶建筑"；藏族的"土堡垒式民居"，得到了冬季保暖、酷暑隔热的节能效果。类似这些建筑物，可以因地制宜，就地取材；可利用沟壑、崖边、山坡、台地之地形，在工程技术人员指导下，农民可自力建造。这就是我们面对的现实。

三、思　考

近10年来，我们研究会经过调查研究撰写了百余篇调查报告及论文，我们意识到，在地质、气候等条件具备的情况下，我们必须因地制宜从传统的城镇空间形式和传统的规划结构理论的束缚中解放出来，重新探讨城镇、乡、村发展的新居住建筑的结构形式。

近10年来，研究会和各省、市、自治区调研小组的成员们深入穷困乡村，对各类窑洞及各类生土建筑的居住环境、空间环境、社会环境对社会意识所决定的心理状态及生理各个方面的反映以及对我国若干城镇和农村大量耕地被侵占、能源过度消耗、生态环境被破坏进行了科学的分析与研究。认为：解决好乡镇及广大农村上述这些问题，在于努力去开发节地节能、经济实用的民居建筑，开发浅层地下空间，充分利用沟壑、山坡、山崖不可耕地带建民居，并将太阳能与沼气充分利用于这类建筑系统之中。这是既现实又有效的途径。

四、行　动

时至今日，在我国有些地区的某些领导仍误认为保护窑洞就是保护"落后"，视"弃窑下山"、占用耕地建房为扶贫致富的标志。事实上，农村中的多数中年农民对长期居住的窑洞仍眷恋不舍，特别是当他们摸着口袋里不多的钱，东奔西跑地张罗紧缺的建筑材料时，更感到窑洞的亲切。下决心"为寒窑召唤春天"，为黄土高原的穷困人民改善居住质量。

窑洞的发展与废弃，这对我国人口、土地、能源、环境、自然生态的平衡与否，是一块有分量的砝码，我们怎能不行动起来！

五、实　践

诚然，一个学术组织没有定编人员，缺乏经费，缺乏实验场地，进行窑洞改造革新的实验谈何容易。在地方政府的支持下，我们在河南的巩县（今巩义市）、陕西的乾县首先进行传统窑洞的革新试点，因陋就简，着手解决其采光、通风、防潮等问题，并获得初步成果，得到农民的欢迎。

1984—1988年，我们在兰州市烧盐沟内的荒坡地带修建了"白塔山庄"实验小区，建起了500余平方米的农村式革新的窑房和掩土建筑，有近3 000平方米的城市型掩体靠山爬坡住宅正在施工中，在兰州郊区榆中县建成利用太阳能的下沉式窑居一院。兰州"白塔山庄"这条荒沟内的上水、下水、电力及简易的道路已通，"窑顶院"鲜花盛开，草坪苍翠，"白塔山庄"一派生机盎然的景象。研究会同时在距兰州85公里的北山地区的贡井乡，由研究会拨款义务地为4家窑居户的窑洞进行改造、革新，并作为该地区"寒窑"居住者的革新榜样，引起了该区众多农民的效仿。研究会山西省分支小组，在左国保高级建筑师和贾坤南同志指导之下，在山西的浮山县及太原地区，实践了"烧结窑居"（黄土洞室内烧结固化）的试验、二层新窑居试点、崖坡式黄土窑洞的改造。

目前，在中国黄土高原地区还急需进行的是合理的窑洞村的规划，要利用冲沟等非耕地，合理地布置窑村，要综合治理窑洞民居的环境，提高居住水平。

六、求索与希望

鉴于目前我国黄土高原地区中的农村、乡镇公用配套设施仍处于低水平的现况，因而，我们的设计试点主要从节地节能入手，着重解决目前农村窑洞中普遍存在着的阴暗、潮闷等问题。施工中的技术措施，尽量采用一些简易措施，便于广大农民易学、省钱，便于自建推广。

今后可将窑洞的功能进一步延伸，建成供休假、疗养使用的窑洞别墅、窑洞疗养院、涉外旅游的窑洞宾馆；培育菌类、菌菜的恒温恒湿窑洞和鲜菜冷藏窑洞及粮仓窑洞。

利用窑洞"冬暖夏凉"的特点，并加以简单的技术处理，改善现有的居住条件。

研究会正在组织专家、学者们进行窑洞设计规范的探索，逐步使窑洞设计理论化、科学化。

近年来在世界各地建筑学坛已有大量的有关生土建筑的调研报告、论文、专著、优秀的生土建筑实例相继问世。传统的生土建筑对现代建筑新潮流有什么启发和影响？生土建筑的提高与发展，将给中国及全人类的居住环境带来什么前景？这都将是人们关心和求索的问题。

我们研究会全体成员，都深切了解改善、革新广大劳动人民的人居质量，这项事业是属于全人类的人口、土地、能源、环境、资源等基本策略中的一个重要组成部分，它急待全世界建筑界的有识之士团结一致、共同研究解决。现代节能节地与环境设计的重要性，使地下建筑受到建筑师和规划师的关注与求索。近年来中国传统的生土建筑，尤其是黄土高原地区的窑洞建筑更引起人们广泛的研究兴趣。我们研究会的成员，坚持实践论的观点，正在上下而求索。我们希望借此机缘，引起全世界专业工作者对我们所从事的工作的了解和关注，我们能够互为师友，互通有无，共同为全世界生土建筑的革新与现代化摸索经验，探求佳径。用我们的智慧和劳动建造我们自己的——"生土建筑学"的宏伟殿堂。

写于1989年9月

为"窑洞""土屋"呼唤春天

——兼谈国土的开发利用问题

一个需要认真对待的大问题

我国是一个人口众多的国家，人多地少的矛盾越来越尖锐，这已成为一个需要认真研究解决的大问题。

中华人民共和国成立初期，我国人均土地面积约为26亩，人均耕地面积是2.7亩，到1985年，人均耕地已减少到1.4亩，只是世界人均耕地面积4.8亩的1/3。据有关方面预计，到20世纪末，我国人均耕地面积还将继续下降到0.8亩左右。大量的耕地已被侵占或破坏而逐年减少。因此，在控制人口增长的同时，需要大力开展国土的综合开发利用，节约用地。

党的十一届三中全会以来，随着农村经济和村镇建设的发展，我国广大农村出现了建房热潮，城镇和农村最少还要建房100亿~125亿平方米。在所有非生产性占地中，房屋建筑用地占最大比重。如此巨大的建房面积还要占用多少土地和耕地？而在此期间，我们既不能大量向人烟稀少的西北戈壁移民，也不可能如某些发达国家那样向海洋、空间发展，搞所谓"漂浮城市""高架城市"。因此，这就成了一个严肃的战略上亟待研究的课题了。

近几年来，农村和城镇建房中，滥用耕地的现象是相当普遍的。1986年12月，我从厦门到梅州，看到在300多公里长的公路两旁，新建农房林立。这条公路三年中走过了三次，看到新建的农房一次比一次多。我想，如果不加控制，不用几年，这条公路就要变成700里的长街了。而在离公路稍远一点的地方却有不少向阳的秃山荒坡没有被利用，真是可惜！如果依山就势，在那里有规划、有计划地建筑一些掩土建筑和土生土长的土混建筑山村，岂不是可以有效地开发这些地方而保护耕地吗？

占用耕地的大头在农村

兰州市30多年来，仅城关、七里河、西固、安宁4个城区已被征用的耕地就达18万亩，全市现有菜地仅有5万亩，农业人口人均耕地仅有0.7亩，城市可以利用的空地，已基本上使用完了。而兰州南北两山可以开发利用的沟壑山坡地带，却在那里荒芜着。

有的材料说，中华人民共和国成立以来，全国耕地已减少近5亿亩。我国有63万平方公里的黄土高原，如在陕北、在陇东、在豫西、在晋南以及在其他可以建窑的地方，如甘肃千里的河西走廊等地的城镇乡村周围，还有很多大可开发利用的非耕地及沟壑地带。而在这些窑居地区，如今毁弃崖窑，在平地耕地上建新房，大量占用耕地的现象有增无减。以陕西和甘肃河西走廊的酒泉、张掖农村为例，新建的农户住宅，一般人均面积都在15平方米以上，高的近30平方米，广东、福建沿海农村的自建新宅，有不少户建筑面积在100平方米甚至更多。我们可以肯定地说，占用耕地的大头在农村。

改造"窑洞""土屋"有利于国土的综合开发利用

如何改造、革新这些窑洞和生土建筑，不仅对继承和发展我国传统窑洞及生土建筑文化，节约土地能源，开发浅层地下空间具有积极的意义，尤其重要的是可以充分利用山坡地、黄土沟壑地带和荒芜的土地修建住房，有保护和节约耕地、合理开发土地资源的价值。

对古老的窑洞和生土建筑进行改革，赋予它们新的生命，这绝不是保护"落后"，而是可以更好地发挥这种建筑就地取土，冬暖夏凉，经济实用以及保护生态环境的最佳作用，此点，已被科学家所承认。以节能而言，不仅窑洞冬暖夏凉，具有节能优点，即如福建和广东的"生土大墙建筑"。福建省革新了的"土混建筑"，同样有冬季保暖、酷暑隔热的节能意义。近年来，广东梅县、福建莆田、新厝、福清等地的居民，都兴建了不少二三层的"土混住宅楼"。正是由于上述这些优点，才使这类建筑，不仅没有被淘汰，而且至今为广大农民喜建乐用，屡建不衰。当然，它们比过去已经有所革新，有所进步了。

我从事城市规划事业的技术工作大半辈子了。近五六年来，对我国6大窑居区中的5个进行了调查研究，事实使我开始意识到，我们必须从传统的城镇空间形式和传统的规划结构理论的束缚中解脱出来，重新探讨城镇、乡村发展的新的结构、形式。它应该是一个较为简洁的结构，使许多问题尽可能在这个结构上得到较为妥善的处理。

在世界上许多先进国家的城镇里，"上天"的结果是高楼林立花去了相当的代价。他们原想靠建造高楼巨厦来解决城市空间问题，实践证明，这一着并不是"灵丹妙药"，而是利弊各半。结合我国国情看，仅此一着也还不能解决我们当前的急需。原来许多国家提出了"回到地下"的口号，认为城镇发展是否成功，在很大程度上取决于地下空间的合理利用。向地下空间发展已成一种必然的趋势。我们可以借鉴先人开发浅层地下空间，尤其是在西北黄土高原地区开发的理论与实践经验，取其精华，去其糟粕，运用我们的技术力量，就地取材，给予精心规划、精心设计，有重点、有步骤地开发和改善我们的浅层地下空间环境，并可先在陕、甘、宁、新、晋、豫的农村试点，而后视条件加以推广。

为了开展上述课题的调查研究工作，中国建筑学会于1980年在兰州成立了中国建筑学会窑洞及生土建筑调研组。近7年来，经过各省窑洞及生土建筑调研小组近100人的努力，这项调研工作现已转入专题研究和实践试点阶段。从1981年到1984年先后在陕西省延安、河南省巩县（今巩义市）、新疆的乌鲁木齐市召开了三次学术讨论会，共汇集论文和调研报告117篇。1983年4月在甘肃省兰州市召开了第一次科研实践协调会议。1985年11月在北京召开了国际生土建筑学术会议，有来自美国、日本、法国、英国、德国、比利时、澳大利亚、朝鲜、南朝鲜（韩国）等国家和地区的代表共91人，中国方面的代表80多人。中外学者各有十数人在会上做了学术报告。我们为此次会议编辑了《国际生土建筑学术会议论文集》（英文版），发表了70多篇论文，并举办了"中国传统生土建筑的影片及模型展览"，编印了《中国生土建筑画册》，会上放映了《黄土高原窑洞的建筑》录像片。在这次会议上，我国窑洞及生土建筑的调研工作，受到了国际上的好评。

1986年12月份在福州市召开了全国窑洞及生土建筑第二次科研协调会，会上研讨了1987年度生土建筑科研项目，并得到建设部科技局的资助费3万元。

6年多来，中国建筑学会窑洞及生土建筑调研组和各省区调研小组的同志们，跋山涉水，行数千里路，深入穷乡僻壤间，较系统地分析了黄土高原地区、新疆的交河故城地区、甘南地区以及若干省区窑洞及生土建筑的优缺点，以及广大农村地区的窑居环境、空间环境、社会环境、行为单元、社会意志所决定的心理状态及生理上各方面的反映，还针对我国若干城市和广大农村大量侵占耕地、大量耗费能源、居住环境不令人满意、生态环境被破坏等问题进行了分析，认为，解决好城镇、农村的发展与上述这类问题的矛盾，较为现实有效的途径，在于开发、节能、节地、搞经济实用的建筑，在于开发浅层地下空间，在于将太阳能与沼气充分利用到这类建筑系统之中。

我们建议，在国家有关部门领导下，成立中国节能、节地、现代窑洞及生土建筑规划设计研究所（或者首先在西北地区成立这个研究所），研究如何在黄土高原地区、中原地区、华北地区革新黄土窑洞和居住环境，保护现有耕地。改善、革新的方向，应着眼于利用环境和巧妙地争取空间。

"白塔山庄"——革新窑洞和生土掩体建筑的试点工程

根据陈云同志的指示，城乡建设部的负责同志听取了调研组的汇报，并拨款3万元支持工作，决定在兰州、夏官营（太阳能研究中心）、陕西乾县、河南巩县（今巩义市）、山西省的太原和浮山等地进行科研实践试点工程。与此同时，兰州市人民政府给调研组拨款20万元，并在兰州市黄河北岸白塔山拨荒沟、荒坡地30余亩作为调研组的试验场所。到目前为止，我们在白塔山坡地上（不能开垦出耕地的陡峭沟壑）已建起了50孔退阶、爬坡、覆土、节能、节地的窑洞居室共1 500平方米，其中27孔已作为商品房转让给兰州市老干部局等单位使用，受到欢迎。这50孔窑洞，是我们对我国传统的窑洞和生土建筑进行革新、改造的科研工作所取得的初步成果。每孔窑洞宽3.46米，高3.93米，深6～10米不等，传统窑洞存在的阴、暗、潮、闷和不能抗震的缺陷，基本上都已改善。窑洞造价比城市楼房住宅的造价便宜一半以上，富裕起来的农民是建得起的。这种窑洞可节省大量的木材、钢材，水泥也用得很少，窑洞施工期短，技术容易掌握，便于推广，窑洞最少可以减少两个月的采暖耗能。

这组初步革新窑洞的试验工作，得到了甘肃省和兰州市负责同志的支持和鼓励，省市又分别拨款50万元和30万元，支持调研组进行第二组和第三组城市型窑洞及掩土住宅、办公室的试点工程。窑洞内供电、采暖、卫生设备、厨厕齐全。现在试点工程已破土动工，我们计划在兰州白塔山先建造出一个较为像样的结合省情、市情的窑洞居民小区——"白塔山庄"，经过会审验收后推广。在兰州南北两山有很多可以利用的山坡、沟壑地，若用来修筑新型窑洞式住宅，对于南北两山对峙、黄河贯穿全市、市区面积狭长、可以利用的土地所剩不多的兰州市来说，不仅能保护市郊耕地，解决市区用地紧张问题，而且可以改善兰州山城景观，有利于立体绿化，有利于防止泥石流和滑坡。

在"白塔山庄"这个掩土建筑与窑洞相结合的实验小区，我们打算根据居住环境不同层次的需求，逐步探索出一个较为合理的居住环境。通过一定的规划与设计建设实例，如何"相地"，从建筑结构的稳定性、采光、通风、防潮、抗震、给水、排水、绿化、美化、经济施工等方面，找出指导性的理论分析和具体设计实施的方案和方法，研究如何利用浅层地下空间，利用完全没有耕种价值的荒沟、荒坡地带，创造良好的居住环境。

令人感到欣慰的是，对于革新窑洞和生土建筑的试验研究工作，已经进入我国大学的讲坛和实验室。西北冶金建筑学院、重庆大学、天津大学、清华大学、福州大学、同济大学等，都设置了相应的选修课，有的已招收了有关窑洞及生土建筑方面的研究生。日本东京工业大学去秋派博士研究生八代克彦到西北冶金建筑学院留学两年，他的博士论文题目是《中国黄河流域窑洞民居研究》。我国的学者，有的对窑洞及生土建筑有计划地进行了考察研究并著书立说，有的直接参加了革新窑洞和生土建筑的设计与实践。

目前，对于革新窑洞和生土建筑以及如何充分利用空间，已经引起了世界各国建筑界的重视和关注。日本建筑学者青木志郎、宫野秋彦、茶谷正洋教授等近30人已5次来华，对我国窑洞及生土建筑进行了细致的考察，近日又函告中国建筑学会，以青木教授为首的26人将于7月第6次来华考察。美国的戈兰尼教授多次访问我国若干窑居区，现正在美国潜心于对中国黄土窑洞的实验研究并从中国招募助手帮助他完成这个科研项目。不久前来函言及拟和我们研究在兰州或其他地方试建一处"革新了的窑居居民区"，争取国际援助进行较大的试点。据悉，国外生土建筑研究学者，把我国河南邙山和甘肃陇东地区的下沉式窑洞的传统做法加以革新改造，应用到非洲地区，进行较大规模的地下空间开发，作为新技术出口。外国学者对革新窑洞和生土建筑的研究、探索，值得我们深思。

黄土高原居民要求革新窑洞建筑

黄河流域是中华民族的发祥地，是中华民族文明的摇篮，我国人民自古以来，就劳动生息在这块土地上。我们的祖先在生产实践中很早就在黄土高原发现并利用黄土所特有的可塑性、易凿性、相当的坚固性和耐火性等良好的物理学性质，依山就势，使用简单工具开挖窑舍，创造出我们特有的地下浅层居住建筑。千百年来，窑洞建筑一直是这一地区人民的主要建筑类型之一。改造、革新、完善和发展窑洞建筑，关系到我国千百万人民群众生活和居住环境的改善，也关系到窑洞建筑合理利用土地和地下空间，节约能源，并美化景观和空间造型再创造。

根据窑洞及生土建筑调研组的实地调查，广大窑洞居民热切希望对旧窑洞进行革新改进。我们认为，我国建立窑洞和生土建筑规划设计研究机构，或者先在黄土地区的某省市建立这样的机构，就可以有组织地加快改造窑洞及生土建筑的进程。利国利民，善莫大焉。

随着我国国民经济的不断发展，生产水平和科学技术的不断提高，我国人民的生活水平也正在不断提高。人民群众消费的需求，开始表现出从自给型转向商品型，从物质型转向文明型，从封闭型转向开放型，从单调、呆板型转向时代需要的活泼型、多样型，不仅要求耐久，而且要求舒适。改造革新窑洞和生土建筑，正是适应广大人民群众这种需求，更是合理地开发利用我国国土的一件大事。这个任务，已经历史地落在我国建筑工作者的肩上。

写于1989年

"白塔山庄"节地节能
建筑科研实践工程简介

一、概 况

1985年春, 白塔山庄建起第一组农村式新型窑洞, 由于资金缺乏, 两年之内工作停滞不前; 1987年省上贷款50万元, 工程得以进展; 1988年兰州市政府拨上下水工程专用款30万元, 上水开始供水, 下水工程也已基本完成。"白塔山庄"取得了初步的社会效益、环境效益和一定的经济效益。

白塔山庄经过从无到有的艰苦创业阶段, 到1988年底已初步取得以下成绩:

1. 建成各类窑房及掩体爬坡建筑约4 500平方米, 取得了一些第一手测验数据, 初步总结了正反两方面的经验教训, 为今后的工作打下了较好的技术基础。现在正在建设的城市型的中、高级住宅实践工程约3 000平方米, 拟在1990年竣工。

2. 沟内的上下水及电力已通, 简易道路已通, 窑院和台院内鲜花盛开, 草坪泛翠, 已开始出现生机盎然的景象。深信在省市领导和城乡建设部中国建筑学会的大力支持和引导下, 再经1~2年的努力，即可形成配套环境和较为完善的居住生活条件。

3.几年来接待了来自美国、加拿大、日本、菲律宾、德国、英国的专家学者约200人次；接待了城乡建设部及省市的若干领导、国内大专院校科研机构有关专家学者的视察访问；接待了地方基层干部及群众的参观访问和信访，从中得到了他们的鼓励和好评。许多报刊登载了我们的成绩，使我们受到鼓舞。

4.积累了资金，建设了办公窑房，购置了一些设施设备。目前山庄的固定资产和流动资金合计约为150余万元，初步具有一些经济实力。

5.由于省市领导支持及各方的努力，市政府已批准成立一个事业编制专业性质的"兰州节地节能建筑规划设计研究所"，暂定编制10人。目前正在疏通各种渠道，调配有关专业技术人员，准备开展正规的科研业务。同时也聘请了一批兼职顾问及兼职的科研技术人员。这些同志都是兰州地区科研设计单位中的主要技术骨干，对山庄的科研设计工作可起到推动作用。国家科委"科学技术促进社会发展对策"研究课题专题调研报告中谈道：兰州白塔山庄新型窑洞的推广与发展，将有助于人们改变传统思想，建立新的社会价值观念；新型窑洞的开发，是具有中国特色的新型覆土建筑，大有发展前途。

二、基本设想和简易技术措施

为了预期目的与要求，我们采用分阶段逐步实验、逐步完善、由低级向高级发展的原则。一方面考虑我国城市的现实情况；另一方面考虑黄土高原上广大农村的现实情况，考虑将来发展的可能性，正确理解继承与创新、现实与发展、因地制宜与科学进步，目前可能接受与将来希望达到高要求之间的辩证关系，因此，已进行的几组实践工程都是各有侧重。现分述如下：

1.第一组实践工程是窑洞建筑中的崖窑试点,是利用自然崖坡进行试验,其目的是搞农房实践,总结经验,提高、改造我国农村中现有窑洞建筑。鉴于目前农村公有配套设施低水平的现实情况,故这一组的设计思想是:安全、实用、经济,在可能条件下照顾美观、使之朴素大方;室外集中供水,公用旱厕;火炉热炕采暖,配以太阳能暖房。主要从节地节能入手,解决目前农村窑洞中普遍存在着的阴暗、潮闷等现象。这组窑洞已建成,有以下5种形式:

(1)第一组的1号窑洞是一排前后纵墙平行的复土靠山砖拱窑洞,拱的水平推力由两边的平屋顶着配房给以平衡。由纵横墙体、拱顶及地坪组成"箱形挡土推力体系",以保障坡脚稳定。横墙厚度,由于采用了拱脚闭合圈梁及平屋顶配房寺构造措施,因而比目前农村的横墙厚度减少1/3至1/2。窑顶覆土作了简易防水处理,开辟为庭院和立体化绿化用地。

(2)第一组的2号窑洞是考虑到施工期的安全、大小房间配套、后崖稳定、减少土方量等因素,将此排窑洞作成深浅不同,也就是说后墙不成一条直线,这样更适合于某些地形地貌。

(3)第一组3号窑洞是在前两种的基础上增加了阁楼及壁龛,对窑洞内空间的合理利用进行了探索。这一点有其现实意义。因为目前农村大多数的窑内空间很大,窑很高,没有给以充分的合理使用,甚为可惜。这一实验,为窑内空间的合理使用提供了实例。

(4)第一组的4号窑洞是在崖窑的基础上增加了接口窑,目的:保护前崖稳定,增加抗震性能以保障安全;充分利用窑腿部分的面积以节约用地;增设被式太阳间,利用自然能源以节约常规能源,窑洞进深10米,一孔窑的室内使用面积为34平方米。

(5)第一组的5号窑洞是在前几种型式的基础上,设计成有内楼梯的二层窑洞，卫生间进窑，目的是进一步节约用地，改善居住条件。

2.第二组实践工程是龙尾山庄的窑洞建筑，也是城市型窑洞住宅的一种实践。水暖系统进窑，卫生间进窑，以期达到目前城市住房标准。

3.第三组实践工程是窑房结合试验，目的是利用较陡崖面，将一般的楼房建筑和窑洞建筑结合起来，融为一体，兼有两者之优点，创造出一种新型的建筑型式，已建成的一幢带太阳能暖廊的三层办公楼，在底层布置了两孔进深为10~15米、使用面积为33~45平方米的窑洞会议室，并利用了反光镜进行天然采光。此种型式的建筑，不但提高了土地利用率，同时进一步实践了房屋承重结构和抗土体压力稳定结构的联合作用，降低了工程造价，为今后农村现有窑洞的改造，城市山坡建房提供了实例。

4.第四组实践工程是爬坡退阶复土城市型住宅试验。可在不能开挖窑洞的平缓坡地上，利用地形地貌之特点，改变我国目前在平地上普遍采用公寓式住宅的模式，创造出一种台阶式独户独院，带花圃的山区住宅形式，具有太阳能暖廊，内部卫生间，使之具有平房之方便，楼房之舒适，有乡村风味，视野开阔，能借外景的生活对景。

5.在前两组的窑洞建筑实践中，我们采用了一些简易的技术措施，初步解决了农村窑洞中普遍存在着的阴暗、潮闷等问题。

（1）在采光方面采用收、反、散三字来解决晦暗的问题。收：采用大门大窑以增加采光面积，充分吸收太阳光线，开辟光源；反：采用外宽内窄，外高内低的卧虎式窑型，以加强光的反射；散：利用圆形拱顶，以增加室内粉刷和光源度来加强光的散射，使照度更加均匀，在10米深的窑尾部晴天照度可达800勒克斯，收到了良好效果。因此可以说窑洞住宅的采光问题已经解决。

（2）在通风方面，在窑屋增设垂直通风孔，利用气温差，使气流在垂直方向流动；将各房间分组串通，利用内走道，让气流在水平方向移动；在前窗上增设通风翻窗，以利窑内外气流交换，因而窑洞内闷的问题基本上解决。

（3）防潮问题，随着采光及通风问题的初步解决，窑洞内潮湿问题有所改善，夏季窑洞内的湿度在70%以内，也就是说在允许范围以内，防潮问题我们正在进一步的研究解决之中。

（4）采暖方面，一般窑洞冬季最冷的1月份。窑内最低温≥5℃，月平均温度≥8℃。当采用被动式太阳暖房采暖时，冬季1月份窑洞内最低温度≥10.5℃，月平均温度≥12.5℃。因此可以说，窑洞建筑节能采暖的第一步目标已经基本达到。

（5）在安全及抗震方面，对目前农村窑居在这方面存在的薄弱环节及弊病，采取了针对性措施：在山坡脚部采用覆土建筑，作为土体稳定结构措施，以防止山坡滑动；在窑脸的前崖处增设接口窑，以防治前崖的坍塌，采用安全衬砌，以防止窑顶及窑壁的塌落；加大窑距以保证窑腿安全；加强横墙、纵墙及拱顶之间的联系，使之组成整体的箱形抗坍滑体系，把房屋建筑的承重结构和抗土体塌滑的构筑物联合在一起进行设计施工，采用一些一般通用的结构构造措施，如拱脚闭合圈梁、墙体节点加筋等措施。

以上这些简易措施，目的是使广大农民能看得见、摸得着、学得会、建得起，便于普及。

6.“白塔山庄”建筑群，是依坡选址，因势建洞，顺坡而建，灵活多变，少则两三层，多达十层以上，在地形条件、地质条件许可时甚至可与高层建筑比美。下层窑洞的突出顶部就是上层窑洞的室外阳台和庭院绿地，因而有利于立体绿化，可达到既美观、实用，又有艺术感的效果。

如将窑洞功能进一步引申，完全可以建成供休假疗养使用的“窑洞别墅”式疗养院，涉外旅游的“窑洞宾馆”，培育菌类细菜的“窑洞恒温恒湿房”和“窑洞鲜菜冷藏库"等等。

在当今世界上的大中城市的建筑向高层发展的大趋势下，现代窑洞却显示出"重返浅层地下空间"的特殊魅力，反映出黄土高原的独特风格。

总之，这几年实践工程的初步成果证明下述几点：

1. 新型窑洞及掩土建筑是适宜于黄土高原地区的建筑型式。利用荒沟荒坡建房可以达到节约耕地，保护现有耕地的目标。在这条小荒沟可建造近15 000平方米的房屋，可节约耕地22.5亩，土地利用率从目前山村的0.3提高到0.68，也就是说土地利用率可提高一倍。

2. 利用它冬暖夏凉的特点，加以新技术，可以达到改善现有居住条件、节约大量常规能源的目标。将实际采暖期从5个月缩短为3个月，节约常规能源2/5，是完全可能的。

3. 可因地制宜，就地取材，造价低廉，经济实惠。

4. 易于美化环境，美化市容，使人回到大自然中去，长期居住可延年益寿。

三、继续努力

1. 继续深化调研工作。人们对客观事物的认识，总是逐步深化与延伸扩大的，总是逐步由感性认识而发展成为理性认识的。我们的研究工作属于人口、土地、资源、环境等基本国策中的一部分，也是急待解决的问题。因此要充分认识其重要性、长久性。要坚持"实践论"的观点，以极大的热情树立持之以恒的态度是很必要的。

2. 继续发扬艰苦创业精神。人生应有精神支柱，应有崇高理想与追求，人生的目的在于贡献，艰苦奋斗是做人的起点，也是创业的品格。现在，我们的资金多了，条件好了，各方面的理解支持也多了。但这些只能作为我们前进的动力，激励我们继续艰苦创业。

四、前景如画

给古老的窑洞，给掩体建筑，给荒沟荒坡赋以新生命，是63万平方公里的黄土高原上窑区人民群众世代想做而尚未能做到的事。新型窑洞及其爬坡退阶的掩体建筑的问世及随之而来的广泛普及，必将带来窑区和山城山乡山村广大人民生活水平的提高，这不仅在空间上改变了居住环境，节约了耕地，开辟了新的建设用地的地源，更重要的是使广大窑区群众从观念上跨越了传统意识的鸿沟，步入现代行列。它标志着我们这个农业大国社会化的进程跨越了一大步，也将意味着科学和文明已渗透到山区窑居群众的日常生活中，并对黄土高原地区的社会发展，风俗观念以及社会价值观念都产生了一定的推动作用。

我们国内对窑洞的研究和工程实践的初步成果，已经通过1986年在北京召开的第一次国际生土建筑学术会议的交流，此项科研窗口已扩散到国外，引起了国外专家学者的关注。

我们的奋斗目标是：

1. 节约耕地，保护现有耕地，尤其要保护旱涝保收的高产农田，综合开发利用荒坡等畸零地带，寻找城乡建设用地的新地源。

2. 节约能源，利用太阳能及地温等自然能源，节约常规能源，减少城市污染，创造良好的生活环境。

3. 自然灾害综合防治，以最佳设计方案，最少投资，在工程建设的过程中，对山洪、泥石流、黄土边坡稳定、火灾及地震等自然灾害同步进行综合防治，以减少自然灾害对城镇、乡村的威胁，保障城市、乡村的总体安全。

4.环境保护。创造立体绿化，防止水土流失，保护生态平衡，创造幽静合适的生活环境，增添立体景观，美化城市、镇乡村落。

5.树建农房样板，因地制宜地充分利用地方材料，就地取材，以最少投资、简单工艺技术为基础，以传统的建筑艺术为借鉴，利用可以利用的现代科学技术，创造出简易素雅、占地少、居住环境优美、生活环境舒适、农民喜爱、看得见、摸得着、学得到、推得开的山区农房样板。

工作在黄土高原地区的生土建筑工作者，要携起手来，开辟道路，架设桥梁，用我们的智慧和劳动先把"寒窑"的"春天"召来，让窑居者的生活是亮堂堂的，希望是亮堂堂的，让63万平方公里的黄土高原上的窑居者都住上亮堂堂的新窑舍，排列成一条黄土高原上中国新农村的风景线。这些未来的革新窑居，要请阳光进来拥抱，邀星月进来谈心，让春风进来弹奏，让美好的世界都进窑洞来，把我们的生活和"春风"融为一体，把甜蜜和幸福映在一张张窑居者的笑脸上，笑出我们的自豪，笑出我们的骄傲，笑出我们永远不休止的追求。这就是我们革新窑洞的追求和希望。

写于1989年10月

中国生土建筑的春天

——为发展中国生土建筑学而奋斗

寒窑土屋拂春风,

精英荟萃展新容。

今天,我们这些创业者,还有后来热心于生土建筑研究的专家、教授、建筑师、工程师以及从事农村建设的各级领导和广大科技人员同行们,又重聚兰州开会。我非常感谢全国各地的新老朋友们能在百忙中,不远千里而来!更值得高兴的是以茶谷正洋为团长的日本窑洞考察团也应邀出席了我们的大会。这是第一次获准破例邀请外国学者参加我们的国内会议。我们还安排了日本学者做学术报告,分享论文,我相信,一定能为大会增添光彩。

我们走过了近十年艰苦而有成绩的道路

诗人楼适夷同志写过一首诗,诗曰:"农者事耕植,汗滴禾下土。壮士抛头颅,为争一寸土。此土多奇气,汗血相掺和。况且我有生,所赖亦唯土。生受泥土育,死还归泥土。谁谓此贱污,贵洁世所无。奈何行道路,却道泥泞苦。"这首诗,说明了土的重要,土与我们的关系，一个人的一生是离不开土的，然而，在土地上行进，免不了还会有泥泞之苦，我们窑洞及生土建筑调研组成立以来所走过的道路，不正是这样一段艰苦曲折而有成绩的道路吗？

1980年，我们在兰州宣告成立了中国建筑学会窑洞及生土建筑调研组。在中国建筑学会支持下，1981年6月，我们在延安召开了第一次窑洞及生土建筑学术讨论会。一年之后，又在河南巩县（今巩义市）召开了第二次学术讨论会。1984年10月我们在祖国最西部的乌鲁木齐和吐鲁番地区（今吐鲁番市）召开了第三次学术讨论会。三次学术会议，拿出了关于窑洞及生土建筑方面的学术论文百篇以上；还编辑了甘肃、宁夏、河南的窑洞及生土建筑论文专集与中国建筑学会窑洞及生土建筑调研组活动纪实；《建筑师》《建筑学报》《建筑知识》《科技导报》《村镇建设》等杂志分别登载了大家的论文。受中国建筑工业出版社之托，侯继尧、任致远、周培南、李传泽四同志编写了《窑洞民居》一书；侯继尧同志编写了《陕西窑洞民居》一书；天津大学荆其敏同志编写了《覆土建筑》一书；福州大学朱千祥及袁肇义等四位同志也写了一本名为《生土建筑设计与施工》的书。我们整个调研组的同志，分别在各地，对新疆吐鲁番、喀什地区，甘肃的甘南、天祝、平凉、庆阳等地，陕西的乾县、吴旗（今吴起县）、延安、米脂、榆林等地，山西的太原、临汾、运城、浮山等地，河南的三门峡、洛阳、巩县（今巩义市）、郑州等地，以及宁夏、内蒙古、黑龙江、福建龙岩和永定、广东梅县等地进行了调查研究，为促进窑洞及生土建筑方面的科研奠定了基础，在国内外产生了一定的影响。1983年建设部副部长戴念慈同志主持会议，听取了我关于窑洞及生土建设调研工作的汇报，建设部、科技局共拨款6万元，支持我们的调研工作。北京大地设计事务所村镇建设基金会也给予了一定的支持。

我国的窑洞，不仅在国内引起重视，在国际上也受到瞩目。日本东京工业大学的青木志郎、茶谷正洋和宫野秋彦教授率窑洞访华团已6次来华考察。美国宾夕法尼亚大学的戈兰尼教授也多次来华进行考察。此外，比利时、法国、澳大利亚等国家的学者也来华参观窑洞及生土建筑。中国建筑学会于1985年11月在北京召开了"国际生土建筑学术会议"。参加这次会议的外国代表来自美国、日本、法国、英国、德国、比利时、澳大利亚、朝鲜、南朝鲜（今韩国）等国家或地区，共91人，中国方面代表83人，共174人。在会上中国学者与外国学者各十数人作了学术报告，我们编辑了《国际生土建筑学术会议论文集》（英文版），发表了70多篇论文，中国学者论文占一半以上，荆其敏、兰剑、宋海亮等同志还编印了《中国生土建筑》，西安冶金建筑学院拍摄了"黄土高原窑洞建筑"录像片。那次会议使我们的窑洞及生土建筑调研工作受到了国际上的好评。

我国生土建筑科研面临的新形势

我国生土建筑科研面临着一个新的形势。我认为主要表现在如下几个方面：

1. 从世界看，仅我所知，对于窑洞及生土建筑的研究，已由感兴趣、来华考察访问，发展到研究、试验和运用阶段。

比如，美国的戈兰尼教授，在美潜心于对中国黄土窑洞的实验研究。日本的学者，不仅通过中国建筑学会的渠道，对我国的窑洞及生土建筑进行考察，而且通过福建等省的渠道直接进入有关地区，如龙岩、永定去考察生土建筑。有的地方已经开始了这种试点。另外在美国的新墨西哥州和法国，他们还研究并建造了生土建筑——太阳能土坯别墅，用机械生产土坯，用小型机械夯土墙，造价低廉，成为畅销的住宅类型。仅新墨西哥州就有40余家厂商生产机制土坯，法国搞土材料固化添加剂，并在非洲、北美洲帮助当地居民修建实验土坯房，夏天凉爽，节约能源，很受欢迎。

国际学术界，对中国的窑洞及生土建筑研究很重视，我国已有不少关于窑洞式的规划建筑设计方案在国际上获奖。

2. 从国内来看，窑洞及生土建筑科研受到了一定的重视。

以兰州为例，前市长王道义曾拨款20万元，在白塔山开始了窑洞改革实验。到现在为止，利用毫无开垦价值的陡峭沟壑作为建筑用地，已建成了建筑面积为4500平方米的窑洞及掩土建筑群，受到建设部住宅局、乡村局以及来兰州参观窑洞建筑的专家学者，如美国和日本学者的好评。甘肃省政府拨款50万元，兰州市拨款30万元支持我们进行窑洞科研试点。关于福建省的生土建筑情况，福建省土木学会拍摄了一套录像片。这些，都是近年来出现的大好局面。

3. 从窑洞及生土建筑的科研来看，前几年，主要着重于对窑洞的科学研究与革新试点，尽管存在资金不足、人力不足、技术力量薄弱等一系列问题，但在有关同志的努力下，还是取得了一定的成绩。下一步，应当着重扩大、普及窑洞及生土建筑方面的革新试点了。我们这次会议的目的，就是在于总结过去的成绩、经验和不足之处，促进有关地区生土建筑科研及其实践工作的开展。

黄土高原的窑居者迫切要求革新窑洞，改善居住质量

我国黄土高原地区分布很广，横跨陕、甘、宁、青、内蒙古、晋、豫、冀等省份，约占我国土地面积的7%左右。我国广大农村至少还有2亿以上的人民群众居住在不同形式的各类生土建筑之中，直至今日尚有约4000万人口居住在各式传统窑洞中。中华人民共和国成立40年来，尽管我国农村发生了根本的变化，但这些地区的住宅建设是一个不可忽视的重要领域。

根据窑洞及生土建筑调研组的实地调查，广大窑洞居民热切希望对旧窑洞进行革新改造。

1987年4月下旬，我应邀前往宁夏的（西、海、固）宁南山区进行了一次现场考察，清水河流域较为集中的土坯拱窑中的人口就有6.5万余户。清水河以东山区，山大沟深，极度缺乏植被，没有木材，缺乏燃料，只利用冲沟崖坡挖掘没有衬砌的土窑，洞内阴、暗、潮、闷，又不能抗震，住在这样崖窑的农户，就有7.7万余户。

随着我国国民经济的不断发展，生产水平和科学技术的不断提高，我国人民的生活水平也正在不断提高。人民群众消费的需求，开始表现出从自给型转向商品型，从物质型转向文明型，从封闭型转向开放型，从单调、呆板型转向时代需要的活泼型、多样型，不仅要求耐久，而且要求舒适。改造、革新窑洞和生土建筑，不仅是适应广大人民群众的需求，更是合理地开发利用我国国土的一件大事。尤其是在我国黄河流域，分布着广阔深厚的黄土层，黄土层在自然界自然风成和冲刷的过程中，呈现出立壁的特点。于是，当人类生产方式发展到用一定的工具来改造自然、利用自然的时候，就利用了黄土层这一特点，"就陵卓而居""穴而处"了，开始摆脱了凭借自然洞穴栖身的局面。黄土高原的地理气候特点主要是，气候干旱，降雨量少，冬寒夏热至为明显。当今世界建筑材料和建筑新形式随着科学技术的发展，已有了很大的进步，但是，要在我国广大农村，尤其是在黄土高原上的广大农村住户都普遍用上现代的新材料、新设备，达到冬暖夏凉、节约能源，在短期内还是可望而不可即的。黄土窑洞所以能在黄土高原地区经久而不衰，在今后很长一段时间里，还有它一定的生命力，主要在于它在这个特定地区，既经济又适用地解决了人们对居住环境冬暖夏凉而节约能源、节约土地的要求。我们所以要进行窑洞及生土建筑革新与开发的研究，还在于它本身具有以下的优越性：

1.合理规划，可以大大地节约土地，有利于扩大生活空间；

2.已被实践证明，节约能源为窑洞建筑最为突出的优点（包括福建的土墙建筑、土混建筑）；

3.减少污染，保护生态环境；

4.施工简便，造价低廉，就地取材，土尽其用。

当然还有若干弊端，但是是可以经过技术革新改造加以克服、改善的。我们深信，只要我们认真分析研究窑洞及生土建筑的缺陷，有针对性地定出改革对策措施，它无疑的是一种节能、节地、经久耐用的民居。它的生命力还方兴未艾。

不能忘记，我国目前仍然是一个沿着发展道路前进的国家，与世界其他先进国家相比，我国农村的居住、生活水平还低于我们所追求的目标，在我们农村规划建筑方案中仍存在着一定的差距。这需要我们正视国情、乡情、村情，切忌好高骛远，不务实际。

在广大农村想解决、改善"人居质量"问题，完全依赖政府解决是不可能的，也是不现实的。从整体来看，一定要发挥每个农家住户和集体在这方面的积极性，千方百计地促进广大农民参与规划、设计和修建，共同为改善其居住质量而奋斗。这正是时代赋予我们建筑师的社会职责。

革新窑居，一定要尊重农村地区和居民的历史背景和文化遗产，这种改革要认识到物质环境和社会环境之间的复杂关系。否则，我们的改革创新有可能造成"强加于人"的现象，或造成标准过高，广大农民同胞可望而不可即的遗憾。

窑洞及生土建筑的革新与开发

如何改造、革新这些窑洞和生土建筑，不仅对继承和发展我国传统窑洞及生土建筑文化、节约土地、节约能源、开发浅层地下空间，具有积极的意义。尤为重要的是，可以充分利用山坡地、黄土沟壑地带和荒芜的土地修建住房，珍惜土地资源，同时具有保护环境和节约耕地的重要意义。

多年来，中国建筑学会窑洞与生土建筑调研组和各省、区调研小组的同志们，跋山涉水，行数千里路，深入穷乡僻壤间，较系统地分析了广阔的黄土高原地区、新疆的交河故城地区、甘南的草原地区以及若干省区各类窑洞及生土建筑的优缺点，认为解决好城镇、农村的发展与上述这类问题的矛盾，一个较为现实而有效的途径，在于开发节能、节地、经济实用的建筑，在于开发浅层地下空间，在于将太阳能与沼气充分利用于这类建筑系统之中。

由于我们实践中的革新窑洞集中体现了全国各类窑洞的优点，既有窑洞的冬暖夏凉、温度适中的优点，又有砖石建筑的光线充足、通风、干爽的特长。窑洞可爬坡而上多层叠加，有立体发展的特点，长期居住窑洞还有延年益寿的功能。在当今世界上大中城市建筑向高层发展的大趋势下，革新窑洞显示出了"重返浅层地下空间"的特殊魅力和黄土高原的独特风格。

如果全国4 000万窑居群众之中的大多数人能够住上革新窑居，这不仅仅是在空间上改变了居住环境，更重要的是使广大窑居者从观念上跨越了传统意识的鸿沟，跨进了现代社会行列。它标志着我们这个农业大国社会化进程向前跨越了一大步，意味着科学和文明已渗透到窑居群众的日常生活中。我们认为，改善、革新窑洞的广泛推广和使用，将对黄土高原地区的社会发展、科技普及、风俗观念以及社会价值观念等产生巨大的推动作用。

7月下旬，我接到中国建筑学会张钦楠同志的一封信，说国际建协UIA准备在世界范围内评"改善人居质量奖"。每一个成员国报一项，由他推荐呈报"兰州白塔山庄革新窑洞住宅小区"这个项目（8月份已获得理事会扩大会议通过）。因为时间紧迫，我和研究会在兰的成员商定，准备提供素材，由副会长侯继尧教授执笔组织图版上报学会。材料中还反映了全国各省、区的成果，作为整个研究会10年来致力于"改善人居质量"的初步成果。

虽然我们的工作还很艰难，阻力重重，某些地区还得不到足够的支持和理解，但我们大家的信心是十足的，目标是坚定的——为亿万人民造福。这是基于我国人多地少、广大城乡尚贫困落后、能源紧张、人居质量还处在原始求生的状况而论的。基点低是它的特色，这也是生土建筑和窑洞改进与开发的根本前提。

虽不能预料评奖的结果，但有一点是肯定的，我们为（窑居者）寒窑召来了春天，符合UIA提倡的解决"世界房荒问题"，倡导居住者参与改善居住质量的大方向。何况中国是个拥有11亿人口的大国，更应具有民族特色。看来我们10年前认定的"大方向"是走对了，还要坚定地走下去！让中国的生土建筑学取得的研究成果步入世界生土建筑的上乘之林。

通过这次会议，请与会的各位同志考察，加以鉴定，提出意见和改进的办法，为今后继续实验献计献策。并希望各位专家、同志们结合各地的实际情况制定多种切实可行的实验方案。众志可以成城嘛！

愿全国的生土建筑技术工作者、专家、学者同各地、市、县区农房管理部门的工作者，携起手来，用行政、政策，用我们的智慧和辛勤劳动，与广大农民共同建造"中国生土建筑"的"宏伟殿堂"！把"寒窑"和"土屋"的春天召唤来，我愿与全体与会的同志们共同努力，稳重但又坚定地一步一步地走出兰州，走出甘肃，走出黄土高原，走向全国！

写于1989年10月

从人口、土地、能源、环境看窑洞及生土建筑的革新与开发

人类正面临着人口激增、土地锐减、能源匮乏、环境恶化的严重局面。为了达到控制人口、珍惜土地、节约能源和保护环境的目的，人们从不同的方面进行探索。革新的窑洞和革新的生土建筑，是一种能够节约土地、节约能源、保护环境和降低造价、减少"三材"的优良的建筑物。它克服了传统窑洞的阴暗、潮闷和抗震性能差的缺点，在黄土高原及黄土覆盖地区应大力推广。

在当今人类社会迅速发展的时代，地球相对地在不断缩小，人类对它的价值认识得比以往更为清楚了。因为它是极为有限的，而人类的需求是无限的，这岂不是一个不容忽视的大问题？人口激增、土地有限、能源缺乏、环境污染、住房紧张，这是当今世界性的矛盾。

一、人　口

1987年是世界人口50亿年，这就警告了我们在这个"小小环球"上，人口正趋于爆炸。如果我们再掉以轻心的话，总有一天会弄得人无立锥之地。这不是危言耸听，这是现实。

目前世界人口50亿，据估计，全世界每秒钟就有4个婴儿呱呱坠地，每天就有35万个婴儿来到人间，减去死亡人数，一天就约增22万人，一年就有近8000万人来到这个地球上。

据历史人口学家的资料分析，公元初地球上的人口还不到3亿。至1650年时人口仅达5亿左右，在此人口总数中约有60%居住在亚洲；约20%居住在欧洲；约20%居住在非洲；2%居住在美洲。从此，世界人口增长开始加速。从1650—1850年，中间经历了200年，达到第一个10亿。从第一个10亿到达第二个10亿只经过了80年时间（1850—1930年）。此后，仅用了35年时间（1930—1975年）世界人口就跃进到第三个10亿了。17年后的今天（1987年）就达到了50亿人口年。人口翻番的时间越来越缩短了，预计到2000年超过60亿，到2010年可达70亿、80亿！

我们中国呢？在65年前，我在小学读书时，唱过一首歌，歌词中有一句是："我们四万万同胞……"现在我国人口已超过了11亿。到20世纪末，我们计划努力控制在12亿左右。在地球上，我国人口已占全世界总人口数的四分之一强，这个突出的数字值得我们深思。

人口急剧增加，给这个"小小环球"的生态系统极大的冲击和压力，使人类有限的生存空间越来越拥挤了。众所周知，世间万物之中，"人"是最为主要的，世间一切生产和社会活动，不论经济的、政治的、文化的，都是人类的活动，而归根结底，都是为了人类的自身。所以，我们干什么事，都应心中有"人"，只有为"人"，才是一切活动的出发点，是中心，同时也是目的。我们共产党人的话叫作"为人民服务"。

围绕着人类开创美好的生活环境，中国流传着许多生动优美的神话：盘古开天辟地、女娲炼石补天、燧人氏钻木取火、神农氏教人种田、嫘祖养蚕缫丝、后羿射日除凶、大禹疏江治洪、伯益打井取水等等。这些神话说明了我们祖先很早就为了人们生活的更加美好而向往着、奋斗着。向往、奋斗的目的只有一个，就是如何让大自然为人类更好地服务。

究竟我们这个地球能养活多少人呢？众说纷纭，莫衷一是。云南大学喻传贤同志曾从世界淡水资源和食物资源两个方面做过估计，全球极限养活人数为100亿，而最佳生存环境将人口控制在50亿左右。

人口问题对经济发展，对人类赖以生存的综合环境影响很大。人是生产者，又是消费者，如何维持人口增长的适当水平，是关系到当代和未来经济发展与生活福利的大事情。到20世纪末21世纪初，世界人口将突破70亿大关，资源匮乏，粮食缺乏，生态失去平衡，环境污染问题将更加严重。所以，人口问题是个不容忽视的大问题。有人做了科学预测，中国极限养活人数为14亿，我国到2000年计划将人口控制在12亿，这要下极大决心来进行有效控制才行。若按目前净增率，2000年最少将达到12.5亿。按我国最佳生态环境要求，需将人口控制在7亿～8亿内为好。

过去，我们常说："祖国辽阔广大，地大物博，众人拾柴火焰高。"这种说法是片面的。960万平方公里的土地就这么大，可耕地比世界人均耕地少多了。作为维系生命的三要素：土地、石油煤炭能源、水资源，并非取之不尽，用之不竭啊。

二、土　地

楼适夷同志写过一首诗，诗中写道："农者事耕植，汗滴禾下土。壮士抛头颅，为争一寸土。此土多奇气，汗血相掺和。况且我有生，所赖亦唯土。生受泥土育，死还归泥土。谁谓此贱污，贵洁世所无。"这首诗说明土的重要，土与我们人的关系。一个人的一生是离不开土地的。

我们的祖先远在战国时期曾主张："地方百里者，山陵处什一，薮处什一，溪谷流水处什一，都邑蹊道处什一，恶田处什一，良田处什四，以此食作夫五万，其山陵薮泽溪谷可以检其材，都邑蹊道足以处其民。"2 000多年前，我们的先人就提出养活5万人的"百里之地"，恰当的人口与土地的比例关系。如上所述，今天我们已拥有近11亿人口，我们的土地与人口应该有一个怎样合适的比例关系呢？

再看看甘肃省的耕地（和人口）现况，全省耕地仅占全省总土地面积453 694万平方公里的8%，约为5 236万亩，但其中山地（旱地）就占64%，约为3 386万亩（这些耕地是靠天吃饭的土地）；川地占27%左右，约为1 449万余亩；塬地占7.6%，约为400万亩；水地为1 240万亩，约占总耕面积的23%左右。1982年人口普查统计，甘肃为1 956.92万人（1937年我来到兰州时，当时甘肃的人口是600万，1989年4月14日报载：甘肃省人口已达2 136万人，全省1988年净增33万人，相当一个武山县，每小时有49个小生命来到人间。但50年后的今天我们甘肃人口已增加了近3.5倍），人均耕地已下降为2.62亩，其中山地1.73亩，川地0.22亩，全省人均水地0.64亩。

从人均占有土地来看，我们甘肃相对来说还是多的。但是从1982—1986年，土地已由5 236万亩减少到5 220.56万亩，已被占用了近16万余亩。人均耕地已减少到2.5亩以下了。中华人民共和国成立以来甘肃省的城镇，工矿、水电、交通等工业建设已占用的土地为6 800余万亩，这已超过全省现在拥有的耕地总面积。建设用地日益增加，可耕地日益减少，这就是现实。我国并不是耕地富足的国家，耕地是国家最宝贵的财富，也是人民生计的命脉。大量的耕地被占用或被沙化而减少，这是无法用任何东西来替代的；即便"无土培育"瓜果蔬菜，但它也要占用土地。我们要节约土地，尤其是耕地，这是我们的国策。

恩格斯曾经预见"人口向大城市集中"，这件事本身就引起极端不利的后果。

这种极端不利的后果，首先表现在自然环境遭到严重破坏，耕地大量缩小，能源短缺，水源不足，从而引起自然环境对人类的无情"反馈"。这种"反馈"，随着城镇化程度的提高，大量农舍和城市居民房屋的新建、改建，可耕地眼看着大量减少以及城镇空间结构的不合理，交通拥挤，环境日趋恶化。如果我们不能开源节流，保护耕地，解决我们的后代的生存条件和环境质量的恶化，那将使他们难以生存下去，这不是骇人听闻，而是科学的预见。

有人说中华人民共和国成立以来，我国耕地实际减少近5亿亩，城市占用土地是主要原因。但从统计结果来看，这种看法是片面的。虽然在城市中确有浪费土地的现象，但以353个设市城市60%用地是占用了耕地，以7511个建制镇平均每个扩展1平方公里计，两项合计为0.2亿亩左右，这仅仅占全国耕地减少量的4%～5%。这就是说，95%～96%用地并非城市用地占掉，我们可以肯定地说，占用耕地的大头主要是在农村。

三、能 源

人类赖以生存的自然界，本是由多种因素构成的统一体。各种因素互相依存、彼此制约、均衡发展、同存并茂。但是由于某种政治和经济制度原因，由于人们的自私自利、缺乏远见、无计划和无政府状态的开发利用自然能源，以为石油、煤炭是取之不尽、用之不竭的。

能源短缺问题，已成为当今瞩目的大问题了。20世纪以来，世界能源消耗急剧增长，据统计，1900—1975年这75年间，全世界能源消费由7.75亿吨增加到85.7亿吨标准燃料，而20世纪的能源消费更令人吃惊！已造成世界能源逐渐枯竭以及各国能源供求不平衡的短缺问题。10年前，在土耳其召开的世界能源会议报道：

世界化石燃料的经济可采储量约为7 300亿吨（折合标准煤炭），其中煤炭为5 900亿吨、石油910亿吨、天然气52兆5 000亿立方米、油页岩（折合石油）2 000亿吨、焦油砂（折合石油）500亿吨，这个数字是否包括了中国还不详。总之，按现在的开采技术水平，煤只能用200年，石油仅可用30～40年，天然气可用50～60年。

常规能源在不久的将来就濒临枯竭了。当今世界石油需求量供不应求，现在的海湾局势，不正是在争夺石油吗？据国际能源机构IEA统计，1979年世界石油需求量每天为5260万桶，加上需增加的库存量约80万桶，则每天短缺230万桶石油。

"能源危机"正在席卷着整个世界，连苏联这个能源丰富的国家，也笼罩在能源紧张之中，别看我们还是石油输出国，可我们更是能源不充足的国家。从储量来看，煤、油、气、水力等常规能源还比较丰富，开采量的增长速度远远超过美、苏等国，1953年到1979年我国增长了11倍，苏联只增长了4倍，美国仅增长了1倍。但是我国每人平均能源消费却很低，仅为0.6吨，美国是8.1吨，日本是3.6吨，我国比世界平均水平还低。有人预测，根据我国的经济力量和技术水平，到2000年，能源产量可达18亿吨标准燃料，人均才达到1.7吨。这标志着：即使到20世纪末，我国国民经济发展水平和人民生活水平，与发达国家还是差距不小呢，只能是小康水平。

据调查，我国1978年生产钢3 000万吨，消耗8 000万吨标准煤，和日本生产1亿吨钢的耗能相等。由于利用率低，我国消耗1吨能源所创造的国民经济总产值为308美元，而美国是644美元，日本是1299美元。从一个侧面讲，这说明我们的技术和管理水平与其相比还是有很大差距。

当今世界最明显的例子是石油能源。由于大量地消费使用，现在已濒临枯竭。富国正以每年6%～8%的速度在增加着石油的消耗。一旦石油能源断绝而新能源接替不上，那时，人类社会将是一个什么样子呢？珍惜这些资源是值得我们深切关心的。因此，纵观上述情况，我国已决心控制好人口自然增长率，把它保持在恰当水平。人口高度增加，不免妨碍国家财富的积累，影响人民生活水平的提高。如果到21世纪初，世界人口激增到70亿，加上粮食缺乏、能源不足、住房紧张、生态环境失去平衡，世界的前途确实是不美妙的。

四、环　境

人类在自己的历史发展长河中，不断认识自然、利用自然、改造自然。为自己创造日益增长的物质文明，创造更加适宜于生产、生活、文化、游憩的良好环境。人们的理想是美好的，但事实并非如此。近百年来，现代工业技术正在突飞猛进，它是人类向自然界的深度和广度进军的有力武器。但是，工业化却给人类带来了历史空前的大污染，从陆地土壤到江河湖海，从地下水源到大气空间，自然环境严重恶化。加之千百年来，特别是近百年，由于盲目地毁林开荒，毁草开荒，围江河湖海造田，弃牧经农等，违背了自然规律，加重了水土流失，扩大了旱、涝、风、水之灾，使土地沙化，严重地破坏了生态平衡。

土地沙漠化。据联合国调查表明，目前沙漠化面积占陆地总面积的16%，还有43%的土地（在64个国家中）面临着沙漠化的威胁。四大文明古国的发祥地，沙漠化得更厉害，这是过度垦植后，大自然给人类的报复。

非洲出现了近20年的大旱，撒哈拉大沙漠20世纪以来扩大了70万平方公里，4.5亿非洲居民中的绝大多数处于饥饿状态，2.2万平方公里的江河湖泊濒于干涸。

世界森林面积由5 000年前的76亿公顷到1975年降到26亿公顷，1986年23亿公顷，现在森林正以每天3万公顷的速度在消失，每年减少1 100万公顷。照这样的速度，200年后的地球上的森林将被全部砍光。届时地球将完全失去"肺"的功能。

我们中国呢？著名的两大片热带雨林，海南岛在中华人民共和国成立初期有1 300万亩，覆盖率23%，1979年为369万亩，覆盖率已降到7%；西双版纳1960年有1 290万亩森林，覆盖率为56%，而1982年只有800万亩了，仅占30%。

人所共知昔日丝绸古道上的楼兰、交河故城已成为古遗址了；罗布泊已钻入了沙漠底层，水已干涸；黄河泥沙含量为世界之最，下游已成为著名的地上悬河。有人估计如果黄河上、中游不能有效控制水土流失，渤海湾总有一天会被泥沙所填平。我们土地盐碱化日益严重，全国有近200多个大中小城镇严重缺水。历史上由于缺水而导致一个城堡，甚至一个民族毁灭的例子不少，水资源也是一个危机。

目前，我国每年排放工业污水和生活污水368亿吨，其中80%以上未经处理，直接排放到江河湖海。对95 000公里河川的监测，1 900公里受到明显污染，4 800公里严重受害。许多流经城镇的河流，几乎都成了污水河。闻名于世的京杭大运河在江苏省内的河段已变成了黑水河，臭气熏天，生物绝迹。安徽33条河，有25条受污染。白洋淀正处于枯竭的危险中。我国水资源本来就不丰富，人均水资源只相当于世界人均量的1/4。而水质污染又大大减少了可利用的水资源，加剧了水资源的紧张。全国现有183个城市缺水，有40个城市成为供水危机的城市。

我国很多大城市大气质量很差，其中60个大中城市烟尘和废气相当严重，北方有的城市二氧化硫飘尘浓度严重超标。南方，特别是西南地区遭受酸雨侵蚀，环境危害日益严重。

五、反　思

对生态危机是应该做一番反思的时候了。人类在创造物质文明的同时，就要思考怎样创造一个适应于人类居住生存的美好环境。我们要充分认识地球只有一个，这并不大。怎样争取一个美好的生活环境，努力节约土地，节约能源，保护自然生态环境和创造一个人为的生态环境，改善人居质量，应是我们尤其是身为工程师、规划师和建筑师的有志之士义不容辞的责任和义务。

据我亲自调研中看到的情况：在陕北、在陇东、在河西、在山西、在甘肃河西走廊、在凝结等地、在63万平方公里的黄土高原地带的城镇乡村周围，大可开发利用的非耕地还有很多呢。在黄土高原的窑居地区弃窑建房，大量占用耕地的事情，有增无减。陕西和河南某地毁崖窑在耕地上建新房方兴未艾，相当多的人还认为这是一种"脱贫致富"的表现而大力宣传呢！

山西省近70%省域内有窑洞居民近500万人。山西的许多市、地、县、镇、乡政府认为改善窑居的居住环境在于"弃窑建房"（窑旁另盖新房）和"别窑下山"（即迁至平地或占用良田盖房），稍微富裕的农家则大修砖瓦民居，这是一种"致富"了的表现。我们调研组同志与个别的镇乡政府的领导在座谈中了解到，农民建房占用耕地的数字，一般并不主动报到单位上级领导核批，能瞒且瞒。甚至还虚报增加了若干耕地，并说这样才能得到表扬。从一般的所谓统计数字来看，水分很大，表现不出来土地锐减的真实情况。实际上山西省近数年内，新建农房所占用的土地和良田，据我们调研人员目睹估计约在20万亩左右。

在山西古县（原叫岳阳县），其原县址在一处山坡之阳。可以说是一个很壮观的以窑洞民居为主的县城。但也许是该县领导们感到这座窑洞县城有些"土里土气"，太不"体面"了，应迁新址，另建新城。于是就迁进一处新址，占用了沃田肥土近几万亩。现在该县领导已看到了这样的大片良田被占用的严重性，又考虑迁回到原县（岳阳）窑居县，那儿黄土丘陵起伏，沟坡纵横，自然地貌很有特点，乡土气息很浓，如果窑洞民居中的阴、暗、潮、闷等问题得到解决，改善其窑居质量和环境,岂不可以改建成为一处别有天地、独具风格的、新型的窑居县城。并大可利用山坡、崖边,开拓窑居新村不占良田,还可以成为一处别具风情的旅游资源呢!我们"研究会"对古县领导现在有这种反思,这样高瞻远瞩的设想,感到十分可贵。除了表示钦敬外,并十分愿意尽一份绵薄之力,促其实现这一富国利民的设想。

在兰州市,时至今日,南北两山沟、荒坡地带还有若干地方在那里荒芜着。如何开发利用这些地区,使其变废地为宝地的科研课题已经列入我们"研究会"的议事日程,并已开始行动。

六、窑洞及生土建筑的革新与开发

有一个现实,那就是我国农村有数以万计的人民,时至今日仍居住在各式各样的生土建筑中。沿黄河上、中游的青海、甘肃、陕西、河南、山西、冀北共约60万平方公里的黄土高原和黄土覆盖地区,还有4000余万人居住在各种不同类型的窑洞里(有靠山式、下沉式和独立式,包括砖石、土坯及土窑洞)。如何改造、革新这些窑洞和生土建筑,不仅对继承和发展我国传统窑洞及生土建筑文化,节约土地,节约能源,保护和创造生态环境,开发浅地层下空间,具有积极的意义。尤为重要的是,可以充分利用山坡地、黄土沟壑地带和荒芜的土地修建住房,珍惜土地资源,具有保护环境和节约耕地的价值。

对古老的窑洞和生土建筑进行改革,赋予它们新的生命,这绝不是保护"落后"而是扬弃,是更好地发挥这种建筑就地取土,冬暖夏凉,经济实用以及保护生态环境的最佳作用。此点,已被现代科学家所承认。以节能而言,窑洞冬暖夏凉,具有节能优点。又如福建和广东的"生土大墙建筑"。福建省革新了"土混建筑"，同样具有冬季保暖、酷暑隔热的节能意义。这些建筑物，可以因地制宜，就地取材，沟壑、崖边、山坡、台地都可修建，因施工简便，稍加指导农民即可自力建筑。近年来，广东梅县、福建莆田、新厝、福清等地的居民，兴建了不少二三层的"土混住宅楼"。正是由于上述这些优点，才使这类建筑不仅没有被淘汰，而且至今为广大农民喜建乐用、屡建不衰。当然，它们比过去有所革新，有所进步了。

我从事城市规划专业的技术工作大半辈子了，近五六年中，我对我国6大窑居区中的5个进行了调查研究。事实使我开始意识到，我们必须从传统的城镇空间形式和传统的规划结构理论的束缚中解脱出来，重新探讨城、镇、乡村发展的新的结构形式。它应该是一个较为简洁的结构，使许多问题尽可能在这个结构上得到较为妥善的处理。

早在半世纪前，雅典宪章就提出了城市空间应是三度空间的科学。认为城市建设不要只在地球表面上做文章，而要"上天""入地"，开发新空间，形成新结构，要产生质变，要有所新突破。

在世界上许多先进国家的城镇里，"上天"的结果是高楼林立，花去了相当的代价。外国原想靠建造高楼巨厦来解决城市空间问题，实践证明，这一着并不是"灵丹妙药"，而是利弊各半。结合我国国情看，仅此一着也还不能解决我们当前的急需，后来许多国家提出了"回到地下"的口号，认为城镇发展是否成功，在很大程度上取决于地下空间的合理利用，向地下空间发展已成为一种必然趋势。我国是发展中国家，技术比较落后，建设资金与技术人员不足，但这不应成为我们不能或不应开发地下空间的理由。我们可借鉴先人开发浅层地下空间，尤其是利用西北黄土高原地区的理论与实际经验。取其精华，去其糟粕，运用我们的技术力量，就地取材。

窑洞是浅层地下空间的好形式。掩土建筑，广东、福建的"土打墙"和"土混建筑"也是应该尝试的较经济、实用的好形式。此外，散布于我国广大地区有不同类型的式样各异的生土建筑，在节能、保温、防寒节省"三材"诸方面，各有所长。如散布在华北、东北的土坯建筑，新疆维吾尔族的穹顶土坯建筑，藏族的"外不见木，内不见土"的堡垒式民居，都是值得我们悉心加以研究提高的。

六年多来，中国建筑学会窑洞与生土建筑调研组和各省、区调研小组的同志们，跋山涉水，行数千里路，深入穷乡僻壤间，较系统地分析了广阔的黄土高原地区，新疆的交河故城地区，甘南的草原地区以及若干省区各类窑洞及生土建筑的优、缺点，广大地区的窑居环境、空间环境、社会环境、行为单元、社会意识所决定的心理状态及生理上各方面的反映，还从对我国若干城市和广大农村大量侵占耕地、大量耗费能源、居住环境不令人满意、生态环境被破坏等严重问题进行分析，认为解决好城、镇、农村的发展与上述这类问题的矛盾，一个较为现实而有效的途径，在于开发节能、节地、经济实用的建筑，在于开发浅层地下空间，在于将太阳能与沼气充分利用于这类建筑系统之中。

兰州初步革新窑洞的试验工作，得到了甘肃省和兰州市负责同志的支持和鼓励。1989年，省市已分别拨款50万元和30万元，支持调研组进行第二组和第三组城市型窑洞及掩土住宅和办公室的试点工程。窑洞内供电、采暖、卫生设备、厕、厨齐全。现在试点工程已破土动工，计划在兰州白塔山先建造出一个较为像样的结合省情、市情质量高的窑洞居民小区——"白塔山庄"，经过会审验收后推广。在兰州，南北两山有很多可以利用的山坡、沟壑地，若用来修筑新型窑洞住宅，对于南北两山对峙、黄河贯穿全市、市区面积狭长、可以利用的土地所剩无几的兰州市来说，不仅能保护市郊耕地，解决城市用地紧张问题，而且可以改善兰州山城景观，有利于立体绿化，有利于防止泥石流和滑坡。

七、黄土高原居民要求革新窑洞建筑

黄河流域是中华民族的发源地，是中华民族文明的摇篮。我国人民自古以来就劳动生息在这块土地上。我们的祖先在生产实践中很早就在黄土高原开发利用黄土所特有的可塑、易凿性、相当的坚固性和耐火性等良好的物理学性质，依山就势，使用简单工具开挖窑舍，创造出我们特有的地下浅层居住建筑。千百年来，窑洞建筑始终是这一地区人民的主要建筑类型之一。改造、革新、完善和发展窑洞建筑，关系到我国千百万人民群众生活和居住环境的改善，也关系到窑洞建筑合理利用土地和地下空间、节约能源、并美化景观和空间造型的再创造。

写于1989年

从山西省窑洞的现状
谈窑洞的革新改造

  窑洞这种古老而又实用的生土建筑，在黄土高原地区是一种主要的建筑形式。就山西省而言，在晋南夏县发现了4 000年前的横穴居民点遗址；目前省内仍有500万人居住在窑洞中，要占全省总人口的1/4，而浮山县80%的人口都住在窑洞里。由此可见它在山西省建筑中的重要地位。

  从形式上来分类，窑洞有靠山窑、地坑窑、土坯拱窑、砖石拱窑之别。以临汾地区的土坯拱窑来说，有全土坯拱窑、原土腿土坯拱窑、土打墙土坯窑、牛踩坯拱窑、火烧窑等，形式各种各样，仅就下沉（地坑窑）来说，就有单独式、毗连式、短胡同式、长胡同式、房院与地坑结合式等多种形式。平陆县槐下村，有15个地坑院组成的窑洞村落，常乐村有三进院式的串联窑洞，这些形式不同，因地制宜，各尽地利的窑洞充分发挥了一己的特色，又满足了千万群众的实际需要，因此千百年来世代相传，兴衰不替，一直在黄土地区延续下来。

  但是旧式窑洞也存在着以下几个缺点：型式单调原始，洞内湿度较高，有的光线较差，窑洞村落缺乏总体规划，未能充分利用周边环境，因而显得有些零乱。为此，亟须组织力量进行研究并尽快加以解决。中国建筑学会窑洞及生土建筑调研组及各地调研小组分别进行了普遍调查研究，一般性研究，专题调查研究和专题探讨及实验试点等工作。临汾是选定的一个实验试点地区，贾坤南主任、董贻康、左国保工程师等作了不少工作。在临汾附近进行的火烧窑试验，既建窑又烧砖，花钱不多，一举两得，效果不错。他们还采用了几种不同的防潮和加固措施来进行试验。初见成效的是一种土壁封闭并加设防潮夹层的防潮方法。这种方法使用后，可降低相对湿度10%～15%，造价为每平方米1.5元，整个窑40元左右。经过明年夏天的实地考验，如果效果不错，窑洞的防潮问题就算解决了。

对窑洞的革新改造工作，将在实验试点中逐步加以解决。现在提出以下10点对策，在实践中结合实际情况采用。

1. 要会看风水。风代表方位、风向、环境条件。水代表水文、地质、地形、地势。就是说，要进行认真的勘察和选址、识土，这是第一关。

2. 要进行农房村镇规划与具体设计。河南田绿窑洞就是好例子。而浮山县城附近的沟边窑洞村落就应好好规划一下。

3. 改进窑洞院落内部的布局。窑洞院落也要有一个功能分区，山西的一明两暗方式就很好。

4. 要有避雨防水设施。可以采取穿鞋戴帽，穿上雨靴，戴上笠帽的做法。"帽"就是挑檐和墙脸，"靴"就是台基和加砌砖石以防雨水侵蚀等。

5. 改善通风。巩县（今巩义市）石窟寺小学窑洞通风试验就做得不错。浮山南沟村田宅通风实验效果也不错。

6. 注意采光。使用大门大窑采光效果良好，进深不超过8米为佳。

7. 考虑防震。窑脸易被震垮，要特别注意。

8.安排好出入口通道。对于下沉式窑洞来说，上下出入通道十分重要，一定要处理好。洛阳邙山的地坑院台阶式过道方式就很好。

9.窑背土层较薄时，既要利用又要防止渗水。

10.发挥窑洞特色，注意环境美。

为了进一步开展科研工作，安排了以下5个项目：

1.窑洞建筑历史沿革和在黄土地区分布类别的调查研究。

2.窑洞建筑通风、采光、防水、防潮、节能以及抗震等技术措施方面的研究。

3.重点窑洞村落与窑洞合理规划，设计与建设的实验性研究。

4.改善窑洞居住条件、环境，对节约用地搞规划、设计方案的村镇建设试点。

5.西北地区生土建筑村落规划与结构性能等方面的研究试点。

写于1983年12月

让古老的建筑形式重放光华

——论窑洞及生土建筑

窑洞及生土建筑，特别是黄土窑洞，是世界上最古老的建筑形式之一，6000年前半坡村人的穴居遗迹，雄伟壮丽的万里长城，吐鲁番的白孜克利克千佛洞，高昌与交河故城以及杜甫窑洞遗址等，都可以说明这一点。经过了数千年的沿袭、演化、改革与发展，今天它仍然是我国某些地区农村的主要建筑形式之一，约有成亿的人们居住在窑洞及生土建筑中，"延安窑洞里出马列主义"的名言，使默默无闻的窑洞出了名。而今，正当世界上广泛研究建筑节能与节能建筑、建筑环境、传统建筑保护的时候，窑洞及生土建筑又引起了人们的重视和国际学术界的瞩目，尤其是冬暖夏凉的黄土窑洞建筑，使国内外学者感到极大的兴趣。

一、历史悠久的人工杰作

窑洞及生土建筑历史悠久，如果从半坡村人的穴居算起，可以追溯到6 000年以上的历史，它是中华民族的先祖仿照自然洞穴，利用黄土，为改善自己的居住条件而创造的最早的辉煌成果，而今依然横卧在祖国大地上的万里长城，东起山海关，西到嘉峪关，连山接岭，气势宏伟，是我国古代人利用生土修筑起来的人工杰作，与古埃及大金字塔相比毫不逊色，同样堪称世界历史的巨大奇迹，它是中华民族的骄傲——智慧和力量的象征。

以黄土窑洞而论，吐鲁番的白孜克利克千佛洞，是一个由73孔土窑洞组成的"神"的住所，创于南北朝，盛于唐，迄于元。河南巩县地区笔架山下的杜甫窑洞遗址，是唐代大诗人杜甫少年时代的故里，它伴随着诗圣的大名，流芳后世，现存的临汾太平村张玉林家的黄土窑，是闯王李自成进北京那年，即1628年修建的，距今已有356年的历史，已经有17代人在这孔窑洞里居住过。山西芮城县杜家村一孔6米、宽30米深的土窑洞，相传已有10代子孙。我们所见到的陇东、豫西、陕北、晋南等地区的黄土窑洞多数建于明、清时期和中华人民共和国诞生前夕。陇东地区的窑洞十分古朴、原始，还带着仿生学的胎记。这些窑洞非房非屋非楼阁，如宫如殿如洞府，堪称列祖列宗认识自然、顺应自然、利用自然和改造自然的人工佳作与传家宝。

以其他形式的生土建筑而论，我们的先祖在祖国大地上留下的土的杰作，除万里长城和烽火台遗迹外，就要数古城遗址了。楼兰这个遗址，原是汉代通向西域南路的必经之地，现已成为"沙漠中的庞贝城"，仅存的建筑遗迹是土坯建筑和残高10米的土坯塔。新疆境内有许多有名的古城遗址，而保存得最好的，要数吐鲁番的高昌故城和交河故城，城内遗址均是清一色的黄土建筑，被人们视为奇迹。高昌故城始建于公元前1世纪，14世纪废弃，唐玄奘到"西天"取经，曾在这里为高昌王讲经说法。交河故城自汉至元，也经历了较长的年代，与高昌故城不同的是，高昌城墙为土夯筑，城内建筑物均系土坯砌成；而交河故城的房屋院宇大多一半在地下，系挖掘而成，一半在地上，为夯土筑成。我们曾考察过甘肃藏族民居，传统的甘青藏族民居多为两层的"内不见土，外不见木"的土堡形式。甘南卓尼、搏拉、阿木去平，不少房子具有百年左右的历史，有的房龄达200年。广泛分布于福建南部，广东东部等南方地区的"外封闭，内敞开"的客家民居，是东晋、唐末、南宋时期外族入侵中原，汉族南迁定居后形成的圆形、半圆形或方形、矩形的土筑大墙建筑，其历史也是十分悠久的。此外，西北地区的夯土墙建筑、土坯木构建筑、土拱建筑和我们在晋南地区所见到的牛踩坯拱脚、夯土拱脚、原土拱脚与土坯拱脚的土坯窑洞建筑等，其历史也是非常悠久的。

由上可见，我们的先辈，很久以前就懂得利用黄土的可塑性、可凿性、保温性和干土的坚固性，或原土凿洞，或夯打，或制坯，与木结合，与砖结合，与石结合，与混凝土结合，从古到今，因地制宜地在各地建造了自己的传统性民居。从而给我们留下了许多窑洞及生土建筑的人工杰作、遗迹和实践经验，可以说，我国的窑洞及生土建筑是我国的一种独具特色的历史悠久的传统建筑形式。

二、浓厚的地方色彩与乡土风格

窑洞及生土建筑，在我国分布很广，东起山东，西至新疆，北自内蒙古，南到广东，都可以看到各种用途的这种类型建筑物。例如，东北大庆的"干打垒"建筑曾闻名一时；黄土高原广布着黄土窑洞，吐鲁番的土拱建筑十分普遍；西北地区到处都有土打墙和土坯墙；福建、湖南、广东、广西、江西等地区都可以看到土筑的客家民居。新疆的葡萄干风干房是土的；河南的烤烟房是土的，地下粮仓是土园仓或土窑洞。黄土窑洞不仅大量用作民居，也可作医院、宾馆、办公室、商店等。这说明窑洞及生土建筑，在我国不仅分布广泛、形式多样，而且用途也很广，被应用于生产性和生活性的各个方面。

通过对陕西、甘肃、宁夏、山西、河南、新疆等地窑洞及生土建筑的考察，我们感到它的最显著特点是具有浓厚的地方色彩与乡土风格。

以黄土窑洞而论，有三种类型，即崖窑、下沉式窑洞和半敞式窑洞。它们分布于山腰、山坡与山脚地带或沿沟，分布于黄土塬上以及塬边与塬沟地带，民间俗称为"明庄子""暗庄子"与"半明半暗庄"。它是黄土地区，尤其是黄土高原上的特有建筑形式，反映了浓厚的地方色彩与乡土风格。主要是：一，黄土窑洞的建筑方式完全不同于其他形式的建筑，系削掘土崖或掘出地坑院而成，只用人工不用机械；二，黄窑洞外部造型均为削平的崖面，表露出拱形的门面和轮廓，其内部空间是凿出的而不是塑造出来的，均为拱顶形式，具有浓厚的乡土风格，这与其他形式的建筑也是完全不一样的；三，黄土窑洞的建筑构件全是土的，土墙身、土顶、土窑脸、土隔墙、土坑、土兔等，只有门窗为木构件，不仅是土生土成土味儿浓，而且完全符合黄土高原树木稀少，木材缺乏，但到处都有廉价黄土，可以因地制宜，就地取材这个地方性特点；四，住在黄土窑洞里，不用人工空调手段，光靠黄土本身的性能，就具有冬暖夏凉的和气温宜人的环境，这同样是其他建筑形式所不能及的。一提到黄土窑洞，人们便会立刻联想到延安窑洞、空间层次丰富的崖窑村落及"枣园灯光"的画面，殊不知黄土塬上的下沉式窑洞村落更富特色！进入村庄，见不到地面建筑，所有窑洞全在地下坑院内，正是"上山不见山，入村不见村，院落地下埋，窑洞土中生"，极富地方风土特色。洛阳邙山和甘肃庆阳等地的下沉式窑洞村落引起了国内外建筑界学者的注意，已经载入了有关的著作之中。

以其他形式的生土建筑而论，吐鲁番的土拱建筑则反映了"火洲"地带的地方特色。它发挥了土拱隔热性能好的特点，并且不少土拱建筑采用了半地下的形式，从而使室内的温度比室外低得多，再加上用葡萄架凉棚遮阳，于是形成了非常适应当地气候特征的能避酷暑的土拱民居。而甘南藏族地区的土堡式民居，则是利用夯土墙的保温性能来御寒，并筑高墙起防卫的作用，于是形成了"内不见土，外不见木"的建筑特色和适应高寒草原地带的粗犷的山寨风格。至于福建、广东等地区的客家民居，筑土成高墙，围建成"外封闭，内敞开"的独具一格的多层多空间的三合土大墙建筑，则非常适应于当时客家人"聚族群居"以共同防御外族侵犯的历史条件，相沿至今，形成了有别于其他南方建筑的独特风格。我们所看到的大量的生土建筑就是土坯房子。用土捣制成土坯或用麦秸和土制成草泥坯，与木柱、木檩、木椽相结合修建的平房，有的是白墙、灰瓦屋顶或草泥屋顶的土坯拱的民居。由这些房子形成的各种平面形式的住宅院落，也是颇具特色的。

一言以蔽之，我国的窑洞及生土建筑，已作为一个有别于世界上其他国家、地区与民族的风格独特的建筑形式，而屹立于世界风土建筑之林，并居于十分重要的地位。

三、冬暖夏凉的节能建筑

当今世界上，由于人们广泛地开发和使用地球上有限的能源，能源出现了日益减少和供不应求的局面，于是，人们在大量消耗能源的建筑界着力于研究建筑节能和节能建筑。中国的黄土窑洞及生土建筑被重新发现了，它在节能方面具有十分重要的意义，是比较理想的节能建筑形式之一，比起世界上的掩土建筑（或称覆土建筑）来，具有更大的经济性。

黄土窑洞的节能表现在三个方面：一是在准备建筑材料方面，无需耗费大量能源来烧砖制瓦和生产水泥及混凝土构件等，就地就有大量的原生黄土，作为开挖窑洞的对象和捣制土坯的建筑材料；二是在施工过程中用人工自力开挖即可，它需要一定的时间和工夫，不需要也没有必要使用各种耗用能源的施工机械；三是在居住使用过程中，由于黄土本身的隔热性能好，室内外温差在10℃左右，夏季气温可保持在25℃左右，适于人们居住，既防寒又避暑，冬不生火可过冬，夏不摇扇可度夏，无须安装采暖和空调、电扇等耗能设施来调节温度。当地群众称："我家住着无瓦房，冬天暖和夏天凉。"有的人因此称其为"神仙洞""长生洞"等。它比掩土建筑（或称覆土建筑）的突出优点在于，在施工过程中不需要大量开挖破坏原生或原状的自然环境，既节能又节省工程费用，还可以保护先天的自然环境特色。

其他形式的生土建筑，如土坯拱窑洞和砖坯拱窑洞，或修成地上的，或修成半地下的，顶部覆土，同样具有冬暖夏凉之妙。而吐鲁番土拱、甘南土堡民居、客家土筑大墙建筑，也在不同程度上可以节能，即充分发挥土质的保温隔热防寒效能。

千百年来默默无闻的黄土窑洞如今在节能的浪潮中显露头角了。它虽然没有现代建筑——设施齐全的高楼大厦那样舒适的室内生活环境和富丽堂皇的外观，但它却有着主要依靠当地独有而丰厚的黄土及其保温隔热防寒性能，来保持冬暖夏凉的宜人室内环境的优越性，而无需用大量的能源来维持自己的生命。由于窑洞是我国黄土地区广大村镇的主要建筑形式之一，又是当地居民自力可建的住所，因此，它的节能意义就显得更大了。人们重视它，研究它，不久的将来，一定会从这古老的建筑形式上得到新的启发，从而去充实和发展现代建筑的内容和形式，它对现代城乡建筑，也许会引起一个重大的改革突破哩！

四、让古老的建筑形式重放光华

窑洞及生土建筑，是我国亿万劳动人民比较经济而适用的住所，它虽然具有历史悠久、形式多样、节省能源和可以保护自然环境等优越性，但目前也有不少窑洞和生土建筑还存在着布局盲目零乱，造型原始简陋，室内潮湿阴暗等弊病，亟待我们去研究解决，以改善广大村镇居民的生活居住条件和建设具有中国特色的社会主义新型村镇。为此，中国建筑学会窑洞及生土建筑调研组成立了，在党和政府对生土建筑所作的多次调查研究的基础上开始了新的调查研究和改革试点工作。

中国建筑学会窑洞及生土建筑调研组自成立以来，经历了三个阶段：第一阶段是普遍调查研究阶段，基本摸清了有关各省区窑洞及部分生土建筑的现况；第二阶段是一般性研究阶段，即对窑洞的历史、分布分类、物理性能、结构稳定、居住环境条件的改善、窑村规划以及各地的生土建筑等做了广泛的一般性研究；第三阶段是专题研究与实验试点阶段，如对窑顶防水种植、防潮排湿、节能节地、抗震措施等进行了专题研究和实验试点。当前正处在第三阶段之中，在河南巩县、陕西乾县、山西临汾、甘肃兰州等地都进行了和正在进行黄土窑洞的革新试验工作。《人民日报》1982年12月27日刊登了《为"寒窑"召唤春天》的文章后，陈云同志给予调研组和我以极大的鼓励和支持，使我国窑洞及生土建筑的调查研究和实验试点工作迎来了明媚的春天。

自1981年以来，中国建筑学会窑洞及生土建筑调研组的同志已三次接待了日本东京大学青木志郎与茶谷正洋教授带领的"中国窑洞"考察团的学者同行，接待了美国宾夕法尼亚州立大学吉迪恩·戈兰尼教授夫妇等，并与他们进行了学术交流，同时，我们准备在北京筹办，将于1985年10月在北京召开的国际生土建筑学术讨论会，这一计划已得到国家科委的批准，现正积极筹办中。中国的窑洞及生土建筑已经走上了国际建筑界的讲台。另据我们所知，我国已经有三个窑洞建筑设计方案获得了国际性奖励，这完全可以说明，在窑洞及生土建筑方面，是大有文章可做的。

更重要的是，目前，我国还是一个贫穷的国家，属第三世界，就我们当前和今后一个时期的经济实力而论，成亿群众居住的广大村镇尚不可能，也没有必要全盖起高楼大厦，而且窑洞及生土建筑在适应当地气候与风俗、节能、保护自然环境和保持地方特色与乡土风格等方面又有独到之处，因此在当前和今后一个相当长的时期内仍具有生命力。这是关系到亿万人民生计的大事情，所以搞好窑洞及生土建筑的调研和革新试点工作意义重大。

总而言之，时代使窑洞及生土建筑这一古老的建筑形式经历了千百年漫长而缓慢的变革过程后又被重新发现了。在新的时代，这一古老的建筑形式，具有了新的意义和新的光彩，并面临着新的更大的变革，这是时代的要求和使命，也是时代的必然。

作为时代的使者、时代的人，我们应当为此付出辛勤的劳动，作出不懈的努力。

让古老的建筑形式重放光华。

写于1984年10月

5

第五篇

愿为祖国奉余年

在甘肃省遥感学会成立大会暨 遥感学术讨论会闭幕式上的讲话

我们这个时代是政治、经济、思想、意识以及文化科学技术等各个领域经历着巨大变动的时代，这种变化是当代的一个主要动向，它对我们的思想意识、认识问题的方法、价值观念等等方面都提出了挑战。这种变化的速度越快，问题也就越集中，都集中到将来的问题。这就越发要求我们对现实和未来的事情加以研究和理解。

没有人会准确地预测未来社会发展到底是个什么样子。但是每一个国家都对自己的未来有一个想象。由这种想象提出对未来的要求。而对未来的要求又可以引导我们制定出正确的奋斗方向。

如果一个国家对自己的现况和未来一无所知，一无抱负，一无办法的话，这个国家是没有前途的，也必然导致对资源的巨大浪费。如果这种对未来的想象已经过时，那么事业就会遭到失败。

这就告诉我们：如何对未来作出预测，作出判断，如何去迎接未来。我们没有科学手段是不行的。

"未来学"学者说：迄今为止，人类社会经历了3次浪潮的冲击。五六千年前，甚至远溯到1万年前，农业革命的发生，给整个人类社会生产带来了巨大的变动。"未来学"学者们把这次变动称为第一次浪潮，就是农业化浪潮。这一浪潮把以狩猎为生的绝大部分游牧民族变成了农民。这个浪潮持续了几千年甚至上万年！一直到今天为止，我们中国还在第一次浪潮。

300年前，工业革命开始了。工业革命给社会带来了第二次浪潮的冲击。现在世界先进的工业国家正在第二次浪潮的末期。而我们中国第一次浪潮还没有过去，正在进入第二次浪潮的中期。

当前世界遇到的正是第三次浪潮前峰的第一次冲击，所以当前社会发展的速度比以往任何时代都快得多。从工业化开始到现在世界各国大规模的工业化，已经到了顶峰的地步。但是，据"未来学"学者说，这种工业化正在没落，第三次浪潮的冲击跟着来了。我们中国第一次浪潮还没有过去，第二次浪潮还没有达到高潮，第三次浪潮也开始在中国大地上涌起波浪。比如我们遥感技术就是第三浪潮前峰的一个浪。

在当今世界科学技术如此迅猛发展的时代，需要我们对未来社会景象有一个科学的可行的想象。因为我们这一代人将遇到新石器时期以来最大的变化时代。这个变化正向全人类提出挑战！我们仅从科学技术方面的变化可以看出。30多年前的旧中国，科学只是少数人从事的活动，科学技术的实现与使用是不需要广大群众参加的。由于工人所从事的劳动只是整个劳动过程的一小部分，因此他不需要接受更多的教育，只要有限的教育，需要的是工人的肌肉而不是脑力劳动！今天，世界上科学技术经受着第三浪潮的冲击。生产的基础是科学、教育、技术、信息，而不再是汗水——这是从广义来说——当然汗水还是要流的，但不再是人类大量的汗水。在当今世界上，生产不单是靠体力、靠劳动，不单是靠原料、靠资本，而是要靠科学技术和信息。换句话说，需要我们学习科学技术，需要了解千千万万人的思想，要解放千千万万人的思想，激发人们的创造性和追求科学的高峰。

现在，世界正面临着新的科学技术的挑战，这种科学技术都是带有革命性的，比如航天相片和航空相片，在25年以前谁也没见过，都不知道是怎么一回事。再如，新的通讯，新的能源——地热、核能、潮汐能、风能和新的价值观等等，这是一种新的强有力的世界文化，这就是第三次浪潮对世界的冲击。

遥感技术作为一门新的学科已经广泛地运用到国民经济的各个领域，如测制地形图、森林资源调查、土地资源调查、铁路选线、地质找矿、冰川冻土研究、沙漠化研究、草原生态研究等等。遥感技术还用于军事，以前的战争是靠千百万人、千百架飞机、千百辆坦克冲锋陷阵、千百万人死于战场。今后的战争已经不是这样了，整个世界结构，包括人类家庭结构，都在变化，所以第三次浪潮席卷世界，对我们的挑战太大了。我们中华民族，我们中国人是有才华、有志气的，我们能够迎头赶上这个浪潮。这次遥感学会的成立，我举双手赞成。遥感技术在世界第三次科技浪潮当中已经成为其中的一个尖兵式的浪头，我们现在组织起来，研究这门学科是非常及时、非常必要的。

遥感技术作为一门新兴的综合科学，其发展前途是非常广阔的。应用遥感技术取代过去的常规手段，其节约性之大、精确度之高、速度之快，必定能加速四化建设的步伐。甘肃省在遥感技术应用方面起步虽然较晚，但已在不少单位初见成效，值得庆贺。

遥感技术作为一门边缘科学（到底它算不算"边缘"，现在还不敢说。也可能它是一门主科学，因为它是尖兵、侦察队，走在前头，为其他行业打先锋，作用非常之大），其应用是相当广泛的。我在日本东京，看了一些地形图，反映城市面貌的变化，用遥感手段一年更新一次，搞得既快又准。我们兰州做1：20 000和1：5 000的地形图，搞了不知多少年，也画不出一张图来，把人都急死了！人家的下水道工程，从取得的各类相片一看就清楚，完好的、损坏了的和正在施工的反映得很清楚。我们兰州到目前为止,地下管道摸清的还不到90%,还有10%在哪里埋着都说不上。所以我认为,城建系统利用遥感技术十分重要。

我们现在积累资料用的是最原始的办法。最近搞了一张兰州市污染图,已绘印出来了,大家可以看一看。我们是全部手工操作,基本上是尽了最大的努力了,花的劳力、财力很多,其精度未必能达到要求。所以遥感这门新技术,在我国的建设事业中有强大的生命力。

从这次会议上提交的论文可以看出,从科研到教学,工交到农业,民用到军事,多专业、多工种的科学技术工作者都在研究遥感技术,这是十分可喜的事情。咱们这个"遥感学会",就是要当好这个纽带,当好桥梁,发挥好遥感技术在第三次浪潮中的尖兵作用,一定要为四化做出更好的贡献,这一点我是深信的。

参加这次会议的代表,绝大多数都是中年科技工作者,特别是大家推选出的第一届理事会名单,我特别高兴。理事会理事的平均年龄才46岁多一点,这太好了。目前,在我国各行各业都是依靠这些四五十岁的中年同志扛大梁,挑重担。在甘肃省,有你们这些年富力强的一代,去开创遥感技术的新局面,这真是"难得后生皆俊秀,雏凤清于老凤声"。愿你们诸位在这项事业上取得更大的成就,为我们社会主义祖国再做贡献。

下面,我再提几点建议:

第一,甘肃省的遥感技术正在起步,希望在座的各位专家要密切地结合甘肃省、兰州市的实际情况,提一些切实可行的建议。如我们兰州市今后在城市建设上如何更好地利用遥感技术,避免人力、物力、时间的巨大浪费。我向市人民政府提议,由你们做我们兰州市城市建设利用遥感技术的参谋。兰州市怎样利用遥感技术把现状弄清?下一步,对未来的设想,我们就心中有数了。现在国家搞国土规划、区域规划,这很重要。我国的城市规划是"先天不足,后天亏损"。为什么说是

"先天不足"呢？以兰州为例，20世纪50年代是全国搞城市规划的第一个城市，70年代搞修订规划也是第一个。但是我们还是就城市论城市，一没有国土规划，二没有区域规划。没有这两个规划，城市规划必然是先天不足。加之自1958年开始，一直到"文化大革命"，造成了"后亏损"。我们现在正在从头收拾旧山河，但心中无数，资料很不全。这怎么能搞规划？以兰州的植被来说吧，天天在那里说栽了多少万、多少万棵树，这些数字加起来，早把兰州市覆盖完了。咱们照个相看看吧，到底有多少植被？别吹这个牛皮嘛！我们现在已经有这个手段了，为什么不能试试？所以遥感技术在我们这里大有用处。

遥感技术在甘肃省的用途就更多了，测绘、交通、地质、矿冶和农、林、水、土等自然资源调查以及城市规划、环境保护等部门，利用遥感技术都有着广阔的前景。当前，甘肃省已把促进河西、定西这"两西地区"的开发与建设列为重点，在那里有广阔的天地，遥感技术更是大有作为。希望大家密切围绕这些关键环节，充分发挥遥感技术的优势，努力为甘肃省作出贡献。

第二，大家要注意协作，共同促进。我们很多科学技术领域里都存在互相封锁的情况，"这是我的成果""那是你的成果"，我们应该知道，在我们这个国家，不管哪个技术领域都感到人力薄弱。这么大个国家，这么点技术人员，那是不够用的。加上我们的仪器设备又如此不足，因此，要想研究一点东西出来，要想出成果，就要互相支持，互相帮助，避免互不通气，工作重复和积压浪费。在这方面，学会要多做些工作，开展学术交流，加强业务联系，协调科研课题，将分散、有限的人力、物力组织起来，以便发挥充分的作用。

第三，学习应用遥感技术，要做到提高与推广相结合。目前，在甘肃省有的人连"遥感"这个词是什么意思还不知道，这样的人恐怕还不在少数。因此希望学会组织一点通俗、易懂的宣传材料，做点普及宣传工作。在可能情况下，多举行一些讲座，开办学习班，让大家知道是怎么回事。现在，有的大专院校已经开了遥感课程，如兰州大学已开了这门课，这就非常好。在宣传、学习、推广遥感技术方面，有关大学要更大地发挥作用。

当然任何科学技术都不例外，包括遥感技术在内，要做到提高与推广相结合。我们要注意锻炼和提高现有遥感专业队伍的技术力量和技术水平，不断学习先进技术、开创新局面。学会应该定期组织学习交流会或专题讨论会。这次会议仅仅是个开端，但它是个良好的开端。通过这个会，大家互相交流，彼此促进，相互学习，共同提高，取得了预期的效果。

我相信，学会的成立必将对省市学习、推广遥感技术，开创新局面，起到积极的作用。我虽然是个外行，但是我坚决支持这个学会，只要你们有用得到我的地方，我一定为你们跑腿。

4月4日，中国建筑学会窑洞会议也要召开。来自10多个省的同志，专门研究窑洞问题。我请各位专家想想能不能把遥感新技术送进寒窑去？例如选址、相土、防震等方面，用遥感技术测试，有没有这个可能？我想有可能。

最后，希望专家们、科技工作者携起手来为寒窑出点力，为4 000万人民召唤春天出点力，为国家建设作出更大贡献。

写于1983年4月

在中国建筑学会第五次全国会员代表大会上的发言

在刚刚闭幕的全国城市规划工作会议上，谷牧副总理说，我到一些城市走走，发现一个毛病，房子盖得都是四五层，一排排像站队一样，连阳台栏杆都是一个模式，作诗还讲究仄仄平平仄，建筑却是平平平平平，全国城市千篇一律。他指出，要提倡各个城市扬长避短，发挥优势，要从形式上、技术上、材料上保持地方特点，各具特色。韩光同志在会议上也强调指出，每一个城市都应根据自然条件和现实基础，扬长避短，发挥自己的优势，也强调城市发展应各具特色。经过与会代表讨论，这一条已正式写入《全国城市规划工作会议纪要》，即各个城市都应当从实际出发，根据当地的资源、交通、土地、国防安全等条件，根据发展的历史和现实基础以及在地区和全国的地位，科学地确定城市性质和发展方向。在规划和建设中，要注意扬长避短、发挥优势，保持和体现民族风格、地方特色和时代精神。必须反对那种不问具体条件，盲目发展工业，搞完整的工业体系和综合性城市的错误做法。对此，我表示十分拥护和赞赏。我觉得，在我们的城市发展中，每一个城市都存在着各自的优势，从规划和建筑的角度讲，其中最重要的优势就是自然特色和传统特色。当前，我们讲扬长避短，发挥优势，就是要注重自然特色和传统特色，并使其与时代精神有机统一和结合起来。如果不深刻认识和高度重视这一城市发展中重要的内在要素，千篇一律，用一个模式建设城市，其结果将是十分有害的，在理论上也不可能是完善的，甚至是荒谬的。如果在城市规划和建设中只照抄照搬现有的模式和现有书本，而忽视了自然特色和传统特色，这将无异于捧着金饭碗要饭的败家子。这些年来，尤其是"文化大革命"已造成难以弥补的损害，留下了历史教训，对此，必须引起我们高度重视。

1. 我们中国很早就有城市规划和城市建设的理论和实践。我国具有五千年的文明史，她不仅历史悠久，文化昌盛，而且幅员广大，民族众多。在漫长的历史长河中，历代劳动人民为城市的兴起、充实和发展，作出了巨大贡献。在认识自然、利用自然、征服自然和改造自然，让自然更好地为人类服务的卓越斗争中，使城市规划和建设的理论与实践也日臻完善成熟起来，杰出的处理了人——自然——建筑——城市的关系，使人工环境与自然环境巧妙融合，浑然一体，使城市从局部到整体，从内容到形式达到有机的统一，从而，创建了许多具有自己传统文化和民族特色的城市。直到今天，仍然是我们城市规划与城市建设的宝贵的借鉴。

我们的前辈留下的这么大量的宝贵遗产，是我国五千年文明史的一个重要的组成部分，渗透着中国人民的教养、智慧、理想、品德、风格、情操和生活兴趣。它使我国的城市规划与建设在世界城市发展史中占有独具一格的地位。因此，我们的城市规划与建设必须在保持、体现和发展自然特色与传统特色的前提下进行！只有继承、扬弃、充实和大力发展这些特色，创造出新的高标准城市风格，我们才能无愧于前人，也才能给后人留下有价值的规范。

2. 以我自己的所见所闻。有的城市风景区内盖起了庞大的宾馆等建筑物，不仅破坏了风景，而且降低了它的游览价值。特别是在古建筑、名胜、古迹旁边，乱摆乱建的现象也普遍存在。不适当地强调"生产第一",而不断侵占或蚕食名山、名水、名林、名园、名胜之地和大量的绿化用地,盲目乱建、乱盖的现象,更是司空见惯。于是,城市特色逐渐被埋没、损伤、毁坏、糟蹋以至彻底抛弃,彻底破坏,城市变成了房子的堆积地。另一个方面还有多年来缺乏规划,忽视规划和建筑创作思想的保守化、僵化、繁复化,各个城市的建筑设计出现抄袭。一条马路,两排列车车厢式的建筑物,鳞次栉比,密不透风,完全失去了个性,失去了风格,失去了传统,即使是单体设计还算漂亮,在整体上却不能组成完美的建筑群和应有的得体的建筑空间。究其原因,我认为主要有这么几点:一是对各个城市的性质不明确,往往不顾本身的特色,而片面强调向"生产城市"发展。追求产值高低,忽视了城市环境质量。二是对一些政治口号片面理解,对事物缺乏基本知识,缺乏"一分为二"的态度,领导胡指挥,影响了传统特色的保持、继承和发扬。三是城市规划不被重视,或由于急于上新项目,造成布局上的混乱。四是在城市建设中对发掘、保护和发展城市特色缺乏投资来源。五是对保护和发展城市特色缺乏法律保障,并缺乏规划、建设、管理的机构和专门人才。六是对城市现代化与发展城市特色缺乏全面认识,以为"洋"的就是新的,以为高层建筑林立就是"现代化",而忘却了现代化的标志是为人民创造舒适、方便、健康、安全和文明的生活环境,而不单纯在于形式。我们应当学习和借鉴外国和世界上一切民族的优秀文化和精神财富,但学习和借鉴的前提是要结合自己的国情、历史与现实,走我们自己城市发展的道路。谷牧副总理说,10月4日,日本国土厅顾问对他讲,国际上正在考虑对中国传统技术的重新评价问题。国外尚且如此,我们怎么就能够不珍视甚至抛弃自己的优秀传统呢?"邯郸学步",那是蠢材才做的事,永远都走不出自己独特的路子。

3.发展各个城市的自然特色与传统特色,这是我们面临着的一个长期而艰巨的任务,我们要善于认识和发掘各自城市的独有特色,把它纳入城市的总体规划中,加以发扬光大，使其大放异彩。

我们可以设想一下，当我们旅游国内外诸多城市时，除著名的华盛顿、伦敦、巴黎、威尼斯、罗马，或者是桂林、杭州、昆明、肇庆、绍兴等特色城市外，下了火车，下了飞机，忽然接触到一个用现代化技术装备起来的新的城市，起初的印象是新鲜的。但是，当这样的接触连续起来之后，就会渐感茫然，使人昏昏欲睡。道理很简单，因为到处都是"似曾相识""千篇一律"的方盒子建筑，到处是一样的色调、节奏和韵律，在那所谓现代化的大城市里，到处都是高层建筑林立拥挤，立体交叉叠三架四，的确难以激起人们思维的激荡。

这个问题，也许是城市发展在现代化的进程中受城市化的冲击，对各自的城市特色来不及思考、顾不上琢磨的结果，也许是由于发展速度太快，由于你追我赶，由于种种原因造成的结果。但是，这一现象所产生的后果，所付出的代价，是足以能够清醒我们的头脑的。

并非我们的前辈能预见当今的自然环境会受到破坏，生态会失去平衡这一日趋严峻的问题。侥幸的是我们城市化进程较慢，虽然经济发展迟了一步，然而在城市建设上可以多多地借鉴前车。今后，我们一定要从国外城市发展的经验教训和我国城市发展的得天独厚的自然特色与传统特色中汲取营养，在城市规划与城市建设中克服盲目性、片面性和形而上学的形式主义，发挥传统优势，突出我们民族的、文化的和历史的特色，再用现代技术装备它、润饰它，使它更加鲜艳夺目。

在这次建筑学会第五次全国会员代表大会上，阎子祥理事长在工作报告中提出建筑界所面临的主要学术课题首先是要推动城市规划与城市建设，必须提倡发扬学术民主，繁荣建筑创作，反对形式呆板，千篇一律。我认为他的提法是很正确的。

（1）各个城市的特色要在确定城市性质时或具体的规划设计中有所体现，特别应当反映在总体规划与详细规划中。应当扭转城市规划跟着设计跑、设计跟着施工跑，以及"规划规划，纸上画画，墙上挂挂，不如个别人一句话"和"规划赶不上变化，变化赶不上电话"的不正常状态，要严格按照城市规划进行城市建设，再不能用运动式的办法来搞建设；

（2）要在发掘、充实和发展各自的城市特色上下功夫，市区内和风景区内的各项建设都要与本身的自然特色与传统特色协调起来，形成一个完整的统一体，正确处理"人、自然、建筑、城市"的关系，使城市环境从局部到整体，从内容到形式达到有机的统一；

（3）应当正确认识和处理好城市现代化与保持城市特色的辩证关系。不要一提现代化就是高楼巨厦、高速干道、多层立交、多层地铁，以至地下城市、水下城市等等，当然，我们绝不反对这些，但是也绝不能不顾现实条件和城市特色勉强为之。如果我们老跟在别人的后面，照别人的模式去追赶，那样即使搞得精疲力尽也恐怕赶不上，到头来还落个"老赶""老空"。如果我们充分发挥了自己的优势，发展自己城市的特色，创出自己城市发展的路子，就有可能在世界民族之林，在城市发展史上独树一帜。这就要求我们必须认真研究自己的历史与传统，扬其精华，去其糟粕。同时，要学习国外先进的技术，取人之长，补己之短，继往开来，推陈出新。

我认为，全国应建设成为一个博大的百花园，所有各具特色的城市，都应当成为这个百花园中的色彩各异的朵朵奇葩，为人民创造精神的、物质的，以至各方面都美好的生活环境。这就是我们在城市规划与城市建设中应当为之而奋斗的目标之一。

写于1985年

在第六届全国人民代表大会上
关于加强城市用地管理的提案

　　我国《土地管理法》从1987年1月1日起施行，这对加强城乡土地管理无疑起到了重要法制作用。最近，我听说国务院有的部门未征得城乡建设管理等部门的同意就发文件，明令从上到下成立独立的土地管理机构，这不符合《土地管理法》第五条"机构设置由省、自治区、直辖市根据实际情况确定"的精神，让地方很为难，再加上我在从事城市建设工作中听到近来城市规划和土地管理部门已经出现矛盾，影响到"城市用地建设必须按照城市规划进行"，甚至给城市用地管理的正常工作带来冲击。我认为这种局面有必要及早纠正。

　　城市用地是城市发展的基本条件，城市发展离不开土地，城市规划实质上就是对城市土地利用的规划。我国《土地管理法》明确规定："在城市规划区内，土地利用应当符合城市规划。"1984年国务院颁布的《城市规划条例》规定："城市规划区内的土地由城市规划主管部门按照国家批准的城市规划，实施统一的规划管理。在城市规划区内进行建设，需要使用土地的，必须服从城市规划和规划管理。"中华人民共和国成立38年来，各个城市在有效管理城市土地方面积累了丰富的经验（包括"文化大革命"中不按城市规划多头管理致使土地滥用的教训），也建立了一套比较合理的工作秩序和制度，奠定了良好的基础。当前，各个城市基本上进入了按照城市规划进行城市土地利用和建设的新时期，如果城市土地管理单独成立机构，使城市用地规划与土地利用管理分离，势必把部门内部的矛盾变成了部门与部门之间的多头扯皮，既不符合精简改革机构的精神，又不利于城市规划的有效实施。对城市土地进行统一管理，绝不意味着把城市土地管理完全"统死"而否定部门管理；所谓统一管理对地方而言，我认为是要充分发挥土地管理部门的监督控制作用，不必拘泥于非得另起"炉灶"。抚顺、深圳城市规划管理与城市土地管理纳入一个部门，天津的城市规划管理与城市土地管理两块牌子一套人马，这种做法是可取的。赣州由城市规划管理部门根据城市规划确定用地单位的项目位置、范围和申报复核工作，市政府批准后交土地管理部门划拨土地的办法，也是顺理成章，值得采用的。总之，当务之急首先是应理顺城市规划管理与土地管理的业务关系，加强城市用地的实效管理，从而真正起到按照城市规划有效地控制土地、合理用地和节约用地的目的和作用。历史的教训我们应当汲取，如果城市规划管理部门不能有效地对城市土地利用进行严格把关和管理，城市规划势必只是一张空图而已，也就谈不上城市规划对城市建设和管理的"龙头"作用。我对当前城市用地管理中出现的局面和后果很担心，故提出本提案。

写于1987年3月

给李鹏总理的一封信

纪云、依林副总理并转李鹏总理：

我们是中华人民共和国成立40年来从事城市发展规划建设理论和实际工作的老一代科技工作者，对当前城市土地管理工作由于城建部门和新成立的土地管理部门职能关系至今未能理顺，以至面临影响城市规划实施和房地产业健康发展的严峻局面，深感忧虑和困惑。出于珍惜我国城市发展规划建设事业的大好形势，关心爱护祖国城建大业，切实防止农村土地滥用浪费的一片赤子之情，惶问冒渎，上言总理，聊表挚诚，敬祈谅察。

一、中华人民共和国成立40年来我国城市的规划和房地产管理，对推动整个城市经济发展发挥着重要作用

城市规划是一门科学，是城市政府意志的体现，实质上就是对城市土地科学、合理利用的规划。城市规划管理部门绝非用地部门，它根据城市规划对城市土地使用进行"三定"管理，即定项目性质、定量、定位，是对城市土地使用的综合制约部门。40年来，各

地城市已经形成的城市土地管理体制，在有效地管理城市土地方面，付出了辛勤的劳动，积累了丰富的经验和大量资料，对城市各项建设基本上进行了严格的控制，并建立了一套比较合理的工作秩序和制度，为促进城市发展奠定了良好的基础。例如，"一五"期间国家分布"156"项生产力所在的8个先建城市，按照城市规划管理城市土地，至今没有乱套，而且越管越好。目前，我国设市城市建成区总用地仅为国土面积的1％。，每年城市建设占用耕地仅为当年耕地减少量的3％左右，其他为水利、交通、农房建设、乡镇企业等非城市建设用地。看来加强土地管理工作的重点应放在广大农村，而不是城市。但是，1986年国家土地管理部门成立之后，对如何加强整个国土资源的宏观控制和管理，解决广大农村土地滥占乱用这一关系亿万人民吃饭的大事注意得很不够，而是侧重介入城市土地的专业管理，热衷于城市房地产业的开发经营，这就打乱了40年来形成的城市土地规划管理和房地产管理的正常秩序，在城市土地管理方面人为地造成了部门之间的矛盾，严重影响了城市规划的实施和房地产业的发展。如果从体制角度讲，考虑问题绝不能割断历史、离开现实、忘掉经验教训，一定要实事求是。"文化大革命"中城市规划废止，机构撤销，城市土地被盲目滥占乱建，给城市造成难以弥补的后遗症的沉痛教训不应忘记。党的十一届三中全会以来，城市规划管理部门和房地产管理部门在弥补"文化大革命"造成的损失和改革深化过程中做了大量的工作，使城市土地的利用，得到了有效的控制，成绩是应当肯定的。国家土地管理部门对全国土地实行统一管理，我们是赞成的，但统管不是代替、包揽、肢解专业性综合管理，而且也不可能由土地管理部门包揽一切土地管理工作。我们认为实行统管与专业管理相结合的管理体制是合适的，即城市土地由城市规划管理和房地产管理部门进行管理为宜。当前，应当强化城建部门对城市土地的专业管理工作，而不应削弱、打乱，更不应使之解体。

二、城市建设用地管理必须按照城市规划进行

城市规划是城市土地科学、合理利用的根本性依据，离开城市规划谈城市土地的利用管理就是无稽之谈。土地管理法明确规定：在城市规划区内，土地利用应当符合城市规划。城市规划条例也明确规定：城市规划区内的土地由城市规划主管部门，按照国家批准的城市规划，实行统一的规划管理。在城市规划区内进行建设，需要使用土地的，必须服从城市规划和规划管理。这是中华人民共和国成立40年来，正反两个方面实践和教训的总结。当前，我国设城市434个，建制镇11 100个，每个城市人口平均占有建设用地只有75平方米，全国25个百万人口以上的大城市人均用地不足60平方米，上海只有30平方米左右。由于城市用地十分紧张，城市环境日益恶化，人口拥挤，交通堵塞，住房不足，园林绿化太少，而且随着城市化进程，城市在继续发展，各种矛盾还会加剧。只有严格地按照城市规划来指导和控制城市用地的使用和发展，才能逐步解决现有的和将来可能出现的各种问题，使城市得以健康发展，充分发挥城市在国民经济社会发展中的开放型、多功能、社会化、现代化的经济中心作用。例如：广州市区8个区的城市土地是由城市规划部门一家进行规划管理的。实践证明，扯皮少，效率高，并运用经济杠杆有效地指导和控制了城市建设用地，不仅能把城市用地使用好，而且能够管理好。而有的城市，土地管理部门无视城市规划的严肃性、科学性，竟然擅自批准把房子建在规划的城市道路和绿地上，把污染工厂建在城市水源上游或临近危险品仓库，造成了严重后果。这种情况不应当再继续下去了。城市土地由城市规划管理部门管理得好好的，为什么又要两家来管呢？我们看在眼里，急在心上，希望国务院尽快解决国家土地管理部门实行全国土地统一管理和城市土

地由城建部门实行专业管理的职能划分问题。

三、对城市而言，城市规划管理，土地管理和房地产管理是一个不可分割的整体，是一个专业性、综合性很强的工作

中华人民共和国成立40年来城市规划管理部门对城市土地实行规划管理，包括选址定点，甚至征用划拨城市规划区内的土地，房地产管理部门负责地政、地籍和开发经营管理，一直配合得比较好。在改革中，各地城市推行统一规划、合理布局、综合开发、配套建设、基础设施先行和引导、促进城市房地产业的兴起，为城市建设注入了新的活力，为推动城市经济社会的发展发挥了巨大作用。例如，1983年经国务院同意由建设部组织全国城市房屋普查，并发放统一的房地产权证，收到了很好的效果。但是，国家土地管理部门成立后，又重新组织全国统一换发土地使用证，甚至土法丈地，突击发证，重复收费，结果使新证标明的土地面积与房地产管理部门发的房地产权证上所标明的土地面积差别很大（如衡阳市区的两个证误差有的高达30%），这就隐藏了严重的产权纠纷问题，搞得群众怨声载道，影响了城市政府的形象与威信。房产与地产本来是连在一起的，房地产证应由城市政府发一个权属证，同时表明土地使用权和房屋所有权，不能由两个部门发两个证，人为地制造权属问题的混乱。这正好比是"两个妈妈"来管"一个孩子"，"两个妈妈"各有一个"权属证"，如果"两个妈妈"一吵架，这个"孩子"可就遭殃了。我们呼吁，由两个部门争相发证，劳民伤财不说，还孕育了权属问题上纠纷，影响社会安定的做法不能再继续下去了。城市土地管理是一个复杂的有其自身客观规律的管理系统，城市规划管理部门负责土地使用规划和房地产管理部门负责地政、地籍和开发经营管理是顺理成章的事，应当说，他们就是城市的土地管理部门，具体负责

城市的专业管理，对此应当有一个明确的认识。

　　总之，我们认为，国家土地管理部门应主要负责统一制定土地管理的方针、政策、法规和用地计划，并对各专业管理进行综合统计和监督，针对目前农村耕地大量流失、管理失控的情况，切实加强对农村土地的统一管理。城市土地管理应由城建部门（城市规划和房地产管理部门）来加强管理，以保证城市规划的顺利实施和房地产业的健康发展。以上意见，语出至诚，不知当否，请各位总理在决策时参考，以尽快解决当前城建部门和土地管理部门对城市土地管理职能混乱的局面。

　　　　　北京大学地理系教授、学部委员　侯仁之

　　　　　清华大学建筑学院教授、学部委员　吴良镛

　　　　　兰州市人民政府顾问，高级城市规划师

　　　　　兰州大学、哈尔滨建工学院兼职教授　　　　任震英（执笔）

　　　　　陕西省土木建筑学会副理事长，高级工程师　张景沸

　　　　　　　　　　　　　　　　　　　　　　　写于1988年

给万里委员长的一封信

作为城乡建设战线上的一名老兵，我有一个建议向您汇报，即建议强化"人大"的监督检查职能，将我国国土、区域、城乡长远发展规划，依法治城，纳入我国各级"人大"工作的日程。具体建议全文如下：

社会的协调发展受众多的因素制约。国土规划、区域规划、城乡规划是对诸多因素在地域空间上进行协调的集中反映，这些规划不仅是指导各地区长远发展的综合性文件，而且是保证国家和地区全局利益得以实现的指南。

党的十一届三中全会以来，我国法制建设有了重大进展，在政治、经济、社会生活的一些主要方面，基本上已经有法可依。我国城市规划法，想不久即可经全国"人大"审议后颁布执行。但尚有许多重要的工作急需纳入法制轨道上来。目前我认为建立一套完整的从全国到跨省经济区、市域、县域适合我国国情的空间规划系列，是关系我国长治久安、协调发展、迫在眉睫的基础工作。现今多种经济形式并存，区域联合与区域竞争并存，为维护国家的整体利益与长远利益，为实现自上而下的指导计划与自下而上的自主发展相结合，保证中央对全国的统一领导，建议将空间综合区域规划、依法治城，纳入各级"人大"的重要工作议程，并逐步使这些规划成为我国法律体系中的一个组成部分，增强运用法律手段控制调整经济运行和各项社会活动的能力。

1980年以来，党中央有关文件已多次明确要求各级政府转变职能，把制订长远发展战略和宏观空间规划作为政府的重要职能，几年来这方面工作已大有改进。但另一方面，我国各级政府实行的是任期制，这一制度客观上决定了政府必须将主要精力放在眼前近期建设与管理工作上。从国家近期发展来说，这样做是必要的。而同时出现了不少政府部门只顾近期而轻长远、重局部而忽视整体的现象，即所谓"短期行为"，有的甚至"寅吃卯粮"，长远与空间宏观规划工作排不上政府日程，即或有了规划，但在近期或局部利益驱使下，纷纷在实施中走样，损害了长远与全局利益。

目前，我国各项事业发展很快，矛盾也多，各城市、各地区竞相开放，这种竞争的局面使政府很难超脱局部和近期利益的困扰，而站在更高的层次去统筹、协调社会经济的长远发展。各级"人大"由于比政府超脱，较便于协调好远期与近期的关系、整体与局部利益的关系，并能对危害公共利益的短期行为作出限制。安徽省"人大"1987年11月起会同省建设厅组成联合检查组，对合肥、蚌埠、芜湖、淮南等10个城市总体规划实施情况进行全面检查，取得了很好的效果。由此看来，国家权力机关，通过立法与监督，不仅可以强化政府法制建设的内容，而且可促进各级政府及所属部门适应新时期工作的要求、转变政府职能、依法进行管理工作、实现依法治城。

世界上不少国家，都有自上而下的空间规划系列，如德国，州以上称国土规划，州以下称区域规划；英国称结构规划；东欧一些国家，如原捷克斯洛伐克、保加利亚、匈牙利等都有完整的从全国到区域、城市的空间规划系列（这些规划大多数最终要经国家或州议会批准）；波兰在20世纪80年代颁布实行《城乡规划法》，将国家各级空间规划正式纳入了国家立法体系。我国目前规划工作的布置、组织、审批、实施、检查，都集中于政府，这有很多弊病，也有精力上的问题，似应依照公检法分治体制，可将规划任务的提出、成果的审批和实施检查纳入"人大"的工作，强化"人大"的监督检查职能，由地方各级人民政府将法规执行的情况（包括试行的情况）向该同级的"人大"常委会作出书面的或口头的汇报。各级"人大"要对辖区内执行法规情况进行督促检查，并组织力量进行重点抽查，及时发现问题，依法纠正。各级政府应接受同级"人大"常委会的检查和监督，总结交流规划实施中执行法规工作的经验教训，对法规执行中存在的问题及时提出改进意见，以便补充修订，使之日臻完善，真正做到有法必依，执法必严，违法必究，把我国国土、区域、城乡长远发展规划纳入法制轨道，维护安定团结和长治久安的大局，推动改革深入发展，保障国民经济建设的顺利进行。政府保留组织编制规划和实施规划、以法治城的职能。

仅仅制定法规是问题的一个方面，重要的是通过各级"人大"的法律监督，使法规的实施真正能落到实处。这就是本建议的目的，敬请予以考虑为盼。

写于1988年7月

吁请制止在杭州西湖边上
盲目建设高层建筑

我国历史文化名城和世界著名风景区西湖边上已陆续建了不少高楼大厦，致使景观失色，西湖变小。对此，早在20世纪70年代就有争议，经万里同志批示，总结经验，在杭州城市规划中规定了高度限制（一般不超过18米，容积率为2）。但至今，由于外商进入，争占有利地位，西湖边上旧话重提。最近浙江省领导和杭州市领导又决定在紧靠葛岭的原西湖饭店旧址上建造旅游饭店，不仅违反规划，破坏景观，对城市交通也造成更大影响。为避免盲目建设，重蹈中外专家早就警告的覆辙，建设部曾报告国务院，并按李鹏、邹家华同志批示发文浙江省和杭州市，要求按批准的城市规划执行。但省、市领导仍扬言由他们负责，仍要违背现有规划，将高度提至30米，容积率提为5左右。庞然大物，几乎与葛岭等高。西湖秀色，文化特色，将大为失色。我们认为杭州这一古今中外著名的风景名胜与历史名城，绝非仅仅是杭州市和浙江省的，而应当是全国人民的。

西湖边上这一建设，反映了目前一些领导只讲眼前经济利益、迁就外商、急于求成、不顾城市长远利益和整体利益的短期行为。现在不少城市以引进外资开发房地产为名义，侵占公园绿地，盲目建筑高楼大厦，提高建筑密度和破坏文物、环境的现象愈演愈烈，而且多数是地方领导拍板，什么规划、法规都置之不顾。这就使改革开放以来经总结历史教训后，刚刚得到重视的城市规划工作又面临废弛的危机。杭州是一个突出的例子，如任其发展，事后再去纠正，对国家的经济和民族的文化损失太大、对外必造成不可挽回的影响。

为使历史形成的优秀的风景名城得以延续，文化古迹得以流传，出于历史的责任感和专业上的良心，我们不得不吁请中央领导同志制止这一不文明、不负责任的行为。

写于1989年

制止在连云港扒山头
建核电站的呼吁书

连云港是我国首批沿海开放的城市，1994年5月18日李鹏总理视察港区时说："亚欧大陆桥起点就在这里。"连云港由于独具新亚欧大陆东方桥头堡的区位优势、独特地位与特殊作用，已成为带动我国内陆经济走向国际化的极其重要的海港城市，尤其对推动陇海兰新经济带11个省区的经济发展具有重要意义。连云港，已不仅仅是江苏省北部的一个港口城市，而成为国家极为重视并促进其大发展的重要城市。1993年底经全国高层次规划建设专家论证通过的跨世纪的城市总体规划，规划2010年连云港城市人口规模将达到88万人，港口吞吐量将发展到1亿吨左右。鉴于此，我们对连云港城市发展具有重大影响的事件，有理由给予关注和及时反映。

据悉江苏省拟将在连云港市区内的扒山头建设核电站。如此决策，势必严重影响连云港的城市发展，令我们万分焦虑。我们认为，发展核电站是解决我国能源不足的途径之一，应当支持，但核电站的选址一定要慎重、得当，使之科学、合理。如果在扒山头建核电站，必然要把已经科学论证可建15万吨级码头的高公岛港区深水岸线侵占殆尽，给港区未来发展造成致命打击。据测，扒山头距国家级云台山风景名胜区宿城景区500米左右，距规划的临海工业区（20平方公里，人口15万人）仅2公里左右，距连云区（现有10万多人，规划30万人）仅5公里，距连云港大港主航道6公里，距现有老港区5.5公里，距庙岭港区6.7公里，距墟沟港区8.6公里，距连云港经济技术开发区2010年发展用地5公里，距连云港经济技术开发区建成区9公里，距东西连岛7公里，距连云区城市中心9公里左右，距云台区（2001年撤销）城市中心20公里，距新浦区城市建成区25公里，距连云港市委、市政府、市人大、市政协办公楼30公里。在离大城市如此近距离之处选址建核电站，是不符合中华人民共和国国家标准规定的。《核电厂环境辐射防护规定》中明文规定：核电厂距10万人以上城镇的直线距离不应小于10公里；距100万人口以上大城市的市区发展边界的直线距离不应小于40公里。还规定：核电厂周围必须设置非居住区和限制区，其半径不得小于5公里。说明核电厂与城市建设项目没有兼容性，因此必须综合考虑厂址区域的地质、地震、水文、气象、交通运输、工业企业、土地利用、厂址周围人口密度和分布以及社会经济方面的合理性等因素。所以，以严重影响、甚至牺牲连云港大港、国家级连云港经济技术开发区、国家级云台山风景名胜区和2010年将达到88万人规模的大城市的发展和整体利益，忽视连云港在国家经济发展中的重要地位与作用，以单纯考虑核电厂自身的"合理性"来确定在扒山头建核电站是极不妥当的。

我们高兴地看到1994年3月国务院常务会议讨论通过的《中国二十一世纪议程白皮书》，把连云港为东桥头堡的新亚欧大陆桥沿线地区可持续发展列入首批项目，并要求1995年完成把连云港建成国际性大港和东桥头堡连云港市及其辐射地区发展的战略规划，说明国家对连云港城市发展的高度重视。我们愿意看到一个带动内陆经济走向国际化的新亚欧大陆桥东桥头堡——连云港海港城市的迅速发展，不希望看到因在扒山头建核电站而严重影响并限制其发展的后果。从连云港在国家经济发展中的重要地位与作用来考虑，为了东方桥头堡美好的明天，为了不影响连云港城市发展的大好势头，我们恳请国家有关部门，并通过你们转报有关国家领导同志，制止在连云港扒山头建核电站。

李鹏总理讲过："连云港这个港与别的港不一样，它的作用没有别的港可以代替。"建设核电站，绝不是非在扒山头不可，可选站址非此一处。因此，希望国家有关部门与江苏省交涉后，改变在扒山头建核电站的决议，另选它址。

语出至诚，惶问冒渎，大海不弃涓滴，诸位领导岂拒微意，敬祈硕果。

写于1994年秋

在国家建设中新中国建筑师和规划师的作用

——菲律宾国际学术会议上即席答代表问

在我国，所有的建筑师和规划师都是国家干部，都在国家的设计、施工、科研、城建和规划管理机构中从事专业工作。

我们国家所有的城镇规划设计和建筑工程设计任务都是由国家政府按照国家或地方的计划，下达给有关机构，然后分配给建筑师或专业室、组进行规划设计和建筑工程设计工作的。

在各级人民代表大会、政治协商会议的成员中，都有一定数量的建筑师，他们与国家领导人、各级领导人以及各方面人士共同研讨国家大事，其中包括研讨国家的建设大事。

各级政府机构对于一些有关区域规划、城市规划以及较大型的建筑设计、建筑施工等问题，包括城建、规划、建筑管理方面的定额、规范、规章、法制和对重大规划方案、工程方案的审查，都吸收建筑师、规划师参与讨论。

城市规划设计关系到各行各业和工农业生产的各个方面，是为广大人民创建舒适、健康的生活环境而服务的。因此，要搞好城市规划，就必须放手发动群众，大走群众路线，把广大的人民群众的革命积极性最大限度地调动起来，使广大群众关心这个事业并参加到这个事业中来，这是我国设计工作中的一个特点。

例如，兰州市第二次修订总体规划时，我们以专业规划工作者为主体，并从30多个有关单位抽调若干工作人员组成了规划办公室，充分发挥各专业技术人员的骨干作用。我们还采取了"走出去，请进来"等多种办法搞规划。实践证明，这样做，可以充分调动各方面的积极因素，可以使规划方案成为群众、领导和建筑、规划工作者三结合的结晶。这不仅得到领导和群众的支持，而且使我们的建筑师、规划师亲眼看到广大人民群众的智慧和力量，从中得到了教育和提高。

在所有的规划设计工作中，我们都坚持和发扬了调查研究的作风。我们每编制一个城市总体规划，都要首先搞清现状，弄清将来发展的趋势，把各条条、块块以及各个部门的情况和意见加以分析、研究、归纳，然后再进行综合平衡、合理安排。

再以兰州市的规划设计为例，在初步方案基本定稿后，于1978年8月中旬又专门邀请了中国建筑学会城市规划学术委员会上百名国内知名建筑师和规划师，对兰州总体规划进行了全面的评论和分析，大家畅所欲言、各抒己见，提出了许多宝贵的意见，充分发挥了学术讨论的作用。与此同时，我们又把规划方案公开向全市人民展出，征求全市人民的意见。在展出的短短两个月中，有4万多人次参观，并提出了数千条各方面的意见。这些专家、领导和群众的意见，极大地促进了兰州城市总体规划方案的进一步完善。

我们认为环境设计、城镇规划设计，具有鲜明的政策性、综合性和地方性，而且是一项长期的工作，不可能"毕其功于一役"而"一劳永逸"。建筑师和规划师作为国家干部，除了从人民群众中虚心吸收营养外，还必须经常了解变化着的情况，使自己的思想和技术适应新的情况，并根据变化了的情况及时地向政府和人民提出建议，当好国家建设的参谋、助手和创造者。例如，我与陈占祥总建筑师以及其他3位建筑师，应国家城建总局的邀请，曾于1979年初夏到浙江省专程给杭州市总体规划和浙东、浙西十数个城镇的规划提意见。在大家评论杭州西湖边上正在兴建的一幢大型宾馆时，众见皆同，都认为在西湖风景区内搞新建筑必须考虑"五忌"，即忌"高、大、洋、密、浓"。我们认为西湖山水有其特点，在西湖风景区内搞庞然大物，不是创造了空间价值，而是大大降低和破坏了西湖景区空间价值。浙江省委认真地听取了我们的这些意见，并接受了我们的建议，决定将这幢16层的大建筑改为6层。这说明，中国的建筑师在国家和人民中间起着很大的作用。有关这类事例是不胜枚举的。

由于建筑师、规划师与广大工人的辛勤劳动和共同努力，为国家为人民规划和兴建、改建了若干城市，建造了大量生产、生活、文化所需的各种建筑物，促进了生产的发展，改善着广大人民的生活和居住条件，改变着我们祖国的面貌和人民的物质环境。从这个意义上讲，建筑师、规划师是客观世界的改造者。但是，我们建筑师、规划师还存在着一个用什么世界观来改造世界的问题。我们通过各种方式和广大人民群众接近，更多地了解他们的思想感情和要求，这样，我们的工作就会更有成效。

我们中国建筑学会城市规划学术委员会，正在配合国家城市的大规模新建和改建工作，积极开展着学术交流活动。这些活动得到了各级政府的大力支持和经济补助。我们开展学术活动，坚持理论和实际相结合，并在坚持独立自主、自力更生的前提下，积极加强国际科学技术的交流，努力学习外国先进的科学技术。对待先进技术，我们采取"古为今用、洋为中用"的方针。对待古代城市规划遗产，我们能重视它、研究它、整理它，发扬历史的一贯性。我们认为，这不等于复古，也不等于排斥现代的东西。"古为今用、洋为中用"，还有个"推陈出新"嘛！但一定要有的放矢，因地制宜。例如，在杭州西湖风景区内，对每一幢新建筑都考虑到周围的环境，使之和谐、匀称，在增加整个空间价值上下功夫。我们的祖先就善于选用空间创造价值，古平江府的苏州和绍兴这两个文化古城，就是杰出的代表。这是值得我国建筑师、规划师好好学习、继承和发扬的。

我们中国是一个发展中的社会主义国家，属于第三世界。同许多国家相比，我们在科学技术方面，还是比较落后的。我们愿意学习各国人民的先进经验，以便尽快地掌握世界最先进的城市规划科学和综合环境科学的科学技术，并作出成就。

中国是一个历史悠久的文明古国。从遥远的古代起，我们的祖先就建设了独具民族风格的、中国式的城市。张衡的《二京赋》和左思的《三都赋》所描述的壮丽图景亦是划时代的杰作。中国古代的建筑与园林，在技术上和艺术上都达到了较高的水平，为人类的文化宝库增添了瑰丽的宝藏。但是，到了近代，大多数城市年久失修，城市面貌衰败不堪，古代建筑遭到了严重破坏。那时的统治阶级，根本不相信中国人民有能力建设自己的国家。1949年10月1日，成立了中华人民共和国。30年来，我国的城市规划与城市建设取得了巨大的成就。

中国建筑师和规划师们深深懂得，我们30年来所走过的路程，仍然是在探索我们自己城市建设的道路。我们所做的工作，也只不过是清除了一些前进中的垃圾，开拓了一些基地，初步形成了一个社会主义新型城市的骨架。对于更加壮美的明天而言，这才仅仅是新长征的开始。我们中国建筑师和规划师深知，要建设一个理想的人民城市，是一项非常艰巨的历史任务，任重而道远。它需要整个社会的努力，需要所有城市的努力，理所当然，也需要我们城市规划与城市建设的技术工作者和每个城市的人民付出辛勤的劳动。

我们中国的建筑师和规划师，对于我们伟大祖国的锦绣河山怀有深厚的感情。我们深信，人民是创造历史的动力，人民也必然是自己理想城市的缔造者和主宰者。中国城市发展的前景是光明的。

写于1980年

城市规划访日考察报告

一

应日本都市计划学会邀请，中国建筑学会城市规划访日代表团于1979年11月15日至12月8日对日本进行了友好访问和技术考察。

这次考察的重点，是大城市的改建和小城市、新城市的规划建设以及与之相关的区域规划；在城市改建中则侧重于城市交通、住宅建设和风景旅游城市的规划等问题。代表团在东京活动了12天，看了东京的市区、新宿副都心和有关市政公用设施，还看了多摩新城、鹿岛临海工业地带和筑波科研高教城市。用了10多天时间看了北海道的札幌、千岁、苫小牧和名古屋、大阪、神户、京都、奈良等几个不同性质的城市。收集了大量图书、资料，拍摄了3 000多张照片，制成幻灯片600多张，很有收获。经过这次考察，大体了解了以下几个方面的情况：

1.日本城市建设的现状。

第二次世界大战后，日本曾首先着眼于恢复工业生产。20世纪50年代城市建设方面的投资较少，出现了住宅严重不足、城市交通和市政工程等十分紧张的情况，人民意见很大；60年代改变了政策，注意经济规律，制定和修改立法，在城市规划和城市建设上下了很大功夫，国民经济有了迅速发展；进入70年代以后，进一步开展了大规模的城市现代化建设，居住、环境、交通等问题逐渐缓和下来。

日本各城市的建设主要是靠地方政府和私人投资的。1979年，民间建筑企业就完成各项工程44兆日元。在国家预算方面，每年有一定数量的投资用于城市建设。1979年，日本建设省的预算费占全国总预算的12%，主要是用于城市建设。其中住宅建设补助费占39%，道路建设补助费占31%，治山治水费占11%，其他占8%。

1970年以来，日本新建住宅共约1 500万套，其中60%以上是私人自建，全国2 900多万户拥有住宅共3 000万套。住宅建设的目标主要是提高质量标准和设施水平，并要求每户有100平方米，每人有一间房。

在城市交通方面，目前东京、大阪、神户、名古屋等大城市的高速道路网已基本建成，多数城市道路面积约占城市用地15%以上，市区内的道路基本实现了全面铺装。日本的地下铁道和电气铁道承担着大城市相当大的一部分客流，它输送量大，准时、安全，所以一些有私人小汽车的人也愿意改乘地铁上下班。

日本主要城市下水道的普及率已达90%以上，各大城市普遍设有污水处理厂，大部分做到二级处理，河道情况有所改善，我们看到的一些河流、港湾，水面已比较清洁。城市供水的标准较高，一些新城每人每日用水量达350升。

城市绿化面积标准比较低，全国主要城市平均每人3.6平方米，东京只有1.7平方米，但他们注意保留绿化用地，在市区内只要有小块空隙都点缀上草木花卉，搞见缝插针。有的城市正在大面积地搞郊区绿化，效果很好。

日本正在大搞新城建设，目前已基本建成了35个卫星城和工业小城镇。东京、大阪等大城市，每年都有一些工厂、单位外迁。由于小城市的就业环境和居住条件有所改善，城市中心地区的人口已开始下降。

我们看到许多新建地区，无例外地都是先地下、后地上，有秩序地进行开发建设。如千岁市的泉泽住宅用地，计划居住5 000多人，土地开发部门先按照规划建设好上下水、道路、煤气和绿化场地以后，建设单位才去购买用地进行建设。许多新城建设，为了吸引居民到那里定居，特别注意搞好商业中心和交通建设，如千里新城和多摩新城，都在前期就建成通向中心城市的高速铁路和高标准的商业中心，以便把母城和周围地区的居民像游客一样吸引过来。

另一方面，日本某些大城市，特别是东京，由于人口过于集中，汽车太多，即使付出很大代价建设了地下、地上、高架等多层交通线路，交通还是经常堵塞，汽车尾气和噪声严重危害环境，加上用地十分紧张，绿地太少，城市防灾和居住安全问题还是很难解决。

2.日本城市规划的水平。

日本城市规划最早是学习中国的，明治维新以后，特别是现代，又大量吸收欧洲和美国的做法，没有多少独创的新理论，但却在不少地方结合本国情况，达到了先进水平。

（1）规划设计的指导思想现实可行。日本城市规划的重点以10年左右的中期发展为基础，他们规定把规划范围内的用地划分为"市街化区"和"市街化调整区"两大类。前者是10年内促进发展的地区，后者是10年内控制发展的地区，规划设计主要针对市街化区。至于哪些建筑和市政设施可以放在哪一类用地内，都有具体的规定。现在95%的城市都按这个原则划分了规划用地，有效地控制了城市用地的扩展和市政工程的配套建设。

（2）十分重视土地利用规划。他们吸收欧美用地区划（日本叫作"地域制"）的思想，从现实情况出发，把城市用地细分为8种用途。（即第一种居住区、第二种居住区、居住区、商业区、近邻商业区、工业区、准工业区和工业专用地区）。具体规定每一种地区内允许建筑或不准建筑的种类，还规定允许的建筑密度、高度、容积率、防火标准等等。不强求形式上统一的详细规划，比较适合于旧城市改造的实际情况。

（3）住宅区的规划设计灵活多样，而且个体设计总是和总体布置结合进行。许多住宅区的布置没有固定的框框，高低层结合，没有一定的比例规定，多是根据具体条件，解决实际问题。许多新住宅既注意采用新型的材料和设备，又保持固有的文化传统，很多现代化的住宅都保留有"和式"房间。

（4）集中建设立体化的商业中心、副都心和行政经济中心，这样，可使用方便，节约用地。如新宿副都心，兼有交通枢纽、商业中心和经济管理中心的职能，那里每天有80万人来往，但总占地不到260公顷，主要的新建部分只有96公顷；池袋副都心，只有60多公顷用地。如果平铺开来建设，不仅多占用地，而且使用不便，拆迁也不得了。

（5）在大城市发展与地下交通相结合的商业街道。东京共有20多万平方米的地下商场，这些地下商场绝大部分都是与地下铁道、地下综合管道同时建设起来的。由于商业供应和交通站点结合在一起，市民可以在上下班必经之地随时购买所需的日用品，非常便利。

（6）对城市市区内交通道路的规划建设，日本有不同的看法，但是就高速道路本身而言，日本建立了一套适合老城市道路修建的标准和控制管理办法，确实缓和了汽车交通的阻塞问题。为了避免噪声的危害，设计趋向于提高高架路面的高程，使车辆行驶的路面高度在一般房屋屋顶的标高以上。日本城市的交通规划严格做到人车分流。在旧城区中更大量采用单向交通以补足车道宽度的不足。另外，在市区外缘建设货物流通中心（即货物集散的转运点），以减少大卡车穿越市区中心。这些都是缓和城市交通阻塞的有效办法。

（7）在新住宅区研制新型市政设施。主要有：①用管道输送垃圾。住户垃圾通过管道在建筑底层经压缩用真空泵送进垃圾处理厂焚烧处理。②同轴电缆电视电讯情报控制中心（CGIS和CATV），免除了每户的电视机都安装天线，并可通过控制中心询问各种资料，作为计算机网络系统的终端机。③自动控制有轨无轨两用新交通系统（DMBS），即一种架空的胶轮电车，由计算机遥控，可以在高架专用路面上用馈线供电行驶，也可以离开轨道在一般道路上用蓄电池行驶。这种新交通系统，无噪声，无公害，但载客量小。以上几种设备已经在大阪、神户等城市同时进行试用。

（8）在风景文物保护和旅游设施方面也有细致的具体规定，使日本的风景区和旅游观光城市很好地保持了他们的传统风格。

3.日本城市规划建设的机构体制。

日本建设省的主要任务是经管城市规划、城市建设、住宅建设、道路（公路）建设和河川治理。建设省下设都市局，除主管城市规划外，还管城市道路、下水道、公园绿化和城市防灾。管理方法主要是通过制定规章立法和安排国家对各城市的补助资金。城市规划的具体工作一般由各县市的规划管理机构（叫部或局）负责，大部分的规划设计工作则由民间的规划设计事务所做。日本有一支强大的规划设计队伍，据说全国有1万多规划设计人员。神户是一个有137万人口的城市，有规划人员500多名。全日本现有规划设计顾问事务所1 585个，工程地质调查单位304个，勘察测量单位5 921个。此外还有从事住宅、上下水道、煤气、电铁、地铁等等规划设计施工的各种私营或公营的事业团体，如住宅公团、住宅供给公社、道路公团、高速道路公团、地铁营团以及下水、瓦斯、自来水等株式会社等众多的规划设计和建设单位，经常通过方案竞赛，不断提高技术水平。

在日本，各级政府都把搞好城市规划和城市建设作为争取选票的一项政治资本。城市规划编制好后要经过各界讨论、广泛宣传，并按照规定进行审批。一般百万人口以上大城市的规划由建设省审批，中、小城市规划由都道府县审批，为审批规划设有国家和地方的城市规划审议会，聘请有关学术团体和专家参加，有相当大的决定权。经过审议批准的城市规划既具有法律性，用以统一城市内各种各样的建设活动。日本从1919年起就制定了都市计划法，以后陆续增订了有关法令。目前有关城市规划和建设的立法有400多种，最主要的是1969年修订的都市计划法和1976年起实行的建筑基准法（建筑管理法）。他们的立法规定极为具体，便于检查执行。就是筑波新城的建设，也有专项立法。

各项工程建设多以地方为主，主要依靠民间力量，也有一部分官民合办，通过立法来实现规划，这是日本城市建设体制的特点。

二

日本的国情和我国不同，有些作法如大商业区、超高层大楼等是不宜在我国生搬硬套的。有些现代化的技术和设施，如大规模的地下工程和市内的高速道路等，在我国目前的经济条件下还做不到。但是有许多做法值得我们借鉴。我认为我国制定的城市规划方针是正确的，我国城市土地的公有制和计划经济本来是我们搞好城市规划建设的优越条件，可是长期以来，在国民经济建设方面不按客观规律办事，忽视区域规划和城市规划，不按规划建设城市，片面地强调生产性建设，工作上的瞎指挥等问题的存在，直接影响着我国城市的建设。为此，我建议：

1.必须认真重视区域规划和城市规划，坚决防止大城市的过度集中，积极地建设中小城市。

日本经济高度发展和城市化的最大教训之一，就是人口和工业过于集中，他们对大城市带来的一系列问题已经付出了很大代价，很多问题还是不能解决。日本几次制定国土规划就是企图解决工业和人口过密过疏的问题，但是大城市已经形成，再进行疏散是非常困难的。许多日本朋友提醒我们千万别再重走他们的弯路。看来，无论从长远或当前的利益考虑，我们必须坚定不移地搞好中、小城市的建设，防止大城市的过度集中，要做到这一点，就非从搞好区域规划和城市规划着手不可。近来日本建设鹿岛工业区的经验，很值得我们借鉴，他们在建设前期花了3年功夫，比较了100多个方案，而后有秩序地进行先地下、后地上的配套建设，1 000多万吨的钢铁联合企业和2 000多万吨的石油化工联合企业，5年左右就建成投产。苫小牧等工业城市的建设也是这样。这同我国有的企业仓促选厂定点、上马，以后才发现问题的做法相比，教训就太多了。这在四个现代化的建设中，是必须认真对待的一个重要问题。

2. 要为建设小城市创造条件，使建设单位和职工安心在小城市扎根。

日本和其他一些国家建设新的小城市，为了吸引人们到那里定居，都是首先搞好"基础"设施，特别注意搞好"三通一平"（水通、电通、路通、地基平整）和居住生活条件，并给建设者以优惠待遇。我国一向提倡建设小城市的方针，但开发小城市需要先行解决的水、电、交通等却没有投资渠道，对职工的生活服务设施也不能统筹安排，而且现行的有关职工待遇的一些政策，如工资、福利、粮油、商品供应、文化、医疗以及子女上学就业等等，也都是鼓励人们向往大城市，这都影响了小城市的顺利发展。为了贯彻执行建设小城市的方针，除了搞好区域规划、城市规划之外，还必须在建设计划上确定开发小城市的资金来源，解决实施的物质条件，并要求有关部门调整各项有关的政策、规定，否则，大城市规模难以控制，小城市还是建设不起来。

3. 要立法，大力加强城市规划和城市建设的法制管理。

日本的城市规划批准以后，就要按照规划进行建设和管理，任何人都不能任意变动，领导人变了，规划方案不变。因此，许多城市，尤其是新城市建设得很完整。现在我国许多城市建得很乱，不是城市规划做得不好，主要是没有做到按照规划统一建设，一个将军一个令，随便乱摆建设项目，随便改变规划。为了改变这种状况必须严明法制。城市规划一经法定机关批准，就应具有立法的性质，就要纳入建设计划，不经批准部门同意，任何人也不能随意改变。只有这样，才能保障有计划、按比例地把我国社会主义城市建设好。

4. 对城市土地和市政公用事业要研究试行经济管理的办法。

合理利用土地，为各项建设准备用地条件，是城市规划的重要任务。我国城市现行的无偿用地办法既造成土地的浪费，又不能为土地的开发整理创造条件，这对实现规划、进行建设是很不利的。应该研究、试行日本对土地开发和征收土地开发费用的办法，利用土地费用的调节作用，控制大城市发展，促进城市土地的合理利用，能解决一部分市政建设的资金来源。对城市住宅和市政工程等公用事业的经营，要逐步地走向企业化，并注意发挥个人和集体单位的经济潜力，这样可以把城市建设搞活。日本开发鹿岛工业区，以300元/平方米的费用收购土地，经过整理以后以4 000元/平方米的价格出售给建设单位，建设单位马上可以开工建设，城市本身也有了一项可观的收入，可进一步投资到公用事业的配套建设。各项工程建设，采用企业化的经营办法，若干年回收投资以后又可扩大再生产。我们可通过试验，逐步改变"吃大锅饭"的现行制度。

5. 要抓紧培养人才。

日本城市规划和城市建设的专家大体上20年可以更新一茬，很多三十几岁的青年技术人员都有相当高的业务水平和工作能力。因此，他们的科学技术日新月异，发展很快。当前，我国城市建设和城市规划的专业人员极少，全国从事规划设计工作的只有500多人，还不如一个神户市，而且平均年龄偏高，青黄不接，后继乏人。因此必须采取紧急措施，大力培养技术人才。除了从学校培养以外，还需要从搞单项设计的部门抽调一些中青年的技术力量，从事城市规划设计工作。

另外，要积极开展国内外的学术活动，提高我们的科学技术水平。日本技术发展迅速，他们的技术情报搞得很快，通过日本可看到欧美。中日两国距离近，来往方便，加强与日本的技术交流是一条捷径。可采用请进来、派出去的办法，大力培养我们自己的技术人才。一些国际性学术活动，如10月在名古屋召开的世界大城市改建讨论会，我们也应当积极参加。

关于这次考察的技术性材料，待写成专题后另报。

写于1980年1月

1980年参加东京国际建协第四区学术讨论会时与日本部分建筑师座谈会上的即席发言

我来贵国，这是第三次了，第一次是在1936年夏，第二次是在1980年10月末到11月上旬。这第三次来东京大变样了。记得我曾写了一首诗，述怀我对东京的观感——

东京新市起新楼，峻岭异峰敢探求。

不让西方独亮月，今日文明有瀛洲。

我十分钦佩，日本民族是一个在学习上"虚怀若谷"善于"兼容并蓄"的民族。古代的日本就学习中国文化、学习中国的建筑，从京都与奈良若干寺庙宫殿的建筑，可以看出具有"唐风"，但不是机械地照搬与模仿，而是完美的结合。日本在建筑中体现了木构架的素质和灵魂，不是纯"唐风"，而是"青出于蓝而胜于蓝"的"和风"。

近代，也就是40年前，贵国人民不遗余力地认真学习西方技术，引进新的理论、新的技术、新的材料，追上并超过了先进国家，表现出强烈的民族自尊心，值得尊敬！

今天，贵国人民的生活方式何等的西方化！但令人钦佩的是你们并没有失去民族的优良的传统文化。如进屋脱鞋的好习惯终未改变；在现代豪华的公寓中，还保留有"塌塌米"的"和室"；透过摇摆舞的身影，仍能一睹日本古典戏的风采；在紧张的生活节奏中，还有茶道、花道那种充满自信，非常平稳、典雅和从容的生活节拍。这一切都有如樱花一般，散发出特有的馨香。

日本民族自强不息，一方面尽可能接受外来的先进建筑技术，一方面又尽可能保留发展民族的优良的传统文化，并使传统与现代靠拢，这种有目的的采撷竟是那么和谐统一。在参观贵国这个大千世界，给我最深的印象是：为了创新，首先采取兼容并蓄，为我所用的"拿来主义"态度，这种求实态度，致使国富民强。

从贵国在近半个世纪中，在引进、模仿、消化和创新至发展道路的过程看：贵国人民具有开放型眼光，走出多元化发展道路，能审时度势，与国情密切结合。日本民族在走向新时代的进程中，在亚洲是迈的步子最大，是中国人民学习的榜样。

我三句话不离本行，在建筑面临变革的时刻，你们能把握契机，我十分钦敬贵国建筑能较快地发展的主观能动作用。搞建筑创作，要走向时代，就必须具有新时代特征，否则，不可能为时代所承认。但建筑发展过程中，创新与传统并不矛盾，尽管建筑传统的价值观可以改变，但建筑风格的变化和形成，在这巨大的变化中却是很缓慢的、积累性的变化。

这次我到贵国来，是抱着学习的态度来的，对我启发很大。面对世界新技术革命和我国经济体制改革这两股浪潮的冲击。我们在建筑创作方面，正在调整自己的战略战术，使现代中国建筑城市设计，逐步适应开放的社会和人们多样化的需求。日本同行的朋友们，当是我们的良师益友。谢谢！

写于1980年12月

他山之石　可以攻玉

——访日观感

1980年冬初，中国建筑学会派我们一行3人出席了在日本东京召开的国际建协第四区（亚太地区）学术讨论会，会议期间，我们抽空访问了东京和东京附近的筑波、多摩两个卫星城市，专程访问了名古屋市，参观了京都和奈良，游览了横滨市。我现将耳闻目睹的一些观感，稍加条理化，整理出来，供关心城市规划与建设的同志们参考。

我们所访问的几个城市，代表了日本不同性质的城市类型。东京是日本的首都，拥有1 100多万人口，其下辖23个特别区（所谓东京市系指这23个特别区范围，人口800余万），26个市，一个郡（5町1村），一个岛署（2町7村），总面积2 145.49平方公里。筑波科研高教城市，是一个新兴的独立的科研与高教的城市，距东京中心区60余公里，位于茨城县境南部，乃东京圈内的卫星城。多摩新城是一个以居住为主的城市，一般称为"卧城"，是日本居住区的代表作，也是东京圈内的卫星城市。横滨市是位于东京湾内的主要港口城市，属于神奈川县，是日本第二大城市，人口270余万。名古屋是日本中部的工商业口岸城市，人口200余万，乃日本三大工业基地之一。京都、奈良两个城市是日本文化古都，是著名的旅游城市。

以上这几个城市，在城市规划与城市建设方面，确实有不少值得我们学习的地方。

一、一丝不苟，精益求精的精神

1. 没有浪费的土地。

我们所看到的城市，几乎是整个城市都有铺装完整的绿色植被。绿化空间是根据功能和美感的要求精心设计的，有若干地方就连建筑物屋顶上一块小空间、高架道路的边侧及下边也都适当地种植花草，使人感觉到每一簇花草、一条长凳、一片铺装的花砖地面都安置得恰到好处。他们对待土地是"一寸土地一寸金"，因此，地上、地下、空中，各个空间都得到充分利用。

2. 规划与建筑设计有一定深度。

我们参观了几个建筑事务所，他们所绘制的规划与建筑图纸，十分细致，总平面图没有小于1：500的，设计这种比例的图纸，是要有一定深度的，也就是说连一草一木都得详尽地规划出来。这种规划图纸不仅有平面图，而且还有各细部的剖面图，规划都是以三度空间来精心设计的。每块土地每个空间都想方设法给予充分利用。

3. 起主导作用的交通系统。

东京新宿副都心，在这仅有96公顷的土地上建筑了三度空间的高大建筑群，每天要接纳80万人进进出出，它本身就是个商业经济中心。在土地昂贵的东京，这样的做法是必要的，由于它是一个多用途综合性的整体，发挥了最大的效能。这里成千上万的人流，从迷宫似的地下交通枢纽出出入入，都能以最短的线路去换乘四通八达的公共汽（电）车或其他交通工具，这样繁密的交通系统规划设计，必以极其周详缜密的规划方能达到预期的效果。

在参观的旅途中，沿途有地下商店、地下广场、地下喷泉、地下花园和绿地，一切都为人们考虑得十分周到，一切细部又处理得那么认真，真是一丝不苟，精益求精。

我们是社会主义国家，条件比他们优越得多，可是为什么我们不能有始有终的一丝不苟地把大大小小工程做得更好些呢？相比之下，在我们许多城市里有些地方就好像是未开垦的处女地，显示不出规划的意图来。有人说这是因为我们穷，但这并不是全部的理由。穷也应当有志气，有个办事的认真负责的精神。

二、科学的组织交通

交通问题，是现代化城市中不好解决的共同问题。

城市越大，交通问题越复杂。在日本的大城市里国铁、私铁、地铁互相竞争，城市地面交通早已呈现饱和。有的地方说得夸张点，汽车差不多等于牛车的速度。公共汽车的作用已降低为僻街小巷的补充交通工具。东京虽然建设了很多高速道路，交通情况有所好转，但在高峰时还是经常出现堵塞现象，车速不得不降到每小时40公里以下，尽管加强了科学管理，城市交通仍是东京头痛的问题，至今还没有从根本上得到解决。因此仅从组织交通来说，城市太大了确实不好解决。

名古屋是个200多万人口的城市，铁路、公路、高速公路、地铁等，各系统都组织得比较有秩序。横滨、京都、奈良就更好一些。由此联想到我国的城市交通规划，应该针对具体情况，严格控制城市规模，合理地布局城市各项功能设施，要分区、分组综合安排生产与生活相结合的地区，以减少城市不必要的重复交通量。要使合理的布局与科学的管理相结合，双管齐下，来解决城市交通问题。

另外，在日本许多城市里，日本人民都能自觉地遵守交通规则。在东京和其他城市里的主要街道上看不见自行车，这不是日本人不骑自行车，而是在道路交通上有所限制。城市交通主要靠地铁、高架铁来解决。

三、关于卫星城的问题

我们参观了东京附近的多摩新城，给人的印象确是丰富多彩，环境优美、舒适，它是一个居住城市，也称"卧城"（到那去睡觉休息的城市）。那里的各种市政工程、服务设施和生活环境十分方便美好，房价也较东京便宜，但有些人还是宁肯在东京挤着住也不愿到多摩去，而且在日本这样一个地少人多的岛国，如果都像多摩那样建设一些人口密度很低、自然环境开阔、绿地面积很大的小城市，要建多少才能满足需要呢？这是很值得深思的。我请教了日本朋友，他也有同感。

当今世界，在大城市周围建设卫星城镇，已成为一种潮流了，而且发展到了像多摩这样的第四代卫星城，规模比前几代大了不少，并且十分强调了人与自然环境的结合以及生活上的方便、舒适、美好，应该承认这是进步的一方面。可是，还有另一个方面，那就是随着人口的不断增长，人与空间、土地的矛盾日益突出，城市化的进程势必越来越快。假如在居住问题上只强调自然环境，不从全局考虑，就会遇到困难。由此想到，我们主张"大分散、小集中"，多搞小城市，在广大农村地区，随着社队农业现代化和工业的发展，就地建设一批小城镇，这是在走另一条城市化的道路——中国的道路。这样一来，我们就有条件把人口均衡地集中分布在各自原来的土地上，不再大量向大城市集中。而且，在小城市的建设上，我们还要求"工农结合，城乡结合"，既有生产，又有生活，相对独立，不完全依附于大城市。在1980年春季马尼拉召开的国际学术会议上，我谈了我们的这种观点，颇得与会外国专家们的称赞。他们说："按中国的办法，对全面安排人类的生活居住问题是个有利的好办法。"因此在我们看来，不必像多摩那样，收买农民的大量土地，建设一个新城。对东京来说，只迁出百分之几的人口，却又再回东京去上班，岂不劳民伤财。但在日本，他们认为这是疏散城市人口的有力措施之一。因日本可资利用作为居住用地的土地太少了，在大城市周边只有些丘陵地带尚未占用。因此，日本所有大的新城包括多摩在内都利用了这种丘陵地带。在充分利用丘陵地带来建设新城这点上是值得我们学习的，但在土地利用上还需要根据具体的实际情况进行。

日本主要新城土地利用比例一览表（%）

城市名称	住宅用地	公园绿化	道路交通	设施用地	总计
千里	44	24	22	10	100
泉化	44	22	22	12	100
多摩	47	11	16	26	100
港北	58	8	21	13	100
海滨	37	19	21	23	100
筑波	27	4	10	59	100

注：筑波设施用地包括科研教育用地。

四、值得学习的筑波新城

这个新城的规划与设计，我认为是一个比较成功的例子。这个城市是1961年开始调查选址，1962年在国家举行的科学技术会议上作出决定，1963年开始破土兴工的。目的一是为了解决东京区人口日益膨胀的矛盾，二是为科技研究人员找个安静的美好环境，三是为解决上大学的人日益增多、国家教育机构需要建设一座新的科研高教城市。

筑波这个地方，一是水源丰富，附近有日本第二大湖霞浦，湖面面积为178平方公里，常年储存有2.7亿吨水，水质良好，用之不竭。二是土地广阔，规划城市用地28 500公顷，其中科研高教地区用地（即市区用地）2 700公顷，南部郊区有4 000余公顷农田，可以和发展农村建设同时进行。在这里集中了若干科学研究单位和筑波大学，到现在已迁移安排了43个单位，另外还有4个民间单位，有10多万人口，形成了十分良好的科研和学习环境，密切了研究单位的协作关系，科研与教学相结合，使其成为日本著名的输出科技成果和培养现代科学技术人才的重要基地。

在筑波，科学工作者和教育工作者、研究员、研究生、大学生就地居住，有利于生产，有利于科研和教学，方便生活，而且对旧筑波的繁荣起了推进作用。虽然也占了农民的大量土地，但他们却想方设法为农民开拓了不少的就业机会，农民可以为生活服务、为城市建设、为绿化建设服务，对当地农民十分有利。我认为，这样的新城，就比较有生命力。

五、别具和风特色的公园、绿地

日本的公园绿地很有特色，他们自己说：日本的园林艺术，是来自中国的。在小公园中，有一类是街心公园，类似原兰州天水路街心绿地式的花园。名古屋的市中心区的带状公园下面是繁华的地下街，也是日本人引以为豪的。而地面上却安静、优美，种植了各种各样的繁花绿树，喷泉漫流在一座人造山上形成了瀑布，而后又汇集为碧波涟漪的池塘，池中有游鱼，另一个池中还有天鹅游禽。在那两侧繁华的交通干道之中，有宛若天成的人造自然景象，确实是动中有静，静中含动，别有情趣。横滨市的大通公园，为了把公园与车道分隔开，进行了立体安排，在每两个路口之间都作了不同类型的分段处理。有的是敞开式的集会广场，有的则是封闭式的步游庭园，有的以各种堆石为主体杂以花木，有的是以花木为主体，还在不同的高程，布置了喷泉、池塘，喷泉从假山石上喷出漫流而下，经过一道道斜坡，坡上刻出礓磋，激起浪花如海涛，十分引人入胜。每一路间区段，有山有石，有水有林，有花草，有儿童嬉戏之场，构思新颖，颇具匠心。另一类不具"和风"的小游园是横滨的海滨公园，他们充分利用了海岸线，布置了游航码头和栈桥，沿海岸线布置了带状几何形的各种花坛、乔灌小丛林，还在临海建设了广阔的厦廊，凭栏眺望，全港景物尽收眼底。市中心区的海岸线并没有建港池和工厂，因而丰富了市区的生活色彩。

六、值得赞赏的爱知少年公园

名古屋的爱知少年公园，是在丘陵起伏、丘壑相间、绿得发光、绿得耀眼的风景区中建造的人工文化体育公园，它是专供青少年活动、培养身心健康、热爱祖国的基地，具有文化宫的性质。

爱知少年公园，他们自称为"爱知县的儿童之国"，它充分利用了自然地形和山林环境，设有动物广场、游园广场、野营地、游泳池、体育馆、儿童火车、赛车跑道、大片草地、林间广场，环境十分优美、安静，设备十分齐全，备有文化、体育、科技、娱乐活动的各种设施。公园苑圃2平方公里有余，还不算森林面积，距市区约15公里，并设有儿童旅馆、餐厅，可以集体住宿，主要供青少年节假日活动使用。

七、野趣公园——"三溪园"

横滨市的"三溪园"，是利用沿海丘陵起伏的地形自然的风景加工建造的一座富有野趣的大型公园。日本人自己说：成年人、青年人最爱这个地方。进到这里，便有不出城廓却有山林之致的感觉。在这个大公园里自然山泉经3条清溪汇流成湖，整个公园内的各种建筑没有彩绘。小桥、流水、古道、斜阳，富有淡雅灵秀的魅力。园内的栏杆、坐凳虽然是混凝土构筑的，但外形却成木质花纹，犹如原木制作，可以乱真。花坛、草坪、树丛的围栏，用竹子和棕绳结成，入园之后大有深入山村古道之感，与园外的闹市相比，这真是世外桃源，十分僻静。因而老年人多踽踽独行，当然，热恋中的青年男女也时时见于丛林树下。

日本的造园技术是学习我国的，但他们有所发展，有所创新，有所前进，从而创造出具有独特风格的日本式庭园。

我们在日本期间，主要注意了城市规划，公园看的不多，但已感觉到它们能够因地制宜、别具匠心、各具特色。像三溪园确实做到"围墙隐约于萝间，架屋蜿蜒于木末""山楼凭远，纵目皆然""竹坞寻幽，醉心即是""结茅竹里，睿一派之长源，障锦山屏，列千寻之耸翠""虽由人作，宛自天开"。

我们在建造公园的时候，也应该充分发挥我国造园的传统与特色，千万不能雷同太多，大搞水泥构筑，不注意绿化布置，这是值得我们注意的！

八、日本政府对文物和自然风景区的保护十分重视

京都和奈良，这两座文化古都的一草一木、每一组古建筑都保护得十分完整。景区的建筑都可以称为是入画的建筑。日本人把这两座古城视为国家的珍宝！例如，奈良是一个具有1 300多年的历史古城，现有29万人口，对保护文物古迹非常重视，明文规定：

1.尽量不搞现代化的建筑，以便保持传统风格和自然风貌；

2.建筑物在色彩上、屋顶形式等方面必须按一定要求进行设计与建设；

3.确保森林，不许砍伐、毁坏等，否则以刑事犯论处；

4.保护地下埋藏文物，只有国家确定计划发掘；

5.尽量模仿1 300年前的时代气氛进行城市建设。

奈良一方面确保文物古迹，整旧如新，另一方面也在开发。将平城宫（建于8世纪）旧址辟为博物馆，占地1 000公顷，城东面为保护区，城西面为开发区，中间为结合区，整个城市用绿化覆盖起来。又如京都，这是个有名的国际观光的城市，国外旅游者每年约为35万人次，国内旅游者每年高达3 800万人次。全国重点保护的文物、古迹有1 900多处，在京都就有200处之多，占全国保护文物的1/10。

京都的保护地段有三部分：沿山地区周围；山上寺庙及其周围；市街内的寺庙与旧街道。在城市规划上定了几个保护区域：

1.历史风土特别保存地区。这个地区绝不准任何人随便建造任何建筑。

2.市景观保全地区，即自然景观保护地区，建筑实行严格控制。

3.市区景观保全地区，即美观地区，要保持市内的传统景观。如御街、二条城、鸭川，这些地方的建设要受到严格限制，高度、体量、形式、色彩、密度等等，必须与古老的建筑相协调，而且必须经过市长亲自批准方准建筑。其中，特别保全地区近6公顷，古建筑及园庭原封保护原样，不准改建。

由于有的街道满足不了现代汽车发展的需要，出现了交通问题，他们的办法不是拓宽马路、拆旧建新，而是严格控制汽车发展，以保护城市特色。

我们在京都、奈良参观了几座古庙、神殿，都整修得十分完好。他们对游人的管理十分严格，一般在室内照相不准用闪光灯，甚至根本不准照相，进殿宇几乎都要脱鞋，导游路线都有顺序。他们还规定：在京都、奈良不准建高层、超高层建筑，在风景区内，除适当有些服务性小建筑外，没有任何其他建筑，做到了严格控制风景保护范围，甚至尽量模仿1 300年前的景观和气氛。有些古老的街巷，也整修得很完整，作为步行商业街。这样的步行商业街，在东京、京都、奈良、名古屋都可以看到，他们并不是把所有的旧的建筑都拆掉，而是旧貌变新颜，古为今用。风景区内，树木花草、鸟兽都会受到保护，奈良的鹿都散在林木草坪之上，与游人追逐嬉戏。河流的保护有特级保护、一级保护等，不得污染。

这里附带提一下，在日本关于文物古迹名胜、自然公园、城市公园、森林绿地以及鸟兽的保护都制定了法规，做到有章可循，有法可依，保证了文物古迹园木绿化等保护管理工作的顺利进行。

九、严密的城市防灾系统

在日本，城市规划中对防灾规划极为重视。主要是防火、防震、防台风、防海啸、防涨潮、防暴雨大雪、防地基下沉等。如何防止灾害的发生，在发生时又如何采取对策，都在规划中进行了周密的考虑。故日本在道路交通系统、公园绿地系统中都考虑了适应防灾的措施，并对耐震防火防水结构以及防灾地区都做了明确的规定。我们在东京、名古屋、横滨、京都等地，在所有的公共场所、地下街、旅馆、饭店、超级市场、大商店、车站等建筑物内，几乎每一层楼、每条地下街，都有很多标志醒目的"非常口"，在许多公园绿地都留有空场，草地都可作为避难场所。例如，名古屋地下街的防灾"指挥监视中心"，他们用电视监视着地下街的每一条街、每一个角落、每一个商店，如遇可疑现象，即电视跟踪监视并及时处理，以它指挥着整个地下街的防灾系统。

在日本，非常普遍、认真、有系统地建设了完整的防灾设施，每个城市都是一样，没有空白区。他们法律规定严格和规划管理周密，这一点是值得我们学习的。

十、低层住宅与生活中心

近年来，日本新建住宅大部分是二三层的低层住宅，体型不大，形式多样。他们利用地形因地制宜，有行列式布局，有周边式布局，有自由式布局，环境安静，建筑密度并不低，比我们用一个类型的标准成排建造低层高密度住宅区的规划要好得多。他们在行列式的布局中都有前后院，一幢小楼分成两半，每半幢住两户，每户住一层半，每户有各自的庭院和入口，互不干扰，一楼与二楼的一半是一家，二楼的另一半和三楼是一家，入口是明楼梯，都是3L—DK的单元。我们感觉最好的还是周边式布局，若干幢小楼组成一个共同的庭院，更觉得开朗，用地也较经济，建筑密度可以取得更高的效果。他们还利用不同高度的地形条件在街坊入口一侧的低处做停车场，空间利用考虑得十分周密。

在居住街坊内部，没有任何商店服务设施，很少见所谓底层商店，居住街坊是由纯住宅组成的。而居住区中心，则是各种设施都很齐全，日用品和蔬菜、副食品等都集中在统一的市场内，可以集中采购、自由选购、集中付款。在购物中心，还设有若干专业商店、儿童游艺场等。在生活中心的楼上，还有各种文化设施和各种业余学校，如美术、烹饪、外语等学习班，为当地居民文化生活服务，服务周到，非常方便。这些规划手法对我们有一定的参考价值。

十一、日本的低层多户住宅

日本土地稀少，不仅建房用地紧张，而且地价、房价飞涨，多数人要得到私有住宅是十分困难的。日本城市的市政当局，对私人在城区建住宅，尤其是在大都市市区建设独户住宅是限制的。他们正在建设既不是独院住宅，也不是多层集体住宅，而是介于两者之间，叫作"城镇住宅"（TOWN，HOUSE）——低层多户住宅。这可以在有限的土地上，创造较好的居住环境，有利于充分合理地使用土地。

十二、关于高速公路的问题

日本的高速道路有两种，一种是城市间的高速公路，一种是城市内的高速道路。在日本有高速道路的大城市，有东京、大阪、名古屋、札幌及福冈等。像东京这样的特大城市，在市区如果没有高速道路系统，可以说，它就不能生存。从解决交通的角度来说，它应当是成功的。在高架高速路的建设上，他们经过精心设计，规划了适宜的出入口，使汽车得以顺利地出入。当寻常轨道路系统过渡到高速道路系统时，他们在不同的平面上设计了各种复杂的交叉曲线。在线路设计上，时而高架，时而入地，因地制宜，不但考虑了经济价值和交通量，而且还注意了路旁的景观和环境。当高速道路穿过居住区和办公区时，高速公路两侧都设有防噪音的路挡，高架路平台上的边角空地也种了花草树木，使人跨上高速公路时并不觉得突然。在名古屋市，高速公路不是从市中心区穿过的，而是在较靠边缘的地区穿过，这就保持了名古屋市的完整建筑面貌。但是，京都市（50万人口，28万辆汽车）的高速公路就在市中心的干道上。

高速道路的建设周期很长，大致完成一段道路一般是8~10年，造价亦高。因此，在规划之初进行预测是一件极为详尽缜密的工作。

十三、"论坛"——由民众参与城市规划建设的组织形式

"城市规划与街景立面造型研究委员会"共有26个成员，年龄从30岁到70岁，代表着不同职业，有建筑事务所和大公司的经理、董事会的主席、大学教授、建筑师以及零售商店业主。这个研究委员会实际上是一个"论坛"组织，对未来的城市

规划，尤其是社会中心如何规划，进行一系列的切实研究工作。同时，他们还通过报纸、电台与其他文、图宣传工具向全市人民征求意见，从中得到对城市未来有所建议的第一手资料和第一流资料。这个委员会每周定期举行一次正常例会，每次讨论结果都作出书面报告，提交市政当局参考，还印发材料，向全市公众公布。

1978年5月，这个"论坛"给公众发表了关于滨松车站周围土地使用调查的基本原则，并对城市规划提出了7条建议，为城市提供了一个新规划。

1978年9月，"论坛"筹了一笔款，在报纸上买了一页篇幅，专门宣传对城市规划与城市未来的看法和具体建议，并在宣传之后，总是接着邀请市民举行专题讨论会。

1980年9月，"论坛"举行了"滨松城市文化与工业"的专题讨论会。征得县（相当于我们的省）市领导同意后，这个"论坛"每周讨论一次，至今仍在继续举行。

"论坛"组织是非官方的，但它影响很广。首先对车站广场的规划，接受了"论坛"的建议，比市政府的原规划改进了很多，专业副市长十分同意"论坛"对城市未来将担负国际交通运输的任务的建议。其他组织、个人以及广大群众，包括市长本人常在一起讨论这个城市如何建设的问题。

在252家公司的支持下，在报纸上公布了"让我们设想如何在围绕车站地区进行合理重建"的讨论。还专门成立了一个出版社，专门出版书刊，以宣传城市必须保存与发展文化传统，这种出版社在日本还是第一次出现。

静冈市也成立了"静冈市论坛"。现在在日本许多城市正在掀起如何更好地建设城市，更好地建设邻里的讨论热潮。

札幌市是日本北海道的主要城市，现有13.5万人口，可是这座美丽的城市，多年来却没有能够妥善解决一个广大民众共同关心的问题——那就是如何重新塑造与

更新城市中心区。他们举办"论坛"讨论并决定下列问题:

1. 规划目标以及完成的方法和保证;

2. 每一个规划专题的进行方式与具体细节;

3. 改善邻里环境的具体措施;

4. 对社会中心建筑不同类型的设计方案给予评价。

日本建筑家协会札幌市分会在1979年财政年度提出了自己学术研究计划经费,议题有"城市住宅讨论""居住得更为美好的家庭""住宅的结构""环境色彩""居住设计示范""住宅的诗""家庭的设计"等等,吸引了许多理论研究与专业人员的公众参加。

1980年财政年度,札幌市举行了"80年城市住宅广泛的讨论会",建筑师与当地居民,尤其是主妇们一同探讨问题,诸如:"住宅——它的心理、技术与物质问题""完成一所住宅都要注意哪些问题""住宅的卫生设备""设计一个家庭""重视思考我们的住房概念"等等。这样一来,札幌市发动了群众,全力合作,协助创造建设更加美好的住宅。共同寻求一个对住宅需求的标准,为寻求一个完美的生活环境创造了条件。

他们的这些做法,我们叫作"走群众路线"。问题是我们做得还很不够,在我们社会主义国家里,理应比他们更有优越条件,更应比他们做得细致,这件事不是轻而易举的,我们应当三思而行。

以上的几点观感是很肤浅的,仅是一瞬间的印象,有的地方也可能是错误的,有待于熟悉日本情况的同志加以批评指正。

写于1981年12月

为城市建设描绘蓝图

——回忆万里同志在中南海的亲切接见

1982年12月23日，"全国城市发展思想讨论会"已经开了5天了。

这次会议围绕城市发展战略思想，着重讨论了4个问题，即：中华人民共和国成立32年来，在城市建设上有什么经验和教训需要总结；城市在四化建设中应居于一个什么样的战略地位；中国社会主义城市建设道路是什么；怎样发展我国城市科学。参加会议的180多位城市规划和建设方面的专家、学者、实际工作者和领导畅抒己见，围绕讨论专题分享了80多篇论文。

这天正好是冬至后的第二天，寒气袭人。但是传来了一个温暖人心的消息：万里同志下午召见部分与会代表。被召见的代表共20多位，是个别通知的，我也是被召见的代表之一。如今我能记得住的被召见的代表还有清华大学建筑系主任吴良镛教授，北京城市规划局局长、高级工程师周永源，当时任城乡建设环境保护部中国城市规划研究院院长周干峙，沈阳市委书记李铁映，贵阳市委书记朱厚泽，中国自然辩证法研究会负责人钟林和周林同志。他们都是长期从事城市规划和建设的专家、学者。我当时是中国建筑协会副理事长、兰州市副市长、高级工程师。

我们的车从中南海西门进入。当大家眺望那融自然美与人工美为一体的园林艺术时，汽车已把我们载到面对瀛台的勤政殿门口。我们下车穿过庭院，步入勤政殿。

勤政殿是中央书记处办公开会的地方，是一幢古色古香的建筑。殿内大厅中央，放着一张很长的条桌，上面罩着深红色的台布。我们进入殿内，围着长条桌坐下。同万里一起接见我们的还有当时的中央书记处书记胡启立，国务院秘书长杜星垣，城乡建设环境保护部部长李锡铭、副部长廉仲，国家计委副主任吕克白，国家经委副主任马信等同志。他们先于万里已经来到勤政殿。

当我们坐下后，胡启立同志对大家说："今天万里同志要接见大家，万里同志很关心城市规划与城市建设问题，所以他挤出一点时间来见见大家，请诸位来讨论研究一下我国今后城市规划与建设问题。"

万里同志来到会议厅，亲切地和代表们一一握手。

万里同志正好坐在我的旁边，他一见我就说："任震英同志、周干峙同志，你们都是老规划了。李锡铭同志，你也是学建筑的。"李锡铭同志答："我是吴良镛教授的学生。"吴良镛连忙说："哪里，哪里，我们是同学，我不过早你几届罢了。"几句话使全场顿时活跃起来。

在欢声笑语中，万里同志又说："启立同志和我都是当过市长的，听说你们开会讨论城市发展的辩证法，这很好，我很赞成。"胡启立接着说："锡铭同志，你看怎么谈法呢？"李锡铭同志说："是不是请这次讨论会的组织者中国自然辩证法研究会的同志先汇报一下讨论的情况。他们组织召开这次讨论会，对城市建设工作是很大的支持。"于是，研究会的周林、钟林同志简要地汇报了会议情况。万里同志一边听，一边翻阅会议简报。

汇报完了，万里同志问我："你们开会，百家争鸣了吗？任震英你鸣了没有？从'一五'期间，你们兰州就搞了城市规划，将近30年了，老任，你说说你们兰州到底是有规划好呢，还是没有规划好？"

我回答说："30年的经验证明，还是有规划好，就是规划差一点也总比没有的好。"

万里同志接着又说："兰州、洛阳、富拉尔基，那是我亲自去过的，还有郑州、长春、西安是城建部帮助搞的。城市规划既是自然科学，又是社会科学。我们是在'一五'时期才开始搞城市规划的。当时分布生产力，'156'项工程是按规划建设的，比较经济，其效果也比较好，有成效。可是，有一段时间批判城市规划占地过多、标准过高、求新过急，'文化大革命'期间还把任震英批得很厉害！"

"批判我搞高大洋全、宽大平直，还批我把兰州的马路搞宽了，但对这一条我始终没做检讨。"我接着万里同志的话题，插了几句。

万里同志接着说："批判城市规划，实际是不懂科学。资本主义国家发展城市，开始也有很大盲目性，只找交通方便的地方，又不好好建设，也不知道什么是污染。后来，伦敦发生了'烟雾事件'，发出了城市污染信号。再后来，他们经过不断地实践，发展了城市规划，并且形成了一门综合性科学。我们的老祖宗城市规划的水平还是很高的。有一位苏联专家说中国没有城市规划，当时被任震英引经据典地驳斥回去了。西安、苏州、北京，这些古城，历史上都动用了当时最高水平的城市规划科学，我们刚刚进城时，还不懂得规划科学。到了第一个五年计划期间，才开始有现代的城市规划。当时建设156项工程，比较尊重科学，按照规划建，效果较好。可是，'大跃进'以后就乱来了，许多建设项目违背了客观规律，特别是条条块块一分割，城市就更乱了。多年来在我们的城市里，没有一个统一规划，又没一个自上而下的统一计划，更没有一个统一的管理，这三个统一一直没有统起来，致使城市建设上的严重问题堆积如山。党的十一届三中全会以来，我们吸取了过去的经验教训，重新提出了统一规划，拿出一些经费，努力解决城市建设中的欠账问题。现在的城市建设比过去20年要好。"

谈到今后我国城市发展问题时，万里同志说："对于城市的重要性，我们要很好地认识。城市是政治、经济、文化中心，它的地位是很重要的。在社会主义现代化建设中，要以城市为中心，带动村、镇的发展，城市要带动农村。"

万里同志接着阐述了我国城市发展基本方针。

第一，大城市的控制和改造问题。资本主义国家大、中城市都在膨胀。我们的政策是一定要解决好控制大城市发展问题。过去工农业收入差别大，剪刀差大，再加上我们的政策是鼓励人进城，而不鼓励人下乡，所以控制大城市发展的问题不好解决。在全世界范围内，我国大城市和中等城市数量最多。现在通过规划要解决这个问题，在控制大城市发展的同时，对城市要进一步改造。填平补齐，使人们的生产、工作、生活更协调一些。要加强城市的现代化管理，协调"骨头"与"肉"的关系。大城市一定要搞煤气，要统一供热，要雨污分流，住宅更要搞，绿化都要搞，道路要跟上。

第二，中等城市除了要建设、改造、规划以外，也有一个控制问题。要使中等城市更好地发挥它在一定地区内的经济、文化、科学技术中心的作用。首先，信息要灵，交通要方便，如果一个城市电话不灵，交通不便，就一定影响它在一定地区内的经济中心作用，我们必须十分重视中等城市的通讯、交通建设。1981年我去厦门，那里电话不灵，也没有好机场，要搞特区，外商谁能来？我去了厦门，才搞电话、搞机场。当然，中等城市在它的发展过程中也有一个控制规模的问题，不要随便形成新的大城市。

第三，随着农业经济的发展，小城镇建设也急需跟上去，现在农村落实了政策，形势大好，农村商品生产发展很快，这是一个大的转化，这个大转化，必然会形成农村的经济中心、商品加工中心、科学中心、文化中心和服务中心。这是不以人们意志为转移的发展趋势，我们必须认识清楚这一点。把小城镇、集市的建设搞上去。农民搞专业生产，要离开土地，而不要进城。这叫"离土不离乡"，这是我们的国策。不能让大量的农业人口都进大城市和中等城市，而要规划与建设星罗棋布的各种各样的小城镇。当前搞规划、搞建筑的人才要参与小城镇的规划与建设。国务院各部门，特别是城乡建设部要跟上去，商业部、教育部都要跟上去。国务院各部门都要去帮助农村搞规划、搞建设，8亿农民除了少数矿点以外，只能离土不离乡。现在城市劳动生产率低，劳动还有余，不需农民到北京来当工人。大城市的工业人口不能增，只能减。现在服务行业人口太少，只能增加服务行业的人口，不然大家生活不方便。农民搞商品生产不能让大量人口进城来，要建设星罗棋布的小城镇。现在大的布局比较难以改变，除非西北发现大油田。

在谈到城市建设中存在的问题和解决办法时，万里同志说，首先是计划工作要重视城市规划；其次是城市规划和国家计划包括各地区的地方计划要紧密结合起来；第三是体制改革以后要"以税代利"，这事要快办，越快越好，这是解决城市建设资金来源的办法；第四是"人民城市人民建"，要发动群众参加义务劳动、植树、种草、搞清洁卫生、修马路、修下水道，这是完全可以且能够办到的，但大搞不行，城市建设总得靠国家计划，靠国家和地方投资。

万里同志还强调了当前要抓好的四件事：一是城市规划批准后就成了法律，就要按规划办，谁也不许违反；二是各城市的规划区土地统一由规划管理部门管理，规划区以外的土地才可由农业部门管理，这是国务院已定下来的；三是不准再有新的污染，各城市一定要把住这一关；四是现已存在的污染要尽快治理，要有监督。

说起污染问题，万里同志严厉地批评了某些不顾人民利益，严重污染环境的单位。他激动地说："我们生产是为了提高人民的生活，防止污染，改善环境，也是人民的根本利益。有的单位过分强调局部利益，生产中严重污染环境，这就违背了人民的利益，城建环境保护部门一定要维护人民的利益。"

万里同志对被接见的同志寄予殷切的希望。他语重心长地对大家说，现代化的城市规划、城市建设、城市管理，在许多国家已形成一套比较完备的东西，而我们在这方面经验不多，在城市发展上，有很大的必然王国需要我们去探讨、认识。如何走中国自己的城市发展道路，是摆在我们面前的一个重要课题，我们要用改革的精神对待这个问题。过去城市管理中的教训是很多的，条块分割，各自为政，壁垒森严，把经济联系割断了，把经济脉络切断了。要发挥城市的中心作用，条条块块、本位主义一定要打破。我们要把经济发展规划、社会发展规划、科学技术发展规划三者结合起来，制订出综合的发展规划，城市的管理和改造也要充分发挥科学技术的作用。城市建设要有一个根本观点，就是群众观点，生产观点也是群众观点。城市建设要代表人民的利益，防止污染、改善生活环境，也是人民的根本利益。局部利益强调过分了，就不是代表人民的利益，有的单位生产中严重污染环境，就违背了人民利益，长江航运局在武汉有一个煤码头，卸煤污染环境很严重，那里群众的家都不敢开窗子，不敢晒衣服，意见很大。

有人主张老北京的四合院要大量保存。搞现代化，四合院浪费土地太大，应不应该大量保存？这是个学术问题，请你们争鸣。文物建筑要保护，但还要为当代人民服务。我看该保护的要保护，但不能过分。洛阳工业区当时为什么放在河西建呢，占的是好地，就因为河东是周朝古城。

在接见即将结束时，万里同志问周永源，我在北京时有1.3万个粪坑，现在还有多少？周永源回答说：现在还有不少。北京污染严重，老龙须沟治好了，现在又出现新"龙须沟"30多条，比原来的老龙须沟还要脏得多，大得多。

万里又询问上海苏州河怎么样？

李锡铭回答说："苏州河污染严重，南京的秦淮河比上海的苏州河污染还要严重。"

万里听后说，这一切还是个经济问题。要加强对城市规划的领导，我提倡每个城市的市长要兼任城市规划委员会主任。

写于1983年

关于兰州市实现大绿地大水面的建议

兰州市委书记张庆黎在兰州城建工作调研中提出实现大绿地大水面的要求，我认为这符合兰州的实际，符合科学的规律，也与兰州市的城市规划的总体指导思想一致，希望每一个城建工作者都认真研究这一问题，根据不断变化的实际情况，进一步完善我们的城市规划，加强城市规划土地管理，规划建设一个美丽的兰州，为兰州人民造福，为子孙后代造福。

从兰州市的具体情况来看，实现大绿地，增加绿地面积主要有以下几个途径：第一是南北两山的绿化。南北两山的绿化是兰州市了不起的巨大成就，目前，应该进一步采取措施，增加投入，特别是要迅速解决一些困难企业承包的绿化荒山投入不足的问题，建议由实力较强又希望承包绿化荒山的民营企业承包，彻底解决这一问题。第二是南北滨河路。目前滨河路已有小西湖公园、儿童公园、绿色公园、雁滩公园、草地公园、水上公园及滨河绿色走廊，已取得巨大的成绩，但仍然需要进一步结合滨河路的拓建，规范设计一些公园、小游园及绿化走廊，进一步增加绿地和水面。第三是广场，特别是东方红广场。目前正在进行的东方红广场改造就以绿化为中心，下一步我们应该继续建设包括金城盆景园在内的金城中心公园，最后按照规划建成以邓园为中心的广场绿地，彻底完成东方红广场的规划，实现东方红广场的大绿地。需要指出的是，兰州绿化应进一步增加常青树的数量和种类，如雪松等适宜于兰州地区生长的常青树，因为在大气污染较重的冬天，绿色更重要、更珍贵。

兰州市大水面的实现只有依靠黄河两岸了。在兰州这样一个地处半干旱地区的北方城市，多一些水面是非常珍贵的。为此，我们应该进一步加强雁滩公园、小西湖公园和水上公园的水面面积控制，防止被蚕食或鲸吞。同时充分利用黄河两岸的低洼地，将其规划设计并改造为水面。这些水面应该离黄河较近，与黄河相通，能够与黄河同呼吸共命运，避免因排泄不畅而成为臭水沟或污水坑。

大绿地、大水面，短期看好像不能立即带来经济效益，但是，从长远看有利于提高城市的环境质量，改变城市的形象，从而改善城市的投资环境。在人们越来越重视环境质量的今天，对于兰州这样一个冬天大气污染较重的城市，增加绿地，扩大水面，实现大绿地、大水面，已经成为一个刻不容缓的战略任务。一些人总是认为兰州没有办法实现大绿地、大水面，其实，兰州的灵魂是黄河，大绿地大水面就在黄河两岸。黄河从河口至桑园峡，有60余千米，若黄河两岸的带状公园（绿化走廊）平均设计为 100 米宽，则有 600 万平方米的绿地和水面，平均设计为 50 米宽，有 300万平方米的绿地和水面；平均设计为 30 米宽，也有 180 万平方米的绿地和水面。

兰州市 1954版和 1979 版的城市规划在全国的影响很大，其中 1954版的城市规划参加了 1958 年在莫斯科举办的国际城市展览会得到广泛好评。滨河风致路和东方红广场的规划设计，受到全国著名专家学者的好评与赞誉。东方红广场位于城关中心区的中心地带，是城市规划的中轴线皋兰路、东西主干道东岗西路和庆阳路、东放射线平凉路和西放射线316#路的汇聚点，地理位置十分重要，是集休憩、娱乐、文化、健身、交流、集会、购物等多种功能于一体的城市中心广场。目前的东方红广场仅有规划的1/3左右，若按规划全部建成后，将形成一个南到皋兰路口，北至滨河路的大型广场，成为一个美丽的多功能的兰州的标志性广场。

全国最长的滨河公园就是兰州的滨河绿色走廊。结合滨河路的实际，滨河风致路的作用具体总结如下：1.带状公园。滨河路由于建设了临河的绿化走廊，再与滨河的公园、小游园相结合，形成了美丽的带状公园，成为兰州市重要的生活游憩地带。2.呼吸通道。兰州是一个相对高差有五六百米的高原盆地城市，静风期占全年天数的62%，空气流通不畅，大气污染较重。滨河路与黄河及绿化走廊是兰州市重要的通风道，并与主导风——东风平行，从而成为兰州市重要的呼吸通道。3.防洪泄洪。滨河风致路及其滨河带状公园可以成为理想的市区泄洪通道。4.交通干道。滨河路目前是兰州市重要的东西交通干道，另外，还可作为高架路的预留地。5.抗震防震。兰州是一个按8度设防的地区，南北两山环抱市区，市内高楼林立。因此，滨河路作为贯通东西的一条抗震通道和疏散地，有天然的优越性。

近年来，兰州市的旧城改造，特别是道路的拓建取得了巨大的成绩。道路拓建的成功与城市规划的道路规划设计和道路的规划控制密不可分，甚至可以说，没有道路的长期规划控制，基本上不可能拓宽道路，即使拓宽，政府也要付出巨大的代价。旧城道路拓建中最大的工程——庆阳路（含中山路）在道路拓建时，拆除的均为旧建筑、临时建筑和违章建筑。倘若没有庆阳路长期以来的道路规划控制，仍然按原庆阳路的宽度审批建筑，能这样较容易地完成道路拓建的拆迁吗？以目前滨河东路来说，由于道路较窄，有时出现交通堵塞，随着时间的推移，这一问题必将越来越严重。那么，这一问题怎么解决呢？目前，进行拓建显然不可能。政府绝对没有这样的财力。但我们现在可以完善滨河东路的规划，从现在起就进行规划控制，30年、50年后，当我们进行道路拓建时，拓建道路用地上的建筑将基本是旧建筑、临时建筑和违章建筑，那么，我们就可以较容易地进行滨河东路的拓建了。目前进行的雁滩地区的 603#道路的拓建，同样是规划设计与控制的结果，倘若对雁滩地区603# 道路两旁的单位不进行规划控制，不进行道路拓宽用地代征，现在拓建603#道路的困难将增加数倍。

大绿地大水面是一个城市环境质量问题。从兰州的实际情况来看，解决这一问题已刻不容缓。大绿地大水面实现的关键还在科学规划，合理布局，尽早控制。例如，最近建成开放的绿色公园，城市规划对此园公共用地进行了长期的控制，市政府还拆除了此宗地上当时正在建设的违章建筑。倘若没有科学的规划，没有规划控制，已建成住宅和办公用房，我们能建成绿色公园吗？总之，只要我们科学规划，提前控制，兰州就能够实现大绿地大水面。目前，由于资金紧张等原因，滨河路特别是白云观以东段和七里河桥以西段的道路宽度较窄，滨河路应该按照滨河风致路的地位去规划设计，要有长远目光，按照30年、50年后的标准来规划设计，将临黄河的低洼地设计并改造为大水面，将河漫滩像绿色公园一样设计为大绿地。目前加宽滨河路的道路宽度确实有问题，但规划设计的道路宽度应增加，现在实行规划控制，30年或50年后就可拓宽。大绿地、大水面目前建设困难大，但应规划设计好。我们要高瞻远瞩，统筹兼顾，将兰州的黄河及滨河路规划设计成为兰州的飞天巨龙。

写于2000年

愿为祖国奉余年

——荣获首届"中华人民共和国工程设计大师"称号，颁发证书及金质奖牌大会上的发言

承蒙同志们的厚爱，众多师友的提携，各级党政领导的关怀，尤其是在"文化大革命"中，得到亲爱的周总理的亲切关怀，使我今天得以附于诸公骥尾，荣膺设计大师称号，自然倍觉荣宠。然而，我的内心却是十分激动不安，自知才学不称，贡献不大，真是"盛名之下其实难副"。每念及此，总不免诚惶诚恐，辄有芒刺在背之感。我这样说，绝非谦虚之词，实实在在是因为：

第一，即便说，我在工作中略有成就的话，也不能把功劳记在我个人的名下。当此之际，我不能不记起半个多世纪以来，各级党组织对我的关切、教育和培养；不能不记起我的师长和前辈学者、专家对我耳提面命的教诲；不能不记起同行好友的砥砺攻错。而尤其使我心潮起伏百感交集时刻难忘的是，我的许多风雨同舟患难与共的战友——工人师傅、工程规划技术人员和行政干部等。然而时至今日，有的操劳一生，鞠躬尽瘁，已经与世长辞；有的在"文化大革命"中备受摧残，含冤抱恨而终；而更多的是那些默默无闻、埋头苦干、不计名利、忠于职守的好同志，这些同志的名字有的记不起来了。试想，如果没有他们的鼎力扶持、帮助，共克难关，我能够有什么作为呢？

第二，所谓"天时不如地利，地利不如人和"。我之所以能够取得某些成绩，在很大程度上得力于"天时、地利、人和""得天独厚"的条件和机遇。

我是攻读城市规划专业的。中华人民共和国成立后，组织就分配我搞城市与它的建设工作，我不但是"学有所用"，而且有用武之地。中华人民共和国成立41年来，除了"文化大革命"时期，无论在任何情况下，我都站在城市规划与城市建设的前沿阵地，并得到组织的信任、重用、关怀、教育和培养。

1949年8月26日，兰州解放那天，就是我走上城市规划与建设工作之日。组织给我的第一个任务，就是担负起我国"一五"期间第一批重点建设的城市之一——兰州的城市总体规划和它的规划实施的任务。

黄土高原上的古城兰州，本来就有着它的粗犷的气势，独特的风貌。中国第二大河——黄河，蜿蜒曲折在兰州城市内流经60公里，两面高山耸峙，黄河中绿洲罗列，两岸有平原、台地、高坪，岗峦起伏，丘壑相间。这条黄色的精灵，我们的民族魂——黄河，给兰州增添了无限生机和光彩，且不说黄河之水是城市工业生产和生活用水取之不尽的源泉，也不说它的存在使兰州成为一个有山有水、山静水动、山清水秀、山高水长的山水城市，仅就白塔层峦，"三台"高耸，黄河飞虹，十里桃花，百顷梨园，红染百果，金镀瓜秋等等，已构成一幅独特景观。这大自然的壮观美丽，使规划的思维驰骋，灵感迭起，这真是"大块假我以文章"。

兰州是我国"一五"期间，国家重点建设的新兴工业城市之一。如果说兰州现在已是一个超过百万人口以上的大城市，莫不如说它是由8个大小不等的中、小城市所组成的城市群。各区大有藕断丝连之势，但它们却是一个不可截然分割的有机的整体。在这个城郊相间的城市中，每个区内几乎都可抬头看到农村，信步可以走进田野。如果说，兰州城市骨架结构还有其带形城市特点的话，首先应归功于自然与自然地理赐予，其次是我们的劳动。

"众志成城"是我们在工作中团结一致前进的推动力。中华人民共和国成立41

年来所取得的成绩，都是在党组织的领导下，大家共同努力的结果，我不过是规划队伍中的一员排头兵。

第三，中华人民共和国成立至今我一直工作在城市规划这条战线上，因之有幸参与和论证国内数十个大、中、小城市各阶段的规划评议工作，还走访了祖国若干名山大川、古迹、名胜和文化历史名城，从而使我有了更多的学习和实践的机会。又因结识了众多师友和同行，从而使我得到了很多的教益和指导。今天我得到这份殊荣，应归于我的师友和同行。

在我从事城市规划与建设50余年的工作实践中，深深地体会到，城市规划、城市建设是一项巨大的系统工程，它和人类社会、人类生产和生活息息相关，它又和所有学科相互关联、相互依托、相互渗透、相互制约，随着社会的发展永无止境地在前进。我认为城市规划和城市建设工作，永远没有顶峰，也永远没有终点。如果说有的话，也只能说在某个局限空间、某个预定阶段相对而言而已。因此，在城市规划与城市建设的这条长征路上，我们只能世世代代无休止地、不知疲倦地进行接力赛，要"青出于蓝而胜于蓝"，一班接一班地接力赛下去。那么，就我个人的点滴智慧、才能、学识和经验，面对城市规划与城市建设这项巨大而宏伟的系统工程中的殊荣称号，我只好把这一项崇高的荣誉作为一种鞭策和鼓励，看作是国家对城市规划与城市建设行业的重视、肯定和支持来接受，而且也是作为我许许多多的师友同行、同事和同志们的代表来接受的。

我愿把有生的余年，奉献给祖国的社会主义现代化的城市规划与城市建设，以报答各方厚望。

心源不竭涓涓滴，愿化甘泉注玉田。

写于1990年

跋

一

　　时在中春，阳和方起，佳音纷至，心潮激荡。闻任震英著《任震英城市规划与建设论集》将出版，尤为喜。该书，约50万字，洋洋鸿篇，字字情溢，凝结了新中国革命前辈——我国首届获得中华人民共和国"工程设计大师"称号的著名城市规划专家和建筑学家，一位毕生奉献给城市规划建设和建筑事业的知识分子的心血和汗水；记载了任老半个世纪的奋斗历程、足迹、生涯和成就，是他从事城市规划建设和建筑事业理论与实践的经验总结。读其书，诵其理，禁不住回忆在任老指导下工作的十几个春秋岁月。

　　首识任震英，乃史无前例年代的1972年。其时我在"五七"干校烧火喂猪，忽闻口号声，寻声看到土戏台上10多人围着一个圆方脸盘、乌发、明眸、铁塔似站在人群中间的稍矮胖之人呼喊，从口号里惊异地得知，他就是有名的城市规划权威任震英。他是为年轻的共和国第一批拿出城市总体规划的人，兰州市第一轮城市总体规划在1958年莫斯科世界城市展览会上展出，博得赞誉。

　　1975年5月，我奉调随任震英上了白塔山，重点开展兰州市第二轮城市总体规划编制工作。我看到，年逾六旬的任震英精力充沛，浑身是劲，对于2000年城市发展前景充满信心，对于城市规划事业的执着追求如痴如狂，对于亲手描绘兰州新的城市蓝图鞠躬尽瘁，与大伙一起议问题、趴图板、勾方案、绘彩图、理文字，呕心沥血，忘我工作。他说，我们将迎来我国城市规划的第二个春天。1979年10月，国务院批准了兰州市新的城市总体规划，成为党的十一届三中全会以后国务院第一个批准的新的城市总体规划，他再度成为我国新一轮城市总体规划编制工作的带头人。

1980年，任震英当选为兰州市副市长，并担任市政府总建筑师职务。我看到，年近古稀的任震英更是精神焕发，神采奕奕，山上山下踏勘地形，城乡工地查看工程，现场办公解决问题，从早到晚，忙忙碌碌，成天价沉浸在工作中，一刻也不得闲。他说，新兰州是我看着长大的，我对兰州的山山水水、一草一木充满感情，我要尽全力为她绘最好的图，画最美的画，让她更美丽。

任震英还被推选为第六届全国人民代表大会代表，担任了中国建筑学会副理事长和城市规划学术委员会副主任等职。我看到，古稀之年的任震英，东奔西颠，北上南下，工作的范围更大了，事情更多了，工作更加繁忙了。我随他应邀去过大连、沈阳、长春、天津、上海、杭州、福州、深圳、珠海、广州、桂林、昆明、西安、太原、呼和浩特、乌鲁木齐等城市考察、调研和出谋划策，每到一地，他都详察细看，广问博览，挑灯夜著，发表意见，甚至伏案绘图，勾出方案，还要接受记者采访等，忙个不亦乐乎。并就国土规划、城市规划与土地管理关系、深圳国际机场选址等问题向全国人民代表大会提出建议案，为避免有关城市规划建设上的决策失误作出了重要贡献。

任震英还组建了中国窑洞及生土建筑研究会，出任会长，邀集陕、甘、宁、青、新、晋、豫、闽、冀、黑、滇、粤等地专家学者和工程技术人员，从事我国窑洞及生土建筑的调研、著述、改造和革新试点等工作。他不顾七旬高龄，以极大的热情，领我们辗转于黄土地区和生土建筑分布区，上山下乡，爬崖涉水，探窑洞，访民居，五六年功夫，主持召开了四次全国性学术讲座会，还在北京召开了一次国际生土建筑学术会议。《人民日报》以"为寒窑召唤春天"为题，对他及研究会的活动作了报导，引起陈云同志的重视和支持，并作了重要指示，引起建筑界的震动和广大村镇的欢迎。新华社记者报道称，这是一项事关亿万人的事业，为我国村镇建设和节能节地建筑创出了一条新路子。建筑工业出版社出版的《窑洞民居》一书荣获第二届全国优秀建筑科技图书一等奖。

1990年12月，78岁的任震英赴京参加全国设计工作会议，大会授予他首届中华人民共和国工程设计大师称号，颁发了证书和金质奖牌，他成为我国城市规划领域获得全国设计大师称号的第一人。其时，我已调到建设部工作，在京西宾馆看到他，他还是那么容光焕发，充满活力，侃侃健谈。他正在赶写请《中国建设报》发表的"愿为祖国献余年"一稿，他说，恭膺设计大师称号，倍觉荣宠，内心深感不安，我非得老骥伏枥、壮志不已了。我属牛，自然使我这个老牛心知夕阳晚，不用扬鞭自奋蹄。

1993年，《中国建设报》从4月至8月发表了《金城魂——任震英记事》的长篇连载文章。八旬老人任震英从兰州给我打长途电话，他说，请你转告报社领导，八旬老翁，蒙此厚爱，自当欣喜，寄语致谢；我的这点事，只是诸多从事城市规划建设的老辈知识分子酸甜苦辣故事中的一个，为我国城市规划建设作出贡献的是一代人呵；对我而言，还是那句老话；心源不竭涓涓滴，愿化甘泉注玉田。这是一个多么崇高的心境啊，令我不觉流下了感动的眼泪。

当年10月，我作为连云港市副市长，特邀任老到连云港市临莅跨世纪城市总体规划专家论证会，专陪任老考察了连云港的山山水水、海港、城池和独具"海、古、神、幽"景观特色的国家级云台山风景名胜区。他情不自禁，连赞八旬之年，有幸到此不虚行。面对市委书记、市长等市领导和来自有关部委、北京、南京等城市的专家学者，联系兰州和连云港实际，高寿老人一口气讲了近4个小时的观感和意见，使大家感到震惊和受益匪浅，对任老充满了敬重和感激之情。

任老这一辈子，从旧社会搞党的地下工作到从事新中国社会主义革命和社会主义建设事业，一路走来，经历过多少次生死的考验，更经历过多少次大风大雨的浩劫、冲击和折磨，他以坚强的信念和对事业的赤诚，在崎岖的进程中奋拓，在泥泞的道路上跋涉，不畏坎坷，不怕荆棘，不顾创伤，终于走出了我国城市规划事业茁壮成长之路，成为我国城市规划建议事业发展的开拓者和见证人。《任震英城市规划与建设论集》一书，就是他用心血和汗水在事业上耕云播雨的缩影，是他生命的闪光之歌。

我作为在任老的熏陶和培养下成长起来的事业中人，以及对我国城市规划理论、实践和规划建设事业发展的有所了解，我看到，任震英的名字和业绩在我国城市规划与建筑领域的影响是很大的。主要表现在：

一、任震英是兰州城市规划建设事业的奠基人、开拓者和实践者，他两度主持兰州城市总体规划编制工作，两度成为我国城市总体规划编制工作的带头人，两次城市总体规划成果都成为推动我国城市总体规划编制工作的范本。兰州今日的城市规划、建设和发展成就，应当说，是他从事城市规划建设事业的代表作品，也是我国城市规划建设事业蓬勃发展的典型事例和重要组成部分。

二、任震英是我国从事城市规划建设事业时间最长的在职领导和专家。直到耄耋之年，仍然担任兰州市人民政府顾问、总建筑师，奔波在城市规划建设战线上，还在思考着兰州第三轮城市总体规划的编制问题并亲自处理各种城市规划建设事务。应当说，他对我国城市规划建设事业的贡献是巨大的，达到了春蚕、炬烛的奉献境界，是我国城市规划建设领域有口皆碑的功臣和我们学习的楷模。

三、任震英在我国城市规划建设的每个重要阶段都提出了指导性意见，从理论和实践上对推动我国城市规划建设事业发挥了重要作用。20世纪50年代，他关于结合自然条件搞好城市规划布局的思想和手法，得到苏联专家的赞许。20世纪80年代初，他发表的《城市要发展，特色不能丢》一文，在我国城市规划和建筑界引起很大反响和赞同。他在马尼拉国际建协会第四区（亚太地区）学术讨论会上宣读的《规划与建设具有民族特色的人民城市——兼谈新中国规划师与建筑师的作用》论文，得到广泛好评。他关于《我国急需制定城市建设基本大法》的呼吁，对推动我国《城市规划法》1989年的颁布发挥了一定作用。他一再强调的城市规划不能一劳永逸，必须不断深化的论点，对指导如何在市场经济条件下搞好城市规划工作，具有十分重要的现实意义。

四、任震英为二三十个城市的规划建设出谋划策，起到了匡正错误和提高我国城市规划水平的作用。20世纪80年代以来，根据他50年来的城市规划建设工作经验，14次到深圳、4次到大连、5次到西安、3次到常熟以及到唐山、海口、三亚、哈尔滨、贵阳等城市，提出了中肯的意见和建议，得到了各城市领导的重视和采纳。例如：对深圳国际机场选址，对昆明滇池保护，对福州三山保护，对太原汾河利用，对杭州西湖周围建筑切忌"高、大、洋、浓、密"的忠告等。1979年他关于重整普陀山海天佛国的意见，得到了赵朴初的支持。1994年10月他带头提出的不宜在连云港市区扒山头建核电站的呼吁，得到了建设部的认同和支持。

五、任震英在我国传统建筑调研、设计、革新试点方面作出了不可抹杀的贡献和成绩。20世纪50年代，他以13个月时间设计并利用古旧建筑材料和构件建造的古典式白塔山傍山公园，受到我国著名建筑大师梁思成的赞成，被专家们称之为兰州城市的一朵鲜花，成为兰州城市的象征。20世纪80年代，他领导的我国窑洞及生土建筑的调研和革新实验，成果累累。他先后7次接待日本窑洞建筑考察团，5次接待美国学者，还多次接待东欧和澳大利亚学者，光他亲自设计并建造的兰州火烧沟靠山式台阶型88孔革新实验窑洞，就接待了国内外考察、访问和参观者百余人次。鉴于他在我国窑洞及生土建筑方面所作出的成绩，被建设部有关部门评为我国村镇建设作出重大贡献的先进人物。

六、任震英为我国现代化的城市规划建设孜孜不倦地培养了一批接班人。50年来，他一边工作，一边著作，并为清华大学、同济大学、哈尔滨工业大学、哈尔滨建筑工程学院、兰州大学、兰州铁道学院、西北师范大学、兰州城建学校、建设部市长学习班以及各种城市规划训练班讲学，到各地学会做学术报告，以极大的热忱和充沛的精力，精益求精的精神，培养教育中青年一代城市规划建设工作者和学生，受到了大家的尊敬。他还以自己坚贞不渝的事业心、对事业的钻研进取精神和献身规划建设的榜样力量及形象，影响与他共事的同志。仅在兰州，曾受其领导和辅导的不少人已经成为国内若干城市规划的中坚力量，有的还担任了司长、副市长、局长、院长、总工程师、系主任等职。

翻阅《任震英城市规划与建设论集》这本书，我仿佛看到，他在夜幕下的兰州，正撰写《兴隆山》书稿；在兰州第一轮城市总体规划准之后，正伏案疾笔《城市规划二十讲》；在兰州第二轮城市总体规划编制工作会议上，正演讲《关于以唐山地震灾害中汲取经验教训，改进兰州市城市规划和城市建设的几点意见》；在城市规划建设培训班的讲台上，正进行《中外城市园林绿化古今谈》；在日本东京举行的国际建协第四区（亚太地区）学术讨论会上，正发表《人·自然·建筑·城市》的演说；在国际生土建筑学术会议的主席台上，正作《生土建筑与人》的主题发言；在中国历史文化名城研究会成立大会上，正《即席絮语》；在市长学习班的教堂里，正介绍从事兰州城市规划建设的感受和经验；在兰州市举办的"任震英同志从事城市规划城市建设五十周年庆祝大会"上，正手捧鲜花，格外激动地致谢词。

翻阅这本书，我仿佛看到，他正与侯仁之院士、吴良镛院士、周干峙院士以及陈占祥总工、郑孝燮总工等在一块儿切磋学术观点;他正在嘉峪关城楼上,应江苏省副省长、著名建筑大师杨廷宝叫他百步成诗之请,他沉思一番,走步诵出12句七言诗的情景;他正在泰山风景名区规划专家讨论会上,不畏种种压力,拍案而起,领衔发表不同意见的风采;他在中南海勤政殿回答万里同志问话的场面;他接受全国工程设计大师称号的当天下午飞往成都,在中国城市规划学会年会上赋诗咏志的镜头。

这本书纳入的90篇论述是他在城市规划建设事业上理论和实践相结合、工作经验和从政进言的展示。当然,他80多年的生涯中不止发表了这么多的言论,有些论著在史无前例的年代中散失了,有些讲话、报告、文章流落他处没能收集拢来,还有大量的诗赋不在汇入本书的范畴,他亲手绘制的城市规划图、建筑设计图、方案草图,限于篇幅尚未编纳。就现在入册的文字,我以为,已经能够反映他在我国城市规划与建筑界的学术地位和水平,能够体现他在从事城市规划建设事业上的奋斗史和奉献精神。他已无愧于党、祖国和人民对他的厚望,这本书,正是他向党、祖国和人民做的工作汇报,是他呈献给同行战友和我国城市规划建设事业的赤子之心和忠诚,是对后来人的告诫、期望和重托。

我相信,读者们看到这本书,是会有感受和评说的。一是会看到20世纪内我国城市规划建设事业发展的曲折历程、起伏和轨迹,或者是一个侧面;二是会看到任震英及其一代人在我国城市规划建设事业上的铺路石精神,追求、奋争和拓进,以及对21世纪城市规划建设事业的瞻望;三是会看到任震英在我国城市规划建设战线上,以金城兰州为基地,东奔西走,呕心沥血,实实在在做了许多事情,留下了有益的论述和辛勤耕耘的血汗。我国城市规划建设史册不会忘记他,兰州百姓不会忘记他,作为领受他教诲的事业中人,更不会忘记他。他的这本书,是他从事城市规划建设事业的小结,也是激励我们在走我国城市规划、建设和发展道路上继续奋进的一面镜子。

对于这本书的出版，我不能不写上几句。作为《跋》，似乎长了一点，但激情所驱，欣然走笔，不能自已。我早就建议任老应当出版一本比较全面的论集，他总是忙得顾不上收集和整理，在他83周岁的时候，终于实现了这个愿望，我怎能不高兴哩。我站在陇海兰新经济带东大门、新亚欧大陆桥东方桥头堡、我国沿海脐部城市连云港的海滨上，望着春天的太阳凝思，在昨天太阳的光辉照耀下，老一辈人为祖国的城市规划事业茹苦含辛，奋搏进取，谱写下辉煌的实业和开拓的篇章；面对今天的太阳，我们能说些什么呢？我们不能辜负时代的托付，应当高举接力棒，去拓展新的业绩，并用我们的心血和汗水以及双手，去托起明天的太阳。太阳总是辉煌的，我们的事业，也应当永远是辉煌的。

以此《跋》，奉献给这本书，奉献给任老，也奉献给读者。并用赵朴初老人1992年对任老的赠画题词中的最后两句表达对任老的祝愿：

祝君乐长年，蓝图百草滋。

任致远

1995年3月于连云港

跋

二

在中国工程设计大师、著名城市规划与建筑专家任震英同志已届83岁高龄的时刻，由他亲自撰著的《任震英城市规划与建设论集》即将付梓。作为跟随他40多年的学生与助手，心情自然是万分激动。任老几十年从事城市规划与建筑的智慧以书的形式再现光彩，以文的结集再夺辉煌！这不仅为广大规划与建筑工作者翘首企盼，也为推动我国城市规划和建设事业所必需。

本书仅收录了任老几十年来研究和实践科学的城市规划与建设理论的少部分专论，计90篇。仅此就已反映出了他精深的规划理论、丰富的调研成果、珍贵的实践经验；记载了他半个多世纪以来作为党的优秀知识分子，为我国城市规划和建设事业顽强奋斗，为建立具有中国特色的城市规划与建设科学理论体系而执着追求的光荣历程；读来令人茅塞顿开，深得教益，倍感亲切，莫不敬佩！

记得1955年我大学毕业后要求到大西北参加建设，被分配在兰州，从此有幸跟随任老。当时他担任兰州市规划建设委员会秘书长、城建局及城市规划管理局局长兼总工程师，报到那天，人事科的同志领我去见任老，却见他正领着几个人趴在地板上专心绘制兰州市城市总体规划图。当时，我十分惊奇和感动：没想到全国闻名的兰州市总体规划，素称图纸质量好、清晰度高、精确度高、图面美观精良的规划图竟是在如此艰苦的条件下编制出来的！任老看出了我的惊异，风趣地说：
"小伙子，这就是我们搞规划用的'大图板'……"第一次见面，任老平易近人、
开朗乐观的品质和身先士卒、艰苦创业的精神就给我留下了深刻的印象。我们几个
年轻的大学生都愿意跟随他学习和工作，一起趴在地板上绘制详细规划，接受他的
指导，聆听他的教诲。任老自然成为我们的良师，成为我们学习的榜样。他不畏艰
苦，不畏压力，对党、对人民认真负责、忠心耿耿，对规划工作严谨求实、精益求
精，自然也成为更多的规划工作者的楷模。

但是，任老并不满足自己，他永远不满足自己。他常对我们说："城市规划工
作，永远没有顶峰，也永远没有终点。只有不断学习，不断探索城市规划的新理
论，才能有新的建树，新的贡献。"他创造性地提出了"城市规划阶段论""城市
规划不断深化论""城市建设特色论""'人'是城市规划的主体，目中无'人'的
规划不是上乘规划"等一系列新的理论观点，并在长期的实践中不断总结、丰富和
完善，从而对提高我国城市规划水平，进一步促进规划事业的繁荣和发展，做出了
卓越的贡献。

他特别强调城市规划中的环境意识，认为城市环境包括了自然环境和人工环
境，指出城市的规划和建设必须保持自然环境和人工环境的协调；必须保持城市环
境和城市需要的协调；必须争取城市规划与城市发展的相适应；谁忽视了环境意
识，谁就做不出上乘的规划来。因此，他经常教诲我们，要强化环境意识，要树立
持续发展、留有余地的观念。城市规划和建筑设计，都必须有一个基本点、出发
点，要目中有"人"，重视环境问题。这包括如何造就一个好环境，还要使它能够
持续发展两个方面。这是任老对城镇规划和发展的重要经验之一。这一经验集中体
现了任老在城市规划与建设上的辩证唯物主义关于联系和发展的观点，不但是一个
老革命者、老知识分子的真知灼见，而且已被兰州市城市总体规划的实践经验和教

训所证实，对我国今后城镇规划和建设无疑具有很大的指导意义。

回顾任老为兰州城市规划和建设所建立的卓越功绩，我至少可以举出以下两点：

一、半世纪如一日，任劳任怨；精心绘制蓝图，自知甘甜

1937年任老来到兰州，当年他仅25岁。半个多世纪的生涯中，兰州成了他的第二故乡。他热爱兰州的山山水水、一草一木，用毕生的心血描绘着兰州城市建设和发展蓝图。1952年，天兰铁路已修到兰州附近。按照原设计，铁道将沿着现在的东岗东西路到盘旋路后折上南向，穿城而过。任老预见到兰州城市的发展，认为铁路穿城而过，必将对今后城市的建设和发展带来严重困难。于是，他精心规划了现在傍南山西行的走向方案，并征得铁道部领导和专家的肯定，从而预留了大片城市发展用地。

"一五"计划期间，国家将156个重点建设项目中的7个安排在兰州，并把兰州与北京、杭州、株洲四市确定为首批先建城市。因此，开创性地编制新中国第一个现代城市总体规划的任务摆在了任老的面前。1953年秋，李富春同志率中央专家工作团来到兰州实地考察、论证，并确定了兰州的城市性质、发展规模和工业布局方案，决定正式编制1954～1974年兰州总体规划。在不到一年的时间里任老凭着他的智慧和热情，克服了无数困难，与他的助手们完成了规划任务。1954年底，国务院批准了中华人民共和国成立后的第一个城市总体规划——兰州市城市总体规划。1956年，时任国家建筑工程部部长的万里同志十分关心并亲自到兰州指导规划工作，并拨专款要求制作兰州市规划模型，任老又两到上海指导模型制作。制成后赴京参加国庆十周年展览。接着，任老又组织编绘了出国展览的规划图，参加了1958年在莫斯科举办的国际城市展览会，得到广泛好评。

在"反右"斗争期间，任老被错划为"右派"，蒙受不白之冤，但他矢志党和

人民的城市规划事业，并不怨天尤人。当时任中共兰州市委书记的王观潮对他说："任震英，你不是要把荒山变公园吗？我给你一个任务，由你全权负责建设白塔山公园。"任老欣然领命，领着工匠拆除残破的古建筑材料，搜罗大量流散的古建筑用材，仅用13个月便建成了别具风格的白塔山三台建筑群及其他园庭建筑共6 500平方米，实现了兰州人民把荒山变成公园的梦想。1958年，为适应兰州工业发展的需要，任老带我去西固工业区现场编制西固化工基地规划。任老从石油化工工业的发展需要出发，全面、合理地安排西固工业区的规划建设，第一次提出预留三块王牌地，为今后石化工业的发展创造条件。几十年的事实证明，这确是一个大胆而科学的预见，至今仍有现实的指导意义。

1964年夏，兰州大雨，黄河水位暴涨，流量达6 500立方米/秒，为60年一遇的洪水。平反复职后的任老日夜指挥抗洪抢险，使北滩油库未受损失，也保护了市区安全。一日凌晨，西固暴雨造成洪水沟泥石流成灾，严重威胁着西固工业区基地的福利区安全。任老一方面组织抢险救灾，一方面亲自动手制定洪水沟改造规划，并尽快组织实施，对保障福利区安全起到了不可替代的作用。"文化大革命"中，任老再度蒙受冤屈，被关进"牛棚"，在"五七"干校养猪、看管菜园子达7年之久。但他对党、对人民坚贞不移，痴心不改，自称"暂做牛棚客，永为马列人"仍以树枝当笔，黄土当纸，编绘兰州的城市发展蓝图。

1974年，任老平反复职。当时市革委会要求搞庆阳路建设规划，一位军方负责人却武断决定庆阳路总宽只能为33米，而庆阳路东部的供电局大楼，中部的南关什字百货大楼，西部的胜利饭店，都没有按国务院批准的兰州总体规划定位，原计划的直线方案被破坏。为了避免今后更被动，任老顶着压力，指挥我们尽量改善规划线型，变成南关什字一个折点、庆阳路一个大弧、路北留出弧形绿地的规划方案，并千方百计预留了50米宽的红线，为拓建庆阳路奠定了规划基础。

　　1974年底，兰州市1954～1974年总体规划已经期满，任老立即抓新规划的编制工作，组织我们编写了《关于修改兰州市总体规划的请示报告》，经市革委会批准后，组织修改规划办公室着手工作。不久开始的"反击右倾翻案风"运动把修改规划的工作打入冷宫，修改工作被指责为"右倾翻案风"的一个风源，横加批判，任老也被扣上13顶帽子。在巨大的压力下，任老仍鼓励我们说：修改规划是党的事业，没有错，他带领我们坚持工作。1976年10月修改规划工作迎得了春天。时任兰州军区政委的肖华同志、中共甘肃省委宋平同志十分重视和支持此项工作，分别担任兰州市修改总体规划领导小组的组长、副组长，省市有关厅局领导为小组成员，组成了高级别、高层次的领导小组。任老以空前的热情带领我们夜以继日地编制新规划，到1978年夏完成了初步成果。1979年，宋平主持甘肃省委常委会议，审议通过了修改规划，并以甘肃省委、甘肃省政府的名义报请国务院审批。当年10月，国务院首先批准了兰州市修改规划。这个规划对指导兰州市的建设起到了十分重要的作用，也赢得了全国各城市规划工作者的赞誉和钦佩。兰州市的两次规划都是被国务院首先批准的，仅此就可使我们不难想象任老学识的渊博、理论的精深、治学的严谨和经验的丰富，不能不使广大规划工作者敬仰。还需要我们去援引国内外专家、学者对他的赞语和称颂吗？

　　二、维护规划效能，奋不顾身；实现美好蓝图，茹苦含辛

　　由任老具体主持编制的兰州市1954年—1974年总体规划，虽被国务院首先批准，但在历次运动中却被当成批判的对象，难逃冲击。有人谬称任老规划马路是"宽、大、平、直"，是"少爷作风"，他据理力争，坚持规划要符合发展的需要。在"反右"斗争的重压下，他主持滨河路规划建设，坚持沿黄河留20～50米宽的绿带，构成了滨河带状公园，现在已成兰州新十景之一"丝路金波"。遗憾的是滨河东路规划为四条机动车道，却在批判中被改为两个往复的机动车道，造成今

日车流拥堵的沉痛教训。作为城关区中轴线的皋兰路，原规划红线为90米宽，中间有40米宽的街心花园，可造成长街流水、户户垂杨的景致，但却被批判为"资产阶级情调""罪过"，强行改为路宽36米。即使这样，任老依然不屈压力，在修改规划、建筑物定位时，想方设法增为46米。规划中的城关区道路网骨架是经常受批判的内容，但任老几十年不畏权势，不计个人名利，顽强坚持这个骨架是合理的，终使其未受大的损伤。事实教育了广大干部和群众，他们感叹道：亏得任老当时据理力争呵！不然的话，兰州的交通的阻塞不畅要比现在严重多少倍呢！可惜，他规划的好多城市停车场几乎全被建房占用了。

"文化大革命"时期，兰州的规划和建设受到了新中国成立以来最严重的破坏。任老身陷牛棚，痛心疾首。一旦恢复工作便大声疾呼：挽救规划，维护规划的严肃性。那时候，街心绿地被砍掉，滨河绿带被破坏，污染工业任意在居民生活区建设……任老多方奔走呼号，极尽协调劝阻，终于使胜利铁厂改建、电镀厂搬迁、滨河路增绿。破坏规划如同剜任老的心，因为那是愚昧和野蛮的行为，那是危害社会主义事业的行为，那是贻害后代而无可挽救的行为！所以他才奋不顾身。

修改后的兰州市总体规划也是国务院首先批准了，然而实施过程仍不是一帆风顺。拱星墩机场位于城关区东部，是一个不合格的三级机场，占地广，噪声大，按规划应当废弃，改为城市建设用地。但要实施，难度极大，必须得到中央军委的批准。任老指示我准备了充足的材料，写好报告，他亲自去找军区首长和省委领导汇报。最后终于以兰州军区、甘肃省人民政府的名义报经国务院和中央军委批准，将机场用地交给城市，用于城建。如今，那里已基本建成新的开发区。

1964年修建的6402专用线，是专为接待中央首长和重要贵宾的特用专线。建成后只安排过4次接待任务，平时闲置不用。1980年，因该地仓库区数量多，又计划建设兰州第二热电厂，如另修专用线要占用70多亩地，投资数百万元，而此时兰州车站新候车大楼已建成，有近千平方米的首长和贵宾接待室，完全可以代替6402线的作用。当时已任兰州市副市长的任老指示写了专题报告，向省、市领导多次汇报，终以甘肃省人民政府的名义报请国务院同意，得到了解决，为城市建设节约了大量资金。

1983年，有关部门将兰州煤制气厂选在七里河郑家庄一带，并已作了初步设计。这个选址严重违背兰州市城市规划布局，必将造成污染环境、污染马滩地下水源的严重后果。我认为这个方案不可取，并向任老汇报。任老非常支持我的意见，并充分说明理由，据理力争，绝不放弃原则。后由兰州市政府批准，另选西固区河口乡地方建厂。这次任老的严肃认真态度再次换得了好的结局，避免了兰州城市建设的一次重大失误。

兴隆山是兰州近郊的著名风景区，是规划中的游览、度假胜地，但长期被兰州军区三部驻用。为了实施规划，任老不顾70多岁的高龄，多次登门向军区首长汇报，不辞劳苦地与三部领导实地踏勘，另选驻地，终使这一风景区交回市上。任老卸去副市长职务后，担任兰州市人民政府顾问、总建筑师职务，依然坚持不懈地关心和指导兰州市的规划和建设事业，亲自指导重要规划、建设方案的制订，并认真审查，仔细修改。对兰州市第三次总体规划的修编更是十分关切，写出了长篇的修编意见和建议。为了兰州的规划和建设，任老真正是鞠躬尽瘁啊！

近两年来，为了挽救正遭受"蚕食"的金城中心公园，使大部分还能按国务院批准的总体规划执行，任老在他80有余的高龄时，提出了开发建设中心公园的新设想，并为此提出了"以园促商，以商养园"的方案报告，力求亡羊补牢。根据任老的规划、设计和国内著名专家的反复研究、论证，要在原规划基础上设计绿地与水面，尽可能保留公园总面积的75%,剩余部分兴建以唐宫、宋阁为基调的明清古典风格的建筑群，形成中心公园里"奴役风月，左右游人"的堂皇景观，以体现兰州作为丝绸之路重镇应有的博大宏阔，达到赏园悦目、开发建设、维护规划的目的。这个方案已经得到了省、市领导的重视，得到了国家建设部领导的支持和著名国家级专家们的肯定。1994年6月27日，建设部对任老所提报告批复如下：兰州市总体规划从50年代起，就是我国城市规划中的榜样，规划的实施和管理也一直是比较好的。1979年国务院批准的兰州总体规划是经全国许多著名专家评议通过的，"中心公园"是1979年批准的城市布局中的重要一环，现在有这么多的违法建筑出现，使"中心公园"规划面临完全破坏的可能，是非常不应该的。任老的"亡羊补牢"方案是一个很好的补救方案，希望地方政府批准后能认真规划实施，真正做到依法建设、严格管理，不要再出现违法建筑事情了。这段批文体现了国家对兰州市总体规划工作的最高评价和对任老功绩的公正评价。

任老终生致力于城市规划和建设事业，他不仅是兰州市城市规划和建设的奠基人和开拓者，而且也是我国城市规划与建设忠诚的卫士和勇敢的探索者。他的规划建设思想早已开始在兰州、在全国几十座城市中用凝固了的空间交响乐——无数如诗如画的建筑表现出来，这比本书更具无可比拟的震撼力和感染力。尽管如此，只要我们认真阅读此书，学习书中的理论，仍可收透窗望景之效，得窥斑见豹之便，识山中宝玉之珍。

欢呼本书的出版为规划工作者提供了打开规划神门的金匙！

向任老矢志不移、精于事业、坚持真理、执着奉献的品质表示敬意！

祝愿任老健康长寿，为我国21世纪规划建设事业再献智慧与学识！

沈寿贤　谨识

1995年9月于兰州

（1997年5月出版《任震英城市规划与建设论集》跋二）

后记

从事城市规划与城市建设工作，已近60年了。中华人民共和国成立后，经历了城市规划工作在我国的兴起、发展、停顿和再兴的整个过程。

近年来不少师友认为，作为一个历史见证人，我应该把有关资料汇集起来，至少作为一些素材留给后人，这样对城市规划工作，对社会都是有所裨益的。我觉得诸位师长友好的意见，对我是一种督促和鞭策，也是一种期许。因此我将过去散见于有关刊物上的一些文章、部分会议上的讲话和某些即席发言等收拢起来编辑成册，就是目前呈现在大家面前的这本论集了。

由于过去写的材料诸如《规划工作二十讲》等，都在"文革"中损失殆尽，因而20世纪70年代及其之前的内容尽付阙如。论集中多为20世纪80年代以来，改革开放前这一段时间内的旧作，是因"工作"有感而发的。写时往往时不待人，未遑细心磨勘，粗疏误漏之处在所难免，还望读者指正。

近10多年来的城市发展历史向我们指出了这样一个道理：城市和经济是密切相关的。经济是我们城市规划工作者应当学习并介入的一个领域，怎样促使城市最大限度地发挥其效益，而又不致危及其赖以存在的生态环境？在这样大观念指导下的高水平城市规划，才是新世纪的规划方向。对城市总体规划的每一次修订，都是在改写历史、改变落后、改进不足之处。要站在强调物质、精神两个文明和大生产、大市场的高度上，创造性地"起动新世纪的梦想"。

我们面对即将到来的21世纪，要坚持这样一个观点：我们要搞高起点、高水平、高效率的城市规划，它应具有超前性、导向性，又具有现实性、可操作性。我们应当抱着活到老、学到老、干到老的精神，来面对这门"学之不尽，用之不竭"的城市规划科学，否则就跟不上城市发展的形势。

这本论集只是给读者提供一些已成过去的历史得失的一斑。希望能为今后高标准的大规模的城市规划设计提供一些前车之鉴，能使我们在华夏大地上创造"惊世之作"时，少出些败笔，吾心慰矣！

本书承蒙阎海旺、周干峙二同志抽暇分别作序，非常感谢。忘年交任致远、沈寿贤二位同行战友先后写了热情洋溢的跋言，十分欣慰。老友陈维东君对本书文字作了不少工作，出版社的同志们付出了辛勤的劳动，特别是责编杜绮德同志投入了大量的心力，完成了艰辛的编改工作，才使本书得以如期顺利出版。谨向他们致以深深的谢意。

我的全家对本书的出版，也投入了各种各样、多方面的劳动，尤其是老伴侯竹友的鼓励和支持，更是不能不提及的。

任震英

1996年4月于兰州

（1997年5月出版的《任震英城市规划与建设论集》后记）